"PARTNERS"

对于智者而言，一字道天机。

———

穷理查

大
方
sight

《穷查理宝典》效仿的对象当然是本杰明·富兰克林的《穷理查年鉴》。许多人知道,富兰克林是个通才。他生于波士顿,除了是美国独立战争领袖之外,还是新闻记者、出版家、作家、慈善家、废奴主义者、人民公仆、科学家、图书馆学家、外交家和发明家。

富兰克林以穷理查为笔名,在1733年到1758年间出版了他的《年鉴》。它的内容丰富多彩,不仅包括许多后来很著名的富兰克林名言,还有日历、天气预报、天文信息、占星资料等等。《年鉴》这本书在当年的殖民地美国极受欢迎,每年能卖出大概一万本。

《穷理查年鉴》中的格言涉及的范围很广,而且通常都很幽默。其中包括:

"从来没有国家因为贸易而衰落。"

"不把事管好,就要被事管。"

"人自爱,必无敌。"

"若有无爱之婚姻,必有无婚姻之爱。"

"讲价最怕急时需。"

"三个人也能保守秘密,前提是其中两个已经死掉。"

"凡是敌人,均须重视。"

"空袋子立不起来。"

图书在版编目（CIP）数据

穷查理宝典：查理·芒格智慧箴言录：典藏版 /（美）彼得·考夫曼编；李继宏等译 . -- 北京：中信出版社，2022.1

书名原文：Poor Charlie's Almanack
ISBN 978-7-5217-3668-7

Ⅰ . ①穷… Ⅱ . ①彼… ②李… Ⅲ . ①人生哲学—通俗读物 Ⅳ . ① B821-49

中国版本图书馆 CIP 数据核字（2021）第 226664 号

Poor Charlie's Almanack: The Wit and Wisdom of Charles T. Munger,
Expanded Third Edition, edited by Peter D. Kaufman
copyright © 2005, 2006 by PCA Publication, L.L.C.
This edition arranged through MUNGER ACADEMIA
Simplified Chinese translation copyright © 2022 by CITIC Press Corporations
ALL RIGHTS RESERVED

穷查理宝典：查理·芒格智慧箴言录
（典藏版）

编　　者：[美]彼得·考夫曼
译　　者：李继宏 等
策划推广：中信出版社（China CITIC Press）
出版发行：中信出版集团股份有限公司
　　　　　（北京市朝阳区惠新东街甲 4 号富盛大厦 2 座　邮编 100029）
承　印　者：当纳利（广东）印刷有限公司

开　　本：787mm×1092mm　1/12　　印　张：51　　字　数：710 千字
版　　次：2022 年 1 月第 1 版　　　　印　次：2022 年 1 月第 1 次印刷
书　　号：ISBN 978-7-5217-3668-7
定　　价：998.00 元

版权所有·侵权必究
如有印刷、装订问题，本公司负责退换。
服务热线：400-600-8099
投稿邮箱：author@citicpub.com

穷查理宝典

查理·芒格智慧箴言录

[美] 彼得·考夫曼 编　　李继宏 等 译

典　藏　版

中信出版集团 | 北京

献给查理·芒格

芒格将会用他自己的话来告诉你：

获取普世的智慧，

并相应地调整你的行为。

即使你的特立独行让你在人群中不受欢迎……

那就随他们去吧。

目录

中文版序言：书中自有黄金屋　李录　6

鸣谢　18

序言：巴菲特论芒格　沃伦·巴菲特　20

驳辞：芒格论巴菲特　查理·芒格　23

导读　彼得·考夫曼　24

第一章
芒格其人

查理·芒格传略　32

歌颂长者：芒格论晚年　59

忆念：晚辈谈芒格　71

朋友们如是说　82

沃伦·巴菲特答问录　47

苏丝·巴菲特答问录　48

芒格、托尔斯&奥尔森律师事务所　50

查理·芒格的投资合伙公司的投资业绩　53

沃伦和瑞克谈"船长查理"　54

查理·芒格的慈善课程　56

第二章
芒格的生活、学习和决策方法

芒格进行商业分析和评估的"多元思维模型"　90

芒格的投资评估过程　101

投资原则检查清单　109

诚实是最好的策略　114

LOLLAPALOOZA效应　92

多元思维模型　93

纪律和耐心：泰德·威廉姆斯的77格击球区　96

查理论诚实：在2004年西科年会上的讲话　116

第三章
芒格主义：查理的即席谈话

我们成功的关键　　*124*

论伯克希尔·哈撒韦　　*125*

对巴菲特的评论　　*134*

投资建议　　*138*

谈市场　　*148*

对企业管理层的批评　　*152*

对基金管理企业的批评　　*154*

对华尔街的批评　　*156*

对会计的批评　　*158*

对股票期权的批评　　*161*

对金融机构和衍生品的警告　　*163*

对律师、律师事务所和诉讼的批评　　*167*

思维模型　　*171*

对高等教育的批评　　*174*

怎样变得幸福、富裕，以及
　其他建议　　*175*

幽默　　*179*

辛普森谈芒格　　*182*

芒格谈辛普森　　*183*

塞内加尔谈芒格　　*184*

芒格谈塞内加尔　　*185*

第四章
查理十一讲

第一讲	在哈佛学校毕业典礼上的演讲	*191*
第二讲	论基本的、普世的智慧，及其与投资管理和商业的关系	*205*
第三讲	论基本的、普世的智慧（修正稿）	*257*
第四讲	关于现实思维的现实思考？	*315*
第五讲	专业人士需要更多的跨学科技能	*337*
第六讲	一流慈善基金的投资实践	*355*
第七讲	在慈善圆桌会议早餐会上的讲话	*371*
第八讲	2003年的金融大丑闻	*385*
第九讲	论学院派经济学：考虑跨学科需求之后的优点和缺点	*403*
第十讲	在南加州大学古尔德法学院毕业典礼上的演讲	*447*
第十一讲	人类误判心理学	*465*

最新的普世智慧：查理答问录　*255*
查理的检查清单　*351*
赛马就是投资，投资就是赛马　*367*
事关信任　*443*

第五章
文章、报道与评论

如果说标准石油正在试图变得贪婪的话，那么它的表现可不够好　542

巴菲特的副手……查理·芒格和伯克希尔的董事长所见略同　545

互助储蓄与贷款联盟的请辞信　549

反托拉斯法的滥用　552

芒格科学中心接近完工　555

不那么沉默的合伙人　561

乐观主义在会计中没有容身之地　572

贝西克兰兴衰记：关于一个国家如何陷入经济崩溃的寓言　574

"贪无厌""高财技""黑心肠"和"脑残"国的悲剧　577

过去与未来：副董事长致辞　582

查理·芒格推荐书目　588

查理·芒格年谱　592

索引　596

更多鸣谢　603

"我没有什么要补充的"时刻　117、151、251、333、369、420、421、587

中文版序言

书中自有黄金屋

李录

20多年前,作为一名年轻的中国学生只身来到美国,我怎么也没有想到后来竟然从事了投资行业,更没有想到由于种种机缘巧合有幸结识了当代投资大师查理·芒格先生。2004年,芒格先生成为我的投资合伙人,自此就成为我终生的良师益友。这样的机遇恐怕是过去做梦也不敢想的。

像全世界成千上万的巴菲特/芒格崇拜者一样,两位老师的教导,伯克希尔·哈撒韦公司的神奇业绩,对我个人的投资事业起了塑造式的影响。这些年受益于芒格恩师的近距离言传身教,又让我更为深刻地体会到他思想的博大精深。一直以来,我都希望将这些学习的心得与更多的同道分享。彼得·考夫曼的这本书是这方面最好的努力。彼得是查理多年的朋友，他本人又是极其优秀的企业家、"职业书虫"。由他编辑的《穷查理宝典》最为全面地囊括了查理的思想精华。彼得既是我的好友，又是我的投资合伙人，所以我一直都很关注这本书的整个出版过程。2005年第一版问世时，我如获至宝，反复研读，每读一次都有新的收获。那时我就想把这本书认真地翻译介绍给中国的读者。不想这个愿望又过了五年才得以实现。2009年，查理85岁。经一位朋友提醒，我意识到把这本书翻译成中文应该是对恩师最好的报答，同时也完成我多年希望与同胞分享芒格智慧的心愿。

现在这本书出版了，我也想在此奉献我个人学习、实践芒格思想与人格的心路历程、心得体会，希望能对读者们更好地领会本书所包含的智慧有所裨益。

一

第一次接触巴菲特/芒格的价值投资体系可以追溯到20年前。那时候我刚到美国，举目无亲，文化不熟、语言不通。侥幸进入哥伦比亚大学就读本科，立刻便面临学费、生活费昂贵的问题。虽然有些奖学金以及贷款，然而对一个身无分文的学生而言，那笔贷款是天文数字的债务，不知何时可以还清，对前途一片迷茫焦虑。相信很多来美国读书的中国学生，尤其是要靠借债和打工支付学费和生活费的学生都有过这种经历。

由于在上世纪七八十年代的中国长大，我那时对经商几乎没有概念。在那个年代，商业在中国还不是很要紧的事。一天，一位同学告诉我："你要是想了解在美国怎么能赚钱，商学院有个演讲一定要去听。"那个演讲人的名字有点怪，叫巴菲特（Buffett），听上去很像"自助餐"（Buffet）。我一听这个名字蛮有趣，就去了。那时巴菲特还不像今天这么出名，去的人不多，但那次演讲于我而言却是一次醍醐灌顶的经历。

巴菲特讲的是如何在股市投资。在此之前，股市在我脑子里的印象还停留在曹禺的话剧《日出》里所描绘的20世纪30年代上海的十里洋场，充满了狡诈、运气与血腥。然而这位据说在股市上赚了很多钱的美国成功商人看上去却显然是一个好人，友善而聪明，颇有些学究气，完全同我想象中的那些冷酷无情、投机钻营的商人南辕北辙。

巴菲特的演讲措辞简洁、条理清晰、内容可信。一个多钟头的演讲把股票市场的道理说得清晰明了。巴菲特说股票本质上是公司的部分所有权，股票的价格就是由股票的价值，也就是公司的价值所决定的。而公司的价值又是由公司的盈利情况及净资产决定的。虽然股票价格上上下下的波动在短期内很难预测，但长期而言一定是由公司的价值决定的。而聪明的投资者只要在股票的价格远低于公司实际价值的时候买进，又在价格接近或者高于价值时卖出，就能够在风险很小的情况下赚很多钱。

听完这番演讲，我觉得好像捞到了一根救命稻草。难道一个聪明、正直、博学的人，不需要家庭的支持，也不需要精熟公司管理，或者发明、创造新产品，创立新公司，在美国就可以白手起家地成功致富吗？我眼前就有这么一位活生生的榜样！那时我自认为不适合做管理，因为对美国的社会和文化不了解，创业也没有把握。但是如果说去研究公司的价值，去研究一些比较复杂的商业数据、财务报告，却是我的专长。果真如此的话，像我这样一个不名一文、举目无亲、毫无社会根基和经验的外国人不也可以在股票投资领域有一番作为了吗？这实在太诱人了。

听完演讲后，我回去立刻找来了有关巴菲特的所有图书，包括他致伯克希尔股东的年信及各种关于他的研究，也了解到芒格先生是巴菲特先生几十年来形影不离的合伙人，然后整整花了一两年的时间来彻底地研究他们，所有的研究都印证了我当时听演讲时的印象。完成了这个调研过程，我便真正自信这个行业是可为的。

一两年后，我买了有生以来的第一只股票。那时虽然我个人的净资产仍然是负数，但积蓄了一些现金可以用来投资。当时正逢20世纪90年代初全球化的过程刚刚开始，美国各行业的公司都处于一个长期上升的状态，市场上有很多被低估的股票。到1996年我从哥大毕业的时候，已经从股市投资上获取了相当可观的回报。

毕业后我一边在投资银行工作，一边继续自己在股票上投资。一年后辞职离开投行，开始了职业投资生涯。当时家人和朋友都颇为不解和担心，我自己对前途也没有十分的把握。坦白说，创业的勇气也是来自巴菲特和芒格的影响。

1998年1月，我创立了自己的公司，支持者寡，几个老朋友友情客串投资人凑了一小笔钱，我自己身兼数职，既是董事长、基金经理，又是秘书、分析员。全部的家当就是一部手机和一台笔记本电脑。其时适逢1997年的亚洲金融危机，石油的价格跌破了每桶10美元。我于是开始大量地买进一些亚洲优秀企业的股票，同时也买入了大量美国及加拿大的石油公司股票。但随后的股票波动令当年就产生了19%的账面损失。这使得有些投资者开始担心以后的运作情况，不敢再投钱了。其中一个最大的投资者第二年就撤资了。再加上昂贵的前期营运成本，公司一度面临生存的危机。

出师不利让我备受压力，觉得辜负了投资人的信任。而这些心理负担又的确会影响到投资决策，比如在碰到好的机会时也不敢行动。而那时恰恰又是最好的投资时机。这时，巴菲特和芒格的理念和榜样对我起了很大的支持作用，在1973—1974年美国经济衰退中，他们两位都有过类似的经历。在我最失落的时候，我就以巴菲特和芒格为榜样勉励自己，始终坚持凡事看长远。

随后，在1998年的下半年里，我顶住压力、鼓起勇气，连续做出了当时我最重要的三四个投资决定。恰恰是这几个投资在以后的两年里给我和我的投资者带来了丰厚的回报。现在回过头来想，在时间上我是幸运的，但巴菲特和芒格的榜样以及他们的书籍和思想，对我的确起了至关重要的影响。

但是，当时乃至现在在华尔街上绝大多数个人投资者，尤其是机构投资者，在投资理念上所遵从的理论与巴菲特/芒格的价值投资理念是格格不入的。比如他们相信市场完全有效理论，因而相信股价的波动就等同真实的风险，判断你的表现最看重你业绩的波动性如何。在价值投资者看来，投资股市最大的风险其实并不是价格的上下起伏，而是你的投资未来会不会出现永久性的亏损。单纯的股价下跌不仅不是风险，其实还是机会。不然哪里去找便宜的股票呢？就像如果你最喜欢的餐馆里牛排的价格下跌了一半，你会吃得更香才对。买进下跌的股票时是卖家难受，作为买家你应该高兴才对。然而，虽然巴菲特和芒格很成功，大多数个人投资者和机构投资者的实际做法却与巴菲特/芒格的投资理念完全相反。表面上华尔街那些成名的基金经理对他们表现出极大的尊重，但在实际操作上却根本是南辕北辙，因为他们的客户也是南辕北辙。他们接受的还是一套"波动性就是风险"、"市场总是对的"这样的理论。而这在我看来完全是误人子弟的谬论。

但为了留住并吸引到更多投资者，我也不得不作了一段时间的妥协。有两三年的时间，我也不得不通过做长短仓（long-short）对冲，去管理旗下基金的波动性。和做多（long）相比，做空交易（short）就很难被用于长期投资。原因有三：第一，做空的利润上限只有100%，但损失空间几乎是无穷的，这正好是同做多相反的。第二，做空要通过借债完成，所以即使做空的决定完全正确，但如果时机不对，操作者也会面临损失，甚至破产。第三，最好的做空投资机会一般是各种各样的舞弊情况，但舞弊作假往往被掩盖得很好，需要很长时间才会败露。例如麦道夫的骗局持续几十年才被发现。基于这三点原因，做空需要随时关注市场的起落，不断交易。

这样做了几年，投资组合的波动性倒是小了许多，在2001—2002由互联网泡沫引发的金融危机中我们并没有账面损失，并小有斩获，管理的基金也增加了许多。表面上看起来还蛮不错，但其实我内心很痛苦。如果同时去做空和做多，要控制做空的风险，就必须要不停地交易。但若是不停地交易的话，就根本没有时间真正去研究一些长期的投资机会。这段时期的回报从波动性上而言比过去好，结果却乏善可陈。但实际上，那段时间出现了许多一流的投资机会。坦白地说，我职业生涯中最大的失败并不是由我错误决定造成的损失（当然我的这类错误也绝不在少数），而是在这一段时间里不能够大量买进我喜欢的几只最优秀的股票。

这段时间是我职业生涯的一个低潮。我甚至一度萌生了退意，花大量的时间在本不是我主业的风险投资基金上。

在前行道路的十字交叉路口，一个偶然的契机，我遇到了终生的良师益友查理·芒格先生。

初识查理是我大学刚毕业在洛杉矶投行工作的时候，在一位共同朋友的家里第一次见到查理。记得他给人的第一印象总是拒人于千里之外，他对谈话者常常心不在焉，非常专注于自己的话题。但这位老先生说话言简意赅，话语中充满了让你回味无穷的智慧。初次见面，查理对我而言是高不可及的前辈，他大概对我也没什么印象。

之后陆续见过几次，有过一些交谈，直到我们认识的第七年，在2003年一个感恩节的聚会中，我们进行了一次长时间推心置腹的交谈。我将我投资的所有公司、我研究过的公司以及引起我兴趣的公司一一介绍给查理，他则逐一点评。我也向他请教我遇到的烦恼。谈到最后，他告诉我，我所遇到的问题几乎就是华尔街的全部问题。整个华尔街的思维方式都有问题，虽然伯克希尔已经取得了这么大的成功，但在华尔街上却找不到任何一家真正模仿它的公司。如果我继续这样走下去的话，我的那些烦恼永远也不会消除。但我如果愿意放弃现在的路子，想走出与华尔街不同的道路，他愿意给我投资。这真让我受宠若惊。

在查理的帮助下，我把公司进行了彻底的改组。在结构上完全改变成早期巴菲特的合伙人公司和芒格的合伙人公司（巴菲特和芒格早期各自有一个合伙人公司来管理他们自己的投资组合）那样的结构，同时也除去了典型对冲基金的所有弊端。愿意留下的投资者作出了长期投资的保证。而我们也不再吸收新的投资人。作为基金经理，我无需再受华尔街那些投资者各式各样的限制，而完成机构改造之后的投资结果本身也证实了这一决定的正确性。不仅公司的业绩表现良好，而且这些年来我的工作也顺畅了许多。我无须纠缠于股市沉浮，不断交易，不断做空。相反，我可以把所有的时间都花在对公司的研究和了解上。我的投资经历已经清楚地证明：按照巴菲特／芒格的体系来投资必定会受益各方。但因为投资机构本身的限制，绝大部分的机构投资者不采用这种方式，因此，它给了那些用这种方式的投资者一个绝好的竞争优势。而这个优势在未来很长的一段时间内都不会消失。

二

巴菲特说他一生遇人无数，从来没有遇到过像查理这样的人。在我同查理交往的这些年里，我有幸能近距离了解查理，也对这一点深信不疑。甚至我在所阅读过的古今中外人物传记中也没有发现类似的人。查理就是如此独特的人，他的独特性既表现在他的思想上，也表现在他的人格上。

比如说，查理思考问题总是从逆向开始。如果要明白人生如何得到幸福，查理首先是研究人生如何才能变得痛苦；要研究企业如何做强做大，查理首先研究企业是如何衰败的；大部分人更关心如何在股市投资上成功，查理最关心的是为什么在股市投资上大部分人都失败了。他的这种思考方法来源于下面这句农夫谚语中所蕴含的哲理：我只想知道将来我会死在什么地方，这样我就不去那儿了。

查理在他漫长的一生中，持续不断地研究收集关于各种各样的人物、各行各业的企业以及政府管制、学术研究等各领域中的人类失败之著名案例，并把那些失败的原因排列成正确决策的检查清单，使他在人生、事业的决策上几乎从不犯重大错误。这点对巴菲特及伯克希尔五十年业绩的重要性是再强调也不为过的。

查理的头脑是原创性的，从来不受任何条条框框的束缚，也没有任何教条。他有儿童一样的好奇心，又有第一流的科学家所具备的研究素质和科学研究方法，一生都有强烈的求知欲和好奇心，几乎对所有的问题都感兴趣。任何一个问题在他看来都可以使用正确的方法通过自学完全掌握，并可以在前人的基础上创新。这点上他和富兰克林非常相似，类似于一位18、19世纪百科全书式的人物。

近代很多第一流的专家学者能够在自己狭小的研究领域内做到相对客观，一旦离开自己的领域不远，就开始变得主观、教条、僵化，或者干脆就失去了自我学习的能力，所以大都免不了瞎子摸象的局限。查理的脑子就从来没有任何学科的条条框框。他的思想

> 我这一生也就投了三个公司，一个是伯克希尔，一个是开市客，最后一个是与李录合作的基金。你不需要投资很多东西才会变得富有。
>
> —— 查理·芒格

辐射到事业、人生、知识的每一个角落。在他看来，世间宇宙万物都是一个相互作用的整体，人类所有的知识都是对这一整体研究的部分尝试，只有把这些知识结合起来，并贯穿在一个思想框架中，才能对正确的认知和决策起到帮助作用。所以他提倡要学习在所有学科中真正重要的理论，并在此基础上形成所谓的"普世智慧"，以此为利器去研究商业投资领域的重要问题。查理在本书中详细地阐述了如何才能获得这样的"普世智慧"。

查理这种思维方式的基础是基于对知识的诚实。他认为，这个世界复杂多变，人类的认知永远存在着限制，所以你必须要使用所有的工具，同时要注重收集各种新的可以证否的证据，并随时修正，即所谓"知之为知之，不知为不知"。事实上，所有的人都存在思想上的盲点。我们对于自己的专业、旁人或是某一件事情或许能够做到客观，但是对于天下万事万物都秉持客观的态度却是很难的，甚至可以说是有违人之本性的。但是查理却可以做到凡事客观。在这本书里，查理也讲到了通过后天的训练是可以培养客观的精神的。而这种思维方式的养成将使你看到别人看不到的东西，预测到别人预测不到的未来，从而过上更幸福、自由和成功的生活。

但即使这样，一个人在一生中可以真正得到的真见卓识仍然非常有限，所以正确的决策必须局限在自己的"能力圈"以内。一种不能够界定其边界的能力当然不能称为真正的能力。怎么才能界定自己的能力圈呢？查理说，如果我要拥有一种观点，如果我不能够比全世界最聪明、最有能力、最有资格反驳这个观点的人更能够证否自己，我就不配拥有这个观点。所以当查理真正地持有某个观点时，他的想法既原创、独特又几乎从不犯错。

一次，查理邻座一位漂亮的女士坚持让查理用一个词来总结他的成功，查理说是"理性"。然而查理讲的"理性"却不是我们一般人理解的理性。查理对理性有更苛刻的定义。正是这样的"理性"，让查理具有敏锐独到的眼光和洞察力，即使对于完全陌生的领域，他也能一眼看到事物的本质。巴菲特就把查理的这个特点称作"两分钟效应"——他说查理比世界上任何人更能在最短时间之内把一个复杂商业的本质说清楚。伯克希尔投资比亚迪的经过就是一个例证。记得2003年我第一次同查理谈到比亚迪时，他虽然从来没有见过王传福本人，也从未参观过比亚迪的工厂，甚至对中国的市场和文化也相对陌生，可是他当时对比亚迪提出的问题和评论，今天看来仍然是投资比亚迪最实质的问题。

人人都有盲点，再优秀的人也不例外。巴菲特说："本杰明·格雷厄姆曾经教我只买便宜的股票，查理让我改变了这种想法。这是查理对我真正的影响。要让我从格雷厄姆的局限理论中走出来，需要一股强大的力量。查理的思想就是那股力量，他扩大了我的视野。"对此，我自己也有深切的体会。至少在两个重大问题上，查理帮我指出了我思维上的盲点，如果不是他的帮助，我现在还在从猿到人的进化过程中慢慢爬行。巴菲特50年来在不同的场合反复强调，查理对他本人和伯克希尔的影响完全无人可以取代。

查理一辈子研究人类灾难性的错误，对于由于人类心理倾向引起的灾难性错误尤其情有独钟。最具贡献的是他预测金融衍生产品的泛滥和会计审计制度的漏洞即将给人类带来的灾难。早在20世纪90年代末期，他和巴菲特先生已经提出了金融衍生产品可能造成灾难性的影响，随着金融衍生产品的泛滥愈演愈烈，他们的警告也不断升级，甚至指出金融衍生产品是金融式的大规模杀伤武器，如果不能得到及时有效的制止，将会给现代文明社会带来灾难性的影响。2008年和2009年的金融海啸及全球经济大萧条不幸验证了查理的远见。从另一方面讲，他对这些问题的研究也为防范类似灾难的出现提供了宝贵的经验和知识，特别值得政府、金融界、企业界和学术界的重视。

与巴菲特相比，查理的兴趣更为广泛。比如他对科学和软科学几乎所有的领域都有强烈的兴趣和广泛的研究，通过融会贯通，形成了原创性的、独特的芒格思想体系。相对于任何来自象牙塔内的思想体系，芒格主义完全为解决实际问题而生。比如说，据我所知，查理最早提出并系统研究人类心理倾向在投资和商业决策中的巨大影响。十几年后的今天，行为金融学已经成为经济学中最热门的研究领域，行为经济学也获得了诺贝尔经济学奖的认可。而查理在本书最后一讲"人类误判心理学"中所展现出的理论框架，在未来也很可能得到人们更广泛的理解和应用。

查理的兴趣不仅限于思考，凡事也喜欢亲力亲为，并注重细节。他有一艘世界上最大的私人双体游艇，而这艘游艇就是他自己设计的。他还是个出色的建筑师。他按自己的喜好建造房子，从最初的图纸设计到之后的每一个细节，他都全程参与。比如他捐助的所有建筑物都是他自己亲自设计的，这包括了斯坦福大学研究生院宿舍楼、哈佛—西湖中学科学馆以及亨廷顿图书馆与园林的珍本图书研究馆。

查理天生精力充沛。我认识查理是在1996年，那时他72岁。到2011年查理87岁，已经过了十几年了。在这十几年里，查理的精力完全没有变化。他永远是精力旺盛，很早起身。早餐会议永远是七点半开始。同时由于某些晚宴应酬的缘故，他的睡眠时间可能要比常人少，但这些都不妨碍他旺盛的精力。而且他记忆力惊人，我很多年前跟他讲的比亚迪的营运数字，我都已经记忆模糊了，他还记得。87岁的他记忆比我这个年轻人还好。这些都是他天生的优势，但使他异常成功的特质却都是他后天努力获得的。

查理对我而言，不仅是合伙人，是长辈，是老师，是朋友，是事业成功的典范，也是人生的楷模。我从他的身上不仅学到了价值投资的道理，也学到了很多做人的道理。他让我明白，一个人的成功并不是偶然的，时机固然重要，但人的内在品质更重要。

查理喜欢与人早餐约会，时间通常是七点半。记得第一次与查理吃早餐时，我准时赶到，发现查理已经坐在那里把当天的报纸都看完了。虽然离七点半还差几分钟，但是让一位德高望重的老人等我令我心里很不好受。第二次约会，我大约提前了一刻钟到达，发现查理还是已经坐在那里看报纸了。到第三次约会，我提前半小时到达，结果查理还是在那里看报纸，仿佛他从未离开过那个座位，终年守候。直到第四次，我狠狠心提前一个钟头到达，六点半坐那里等候，到六点四十五的时候，查理慢悠悠地走进来了，手里拿着一摞报纸，头也不抬地坐下，完全没有注意到我的存在。以后我逐渐了解，查理与人约会一定早到。到了以后也不浪费时间，会拿出准备好的报纸翻阅。自从知道查理的这个习惯后，以后我俩再约会，我都会提前到场，也拿一份报纸看，互不打扰，等七点半之后再一起吃早饭聊天。

偶然查理也会迟到。有一次我带一位来自中国的青年创业者去见查理。查理因为从一个午餐会上赶来而迟到了半个小时。一到之后，查理先向我们两个年轻人郑重道歉，并详细解释他迟到的原因，甚至提出午餐会的代客泊车（valet park）应如何改进才不会耽误客人45分钟的等候时间。那位中国青年既惊讶又感动，因为在全世界恐怕也找不到一位地位如查理一般的长者会因迟到向小辈反复道歉。

跟查理交往中，还有另一件事对我影响很大。有一年查理和我共同参加了一个外地的聚会。活动结束后，我要赶回纽约，没想到却在机场的候机厅遇见查理。他庞大的身体在过安检检测器的时候，不知什么原因不断鸣叫示警。而查理就一次又一次地折返接受安检，如此折腾半天，好不容易过了安检，他的飞机已经起飞了。

可查理也不着急，他抽出随身携带的书籍坐下来阅读，静等下一班飞机。那天正好我的飞机也误点了，我就陪他一起等。

我问查理："你有自己的私人飞机，伯克希尔也有专机，你为什么要到商用客机机场去经受这么多的麻烦呢？"

查理答："第一，我一个人坐专机太浪费油了。第二，我觉得坐商用飞机更安全。"但查理想说的真正理由是第三条："我一辈子想要的就是融入生活（engage life），而不希望自己被孤立（isolate）。"

查理最受不了的就是因为拥有了钱财而失去与世界的联系，把自己隔绝在一个单间、占地一层的巨型办公室里，见面要层层通报，过五关斩六将，谁都不能轻易接触到。这样就与现实生活脱节了。

"我手里只要有一本书，就不会觉得浪费时间。"查理任何时候都随身携带一本书，即使坐在经济舱的中间座位上，他只要拿着书，就安之若素。有一次他去西雅图参加一个董事会，依旧按惯例坐经济舱，他身边坐着一位中国小女孩，飞行途中一直在做微积分的功课。他对这个中国小女孩印象深刻，因为他很难想象同龄的美国女孩能有这样的定力，在飞机的嘈杂声中专心学习。如果他乘坐私人飞机，他就永远不会有机会近距离接触这些普通人的故事。

而查理虽然严于律己，却非常宽厚地对待他真正关心和爱的人，不吝金钱，总希望他人多受益。他一个人的旅行，无论公务私务都搭乘经济舱，但与太太和家人一起旅行时，查理便会搭乘自己的私人飞机。

他解释说：太太一辈子为我抚育这么多孩子，付出甚多，身体又不好，我一定要照顾好她。

查理虽不是斯坦福大学毕业的，但因他太太是斯坦福校友，又是大学董事会成员，查理便向斯坦福大学捐款6000万美金。

查理一旦确定了做一件事情，他可以去做一辈子。比如说他在哈佛—西湖中学及洛杉矶一间慈善医院的董事会任职长达40年之久。对于他所参与的慈善机构而言，查理是非常慷慨的赞助人。但查理投入的不只是钱，他还投入了大量的时间和精力，以确保这些机构的成功运行。

查理一生研究人类失败的原因，所以对人性的弱点有着深刻的理解。基于此，他认为人对自己要严格要求，一生不断提高修养，以克服人性本身的弱点。这种生活方式对查理而言是一种道德要求。在外人看来，查理可能像个苦行僧，但在查理看来，这个过程却是既理性又愉快，能够让人过上成功、幸福的人生。

查理就是这么独特。但是想想看，如果芒格和巴菲特不是如此独特的话，他们也不可能一起在50年间为伯克希尔创造了在人类投资史上前无古人、或许也后无来者的业绩。近20年来，全世界范围内对巴菲特、芒格研究的兴趣愈发地强烈，将来可能还会愈演愈烈，中英文的书籍汗牛充栋，其中也不乏很多独到的见解。说实话，以我目前的能力来评价芒格的思想其实为时尚早，因为直到今天，我每次和查理谈话，每次重读他的演讲，都会有新的收获。这从另一方面也说明，我对他的思想的理解还是不够。但这些年来查理对我的言传身教，使我有幸对查理的思想和人格有更直观的了解，我这里只想跟读者分享我自己近距离的观察和亲身体会。我衷心希望读者在仔细地研读了本书之后，能够比我更深地领会芒格主义的精要，从而对自己的事业和人生有更大的帮助。

我知道查理本人很喜欢这本书，认为它收集了他一生的思想精华和人生体验。其中不仅包含了他对于商业世界的深刻洞见，也汇集了他对于人生智慧的终身思考，并用幽默、有趣的方式表达出来，对于几乎任何读者都会有益处。比如，有人问查理如何才能找到一个优秀的配偶。查理说最好的方式就是让自己配得上她/他，因为优秀配偶都不是傻瓜。晚年的查理时常引用下面这句出自《天路历程》中真理剑客的话来结束他的演讲："我的剑留给能够挥舞它的人。"通过这本书的出版，我希望更多的读者能有机会学习和了解芒格的智慧和人格，我相信每位读者都有可能通过学习实践成为幸运的剑客。

三

与查理交往的这些年，我常常会忘记他是一个美国人。他更接近于我理解的中国传统士大夫。旅美的20年期间，作为一个华人，我常常自问：中国文化的灵魂和精华到底是什么？客观地讲，作为"五四"之后成长的中国人，我们对于中国的传统基本上是持否定的态度的。到了美国之后，我有幸在哥大求学期间系统地学习了对西方文明史起到塑造性作用的100多部原典著作，其中涵盖文学、哲学、科学、宗教与艺术等各个领域，以希腊文明为起点，延伸到欧洲，直至现代文明。后来又得益于哥大同时提供的一些关于儒教文化和伊斯兰文明的课程，对于中国的儒教文化有了崭新的了解和认识。只是当时的阅读课本都是英文的，由于古文修养不够，很多索求原典的路途只能由阅读英文的翻译来达成，这也是颇为无奈的一件事。

在整个阅读与思考的过程中，我自己愈发地觉得，中国文明的灵魂其实就是士大夫文明，士大夫的价值观所体现的就是一个如何提高自我修养，自我超越的过程。《大学》曰：正心，修身，齐家，治国，平天下。这套价值系统在之后的儒家各派中都得到了广泛的阐述。这应该说是中国文明最核心的灵魂价值所在。士大夫文明的载体是科举制度。科举制度不仅帮助儒家的追随者塑造自身的人格，而且还提供了他们发挥才能的平台，使得他们能够通过科举考试进入政府为官，乃至社会的最上层，从而学有所用，实现自我价值。

而科举制度结束后，在过去的上百年里，士大夫精神失去了具体的现实依托，变得无所适从，尤其到了今天商业高度发展的社会，具有士大夫情怀的中国读书人，对于自身的存在及其价值理想往往更加困惑。在一个传统尽失的商业社会，士大夫的精神是否仍然适用呢？

从工业革命开始，市场经济和科学技术逐渐成为政府之外影响人类生活最重要的两股力量。近几十年来，借由全球化的浪潮，市场与科技已经突破国家和地域的限制，在全世界范围同步塑造人类共同的命运。对于当代的儒家，"国"与"天下"的概念必然有了全新的含义。而市场经济本身内在的竞争机制，也如古老的科举考试制度一般为优秀人才提供了广阔的空间。然而，真正的儒者对于自身的道德追求，对于社会的责任感，以及对人类命运的终极关怀，却随着千年的沉淀而愈加厚重。

晚明时期，资本主义开始在中国萌芽，当时的商人曾经提出过"商才士魂"以彰显其理想。在全球化的今天，"治国"与"平天下"的当代解读早已远远超出政府的范畴，市场与科技已经成为社会的主导，为怀有士大夫情怀的读书人提供了前所未有的舞台。

查理可以说是一个"商才士魂"的最好典范。首先，查理在商业领域极为成功，他和巴菲特所取得的成就可以说是前无古人、后无来者。然而在与查理的深度接触中，我却发现查理的灵魂本质是一个道德哲学家，一个学者。他阅读广泛，知识渊博，真正关注的是自身道德的修养与社会的终极关怀。与孔子一样，查理的价值系统是内渗而外，倡导通过自身的修行以达到圣人的境界，从而帮助他人。

正如前面所提到的，查理对自身要求很严。他虽然十分富有，过的却是苦行僧般的生活。他现在居住的房子还是几十年前买的一套普通房子，外出旅行时永远只坐经济舱，而约会总是早到45分钟，还会为了偶尔的迟到而专门致歉。在取得事业与财富的巨大成功之后，查理又致力于慈善事业，造福天下人。

查理是一个完全凭借智慧取得成功的人，这对于中国的读书人来讲无疑是一个令人振奋的例子。他的成功完全靠投资，而投资的成功又完全靠自我修养和学习，这与我们在当今社会上所看到的权钱交易、潜规则、商业欺诈、造假等毫无关系。作为一个正直善良的人，他用最干净的方法，充分运用自己的智慧，取得了这个商业社会中的巨大成功。在市场经济下的今天，满怀士大夫情怀的中国读书人是否也可以通过学习与自身修养的锻炼，同样取得世俗社会的成功，并实现自身的价值及帮助他人的理想呢？

我衷心地希望中国的读者能够对查理感兴趣，对这本书感兴趣。查理很欣赏孔子，尤其是孔子授业解惑的为师精神。查理本人很乐于也很善于教导别人，诲人不倦。而这本书则汇集了查理的一生所学与智慧，将它毫无保留地与大家分享。查理对中国的未来充满信心，对中国的文化也很钦佩。近几十年来儒教文明在亚洲取得的巨大商业成就也让越来越多的人对中国文明的复兴更具信心。在"五四"近百年之后，今天我们也许不必再纠缠于"中学""西学"的"体用"之争，只需要一方面坦然地学习和接受全世界所有有用的知识，另一方面心平气和地将吾心归属于中国人数千年来共敬共守、安身立命的道德价值体系之内。

我有时会想，若孔子重生在今天的美国，查理大概会是其最好的化身。若孔子返回到2000年后今天的商业中国，他倡导的大概会是：正心、修身、齐家、治业、助天下吧！

四

本书第一至三章介绍查理的生平、著名的语录并总结了他关于生活、事业和学习的主要思想，第四章收录了查理最有代表性的十一篇演讲。其中大多数读者最感兴趣的演讲可能包含下面四篇：第一篇演讲用幽默的方式概述了人生如何避免过上痛苦的生活。第二、三篇演讲阐述了如何获得普世智慧，如何将这些普世智慧应用到成功的投资实践中。第十一篇演讲，记录了查理最具有原创性的心理学体系，详细阐述了造成人类误判的 25 个最重要的心理学成因。

2011 年再版增加了查理分别于 2010 年 2 月 11 日和 2011 年 7 月 6 日在《石板》杂志（Slate Magazine）上发表的最新文章《贝西克兰兴衰记》和《"贪无厌""高财技""黑心肠"和"脑残"国的悲剧》，文章用寓言的方式记录了赌博性的金融衍生品交易如何使一个国家陷入经济崩溃的过程。查理和巴菲特先生早在 20 世纪 90 年代就提出的金融衍生产品可能对经济造成灾难性影响的预言不幸在 2008 至 2009 年的全球金融危机中得到验证。

2019 年新版增加了在伯克希尔 2014 致股东信中，查理·芒格对伯克希尔 50 年的评论：《过去与未来：副董事长致辞》。信中从五个方面，阐述了伯克希尔 50 年来成功的原因和经验，分别是：（1）让伯克希尔日渐强大的管理体系和政策；（2）伯克希尔管理体系和政策的发展历程；（3）伯克希尔成功的原因；（4）如果巴菲特卸任，伯克希尔的非凡业绩能够延续；（5）伯克希尔过去的成功经验，是否具有借鉴意义。

在本书大陆版付诸出版的一年之内，又发生了很多的事情，使我更加深了对查理的敬意。2010 年年初，与查理相濡以沫五十年的太太南希不幸病逝。几个月之后，一次意外事故又导致查理仅存的右眼丧失了 90% 的视力，致使他几乎一度双目失明。对于一位 86 岁视读书思考胜于生命的老人而言，两件事情的连番打击可想而知。然而我所看到的查理却依然是那样理性、客观、积极与睿智。他既不怨天尤人，也不消极放弃，在平静中积极地寻求应对方法。他尝试过几种阅读机器，甚至一度考虑过学习盲文。后来奇迹般的，他的右眼又恢复了 70% 的视力。我们大家都为之雀跃！然而我同时也坚信：即使查理丧失了全部的视力，他依然会找到方法让自己的生活既有意义又充满效率。

无论顺境、逆境，都保持客观积极的心态——这就是查理。

很多朋友为本书在中文世界的出版作出了贡献。中文译者李继宏先生承担了主要的翻译工作，他的敬业精神和高超的文笔给我留下了深刻的印象。我长期的好友常劲先生为本书的校对、翻译和注解倾注了大量心血，没有他的帮助，我很难想象本书能够按时完成。我因为比较熟悉查理的思想和语言风格，自然担当起了最后把关的工作，如果本书翻译中出现各种错误也理应由本人最后承担。出版人施宏俊先生儒雅、耐心、尽职、慷慨，实在是一位不可多得的合作伙伴。著名作家六六在推动本书的翻译、校对、编辑和出版上起了至关重要的作用。与这些杰出同事和朋友合作，使得本书的翻译出版成为一次既有意义、又愉快的经历。另外，本书的出版还获得了国内外很多朋友，尤其是价值投资界和企业界朋友的鼓励和支持，在此一并表示感谢。

2010 年 3 月原稿
2011 年 11 月修改于美国帕萨迪纳市
2019 年 1 月再改于美国帕萨迪纳市

鸣谢

本书是关于查理·芒格的汇编，收集了有关他的学习方法、决策过程、投资策略，以及他的演讲和"名言"等等诸多材料。出这本书的动力来自很多人，过去许多年来，大家一直说希望有这样一本书——在伯克希尔和西科（Berkshire and Wesco）的股东大会、各种晚宴、网络论坛和许多其他场合，大家越来越强烈地表达出这样的愿望。听到这种呼声之后，本书的编辑彼得·考夫曼向沃伦·巴菲特提出了编书的建议，巴菲特鼓励他要当仁不让。于是就有了这本你将要阅读的图书。

插画家、漫画艺术家埃德·威克斯勒给本书英文版的每位贡献者绘制了漫画肖像，遍布全书的其他几十幅插图也出自他的手笔。我们非常喜欢他的这些作品，希望你也一样。另外要特别感谢如下几位：采集有关芒格主义那部分内容的惠特尼·提尔逊，为我们撰写查理传略的迈克尔·布洛基，以及卡萝尔·卢米斯，她编辑了本书的好几个部分（而且帮了本书的编辑许多大忙）。

本书的制作团队成员见右图，后排从左到右依次是特拉维斯·盖洛普、卡尔·福特、斯科特·鲁尔、德怀特·汤姆普金斯、迈克尔·布洛基、史蒂夫·穆尔，中排从左到右依次是帕米拉·科赫、埃里克·哈特曼-伯吉、保罗·哈特曼、查尔斯·贝尔瑟、埃德·威克斯勒，前排从左到右依次是惠特尼·提尔逊、马尔库斯·考夫曼、彼得·考夫曼、卡萝尔·卢米斯、德比·博萨纳克、多尔蒂·奥伯特。

最后，如果你在阅读本书过程中得到的快乐，能够有我们编撰它时得到的快乐的一半，那么我们将会认为我们的努力取得了很大的成功。本书的制作并没有遇到什么波折，我们与查理及其家人、芒格家族众多朋友以及同事的交往尤为顺利。我们希望这本书能够配得上它的主人公——一位令人敬仰的好人。

查尔斯·赫尔曼·利亚曾经说:"一般人们都会承认,对一切图书的真正考验是在于它们给读者的生活和行为带来了怎样的影响。"我们希望我们的书能够通过这种考验,给你的生活带来持久的影响。

序言

巴菲特论芒格

沃伦·巴菲特

从1733年到1758年，本杰明·富兰克林借由《穷理查年鉴》传播了许多有用且永恒的建议。他赞扬的美德包括节俭、负责、勤奋和简朴。

在随后的两个世纪里，人们总是把本杰明关于这些美德的思想当成终极真理。然后查理·芒格站出来了。

查理原初只是本杰明的信徒，但很快开辟了新的境界。本杰明建议做的，到查理这儿变成必须做到的。如果本杰明建议节省几分钱，查理会要求节省几块钱。如果本杰明说要及时，查理会说要提前。和芒格苛刻的要求相比，依照本杰明的建议来过日子显得太容易了。

此外，查理还始终身体力行他所鼓吹的道理（对了，喔，他是这么卖力地鼓吹）。在本杰明的遗嘱中，他设立了两个小型慈善基金，这两个基金的目的是要向人们传授复利的魔力。查理很早就决定这是一项如

伙伴

此重要的课题而绝不能在死后才通过项目来传授。所以他选择自己来做复利的活教材,避免(任何)可能削弱他的榜样力量的那些铺张的开支。结果是,查理的家庭成员体会到坐巴士长途旅行的乐趣,而他们那些被囚禁在私人飞机里的富裕朋友则错过了这些丰富多彩的体验。

当然,在有些领域,查理则无意改善本杰明的看法。例如,本杰明那篇《选择女性伴侣的建议》的文章,就会让查理说出他在伯克希尔年会上常说的口头禅:"我没有什么要补充的。"

至于我自己,我想提供几条"选择合伙人的建议"。请注意。

首先,要找比你更聪明、更有智慧的人。找到他之后,请他别炫耀他比你高明,这样你就能够因为许多源自他的想法和建议的成就而得到赞扬。你要找这样的合伙人,在你犯下损失惨重的错误时,他既不

全部符合我这些特殊要求的人只有一个，他就是查理。

一位从不人云亦云、本身具备极强的逻辑推理能力的合伙人，是你所能拥有的最佳机制之一。
—— 巴菲特

会事后诸葛亮，也不会生你的气。他还应该是个慷慨大方的人，会投入自己的钱并努力为你工作而不计报酬。最后，这位伙伴还会在漫漫长路上结伴同游时能不断地给你带来快乐。

上述这些都是很英明的建议（在自我评分的测验中，我从来没有拿过甲等以下的成绩）。实际上，这些建议是如此之英明，乃至我早在1959年就决定完全遵守。而全部符合我这些特殊要求的人只有一个，他就是查理。

在本杰明那篇著名的文章中，他说男人应该选择年纪较大的伴侣，他为此列举了八个非常好的理由。他最关键的理由是："……最后，她们会感激不尽。"

查理和我成为合伙人已经有45年。我不知道他是否由于其他七个标准而选择了我。但我绝对符合本杰明的第八个标准：我对他的感激无以言表。

驳辞

芒格论巴菲特

查理·芒格

我想那些认为我是沃伦的伟大启蒙者的想法里有好些神话成分。他不需要什么启蒙。坦白说，我觉得我有点名不副实。沃伦确实有过发蒙的时候，因为他曾在本杰明·格雷厄姆手下工作过，而且赚了那么多的钱。从如此成功的经验中跳出来确实很难。但如果世上未曾有过查理·芒格这个人，巴菲特的业绩依然会像现在这么漂亮。

人们很难相信他的业绩一年比一年好。这种情况不会永久地持续下去，但沃伦的境界确实有所提高。这是很罕见的：绝大多数人到古稀之年便停滞不前了，但沃伦依然在进步。伯克希尔钱多成灾——我们拥有许多不断产生现金的伟大企业。等到沃伦离开的时候，伯克希尔的收购业务会受到影响，但其他部门将会运转如常。收购业务到时应该也还行。

我想到那时伯克希尔的最高领导人应该没有沃伦那么聪明。但别抱怨："天啊，给我沃伦·巴菲特40年之后，怎么能给我一个比他差的混蛋呢？"那是很愚蠢的。

导读

彼得·考夫曼

你将要踏上通往更好的投资和决策的非凡旅程。你也可能因此而对生活有更深的理解，这一切都要感谢查理·芒格——当代的本杰明·富兰克林——的风趣、智慧、演讲和作品。查理的世界观很独特，他用"跨学科的"方法让自己养成了清晰而简单的思维模式——可是他的观点和思想却绝不简单。请注意查理的思想是怎样地经受了时间的考验：本书中最早的讲稿发表于20年前，然而在今天，它的现实意义和当初并无二致。正如你很快将要发现的，查理进行观察和作出推论的基础是根本的人性、基本的真理和许多学科的核心原理。

贯穿全书的是芒格展示出来的聪慧、机智、价值观和深不可测的修辞天赋。他拥有百科全书般的知识，所以从古代的雄辩家到18、19世纪的欧洲文豪，再到当代的流行文化偶像，这些人的名言他都能信手拈来。其他人哪会让德摩斯梯尼（☞267页）、西塞

L·O·L·L·A·P·A·L·O·O·Z·A

lol·la·pa·loo·za [ˌlälə-pə-'lü-zə] 名词，俚语：
1. 出类拔萃的事物；
2. 通过专注、好奇、毅力和自我批评的结合，获得特殊能力，精通多元思维模型之人，如查理·芒格。

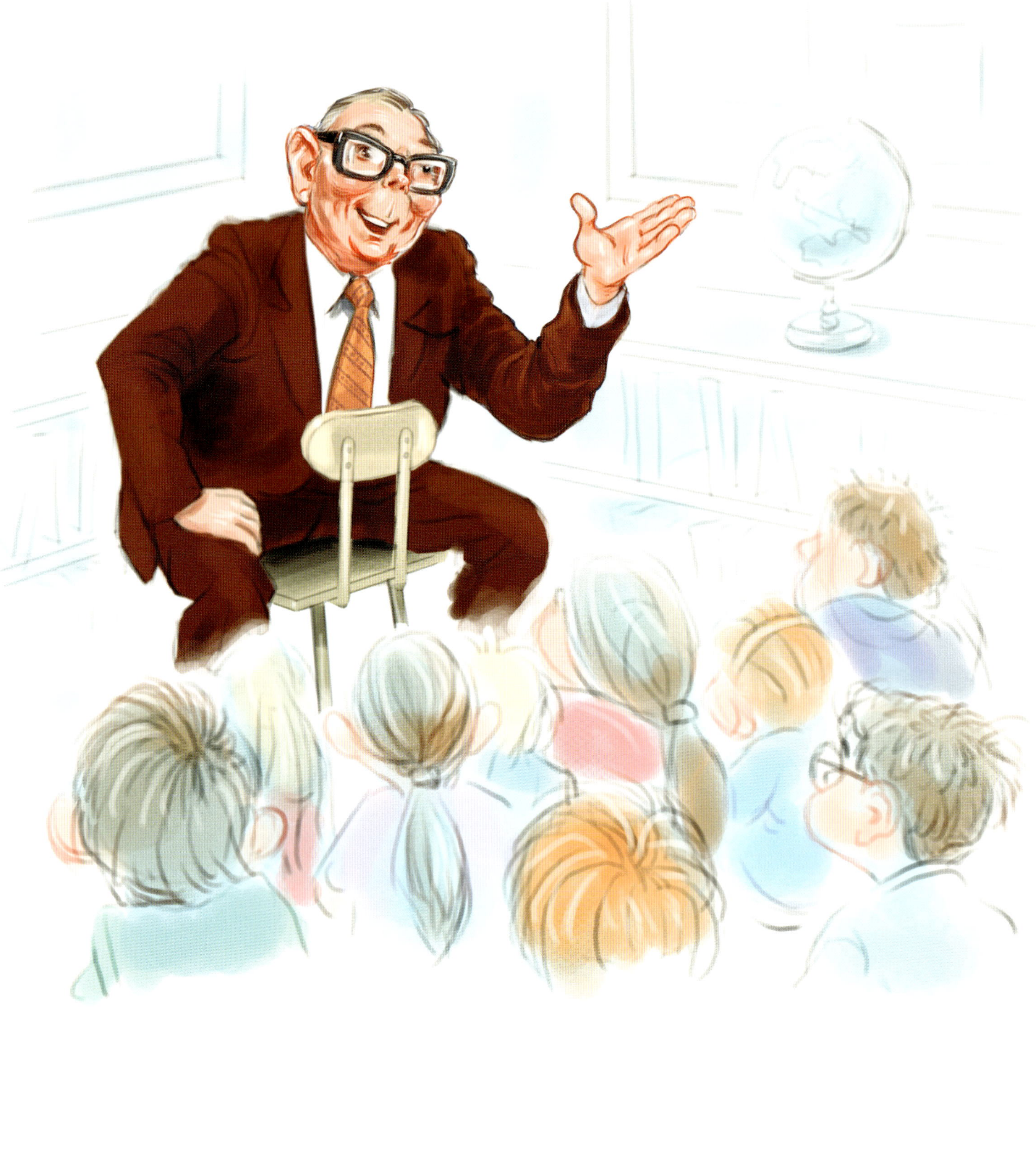

罗（☞ 59 页）和约翰尼·卡森（☞ 201 页）平起平坐，或者将当今的投资经理和尼采、伽利略、"踢屁股比赛中的独腿人"相提并论呢？或者让本杰明·富兰克林和伯尼·康菲德（☞ 356 页）进行普世智慧竞赛？把自嘲和想象力发挥得淋漓尽致的查理把自己比喻为一匹会数数的马，提议用"格罗兹的咖啡因糖水"作为可口可乐新的宣传口号以使之彻底失去市场，甚至证明"至少我年轻时并不是一个彻头彻尾的笨蛋"。在一次演讲（"关于现实思维的现实思考？"）中，查理甚至接受了如何白手起家建立一个 2 万亿美元的企业的挑战，然后动用他那多元思维模型，告诉我们如何才能完成这样的丰功伟绩。

在这里出现的引语、谈话和演讲均源自老派的美国中西部价值观，查理正是以这种价值观闻名的：活到老学到老，对知识抱有好奇心，遇事冷静镇定，不心生妒忌和仇恨，言出必行，能从别人的错误中吸取教训，有毅力恒心，拥有客观的态度，愿意检验自己的信念等等。但他的建议并不以大叫大嚷的警告的形式出现，查理利用幽默、逆向思维（遵从伟大的代数学家雅可比的指示，"反过来想，总是反过来想"）和悖论来提供睿智的忠告，引导人们应付最棘手的生活难题。

查理还非常有效地应用了历史和企业案例研究。在这些讲话中，他往往通过讲故事而非抽象说教的方法，巧妙地、有条不紊地表达出他的观点。他用来款待听众的是趣闻轶事，而非干巴巴的数据和图表。他清楚地认识并明智地利用了传统的讲故事人的角色作为复杂和详细信息的传递者。所以我们为他的讲稿配上了许多"框架"知识，以助读者加深记忆，或在需要时使用。

从这些谈话和演讲中可以清晰地看到，查理认为生活的决定比投资的决定重要。他那来自各种学科的思维模型反复地出现，却从不关注"企业组合投资策略"、"beta 系数"或者"资产定价模型"，而是以基本的公理、人类的成就、人性的弱点和通往智慧的崎岖道路为中心。查理曾经说："就像约翰·梅纳德·凯恩斯男爵那样，我想通过发财致富来变得独立。"对于查理而言，独立是赚钱的目的，而不是倒过来。

关于本书

> "如果你轻车熟路地走上跨学科的途径，你将永远不想往回走。那就像砍断你的双手。"

本书的开篇是查理的简略传记，它逐年记录了查理从普通的奥马哈孩童变为成功的金融大亨的过程。接着是第二版没有的新内容，查理受到西塞罗的《论老年》的启发，写下了他对晚年的思考，并交给了我们。随后，我们归纳了芒格的生活、学习、决策和投资方法。这部分的内容详细介绍了查理出乎其类的思考方法和拔乎其萃的工作伦理——这是他获得惊人成功的两大原因。《芒格主义：查理的即席谈话》收录的是他在以往的伯克希尔·哈撒韦公司（Berkshire Hathaway）和西科金融公司（Wesco Financial）年会上的犀利评论。

本书的后半部分是查理在过去 20 年来的谈话稿和演讲稿。本书是经过增订的第三版，我们添加了一篇新的文章，那是 2007 年 5 月 13 日查理在南加州大学古尔德法学院毕业典礼上的演讲。所以原本的"查理十讲"变成了没那么圆整的"查理十一讲"。这些演讲和谈话囊括了许多查理感兴趣的领域，从如何获得普世的智慧，到如何将他的"多元思维模型"应用于做生意，再到如何改进慈善基金所采纳的投资策略等等，这一切无所不包。第十一讲《人类误判心理学》是查理专门为本书而写的。每篇讲稿都值得你花时间好好品读，因为你不仅能够从阅读中得到乐趣，还能够从查理所笃信

的大量观念和行为中吸取精华。你很可能不会有更好的机会向某个如此聪明、如此坦诚的人学习。在演讲中,查理敞开心扉,毫无保留地说出他的想法。要特别指出的是,查理会反复地使用一些用语和例子。他是有意的:他知道对于要达到他所倡导的那种有深度的"熟练"来说,重复是教导的核心。

简单说下本书的风格和版式:查理对他在生活中遇到的几乎一切事物都有极强的好奇心。由于我们自己也曾遇到查理在他的讲话中提及的人物、地点和其他内容,所以我们为他的讲稿配上了相关的信息、照片和其他图画。例如,讲稿部分每页都加插了"边栏",用来解释概念,增添支持的声音,或者强调芒格某个重要的观念。我们希望这些边栏不仅能够提供信息,而且还能让你觉得好玩,甚至能够鼓励你亲自去寻找更多的相关内容。我们希望你阅读愉快,也希望你会欣赏查理·芒格的智慧和幽默 —— 那是我们这些认识他的人都很珍惜和期待从他那里得到的。

"这些年来,阅读给我带来许许多多的好处。"
在泰晤士河畔等待用午餐,1996。

第一章

芒格其人

查理·芒格传略

迈克尔·布洛基

> 最接近把一个人的生活重新过一遍的事情是回忆那种生活，并用文字记录下来，让这种回忆尽可能地长久。
>
> —— 本杰明·富兰克林

伯克希尔·哈撒韦的辉煌故事背后，是两位金融界的天才：广受赞誉的沃伦·巴菲特和他的"沉默伙伴"，以低调为乐的查理·芒格。

查理是沃伦的朋友、律师、顾问、"死对头"（沃伦曾经称他为可恶的"说不大师"），也是美国商业史上最成功的上市公司的最大股东之一。沃伦1964年接管了伯克希尔，几年后，查理也加入了管理层，自那以来，该公司的市值令人震惊地增长了13500倍，从1000万美元猛增到1350亿美元，而且该公司的流通股并没有增加多少。如此非凡的增长是这两位美国中西部人取得的杰出成就，他们齐心协力，发现和抓住了许多其他商人不断错过的机会。

沃伦是美国最受尊敬和知名度最高的商界领袖之一，而查理则有意地避开镁光灯，选择了相对默默无闻的生活。为了更好地理解这位复杂和极其低调的商人，我们必须从头开始。1924年1月1日，查尔斯·托马斯·芒格（Charles Thomas Munger）生于美国中部的内布拉斯加州奥马哈市。许多知名人士都是他的中西部老乡：威尔·罗杰斯（Will Rogers，

"有时我会跟朋友说：'尽我所能啦，可是，我以前也没变老过。这是头一遭，我也不确定能否事事顺遂。'"

这个场景注定将在查理随后的岁月里无数次地重复：在明尼苏达州卡斯湖成功地钓到大鱼。

查理和他的太太南希在驶离圣巴巴拉海岸的海峡猫号游艇上。

1879—1935，美国著名演员、喜剧明星）、亨利·方达（Henry Fonda，1905—1982，美国著名演员）、约翰·潘兴（John Pershing，1860—1948，美国著名军事家、陆军特级上将）、哈里·杜鲁门、沃尔特·迪士尼、安·兰德斯（Ann Landers，1918—2002，美国著名专栏作家）、杰拉尔德·福特——当然还有沃伦·巴菲特。

查理最初和巴菲特家产生交集，是在他成长的那些年，当时他在巴菲特父子商店工作。那是奥马哈市一家高档杂货店，与芒格家相隔六个街区。老板是沃伦的祖父恩尼斯特，他拥有这家商店的部分所有权。恩尼斯特是严格的纪律执行者，他安排手下的年轻工人每天上班12个小时，期间既不能进食，也不能休息。按照查理的说法，他的老板的反社会主义的态度可以从其设定的规矩看出来：老板要求孩子们下班时上缴两美分，那是新的社会安全法案规定的费用。他们得到的是两美元的日薪和一句忠告：社会主义是有问题的。

巴菲特杂货店的艰苦工作让查理和沃伦受益终生。在他未来的生意合伙人离开几年之后，年轻六岁的沃伦也在祖父恩尼斯特手下艰苦地工作过。

查理的正式教育始于邓迪小学，他的两位妹妹玛丽和卡萝尔也是该校的学生，他们在那里得到了正统的道德教育。老师们记得查理当年是个聪明的小孩，也表现得有点目中无人。他喜欢用通过阅读各种图书（尤其是传记）所获得的与日俱增的知识来质疑老师和同学们的传统智慧。如今，他已想不起最早接触本杰明·富兰克林的那些格言警句是在什么时候，但它们让查理对这位兼收并蓄的古怪政治家和发明家产生了不可磨灭的崇拜之情。查理的双亲阿尔弗雷德·芒格和弗罗伦斯·芒格夫妇鼓励阅读，圣诞节会给每个孩子送几本书当礼物；那些书通常在当天晚上就被狼吞虎咽地看完。

戴维斯家是芒格家的世交，两家离得很近，芒格经常去他们家翻阅埃德·戴维斯医生的各种医学期刊。埃德是他父亲最好的朋友，也是他们的家庭医生。由于早年接触了戴维斯医生的医学藏书，查理养成了终生对科学的兴趣。到了14岁那年，这个早熟的好学少年也变成了医生的好朋友。查理当年对医学特别感兴趣，他观看过戴维斯医生进行泌尿科手术的录像，并对类似手术的统计结果感到着迷。

"我这辈子遇到的聪明人（来自各行各业的聪明人）没有不每天阅读的——没有，一个都没有。沃伦读书之多，我读书之多，可能会让你感到吃惊。我的孩子们都笑话我。他们觉得我是一本长了两条腿的书。"

仓鼠饲养员和交易员

36 第一章 芒格其人

查理在家有饲养仓鼠的爱好，偶尔会拿它们跟其他孩子进行交易。查理敏锐的谈判能力甚至在小时候就已经锋芒毕露，他通常能够换来更大的或者有少见颜色的仓鼠。当他养的仓鼠达到 35 只时，他母亲勒令他停止这种爱好，因为他在地下室给仓鼠盖的窝实在太臭了。事隔多年之后，他的妹妹还记得，在查理放学回家喂仓鼠吃东西之前，家里人不得不忍受它们因为饥饿而发出的无穷无尽的尖叫。

查理上的是中央高中，它是一所规模非常大的公立学校，被认为是很好的大学预科学校。老师大多数是女性，他们对工作和学生都很认真负责。中央高中提供了传统的经典教育课程，查理当然学得很出色，因为他的逻辑思维能力很强，又很好学。

在母亲教会他读字母之后，查理就上学了，所以在小学和初中时，查理是班上年纪和个子最小的学生。由于身材实在太小，查理在常规的高中体育项目中毫无竞争力，所以他参加了射击队；因表现优异获得了杰出代表队员奖，最终还成了队长。他那件代表队毛衣（查理回忆说"在很小的襟部上绣着很大的字母"）引起许多校友的瞩目，他们很奇怪这个弱不禁风的小家伙怎么能得到优异奖。那是查理运气好，他父亲热爱户外活动，喜欢猎野鸭，而且很高兴他儿子的枪法神准。

20 世纪 20 年代的奥马哈是一个民族熔炉；不同种族和宗教的人们相安无事，生意上也互有往来，犯罪几乎是闻所未闻的事情。该市的居民既不锁家门也不锁车门，人们相互信任。孩子们在温暖的夏夜玩"踢罐子"游戏，在星期六的午后去看最新的"有声电影"，比如说《金刚》，那是查理八岁时的最爱。

20 世纪 30 年代是艰难时世，奥马哈受到大萧条的严重影响。查理亲眼看到贫苦大众的窘境，那让他终生难忘。他看到流浪汉在街上游荡，乞讨人们的施舍；也看到有人愿意清扫车道或者走廊，以便换取一个三明治。借助家人的社会关系，查理找到一份成天看马路上人来人往的无聊工作，每小时能赚 40 美分。查理喜欢这份工作多过在杂货店搬运沉重的货箱。

查理的爷爷是一位受尊敬的联邦法官，他的父亲也踏上法律的道路，成了一名成功的律师。查理的近亲受到大萧条的影响并不严重，但有些远亲深受其害。这个时代为年轻的

中央高中校徽

大萧条期间，奥马哈也未能幸免于难。查理的近亲并没有遭到太大的影响，但他的一些远亲深受其害。

查理提供了真正的学习经验。他爷爷伸出援手，拯救了查理的姑父汤姆开设在内布拉斯加州斯特朗姆斯伯格市的一家小银行，查理从中领教到了爷爷的慷慨仗义和精明的商业头脑。由于经济形势很糟糕，加上庄稼因为干旱而歉收，该银行的农民客户无力偿还贷款。汤姆累积了35000美元无法收回的贷款凭证，前来恳求芒格爷爷相助。这位法官拿出一半的身家来冒险，花了35000美元的第一抵押贷款来交换银行的那些不良贷款，从而使得汤姆能够在罗斯福的银行整顿期过后重新开门营业。法官最终收回了他的绝大部分投资，但那是很多年以后的事情了。

芒格法官还送他的音乐家女婿去上制药学校，并资助他买下一家位置上佳、因为大萧条而倒闭的药店。该药店后来财源广进，让查理的姑妈过上了有保障的日子。**查理学到这样的道理：只要相互支持，芒格家族就能度过美国历史上最糟糕的经济崩溃。**

幸运的是，阿尔·芒格的律师事务所在大萧条期间生意兴隆，当时美国最高法院同意复审一桩涉及由他代理的某家小型肥皂制造公司的税务案件，这给他带来了一笔横财。碰巧，最高法院的审理结果也会影响到行业巨头高露洁—棕榄公司。高露洁公司认为，这位中西部的律师缺乏必要的经验，根本无法在最高法院打赢官司，所以他们付钱请阿尔让贤，由某个著名的纽约律师来取代他的位子。这位大城市的律师输掉了官司，阿尔则把一笔可观的费用装进了口袋。后来他开玩笑地说，他要是接手这个案子，也有可能打输，而且赚到的钱更少。这笔钱的具体数目并没有被披露，但它和阿尔从其他客户那里赚到的钱加起来，足够让芒格一家在大萧条期间继续过着舒服的日子。查理也帮家庭分忧，他通过工作赚取自己的零用钱，从而亲身体会到了财务独立的价值。

1941年，大西洋彼岸战火正酣，查理从中央高中毕业，离开了奥马哈，前往密歇根大学就读。查理选择了数学作为他的专业，因为他被数学逻辑和推理所吸引。上了一门理科必修的基础课程之后，他也喜欢上了物理学。查理为物理学的魅力和广阔的研究范围而着迷，尤其让他印象深刻的是阿尔伯特·爱因斯坦这样的物理学家研究未知事物的过程。查理后来热衷于用物理学的方式来解决问题，他认为这是处理各种生活问题的有效技巧。他常常说，任何人要想获得成功，都应该学习物理学，因为它的概念和公式十分美丽地展现了正确理论的力量。

"由于受到第二次世界大战期间各种因素的刺激，我曾短暂地钻研过基础物理学。这次钻研极大地提高了我的智慧。结果我得到了更多的思维模式，所以我更不会成为寓言中那个'拿着铁锤的人'。"

当时部队急需上大学那个年龄段的人应征入伍。19 岁生日之后不久，在密歇根完成大二学业的查理加入了美国陆军航空兵团的一个军官培养计划，完成该计划之后，他将成为一名少尉。他被派往新墨西哥大学的阿尔布开克校区，学习自然科学和工程学，后来又被送到加利福尼亚州帕萨迪纳市，入读了声誉很高的加州理工学院。他专攻热力学和气象学——这是两门对当时的飞行员来说很重要的学科——被培养成一名气象学家。完成加州理工的学业之后，查理被分配到位于阿拉斯加州诺姆市的永久军事基地。

服役期间，他和年轻的南希·哈金斯结了婚。南希原籍帕萨迪纳，是他妹妹玛丽在斯克利普斯学院的好朋友。他们先后在阿尔布开克和圣安东尼奥安家，直到 1946 年查理从美国陆军航空兵团退役。查理和南希婚后不久便生下了他们的第一个孩子，那是一个男孩，他们给他起名叫泰迪。

虽然在几所大学念过书，但查理仍然没有学士学位。尽管如此，他借"退伍军人权利法案"，申请了哈佛法学院，他父亲也是该校毕业的。他没有本科学位，申请时处于劣势，但哈佛法学院的前院长罗斯科·庞德（Roscoe Pound，1870—1964，美国著名法学家）是他家的世交，便亲自为查理说情。查理被录取了，不过招生办决定让他先修本科的课程。

结果，查理轻而易举地在哈佛取得了成功，尽管在此期间他得罪了少数几个人。因为聪明过人（军队的测试表明他的智商极高），查理的行事往往出人意表，这通常被视为唐突鲁莽。实际上，查理只是有点毛躁，也不太喜欢在教室里跟同学玩笑嬉闹。尽管如此，他还是受到大多数同龄人的喜爱，也完全享受在哈佛丰富多彩的学生生活。

1948 年，查理从哈佛法学院毕业，同届学生有 335 人，他是 12 名优秀毕业生之一。他原本想加入父亲的律师事务所，但和父亲商量之后，他们两人都认为查理应该去更大的城市发展。于是，他启程前往南加州，当年还是加州理工学院的学生时，他就喜欢这个地方。通过加利福尼亚州的律师执业考试之后，他供职于赖特 & 加雷特律师事务所，该公司后来更名为穆西克、毕勒 & 加雷特律师事务所。查理在南帕萨迪纳修建了一座房子，房子是由他的建筑师姨父弗雷德里克·斯托特设计的；他、南希和他们的三个孩子——泰迪、莫莉和温蒂——就住在那座房子里。

"我在加州理工只读了九个月，那是'二战'期间，陆军航空兵团安排我在那里进修气象学。当年，甚至是现在，预测天气就像利用赛马的资料来预测赛马的结果。如果不是战争的压力，我对气象学的兴趣是零。"

左 / 哈佛大学法学院前院长罗斯科·庞德亲自出面，让查理被哈佛录取。

右 /"说起来挺伤心的，但确实不是每个人都喜欢我。"

虽然外表风光无限，但查理的世界并非阳光普照。他的婚姻遇到了问题，他和他的妻子最终在1953年离婚。在那之后不久，查理得知他深爱的儿子泰迪罹患了致命的白血病。这对29岁的查理而言是难以承受的打击。当年骨髓移植尚未出现，白血病是没有希望治愈的绝症。有个朋友记得，那时查理会到医院探望垂死的儿子，然后痛哭着走在帕萨迪纳的街头。

在这段伤心的日子里，他的好友和律师事务所合伙人罗伊·托尔斯通过朋友搭线，安排查理和住在洛杉矶的南希·巴里·博斯韦克见面。她是斯坦福的毕业生，离了婚并有两个儿子，他们的年龄和查理的两个女儿差不多大。查理和南希有很多共同的爱好，相处得很快乐；在几个月的约会之后，他们订婚了。他们在1956年举办了一个小型的家庭婚礼，四个从四岁到七岁的孩子（男方的两个女儿和女方的两个儿子）参加了婚礼。

1956年1月27日,查理和南希·巴里·博斯韦克结婚。

查理和南希在南希位于洛杉矶西部丘陵地带的房子住了好几年。后来为了缩短查理上下班的距离并加上其他原因,他们搬到汉考克花园,现在他们还住在那里。他们修建的房子很大,足以容纳这个人数不断增加的家庭:他们后来又生了三个儿子和一个女儿,总共拥有八个子女。幸运的是,他们两人都喜欢孩子!他们还喜欢高尔夫、海滩和社交俱乐部。查理和南希很快加入了大学俱乐部、加州俱乐部、洛杉矶乡村俱乐部和海滩俱乐部。

由于背起了许多新的责任,查理在他的律师事务所卖命工作。即使是这样,他的收入仍然不能让他满意,因为律师的收入是按小时收费的,而且跟年资有关。他想要拥有相比资深律师更多的收入。查理想要成为他的律师事务所客户中一些大资本家那样的人物,尤其是哈维·穆德 —— 他后来创办了以自己的名字命名的学院。在南希的支持下,他进行了律师业务之外的投资,寻求别的赚钱办法。然而,他并没有忘记他祖父教导的铁律:专注于当前的任务,控制支出。

查理一直对伦敦街头的建筑物极感兴趣。

应用这种保守的方法，查理抓住了许多发财致富的机会。他开始投资股市，并且获得了某个客户几家电器企业的股权——这种做法在20世纪50年代中期和60年代的美国律师中很常见。这项投资对双方都有利：查理获得了宝贵的经商知识，而他的客户则享受到了一位精通领域不仅限于法律的律师的先见之明。

1961年，查理第一次涉足房地产业，投资伙伴是他的客户和朋友奥蒂斯·布思。他们在加州理工学院附近的空地修建了分户式产权公寓，这项投资大获成功，两位合伙人投入了10万美元，得到了30万美元的可观利润。查理和奥蒂斯接着在帕萨迪纳成功地开发了另外一个项目。查理后来还在加州阿罕布拉市参与了一些相同的项目。在不断地谈判和签约的过程中，他的商业触觉变得更加敏锐了。他把从上述投资赚到的钱用于房地产开发，这样一来，他所做的项目就变得越来越大。等到1964年他收手的时候，光是房地产开发就给他带来了高达140万美元的收益。

1962年2月，他和四个来自穆西克、毕勒＆加雷特的同事合伙成立了新的律师事务所。最初的五位合伙人分别是罗伊·托尔斯、罗德里克·希尔斯、狄克·艾斯本思赫德、弗雷德·沃尔德和查理。后来成为合伙人的还有罗德的太太卡尔拉，以及詹姆斯·伍德，他是一个独立的执业律师，也是希尔斯家的好友，而且重要的是他有一位客户。他们把律师事务所命名为芒格、托尔斯＆希尔斯。多年以来，这个事务所更改了几次名字，但总是以芒格、托尔斯开头。随着罗纳德·奥尔森的加入，它最终变成了芒格、托尔斯＆奥尔森，简称"芒格托尔斯"或者"MTO"。

对于当年的芒格来说，在律师业的成功只是事业的起点，而非最终的目标。差不多在创办新的律师事务所的时候，他同时也在仔细地设计退出该行业的方案。查理和杰克·惠勒一起建立了一家投资合伙公司，后来阿尔·马歇尔也加入他们。几年之前查理有了这个投资合伙公司的想法，当时查理的父亲去世了，查理必须返回奥马哈料理后事。为了欢迎查理回家，查理的朋友兼医师埃德·戴维斯医生的子女们安排了一个晚宴。戴维斯的两个儿子埃迪和尼尔都是查理童年的死党，那个时候他们已经成了医生，而他们的妹妹薇拉则嫁给了奥马哈的商人李·希曼。**出席晚宴的有薇拉和李·希曼、尼尔和他的妻子琼，以及一个叫做沃伦·巴菲特的小伙子。**

"我想你要是在为心爱的女人购买珠宝，你可能就不会计较花了多少钱。"

左 / 查理论吸引客户:"关键是把手头工作做好……把手头工作做好。把已经拥有的客户照顾好,其他的自然会来找你。"

右 / 查理的父亲阿尔弗雷德·芒格。查理正是因为回家料理父亲的后事,才会遇到沃伦·巴菲特。

查理认识沃伦的家人,因为他早年曾在巴菲特父子商店工作过;沃伦也听说过查理,那是几年前他在奥马哈募集投资资本金的时候。有一次,沃伦遇到戴维斯医生和他的太太多萝西,向他们解释自己的投资哲学,他们同意把毕生积蓄的很大一部分 —— 10 万美元 —— 交给他。为什么呢?医生解释说沃伦让他想起了查理·芒格。沃伦并不认识查理,但至少已经有了一个喜欢他的理由。

在这次回家的晚宴上,查理和沃伦发现他们有很多相同的想法。餐桌上其他人也明显地看出来这将会是一次惺惺相惜的交谈。那天晚上,两位年轻人 —— 沃伦 29 岁,查理 35 岁 —— 相谈甚欢,他们无所不谈,话题包括商业、金融和历史的许多方面。如果其中一方在某个方面的知识比较丰富,另外一方就会很兴奋地洗耳恭听。

沃伦对查理继续从事律师职业不以为然。他说查理固然可以把当律师作为一种爱好,

沃伦·巴菲特答问录

好啊，第一个问题是，你是在什么时候、什么地方第一次见到查理·芒格的？你们怎么会认识？

嗯，我最早遇到查理，是在1959年，当时戴维斯家的人介绍我认识他。戴维斯医生之前总是说我很像芒格，我想知道那到底是恭维还是侮辱。所以，当1959年查理返回奥马哈的时候，戴维斯家的人安排我们去吃晚饭；当时应该是在一个小包厢里，就我们两个和戴维斯家的几位。那天夜里某个时刻，当查理为自己讲的笑话而笑得前俯后仰时，我知道我遇到气味相投的人了。

你对他的第一印象是什么？

我的第一印象是，我遇到了某个和我有很多相同之处的人。我也经常为自己讲的笑话而笑得前俯后仰，也喜欢掌控对话的主动权。那天晚上，查理在这方面做得比我成功一点，但我从他那里学到很多东西。

那很好啊。喏，现在要提个大问题啦，他成功的秘密是什么？

嗯，有一次，有位漂亮的女士坐在查理身边，问是什么因素促成了他的成功，而且不幸的是，这位女士非要查理用一个词来回答。他当时准备了一通几个小时的长篇大论，但是女士强迫他用一个词来概括，于是他说他很"理性"。你知道的，他天生就是很理性的人，并把它用在做生意上。在其他方面，他倒不是一直都很理性，但在生意场上绝对是，那让他取得了巨大的商业成绩。

你认为还有哪些道德品质为他的成功作出贡献吗？

实际上，我认为他那些道德品质真的来自他十分敬佩的本杰明·富兰克林。我是说，他为人诚实正直，他做的总是比他的分内事要多，而且从来不抱怨其他人做了什么。我们合伙了40年，他从来不对我做的事情放马后炮。我们从来没有发生过一次争执。我们对许多事物的看法有时会有分歧，但他是个完美的合伙人。

你觉得他最异乎寻常的特点是哪些？

要我说的话，查理的一切都是异乎寻常的。我花了40年在他身上找寻常的东西，现在还没找到呢。查理谱写了他自己的乐曲，那是真的没有人听过的乐曲。所以，我想说的是，我想不到有谁可以和查理归为一类。他是独一无二的。

最后一个问题，你认为南希给他的生活造成了什么影响？

我必须指出的是，查理并不寻找任何人来影响他，但尽管如此，南希还是干得很漂亮。如果我是婚姻介绍所的人，我可不愿意查理成为我的客户。

苏丝·巴菲特答问录

告诉我们沃伦和查理第一次相遇的情况吧。

他们最早相遇的那天晚上,尼尔·戴维斯把他们都请到这家餐厅来,我看着这两个人,心里想,尼尔把他们俩带到一起,是想要看这两个自负的人相互较劲吧?因为这是两个强势、爱说话、极其聪明的家伙。让我吃惊的是,沃伦居然肯安静下来,让查理掌握话语权。我还从来没有看到过那样的情况。沃伦总是掌控对话的一方,我从来没见到有谁能把这个角色抢走,那天晚上他把它让给了查理。这太少见了,我永远不会忘记那个晚上。

那种情况很少见吗?

嗯,沃伦的才思通常比其他人敏捷得多,他就是比谁都聪明得多,敏捷得多。我是说,他总是情不自禁地掌控话语权。你知道的,当时是查理"主导"。我真的感到很好奇。在那之后发生的事情已经是传奇啦。

我想当时沃伦觉得查理是他遇到的人中最聪明的,查理也觉得沃伦是他遇到的人中最聪明的。他们都只对对方有这种感觉,后来也是这样,所以我想,他们对彼此的智力的尊敬是起点。你知道的,后来他们发现彼此还有很多共同点,比如说都很正直,等等。他们是天造地设的一对。

那是很令人兴奋的。他们在相处时,我总是能够看到他们之间的化学反应,他们的热情都被点燃了。那真的、真的很棒。我认为沃伦是他们家的怪胎,查理在他们家或许也是,他们就是那么幸运地相互认识了。

你认为南希给查理的生活带来了什么影响?

我认为查理生活的方方面面都因为南希而变得更好了,这是大家有目共睹的。她做事是那么优雅、幽默和庄重。和其他所有认识这位了不起的女性的人一样,我也很喜欢她—我尊重她,爱戴她,她是个非常重要的人物。查理一生中有很多幸运的事情,我想他最幸运的就是遇到南希吧。

芒格之女温蒂·芒格在1998年11月对沃伦·巴菲特和苏丝·巴菲特进行了这两次访谈。苏丝·巴菲特于2004年7月去世。

可是当律师赚的钱没有沃伦正在做的事情赚得多。沃伦的逻辑帮助查理在经济条件许可的时候第一时间放弃了律师生涯。

查理返回洛杉矶之后，他们的交流还在继续，通过电话和长长的信件，有时他们的信长达九页。他们都明白两个人注定要一起做生意。**他们之间不存在正式的合伙关系或契约关系 —— 这种纽带是由两个相互理解、相互信赖的中西部人的一次握手和拥抱创造出来的。**

他们的伙伴关系带来了许多好处：友谊、投资机会，以及那种理解彼此的思想和言语的独特能力。后来，他们各自领导的两家机构也开始互利互惠。沃伦投资或者收购企业的时候，会请芒格托尔斯律师事务所当法律顾问，他能随时享有全国顶尖的律师事务所，这给他带来了很多收益。与此同时，芒格托尔斯除了获得巴菲特的顾问费之外，也有其他收获，因为巴菲特的声誉给律师事务所带来了更多的高端客户。

但芒格托尔斯律师事务所并非唯利是图。芒格个人的生活原则在这个律师事务所也有所体现，该所不事声张地为洛杉矶地区的贫困人民和弱势群体提供了大量的法律援助服务。**时至今日，查理对该所的律师仍有影响，他总是提醒他们，"别只看到钱"，要"选择那些你愿意与他交朋友的客户"**。虽然芒格早在1965年就离开了这家律师事务所，只在那里干了三年，但他对该所的影响仍然是不可磨灭的，这可以从下面这点看出来：他的名字依旧排在该所175名律师的前列。离开的时候，他并没有撤出他在该公司的股份。相反地，他主动将他的股份划给他的年轻合伙人弗雷德·沃尔德 —— 他死于癌症，留下了一个妻子和几个子女。

查理追求财务独立的计划很快获得了巨大的成功。他和杰克·惠勒合伙投资创立了惠勒芒格公司，他花了许多时间来打造该公司的资产基础。他也花时间参与了各种房地产开发项目。所有投资都是一帆风顺，没有遇到重大的波折。在惠勒芒格公司，查理用他自己的钱和其他人的钱来投资股票。查理更专注于让他的资本运转起来，而不是吸引新的客户。因为杰克·惠勒在太平洋海岸股票交易所拥有两个席位，惠勒芒格公司只需支付很低的交易费用，同时惠勒和芒格将行政开销一直保持在接近零的水平上。

太过相似？

查理对两个人太过相似的"担心"在2005年接受《基普林格个人理财杂志》的访谈中显露无遗："沃伦·巴菲特和你在投资及决策方面的分歧多吗？""不多。这就是问题所在：如果我们之中有一个人看好某件事情，往往意味着两个人都会看好。"

芒格、托尔斯&奥尔森律师事务所

MUNGER, TOLLES & OLSON LLP

> 查理·芒格在他的从业生涯中一直在研究那些获得成功的人生和其他那些留下遗憾或者遭遇失败的人生。这种研究让我们明白他为什么拥有那么渊博的知识,为什么仍旧是芒格、托尔斯 & 奥尔森最重要的精神导师。
>
> —— 罗纳德·奥尔森

芒格、托尔斯 & 奥尔森律师事务所是1962年芒格和其他六位合伙人创办的,是当今美国一流商业律师事务所之一,在洛杉矶和旧金山设有办事处。它的诉讼律师和非讼律师专注于替客户解决最重要的问题。查理的威望和那些朴素的箴言对该所产生了深远而持续的影响,促使该所的律师不知疲倦地致力于理解和解决客户的问题。这家律师事务所基本上不采用传统的律师事务所营销方式,而是听从查理的建议:"带来新客户的最佳办法就是把手头工作做好。"该所的律师和沃伦、查理紧密合作,处理伯克希尔·哈撒韦的各种事务。罗纳德·奥尔森曾经负责解决所罗门兄弟公司债券拍卖问题的一系列谈判。罗伯特·邓汉姆1991年离开该所,出任所罗门的总顾问(当时巴菲特是临时首席执行官),并在巴菲特辞职之后担任所罗门的董事长和首席执行官。1998年,在所罗门被现在的花旗集团收购之后,邓汉姆回到了芒格、托尔斯 & 奥尔森。该所的律师继续处理伯克希尔的并购业务和其相对而言极少的重要诉讼。

罗伯特·邓汉姆
芒格、托尔斯 & 奥尔森律师事务所合伙人,西科公司董事

罗纳德·奥尔森
芒格、托尔斯 & 奥尔森律师事务所合伙人,伯克希尔·哈撒韦公司董事

《福布斯》400 富豪榜

查理·芒格

16 亿美元。
投资业。洛杉矶。
80 岁。离异，再婚；8 个子女。

与合伙人沃伦·巴菲特相比，他得到的赞美没那么多，财富更是少得多，但仍是伯克希尔·哈撒韦的重要人物。自 1978 年以来担任该公司的副董事长，擅长复杂的投资分析。1959 年与巴菲特相识，随后开始投资伯克希尔。其他投资：持有开市客公司（Costco Wholesale，零售业）、每日快讯（Daily Journal，法律报纸）和传家地产（Price Legacy，地产投资）的表决权股。热衷教育事业，捐赠了帕萨迪纳市亨廷顿图书馆的新楼；是哈佛—西湖中学的校董。

《福布斯》，2004 年 10 月 11 日

随着时间的流逝，查理和沃伦继续给对方打电话和写信，分享他们的想法和投资理念。有时候他们会同意投资同一家公司。有时候他们的意见产生了分歧。慢慢地，他们各自独立的投资产生了交集。沃伦投资了蓝筹印花公司，变成最大的个人股东。查理变成了第二大股东，最终，伯克希尔公司将其收归旗下。

查理和惠勒的合伙关系从 1962 年持续到 1975 年。惠勒芒格公司的前 11 年表现非常优异，年均复合毛收益率为 28.3%（净收益率为 20%），同期道指年均复合增长只有 6.7%，而且没有出现收益下滑的年份。但这家合伙公司在 1973 年和 1974 年的大熊市中遭到了沉重的打击，这两年的亏损率分别为 31.9% 和 31.5%，因为该公司的主力重仓股蓝筹印花公司和新美国基金下跌得很厉害。该公司的业绩出现了下滑，尽管用查理的话来说，他"那些主要的投资最终肯定能以高于市场报价的价格售出"。不过这家合伙公司在 1975 年强劲

答题人

伯克希尔年会有 20000 人参加，西科年会有将近 500 人出席。在大约六个小时的伯克希尔年会和三个小时的西科年会上，查理无需彩排，也无需把问题显示在屏幕上，他只用铅笔和白纸，回答各种各样的提问。下面这个例子来自 2004 年西科年会：

问：下星期五晚上开渔我想要去明尼苏达州的鹰湖钓大眼鳜。你有什么技巧或鱼饵推荐吗？

答：我不钓鼓眼鱼啦，年纪大了之后，我只钓鲈鱼了。但在我的湖里，鼓眼鱼在晚上比较好钓。

反弹，年度收益猛增 73.2%，将 14 年的年均复合回报率提高到 19.8%（净回报率 13.7%），而同期道指的年均复合增长只有 5%。

在这段艰难经历之后，查理效法巴菲特，最终决定不再直接为投资者管理基金（沃伦在 1969 年关闭了他自己的合伙公司）。他们决定通过控股一家股份公司来建立财富。惠勒芒格公司清算的时候，它的股东得到了蓝筹印花公司和多元零售公司的股份。这些股份后来被转为伯克希尔·哈撒韦的股票，1975 年底的收市价是 38 美元。如今，每股价格超过 85000 美元（2005 年本书英文版首次出版的时候），使查理成为《福布斯》400 富豪榜上的一员。虽然查理对钱多钱少其实无所谓，但他为自己的名字出现在这样的榜单上而感到懊恼。尽管个人形象很健康，查理还是喜欢低调。

伯克希尔·哈撒韦在沃伦和查理的领导下获得非凡成功的故事已经在其他地方被讲述过很多次，所以这里就不赘述了。总而言之，在挑选价值被低估的公司、然后从公开市场上购买大量的股票或者直接将它们收购方面，他们的业绩是无与伦比的。他们收购了各种各样的企业，包括约翰斯·曼维尔公司、《布法罗晚报》、飞行安全国际公司、Netjets 飞机租赁公司、邵氏地毯、本杰明·摩尔油漆公司、政府职员保险公司和冰雪皇后公司等。此外，他们还在公开市场上收购许多上市公司的大量股票，这些公司包括《华盛顿邮报》、可口可乐、吉列和美国运通。大多数情况下，他们的主要投资都是长期的——实际上，他们仍然拥有几乎每一家他们直接收购的企业。

本杰明·富兰克林的职业生涯横跨政府、商业、金融业和工业多个部门；每当公开发表演讲或找到听众的时候，不管何时也无论听众是多是少，查理总是流露出对他的仰慕。在喜诗糖果公司 75 周年庆典上，查理说："我本人是个传记爱好者。我认为当你试图让人们学到有用的伟大概念时，最好是将这些概念和提出它们的伟人的生活与个性联系起

查理·芒格的投资合伙公司的投资业绩

表5—查理·芒格

年 份	麻省投资者托拉斯收益率（%）	投资者股票基金收益率（%）	雷曼收益率（%）	三大洲基金收益率（%）	道指收益率（%）	合伙公司毛收益率（%）	有限责任合伙人净收益率（%）
年度业绩							
1962	-9.8	-13.4	-14.4	-12.2	-7.6	30.1	20.1
1963	20.0	16.5	23.8	20.3	20.6	71.7	47.8
1964	15.9	14.3	13.6	13.3	18.7	49.7	33.1
1965	10.2	9.8	19.0	10.7	14.2	8.4	6.0
1966	-7.7	-9.9	-2.6	-6.9	-15.7	12.4	8.3
1967	20.0	22.8	28.0	25.4	19.0	56.2	37.5
1968	10.3	8.1	6.7	6.8	7.7	40.4	27.0
1969	-4.8	-7.9	-1.9	0.1	-11.6	28.3	21.3
1970	0.6	-4.1	-7.2	-1.0	8.7	-0.1	-0.1
1971	9.0	16.8	26.6	22.4	9.8	25.4	20.6
1972	11.0	15.2	23.7	21.4	18.2	8.3	7.3
1973	-12.5	-17.6	-14.3	-21.3	-13.1	-31.9	-31.9
1974	-25.5	-23.6	-30.3	-27.6	-23.1	-31.5	-31.5
1975	32.9	33.3	30.8	35.4	44.4	73.2	73.2
复合业绩							
1962	-9.8	-13.4	-14.4	-12.2	-7.6	30.1	20.1
1962-3	8.2	0.9	6.0	5.6	11.5	123.4	77.5
1962-4	25.4	15.3	20.4	19.6	32.4	234.4	136.3
1962-5	38.2	26.6	43.3	32.4	51.2	262.5	150.3
1962-6	27.5	14.1	39.5	23.2	27.5	307.5	171.3
1962-7	53.0	40.1	78.5	54.5	51.8	536.5	273.0
1962-8	68.8	51.4	90.5	65.0	63.5	793.6	373.7
1962-9	60.7	39.4	86.9	65.2	44.5	1046.5	474.6
1962-70	61.7	33.7	73.4	63.5	57.1	1045.4	474.0
1962-71	76.3	56.2	119.5	100.1	72.5	1336.3	592.2
1962-72	95.7	79.9	171.5	142.9	103.9	1445.5	642.7
1962-73	71.2	48.2	132.7	91.2	77.2	959.3	405.8
1962-74	27.5	10.3	62.2	38.4	36.3	625.6	246.5
1962-75	69.4	47.0	112.2	87.4	96.8	1156.7	500.1
年均复合回报率	3.8	2.8	5.5	4.6	5.0	19.8	13.7

表5的业绩属于我的一位朋友，他是哈佛法学院的毕业生，也是一家大型律师事务所的创办人。我认识他是在1960年前后，当时我告诉他，当律师作为爱好不错，但他可以做得更好。他成立的合伙公司和沃尔特（沃尔特·史洛斯，该文提到的另一位超级投资者）的完全不同。他的投资组合集中在非常少的几只股票上，因而，他的投资业绩波动要大得多，但也是基于同样的价值投资策略。从历年的结果可以看出，他愿意接受业绩出现更大的起伏，他恰好是一个心理结构倾向集中的人，业绩显示也是如此。碰巧的是，这份业绩属于查理·芒格，他是我的合伙人，多年来和我共同管理伯克希尔·哈撒韦。然而，当他运作他的合伙公司时，他的投资组合和我以及前面提到的几位几乎完全不同。

（摘录自沃伦·巴菲特的文章"格雷厄姆—多德斯维尔式的超级投资者"）

巴菲特在此篇文章中将恩师格雷厄姆及其合作者多德的名字地名化为"格雷厄姆—多德斯维尔"，称投资界不成比例的成功者均来自这小小的智慧村落（即遵循二人的投资理念）。

沃伦和瑞克谈"船长查理"

"沃伦,你说查理为什么要造这艘巨大的游艇啊?"

"嗯,整个航海界一直都有这个疑问,实际上,我们两人知道答案。瑞克·格伦和我曾经在明尼苏达遇到一件事,当时风和日丽,湖面上波平如镜,查理在没有任何外力的帮助下,硬是把一艘船弄沉了。当瑞克和我就要第三次沉到水里的时候,我们大声地对查理说,下次他应该搞一艘比较稳定的船。我们认为,有了这艘甲板面积达 3400 平方英尺的海峡猫号游艇,查理终于找到了一艘他能够驾驶,并且只凭他一个人的力量弄沉风险不大的船。"

瑞克·格伦补充说:"第一次从水底冒出来的时候,我发现我正好和沃伦面对面。他的眼睛变得像茶碟那么大。把他救起来之后,我才意识到我错过一个巨大的机会,你应该在救某人之前和他谈报酬,而不是把他救起来之后再谈。谁知道呢,我当时要是头脑清醒一点,现在说不定,只是说不定啦,已经是伯克希尔·哈撒韦的董事长啦。顺便说一声,我管查理那艘游艇叫'芒格的蠢事'。那是查理唯一做过的完全非理性的事情。"

查理的结语是:"设计和建造那艘船是很好玩的事,怎么就非理性了呢?"

海峡猫号游艇
加利福尼亚圣巴巴拉

查理论当合伙人

"合伙人最好能够独立工作。你可以当一名指挥型的合伙人、服从型的合伙人,或者一名总是平等协作的合伙人。我三种都当过。

人们无法相信我突然让自己变成沃伦的一名服从型合伙人,但有些人很好,你成为他的服从型合伙人也挺好的。我并没有妄自尊大,对此无法接受。总是会有人在某些方面比你优秀。你必须先成为下属,然后才能成为领导。人们应该学会扮演各种角色。"

"PARTNERS"

来。我想你要是能够和亚当·斯密交朋友,那你的经济学肯定可以学得更好。**和'已逝的伟人'交朋友,这听起来很好玩,但如果你确实在生活中与那些有杰出思想的已逝的伟人成为朋友,那么我认为你会过上更好的生活,得到更好的教育。这种方法比简单地给出一些基本概念好得多。**"

富兰克林用他自己赚到的钱达到了财政独立的目标,所以他能够专注于社会改良。查理仰慕他的精神导师的这种品质,努力效仿富兰克林。他长年参与管理撒玛利亚医院和哈佛—西湖中学,这两家机构都在洛杉矶,他都担任过主席。多年以来,他和南希一直资助斯坦福大学、亨廷顿图书馆,以及加利福尼亚州圣马力诺市的艺术收藏中心和植物园。他

查理·芒格的慈善课程

查理·芒格曾经对一群基金会的财务官员发表过题为"一流慈善基金的投资实践"的演讲,在演讲快结束的时候,他说:

> ……现在出现了一种有害的趋势,美国越来越多有道德感的青年才俊醉心于收益丰厚的资产管理及其随之而来的现代摩擦,而对那些能够给别人带来更多价值的工作则不屑一顾……从前的查理·芒格(他说起他自己)为这些年轻人提供了一种可怕的职业榜样,因为与他从资本主义得到的好处相比,他对文明作出的回报还不够多。

我能够用切身的体会来证明"后来"的查理·芒格已经变成一个令人钦佩的模范,给文明作出了许多回报。南希·芒格和查理·芒格总是稳定地、慷慨地捐款给许多教育机构和研究机构,但是他们从不张扬;后来他们资助了一些重要的新建筑物的建设,这才使他们的善举为世人所知。他们最初捐建的是位于加州北好莱坞的哈佛—西湖中学的科学中心,查理是该校的校董。后来他们又在此地为亨廷顿图书馆修建了新楼,该楼被命名为南希·芒格和查理·芒格研究中心;现在他们又继续捐资为斯坦福大学法学院兴建新的研究生宿舍楼,落成之后将会供法学院、商学院和其他学院的研究生入住。

亨廷顿是一所独立的研究型图书馆,位于加利福尼亚州圣马力诺市,是由铁路大亨亨利·亨廷顿在1919年设立的。它的主要功能是支持人文学科和社会科学方面的高级研究。该馆的馆藏强项是英美历史、文学、科学史、医学和技术方面的图书。图书馆藏书总量超过600万册,每年接待大约1800名进行博士后研究的学者。南希·芒格曾经担任该馆理事十年之久,现在仍是名誉理事。退而不休的她和查理希望送给这家机构一份厚礼,这家研究型图书馆的设施亟需扩建,于是他们决定捐款资助。

他们捐赠的建筑物在2004年9月举行了命名仪式,同年11月中旬完全向学者开放。这是一座9万平方英尺的楼宇,新添巨大的藏书空间、一个用于查阅罕见资料的宽敞浏览室、供驻馆学者使用的办公室、新的会议室和摄影室,还有一套供图书馆管理人员使用的办公室。

和芒格夫妇一起工作,尤其是和查理共同确定芒格研究中心的布局和功能,是一种非常美妙的体验。查理对该建筑的外观有许多具体的想法,他设计了新古典式的外立面,使得这座房子和亨廷顿图书馆那些历史悠久的建筑相得益彰。不过查理把新楼内部的功能规划留给我的职员和我去完成。这是个复杂的过程,因为我们的预算不能超过他们捐款的数目,而且还必须考虑到已有的图书馆建筑,从1929年到1984年,这座图书馆增加了五幢楼宇。在

项目施工期间，我意识到查理提出了一个精妙的数学问题让我们来解决，而且就像他参与其中的每件事一样，他期待得到合理的结果。我们雇用了帕萨迪纳的伯爵公司，这家兼营设计与施工的公司是查理向我们推荐的，最终我们拥有了一座宽敞的、功能齐全的建筑，它将在整个21世纪服务于我们的馆藏和学者。我们不但按时完工，而且预算还略有节余，但就在这座建筑成型期间，芒格夫妇的一些朋友和几家基金会也捐了款，作为装修和运作所需的费用。结果，我们得到了一个漂亮的、精装修的、功能齐全的研究中心，以及四年的运转资金，这让我们有时间来募集更多的经费。

上面提到查理的演讲，那次演讲另外一个重要的部分是"……能够给别人带来更多价值的工作"。南希·芒格和查理·芒格馈赠给亨廷顿图书馆的芒格研究中心使我们能够成功地为这个世纪的学者提供价值。从资金中创造价值，这无论在慈善业还是投资业都同样重要。这是查理·芒格另外一堂重要的课程的结束语。

——戴维·齐德伯格
亨廷顿图书馆斯坦顿·艾维里分馆负责人

本书原版销售的净收益均捐献于亨廷顿图书馆芒格研究中心。

> 认为不做好人也可以成为伟人的想法真是大错特错，我敢保证，人世间真正的伟人同时也必定是真正道德高尚的人。
>
> —— 本杰明·富兰克林

们最近捐建了亨廷顿图书馆的一座大楼，该楼名叫芒格研究中心。虽然查理自称是保守的共和党人，但他却大力提倡计划生育。他认为女性只有热爱孩子才能生育。他还资助各种旨在改善教育环境和教育质量的活动。身为8个孩子的父亲和16个孙辈的祖父，查理认为他的财富应该用于帮助子孙继承一个更美好的世界。

聪明绝顶的查理·芒格如今仍是他最好的朋友沃伦·巴菲特的宝贵合伙人，也仍是更广阔的商业世界的导师。他们联手创建了历史上最成功和受到最广泛尊敬的公司之一。

歌颂长者：芒格论晚年

受西塞罗《论老年》启发

马尔库斯·图卢斯·西塞罗
Marcus Tullius Cicero
公元前 106—公元前 43

马尔库斯·图卢斯·西塞罗活到 63 岁，在那个年代算是长寿的罗马人。公元前 43 年，马克·安东尼派人暗杀西塞罗，因为西塞罗反对继续沿用前几年恺撒成为"凯旋将军"（emperor，原是罗马共和国战时军队统帅尊称，恺撒被元老院授予平时也可使用此称号的特权，后此词演变为西方文化中的"皇帝"）之后用于取代民主制度的独裁制度。这位古罗马最伟大的作家、演说家、律师和顶尖政治家的生命就此结束。

1744 年，本杰明·富兰克林尚未成名，他是费城一个从事印刷业的默默无闻的商人。出于和商业无关的爱好，他在当年出版了一本书，书中包括了西塞罗《论老年》的译文，这是美国第一次有人将其从拉丁文翻译成英文。西塞罗在大约 60 岁的时候写下了这部歌颂老年的作品。

我最早听说这本书，是在 2006 年，当时我的朋友安格斯·麦克拜恩夫妇送给我一本富兰克林 1744 年译文的重印版，那本书名叫《西塞罗论美好人生》(*Cicero, On a Life Well Spent*, Levenger Press, 2005)。我想不起来之前是否听说过这本书，**但一看到西塞罗这部充满了对老年的歌颂的作品时，我就高兴到几乎上天了。**也许麦克拜恩夫妇琢磨着我需要一本

希腊—罗马风格

加利福尼亚州马里布市的盖蒂别墅是典型的受希腊影响的罗马风格建筑。盖蒂别墅于2006年重新开放,其展品包括许多希腊、罗马和其他地方的古董。

公元前8世纪到公元5世纪是希腊文化和罗马文化的繁荣期,"希腊—罗马"风格反映了当时地中海世界本质上的统一性。

权威的书,以便让我明白82岁的老人仍旧可以得到许多机会和安慰。不管他们是怎么想的,麦克拜恩夫妇启发了我如下的反思。

我第一次听说西塞罗这个人,是在大萧条快结束的时候,我正在奥马哈中央高中学习拉丁语。那时候我并不觉得西塞罗在他热爱的共和政体终结之后不久丧命有什么值得悲伤的。毕竟,他就算当时不死,也会很快由于其他原因而去世。而且所有我身边的事物让我明白,从某种重要意义上来讲,西塞罗并没有完全死去。事实上,死后的西塞罗显然比生前的西塞罗对更多的人造成了正面的影响。这种结果并非由他的殉道产生,而是由这位如此伟大的作家流传于世的文字引起。

他深爱的共和政体也没有彻底地消失。实际上,就以我所处的内布拉斯加州而言,这里的政治制度正是西塞罗所描绘的那样。此外,这里不但有西塞罗式的政府体制,还有西塞罗式的政府建筑。中央高中的建筑和雕塑本质上是希腊—罗马风格的，反映了早年内布拉斯加州人将当今的幸福归功于古代模式的可敬的愿望。

我在中央高中时并没有完全领略由西塞罗提出、内布拉斯加州采用的特殊政治体制的全部优点，因为我在那儿并没有机会研究西塞罗对这种体制的论述。但后来我也赞同西塞罗的政府观。他认为好的政府制度应该将有限选举民主制、寡头政治和临时君主制三种制度的某些方面综合起来，形成一套缜密的权力制衡系统，以便防止任何一个政客造成不可容忍的破坏。**他背后的基本哲学观点是一种深刻而现实的对人本性的怀疑精神**，包括了对多数暴政及蛊惑人心的政治宣传的厌恶。当然，与这种怀疑精神相辅相成的另一面是他对公民责任的信仰，他认为全体公民，尤其是社会中最优秀最杰出的公民，有责任机智地、勤劳地为国家及其价值观奋斗，即使这种奋斗需要他们作出很大的牺牲。所有时代的人都会发现，他的处方中那味叫做责任的药最难以下咽。确实，西塞罗在当年就发现这种情况，所以他生造了拉丁文单词"moralis"，也就是我们现在所说的道德这个词的词根，用它来鞭策他的罗马同胞走上正确的道路。

持有和西塞罗相同的政治观点之后，我曾多次暗中以为，我提倡这种政治制度，是为我的同胞着想。但现在我觉得，一个人很少完全清楚他自己的动机。因此，我现在认为，**我之所以赞同这种观点，在很大意义上是因为认识到在西塞罗的价值系统中，我将很有可能飞黄腾达。**

事实果然如此，我在生活中得到的比我应得的要多。如果某个人的思维模式在生活中给他带来好处，那么这种模式往往会变成他最坚定不移的信念。所以，随着时光的流逝，我越来越喜欢西塞罗。有一次我翻阅了特罗洛普撰写的西塞罗传记，看完之后，我甚至决定千万不要向那些尚未对西塞罗入迷的人推荐它。

尽管麦克拜恩夫妇送给一位老人一本论衰老的图书这种社会策略并不怎么高明，但他们整体的判断是丝毫不错的。西塞罗的谈话对身处奥马哈中央高中的我毫无用处，因为当时我的雄心壮志是给某位大美女留下更好的印象。但在 2006 年，西塞罗关于老年的讨论受到了我的热烈欢迎。

安东尼·特罗洛普
Anthony Trollope
1815—1882

安东尼·特罗洛普是维多利亚时代最成功、最多产、最受尊敬的英国小说家之一。特罗洛普写了许多小说，尖锐地反映了他那个时代有关政治、社会和性别问题的冲突。他偶尔—— 有时花很大精力—— 也写传记，记录西塞罗和巴麦尊子爵（Henry John Temple，1784—1865，英国政治家，曾两任首相、三任外相，帝国主义者）等人的生活。特罗洛普在今天依然备受欢迎。

喀提林阴谋

吕西乌斯·舍尔基乌斯·喀提林纳（Lucius Sergius Catilina，公元前108—公元前62），即英语中的喀提林，古罗马政治家。他最广为人知的事情是曾经谋图颠覆罗马共和国，尤其是推翻当权的贵族议员。西塞罗是他最大的政敌，在"反喀提林"演说中，西塞罗对他极尽冷嘲热讽之能事。喀提林阴谋是罗马共和国风雨飘摇的最后数十年中最著名的事件之一。

例如，该书的第一页就减轻了我的精神负担。西塞罗如是报告："在写作这本书的过程中……我所产生的种种想法……既轻松又有趣……以至于它们已经使老年生活显得美好而舒适。"显然，说这种话的人是我的同道中人，对自己说的话坚信不疑并为之洋洋自得。长久以来，我总是很热心地想要告诉别人他们应该知道些什么。我觉得这是一种社交缺陷。毕竟，我引起的往往是别人的反感，而且我只能通过大度到有时会让人生厌的慷慨来抵消这种反感。让我高兴的是，在西塞罗笔下，这种好为人师的性格是有益的，有助于在世界上传播知识。但是中央高中怎么会让这位伟人只向我提供两段有关喀提林阴谋的文字，而不是让他告诉我应该对自己说的话更有自信呢？我想答案是这样的：要么中央高中是那个时代的一所非常好的学校，无需教学生们自信；要么我那些校友们自信心极强，根本不像年轻的我那样需要鼓励。

在我继续阅读西塞罗这部作品的时候，我发现更多称赞我这种生活方式的内容。随着年岁的增长，我受到越来越多的批评，说别人和我谈话时，我常常因为深陷于自己的

思维而表现得无动于衷。这种行为也被西塞罗视为优点，他在称赞天文学家伽鲁斯和与他类似的人时表达了这样的看法："当他专注于整夜都没解决的数学题目时，如何还会为初升的朝阳而惊喜呢？我们见过多少睿智而可敬的老年人在他们的书房里表现得兴高采烈呢？"

西塞罗的话还增添了我的个人满足感，因为它支持我长久以来对一个正统观点的抵制。 我向来拒绝接受人们对基督教《圣经》中法利赛人和税吏寓言的解释。依照这种解释，法利赛人既有学问，又很虔诚，终生循规蹈矩，却因为他庆幸自己最后没有像为非作歹的税吏那样堕入不道德的世俗境况而反遭指责。和我一样，西塞罗也不认为人们因这样的反差而欣喜有什么不对。在他看来，把工作做好的自豪感是非常有建设性的。例如，它能够激发年轻时的斗志，因为当年老时，你回想起来会感到更加快乐。对于他这种看法，我想用现代知识来补充一句："此外，**当你为自己表现得很好而感到满意时，你会在未来做得更好。**"

《路加福音》18:9—14（和合本）

耶稣向那些仗着自己是义人，藐视别人的，设一个比喻，说："有两个人上殿里去祷告：一个是法利赛人，一个是税吏。法利赛人站着，自言自语地祷告说：'神啊，我感谢你，我不像别人勒索、不义、奸淫，也不像这个税吏。我一个礼拜禁食两次，凡我所得的，都捐上十分之一。'那税吏远远地站着，连举目望天也不敢，只捶着胸说：'神啊，开恩可怜我这个罪人！'我告诉你们：这人回家去比那人倒算为义了。因为，凡自高的，必降为卑；自卑的，必升为高。"

歌颂长者：芒格论晚年

克罗顿的米洛
Milo of Croton
公元前 6 世纪晚期

米洛曾六次在奥运会的摔跤比赛中获胜，是古代最著名的希腊运动员之一。甚至在过了奥运会运动员的黄金年龄之后许多年，他依然保持了很强的竞争力。按照古人的说法，米洛会通过平伸手臂、五指张开来展示他的力量，没有人能够弄弯他的小指头。在另外一个传说中，米洛在奥运会休赛的那些年每天会背着一头初生的牛犊进行训练。等到奥运会召开时，他就会背着一头四岁的牛进入奥林匹克竞技场。

为了证明进入晚年的人也有能力做好各种事情，西塞罗不惜长篇大论地引用许多在战场、治国和文学方面取得伟大成就的杰出老者作为例子，并指出这些老者为自己长期的优异表现而感到幸福。例如，他提到大西庇阿："要是他能够活到一百岁，你以为他会觉得打仗是一种负担吗？"

在描述这些老年人取得成功的例子时，西塞罗也提到了罗马政治体系许多有趣的方面。他通过老加图之口说道："就任监查官之后，我把吕西乌斯·弗拉米尼努斯驱逐出了元老院。他七年前曾经当过执政官，我为此感到非常不好意思。但他为了博取错过观看罗马斗剑比赛的心爱妓女一笑，竟然亲手杀害了一名高卢人，我无法坐视他为非作歹而不受惩罚。"天哪，这就是那个年代！要是美国的参议员也有这样的权力，现在还有哪个聪明人会高兴地走向参议院呢？也许会有人出版一份待审查的参议员名录？

西塞罗不光赞美了老年人的美德，他还批评了年轻人的不足和愚蠢。有一次，他将一个伟大政府的垮台归咎于下述的原因："几个开始表现得像政治家、并通过各种办法暗示他们能够管理人民的幼稚而无知的年轻演说家。"

西塞罗认为，年轻人的平均优势比不上老年人的。为了证明这一点，他指出，在特洛伊战争中，阿伽门农"从来不曾指望再拥有十个像埃阿斯那么孔武有力的猛将，而是希望能够再得到十个像奈斯托尔那么聪明睿智的谋士"。

西塞罗的年龄偏好很明显来自他对智力和体力的看法，他认为前者的价值远远高于后者。他在书中写道："据说米洛进入奥林匹克竞技场时背着一头牛。现在如果让你选择，你是愿意选择米洛的体力呢，还是选择毕达哥拉斯（☞ 317 页）的智力？"对于西塞罗来说，这是只有一个答案的反问句。

西塞罗虽然知识渊博，但他还是认为，只要一息尚存，就应该不断学习，自我提高。 他举了苏格拉底晚年学习弹七弦琴和老加图热衷学习希腊文学这两个例子。实际上，西塞罗认为，最令人伤心的噩耗是那些你正在向其学习的人的死亡。所以他在书中让老加图这样谈论昆图斯·法比乌斯·马克西姆斯："我非常喜欢听他的教导，真担心他会撒手离我们而去，到时我恐怕再也找不到第二个这样的人来提高自己了。"西塞罗两次意味深长地引用了早期雅典伟人梭伦经常说的话："活到老，学到老。"

西塞罗指出，试图解决基本问题的哲学研究是一种理想活动，适合所有年纪的人，哪怕是行将就木的老年人。

他对这种形式的学习赞不绝口："我们再怎么仰慕哲学的出色都是不够的；人们只要献身于哲学，就永远不会在任何人生阶段或境况中迷失自我。"适才我回头去看上面描述西塞罗热爱知识的文字，正好想起他不用一个字就对罗马作出的我认为最明智、最尖锐的批评：在担任西西里的大法官之后，他找到古代最伟大的数学家阿基米德的坟茔，看到一片墓草萋萋的荒凉景象 —— 对数学和科学毫无兴趣的罗马文明的缺陷在此表露无遗。

所以不难想象，在这本由本杰明·富兰克林最早在美国出版的书中，西塞罗的论述也包括各种各样的行动建议；有时候这些建议还得到有说服力的理由的支持。例如，西塞罗

阿基米德
Archimedes
公元前 287？—公元前 212

阿基米德是古希腊的数学家、物理学家、工程师、天文学家和哲学家，他是古代最伟大的思想家之一。他发现了众多有关密度、浮力和光学的原理，以及最著名的杠杆原理。关于杠杆原理阿基米德曾经说："给我一根足够长的杠杆和一个支点，我能撬动整个地球。"

毕达哥拉斯的哲学

毕达哥拉斯的几何学解决了那个年代最伟大的问题之一——乘方的算法。这个解决方法被称为勾股定理，或者毕达哥拉斯定理。毕达哥拉斯的哲学与西塞罗的思想也有相似之处，他认为人可以分为三种：爱智慧的人、爱名誉的人，以及爱私利的人。

反对富裕老人的贪婪行为，他说："我们越来越接近人生的终点，有什么比在这时候仍然财迷心窍更加荒唐和没有意义的事吗？"

在这位罗马人看来，害怕死亡是愚蠢和不可接受的。因为他认为，人死后只有两种可能：1. 你将在阴间过上更好的、永恒的生活；2. 就算得不到这样的结果，你也将不再保留任何人间痛苦。

在西塞罗看来，老年人不应该只追求生前的享受。他认为有价值的生活方式是努力为后人造福，哪怕自己可能看不到这种努力的结果。

西塞罗批评了提前退休的做法，他认为这是不可思议的。他同意毕达哥拉斯的道德观，认为："如果没有得到他的上级指挥官——也就是神——的命令，没有人应该放弃自己的岗位。"

总而言之，西塞罗并不认为晚年是人生较差的那一部分，是年轻时美好生活的残留。西塞罗也不赞同切斯特菲尔德伯爵（Philip Dormer Stanhope，1694—1773，英国政治家、文学家，以书信中的名言警句闻名）的态度，后者"先把人生这杯美酒喝掉四分之三，然后才愿意和一些贵夫人分享杯中的残留"。**在西塞罗看来，如果你的生活方式是正确的，那么你到了晚年只会比年轻时更加幸福。**

西塞罗认为人们应该给予长者高度的尊重。从这方面来讲，他的看法倒是和孔子相同。此外，他建议老年人保护他们的权利："老年人更应该保护他们的正当权利，不应软弱地放弃它们，而是应该坚持到最后。"

西塞罗一向不喜欢抱怨个人的不幸，而且总有理由。例如，他认为老年人不应该抱怨性能力的减退，而是应该为此而高兴，因为他们因性丑闻蒙羞或者感染性病的几率大大地降低了。西塞罗在变老过程中找到的这些优点，我有个朋友也曾发现过。在这里姑且称这位朋友为"格罗兹"。就在去世之前，75岁的格罗兹告诉我："从前我很苦恼，因为总是对朋友的妻子有非分之想，但谢天谢地，现在我终于没有这种念头了。"然而，西塞罗并不满意人们像格罗兹那样到了 75 岁才觉悟。60 岁刚出头的西塞罗如此夸耀他的思想境界：他认为"感官的愉悦"比"演说和诉讼辩护"差远了。这位伟人在推己及人的路上未免走得太远了，作为当时全世界最好的律师，他可能被自己的特长给误导了，我们其他人在 60 来岁的时候当然不太可能像西塞罗那样更喜欢打官司。

西塞罗一贯反对抱怨，他认为抱怨年纪变老是很愚蠢的。**依照西塞罗的说法，年轻人最大的希望应该是不要未老先死**，而且呢，抱怨你得到了可以合理预期的最好结果显然是不太合适的。

和在他之前的老加图一样，西塞罗也承认几个志同道合的好友欢笑畅饮能够改善生活。偶尔到收拾整洁的乡间别墅小住也是如此；杰弗逊也喜欢这么干，他和西塞罗持有相同的观念，认为到僻静的乡间居住有助于培养合理的价值观。

西塞罗就像个法官，心中有一杆公平的秤，所以他能够客观地看待问题。他让某个人去问老加图，晚年生活幸福美满的老加图是否更多地受益于他的道德态度、他的智慧，也就是说，老加图的晚年幸福是否跟他的极大财富无关。老加图回答说：可能跟他的财富也有一些关系。

西塞罗也从反面说明了这个道理。西塞罗说，如果一个人正直而又勤奋，那么他就算最终得到贫困潦倒的结果，也跟那些获得巨大成功的人一样值得尊敬；但他也承认，太过贫穷会让晚年的生活变得很艰难。

但西塞罗并不认为财富能够使那些道德水平低下而又缺乏信仰的人避开悲惨的遭遇。在西塞罗看来，富人如果缺乏良心和信仰，那一定会遭受痛苦。

老加图
Marcus Porcius Cato，
公元前 234—公元前 149

"耐心是最伟大的美德。"马尔库斯·博尔西乌斯·加图是古罗马政治家，绰号"监查官"，史书称其为"老加图"，以区别于他的曾孙"小加图"。他出身于豪门望族，是声誉卓著的学者，在罗马共和国担任过数个不同的官职。在担任罗马监查官期间，老加图非常严格地监查元老和骑士的名单，拒绝了许多他认为品德恶劣或者能力不足的候选人。老加图铁面无私的例子之一是，他曾将肆意妄为的吕西乌斯·昆克提乌斯·弗拉米尼努斯驱逐出元老院。

马克·安东尼
Marcus Antonius
公元前 83—公元前 30

在公元前 44 年 3 月 15 日恺撒遇刺身亡之后，恺撒的两个下属西塞罗和马克·安东尼变成了罗马共和国的领袖。西塞罗是元老院的发言人，安东尼是恺撒遗嘱的监护人和执行人。这两人本来就相处不睦，在西塞罗认为安东尼肆意篡改恺撒的政治主张和愿望之后，他们间的关系变得更加糟糕。西塞罗发表了一系列名为"反腓力辞"的演讲，大肆攻击安东尼，并抬高安东尼的政敌。借助"反腓力辞"系列演讲和他众所周知的智慧，西塞罗成了一名广受欢迎的领袖。安东尼最终召集了一支军队，击败了西塞罗，重新控制了罗马。上台之后，安东尼宣布西塞罗是国家公敌，在公元前 43 年将其处死。

《论老年》最著名的段落当属下面这段了不起的总结："晚年的最佳保护铠甲是一段在它之前被悉心度过的生活，一段被用于追求有益的知识、光荣的功绩和高尚的举止的生活；过着这种生活的人从青年时代就致力于提升他自己，而且将会在晚年收获它们产生的最幸福的果实；这不仅是因为有益的知识、光荣的功绩和高尚的举止将会陪伴他终生，甚至直到他生命的最后一刻，也会因为见证了正直的人生的良心和对过往美好功绩的回忆将会给灵魂带来无上的安慰。"

如果完全听从西塞罗的这些忠告，我们真的能够改善生活吗？嗯，非常碰巧的是，率先在美国出版《论老年》的**本杰明·富兰克林尽他的最大努力去遵守这些忠告，结果他很长寿，谢世时万流景仰，他的晚年是有史以来最富有建设性和最幸福的。**而且这还是在他饱受疾病等不利因素折磨的情况下发生的。

如同往常一样，本杰明·富兰克林改进了西塞罗的发现。富兰克林并不满足于只是快乐地接受老年的生活，他还快乐地将这个角色演绎得淋漓尽致，并为子孙后代造福。因此，西塞罗的这些思想对富兰克林来说很有用。毫无疑问的是，对于许多其他人而言，它们也仍是有用的。出于这个特殊的原因，再加上西塞罗在政治科学上的贡献，于是我们在公共场合摆放那么多西塞罗的塑像。从这个方面来看，虽然马克·安东尼曾试图将西塞罗的影响从人世间清除，但直到两千多年后的今天，西塞罗依然能够给人们以帮助。

此外，作为西塞罗思想的现代传人，沃伦·巴菲特现在正很好地师法了晚年的西塞罗和富兰克林。巴菲特很像老加图，他坚守岗位，毫无退休的计划。他快乐地工作着，为那些耐心地信任他的人提供很好的回报。在一个由尘世的成功堆砌而成的高高讲台之上，他模仿西塞罗、老加图和富兰克林，不厌其烦地告诉其他人应该如何思考和行动。他的话语往往睿智而又幽默，让人非常乐于接受。

我认为巴菲特是个异数，其他人没有必要像他那

古罗马将军马克·安东尼

样努力遵从西塞罗的所有忠告。在现代社会，尽管财富与日俱增，人均寿命也很长，但有许多人在晚年会遭遇重大的疾病，而且有些人就算依然健康，还有很多年可活，也会被迫离开世俗的高位。所以呢，如果老年人没有像巴菲特那样工作一辈子，而是对他们失去的世俗角色稍作愉快的调整，那通常也是明智的选择。最后，那些好为人师者最好记住萧伯纳之死留下的教训：牛虻式的人物很少受到世人的欢迎，有少数例外者，是因为他们和萧伯纳一样，都将智慧和道德说教结合在一起。

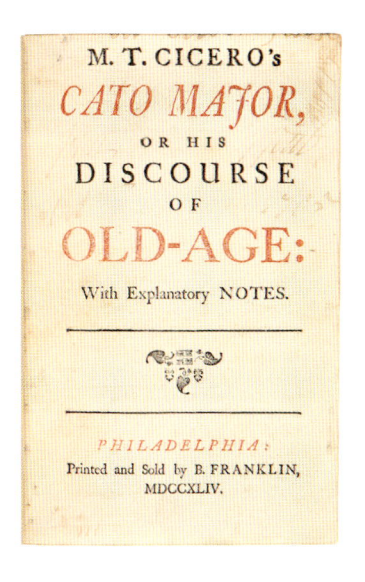

富兰克林论衰老

"我想除了又老又胖，我并不那么介意变老。我应该不会拒绝从头到尾把生活再过一遍：只是希望获得唯有作家才有的特权，在再版的生活中修正初版的错误。生活的悲哀之处在于，我们总是老得太快，而又聪明得太慢。等到你不再修正的时候，你也就不在了。"

富兰克林以求知欲强、心灵手巧和兴趣广泛而闻名。他在发明、写作和从政方面均有所建树。而且晚年的他涉足的范围更广：62岁时，他发明了一套音标字母系统；5年之后，他出版了他最著名的两篇支持美国独立的讽刺文章——"使泱泱大国沦为蕞尔小国的方法"和"普鲁士国王之诏书"；1776年，70岁的富兰克林参与《独立宣言》的定稿，大刀阔斧地编辑了杰弗逊的草稿；同年稍后，他以合众国大使的身份前往法国，并担任该职位到1785年；回国之后，富兰克林成了废奴主义者，解放了他的两个奴隶，并最终成为"释放遭到非法禁锢的自由黑人协会"的会长；1787年，81岁的富兰克林作为代表参加了制宪会议，参与制定了取代《联邦条例》的《美利坚合众国宪法》。他是唯一同时参与制定三份为美国奠定基础的重要文件——《独立宣言》《巴黎和约》和《美利坚合众国宪法》——的开国元勋。1790年4月17日，84岁高龄的富兰克林于费城家中与世长辞，留下了那部尚未完稿的著名自传。由于只写到1757年，富兰克林许多为后世铭记的功勋并没有出现在他的自传中。

晚年的最佳保护铠甲是一段在它之前被悉心度过的生活。
———— 芒格
萨克拉门托河畔，2005 年

忆念：晚辈谈芒格

小查理·芒格如是说

大约在我15岁的时候，我们全家去太阳谷滑雪；假期的最后那天，爸爸和我冒着风雪开车出去，他绕了十分钟的路去给我们开的那辆红色吉普车加油。当时他正争分夺秒地让我们全家能赶得上回家的飞机呢，所以到加油站后当我发现油箱里还有半箱油时，我感到很吃惊。我问爸爸，还有那么多汽油，我们为什么要停下来；他教导我说："查理，你要是借了别人的车，别忘了加满油再还给人家。"

我在斯坦福念大一时，有个熟人把车借给我。倒不是因为他跟我关系很好，而是因为一个我们都认识的朋友迫使他这么做。那辆奥迪佛克斯是红色的，油箱里还有一半油。所以我想起了吉普车的事，先把油加满了，再将车还回去。他发现了。自那以后，我们共同度过了很多美好的时光，我结婚的时候，他是我的伴郎。

从斯坦福毕业之后，我才知道当年度假时我们住的是瑞克·格伦的房子，开的是瑞克·格伦的吉普。瑞克是爸爸的朋友，当他回到太阳谷，就算吉普车的汽油比他离开的时候少，他也自然不会介意，甚至可能都不会发现。但爸爸无论什么事情都做得公平和周到。所以那天我不仅学到了如何交朋友，还学到了如何维护友谊。

芒格餐桌上的家庭价值观 —— 温蒂·芒格如是说

爸爸从前经常利用家庭餐桌这个讲坛来教育他的子女。他最喜欢的教育工具是德育故事，讲的是某个人面临道德难题，并作出了正确的选择；还有反面教材，讲的是某个人作出了错误的选择，最终遭遇一系列不可避免的灾难，生活和事业都损失惨重。

利用反面教材是他的特长。他真的很喜欢讲那些结局很悲惨的故事。他讲的故事非常极端，非常可怕，每当他讲完之后，我们通常会一边尖叫一边大笑。就描绘各种悲惨后果和教导我们能够从这些后果中吸取什么教训而言，爸爸是无人可比的。

他的德育故事更浅显直白一些。我记得爸爸曾经讲过一个故事，当时我们兄弟姐妹几个从5岁到25岁不等。在故事里，他旗下某家公司的财务负责人犯了错误，给公司造成了几十万美元的损失。那人发现错误之后，马上向该公司的董事长汇报。爸爸告诉我们，当时董事长说："这是个可怕的错误，我们不希望你再犯同样的错误。但人孰无过呢，我们可以不追究这件事。你做了正确的事情，就是承认你的错误。如果你试图掩盖错误，或者拖延一段时间再坦白，你将会离开这家公司。不过现在我们希望你留下来。"每当我听到又一个政府官员犯错之后试图掩盖事实而不是诚实地坦白时，我就会想起这个故事。

我不知道刚才为什么要用"从前"这两个字来形容爸爸在餐桌上的教育课。如今，他年纪最大的孩子接近60岁了，仍在听取他的教导，那张餐桌现在坐满了他的孙子孙女，他仍然用他独特的讲故事方式来让我们继续和天使站在一边。有他坐在餐桌的主位上，我们真是非常幸运。

威廉·哈尔·博斯韦克如是说

查理和妈妈结婚已将近50年，在这段迷人而美好的时光里，我曾经给过查理许多好好教育我的机会。下面举两个例子。

1. 把工作一次就做好

这个故事发生的时候我们还住在明尼苏达州。当时我已到了可以开车的年纪，去卡斯湖镇接送女佣是我的一项任务。这项任务不是光开车就可以完成的，我必须先开船越过卡斯湖，到了对岸的码头再开车去镇上，然后沿原路返回。我每天早晨的任务还包括在镇上买报纸。嗯，有一天风雨交加，湖面上的浪很大。经过所有的惊险和困难，我终于去镇上把女佣接了回家，可是忘了买报纸。查理问我："报纸在哪？"我说没买。他停顿了一秒钟之后说："再去一次，把报纸买回来，以后别忘记了！"所以我只好冒着风雨回镇上买报纸，湖面上波涛汹涌，风雨扑打着小船，当时我告诉自己，我再也不会让这样的事情发生了。

"蓝色海盗号"

2. 承担责任

每年夏天，查理的母亲都会从奥马哈开车到明尼苏达。她在明尼苏达的时候，我们有事可以用她的车。但车的钥匙只有一套。有一次，我和几个朋友在帆船上玩，车钥匙从我口袋里掉进了五英尺深的浑水。我回家坦白了。那里是明尼苏达北部的大森林地区，根本就没几个锁匠,而且查理也无法容忍如此愚蠢的行为。同样不到一秒钟之后,他提出了解决方法:"和你的朋友们潜到水底去找钥匙,没找到别回家。"在水底找了差不多两个小时之后,太阳快要下山了,我看到前面的水草丛中奇迹般地闪耀着金属的光芒,我终于可以回家了。

在明尼苏达那些年还有许多这样宝贵的小故事,因为当时查理工作太忙了,这是我们唯一可以真正同他在一起度过的时光。平时工作的时候,他总是天没亮就出门,吃晚饭时才回家,接着研究标准普尔指数,然后跟沃伦通一两个小时电话。

戴维·博斯韦克如是说

许多年前,我们家在明尼苏达州的房子位于湖畔,父亲决意为早几年修建的网球场添置一台发球机。他固然是希望孩子们能够提高球技,但他的用意不仅于此。因为父亲比任何人更常去球场,摆好发球机之后,他就能无休止地练习网前截击。不久之后,他就掌握了网前截击的技术,这类球每个人都本能地想要扣杀,但通常会把球击到网上,或者打出球场之外十英尺远。这种练网球的方法就像高尔夫球的打短杆,其他人很少愿意采用,然而父亲却乐此不疲,由此他在生活的其他方面也拥有了令别人抓狂的竞争优势。我真的很怕跟他做对手,尤其是在双打比赛中,因为在双打比赛中,网前截击是取胜的关键。幸好我和父亲是网球场而不是生意场上的对手。

想到父亲就让我回忆起很久之前一个很幽默的啤酒广告。广告里有个穿着时髦的男人,坐在桌子旁边,聚精会神地凝望着手中的啤酒,完全无视身前一头咆哮的公牛正准备顶一个斗牛士。当公牛把桌子撞得粉碎时,他的眼睛连眨都不眨一下。旁白的声音好像是"品尝某某牌啤酒,享有独特感受"之类的话。

把啤酒拿走,换成上市公司的年报、建筑设计图纸,或者一本学术性的凯恩斯传记,你就会看到父亲和电视上的情景一模一样:夜复一

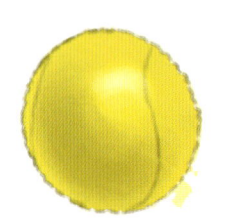

夜，他总是坐在心爱的椅子上，研读某些东西，充耳不闻身边孩子们的打闹、电视机的喧哗和妈妈喊他吃饭的声音。

即使不在阅读，爸爸在开车送莫莉和温蒂去帕萨迪纳的途中，也常常陷入沉思，要不是妈妈大声提醒他正确的高速公路出口，他就会把车开到圣伯纳蒂诺。我不知道他脑中在想什么，但肯定不是某场橄榄球比赛的结果或者一次打得很糟糕的高尔夫球。父亲思考时能够抵制绝大多数的外界干扰，如果你试图在此时引起他的注意，你会觉得他让人又好气又好笑。但正是有了这种能力，他才会如此成功。

莫莉·芒格如是说

我是1966年上的大学，非常幸运的是，那时我已经深受爸爸的影响。在那个愤怒和激进的年代，我会穿着牛津装，在学校门口外面的地铁站书报亭买《华尔街日报》或者《财富》杂志，然后把它塞到腋下，大步流星地去上经济和商业课程。当年的学生若不是正在霸占院长办公室，就是在去往监狱的路上。而我则在拉蒙特图书馆的地下室学习如何阅读财务报表。

爸爸教导我们遇事要抱怀疑态度，甚至逆其道而行，这种思维方式在面对20世纪60年代末期的混乱局面时特别有帮助。许多年来，在我们位于六月街的家里，他经常坐在书房里，跟我们讲一些有趣的故事，故事中的人要么盲目地随大流，要么太过自以为是。"疯狂"、"茫然"、"傲慢"、"自满"——我们知道这是他认为我们应该避免的形容词。

在明尼苏达，他找到一种方法把同样的信息灌输给我们。他请原来的拉尔森造船公司为我们制作了"水上飞机"；那是一片厚实的木板，他开船拖着它，让我们站在它上面。他会突然拐弯，看我们是否还能站稳；唯一能够避免掉进水里而出丑的方法是不停地调节力道来抵消角度变化引起的失衡。从那时起，

水上飞机

直到现在和将来，如果有任何念头或者行动似乎将要朝这个或者那个方向离开我的控制，我就会感到深深的恐惧。

我上大学时，爸爸还得抚养其他七个子女。当时他只拥有一家小公司，位于破旧的春天街，地方又小又脏，专门生产汽油添加剂。但他认为那是个混乱的年代。他给了我一个富裕得多的父亲才能付得起的生活费，让我能够穿着经过专业熨烫的衬衣，感到自己衣着光鲜。他在 3000 英里之外继续帮我把握自己的平衡。

我可以继续再说下去，但我无需多说，我只想指出，我们的父亲总是很好地尽到他的义务，无论是作为父亲的义务还是其他义务。从前我就非常感激，现在我仍然感激不尽。

艾米莉·欧格登如是说

"你的手长得很像你父亲。"我们正在分享一杯葡萄酒时，我的丈夫突然这么说。我看着他，有点震惊，倒不是因为他拿我的手和父亲的手作比较，而是因为他和我心有灵犀。我之前在构思一篇关于我父亲的文章，脑中想着的恰好是他提到的这点。

我早已发现，我大儿子的手很像他外公，都是手指头有点方，甲床不是浑圆的，而是像茶杯。但最相似的地方是我们的手摆放的方式。父亲、我和儿子在边散步边想事情的时候，都会把手放到身后，而且都会如出一辙地用左手握住右腕。

"我的手到底哪里像我父亲的手啊？"我问。"就是你的食指和大拇指形成的那个 U 型，"他说着做样子给我看，"好像你们拿着东西一样。"

父亲在我头顶上伸出他的双手。他的手指收了起来，两个大拇指相互对着，像自行车的把手。年幼的我伸直手臂，抓住他的两个拇指，让他把我吊离地面。我高兴地悬挂着，直到力气用完。当某个孩子长大了不适合玩"拇指"游戏，总会有另外一个孩子能玩，现在他的孙子孙女也还在玩。

有时候我们会让他放下《华尔街日报》，跟我们玩"三明治"。他坐在书房的绿色扶手椅上，我们像 BLT 三明治中的培根、生菜和番茄那样依次叠起来，然后他伸手将我们几个紧紧抱住。

父亲手里拿着的鸡蛋是完好的。我们赢得了父女扔鸡蛋大赛，得到了我很喜爱的奖品：装饰着茛苕叶的大理石底座，上面是实物大小的金色鸡蛋复制品。这座奖杯摆在我的书桌上，时刻让我想起那个阳光灿烂的日子，爸爸是那么细心、那么温柔地不让鸡蛋在我们两个人的手里破裂。

父亲的手能够感知不同钓鱼线的拉力。鱼线系着草绿色钓钩或者普通的老式鱼钩。他的手伸到嘴边，用牙齿把结拉紧，然后咬断多余的线。他的手伸进装鱼饵的铁桶，湿淋淋地捏住黑色的水蛭或者著名的勒罗伊牌鱼饵，就是那种"保证钓到鱼"的活饵。他手里拿着黄绿色包装的辛格尔牌点心，辣得咬一口就会带来一阵笑声的泡菜，以及芥末花生酱三明治。

我父亲的手和他身体的其他部位一样，很早就起床，然后出现在报纸财经版的边缘。当我们还住在明尼苏达州时，他会把这份报纸揉成几个蓬松的纸团，把它们扔进本杰明·富兰克林发明的木制火炉，划火柴将其点燃，按压扁桃状的鼓风器。把火生起来之后，他就会用一把红漆已经剥落的旧木柄刮铲在炉子上烤蓝莓荞麦面饼。

但如果你玩猜谜游戏，谜面是"查理·芒格的双手"，多数人给出的第一个谜底都是"书籍"。无论他在什么地方，他的双手总是捧着一本打开的书，通常是本杰明·富兰克林的传记，或者最新的遗传学著作。也有人会给出"图纸"这个谜底，因为他曾经设计过许多建筑。

当我想起父亲的手，我还能看到它们每年在奥马哈数千人前的舞台上举起。他的手指抓住健怡可乐，拿着花生糖或者巧克力脆皮香草冰淇淋，或者离开人们的视线，伸进喜诗糖果盒，去摸索酒心杏仁巧克力。他双手抱胸，摇着头说："我没有什么要补充的。"他的双手随着一次充满哲理的漫长回答而有节奏地起伏，让体育馆里所有的手都鼓起掌来。

父亲的手伴随每个有趣的笑话和每个具有教育意义的故事而做出各种手势，它们像雕塑家的手那样塑造了我。我和我儿子的手很像我父亲，这让我既高兴又感激。

巴里·芒格如是说

几年前，我看过加尔文·特里林写的《父亲的密信》。那是一本关于他父亲艾比·特里林的回忆录。艾比生于乌克兰，在密苏里州长大，他的职业生涯大半花在打理堪萨斯市几家相邻的杂货店上。艾比·特里林认为节俭是美德，收到账单当天便去付费，每周六天凌晨四点就起床，去为他的商店挑选新鲜的水果和蔬菜。他话很少，然而天性开朗而且诙谐，跟孩子们说话从不装腔作势。他打牌打得很好。他喜欢说风凉话，但始终乐观地认为，只要有良好的表现和性格，人们就能过上好日子。

尽管不以懂得挑选水果和蔬菜闻名，我父亲和艾比有很多相似之处，但这并不是我喜欢这本轻松、活泼而有趣的小书的全部原因。读这本书的时候，我总是想起我的父亲，虽然他走过的人生经历和艾比·特里林大相径庭，唯一的共同点是我父亲曾经在一家中西部的杂货店——奥马哈的巴菲特父子商店——做过兼职。

就像我父亲，艾比·特里林也有一种和他的个性不符的老派作风，这部分是由于他也在中西部生活吧。他从来不认为驾驶轿车长途奔袭或者钓鱼是"与时俱进"的机会。他也不爱打电话。他的儿子最终惊叹道："我听说有些父亲会在书房或者划艇或者轿车中和儿子进行真心的交流，我父亲从来没做过这样的事情，但他依然对我产生了极大的影响。"作者采用《父亲的密信》这个书名，是因为觉得他父亲肯定借由某种经过加密的信息来传达他的期望。"有可能我父亲使用的密码太过微妙，乃至我根本察觉不到它的存在"，他写道。

所有认识我父亲的人都知道他的表达方式并不总是微妙的，但他有许多发送信息的方法。例如，打桥牌的时候，假设他不喜欢对家总是出昏招，便会直截了当地说："你打牌打得像个水管工人。"但如果想要向他的孩子们提供严肃的建议，他更有可能将他要传达的意思编进某个故事，让孩子们坐下来，讲给他们听，这样就不会显得是专门责怪一个人。在这两个例子中，他都表现得既坦诚又和蔼——那就是无与伦比的查理——在牌桌上，他并不拐弯抹角，而是直接不带恶意地挖苦对方；在餐桌上，他则用旁敲侧击来顾及孩子们的感受。他实际比表面看上去微妙多了。

我有个朋友最近谈起我父亲时这么说："你爸爸坐在他的椅子上，看上去就像总统山……"我完全清楚他的意思。很少有人只需坐在靠背椅上就能让人想起5700英尺的高山和四位总统的脸孔，但我父亲就是这么令人高山仰止。芒格家的孩子们都曾向这座总统山提出要求，感觉就像《绿野仙踪》里的桃乐丝请求"魔法师"奥兹一样，只不过奥兹更为饶舌。这座总统山并非有求必应。父亲有时候从喉咙里发出低沉的声音，仿佛总统山刚刚经历了火山喷发，让人很难弄清楚他的意思。还有什么比沉默更微妙费解的吗？

也许不同于艾比·特里林的是，我父亲确实通过他写下的讲稿、收发的信件，以及许多有关社会政策、心理学、商业伦理、法律和其他领域的文章传达信息。本书收录了许多这样的讲稿、信件和文章。没有收录在内的是我父亲写的便条。便条一般非常简短，只是一份"收件人"名单，但偶尔会出现一些风趣的言语，比如1996年他贴在伯克希尔·哈撒韦某个瑞典股东所写的长篇感谢信后面的便条——"我希望你们觉得这封信很好玩，"我父亲写道，"要是我对我的太太和子女的影响，也像我对其他某些人的影响那样就好了。"

看完特里林那本书之后，我把它寄给我爸爸。我想他就算在书中看不到自己的影子，也应该会喜欢书中描写的中西部风情、特里林家的移民奋斗史和幽默的文笔。作者在字里行间流露出深厚的感情，我想我可以用这本书向我父亲表达这些感情，虽然不够直接，但我喜欢这样的表达方式。至少，我想这本书可以让父亲感到欣慰：他的信息已被收到，尽管我们并没有总是牢牢记住。

大约一个星期后，书被寄回来了，信封上的地址条是他的秘书贴上去的。信封里没有字条，所以我不知道他是把它看完了呢，还是拒绝这本书。那本书光洁如新，所以我认为我的用意就像散落在总统山的纸张，并没有被领会。然而，没有太多东西能逃过我父亲的眼睛。原来他只是告诉秘书，给家里的每个人都寄上一本。

菲利普·芒格如是说

最令我感动的记忆是关于我和父亲去布鲁克斯兄弟商店和马莎百货购买衣服。大多数人已经知道，父亲并不是一个时髦的人。他曾说过，他的行为和观点足够离经叛道了，所以在穿衣上应该循规蹈矩。他说，虽然他有时候脾气暴躁，但他对正统社会风俗的遵从和他的幽默感使他能够和其他人和睦相处。

我记忆犹新地回想起父亲带我去布鲁克斯兄弟商店给我买第一套正装的情形。当时这家商店仍在洛杉矶市区那座漂亮的木板建筑中营业。那时我肯定是 11 岁或者 12 岁。我至今依然能看见该店电梯两扇光亮的铜门正在打开，我们在货架上挑选。父亲选了一套深灰色的细条纹西装。16 岁那年，我们去买了另一套西装，这次是三件套；在我参加辩论队期间，我始终穿着这套衣服。参加巡回赛的时候，它在码头帮我挡住了西北的湖泊吹来的寒风。我们同时还买了一双休闲皮鞋，那是给我暑假到《每日快讯》实习（这是父亲为我们兄弟安排的成年礼）穿的，这双鞋直到今天还能穿。这就引起另外一个话题了。我们曾在伦敦的马莎百货购买一件棕色的粗花呢外套，当时父亲说："这件衣服的面料很耐磨。"他钦佩这两家商店，因为它们都历史悠久，也因为它们的商品价格比较公道。在我父亲看来，经久耐用永远是排在首位的优点，此外还有庄重和正统。和富兰克林相同，一旦养成习惯之后，无论是穿衣服的习惯还是其他习惯，他便不想去改变。

我仍然还在布鲁克斯兄弟商店买衣服，部分原因是每年圣诞节，父亲会给所有子女每人一张购物卡，那时候正好是冬天换季打折的时机。但我总是去不只这么一次。有一年，我用他送的购物卡买了一条带纵褶的西裤。我父亲瞟了我几眼说："你想穿得像个爵士鼓手吗？"在纽约，布鲁克斯仍在那座美丽的老楼营业。我每次去都会想起父亲；我非常喜欢那个地方。1988 年冬天，我去牛津上学，父亲把他一件旧的布鲁克斯外套送给我，它是暗绿色的，有带拉链的衬里，我想它可能是父亲在 20 世纪 40 年代买的。我每天晚上从博德利图书馆回家时，它帮我挡住了英国那潮湿刺骨的寒冷。回到美国之后，我发现我把这件外套忘在公交车上了。这次损失让我非常难过。时至今日，我仍在想，要是这件衣服还在就好了。

2001年8月,芒格夫妇和家人在英国肯特郡庆祝他们结婚45周年。

朋友们如是说

"查理聪明、好奇、专注……而且有点心不在焉。"

我们都有一些小毛病 —— 我的亲友说我有时候会心不在焉和固执己见。也许他们说得没错。

—— 芒格

罗伊·托尔斯
1946年以来的朋友和生意上的伙伴

查理有把事情彻底弄清楚的欲望。他遇事喜欢穷根究底，无论该事跟他有密切关系与否。任何引起他注意的事情，他都想对其有更多的认识，更多的了解，弄清楚那到底是怎么回事。

（罗伊·托尔斯已于 2008 年 2 月 1 日去世）

格伦·米切尔
1957年以来的朋友

他知道如何聚精会神、全神贯注地钻研一个问题而不受外界的干扰。就算有人走进房间，拍拍他的后背，给他端另一杯咖啡或者别的东西，查理也不会察觉到他们的存在，因为他那过人的聪明才智全都被用上了。

鲍勃·伯德
西科金融公司总裁，1969年以来的朋友和合伙人

当查理陷入沉思的时候，他往往对周遭的一切视若无睹，甚至会忽略社交礼仪。我记得当时我们去跟森费德（CenFed）金融集团谈判，请他们接管我们的储蓄和贷款业务，查理和我去他们的办公楼找他们的总裁塔德·罗威利。我们的洽谈很成功——查理只要用心，就能够显出魅力——我们双方对谈判的结果都非常满意。

塔德送我们到电梯口。我们刚走到那里，电梯门就开了，查理直接走了进去。他没有道别，没有握手，什么也没有。留下塔德和我站在外面，微笑着，一句话也说不出来。

沃伦·巴菲特
1959年以来的朋友和合伙人

我曾经和查理去纽约市参加所罗门兄弟公司的董事会。我们走出该公司的大楼，站在人行道上，讨论早先会谈的结果。反正我认为我们当时正在交谈，突然间，我发现我自说自话有一会了。我四处张望查理，只见他爬上一辆出租车的后座，直接去机场了。没有道别，什么也没有。

人们认为使查理看不到某些事情的是他的眼睛（许多年前，查理做过白内障手术，在手术中他失去了一只眼的视力）。**但那其实并不在于他的眼睛，而是他的头脑！**查理曾经把车停在十字路口，跟我讨论一个复杂问题，红绿灯都变了三次，许多车在我们后面按喇叭，而查理只顾说个不停。

狄克·艾斯本思赫德
1956年以来的朋友和合伙人

说到好奇和专注，如果查理对某样东西感兴趣，他就会真的用心去钻研。我记得他在我们的事务所发表过三次演讲，说的是他在广泛的阅读中遇到的"已逝的伟人"：艾萨克·牛顿、阿尔伯特·爱因斯坦和西蒙·马克斯。我印象特别深刻的是他在关于西蒙·马克斯（马莎百货的第二任掌门人）的演讲中那句画龙点睛的评语："找出你最擅长的事情，然后持之以恒、乐此不疲地去把它做好。"当然，这也是查理一贯的生活方式。

霍华德·巴菲特
沃伦·巴菲特之子，1959年以来的朋友

多年以来，查理常常到我们位于南加利福尼亚海滨的家里做客。我记得跟他"交谈"时其实只有他一个人在说话。我觉得我应该随身带本词典，查阅他说的话中那些我不认识的单词。我记得我很少开口，因为我怕问了不该问的问题会显得像个傻子。他太聪明啦，跟我父亲一样，是个聪明绝顶的人。

从前有人引用我的话（当然是断章取义了），说我父亲是我认识的人里面第二聪明的，最聪明的那人是查理。为了家庭和睦，对这样的报道我就不予评价啦。

比尔·盖茨如是说

本杰明·富兰克林曾经说过:"天父并不需要我们的崇拜或赞美,因为他的伟大,更在我们的赞美之上,除此之外,我想不出别的理由。"

我想这句话也适用于查理·芒格——不管我或其他人在这本书中给予他什么样的赞美,他仍是那个最善于自嘲和最欣赏自己的笑话的人。

认识查理之前,沃伦告诉我,查理是生意场上的最佳拍档。他还警告我,跟查理说话的时候,别指望能插上嘴,因为在鸡尾酒会上,查理连喝酒的空当也会举起手来,阻止别人开始说话。

他还警告我,说如果我要找一个船长,查理可能不是最佳人选。他讲了一个故事:查理曾经在波平如镜,也没有其他船只的湖面上全速倒船,以致水淹过极低的船艉肋板涌进船体,硬是把船给弄沉了。

查理甚至超越了沃伦给予我的高度期望。他确实是我遇到过的最渊博的思想家。从经商原则到经济规律,从学生宿舍的设计到游艇的设计,他都没有对手。

我们最值得纪念的一次通信谈论的是股票期权及其扭曲商业结果的力量。我们最长的一次通信详细地讨论了裸鼹鼠的择偶习惯以及它们对人类的启示。

查理拥有用简单的描述来抓住要点的本领。在讨论后代的智力时,他说那就像购买"基因彩票"。当说起那些为股票期权辩护的风险投资家时,他称他们为"连在妓院里弹钢琴的人都不如"。当谈起成本补偿合同对效率的有害效应时,他喜欢说"就算是蠢驴也知道要慢下来"。

这本展现查理智慧的书早就该出版啦!

我们的经验往往会验证一个长久以来的观念：只要做好准备，在人生中抓住几个机会，迅速地采取适当的行动，去做简单而合乎逻辑的事情，这辈子的财富就会得到极大的增长。

上面提到的这种机会很少，它们通常会落在不断地寻找和等待、充满求知欲望而又热衷于对各种不同的可能性作出分析的人头上。

这样的机会来临之后，如果获胜的几率极高，那么动用过去的谨慎和耐心得来的资源，重重地押下赌注就可以了。

——芒格

第二章

芒格的生活、学习和决策方法

> 凡事往简单处想，往认真处行。
> —— 芒格

虽然主要是靠自学，本杰明·富兰克林在新闻、出版、印刷、慈善、公共服务、科学、外交和发明等不同领域都取得了惊人的成功。富兰克林的成功主要归功于他的性格——尤其是他勤奋工作的劲头，还有他永不满足的求知欲望和从容不迫的行为方式。除此之外，他头脑聪明，乐于接受新事物，所以每当选择新的钻研领域，他很快就能融会贯通。查理·芒格将富兰克林视为最大的偶像并不奇怪，因为芒格主要也是靠自学成才，而且也拥有许多富兰克林的独特品格。就像富兰克林那样，查理本人也是一个未雨绸缪、富有耐心、律己严厉和不偏不倚的超级大师。他充分利用这些特性，在个人生活和生意场上——尤其是在投资领域——都取得了巨大的成功。

对查理来说，成功的投资只是他小心谋划、专注行事的生活方式的副产品。沃伦·巴菲特曾经说："查理能够比任何活着的人更快、更准确地分析任何种类的交易。他能够在60秒之内找出令人信服的弱点。他是一个完美的合伙人。"巴菲特为什么会给他这么高的评价呢？答案就在于芒格独创的生活、学习和决策方法——这也是本章的主题。

本章正式开始之前，请允许我们作点简单的介绍：考虑到查理的方法十分复杂，我们无意将接下来的内容编成"怎么做"课程，以供有抱负的投资者参考，而是对"他看上去

作为生态系统的商业世界

> 如果我们试图理解一样看似独立存在的东西,我们将会发现它和宇宙间的其他一切都有联系。
>
> —— 约翰·缪尔
> (John Muir,1838—1914,美国早期环保运动领袖、"美国国家公园之父")

"我发现把自由的市场经济 —— 或者部分自由的市场经济 —— 当作某种生态系统是很有用的思维方式。动物在合适的地方能够繁衍,同样地,人只要在社会上找到了专属于自己的位置,也能做得很成功。

"可惜能这么想的人不多,因为早在达尔文时代以来,强盗大亨(robber barons)之类的人就认为,适者生存的法则证明他们确实拥有过人的能力。但实际上,经济确实很像生态系统,它们之间有很多相似之处。

"在商业世界,我们往往会发现,取胜的系统在最大化或者最小化一个或几个变量上走到近乎荒谬的极端 —— 比如说开市客仓储超市。"

是怎么做的"进行概述。我们在这里的目标是展示查理方法的基本轮廓,让你能够更好地理解本书剩下篇章中的大量细节。如果你急于了解具体的方法,《芒格主义:查理的即席谈话》和《查理十一讲》—— 这两章包含了大量出自查理自己手笔的文字 —— 就各种各样的领域提出了"怎么做"的具体建议。在本章,能做到呈现查理在考虑投资时运用的思维过程,然后再扼要地指明他的投资指导方针,我们就很满足了。

芒格进行商业分析和评估的"多元思维模型"

思维模型的框架

简单是长期努力工作的结果，而不是起点。

——弗里德里克·梅特兰
（1850—1906，
英国著名法律史学家）

长久以来，我坚信存在某个系统——几乎所有聪明人都能掌握的系统，它比绝大多数人用的系统管用。你需要的是在你的头脑里形成一种思维模型的框架。有了那个系统之后，你就能逐渐提高对事物的认识。

然而，我这种特殊的方法似乎很少得到认可，甚至对那些非常有才能的人来说也是如此。人们要是觉得一件事情"太难"，往往就会放弃去做它。

——芒格

"你必须知道重要学科的重要理论，并经常使用它们——要全部都用上，而不是只用几种。大多数人都只使用学过的一个学科的思维模型，比如说经济学，试图用一种方法来解决所有问题。你知道谚语是怎么说的：'在手里拿着铁锤的人看来，世界就像一颗钉子。'这是处理问题的一种笨办法。"

查理的投资方法和大多数投资者所用的较为粗陋的系统完全不同。查理不会对一家公司的财务信息进行肤浅的独立评估，而是对他打算要投资的公司的内部经营状况及其所处的、更大的整体"生态系统"作出全面的分析。他将他用来作出这种评估的工具称为"多元思维模型"。他在几篇讲稿（尤其是第二、第三和第四讲）中详细地讨论了这些模型，它们是一个收集和处理信息、并依照信息行动的框架。它们借用并完美地糅合了许多来自各个传统学科的分析工具、方法和公式，这些学科包括历史学、心理学、生理学、数学、工程学、生物学、物理学、化学、统计学、经济学等。查理采用"生态"投资分析法的无懈可击的理由是：几乎每个系统都受到多种因素的影响，所以若要理解这样的系统，就必须熟练地运用来自不同学科的多元思维模式。正如约翰·缪尔谈到自然界万物相互联系的现象时所说的："如果我们试图理解一样看似独立存在的东西，我们将会发现它和宇宙间的其他一切都有联系。"

查理试图发现与他的每个投资项目相关的宇宙，他所用的方法是牢牢地掌握全部——或者至少大部分——候选待投资公司内部及外部环境相关的因素。只要得到正确的收集和

愿意改变想法

当面临要么改变想法、要么证明无需这么做的选择时,绝大多数人都会忙于寻找证据。
—— 约翰·肯尼斯·加尔布雷思

查理养成了一种异常罕见的性格 —— 愿意甚至渴望去证实和承认他自己的错误,并从中吸取教训。他曾经说:"如果说伯克希尔取得了不错的发展,那主要是因为沃伦和我非常善于破坏我们自己最爱的观念。哪年你没有破坏一个你最爱的观念,那么你这年就白过了。"

查理喜欢把人们的观念和方法比喻为"工具"。"如果有了更好的工具(观念或方法),那还有什么比用它来取代你较为没用的旧工具更好的呢?沃伦和我常常这么做,但大多数人会像加尔布雷思说的那样,永远不舍得他们那些较为没用的旧工具。"

以愿意改变自己的想法而闻名的托马斯·阿尔瓦·爱迪生(1847—1931)坚持不懈地尝试了"一万种失败的方法",最终成功地发明了电灯泡。

组织,他的多元思维模型(据他估计,大概有 100 种)便能提供一个背景或者框架,使他具有看清生活本质和目标的非凡洞察力。我们在本章中更想指出的是,他的模型提供的分析结构使他能把纷繁复杂的投资问题简化为一些清楚的基本要素。这些模型中最重要的例子包括工程学的冗余备份模型,数学的复利模型,物理学和化学的临界点、倾覆力矩、自我催化模型,生物学的现代达尔文综合模型,以及心理学的认知误判模型。

这种广谱分析法能够让人更好地理解许多和候选投资公司相关的因素是怎样相互影响、联系的。有时候,这种理解会揭示出更隐秘的情况,也就是会产生二级"波浪效应"或者"溢出效应"。在其他时候,这些因素联合起来可能会创造出或好或坏的巨大"lollapalooza 效应"。通过应用这个框架,查理得到了与绝大多数投资者不同的投资分析方法。他的方

LOLLAPALOOZA 效应

> 当然，芒格为那些相互强化并极大地放大彼此效应的因素而发明的词组就是"lollapalooza 效应"。
>
> —— 亨利·爱默生，《杰出投资者文摘》

最重要的事情是要牢牢记住，这 100 种模型往往能够带来特别大的力量。当几个模型联合起来，你就能得到 lollapalooza 效应；这是两种、三种或四种力量共同作用于同一个方向，而且你得到的通常不仅仅是几种力量之和。那就像物理学里面的临界质量，当你达到一定程度的质量，你就能引发核爆炸——而如果你没有达到那种质量，你将什么也得不到。有时候各种力量只是简单地相加，有时候它们会在临界点或者临界质量的基础上联合起来。

更为常见的情形是，这 100 种模型带来的各种力量在某种程度上是相互冲突的。所以你将会面临鱼和熊掌不可兼得的境况。如果你不明白有舍才有得的道理，如果你以为鱼与熊掌可以兼得，那么你就太傻了。对于需要高级思维的活动，你这种头脑不清对于旁人而言就变成了一种风险。你必须辨认出这些事情之间的关系。**你必须意识到生物学家朱利安·赫胥黎（Julian Huxley，1887—1975，英国生物学家，联合国教科文组织首任总干事，世界自然基金会创始人之一，托马斯·亨利·赫胥黎之孙）的那句话是千真万确的——他说："生活无非就是一个接一个的联系。"所以你必须拥有各种模型，你必须弄清楚各种模型的相互关系以及它们的效应。**

——《杰出投资者文摘》，1997 年 12 月 29 日

多元思维模型

"那我就自己来吧"

"当我的朋友沃伦和我各自从研究生院毕业的时候，我们发现商业世界中的许多预测模型明显是极端不理性的。对于我们从事的商业而言，这种情况至关重要，然而我们的教授从来没有提起过它。我们使用了小时候在幼儿园学到的方法——'那我就自己来吧，'小红母鸡说。

"所以，如果你的教授没有给你合适的跨学科方法，如果每个教授都想要滥用他自己的模型，而贬低其他学科的重要模型，你可以亲自纠正那种愚蠢。"

英雄所见略同

芒格和巴菲特并不是仅有的两个使用非商业模型取得巨大成功的精英投资者。传奇式的债券投资专家比尔·格罗斯（太平洋投资管理公司）曾经告诉加州大学洛杉矶分校安德森商学院的学生："我的书房咖啡桌上摆的并不是彼得·林奇的《战胜华尔街》或是我自己的著作，而是历史学家保罗·约翰逊（Paul Johnson）几本有关19世纪和20世纪的历史书。"

"就确定未来而言，没有比历史更好的老师……一本30美元的历史书里隐藏着价值数十亿美元的答案。"

特别是在第二、第三和第四篇讲稿中，查理讲述了在商业世界使用多元思维模型的价值和重要性。他阐明了他在什么地方找到他的各种特殊模型，以及如何掌握它们，他还引用了具体的例子，说明如何将它们应用于现实生活的分析和决策中。

接受现实

恐怕事情就是这样的。假如有20种相互影响的因素，那么你必须学会处理这种错综复杂的关系——因为世界就是这样的。但如果你能像达尔文那样，带着好奇的毅力，循序渐进地去做，那么你就不会觉得这是艰巨的任务。你将会惊讶地发现自己完全能够胜任。

——芒格

也许所有教育最有价值的结果是，当你不得不完成一件事情的时候，不管你是否喜欢它，你都有能力去完成这项必须的任务。这是每个人应该学的第一课，然而，无论一个人多早接受教育，这可能是他彻底学到的最后一课。

——托马斯·亨利·赫胥黎（Thomas Henry Huxley，1825—1895，英国博物学家、生物学家），自称是达尔文的信徒或"斗犬"

法接受了投资问题本质上非常复杂的现实，他不知疲倦地对投资问题进行科学的探讨，而不是传统的"调查"，他为它们进行充分的准备和广泛的研究。

查理在进行投资评估时采用的"重要学科的重要理论"方法在商业世界中肯定是独一无二的，因为这种方法是他原创的。查理找不到现成的方法来解决这个任务，所以他费劲地自创了大部分通过自学得来的系统。说他"自学"并非夸大其辞，他曾经说："直到今天，我从来没在任何地方上过任何化学、经济学、心理学或者商学的课程。"然而这些学科——特别是心理学——却构成了他的系统赖以立足的基础。

正是这种通过惊人的才智、耐心和数十年的相关经验支撑起来的这种标志性方法，使得查理成为备受巴菲特看重的商业模式识别大师。他就像一名国际象棋特级大师，通过逻辑、本能和直觉决定最具前景的投资"棋步"，同时又给人一种幻觉，似乎他的洞察力是轻易得来的。但请别弄错了：这种"简单"唯有在到达理解的漫长旅途的终点——而非起点——才会到来。他独到的眼光得来不易：那是他毕生钻研人类行为模式、商业系统和许多其他科学学科的产物。

查理认为未雨绸缪、富有耐心、律己严厉和不偏不倚是最基本的指导原则。不管周围的人怎么想，不管自己的情绪有什么波动，他永不背离这些原则，尽管许多人都认为"做人要懂得随机应变"。这些原则若是得到坚定不移的遵守，便能产生最著名的芒格特征之一：不要非常频繁地进行买卖。和巴菲特相同，芒格认为，只要几次决定

耐心："不厌倦等待地等待"的艺术

"你看那些对冲基金——你认为他们能够等待吗？他们不知道怎么等待！在我个人的投资组合里，我曾经一连几年就只持有1000万到1200万的国债或地方债，然后不去动它们，只是一直等待、等待……

"正如杰西·利弗莫尔说过的：'赚大钱的诀窍不在于买进卖出……而在于等待。'"

《耐心的农夫》
(*Patience Escalier*)
文森特·梵高，1888年，油画，私人收藏。

芒格进行商业分析和评估的"多元思维模型"

纪律和耐心：泰德·威廉姆斯的77格击球区

> 有性格的人才能拿着现金坐在那里什么事也不做。我能有今天，靠的是不去追逐平庸的机会。
>
> —— 查理·芒格

在进行投资时，我向来认为，当你看到某样你真正喜欢的东西，你必须依照纪律去行动。为了解释这种哲学，巴菲特或芒格喜欢用棒球来打比方，我觉得特别受启发，虽然我本人根本不算棒球专家。泰德·威廉姆斯是过去70年来唯一一个单个赛季打出400次安打的棒球运动员。在《击球的科学》中，他阐述了他的技巧。他把击打区划分为77个棒球那么大的格子。只有当球落在他的"最佳"格子时，他才会挥棒，即使冒着因此三振出局的风险，因为挥棒去打那些"最差"格子会大大降低他的成功率。作为一个证券投资者，你可以一直观察各种企业的证券价格，把它们当成一些格子。在大多数时候，你什么也不用做，只要看着就好了。每隔一段时间，你将会发现一个速度很慢、线路又直，而且正好落在你最爱的格子中间的"好球"，那时你就全力出击。这样呢，不管你的天分如何，你都能极大地提高你的上垒率。许多投资者的共同问题是他们挥棒太过频繁。无论是个人投资者，还是受"机构行为铁律"所驱使的专业投资者，他们都有这种倾向；这种"机构行为铁律"的某一变种也是让我离开同时做长线和短线投资的对冲基金的原因。然而，另外一个与挥棒太过频繁相对立的问题也同样有害于长期的结果：你发现一个"好球"，却无法用全部的资本去出击。

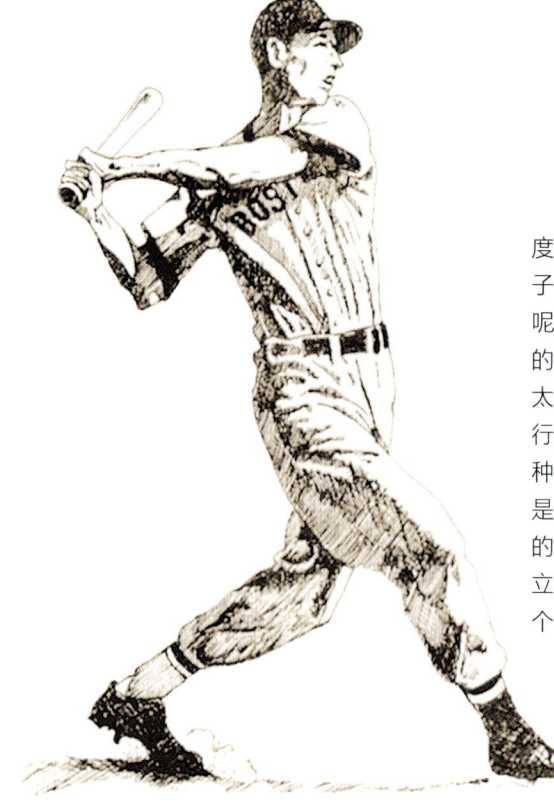

—— 李录，喜马拉雅资本管理公司

便能造就成功的投资生涯。所以当查理喜欢一家企业的时候，他会下非常大的赌注，而且通常会长时间地持有该企业的股票（参见第一章中的《查理·芒格的投资合伙公司的投资业绩》）。查理称之为"坐等投资法"，并点明这种方法的好处："你付给交易员的费用更少，听到的废话也更少，如果这种方法生效，税务系统每年会给你1%—3%的额外回报。"在他看来，只要购买三家公司的股票已足够多元化。所以呢，查理愿意将大比例的资金投给个别"受关注"的机会。没有哪家华尔街机构、哪个理财顾问或者哪个开放式基金的经理会作出这样的宣言！

旅鼠（一种被人误认为会盲目从众甚至集体自杀的动物）

既然查理取得了成功，而且也得到巴菲特的称赞，为什么其他人并没有更多地使用他的投资技巧呢？也许答案是这样的：对大多数人来说，查理的跨学科方法真的太难了。此外，很少投资者能够做到像查理那样，宁愿显得愚蠢，也不愿随"大流"。查理坚持不偏不倚的客观态度，他能够冷静地逆流行观点的潮流而上，一般投资者很少拥有这种素质。尽管这种行为往往会显得固执或反叛，但查理的为人绝不是这样的。查理只是相信他自己的判断，即使那与大多数人的看法相左。很少有人看得出查理这种"独狼"性格是他在投资界取得优异业绩的原因。但实际上，性格主要是天生的，一个人如果没有这种性格，那么他再怎么努力，再怎么聪明，阅历再丰富，也未必能够成为像查理·芒格这么伟大的投资家。我们在本书其他的篇章中将会看到，先天的性格也是查理成功的决定性因素之一。

在2004年的伯克希尔·哈撒韦年会上，有个年轻的股东问巴菲特怎样才能在生活中取得成功。巴菲特分享了他的想法之后，查理插话说："别吸毒。别乱穿马路。避免染上艾滋病。"许多人以为他这个貌似调侃的回答只是一句玩笑话而已（这句话确实很幽默），但实际上它如实反映了查理在生活中避免麻烦的普遍观点和他在投资中避免失误的特殊方法。

查理一般会先注意应该避免什么，也就是说，先弄清楚应该**别**做什么事情，然后才会考虑接下来要采取的行

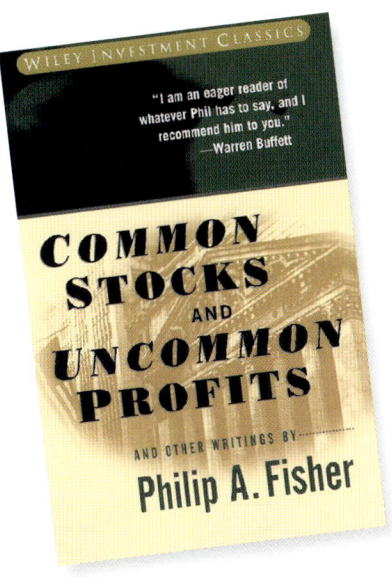

菲尔·费舍尔的影响

"如果某个吸引我的人同意我的观点，我就会很高兴，所以我对菲尔·费舍尔有很多美好的回忆。"

菲利浦·费舍尔（Philip Fisher，1907—2004），《怎样选择成长股》和许多其他书的作者，他在1931年开始他的投资生涯。和本杰明·格雷厄姆一样，他毕生取得的成绩让人印象深刻，但费舍尔采用的是一种十分不同的方法。格雷厄姆通常投资价格低廉的"烟屁股"（当然，他对政府职员保险公司的投资是著名的例外），费舍尔则偏好购买那些能够"增长、增长再增长"的高品质公司的股票。

芒格进行商业分析和评估的"多元思维模型"

"当沃伦在商学院上课时,他说:'我用一张考勤卡就能改善你最终的财务状况;这张卡片上有 20 格,所以你只能有 20 次打卡的机会 —— 这代表你一生中所能拥有的投资次数。当你把卡打完之后,你就再也不能进行投资了。在这样的规则之下,你将会真正地慎重考虑你做的事情,你将不得不花大笔资金在你真正想投资的项目上。这样你的表现将会好得多。'"

动。"我只想知道我将来会死在什么地方,这样我就可以永远不去那里啦。"这是查理很喜欢的一句妙语。无论是在生活中,还是在生意场上,查理避开了"棋盘"上那些无益的部分,把更多的时间和精力用在有利可图的区域,从而获得了巨大的收益。查理努力将各种复杂的情况简化为一些最基本、最客观的因素。然而,在追求理性和简单的时候,查理也小心翼翼地避免他所说的"物理学妒忌",就是人类那种将非常复杂的系统(比如说经济系统)简化为几道牛顿式普遍公式的倾向。他坚定地拥护阿尔伯特·爱因斯坦的告诫:"科学理论应该尽可能简单,但不能过于简单。"查理自己也说过:"我最反对的是过于自信、过于有把握地认为你清楚你的某次行动是利大于弊的。你要应付的是高度复杂的系统,在其中,任何事物都跟其他一切事物相互影响。"

另外一个本杰明——格雷厄姆，不是富兰克林——也对查理的投资观念的形成产生了重要的影响。格雷厄姆的《聪明的投资者》中最具生命力的观念之一是"市场先生"。在一般情况下，市场先生是一个脾气温和、头脑理智的家伙，但有时候他也会受到非理性的恐惧或贪婪的驱使。格雷厄姆提醒投资者，对于股票的价值，要亲自去作出客观的判断，不能依赖金融市场常见的躁狂抑郁的行为。同样地，查理认为，即使是那些最有能力、最有干劲的人，他们的决定也并不总是基于理性作出的。正因为如此，他把人类作出错误判断的某些心理因素当作能用于判断投资机会的最重要的思维模型：

"从个人的角度来讲，我已经养成了使用双轨分析的习惯。首先，理性地看，哪些因素真正控制了涉及的利益；其次，当大脑处于潜意识状态时，有哪些潜意识因素会使大脑自动以各种方式形成虽然有用但往往失灵的结论？前一种做法是理性分析法——就是你在打桥牌时所用的方法，认准真正的利益，找对真正的机会，等等。后一种做法是评估那些造成潜意识结论——大多数是错误的——的心理因素。"（关于这个问题，更详细的讨论请参考第四章的第十一篇讲稿，查理在讲稿中用心理学的思维模型阐明了人类作出错误判断的 25 种常见诱因。）

很明显，到目前为止描述过的各种方法都不可能在大学课堂或者华尔街学到。它们是查理为了满足他自己独特的要求而凭空创造出来的。如果给它们起一个共同的名字，那应该是这样的："迅速歼灭不该做的事情，接着对该做的事情发起熟练的、跨学科的攻击，

本杰明·格雷厄姆的影响

市场先生

就短线投资而言，市场是一台投票机器。但就长线投资而言，它是一台称重机器。

——本杰明·格雷厄姆

价值评估

最成功的投资必定是最像生意的投资。

投资者购买股票应该像购买日用品——而不是像购买香水。

——本杰明·格雷厄姆

悖论

给你带来麻烦的不是坏主意，而是好主意。你也许会说："那不可能。那是相互矛盾的。"他（格雷厄姆）想说的是，如果一件事情是个坏主意，你不会做过头。但如果一件事情是个好主意，蕴含着重要的真理，那你就没办法忽略了。然后你就很容易做过头。所以呢，如果你把它们做过头了，那些好主意是让你遭受可怕后果的好方法。

——芒格

芒格进行商业分析和评估的"多元思维模型"　　99

然后，当合适的机会来临——只有当合适的机会来临——就采取果断的行动。"努力去培养和坚持这种方法值得吗？查理是这么想的："如果你把自己训练得更加客观，拥有更多学科的知识，那么你在考虑事情的时候，就能够超越那些比你聪明得多的人，我觉得这是很好玩的。再说了，那样还能赚到很多钱，我本人就是个活生生的证据。"

《先知耶利米哀悼耶路撒冷的毁灭》
(Jeremiah Lamenting the Destruction of Jerusalem)
伦勃朗·凡·里因，1630年，油画，荷兰阿姆斯特丹荷兰国立博物馆。

双轨分析

"一般来说，股票的估值方式有两种。第一种是人们评估小麦价值的方法——在使用者看来，小麦有多少实际的使用价值。第二种方法是人们评估伦勃朗等艺术家的价值的方法。从某种程度上来讲，伦勃朗们被认为价值很高，是因为它们的价格在过去一路上涨。"

"对我们来说，投资等于出去赌马，对抗彩池投注系统。我们要寻找一匹获胜几率是两分之一、赔率是一赔三的马。你要寻找的是标错赔率的赌局。这就是投资的本质。你必须拥有足够多的知识，才能知道赌局的赔率是不是标错了。这就是价值投资。"

逆流游泳

"我们通过预测哪些人和公司会逆流游泳来强调可知因素。我们并不预测水流的波动。"（照片："逃离恶魔岛"游泳赛让有经验的游泳者在寒冷的海水中逆流前进）

100　　第二章　芒格的生活、学习和决策方法

芒格的投资评估过程

能力圈

> 如果说我们有什么本事的话，那就是我们能够弄清楚我们什么时候在能力圈的中心运作，什么时候正在向边缘靠近。
> —— 巴菲特

"最重要的观念是把股票当成企业的所有权，并根据它的竞争优势来判断该企业的持有价值。如果该企业未来的贴现现金流比你现在购买的股票价格要高，那么这个企业就具有投资价值。当你占据优势的时候才采取行动，这是非常基本的。你必须了解赔率，要训练你自己，在赔率有利于你时才下赌注。我们只是低下头，尽最大努力去对付顺风和逆风，每隔几年就摘取结果而已。"

> 如果你确有能力，你就会非常清楚能力圈的边界在哪里。如果你问起（你是否超出了能力圈），那就意味着你已经在圈子之外了。
> —— 芒格

正如我们已经看到的，查理投资的项目并不多。也许IBM的创始人老托马斯·沃森的话最好地概括了查理的方法。托马斯·沃森说："我不是天才。我有几点聪明，我只不过就留在这几点里面。"查理最清楚他的"点"：他小心翼翼地划出他的能力圈。为了停留在这些圈子之内，他首先进行了基本的、全面的筛选，把他的投资领域局限在"简单而且好理解的备选项目"之内。正如他所说的："关于投资，我们有三个选项：可以投资，不能投资，太难理解。"为了确定"可以投资"的

> 我不是天才。我有几点聪明，我只不过就留在这几点里面。
> —— 老托马斯·沃森

明确你的能力范围

在第九讲中,查理讲述了一个关于马克斯·普朗克和他的司机的趣闻。司机经常拉着普朗克到德国各地举办公开的讲座。有一次,对讲座内容了如指掌的司机建议普朗克和他互换位子。司机完美无瑕地将讲座的内容背诵出来之后,一个物理学家站了起来,提出了一个非常难的问题。司机早就准备好了,"好吧,"他说,"慕尼黑这么发达的城市,居然有市民提出如此简单的问题,这让我太吃惊了,所以我想请我的司机来回答。"

在现实世界,弄清楚你何时是"马克斯·普朗克"、何时是"司机"是很关键的。如果无法称职地回答下一个问题,那么你就缺乏真正的本领,非常有可能处在你的"能力圈"之外。

沃伦和查理论"护城河"

巴菲特:"那么,让我们来把护城河、保持它的宽度和保持它不被跨越作为一个伟大企业的首要标准。我们告诉我们的经理,我们想要护城河每年变宽。那并不意味着今年的利润将会比去年的多,因为有时候这是不可能的。然而,如果护城河每年都变宽,企业的经营将会非常好。当我们看到的是一条很狭窄的护城河——那就太危险了。我们不知道如何评估那种情况,因此,我们就不考虑它。我们认为我们所有的生意——或者大部分生意——都有挖得很深的护城河。我们认为那些经理正在加宽它们。查理你说呢?"

芒格:"你还能讲得比这更好吗?"

巴菲特:"当然。请给这位先生来点花生糖。"

——录自 2000 年伯克希尔·哈撒韦年会

潜在项目,查理先选定一个容易理解的、有发展空间的、能够在任何市场环境下生存的主流行业。不难理解,能通过这第一道关卡的公司很少。例如,许多投资者偏爱的制药业和高科技行业就直接被查理归为"太难理解"的项目,那些大张旗鼓宣传的"交易"和公开招股则立即被划入"不能投资"的项目。那些能够通过第一道关卡的公司还必须接受查理思维模型方法的筛选。这个达尔文式的优胜劣汰过程很费劲,但也很有效果。查理讨厌"披沙拣金",也就是从一大堆沙子里淘洗出几粒小小的金子。他要用"重要学科的重要理论"的方法,去寻找别人尚未发现的、有时候躺在一眼就能看见的平地上的大金块。

在整个详尽的评估过程中,查理并非数据资料的奴隶:他将各种相关因素都考虑在内,包括企业的内部因素和外部因素,以及它所处的行业情况,即使这些因素很难被识别、测量或者化约为数字。不过呢,查理的缜密并没有让他忘记他的整体的"生态系统观":有时候最大化或者最小化某个因素(他最喜欢举开市客仓储超市为例子)能够使那单个因素变得具有与其自身不相称的重要性。

对待那些财务报告和它们的会计工作，查理总是持中西部特有的怀疑态度。它们至多是正确地计算企业真实价值的起点，而不是终点。他要额外检查的因素似乎有无穷多，包括当今及未来的制度大气候，劳动力、供应商和客户关系的状况，技术变化的潜在影响，竞争优势和劣势，定价威力，环境问题，还有很重要的潜在风险变为现实的可能性（查理知道没有无风险的投资项目这种东西，他寻找的是那些风险很小，而且容易理解的项目）。他会根据他自己对现实的认识，重新调整财务报表上所有的数字，包括实际的自由现金或"所有者"现金、产品库存和其他经营性资本资产、固定资产，以及诸如品牌声誉等通常被高估的无形资产。他也会评估股票期权、养老金计划、退休医疗福利对现今和将来的真实影响。他会同样严格地审查资产负债表中负债的部分。例如，在适当的情况下，他也许会认为像保险浮存金——可能许多年也无需赔付出去的保费收入——这样的负债更应该被视为资产。他会对公司管理层进行特别的评估，那可不是传统的数字运算所能囊括的——具体来说，他会评估他们的"能干、可靠和为股东考虑"的程度。例如，他们如何分配现金？他们是站在股东的角度上聪明地分配它吗？还是付给他们自己太多的酬劳？或是为了增长而盲目地追求增长？

除此之外，他还试图从方方面面——包括产品、市场、商标、雇员、分销渠道、社会潮流等等——评估和理解企业的竞争优势以及这种优势的持久性。查理认为，一个企业的竞争优势是该企业的"护城河"，是保护企业免遭入侵的无形沟壑。优秀的公司拥有很深的护城河，这些护城河不断加宽，为公司提供长久的保护。持有这种独特观点的查理谨慎地权衡那些长期围困大多数公司的"竞争性毁灭"力量。芒格和巴菲特极其关注这个问题：在漫长的经商生涯中，他们了解到，有时是很痛苦地了解到，能够历经数代而不衰的企业非常少。因此，他们努力识别而且只购买那些有很大机会击败这些围攻力量的企业。

独立思考

你是正确的或错误的，并不取决于大家是否同意你。你是正确的，是因为你的资料和推理是正确的。
——本杰明·格雷厄姆

做生意时，最困难的事情是先让你自己思考，再让别人思考。
——哈维·费尔斯通（Harvey Firestone，1868—1938，美国橡胶和轮胎制造大亨，亨利·福特的至交）

运用逻辑，避免愚弄你自己。查理不会只因为一件事情是我说的而接受它，尽管世界上大多数人会这样。
——巴菲特

别愚弄你自己，记住，你是最容易被自己愚弄的人。
——理查德·费曼

安全边际

安全边际总是取决于付出的价格。它在某个价格会很大，在其他一些价格会很小，而价格更高时，它便不复存在。

——本杰明·格雷厄姆

（关于安全边际，查理经常说，投资者能够从工程学的"冗余思维模型"中获益。工程师设计桥梁时，会给它一个后备支撑系统以及额外的保护性力量，以防倒塌——投资策略也应该如此。）

最后，查理会计算整个企业的内在价值，并在考虑到未来股权稀释的情况下，去确定和市场的价格相比，每股的价值大约是多少。后面这种比较是整个过程的目标——对比价值（你得到的）和价格（你付出的）。关于这方面，他有个著名的观点："（购买）股价公道的伟大企业比（购买）股价超低的普通企业好。"巴菲特经常说，是查理让他更加坚信这种方法的智慧："查理很早就懂得这个道理，我是后来才明白的。"查理的睿见帮助巴菲特摆脱纯粹的本杰明·格雷厄姆式投资，转而关注一些伟大的企业，比如《华盛顿邮报》、政府职员保险公司（GEICO）、可口可乐、吉列等等。

查理虽然极其仔细，但不会像其他人那样，有时候深受无关紧要的细节和旁骛之害。查理在分析的过程中会逐步排除一些投资变量，就像他排除其他变量那样。等到分析结束时，他已经将候选投资项目简化为一些最显著的要素，也完全有信心决定到底要不要对其进行投资。价值评估到最后变成了一种哲学的评估，而不是数学的衡量。在分析本身和查理毕生积累的经验及其在认知模型方面的技巧的共同作用之下，他最终能够得到一种投资"感觉"。

查理的三大投资训导

1. 股价公道的伟大企业比股价超低的普通企业好。

2. 股价公道的伟大企业比股价超低的普通企业好。

3. 股价公道的伟大企业比股价超低的普通企业好。

本杰明·格雷厄姆曾经教我只买便宜的股票，查理让我改变了这种做法。这是查理对我真正的影响。要让我从格雷厄姆的局限理论中走出来，需要一股强大的力量。查理的思想就是那股力量，他扩大了我的视野。

—— 巴菲特

到了这个时候，剩下的必定是一家极其优秀的候选投资公司。但查理并不会立刻冲出去购买它的股票。他知道在正确地评估股票的价值之后，还必须在正确的时间买入，所以他会进行更精细的筛选，也就是"扣动扳机之前"的检查。当需要短时间内完成评估（他称之为"急诊"）的时候，这种方法特别有用。检查清单上的项目如下：目前的价格和成交量是多少？交易行情如何？经营年报何时披露？是否存在其他敏感因素？是否存在随时退出投资的策略？用来买股票的钱现在或将来有更好的用途吗？手头上有足够的流动资金吗？或者必须借贷？这笔资金的机会成本是多少？诸如此类。

查理这种详尽的筛选过程需要很强的自制力，而且会造成长时间没有明显的"行动"。但正如查理所说："对于提出并完善投资策略或者执行这种策略来说，勤奋工作是至关重要的。"就查理和沃伦而言，勤奋工作一直在进行，不管它是否会促使他们决定投资——

熟练和眼光

你必须有浓厚的兴趣去弄明白正在发生的事情背后的原因。如果你能够长期保持这种心态，你关注现实的能力将会逐渐得到提高。如果你没有这种心态，那么即使你有很高的智商，也注定会失败。

你若想在任何领域拥有竞争力，就必须熟练地掌握该领域的方方面面，不管你是否喜欢这么做，这是人类大脑的深层结构决定的。

——芒格

我发现，如果一个人的全部信息都局限于他的工作领域，那么他的工作不会做得很好。一个人必须有眼光，他可以从书籍上或者人们身上——最好是两者兼有——培养眼光。

——哈维·费尔斯通

正确出牌

"正确的思考方式是萨克豪瑟打桥牌的方式。它就是那么简单。"

大多数玩家从被群体接受或者从对群体的归属感中得到快乐。然而，好的玩家从他应付游戏里各种局面的能力中得到快乐。

——约翰·费恩（John Finn，美国著名演员）

投资就像打棒球，你要让记分牌上的得分增加，就必须盯着球场，而不是盯着记分牌。

——巴菲特

通常不会。他们花在学习和思考上的时间，比花在行动上的时间要多，这种习惯绝对不是偶然的。这是每个行业真正的大师身上所体现出来的纪律和耐心的混合物：一种绝不妥协的"把手上的牌打好"的决心。就像世界级的桥牌大师理查德·萨克豪瑟那样，查理在意的并不是他本人是否能赢牌，而是是否能把手上的牌打好。尽管在芒格和巴菲特的世界里，糟糕的结果是可以接受的（因为有些结果并不在他们的掌握之中），但准备不足和仓促决策是不可原谅的，因为这些因素是可控的。

在稀有的"黄金时机",如果所有条件都刚刚好,查理决定要投资,那么他很可能会决心下很大的赌注。他绝不会小打小闹,或者进行"小额的投机性的投资"。这类行为包含着不确定性,然而查理为数极少的投资行为却绝不是不确定的。正如他说过的,他的投资行为"结合了极度的耐心和极度的决心"。查理自信的来源并非谁或者多少人同意或反对他的观点,而是客观地看待和衡量自己的能力。这种自知之明使他在衡量他的实际知识、经验和思维的正确性时,能够拥有一种罕见的客观态度。在这里,我们再次看到,良好的个性素质——自律、耐心、冷静、独立——扮演了重要角色。如果缺乏这些品质,查理恐怕不可能取得如此杰出的投资业绩。

好吧,这是一家好公司。但它的股价足够低吗?它的管理层是由芒格和巴菲特满意的人组成的吗?如果股价低到可以购买的水平,那么它这么便宜正常吗?背后有什么蹊跷?是否存在我现在没看见的隐患?

查理这种伟大的商业模式是怎么来的呢?我们可以从他推荐的阅读书目(见附录)中看出一些端倪。《枪炮、病菌与钢铁》《自私的基因》《冰河世纪》和《达尔文的盲点》都有一个共同的主题:关注前面提到的"竞争性毁灭"问题,研究为什么有些事物能够适应环境,存活下来,甚至在经过很长的时间之后占据统治地位。当这个主题被应用于投资选择时,芒格偏爱的企业就出现了:有些是通过消灭竞争对手而达到繁荣的企业(以类似《自私的基因》里面描绘的那样),有些是通过合作而兴旺的企业(《达尔文的盲点》)。我们再次看到,查理能够熟练地应用许多学科的知识:有多少投资者能够像查理经常做的

"竞争性毁灭"

"我有一张剪报,那是1911年的《布法罗晚报》,上面列出了当时纽约证券交易所成交最活跃的50家公司的股票。到今天,唯有一家公司仍是大型的独立企业,那就是通用电气公司。从中我们可以看出'竞争性毁灭'的力量有多么强大。历史证明,一家公司能够长期以一种让它的拥有者满意的方式保留下来的可能性是微乎其微的。"

"当你专注的市场被狂热的小型竞争对手——比如说露丝·布卢姆金(☞415页)、勒斯·施瓦伯(☞416页)或者山姆·沃尔顿(☞222页)——盯上时,那么你要活下来就变得更难了。要怎样才能和狂热的对手竞争呢?唯一的办法是挖一条尽可能好的护城河,然后不断地努力加宽它。"

芒格的投资评估过程

那样，考虑到如此之多、如此之复杂的因素呢？简要举几个例子，他经常思考的因素包括转换——比如热力学的定律跟经济学的定律有何相似之处（例如纸张和石油如何变成一份投递到门口的报纸），心理倾向和激励因素（尤其是它们创造的极端行为压力，无论是好的压力还是坏的压力），以及基本的长期可持续性（诸如"护城河"之类的正面因素和竞争性毁灭的破坏之间持续不断而且往往非常致命的相互影响）。查理极其熟练地掌握了各种不同的学科，所以能够在投资时考虑到许多普通人不会考虑的因素，就这方面而言，也许没有人可以和他相提并论。

> "所有聪明的投资都是价值投资——获得比你的付出更多的东西。你必须先评估一个企业的价值，然后才能评估它股票的价值。"

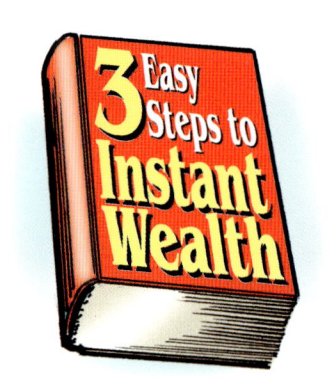

公式的局限

人们总是想要一道公式——但那样是行不通的。你必须估算公司从现在到无限的将来能挣到的所有现金，再把它们折回到现值。像市盈率这样的标尺本身是不够的。

——巴菲特

遇到不同的公司，你需要检查不同的因素，应用不同的思维模型。我无法简单地说："就是这三点。"你必须把它（投资技巧）种到你的头脑里，然后用毕生的时间去培养它。

——芒格

价格是你付出的，价值是你得到的

价值投资者往往会招致别人的怀疑，美国几次精明的土地收购就是这样的。1803 年，托马斯·杰弗逊政府花费 1500 万美元和拿破仑的法国政府达成了路易斯安那交易，平均每英亩土地的价格是 2.9 美分。1867 年，美国政府用价值 720 万美元的黄金向俄国收购了阿拉斯加地区，每英亩土地的价格大约是 2.5 美分，这在当时被称为"西华德（时任美国国务卿，主持向俄国收购阿拉斯加）的愚蠢交易"。相比之下，在 2006 年，阿拉斯加交易所涉及土地的价格等于 16700 亿美元，根据美国获得的石油、矿产价值和战略优势来衡量的话，这桩交易当然不是愚蠢的。

第二章　芒格的生活、学习和决策方法

投资原则检查清单

"聪明的飞行员即使才华再过人，经验再丰富，也绝不会不使用检查清单。"

我们现在已经了解了查理的总体思维方式和他的投资思维方式。为了继续关注"他是如何做到的"，我们将会使用他推崇的"检查清单"检验法来再次展现他的方法（若要了解查理本人关于价值和检查清单的重要性的说法，请参见第四章的第五讲）。然而，要注意的是，查理当然不会按照清单上的次序逐一应用下面这些原则，这些原则出现的先后也跟它们的重要性无关。每个原则都必须被视为整个复杂的投资分析过程的一部分，就像整幅马赛克图案中每个单独的小块那样。

风险 —— 所有投资评估应该从测量风险（尤其是信用的风险）开始。
- ★ 测算合适的安全边际。
- ★ 避免和道德品质有问题的人交易。
- ★ 坚持为预定的风险要求合适的补偿。
- ★ 永远记住通货膨胀和利率的风险。
- ★ 避免犯下大错；避免资本金持续亏损。

独立 —— "唯有在童话中，皇帝才会被告知自己没穿衣服"。
- ★ 客观和理性的态度需要独立思考。
- ★ 记住，你是对是错，并不取决于别人同意你还是反对你 —— 唯一重要的是你的分析和判断是否正确。
- ★ 随大流只会让你往平均值靠近（只能获得中等的业绩）。

复利

……这是能够将你所有的铅块变成金块的石头……记住，钱是一种繁殖力特别强大的东西。钱会生钱子，钱子会生更多的钱孙。
—— 本杰明·富兰克林

如果你把我们15个最好的决策剔除，我们的业绩将会非常平庸。你需要的不是大量的行动，而是大量的耐心。你必须坚持原则，等到机会来临，你就用力去抓住它们。

有很多情况比淹没在现金中却又什么都不做糟糕得多。我记得从前我缺乏现金的情况 —— 我可不想回到那个时候。
—— 芒格

反过来想，总是反过来想

准备——"唯一的获胜方法是工作、工作、工作、工作，并希望拥有一点洞察力。"

- ★ 通过广泛的阅读把自己培养成一个终生自学者；培养好奇心，每天努力使自己聪明一点点。
- ★ 比求胜的意愿更重要的是做好准备的意愿。
- ★ 熟练地掌握各大学科的思维模型。
- ★ 如果你想要变得聪明，你必须不停地追问的问题是"为什么，为什么，为什么"。

谦虚——承认自己的无知是智慧的开端。

- ★ 只在自己明确界定的能力圈内行事。
- ★ 辨认和核查否定性的证据。
- ★ 抵制追求虚假的精确和错误的确定性的欲望。
- ★ 最重要的是，别愚弄你自己，而且要记住，你是最容易被自己愚弄的人。

"理解复利的魔力和获得它的困难是理解许多事情的核心和灵魂。"

严格分析——使用科学方法和有效的检查清单能够最大限度地减少错误和疏忽。

- ★ 区分价值和价格、过程和行动、财富和规模。
- ★ 记住浅显的好过掌握深奥的。
- ★ 成为一名商业分析家，而不是市场、宏观经济或者证券分析家。
- ★ 考虑总体的风险和效益，永远关注潜在的二级效应和更高层次的影响。
- ★ 要朝前想、往后想——反过来想，总是反过来想。

知道如何避免

"只要得到严格的遵守，光是'避免犯傻的芒格体系'就能帮助你超越许多在你之上的人，无论他们有多么聪明。"

配置——正确地配置资本是投资者最重要的工作。

- ★ 记住，最好的用途总是由第二好的用途衡量出来的（机会成本）。
- ★ 好主意特别少——当时机对你有利时，狠狠地下赌注吧（配置资本）。
- ★ 别"爱上"投资项目——要依情况而定，照机会而行。

耐心——克制人类天生爱行动的偏好。

- ★ "复利是世界第八大奇迹"（爱因斯坦），不到必要的时候，别去打断它。

定错价格的赌注

"上天并没有赐予人类在所有时刻了解关于一切事情的一切的天赋。但对于那些努力在人世间寻找定错价格的赌注的人,上天有时会赐给他们一次这样的赌注。"

★ 避免多余的交易税和摩擦成本,永远别为了行动而行动。
★ 幸运来临时要保持头脑清醒。
★ 享受结果,也享受过程,因为你活在过程当中。

决心 —— 当合适的时机出现时,要坚决地采取行动。
★ 当别人贪婪时,要害怕;当别人害怕时,要贪婪。
★ 机会来临的次数不多,所以当它来临时,抓住它。
★ 机会只眷顾有准备的人:投资就是这样的游戏。

改变 —— 在生活中要学会改变和接受无法消除的复杂性。
★ 认识和适应你身边的世界的真实本质,别指望它来适应你。

托马斯·卡莱尔
Thomas Carlyle
1795—1881

"人的任务不是去看清远处模糊的东西,而是去做好身边清楚的事情。"

查理的总结

"为什么有些人会比其他人聪明呢?这跟与生俱来的性格有部分的关系。有些人的性格并不适合投资。他们总是按捺不住,或者总是忧心忡忡。但如果你拥有好的性格,在这里主要是指非常有耐心,又能够在你知道该采取行动时主动出击,那么你就能通过实践和学习逐渐了解这种游戏。很明显,你吸取教训的来源越广泛,而不仅仅从你自己的糟糕经验中吸取教训,你就能变得越好。

"我还没发现有谁能够很快做到这一点。作为投资者,沃伦·巴菲特比我第一次遇到他时好得太多了,我也是这样的。如果我们在某个阶段停滞不前,满足于已经拥有的知识,我们的业绩会比现在差得多。所以诀窍就在于不断学习,而且我不认为那些不享受学习过程的人能够不断地学习。"

★ 不断地挑战和主动地修正你"最爱的观念"。

★ 正视现实,即使你并不喜欢它 —— 尤其当你不喜欢它的时候。

专注 —— 别把事情搞复杂,记住你原来要做的事。

★ 记住,声誉和正直是你最有价值的财产 —— 而且能够在瞬间化为乌有。

★ 避免妄自尊大和厌倦无聊的情绪。

★ 别因为过度关心细节而忽略了显而易见的东西。

★ 千万要排除不需要的信息:"千里之堤,溃于蚁穴"。

★ 直面你的大问题,别把它们藏起来。

自从人类开始投资以来，他们就一直在寻找能够快速致富的神奇公式或者捷径。正如你已经看到的，查理的优异业绩并非来自一道神奇公式或者某些商学院教导的体系，它来自查理所说的"不停地寻找更好的思维方式的追求"，通过一丝不苟的准备进行"预付"的意愿，以及他跨学科研究模式的非凡后果。总而言之，它来自查理最基本的行为守则，最根本的人生哲学：准备、纪律、耐心、决心。每个因素都是互不相干的，但它们加起来就变成了威力强大的临界物质，能够催化那种因芒格而闻名的lollapalooza效应。

最后，简单来讲一下这篇概述芒格投资哲学的文章极其关注"买什么"而极少关注"何时卖"的原因。芒格亲自对这个问题作出了回答，下面这段话很好地概述了高度集中专注的"芒格学派"的投资哲学：

"我们偏向于把大量的钱投放在我们不用再另外作决策的地方。如果你因为一样东西的内在价值被低估而购买了它，那么当它的价格上涨到你预期的水平时，你就必须考虑把它卖掉。那很难。但是，如果你能购买几个伟大的公司，那么你就可以安坐下来啦。那是很好的事情。"

如同他的偶像本杰明·富兰克林那样，查理·芒格努力培养并完善了他独特的生活和经商方法。通过这些方法以及终生培养和维护的良好习惯，他取得了非凡的成功。

> 高深、迟暮的天才就是这样小心翼翼地照顾他们的复利机器 —— 那是两位出类拔萃的人联合发明的。其他人也许会试图复制伯克希尔·哈撒韦，但他们永远无法复制这两位出类拔萃的人物。
> —— 罗伯特·伦兹纳和戴维·冯蒂勒

诚实是最好的策略

由于深受故乡（美国中西部）文化的影响，查理·芒格向来是诚实和正直的同义词。正如查理曾经说过的："做正确的事情能给个人的品格和事业带来很大的好处。"查理有多么诚实和正直，他的女儿温蒂最有发言权。温蒂说，在水门丑闻发生之后，她很同情理查德·尼克松的女儿，因为大家都知道她们的父亲品行有亏。"我完全相信我爸爸不会让我们陷入相同的处境。我无法告诉你那给我的感觉有多么好。"

我们曾经找到传奇的债券投资专家比尔·格罗斯（太平洋投资管理公司），问他如何评价查理的诚实。他的回答是这样的："如果东海岸和西海岸同时被海水淹没，不管是由于风暴、地震还是道德沦丧，芒格的奥马哈将依然会存在。应该用卫星将查理的道德标准播送到世界各地的金融中心，以便防止未来再出现安然或世通之类的丑闻。

"查理和沃伦是极好的榜样和教师，对青年人来说更是如此。阿尔伯特·史怀哲说：'榜样在教学中不是主要的东西——它是唯一的东西。'在持续终生的商业'赛跑'中，查理和沃伦不但处于领先地位，而且沿途还从来不抄近道。

"人们无法在金融界找出比沃伦·巴菲特和查理·芒格更具榜样意义的诚实人物。他们的年报就像传奇，不仅讲述了真正的投资智慧，而且在有必要时也不惮于自责。"

比尔·格罗斯

我认为保持良好的记录是非常重要的。如果你从一开始就能够在诸如诚实这样简单的事情上拥有完美的记录，你将会在这个世界上取得很大的成功。

—— 查理·芒格

瑞克·格伦是查理的老友和商业伙伴，他补充说：

"我曾有两次看到查理在商业交易中付出了比他需要支付的金额更多的钱。第一次是在我们收购一家企业的时候，当时有两位老太太持有该企业发行的债券，我们本来很容易以远低于面值的价格收购这些债券——但是查理却按照面值给她们钱。第二次是在我需要一些现金去做另外一项投资的时候。当时我想要把我们合资成立的公司的一半股权卖给他，他说你开个价——我说13万美元，他说不行，23万美元才对，他真给了我那么多钱。这给查理抓到机会说出一句他非常喜欢的台词：'我是对的，你很聪明，迟早你将会明白我是对的。'当然啦，他这两点都说对了——他给出的价格确实更准确，而我最终也确实明白了这一点。

"在股票交易所占价格低廉的股票便宜是一回事，但是占合伙人或者老太太便宜是另外一回事——这是查理绝对不会做的事。"

瑞克·格伦

"查理很爱对我说一句他非常喜欢的台词：'我是对的，你很聪明，迟早你将会明白我是对的。'"

查理论诚实：在2004年西科年会上的讲话

"能力会让你到达巅峰，但只有品德才能让你留在那里。"

"阴谋诡计是蠢货的伎俩，他们缺乏足够的智慧去以诚待人。"

过去坐在我今天所坐椅子上的是路易斯·文森狄（Louis Vincenti），他以前曾经说："说真话，你将无须记住你的谎言。"我们不想搞得太复杂，所以总是说实话。由于拥有如此之多长期以来不离不弃的股东，我们无需为哪个季度的盈利上涨或下跌而烦恼——至少我们无需在乎它们给股东造成的影响。我们显然喜欢盈利多过喜欢亏损，但我们并不愿意操控任何东西来让某些季度的业绩显得更好看一些，那么做和我们的道德标准相差太远了。

就过往的情况来看，我认为这个地方比绝大多数地方都更加努力地争取做到理性。而且我认为它比绝大多数地方更加努力地去争取做到有道德——这意味着说真话，不乱搞。现在伯克希尔·哈撒韦有175000名员工，大概有这么多人，我坐在这里，我敢打赌，他们之中至少有一个人正在做让我感到非常懊恼的事情。然而，尽管有些人会乱来，我们公司在过去几十年里很少遇到什么诉讼或者丑闻之类的事情。人们注意到了这一点。

我们认为，有些事情就算你能做，而且做了不会有受法律制裁的风险，或者不会造成损失，你也不应该去做。你应该有一条底线。你心里应该有个指南针。所以有很多事情你不会去做，即使它们完全是合法的。这就是我们试图做到的经营方式。

我觉得我们不应该由此而得到太多的赞誉，因为我们很早就知道，这种经营方式能让我们赚更多的钱。而由于我们对此十分了解，我不确定我们是否有资格被视为道德高尚的人。

当然，要了解自己的动机是很难的。但我愿意相信，就算这种经营方式并没有给我们带来许多经济上的好处，我们也会这样做好。而且每隔一段时间，我们就会有机会证明这一点。但更多的时候，我们由于固守道德而赚到更多的钱。在我们看来，本杰明·富兰克林是对的。他并没有说诚实是最好的道德品质，他说诚实是最好的策略。

"我没有什么要补充的"第一篇

有时候，查理会向他的听众提出一个很难回答的问题，或者在被问到很难回答的问题时置之不理。他说他这么做是为了鼓励听众亲自去"寻找"答案，从而更好地了解和掌握他们发现的信息。查理说他父亲从前常常对他使用这种技巧，让他到今天还受用不尽。

为了履行通过这本书来展现查理的智慧和妙语的承诺，我们觉得有责任和义务来回答查理长久以来留给我们去"寻找"答案然而我们又未能彻底掌握的谜团和问题。

我们先从 1994 年 10 月 6 日查理在哈佛教职员俱乐部发表题为"人类误判心理学"的演讲时的一个问题开始：

问：你提到沃伦·巴菲特对待公开竞拍的原则——"别去"。然后你还说："我们也不参加封闭式投标拍卖（亦即招标），不过那是出于另外一个原因，一个萨克豪瑟会理解的原因。"

萨克豪瑟——他是哈佛教授，也是桥牌高手。封闭式投标拍卖的问题与公开竞拍不同，赢得拍卖的往往是那些犯了技术错误的人，壳牌花两倍价钱买下贝尔里奇石油公司的情况就是如此。在公开竞拍的拍卖会上，你付的价钱不可能是你击败的对手的两倍。你不会遇到这样的问题，你会遇到别的问题。但封闭式投标拍卖使人们容易犯下定错价的大错。

（你可以在全书各章找到更多的"我没有什么要补充的"时刻。）

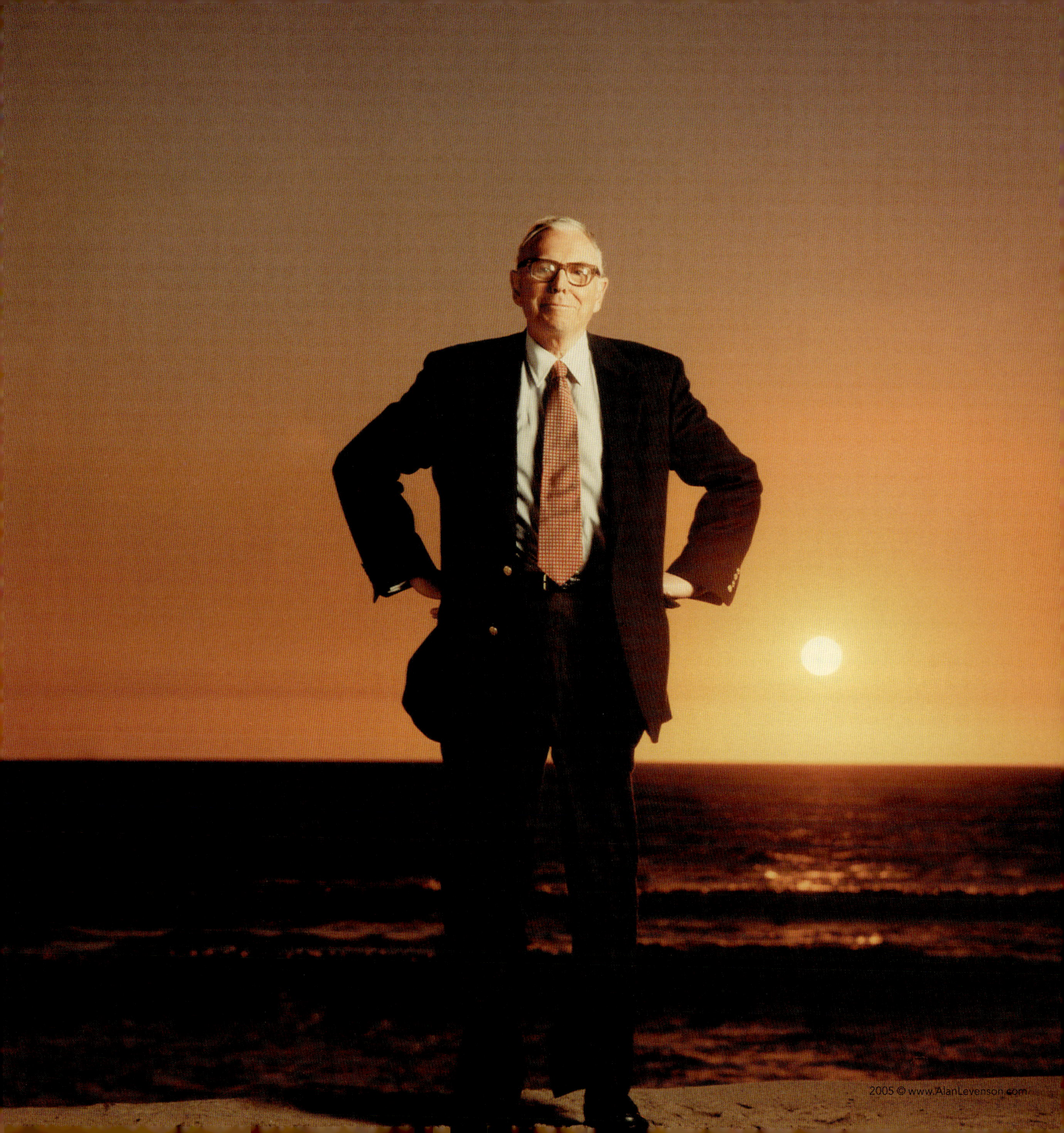
2005 © www.AlanLevenson.com

第三章

芒格主义：
查理的即席谈话

2001年至2006年
在伯克希尔·哈撒韦公司和西科金融公司
年会上的谈话摘录

惠特尼·提尔逊

> 智者的聪慧和长者的经验，也许能够通过语录得以保存。
>
> —— 埃萨克·狄斯雷利

沃伦·巴菲特和查理·芒格毫无疑问是有史以来最伟大的投资二人组，所以如果有投资者不去尽可能多地了解这两个人，尽可能多地学习他们如何取得成功，那么这个投资者就是——用查理很喜爱的一个词来说——"神经病"。

但是向沃伦和查理学习的真正乐趣并不在于人们能够了解大量关于如何在长时间内让金钱以很高的复利增长的知识——尽管这当然是一种很不错的额外收获——而是在于通过听取他们的教导，人们将能够更加深刻地理解人类的本性、世界的现状、如何理性思考，以及最重要的，如何更好地过上一种正直、幸福、善良的生活（提示：这三种要素是相辅相成的）。向沃伦学习并不难——写他的书有很多本；他经常发表演讲，撰写文章，出席公众场合；几十年来，他每年都会发表一篇很长的信件（你可以在伯克希尔·哈撒韦网站上免费阅读最近的30封信，网址是www.berkshirehathaway.com；如果你还没去看过，那你还在等什么呢？！）但查理就神秘多了：关于他的书只有两本，和沃伦相比，他发表的演讲和撰写的文章要少得多。

> 没受过教育的人看看几本语录是好事情。
>
> —— 温斯顿·丘吉尔爵士

由于这个原因,许多人并不知道查理本人是个天才,而且他对沃伦的投资哲学产生了深刻的影响,这一点沃伦是公开承认的。他们之间的互动会让观者忍俊不禁。在伯克希尔年会的主席台上,沃伦一般会率先回答提问,但然后往往会转过身说:"查理,你说呢?"查理的典型反应是一动不动、面无表情地(人们很容易用一个假人来代替他,在大多数情况下保管没有人会发现)说:"我没有什么要补充的。"这九个字已经变成了查理的标志,通常让沃伦和听众会心一笑。(实际上,1998年9月,在为收购通用再保险公司而召开的特别大会上,沃伦真的用一个硬纸板做成的查理人像和一段查理说"我没有什么要补充的"的录音出现在主席台上。我的一个朋友参加了该大会,据他说,"沃伦大概播了六次这段录音,每次都会露出顽皮的神色。")这几个字也反映了查理古怪的脾气——至少他的公众形象是这样的——以及这两个心灵相通的杰出生意人"合二为一"的关系。

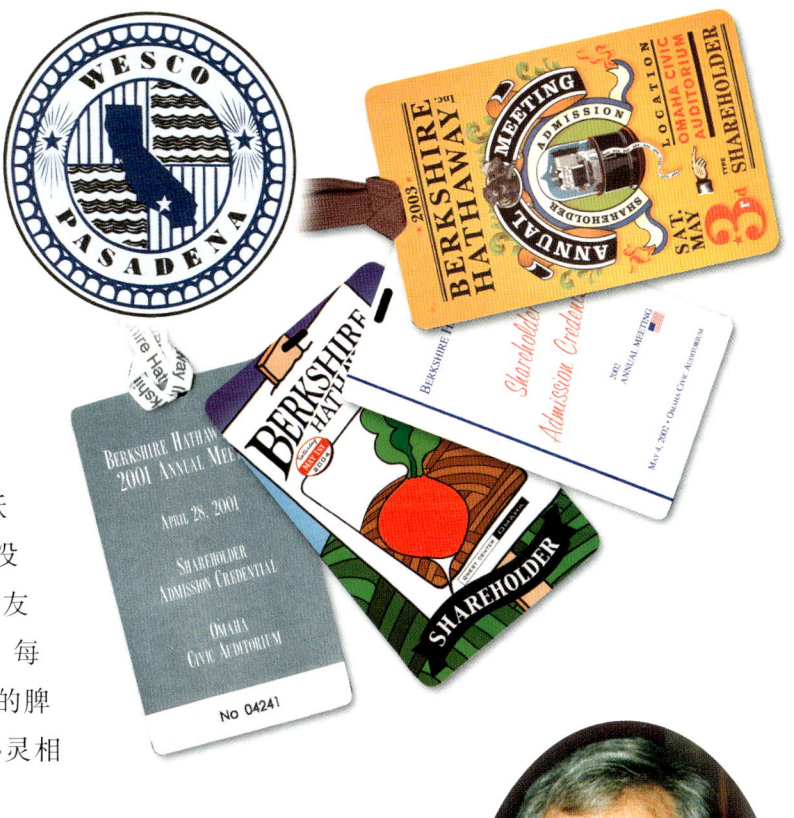

但每当查理确实有话要补充,那么他说的话往往很尖锐、很深刻,而且他也不会拐弯抹角。用他自己的话来说,查理是一个"古怪的、老派的"人,而且从来不为政治正确而担忧——他想到什么就说什么。

因为在伯克希尔年会上,大多数讲话都是由沃伦来发表,所以我总是喜欢参加几天后在帕萨迪纳举行的西科年会,去领略查理深邃的思想(他是西科金融公司的董事长,西科是一家结构和伯克希尔相同的控股公司,后者拥有西科80.1%的股份)。人们不用是股东也可以参加;查理——就像他和沃伦在伯克希尔年会上那样——欢迎所有来到格雷厄姆、戴维·多德(David Dodd,1895—1988,美国哥伦比亚大学商学院教授,格雷厄姆的助手、追随者和忠贞不渝的伙伴)、巴菲特和芒格教堂的朝圣者。我从来不曾后悔从奥马哈回来没几天就长途奔波,横跨大半个美国去听查理演讲,因为他的思维依然处在巅峰状态。在

> 有了这套芒格语录,我就可以比过去更加频繁、准确地剽窃查理的话啦!
> ——C. B."查克"·索恩顿

第三章 芒格主义:查理的即席谈话

2003 年的会议上，查理作出一个又一个充满睿见的点评，我有个朋友侧过身来，低声对我说："真难相信他已经 80 岁了！"确实如此！

作为导师和思想家，查理同沃伦旗鼓相当，我从他那里学到了很多知识，所以当我听到彼得·考夫曼正在编撰这本书时，我感到特别高兴，马上就同意为此尽绵薄之力！

查理的正式文章和讲稿遍布全书，本章的目的是对它们进行补充。这部分内容是从过去五年我在伯克希尔和西科的年会上所作的记录中抽取出来的，包括了查理在这些会议上说过的最有洞察力、最发人深思、最抒发胸臆、最好玩有趣的话。由于他的大多数发言都是为了回应股东的提问，所以他广泛地谈论了伯克希尔·哈撒韦的情况，还有许多和商业、投资相关的话题。

为了让查理的教诲更加容易被接受，我依照话题对它们进行了组织，也稍微做了些编辑工作，但目的是让他亲自说出他的话。请尽情享受吧！

"我没有什么要补充的"的硬纸板查理

1998 年 9 月，在为收购通用再保险公司而召开的特别大会上，沃伦真的用一个硬纸板做成的查理人像和一段查理说"我没有什么要补充的"的录音出现在主席台上。我的一个朋友参加了该大会，据他说，"沃伦大概播了六次这段录音，每次都会露出顽皮的神色"。

我和一个眼光极准的传奇人物合作了许多年，我总是很惊讶地发现，原来人们只要掌握和不停地应用所有明显而且容易学习的原理，就能够精通许许多多的领域。

—— 芒格

我们成功的关键

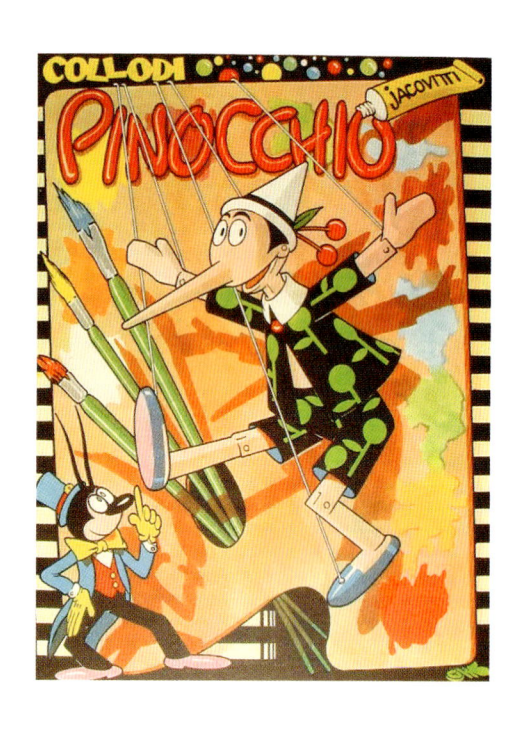

1. 如果乌龟能够吸取它那些最棒前辈的已经被实践所证明的洞见,有时候它也能跑赢那些追求独创性的兔子或者跑赢宁愿跻身那些忽略前人最优秀的工作的群氓愚蠢的兔子。乌龟若能找到某些特别有效的方法来应用前人最伟大的工作,或者只要能避免犯下常见的错误,这种情况就会发生。我们赚钱,靠的是记住浅显的,而不是掌握深奥的。我们从来不去试图成为非常聪明的人,而是持续地试图别变成蠢货,久而久之,我们这种人便能获得非常大的优势。

2. 我们并不自称是道德高尚的人,但至少有很多即便合法的事情,也是我们不屑去做的。我们不会去做那些事情。目前美国有种文化认为,所有不会把你送进监狱的事情都是可以做的事情。

我们认为,在你应该做的事情和就算你做了也不会受到法律制裁的事情之间应该有一条巨大的鸿沟。我想你应该远离那条线。我觉得我们不应该由此而得到太多的赞誉。这样做事的原则帮我们赚到更多的钱。我相信就算这种经营方式没有给我们赚这么多钱,我们也不会做坏事。但更多的时候,我们由于做正确的事情而赚到更多的钱。

记住路易斯·文森狄的规则:说真话,你将无须记住你的谎言。就是这么简单的一个概念。

论伯克希尔·哈撒韦

伯克希尔是一家极好的企业

我们就像刺猬,只知道一个大道理:如果你能够用3%的利率吸取浮存金(指理赔之前伯克希尔能够用于投资的现金保费收入),然后将其投资给某家能够带来13%收益的企业,那么这就是一桩很好的生意。

伯克希尔收购的企业能够给我们带来的税前回报率是13%,也许还要更多一点。由于资本成本利率只有3%——这些资本金是别人的钱,以浮存金的形式得到的——这就是非常棒的生意。所以伯克希尔的股东完全不必感到绝望。就复合回报率而言,伯克希尔是没以前那么好,但它仍然是一家极好的企业。

我不喜欢当乐观主义者,但过去几年,我们确实为伯克希尔增加了好多很棒的企业。

伯克希尔以前的回报

伯克希尔以往的业绩好到几近荒谬。如果伯克希尔愿意举债经营,比如说吧,就算负债率只有鲁珀特·默多克(新闻集团)的一半,它的规模也应该是现在的5倍。

1998年,伯克希尔收购了Netjets飞机租赁公司,它是查理和沃伦收归伯克希尔旗下的许多成功企业之一。在里奇·桑图利——产权分享的鼻祖——的有效管理之下,这家公司继续在世界各地扩展业务,上面的阿拉伯文广告便是证据。

伯克希尔的未来展望

一个人可以做的最聪明的事之一是调低投资预期，尤其是调低对伯克希尔的收益的预期。那是成熟而负责任的表现。我喜欢我们的模式，我们应该做得不错。

伯克希尔的未来不容乐观，原因有两点：

1. 我们的规模太大了。这迫使我们只能投资那些竞争更为激烈的领域，一些非常聪明的人也在研究这些领域，比如说爱丽丝·施罗德（她是保险分析专家，曾先后供职于普惠和摩根士丹利，当时正坐在听众席上）。

2. 从当前的大气候来看，在未来 15 到 20 年里，普通的股票市场不会像我们在过去 15 到 20 年中体验到的那么景气。请参看沃伦发表在《财富》杂志上的文章——我完全赞同那篇文章的观点。(《巴菲特先生论股票市场》，1999 年 11 月 22 日）

在未来 20 年里，伯克希尔·哈撒韦的市值将会增加，但可以肯定的是，每年的增长率将会比以前低得多。

但这并不是悲剧。我们很满意。伯克希尔·哈撒韦和西科的现金每年都在增加，我们的结构使我们拥有很大的回旋余地。虽然我们规模太大，不可能去购买小公司的股票，但我们在收购整体出售给我们的公司时占有优势。我们总是能够遇到很好的机会。我不感到丧气，但我认为你们放在这里的钱，不会用于你们以前习惯看到的事情。

这个世界是有限的，竞争非常激烈。所有资金庞大的企业最终都会发现增长变得越来越难，从而将会发现回报率变得越来越低。

我个人认为伯克希尔将来会比现在大得多，强得多。至于这支股票未来会不会是一个好的投资，那是另外一个问题。我们总是能够保证的事情是，未来将会比过去差很多。

大数定理：沉重的铁锚

所有的经济发展都会在规模越来越大的过程中锻造出它们自己的数学铁锚。

——巴菲特

我们说很难保持从前那种复合回报率，这并不是在喊"狼来了"——那是不可能做到的事情。不信你看看，现在做什么生意都很难赚到 1 亿美元的税前利润。那么要赚 10 亿，50 亿、100 亿呢……

——芒格

在未来，伯克希尔和西科的收益将不会像过去那么好。（所有大型成功企业的情况都是这样的。）唯一的区别是我们会告诉你们。

伯克希尔·哈撒韦的文化

我们的文化是非常老派的，像本杰明·富兰克林或安德鲁·卡内基的文化。你能想象卡内基聘请公司顾问吗？！让人吃惊的是，这种方法现在仍然非常有效。我们收购的企业有许多都像我们这样古怪而老派。

对于我们的许多股东而言，我们的股票是他们拥有的一切，我们非常清楚这一点。我们的（保守主义）文化发挥的作用非常深远。

安德鲁·卡内基
Andrew Carnegie
1835—1919

原本是身无分文的移民，后来成为地球上最富有的人。他将其钢铁帝国作价5亿美元出售，然后创办了许多学校、一家和平组织、纽约的卡内基礼堂，还有2811家免费的公共图书馆。他还花钱为7689座教堂购买和安装了风琴。他的憧憬是"创造一个理想国家，使少数人的多余财富能够在最佳意义上变成许多人的财产"。

卡内基图书馆
（宾夕法尼亚州，布拉多克）

Go，或者第一格，来自派克兄弟游戏公司的经典棋类游戏"大富翁"（Monopoly）。该游戏据说是由宾夕法尼亚州日耳曼城的查尔斯·达罗于1934年发明的。大萧条时期，达罗此举不亚于点石成金，这款游戏也帮助许多家庭熬过了经济不景气的漫漫长夜。实际上，其根源来自丽兹·玛吉（Lizzie Magie）的发明——用于宣传土地所有权的不平等，展示垄断（monopoly）的危害，且可连续套圈游玩的棋盘游戏。派克兄弟游戏公司之后也购买了丽兹·玛吉的专利以确立自己产品的合法地位。

这里是个非常可靠的地方。我们比绝大多数其他地方更能抵御灾难。我们不会像别人那样盲目扩张。

我很高兴我有90%的净资产是在伯克希尔的股票里。我们将会在避免不合理的风险和负债的前提下，努力使它保持合理的复合回报率。如果我们做不到这点，那就真太糟糕了。

伯克希尔和西科的股票价格

我们希望伯克希尔和西科的股票价格和我们认为它们的内在价值相差不要太远。如果股价升得太高，我们就会呼吁它降下来。并非所有的美国企业都这么做，但这是我们的做事方式。

我可不想回到 GO（起点）。我是从 GO 走过来的。我们的许多股东把大部分净资产都投在伯克希尔了，他们也不希望回到 GO。

现在很多人似乎认为企业CEO的责任就是让股票价格上涨。这种观点导致了各种各样的愚蠢行为。我们会实话实说，值多少就说多少。

伯克希尔股东

我们喜欢现在的股东，不想诱惑谁来成为我们的股东。

考虑到这个企业的复杂性，我认为就向股东披露他们需要的信息而言，我们的年报比我知道的任何一家公司都要好。我们是凭着良心这么做的。

伯克希尔的收购策略

三分之二的收购是失败的。而我们的收购很成功，那是因为我们从来不试图为收购而收购——我们等着那些不用多想也知道会成功的机会。

收购竞争

长久以来,许多私募股权投资公司一直与我们展开竞争,但不管怎么样,我们还是设法收购了一些企业。

一般的假设是,最好是坐在办公桌后面,然后人们会带来一个又一个的好机会——这是早期风险投资者的态度,直到最近几年才有所改变。但我们从来不这么做——我们到处寻找值得收购的公司。20年来,我们每年购买的企业只有一家或者两家。

可以说,我们不停在找。我们不跟上门推销的人打交道。如果你只是坐着,等交易上门,那么你坐的位子就会非常危险。

被兼并公司的管理人员

我们收购一家又一家的企业,是因为我们敬佩它们的创办人和这些创办人在生活中取得的成就。在绝大多数情况下,他们会留下来,而且从来不曾让我们失望。

激情和天分,哪个更重要呢?伯克希尔充满了对他们自己的事业特别有激情的人。我认为激情比头脑的能力更加重要。

我认为我们的管理人员来参加这个会议(股东大会),并不是为了学习管理技巧——他们精通所有跟他们的企业相关的技巧——而是因为这是个有趣的地方,而且每年都变得更加有趣,他们愿意成为它的一部分。

管理附属企业

基本上,我们会选择那些我们非常钦佩的人来管理我们的附属公司。一

手插口袋的奥蒂斯·布思

我本人是个很好的投资者,但我无法做得像沃伦和查理那么好——几乎从来没有失过手。我做过的最好的投资决定就是,这些年来把我的双手放进口袋里,有名无实地在伯克希尔占据一个职位,让这两个家伙去施展拳脚。我只是认识到他们比我更出色。

—— 奥蒂斯·布思
伯克希尔·哈撒韦的大股东,
房地产开发业务合伙人,
和查理有着逾50年的友情。

般来说，我们跟他们很容易相处，因为我们喜爱并敬佩他们。他们的企业中应该有什么样的企业文化，都由他们自行决定，我们并不会干预。他们总是能够积极进取，及时更正以往的错误。

有些美德是所有伯克希尔的附属公司都有的。我们并不创造这些美德 —— 我们选择那些已经拥有这些美德的公司。我们只是不把它搞坏。我们把权力分散到几乎全面退位的程度。

如果让伯克希尔管理的附属公司的那些 CEO 来发言，可能对现在的股东会有帮助，但我们向他们承诺过，他们可以把 100% 的时间花在他们的企业上。我们对他们管理他们的企业不设置任何障碍。许多人对我说他们很高兴，因为不用把 25% 的时间浪费在各种他们不喜欢的活动上。

合力

我们不说"合力"这个词，因为人们总是宣称兼并之后会产生合力作用。是的，合力确实存在，但有太多关于合力的不实承诺了。伯克希尔充满了合力 —— 我们并不回避合力，只是回避那些对合力的宣称。

作出正确的人事决定

过去几十年来，我们解雇职员的次数少得令人吃惊 —— 远远少于其他企业。这并不是因为我们太心软或者太愚蠢，这是因为我们更加聪明和更加幸运。很多人会回过头来看，并说他们最大的错误是没有及早地解聘某个人（我们从来不这么说）。我们的纪录惊人的好。我们是老派的企业。例如，在收购 CORT 商业服务公司（西科收购的一家从事家具出租的企业）的时候，沃伦对我说："你会喜欢保罗·阿诺德（CORT 的 CEO）的。"他说得没错。保罗自还在法学院念书的时候就管理这家企业了，并且热爱它。

如果你想要把公司卖掉，但又想要根本没把它卖掉的感觉，那么去找沃伦和查理。他们想要你做的就是去把你的企业管理好，如果你做到这一点，他们完全不会干预你。我并不觉得我把飞行安全公司卖掉了；我只是把飞行安全公司的股权证换成伯克希尔的股权证而已。

—— 阿尔·尤尼兹奇
飞行安全公司的创办人和董事长

伯克希尔的保险业务

表面上看，再保险是一种过度竞争的生意，但其实不是这样的。保险合同的签署和赔付之间有很大的时间差，所以投保人必须评估保险公司未来的支付意愿和支付能力。在这方面，我们信誉良好，拥有一定的优势，不过这种优势本来应该更大的。

我认为我们在再保险行业拥有某些优势，是因为人们信任我们的支付意愿和支付能力，所以再保险并不是价格低就能卖得好的无特性商品。我认为我们拥有一些特殊的才能。这么说吧，我觉得依靠特殊的才能是很危险的——最好是拥有许多价格不受管制的垄断性企业。但这在今天的世界是不可能的，我们从前依靠才能赚钱，未来也将继续如此。

我很高兴我们拥有保险业务，但我要提醒你们，它不是一门简单的生意。我们必须很聪明，才能把它做好。

总的来讲，我们做得相当不错——意味着位于（整个行业的）前10%，因为我们做得与众不同，而且我们愿意做一些不那么令人愉快的事情。

总而言之，我们对我们的保险业务感到中等的乐观。

用很低的成本让浮存金以可观的速度增长几乎是不可能的任务——但不管怎么样，我们想要做到这一点。

我曾经为我们的浮存金的增长和成本感到惊讶。我们得到了几十亿美元的浮存金，而所支付的利率比国债的利息还要低，这真的太好了。

波动的业绩以及在市场不景气时愿意少签保单……是我们作为保险公司的优势之一，我们并不在意业绩的波动，而其他人都试图讨好华尔街。这个优势可不算小了。

别人都不这么做，但在我看来，这（别总是想着要取悦华尔街）明显是唯一可行的道

阿吉特·杰恩（Ajit Jain）领导着伯克希尔·哈撒韦旗下的国民赔偿再保险公司。他被许多人看作保险界最优秀的人物，经常有新的办法搞到低利率的浮存金，供沃伦和查理再投资调动。

沃伦常常提醒股东别忘了阿吉特对他们公司的贡献，比如说在2001年的年度报告中，他这么说：

"阿吉特的业绩会有波动——但他的承保原则绝不会动摇。他对伯克希尔的贡献之大，是怎么说都不为过的。"

华尔街的纽约证券交易所是全世界领先的、最为先进的证券市场。纽交所平均每天成交的股票为14.6亿股，成交额高达461亿美元。

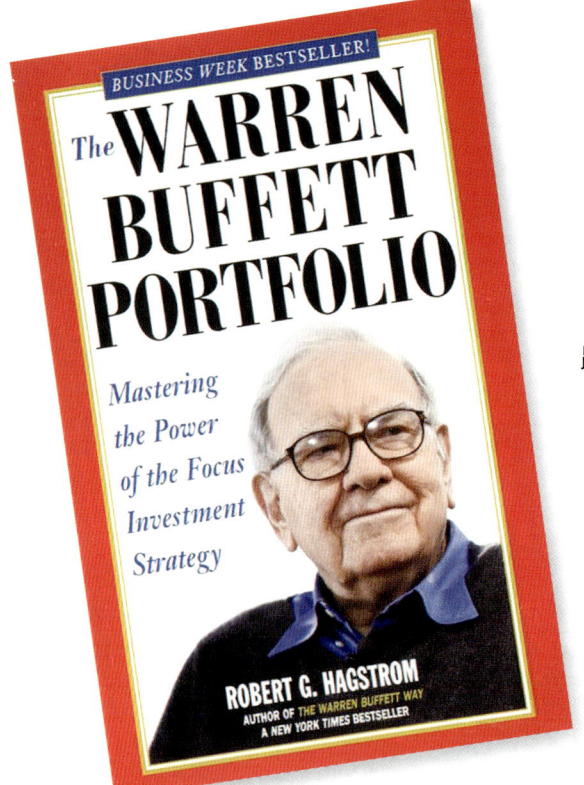

芒格和巴菲特都推荐罗伯特·哈格斯特朗的这本著作，它清楚地列出了伯克希尔·哈撒韦的成功方法，让每个人都能学习。

路。伯克希尔基本上是这样的。关键是控股股东能够说了算——如果要让董事会来作这样的决定就难了。

伯克希尔·哈撒韦回购股票

在过去，当伯克希尔的股价变得便宜时，我们会去买比它更便宜的股票。（相比回购股票）我总是更喜欢这么做。拥有一家声名狼藉的公司，得通过收购某些股东的股份来让其他股东赚钱，这可不好玩。

分割伯克希尔的股票以创造出更多的流动性

有人认为可交易的普通股票的流动性对资本主义贡献极大，我觉得这种观念大多是胡说八道的废话。流动性给我们带来了这些疯狂的泡沫，所以它的问题和好处一样多。

（巴菲特插话说："伯克希尔股票平均每天的成交额为5000万美元，所以如果人们想把它卖掉，根本不会遇到问题。"）

但我们正在努力让更多的人拥有这只价格如此高昂乃至流动性成了问题的股票。

为什么没有更多的公司和投资者效仿伯克希尔·哈撒韦

这是一个好问题。我们的方法让我们取得了成功。看看我们、我们的管理人员和股东有多么开心就知道啦。大多数人应该效仿我们。我们的投资方法并不难学，但表面上看起来很难，因为它跟一般的投资方法不同——它不是常见的方法。我们的管理费用很低，没有季度目标和预算，也没有一套标准的人事体系，我们的投资集中度比一般企业高得多。就这么简单而且合情合理。

最近我跟杰克·麦克唐纳聊天，他在斯坦福商学院上一门以我们的原则为基础的投资课。他说那很孤独 —— 他觉得自己像是那个美泰克家电维修员。

美泰克家电维修员

自1967年起，演员杰西·怀特在美泰克公司的广告中扮演了家电维修员的角色，由于美泰克产品经久耐用，这位维修员变成了"镇上最孤独的人"。怀特饰演这个角色直到1989年，继任者是戈登·詹普。2003年詹普退休，该角色由演过通用汽车的好扳手先生的哈迪·罗尔斯接替。

对巴菲特的评论

人们很难相信他的业绩一年比一年好。这种情况不会永久地持续下去，但沃伦的确在进步。这是很罕见的：绝大多数人到了72岁就停滞不前了，但沃伦依然在进步。

查理对沃伦的影响

我认为那些作者言过其实地夸大了我对沃伦的影响。沃伦确实有过发蒙的时候，因为他曾在本杰明·格雷厄姆手下工作过，而且赚了那么多的钱。从如此成功的经验中跳出来确实很难。但如果世上未曾有过查理·芒格这个人，巴菲特的业绩依然会像现在这么漂亮。

我想那些认为我是沃伦的伟大启蒙者的想法里有好些神话的成分。他不需要什么启蒙。但我们现在比五年前更能明白这个道理。

沃伦走后会怎样？

关键是拥有许多优秀的企业。优秀的企业能给伯克希尔的发展带来很多动力。（然而，）我认为我们的继任者在资本配置方面将不会像沃伦这么出色。

伯克希尔钱多成灾——我们拥有许多不断产生现金的伟大企业。如果股价下跌，伯克

> 他们让我这个 80 岁老头坐在这里的主要目的，是让沃伦显得很年轻。
>
> —— 查理在 2004 年伯克希尔·哈撒韦年会上

希尔可以把它买回来。没有理由认为它会很快完蛋，而且我觉得有理由认为它将会继续运转良好。如果伯克希尔没有随着时间的流逝 —— 就算是在沃伦去世之后 —— 而变得更大、更强，我会感到非常吃惊。

等到沃伦离开的时候，伯克希尔的收购业务会受到影响，但其他部门将会运转如常。收购业务到时应该也还行。反正我们可以向你们保证的是，从前那种增长速度将会下降，我们可不想在这个问题上说谎。

我想到那时伯克希尔的最高领导人应该没有沃伦那么聪明。但别抱怨："天啊，给我沃伦·巴菲特 40 年之后，怎么能给我一个比他差的混蛋呢？"那是很愚蠢的。

如果说谁有理由担忧的话，那个人应该是我，但我认识巴菲特家族几十年了，我可以告诉你："别担心这件事。你应该感到非常幸运。"

对巴菲特的另一个评论

马克·汉堡
伯克希尔·哈撒韦的CFO

"和沃伦·巴菲特这么出色的人共事有什么感想？"

"和沃伦共事非常容易——他是我遇到过的最好合作的人。我感觉很棒，因为他能够很准确地预料到营运结果。（实际上，如果结果跟他的估计有很大的出入，我们就会怀疑我们犯了错误。）他拥有非凡的本领，他研究的数字别人也都在研究，但他就是能够提出独到的看法和观点。他总是这样的——提出一些伟大的想法，你听完之后会觉得很简单，可是别人却怎么也想不到。"

要是查理去世了呢？

正如你能看到的，我们打算永远在这里待下去。（但就算我去世了）你拥有大量的现金，还有巴菲特坐镇总公司——还有什么好担心的呢？

查理是可恶的"说不大师"（the Abominable No-Man）

巴菲特：你千万要学会如何校准他的答案。如果你问查理某个项目，他说"不"，那么我们会用所有的钱来投资它。如果他说"这是我听过的最愚蠢的事情"，那么我们就会适当地做一点投资。如果你能够校准他的答案，你就能获得很多智慧。

查理是可恶的"说不大师"

在最近一次伯克希尔股东大会上的对话：

沃伦："查理，你还有什么要说的吗？"

查理："没有，我觉得你说'不'说得很完美了。"

查克·瑞克斯豪瑟

芒格、托尔斯＆奥尔森律师事务所前合伙人，1964年以来的朋友

沃伦曾经告诉我一个故事，他们刚认识的时候，还没有一起做生意，各自拥有一家合伙投资公司，沃伦经常给查理打电话说"我想做某件事"，并对这件事加以描绘，查理会说："天啊，你在开玩笑吗？有这种风险和那种风险。"他们将会仔细考虑查理看到的这些风险，然而沃伦通常会说："我想你是对的。"但有时候他也会说："查理，你说的我都听进去了，但我还是想做这件事。"沃伦说他直到那一刻才能知道查理的真正想法，因为查理有时会说："沃伦，如果你要做这件事，我能不能参股？"人们通常认为查理的价值在于识别风险和说"不"，但其实查理最有价值的地方，在于他能够识别那些可以参股的时机。

奥蒂斯·布思

1956年以来的朋友和生意合伙人

查理明白要找到真正好的东西很难。所以，就算你90%的时间都在说"不"，你也不会错失太多的东西。

可恶的"说不大师"

摄影：基里·克里斯蒂安·克鲁斯
《奥马哈世界先驱报》2005年版权所有，保留一切权利。

对巴菲特的评论

投资建议

性格、耐心和求知欲的重要性

（成功投资的关键因素之一就是拥有良好的）性格 —— 大多数人总是按捺不住，或者总是担心过度。成功意味着你要非常有耐心，然而又能够在你知道该采取行动时主动出击。你吸取教训的来源越广泛，而不是仅仅从你自己的糟糕经验中吸取教训，你就能变得越好。

我想说说怎样才能培养那种毫不焦躁地持有股票的性情。光靠性格是不行的。你需要在很长很长的时间内拥有大量的求知欲望。

你必须有浓厚的兴趣去弄明白正在发生的事情背后的原因。如果你能够长期保持这种心态，你关注现实的能力将会逐渐得到提高。如果你没有这种心态，那么即使你有很高的智商，也注定会失败。

集中投资

我们的投资风格有一个名称 —— 集中投资，这意味着我们投资的公司有 10 家，而不是 100 家或者 400 家。

对查理的赞美

乔治·基勒斯派，多年老友：

查理聪明绝顶，人品又好，他把家人照顾得很好，对朋友非常周到。在我看来，他是个完美的男人。

弗雷德·斯坦巴克，多年老友：

查理有大量行之有效的智慧。每当我听他说话，或者看他写的文章，总是有很多收获。

布拉德·里德，多年老友：

我在查理身上发现很多特别有用的优点，比如说他建议利用各个学科的理论，坚持试图确定后果的后果（的后果），建议通过反面论证来分析问题，提倡放弃 —— 或至少是大力地挑战 —— 自己最爱的观念。在我看来，他最聪明的名言是这句："一件事情如果不值得做，就不值得把它做好。"

杰夫·摩尔，阿雷斯资产管理公司执行董事：

查理在投资方面极其出色，是因为他智力优异，分析周全，也因为他很有耐心，并且稳定地应用他的投资原则和哲学。他既是学生，也是教师，堪称投资界的巨人，是个值得学习的人物。

我们的游戏是，当好项目出现时，我们必须能够认出来，因为好项目并不会经常出现。机会只眷顾有准备的人。

好的投资项目很难得，所以要把钱集中投在少数几个项目上，这在我看来是很好的主意。投资界有 98% 的人并不这么想。而我们一直以来都是那么做的，这给我们 —— 也给你们 —— 带来了许多好处。

好玩的是，绝大多数大型投资机构的想法不是这样的。他们聘请了许多人，比较默克制药公司和辉瑞制药公司到底哪个价值高，分析标准普尔 500 指数的每只成分股，以为他们能够打败市场。你这样做是无法打败市场的。

我们的投资规矩是等待好球的出现。

如果我有机会进入某个企业工作，而那里的人用各种指数标准来衡量我，逼我把钱都投出去，聚集在周围监视我，那么我会讨厌这家企业。我会有戴上脚镣手铐的感觉。

很少人借鉴我们的方法。采用集中投资策略的公司略有增加，但真正增加的是无限制使用投资顾问来建议资产如何配置、分析评估其他顾问等等做法。也许有 2% 的人会走进我们的阵营，剩下 98% 的人将会信奉他们听来的道理（比如说市场是完全有效的）。

错误的投资课程

Beta 系数、现代组合投资理论等等 —— 这些在我看来都没什么道理。我们想要做到的是，用低廉的价格，甚至是合理的价格，来购买那些拥有可持续竞争优势的企业。

大学教授怎么可以散播这种无稽之谈（股价波动性是衡量风险的尺度）呢？几十年来，我一直都在等待这种胡言乱语结束。现在这样乱讲的人少了一些，但还是有。

沃伦曾经对我说："我对学术界的总体看法可能是错的（把它看得这么糟糕），因为那些跟我打交道的人都有一套神经病的理论。"

等待好球的出现

哈蒙·基勒布鲁在 22 年的职业生涯中曾先后效力于华盛顿参议员队、明尼苏达双城队和堪萨斯城皇家队。这位名人堂成员以善于把好球打到观众席上闻名，在职业生涯中一共打出 573 个全垒打。1984 年，当入选名人堂时，他名列有史以来全垒打排行榜上第五位，在美国大联盟的球员中，排名仅次于巴比·鲁斯。

多元化投资

认为投资应该越多元越好是一种发疯的观念。

我们并不认为多元程度很高的投资能够产生好结果。我们认为几乎所有好投资的多元程度都是相对较低的。

如果你把我们 15 个最好的决策剔除，我们的业绩将会非常平庸。你需要的不是大量的行动，而是极大的耐心。你必须坚持原则，等到机会来临，你就用力去抓住它们。

这些年来，伯克希尔就是通过把赌注押在有把握的事情上而赚钱的。

坐等投资法

如果你因为一样东西的内在价值被低估而购买了它，那么当它的价格上涨到你预期的水平时，你就必须考虑把它卖掉。那很难。但是，如果你能购买几个伟大的公司，那么你就可以安坐下来啦。那是很好的事情。

我们偏向于把大量的钱投在我们不用再另作决策的地方。

优秀企业是什么？

有这么两类企业：第一类每年赚 12%，你到年底可以把利润拿走。第二类每年赚 12%，但所有多余的现金必须进行再投资 —— 它总是没有分红。这让我想起了那个卖建筑设备的家伙 —— 他望着那些从购买新设备的客户手里吃进的二手机器，并说："我所有的利润都在那里了，在院子里生锈。"我们讨厌那种企业。

> 别赌博。用所有的储蓄去购买一些好股票，等它价钱上涨再卖掉。如果它的价格不会上涨，那么你就别买它。
>
> —— 威尔·罗杰斯

喜诗糖果：优秀企业的个案研究

如果喜诗糖果（在我们收购它的时候）再多要 10 万美元（巴菲特插口说："1 万美元"），沃伦和我就会走开 —— 我们那时就是那么蠢。

伊拉·马歇尔说你们这两个家伙疯啦 —— 有些东西值得你们花钱买的呀，比如说优质的企业和优质的人。你们低估了优质的价值啦。我们听进了他的批评，改变了我们的想法。这对每个人来说都是很好的教训：要有能力建设性地接受批评，从批评中吸取教训。如果你间接地吸取我们从喜诗糖果学到的教训，那么你将会说，伯克希尔是建立在建设性的批评之上的。

错误

伯克希尔历史上最严重的错误是坐失良机的错误。我们看到了许多好机会，却没有采取行动。这些是巨大的错误 —— 我们为此损失了几十亿美元。到现在还在不断地犯这样的错误。我们正在改善这个缺陷，但还没有完全摆脱它。

喜诗糖果

加拿大人查尔斯·席（Charles See）在 1921 年来到洛杉矶，利用他母亲的配方，创办了一家优质的糖果企业 —— 喜诗糖果（See's Candies）。他母亲玛丽·席的照片也变成了该公司的标志。20 世纪 20 年代中期，喜诗糖果从最早的 1 家店发展到 12 家店 —— 随后在加利福尼亚州不断地扩张。1972 年，在罗伯特·弗拉赫尔蒂（现任西科金融公司的董事）的提议下，蓝筹印花公司收购了喜诗糖果。喜诗糖果现在是伯克希尔·哈撒韦的全资子公司。如今，喜诗糖果的专卖店超过 200 家，在海外某些地方也有销售，比如香港和东京。

这样的错误可以分为两类：1. 什么也不做，沃伦称之为"吮吸我的大拇指"；2. 有些股票本来应该买很多，但是只买了一点。

在差点犯下没有购买喜诗糖果的大错之后，我们有很多次犯了相同的错误。很显然，我们吸取教训很慢。这些机会成本并没有反映在财务报表上，但却让我们失去了几十亿美元。

由于坐失良机的错误（是无形的），绝大多数人并不会注意到它们。我们会主动说出我们犯下哪些坐失良机的错误——就像我们刚才所做的那样。（刚刚在讨论的是，他们因为沃尔玛的股价上涨了一点点而没有买进，结果犯下了少赚 100 亿美元的错误。）

当股价下跌时买进

过去几十年来，我们经常这么做：如果某家我们喜欢的企业的股票下跌，我们会买进更多。有时候会出现一些情况，你意识到你错了，那么就退出好了。但如果你从自己的判断中发展出了正确的自信，那么就趁价格便宜多买一些吧。

诱人的机会总是转瞬即逝的。

真正好的投资机会不会经常有,也不会持续很长的时间,所以你必须做好行动的准备。要有随时行动的思想准备。

小投资者的机会

如果你今天只有很少的资本,年纪尚轻,那么你的机会比我年轻时要少一些。当年我们刚走出大萧条。当时人们认为资本主义很糟糕。

20世纪20年代出现了许多弊端。当时有个笑话是这样的,一个家伙说:"我买股票是为了晚年,这种方法很灵验 —— 不到六个月,我就觉得自己像个老头了!"

你遇到的困难更大,但这并不意味着你没办法做得好 —— 只是需要更多时间而已。但那有什么关系呢,你能活得更长久啊。

如果我是你,我就会买些很小的股票,寻找一些罕见的错误定价的机会,但这类机会的确是很少。

股票卖空

卖空股票,却又看到股价因为某些因素而上涨,是很苦恼的事情。你在生活中不应该去做这么苦恼的事情。

护城河和持续的竞争优势

旧的护城河正在被填平,而新的护城河比以前更难预测,所以事情变得越来越难。

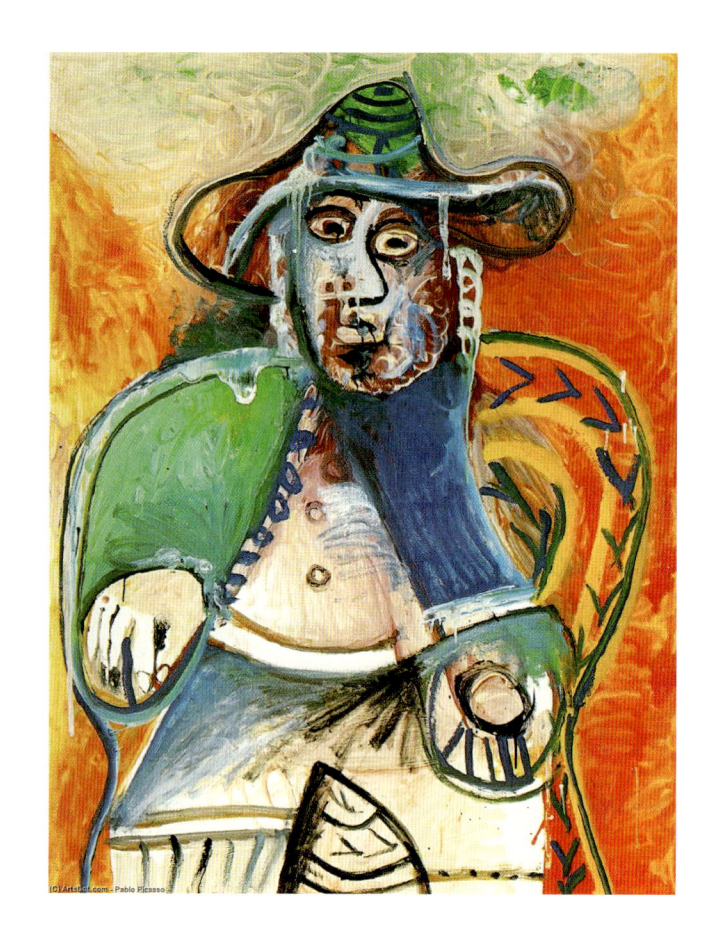

《坐着的老人》(Seated Old Man)是毕加索(1881—1973)在去世前两年,也就是90岁那年的画作。这幅画如今在巴黎的毕加索博物馆展出。

1963年,毕加索说:"当今一切都能够通过科学得到解释,除了艺术。你可以登上月球,或者可以在海底漫步,或者做任何你想做的事,但绘画依然是绘画,因为它不是科学所能研究的。它依然是个问题。而答案只能从它本身去寻找。"

大阪城的护城河是1583年挖掘的。1914年大阪冬之阵后被德川军填平，这直接导致了丰臣家在之后的大阪夏之阵中灭亡。天守阁1665年被闪电击中，遭祝融火焚毁。1931年，有关方面用钢筋水泥进行了重建；1997年的大修恢复了大阪城大部分的原貌。

学习过程

我还没发现有谁能够很快做到（成为一名伟大的投资者）。作为投资者，沃伦·巴菲特比我第一次遇到他时好得太多了，我也是这样的。所以诀窍就在于不断学习。你应该喜欢学习的过程。

我观察沃伦几十年了。沃伦学习了很多东西，这使他得以拓展他的能力圈，所以他能够投资像中国石油这样的企业。

如果你打算成为一名投资者，那么总会有些投资领域不是你完全了解的。但如果你努力学习，不断进步，那么你就能够保证你的投资都会产生好的结果。关键是自律、勤奋和练习。那就像打高尔夫球——你必须努力练习。

如果你没有不停地学习，其他人将会超过你。

"现代文明需要能源。如果在这个领域没有（具有吸引力的投资）活动，沃伦和我将会感到失望。"

N. 格里高利·曼昆是哈佛大学的经济学教授，也是国家经济研究署的研究员，波士顿美联储和国会预算办公室的顾问。他撰写的教材很流行，被翻译成多种语言。

能力圈及其边界

我们接触过的事情有很多。我们有三个选项：可以，不行，太难。除非我们对某个项目特别看好，否则就会把它归为"太难"的选项。你需要做的，只是寻找一块特殊的能力领域，并把精力放在那里面就可以了。

如果你确有能力，你就会非常清楚你能力圈的边界在哪里。没有边界的能力根本不能称之为能力。如果你问自己是否过了能力圈的范围，那这个问题本身就是答案。

资本成本和机会成本

（巴菲特：查理和我不知道我们的资本成本。商学院有教，但我们持怀疑态度。我们只是用我们拥有的资本尽量去做最聪明的事情而已。我们会拿一切跟其他选择作比较。我从来没觉得那个资本成本的计算对我来说有什么意义。查理，你呢？）

我也不觉得。如果你拿起最好的经济学教材，那是曼昆写的，他说人们作出决定的依据是机会成本 —— 也就是说，真正重要的是否有其他选择。我们决策的时候也是这样的。其他人却不这么认为 —— 甚至还有人提出了股本成本的说法。这些人真是脑子坏掉了。

很明显，关键是考虑各种成本，包括机会成本。当然，资本不是免费的。要算出你的借贷成本很容易，但理论家对股本成本的说法是很神经病的。他们说，如果你获得100%的资本回报率，那么你就不应该去投资某个产生80%回报率的项目。这简直是疯话。

预测的价值

人们总是喜欢请人来为他们预测未来。很久很久以前，有些国王会请人来解读绵羊的内脏。假装知道未来的人总是有市场的。聆听今天的预测家的行为，就像古代国王请人看绵羊的内脏那么疯狂。这种情况总是一而再、再而三地出现。

首次公开募股（IPO）

如果能够使用我们的思维模型，那么你完全有可能找到值得购买的新股。每年发行的新股有无穷多，我坚信你总能抓住一两个机会。但普通人玩新股很容易遭受重挫，所以你要是觉得你是个天才，那就去玩吧，祝你好运。

对我们来说，新股要么发行规模太小，要么太过高科技——我们不懂它们是干什么的。如果沃伦在关注它们，那我就不知道啦。

曾经炙手可热的电子玩具（eToys）的首次公开募股非常"成功"，新股上市募集了将近100亿美元的资金。自那以后，这家位于加利福尼亚州的公司便濒临破产，在2001年宣告倒闭。

"看到人们兴高采烈地购买彩票，或者坚信那些刷卡支付、快递上门的杂货店将会取代许多现金付款、自提货物的高效超市，我认为那位希腊演说家是正确的，人们就算并不处在痛苦之中，或者遭到痛苦的威胁，也确实会有过度乐观的心理。"
—— 摘录自第四章第十一讲："人类误判心理学"

谈市场

股票、伦勃朗和泡沫

股票有点像债券，对其价值的评估，大略以合理地预测未来产生的现金为基础。但股票也有点像伦勃朗的画作，人们购买它们，是因为它们的价格一直都在上涨。这种情况，再加上股票涨跌所产生的巨大"财富效应"，可能会造成许多祸害。

（2001年4月）这是资本主义最极端的时期。20世纪30年代，我们遭遇了过去600年来最严重的大萧条。而今天几乎是过去600年来最兴旺的时期……我们使用了"悲惨繁荣"这个词汇来描绘它，因为它产生的后果是悲惨的。

债券比股票理性得多。没有人会以为债券的价值会上升到月球去。

未来的市场回报率

（2000年11月）若股市未来复合回报率能够达到15%，那肯定是因为一种强大的"伦勃朗效应"。这不是什么好事。看看日本以前的情况就知道了。当年日本股市的市盈率高达50到60倍。这导致了长达十年的经济衰退。不过我认为日本的情况比较特殊。我的猜测是，美国不会出现极端的"伦勃朗化"现象，今后的回报率将会是6%。如果我错了，那可能是因为一个糟糕的原因。如果未来股票交易更像伦勃朗作品的买卖，那么股市将会

《亨德里凯伊·斯托弗尔斯画像》
（*Portrait of Hendrickje Stofells*）
伦勃朗·凡·里因，1659年，
油画，英国伦敦国家画廊。

上涨，但缺乏坚实的支撑。如果出现这种情况，那就很难预测它会发展到什么程度、股价将会上涨多高，以及会持续到什么时候。

（2001年4月）总的来说，我认为美国投资者应该调低他们的预期。人们不是有点蠢，而是非常蠢。没有人愿意说出这一点。

（2001年5月）我们并没有处在一个猪猡也能赚钱的美好时代。投资游戏的竞争变得越来越激烈。

我不认为我们将会看见大多数股票像1973—1974年，甚至是1982年那样，价格跌到令人流口水的低位。我觉得沃伦和我非常有可能再也看不到这些机会了，但那并不是坏事。我们只要继续努力就好啦。

（巴菲特：不过也不是完全没有可能。你无法预测市场将会怎样。在日本，十年期债券的利率只有 0.625%。以前谁能想得到呢？）

就算日本发生了那样的事情，美国的情况也不会那么糟糕。在接下来这段日子里，那些普通的高薪投资顾问将不会有非常好的表现。

垃圾债的短暂崩溃（2002 年底）是很奇怪的事情，当时它们的收益率高达 35% 到 40%。垃圾债市场绝对是一片混乱。如果股市也遭遇这种情况——那么不难想象，很快就会大崩盘。

当前的市场环境

（2004 年 5 月）说到大环境，我认为它会令那些想要很容易、很有把握地赚到钱的人感到非常痛苦。普通股的估值可能相当合理，但它们不算特别便宜。

我们的现金就足以说明问题了。如果我们有很多好主意，我们就不会拥有这么多现金。

伯克希尔和西科有大量我们不知道用来干什么的现金。如果你算上债券的话，伯克希尔有 700 亿美元，西科的现金也是多得不得了。我们的现金是有史以来最多的。要是在以前，我们只要沉住气就可以了，我们能够把现金派上用场。

日本是一个面积相对较小的岛国，拥有大约 1.26 亿人口，人口密度差不多是欧洲的 3 倍，美国的 12 倍。由于该国有注重储蓄的文化，日本是世界上最大的债权国。据统计，2001 年日本拥有 1 万亿美元的海外净资产。

"我没有什么要补充的"第二篇

接下来,我们来看查理如何监控宏观的经济趋势和变化:

问:为了理解宏观的经济环境,你通常关注哪些宏观的统计数据呢?或者说你觉得哪些数据比较有用呢?

我觉得都没有用。我只是密切关注伯克希尔的各家子公司,常常阅读商业报纸和杂志而已,由此我能接触到大量宏观层面的东西。我发现我只要这么做,就足以了解宏观层面正在发生什么情况了。

对企业管理层的批评

篡改盈利数字和做假账

有那么多钱压在财报数据上,有人想要篡改它们也是很正常的。很多人都这么做,所以出现了"谢皮科效应"(☞ 274 页),也就是说,每个人都觉得自己的做法没有错,因为其他人也那么做。事情总是这样的。

现在,它的机制类似于连锁信。由于和诸如风险投资之类的合法活动混在一起,这种做法看起来似乎很体面。但我们正在混淆体面的活动和可耻的活动——所以我在伯克希尔·哈撒韦的年会上说,如果你把葡萄干和大便掺在一起,你得到的仍然是大便。会计学没有办法阻止那些道德败坏的管理人员从事那种连锁信式的骗局。

逮到行为不轨的管理人员

伯纳德·埃伯斯和肯·拉伊就像漫画中的小丑——他们很容易被逮到。他们几乎是变态狂。但是要逮到荷兰皇家壳牌公司的问题,就难多了。

但我们不需要吸取他们的教训,因为我仍然相信埃克森的数据是正常的。

我想向大家道歉。昨晚提到某些当代的商业巨头时,我说当他们说话时,他们就是在

安然公司前 CEO 肯·拉伊在得克萨斯州休斯敦被联邦法院的执法官员带走。

说谎；当他们沉默时，他们就是在偷窃。这句话不是我独创的，（很多年前）就有人用它来描绘那些强盗大亨。

美国企业对特别费的痴迷

你说这笔费用每年总是会出现，它还有什么特别的呢？

公司治理

有个热衷于改革的积极分子说沃伦担任可口可乐公司的董事有悖于可口可乐公司的利益，这种白痴说法对改革事业毫无帮助，反而伤害了它。那些人的傻冒行为破坏了他们的事业。

伯克希尔·哈撒韦和可口可乐公司

伯克希尔·哈撒韦持有 2 亿股可口可乐公司的股票，自 20 世纪 80 年代末期以来，是该公司最大的股东。伯克希尔对可口可乐的投资成本是 13 亿美元，现在的市值是 80 亿美元。可口可乐公司创办于 1886 年，起初只是一家专卖碳酸饮料的公司，最终发展成为世界上最大的公司之一。

对基金管理企业的批评

有缺陷的激励机制

现在一般基金的管理系统要求人们假装去做他们做不了的事情，假装喜欢他们其实不喜欢的事情。这种生活方式很可怕，但它能得到很多薪水。

没有增加价值

开放式基金每年收取 2% 的费用，然后那些经纪商让人们在不同基金之间转来转去，多付 3% 到 4% 的费用。可怜的普通基民们

西科年会

卡罗琳·邓汉姆（左，西科董事罗伯特·邓汉姆之妻）和卡罗琳·卡尔伯格（右，1991 年以来担任西科的董事）在享受 2004 年在帕萨迪纳召开的年会的开幕式。那年的会场比较小，所有人都只能站着。虽然规模比在奥马哈召开的伯克希尔年会小得多（西科年会只有 500 名参加者，伯克希尔年会有 20000 名），西科年会让参加者有机会亲自聆听查理独自回答各种问题。这些年来的会议实录可以在《杰出投资者文摘》上找到，强烈推荐你去阅读。

把钱交给专业人士，却得到糟糕的结果。我觉得这很恶心。本来人们买你的产品，你应该让他们的资产增值。但在这个国家，基金管理人员却只顾着自己赚钱。

这个行业很滑稽，因为从净收益来看，整个投资管理行业加起来并没有对全部客户的资产提供附加值。这就是这个行业的运作方式。

股票经纪人vs指数基金

这次年会坐满了许多聪明的、值得尊敬的股票经纪人，他们为客户提供了很好的服务，在这里很难指责他们。但总的来说，股票经纪人的表现太差了，甚至还比不上指数基金。

我认为对于一般基金来说，投资指数是比现在通行的无借贷股票投资更为聪明的投资策略 —— 尤其是在每年的管理费用超过 1% 的现状下。指数基金的表现不可能永远都这么好，如果几乎所有人都转而投资它的话。但它的良好表现可以持续很长一段时间。

共同基金丑闻

选择投资管理人员这件事最近变得更难了，因为人们发现，有不少共同基金的管理人员接受贿赂，出卖了他们自己股东的利益。

这就像一个人走过来说："我们为什么不把你母亲杀死，然后瓜分她的保险金呢？"很多人说："好啊，我正需要那笔保险金呢。"

他们当中有许多人觉得自己被冤枉了。

如果共同基金的监事是独立的，那么我就是俄罗斯莫斯科大剧院芭蕾舞团的主演了。

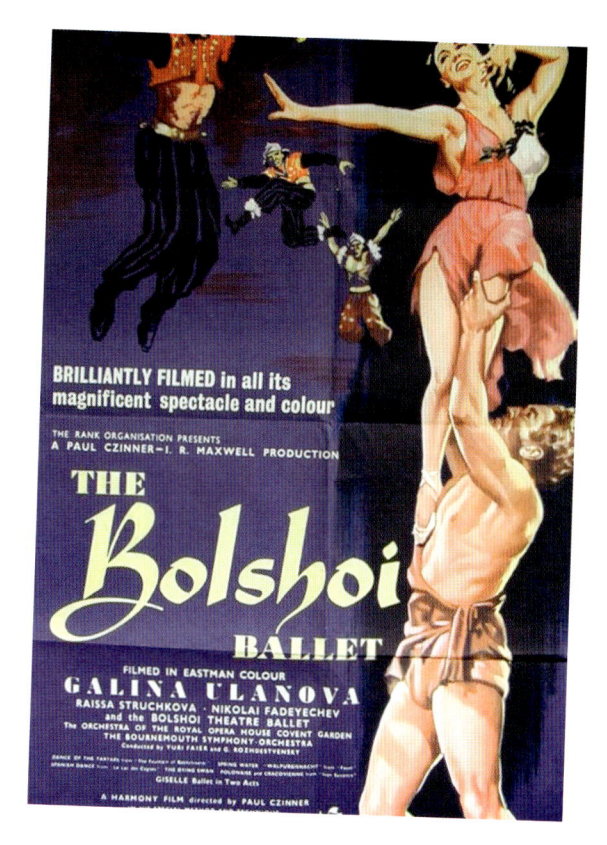

对华尔街的批评

华尔街的道德缺失

华尔街的平均道德水准永远至多只能说是中等……这并不意味着华尔街没有一些正直的聪明人,其实是有的,像今天在座的各位,但我认识的每个人都不得不和他自己的公司对抗(为了做正确的事情)。

过去这些年来,投资银行业的道德风气逐渐败坏。许多年前,我们花 600 万美元收购多元零售公司(Diversified Retailing),银行对我们进行了严格而聪明的审查。那些银行家关心他们的客户,想要保护他们的客户。

现在的风气是,只要能赚钱,什么都可以卖。你能把东西卖掉,你就道德高尚。但这个标准可不够。

所罗门个案研究

现在的情况真令人吃惊。所罗门的自律和理性程度至少不比其他投资银行差,但到头来,所罗门居然求爷爷告奶奶地想要得到罗伯特·麦克斯韦这种人的投资业务,这人的绰号可是"跳来跳去的捷克人"啊。他既然有这个花名,投资银行就不应该去抢着做他的生意。

罗伯特·麦克斯韦:"跳来跳去的捷克人"

（巴菲特：就在人们发现他跳海的那天［由于丑行败露，他跳海自杀了］，我们［所罗门］把钱汇给他，以交换他正要汇给我们的钱，但他没有付款。所以，我们去英国找他的几个儿子收账，那真是一团糟。我们收回了应得的钱。）（编者注：和其他大多数债权人不同，所罗门最终确实收回了款项。正如查理所说的："这是个小小的奇迹——我们不配要回这笔钱。"）

如果有个投资银行家多开几张交易单给麦克斯韦，那么他的收入将会显著增长。你得防止人们为了挣钱将不三不四的人带入。

诺曼底美国的个案研究

（在谈起所罗门和一家他们没有点名的不良企业有交易时，沃伦和查理自顾自地笑了起来。然而，在 2002 年的年会上，查理点明那家企业就是诺曼底美国公司。所罗门发现这家公司公开招股的材料全是伪造的，所以在尚未发生交易的时候及时地取消了它的首次公开募股。根据美国证券交易委员会网站上的一份报告，"1995 年 8 月 15 日，诺曼底的股票被推荐在纳斯达克全国市场系统上交易。一天之后，诺曼底取消了新股发行，并宣布所有的交易无效。"）

这件事是一个很好的（又充满讽刺的）经历。沃伦、路易斯·辛普森和我都是（所罗门的）董事，我们还是最大的股东，我们说："别跟这个家伙做生意。"但他们不听我们的话，还说承销委员会已经批准了那次新股发行。

（巴菲特："他身上挂着一个霓虹灯牌写着'骗子'。他确实坐牢了。碰巧的是，他宣称拥有大量伯克希尔的股票，并从中获利不菲，但我检查了股东名录，并没有看到他的名字。他的名字也许很普通，跟他重名的人很多，但如果他真有那么多股份，我想我应该能够找出来［所以他很可能在持有伯克希尔股份这件事上说了谎］。"）

曾经有五年的时间，我和查理在所罗门的审计委员会任职。如果我来负责为一家公开上市的企业挑选审计委员会成员，他肯定是我的第一选择。查理·芒格的头脑非常优秀，出类拔萃。这样一个能够看着某些事情并说皇帝没有穿衣服的人是无价之宝。他的眼光总是那么锐利。

——路易斯·辛普森
美国政府职员保险公司
资产运营部总裁兼 CEO

对会计的批评

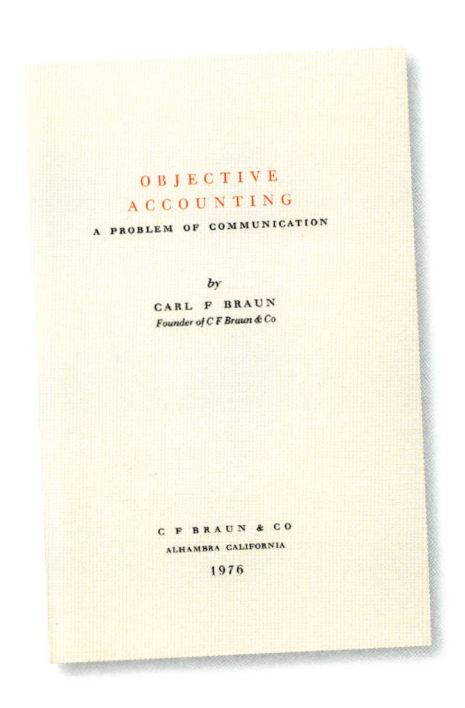

大型会计师事务所的道德沦丧

在我年轻的时候,大型的会计师事务所是非常正派的地方,没有人赚脏钱。但在过去的 25 年来,它们逐渐做出一些糟糕的行为。你一旦开始做起坏事,那么第二次再做就容易多了,到最后,你就会成为道德败坏的人。这个国家的大型会计师事务所居然为了钱而明目张胆地做假账,帮助客户逃税……

太多的律师和会计师事务所参与了不可告人的事情。例如,它们收取应变费和保密费,提供逃税服务,这绝对是令人厌恶的事情。

为了让你更好地理解那些顶尖的伪造避税用的财务报表的审计师事务所坏到什么程度,我想告诉你一件事,有个人曾经跟我说,他们比其他事务所做得更好,因为他们只为最大的 20 家客户提供这项服务,所以没有人会发现。

激进会计法

我们被(在美国企业界泛滥的)激进会计法吓坏了,所以尽量采用保守的会计法。保

创造性会计法之咒

会计人员应该明白的基本原则是,报表不应以报表编制者的利益为中心。报表唯一的使命是服务使用者。记住,会计报表是衡量业绩的标尺。它们本身必须成为高质量的标尺,才能为使用者提供良好的服务。报表必须便于阅读和理解。它们必须具备不可动摇的连贯性。

——卡尔·F. 布劳恩
(Carl F.Braoun)
(参见本书第 209—210 页)

守的会计法有助于我们的生意决策和保护伯克希尔。我们怎么可能去做那些可能有悖于我们的道德准则的事情呢？

创造性会计（伪造账目）绝对是对文明的诅咒。人们可以说复式簿记法是历史的一大进步。可是利用会计来造假和骗人是可耻的行为。在民主国家里，往往需要丑闻才能撬动改革。安然是企业文化长期出毛病的最典型例子。

EBITDA的误用

我认为，你每次看到EBITDA（即未计利息、税项、折旧及摊销前的利润）这个词汇，你都应该用"狗屁利润"来代替它。

安达信

我认为（所发生的一切对安达信那些无辜职员来讲）是非常不公平的，但没有失败的资本主义，就像没有地狱的宗教。当事情糟糕到这种地步，又缺乏内部控制体系——安达信就没有（内控体系）——也许应该有个事务所要倒掉。

我们不会做任何有可能导致伯克希尔垮台的事情。安达信特别脆弱，因为它是合伙制企业。合伙制企业在采取举动和选择客户等方面必须额外谨慎。

美国养老基金的会计丑闻

当前这种（假设养老基金能够获得高得脱离现实的回报率）做法是愚蠢而且不正当的。但如果你跟管理人员提出来，他们的眼睛在敌意来临之前就已经瞪上你了。

养老基金的会计由于利用了不现实的假设而陷入了丑闻。以最近的事情推断未来是人类的本性，但要是公司管理者们也这么想，那就太糟糕了。

不现实的假设

亚伯拉罕·林肯曾经问："如果你把尾巴称为腿，那么一只狗有几条腿呢？四条。将尾巴称为腿，并不能让它就变成腿。"同样地，会计师说你的养老基金能够赚取9%的利润，单凭这种说法并不能魔法般地让你在未来拥有可靠的实际收益。

——巴菲特

IBM 刚刚将它对养老基金回报率的预期调高到 10%。绝大多数公司（在 2000 年）的回报率是 9%。我们认为 6% 更为现实一些。该公司的领导也许相信这个数字是可以达到的 —— 他们都是诚实的人 —— 但从潜意识层面来说，他们相信它，是因为他们想要相信它。它能让盈利显得很好，这样他们就能推动股价上涨了。

下面这句谚语很好地总结了那些会计人员什么话也不说的原因："谁给我面包吃，我就给谁唱歌。"我认为你正从美国的会计系统得到一些非常愚蠢的数据。我觉得他们可能不是故意要撒谎，但也有可能是。

糟糕的会计法导致道德沦丧

有着宽松会计标准的人会引来其他人做出极其可怕的举动。那是造孽，绝对是造孽。如果你携带几大桶钞票经过贫民窟，又不好好看管它们，那么你就犯了很严重的罪行，因为你会惹来许多糟糕的行为，而糟糕的行为是会传染的。同样地，命令会计师草率地做账是一种真正的罪孽，也是一种愚蠢的经商方法。

"谁给我面包吃，我就给谁唱歌。"

《弹吉他的女孩》
(The Guitar Player)
约翰内斯·维梅尔，1672 年，
油画，英国伦敦肯伍德博物馆。

对股票期权的批评

作为报酬的股票期权

如果你瞧瞧股票期权的后果，你将会看到许多可怕的行为。给一个亲手创办公司、已经六十几岁的 CEO 大量的期权，试图以此刺激他对该公司的忠诚，这是一种精神错乱的想法。梅奥医学中心（Mayo Clinic）的医生或者克拉法斯律所（Cravath）的律师在六十几岁时还会为了期权而更加努力地工作吗？

我们的股东也知道，我们的体系不同于绝大多数大型公司。我们认为它不那么变化无常。股票期权体系可能会使某些什么事都没做的人得到大量的回报，而应得很多报酬的人却什么都没有。除非我们收购的公司原来就实行了（股票期权制度），否则我们不会使用它。

期权估值和布莱克—舒尔斯模型

布莱克—舒尔斯模型对短期的期权而言是有效的，但如果期权是长期的，而且你认为你（对期权涉及的资产）有所了解，那么使用布莱克—舒尔斯模型是一种很神经的做法。

布莱克—舒尔斯模型是一套"一无所知"的系统。如果你对价值毫不了解，只了解价格，那么利用布莱克—舒尔斯模型，你能够很准确地猜出为期 90 天的期权到底值多少钱。但如果期权比 90 天更长久，那么使用这个模型就有点神经啦。

一个合适的目标

我们将要打造一家优秀的公司，必须为长远的利益考虑。我知道每个人都这么说，所以当我重复这句话的时候，我听起来有点老调重弹，但那向来是我们对待我们公司的态度。如果我们做的事情都是正确的，那么股票的价格自然会好起来，我们的股东也将会得到很好的回报。

——詹姆斯·塞内加尔
开市客 CEO

举例说吧，我们在开市客发行了执行价分别为 30 美元和 60 美元的股票期权，而布莱克—舒尔斯模型认为 60 美元的期权价值更高。这简直是疯了。

股票期权的会计法

那种认为期权没有成本的理论导致大量的公司滥用期权，这种情况对美国来说是很糟糕的，因为人们会认为公司的薪酬是不公平的。

我已经厌倦了这个话题。这个话题我已经讲了很久啦。用错误的会计法来经营一个文明世界实在是很糟糕的。这就好比修建桥梁的时候，把工程设计搞错了。当那些颇有声望的人也说股票期权不应该算为成本支出的话，这就太过分了。

股票期权不但会增加企业的成本，还会稀释股权。任何反对这种看法的人都是神经病。

这些人（投票支持不将股票期权算为成本的 88 名参议员）是愚蠢而可耻的。他们知道那是错误的，偏偏还那么做。

这件事从头到尾都让人恶心。

我宁愿在妓院弹钢琴谋生，也不愿像约翰·多尔（John Doerr，1951—，著名硅谷风险投资家，但因强烈反对将股票期权算作成本而广受诟病）推荐的那样，靠股票期权来赚钱。

对金融机构和衍生品的警告

金融机构的风险

金融机构的本质决定了它很容易阴沟里翻船。你有可能放贷太多，进行了愚蠢的收购，或者过度借贷 —— 不仅仅是衍生品（才会让你倒闭）。

也许没有人像我们这样，但我们对金融风险特别敏感。当金融机构想努力表现时，我们就会感到紧张。

我们尤其害怕那些大量举债的金融机构。如果他们开始说起风险管理有多么好，我们就会很紧张。

我们比其他人更加警惕。如果感到不安，我们很快就会把大量的钱抽出来。这是我们的经营方式 —— 你必须适应它。

衍生品

衍生品系统简直是神经病，它完全不负责任。人们以为的固定资产并不是真正的固定资产。它太复杂了，我在这里没办法说清楚 —— 但你无法相信涉及的金额达到几万亿美元那么多。你无法相信它有多么复杂。你无法相信衍生品的会计工作有多难。你无法相信人

衍生品的长尾

抓住猫尾巴，把猫倒提起来的人，将会学到他在别的地方学不到的教训。

—— 马克·吐温

各种形式的衍生品和保险产品的本质决定了它们拥有风险的"长尾"。可能要经过好几年，才能测算某项交易的亏损或收益。那些错误地评估了真实风险的保险公司或者金融机构通常会体验到马克·吐温在上面提及的那种痛苦教训。

163

**衍生品的误用：
疯帽匠的茶话会**

"再来点茶呀，"三月兔非常热情地对爱丽丝说。
"我还没喝过，"爱丽丝不高兴地说，"我怎么能再来点呢。"
"你是说你不能少来点吧，"帽匠说，"再来比不来容易多啦。"
——摘录自刘易斯·卡洛尔的《爱丽丝漫游奇境记》

在刘易斯·卡洛尔的《爱丽丝漫游奇境记》中，帽匠（许多人都管他叫"疯帽匠"）是个神秘人物，他在一次茶话会上遇到爱丽丝，后来也作为一次审判的见证者出现。帽匠的"真人"通常被认为是瑟奥菲鲁斯·卡特，他发明的闹钟床曾在1851年的世界博览会上展出，能够在设定的时间把人弄醒。卡特后来拥有一家家具店，以"疯帽匠"闻名，因为他有个习惯，就是带着高帽站在家具店门口。据说约翰·滕尼尔爵士曾经到牛津去，以卡特为原型，画出了他为《爱丽丝漫游奇境记》中的帽匠所作的插图。

们对企业的价值和清算能力的一厢情愿的想法会产生多大的激励作用。

人们不去考虑后果的后果：人们开始只想对冲利率变化带来的风险，这是非常困难和复杂的事情。然后呢，对冲操作导致了（公布的盈利）波动。所以他们用新的衍生品来抹平。这个时候你就不得不说谎了。这就变成了"疯帽匠的茶话会"。那些庞大的、复杂的公司会出现这种情况。

必须有人站出来说："我们不做这种事情——因为这太难了。"

我认为，要测试任何（有显著衍生品风险的）大型机构的管理人员的智力和道德水准，最好的方法是问他们："你真的能理解你的衍生品账目吗？"如果有人说是，那这个人要么疯掉了，要么是在说谎。

说起能源衍生品（的情况），你会更容易理解（这种危险）——它们全部完蛋了。当（那些公司）想要动用他们的账本上写着的财产时，钱并不在那里。而说到金融资产，这样的结局还没有出现，会计规则也还没变，所以这种结局会在将来出现。

衍生品有很多条款说如果一方的信用被调低，那么它必须增加抵押金。那就像股票账户的贷款保证金一样——你将会（由于增加更多的保证金而）破产。为了自保，他们引入了不稳定的因素。似乎没有人意识到他们创造的系统是一个大灾难。那是一个疯狂的系统。

在工程领域，人们拥有很大的安全边际。但在金融界，人们根本不考虑安全。他们只是追求扩张扩张扩张。做假账为此推波助澜。对此我比沃伦更加悲观。

衍生品的会计法

我非常讨厌将 GAAP（公认会计准则）应用于衍生品和掉期协议。摩根大通为了虚报的前端收入将自己彻底出卖给了这种会计准则。我觉得这种做法很无耻。

这种做法纯属神经病，会计人员出卖了自己的职业操守。每个人都屈服了，采用了宽松的（会计）标准，创造出和各种理论模型相关的怪异衍生品。结果就是，产生了大量由会计人员捏造出来的利润，而不是真实的收益。当你想动用那笔钱的时候，它就消失不见了。它从来就不曾存在过。

它（衍生品的会计法）就是这么恶心。它像阴沟那么臭，如果我猜得没错，那些公司将会付出沉重的代价。你所能做的就是想好当账本上那些衍生品破灭时该怎么办。

说美国衍生品的会计法像阴沟是对阴沟的侮辱。

爸爸，那个关于阴沟的笑话是你说的啊。

—— 玛姬·考夫曼
18 岁时和父亲彼得·考夫曼
在 2002 年伯克希尔·哈撒韦
股东年会上。

对金融机构和衍生品的警告

165

"如果你是个头脑正常的人，曾经有一个月认真钻研大型的衍生品业务，你肯定会感到恶心。你会觉得它是刘易斯·卡洛尔。你会觉得它是'疯帽匠的茶话会'。这些人虚假的精确更是让人难以置信。他们把最糟糕的经济学教授奉为神明。去看《华尔街圈钱游戏：金融衍生品的发明与兴衰》那本书，作者是做过衍生品交易员的法学教授弗兰克·帕特诺伊，他揭露了华尔街规模最大、声望最佳的公司之一的衍生品交易黑幕。这本书会让你想吐。"

衍生品破灭的可能性

我们试图卖掉通用再保险公司的衍生品业务，但没有成功，所以我们开始清算它。我们不得不大幅削减价格。我非常有把握地预测（美国的）主要银行无法以账本上的价格清算它们持有的衍生品。结局什么时候出现，会有多么糟糕，我现在说不准。但我担心后果会很可怕。我认为将会出现比能源领域更大的问题，你看看能源领域被破坏成什么样就知道了。

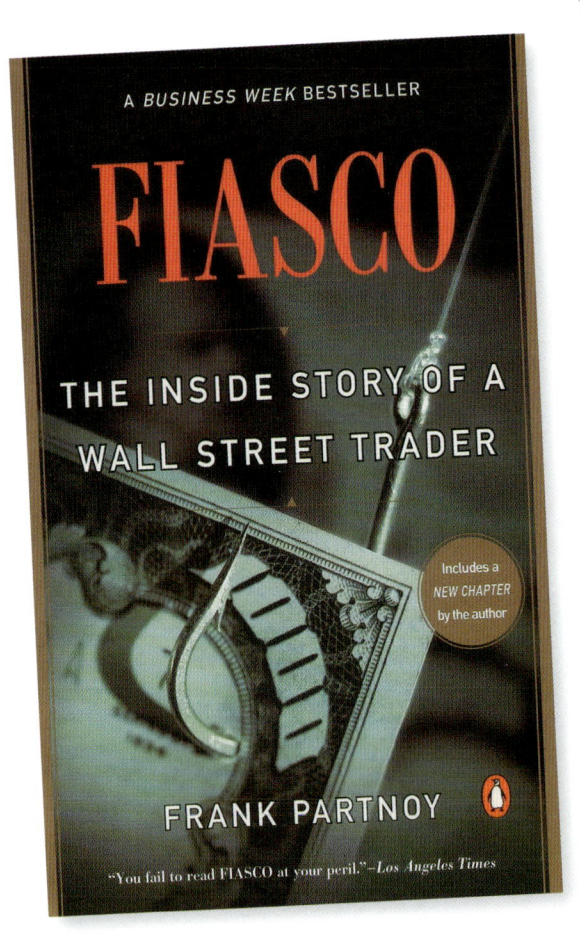

在未来五到十年里，如果美国没有遇到（和衍生品相关的）大问题，我将会非常吃惊。

我认为我们是美国唯一甩掉衍生品账本的大型公司。

对于已经很有钱的公司而言，比如说伯克希尔，去从事这种业务是很神经的想法。对大银行来讲，衍生品是一桩疯狂的生意。

对律师、律师事务所和诉讼的批评

律师事务所的道德沦丧

对于为恶棍辩护并帮助他们逃脱法律的制裁,我从来没有哪怕一丁点的兴趣。但很多人认为,约翰尼·科克兰做得很漂亮(帮助 O.J. 辛普森开脱)。

律师搞砸了玛莎·斯图尔特的案件

玛莎·斯图尔特的情况就是她听到了某些消息,吓坏了,于是赶紧把股票卖掉。结果表明,如果她当时说出真相,那就没事了。但因为她隐隐约约觉得她做的事情是错误的,当检察官前来调查时,她编了虚假的故事欺骗他们,那可是重罪。而她这些行为居然是在聘请了那些著名的大律师之后做出的!我敢肯定他们收了很多律师费。这些事可不是我编出来的。

如果我是她的律师,我将会说:"你知道吗,玛莎,你说的故事很有趣,我是你的律师,我必须相信你,可是其他人没有这样的义务。所以,你要么跟我说另外一个故事,要么把这个故事告诉另外一个律师,因为我不喜欢打输官司。"这样就行了。就是这么简单。准确地说,她是因为请了律师之后的行为才进的监狱!

玛莎·斯图尔特(Martha Stewart)出生并成长在新泽西州的纳特里市,她是"优雅生活"的代表人物。她的餐饮、出版和广播帝国包括广受欢迎的电视节目《玛莎·斯图尔特现场直播》。2004 年,在由于较早抛售英克隆(ImClone)公司股票而遭到调查时,她被判犯了妨碍司法公正罪和欺骗检察官罪。当年下半年,她被判入狱五个月。

侵权赔偿制度

尤其有害的是原告方律师协会的权力越来越大。州最高法院的法官通常都是终身任职的。但如果严重得罪某些重要的团体，比如说原告方律师协会，他们的地位就会岌岌可危。因此，法官允许垃圾科学之类的东西存在。

由于侵权赔偿制度，已经富裕的公司要避开很多领域。比如说，有家公司研发了一种新的警察头盔，它的安全性更高，质量更好；但这家公司把产品卖给了一家具有抗判决性的公司（因为头盔开发公司害怕法律责任风险）。如果伯克希尔从事为机场提供保安的业务，那将是很疯狂的。侵权赔偿制度不利于一些最好的企业进入某些行业。

石棉和侵权制度改革

石棉事件就演变成了有大量欺诈行为的情况。严重受伤的人正在继续受伤害（因为越来越多的钱流向了原告律师和那些目前没有受伤的索赔者）。最高法院确实有请国会干预，但国会受到出庭律师的影响，拒绝了最高法院的请求。未来五年如果出现什么有建设性的解决办法，我将会非常吃惊。我预测未来这种乱七八糟的情况会越来越多。

石棉事件是这样的，有一群人患上了间皮瘤——这是一种可怕的癌症，只有长期接触石棉才会罹患，它能致人死亡。然后，有另外一群人每天吸两包香烟，肺部出现了一些阴影，他们也要求索赔。那么你请一名律师，律师找个医生来证明每一处阴影都是由石棉引起的。只要你有效地贿赂医生，那么你就能让几百万个人因害怕得肺癌而提出诉讼。

但是钱不够（支付给所有的索赔者），所以那些确实

最高法院由美国首席大法官和其他几名（目前是八名）由国会任命的大法官构成。根据1799年的《司法法》，美国最高法院拥有最终的司法权。它每年受理的案件大约有8000件。

受到伤害的人并没有得到足够的赔偿。在美国南部某个州的法官仇视所有的大公司（原告得到一大笔赔偿金），但律师把钱从受伤者那里偷走了，把钱给了那些没有资格获得赔偿的人。这是个很神经病的系统，但由于美国实行的是联邦制，没有办法阻止这样的事情发生。最高法院拒绝干预。

试图靠花钱来息事宁人，就像试图用汽油来灭火一样。有了文字处理程序，律师能够轻而易举地捏造无穷多的索赔者。但只有25%的钱给到索赔者手里——其他的都被律师、医生等等拿走了。

如果对此不以为然，请你看看他们是怎么做伪证的。现在只剩下三家（面临因石棉致癌而遭到起诉的）溶剂公司，所以原告方（当回忆起几十年前他们接触过哪家公司的产品时）只需要记住这三家公司的名字。这是在执业律师教唆下做假证的案例。

唯一能够解决这个问题的是最高法院或者国会。最高法院拒绝干预，有些人可能会说这是对的，（但我觉得）他们没胆量干预。至于国会，由于政治方面的原因，到目前尚未插手。

对律师、律师事务所和诉讼的批评

这里有个重要的教训：坏人一旦变得有钱，他们将会获得巨大的政治力量，你就无法阻止他们干坏事了，所以关键是把这类事情扼杀在萌芽状态。

解决这个问题的方法很简单：正确的方法是申明我们不会为所有这些小额赔偿要求买单。

美国政府对微软的诉讼

（2000年4月）有些人拿着美国纳税人支付的薪水，却兴高采烈地想要削弱我们取得很大领先优势的领域！

每个企业都试图把今年的成功转换成明年更大的成功。我很难理解微软这么做何罪之有。如果这是一种罪，那么我希望伯克希尔·哈撒韦所有的子公司都是罪人。

> 我是少数几个不停地祈祷比尔·盖茨取得更大成功的美国人之一。我觉得我们这些书呆子应该团结一致。
> —— 芒格

思维模型

多元思维模型的重要性

你必须知道重要学科的重要理论，并经常使用它们——要全部都用上，而不是只用几种。大多数人都只养成一个学科——比如说经济学——的思维模型，试图用一种方法来解决所有问题。你知道谚语是怎么说的："在手里拿着铁锤的人看来，世界就像一颗钉子。"这是一种处理问题的笨方法。

遇到不同的公司，你需要根据清单检查不同因素，应用不同的思维模型。我无法简单地说："就是这三点。"你必须自己把它（投资技巧）总结出来，一辈子深种在你的大脑中。

如果你用的是许多学生使用的那种学习方法，那你将无法掌握你需要的那 100 种思想——那些学生学得很好，接着把知识丢回给他们的教授，拿到一个分数，然后就把知识清空，就好像放掉浴缸里的水，以便下次装更多水那样。如果这是你用来学习那 100 种思维模型的方法，在生活中你将会一无所获。你必须认真学习这些模型，让它们变成你随时能够使用的本领。

顺便说一下，没有规则要求你不能增加一两个新的模型，即使你已经步入晚年。实际上，我现在还在不断学习。不过大多数有用的模型是在年轻时学到的。

查理通常会对知识面狭窄作出如下的诊断：

"在手里拿着铁锤的人看来，世界就像一颗钉子。"

大地是平的还是圆的？

早在公元 140 年，托勒密绘制了一张将大地描绘成球体的地图。中世纪的教会拒绝这种古希腊思想，称之为邪教：大地是平的 —— 大地之上是天堂，之下是地狱，两者之间生活着男人和女人。在数百年里，水手害怕看不到陆地，海上航行都紧紧靠着海岸线。但从 14 世纪开始，海洋探险活动此起彼伏 —— 众多岛屿、国家和大陆都被发现了。许多探险家 —— 马可·波罗、克里斯托弗·哥伦布、瓦斯科·达·伽马 —— 完成了发现之旅。已知世界随着每次远航而扩张，直到每个愿意直面证据的人都能明白大地确实是圆的。最终，麦哲伦舰队唯一幸存的轮船维多利亚号环绕世界一圈，终结了这个争议。

未知的地界，丹尼尔·布尔斯廷的著作《发现者》的封面插图，出自贝特曼档案馆收藏的 16 世纪木刻画。

我推荐的这些精神领域是非常快乐的，没有人愿意从那里离开。离开就像砍断自己的双手。

不自欺的精神

大量的人很荒唐地死抱着错误的观念不放。凯恩斯说："介绍新观念倒不是很难，难的是清除那些旧观念。"

不自欺的精神是你能拥有的最好的精神。它非常强大，因为它太少见了。

常（非常）识

得到系统的常（非常）识——非常基础的知识——是一种威力巨大的工具。电脑带来的危险非常多。人们计算得太多，思考得太少。

拥有常识不但意味着有能力辨认智慧，也意味着有能力拒绝愚蠢。如果排除了许多事情，你就不会把自己搞得一团糟。

我们看很多书。我认识的聪明人没有不看很多书的。但光看书还不够：你必须拥有一种能够掌握思想和做合理事情的性格。大多数人无法掌握正确的思想，或者不知道该怎么应用它们。

你拥有的基本知识越多，你需要吸取的新知识就越少。那个蒙上眼睛下棋的家伙（他是个象棋大师，在伯克希尔·哈撒韦开年会那个周末赶到奥马哈展示他的棋技，蒙上眼睛同时跟好几个人对弈）——他拥有关于棋盘的知识，这使他能够那么做。

亨利·辛格尔顿
Henry E. Singleton
1916—1999

亨利·辛格尔顿拥有美国商界最杰出的经营和资产配置记录……如果有人挑出 100 名顶尖商学院的毕业生，把他们取得的成就凑起来，也比不上辛格尔顿。
——沃伦·巴菲特，1980 年

经商和象棋大师

辛格尔顿是特利丹（Teledyne）公司的联合创办人，担任这家位于洛杉矶的跨国公司总裁长达 30 年之久。他原先读的是海军学院，后来转学到麻省理工学院，在那里得到了学士、硕士和博士学位，专业是电子工程学。他是极其优秀的棋手，距离特级大师只差 100 个积分，能够不看棋盘跟人对弈。

从 1963 年到 1990 年，Teledyne 每年给股东的复合回报率达到了令人震惊的 20.4%——同期标准普尔的回报率是 8%。在 1972 年到 1984 年间，辛格尔顿聪明地回购了 90% 的 Teledyne 流通股，他是现代商业史上罕有其匹的管理人员和资产配置大师。

和沃伦·巴菲特一样敬佩亨利·辛格尔顿的查理问："考虑到这个人的才华和业绩，我们很好地吸取了他的经验了吗？"

对高等教育的批评

柏拉图
Plato
公元前 427—公元前 347

普遍认为古希腊的高等学术研究机构——学院——是柏拉图创办的。作为学术机构,学院注重知识的探索、累积和代代相传。

致命的无关联性

(美国的大学)有很多毛病。要是我的话,我会砍掉四分之三的院系——除了自然科学,一个都不留。但没有人会这么做,所以我们不得不忍受那些毛病。(高等教育)错误程度让人吃惊。学科之间毫无关联,这是致命的。大学里每个系都有些看不见大环境的古怪家伙。

我认为美国各所主要大学的人文社科教授的观点都经不起推敲,至少他们的公共政策理论是这样的。(不过呢,)他们可能对法语了解蛮多的。

怀特海曾经指出,学科各自孤立的情况是致命的,每个教授并不了解其他学科的思维模型,将其他学科和他自己的学科融会贯通就更别提了。我想怀特海讨厌的这种研究方法有一个现代的名字,那个名字叫作神经病研究法。

怎样变得幸福、富裕,以及其他建议

如何获得幸福和成功

如果你在生活中唯一的成功就是通过买股票发财,那么这是一种失败的生活。生活不仅仅是精明地积累财富。

生活和生意上的大多数成功来自你知道应该避免哪些事情:过早死亡、糟糕的婚姻等等。

避免染上艾滋病、在路口和火车抢道以及吸毒。培养良好的心理习惯。

避免邪恶之人,尤其是那些性感诱人的异性。

如果因为你的特立独行而在周围人中不受欢迎……那你就随他们去吧。

满足于你已经拥有的

这里是一句你的投资顾问可能会反对的真话:如果你已经相当富裕,而别人的财富增长速度比你更快,比如说,在投资高风险的股票上赚了钱,那又怎样呢?!总是会有人的财富增长速度比你快。这并不可悲。

《尤利西斯与海妖塞壬》
(Ulysses and the Sirens)
赫尔伯特·詹姆斯·德拉珀尔,
1910 年,油画,私人收藏。

看看斯坦利·德鲁肯米勒（他管理乔治·索罗斯的基金，由于投机高科技股票和生物科技股票而蒙受惨重的损失）吧：他总是必须成为最好的，无法容忍其他人在这些投资领域击败他。

索罗斯无法忍受其他人从科技产业赚钱而自己没有赚到，他亏得一塌糊涂。我们根本就不在意（别人在科技产业赚了钱）。

提防妒忌

关注别人赚钱（比你）更快的想法是一种致命的罪行。妒忌真的是一种愚蠢的罪行，因为它是仅有的一种你不可能得到任何乐趣的罪行。它只会让你痛苦不堪，不会给你带来任何乐趣。你为什么要妒忌呢？

如何致富

（有个年轻的股东问查理要怎样才能追随他的足迹，查理的回答折服了在场所有人。）

许多年轻的生意人都问我们这个问题。这是一个聪明的问题：你看见某个有钱的老头，然后问他："我要怎样才能变得像你一样呢？"

每天起床的时候，争取变得比你从前更聪明一点。认真地、出色地完成你的任务。慢慢地，你会有所进步，但这种进步不一定很快。但你这样能够为快速进步打好基础……每天慢慢向前挪一点。到最后——如果你足够长寿的话——大多数人得到了他们应得的东西。

如何找到好配偶

找到好配偶的最佳方法是什么呢？唯一的最佳方法是你首先必须值得拥有好配偶，因为从定义上来说，好配偶可绝不是傻瓜。

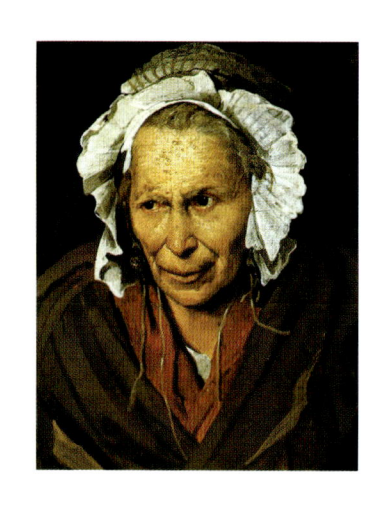

《疯女人》，又名《过分妒忌》
（Madwoman）
泰奥多尔·席里柯，1822年，油画，法国里昂美术博物馆。

我总是把天堂想象成某种图书馆。
—— 豪尔赫·路易斯·博尔赫斯

阅读的重要性

我这辈子遇到的聪明人（来自各行各业的聪明人）没有不每天阅读的 —— 没有，一个都没有。沃伦读书之多，我读书之多，可能会让你感到吃惊。我的孩子们都笑话我。他们觉得我是一本长了两条腿的书。

我本人是个传记书迷。我觉得你要是想让人们认识有用的伟大概念，最好是将这些概念和提出它们的伟人的生活和个性联系起来。我想你要是能够和亚当·斯密交朋友，那你的经济学肯定可以学得更好。和"已逝的伟人"交朋友，这听起来很好玩，但如果你确实在生活中与已逝的伟人成为朋友，那么我认为你会过上更好的生活，得到更好的教育。这种方法比简单地给出一些基本概念好得多。

减少物质需求

大多数人将会发现回报率下降了（由于通货膨胀）。如果你担心通货膨胀，最好的预防手段之一就是在你的生活中别拥有大量愚蠢的需求 —— 你不需要很多物质的商品。

慈善

（沃伦和我）觉得我们这些非常幸运的人有责任反馈社会。至于是像我这样在活着的时候捐赠大量的钱，还是像沃伦那样，先捐一点，（等去世之后）再捐很多，那是个人喜好的问题。我恐怕不会喜欢人们整天问我要钱。沃伦更无法忍受这种情况。

避免欠债

你一旦走进负债的怪圈，就很难走出来。千万别欠信用卡的钱。你无法在支付 18% 的利息的情况下取得进展。

公立学校的衰落

你完全可以说这（公立学校的衰落）是我们时代的主要灾难之一。我们将地球史上最大的成功之一变成了地球史上最大的灾难之一。

日本的经济衰退

日本的经济衰退足以令每个人大惊失色，它持续了十年，尽管利率低于 1%。政府把所有的货币政策游戏都玩过了，但毫无用处。如果你向哈佛大学的经济学家描绘这种情况，他们会说这是不可能的。然而与此同时，香港却出现了资产泡沫。为什么？因为日本和中国拥有两种非常不同的文化。中国人喜欢赌博。

这个经典的例子说明了为什么成功的投资者必须吸取各个学科的知识。想象一下有个经济学家在经济学研讨大会上站起来说出我的解释。那将会是政治不正确！但经济学的工具无法解释现实的情况。

幽默

※ 我宁愿将毒蛇丢进我的衬衣里，也不愿聘用一名薪酬顾问。

※ （在鸡尾酒会上，有人问查理是否会弹钢琴，查理回答说：）"我不知道，我从来没试过。"

※ 如果某个吸引我的人同意我的观点，我就会很高兴，所以我对菲利浦·费舍尔有很多美好的回忆。

※ 当然，自我表扬起到的积极作用一般来说比别人的表扬要大。实际上，今天在这里为你们演讲的人可能就会遇到这样的问题。

※ **如果你把葡萄干和大便掺在一起，你得到的仍然是大便。（这是他在将互联网与科技给社会带来的好处和这些行业的股票投机的恶果进行对比时所说的话。）**

※ 在企业界，如果你聘请了分析师，在并购时进行了尽职调查，却不具备常识，那么你遇到的将会是地狱。

※ 我们很久没有买入啦，所以那（问我们当我们交易时对市场造成的影响）就像问瑞普·凡·温克尔（Rip Van Winkle，是美国作家华盛顿·欧文创作的同名短篇小说的主角，曾喝了仙酒一梦二十年，醒来物是人非）20年前的事情一样。

我向来不喜欢查理拿葡萄干来打比方。但我说什么也没有用，不管怎么样，他都会继续使用那个比喻。

——南希·芒格

※ 当年我刚到加利福尼亚州的时候，那里的议会尚不健全，受到赌场老板、马会所有者和卖酒商人的控制，这些人请议员们吃喝嫖赌。和今天健全的议会相比，我想我更喜欢当时的情况。

※ （关于《深奥的简洁》那本书）想要理解万物是非常困难的，但如果你无法理解它，你可以把问题交给一位比你聪明的朋友呀。

※ 如果你取得了很高的地位，那么你必须遵守某些行为规则。如果你是一个喜欢酗酒的铲沙工人，你可以去脱衣舞俱乐部；但如果你是波士顿的主教，那你就不应该去了。

※ 我想那些喜欢当监狱看守的人不会是天生品德高尚的人。

※ 你不会想成为那个电影制片人的。很多人出席了他的葬礼，但人们只是想确定他已经死了。你也不会想成为另外一个家伙，在那人的葬礼上，牧师说："有人愿意站起来，对死者说点好话吗？"最后有个人说："好吧，他的兄弟更糟糕。"

※ （在1999年伯克希尔·哈撒韦的年会上，有人问查理2000年千年虫的问题，他回答说：）我觉得很有趣竟然有这样一个问题。你知道吗，可以预测，2000年将会到来。

本杰明·富兰克林是个非常好的大使，而促成他去法国的，（我敢肯定）是他和约翰·亚当斯之间的意见分歧。

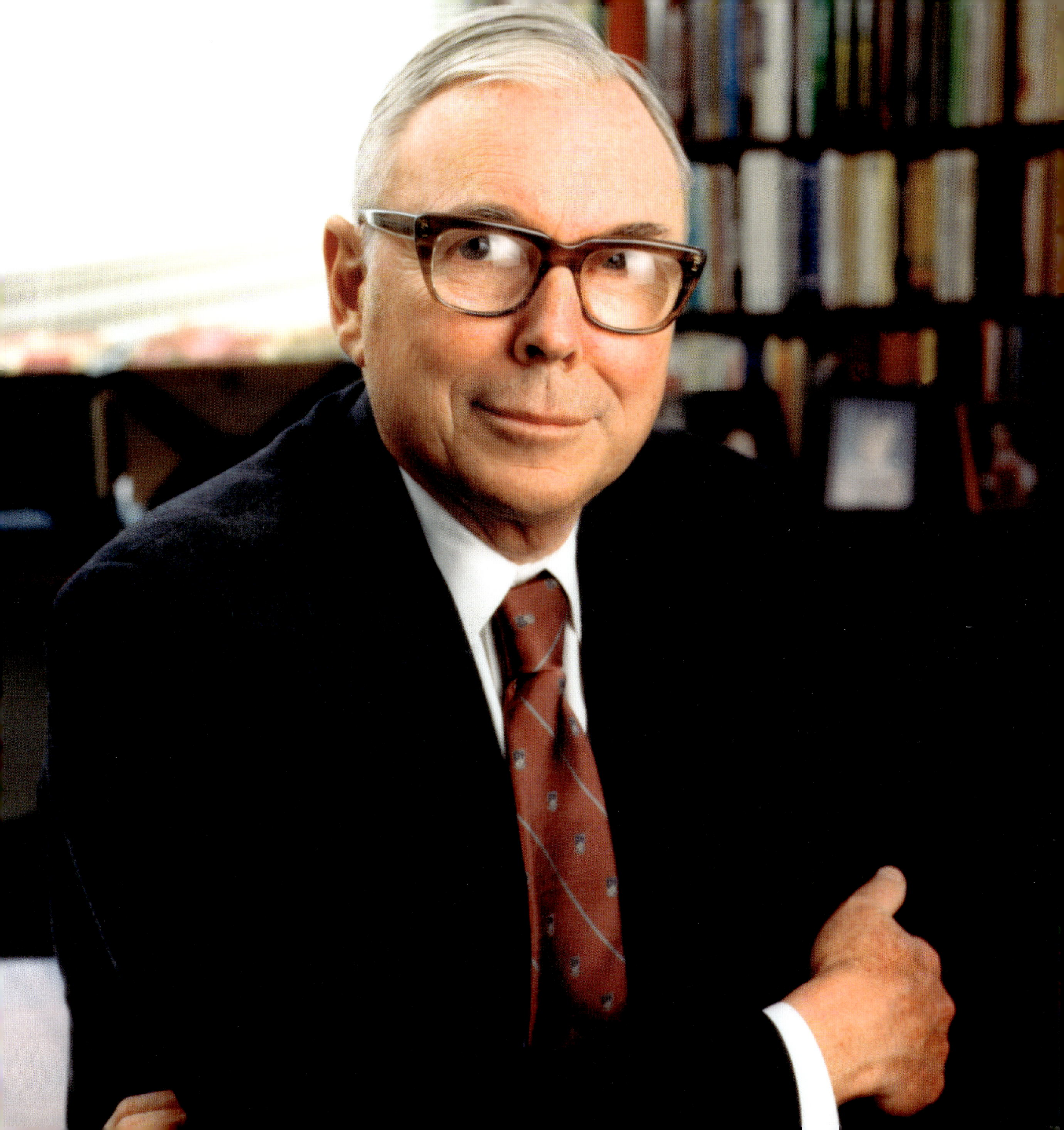

辛普森谈芒格

当我第一次遇到查理·芒格的时候,我知道他是个特别的人,但直到对他有更深的了解之后,我才发现他有多么特别。我和查理相识到现在已经 25 年了,我有机会看到他在许多情况之下的表现,包括 20 世纪 90 年代初期发生的所罗门债券危机,当时我们都是该公司董事会的成员。

查理身上某些性格特点组合,我可以肯定我从未在其他人身上看到过。他聪明绝顶,兴趣广泛,似乎从来不会忘记任何事情,哪怕是很深奥或者很细小的事情。他最大的优点是诚实、道德和正直的绝对坚持 —— 查理从来不为自己"攫取"非分之物,值得毫无保留地信任。如果这些还不够,他还拥有一种最适合投资的理想性格:毫不妥协的耐心,自律,自控 —— 无论遭受多大的压力,查理从来不会动摇或者改变他的原则。

这么多年来,我们非常幸运地拥有查理·芒格和沃伦·巴菲特这对天才来做我们的合伙人、导师和典范。这两位真的是非常罕见的人。

路易斯·辛普森
美国政府职员保险公司
资产运营部总裁兼 CEO

芒格谈辛普森

路易斯·辛普森是一位非常聪明、非常值得尊敬的人。我很高兴在今年（2005年）写给股东的公开信里，沃伦打印了路易斯过去25年来的投资业绩记录。连续两年、五年甚至十年打败市场平均收益率的事情并不是没有听过。但谁能想得到居然有人连续25年的年均回报率高于标准普尔500指数的增长率6.8个百分点！这份非凡的业绩记录足以说明问题——路易斯是我们这个时代最伟大的投资者之一。正如沃伦说的，他是"投资名人堂里的常胜将军"。

我非常清楚地记得20世纪90年代末期路易斯是怎么处理互联网经济泡沫的。你无法想象他承受了多大的压力，年复一年，整个世界似乎获得大丰收，而他正确地、彻底地避开了那个泡沫，坚守基本的投资原则。在那些年，路易斯是一个了不起的楷模——聪明、可敬，坚守他的原则。

塞内加尔谈芒格

八年前,查理同意在洛杉矶的加州俱乐部和我共进午餐,于是我非常愉快地认识了他。我的目的是说服他加入开市客,成为我们的董事。刚见面时,查理说他非常喜欢在开市客购物,我一下子就喜欢他了;我们的对话不断被打断——当天去吃饭的还有另外500个人,每个人都想跟查理寒暄几句,而查理几乎能叫出他们所有人的名字——尽管如此,我们还是聊得很好。查理首先敏锐地指出开市客的会员制非常有价值。当然,后来我听说查理以节俭闻名,而省钱正是开市客吸引顾客的地方。但是,最重要的是,我更加清楚地认识到他的直率和基于常识的敏锐商业触觉。

后来他打电话给我,说同意担任董事,他称自己为"古稀老人"。他居然会跟从事仓储业的人说起这么文雅的词汇;他觉得我能听懂,这让我的虚荣心得到很大的满足。

自那以后,他尽到了董事的责任和义务。他的洞见、质询和支持使开市客的管理和运营都得到了改善。

除此之外,我们还常常能够学到芒格的智慧——我们真是幸运的人啊!

吉姆·塞内加尔
开市客仓储超市总裁兼 CEO

芒格谈塞内加尔

你肯定无法相信开市客的仓储业务是多么高效和复杂。吉姆·塞内加尔是传奇式的企业经营者——就像卡内基、洛克菲勒或者詹姆斯·希尔。我认为他是 20 世纪最出色的五名零售商之一。他有那么好。

他每周工作 80 个小时，并在职业操守、正直、忠诚和无私方面为整个企业树立起杰出的榜样。他既是行动上的领袖，也是道德上的领袖。这些可不是微不足道的优点。

我们在开市客公司拥有属于我们自己的活着的、呼吸着的山姆·沃尔顿。

第四章

查理十一讲

查理·芒格绝不怯于提供坦率的批评和有益的建议。每当他就某个问题发表看法，不管这个问题是腐败的商业行为、高等教育的失败，还是金融丑闻，他都会毫无保留地说出自己的看法。这并不意味着他这辈子只关注生活中的失败。他同样大方地讨论了终生学习的价值和成功婚姻的快乐。但不管是什么话题，查理总是能够分析得头头是道，他在过去 20 年的公开演讲中莫不如此。下面是查理十一次最好的演讲，其中有一讲是他特意为本书而精心准备的。请尽情享受吧。

第一讲
在哈佛学校毕业典礼上的演讲

P191

第二讲
论基本的、普世的智慧,及其与投资管理和商业的关系

P205

第三讲
论基本的、普世的智慧(修正稿)

P257

第四讲
关于现实思维的现实思考?

P315

第五讲
专业人士需要更多的跨学科技能

P337

第六讲
一流慈善基金的投资实践

P355

第七讲
在慈善圆桌会议早餐会上的讲话

P371

第八讲
2003年的金融大丑闻

P385

第九讲
论学院派经济学：考虑跨学科需求之后的优点和缺点

P403

第十讲
在南加州大学古尔德法学院毕业典礼上的演讲

P447

第十一讲
人类误判心理学

特别汇编演讲，查理·芒格
专为本书修订增订材料撰写而成

P465

1986年,查理在洛杉矶的哈佛学校发表了"我这辈子唯一的演讲",虽然他声称全世界的学生可能都希望他放弃。当时恰逢菲利普·芒格——芒格家五个儿子中最小的一个——从这所中学毕业(该校原本是一所男子学校,现在也收女生,更名为哈佛—西湖中学)。

尽管查理谦虚地称自己缺乏"在重要的场合公开发表演讲的经验",在这次简短的演说中,他展示了过人的修辞才华。我们也得以品味查理的价值体系和智慧。大多数毕业演讲者会选择描述如何获得幸福的生活。查理使用他在演讲中推荐的逆向思维的原则,令人信服地从反面阐述了一名毕业生如何才能过上痛苦的生活。

至于那些宁愿继续保持无知和郁闷的读者,建议你们千万别阅读这篇讲稿。

第一讲

在哈佛学校毕业典礼上的演讲

1986年6月13日

既然贝里斯福德校长在最老、服务年限最长的董事中挑选出一人来作毕业典礼演讲，那么演讲者有必要向大家交待两个问题：

1. 为什么作出这种选择？
2. 演讲有多长？

凭着我与贝里斯福德多年交往的经验，我先回答第一个问题。就像有人很自豪地向人们展示自己的马可以数到七，他正是以这种方式为我们学校寻求更高的声誉。马主人知道能数到七并非什么数学壮举，但是他期待得到首肯，因为马能够如此表现是值得炫耀一番的。

第二个问题，关于演讲有多长，我并不想预先透露答案。我怕说了之后，你们仰起的脸庞将不再充满好奇和满怀期待的神色，而你们现在的表情，正好是我喜欢看到的。

西塞罗是诗人、哲学家、修辞学家和幽默家,也是伟大的古罗马演说家。西塞罗认为公共服务是罗马公民的最高义务。他为那些遭到独裁统治者迫害的人辩护,使腐败的政府下台。在生命的末期,西塞罗领导元老院与安东尼展开斗争,战败的他在公元前43年付出了生命的代价。

《阅读中的少年西塞罗》
(Young Cicero Reading)
维琴佐·佛帕,1464年,
油画,英国伦敦华莱士博物馆。

但我会告诉你们，我是怎样在考虑讲多久的过程中想到这次演讲的主题的。接到邀请的时候，我有点飘飘然。虽然缺乏在重要的场合公开发表演讲的经验，但我的胆量倒是练得炉火纯青。我立刻想到要效仿德摩斯梯尼和西塞罗，而且还期待得到西塞罗所给予的赞誉。当问到最喜欢德摩斯梯尼的哪一次演讲时，西塞罗回答：

"最长的那次。"

不过，在座的各位很幸运，因为我也考虑到塞缪尔·约翰逊的那句著名评语，当问及弥尔顿的《失乐园》时，他说得很对："没有谁希望它更长。"这促使我思考，我听过的20次哈佛学校的毕业演讲中，哪次曾让我希望它再长些呢？这样的演讲只有约翰尼·卡森的那一次，他详述了保证痛苦人生的卡森药方。所以呢，我决定重复卡森的演讲，但以更大的规模，并加上我自己的药方。毕竟，我比卡森演讲时岁数更大，同一个年轻的有魅力的幽默家相比，我失败的次数更多，痛苦更多，痛苦的方式也更多。我显然很有资格进一步发挥卡森的主题。

那时卡森说他无法告诉毕业的同学如何才能得到幸福，但能够根据个人经验，告诉他们如何保证自己过上痛苦的生活。 卡森给的确保痛苦生活的处方包括：

1. 为了改变心情或者感觉而使用化学物质；
2. 妒忌；
3. 怨恨。

我现在还能想起来当时卡森用言之凿凿的口气说，他一次又一次地尝试了这些东西，结果每次都变得很痛苦。

要理解卡森为痛苦生活所开处方的第一味药物（使用化学物质）比较容易。我想补充几句。我年轻时最好

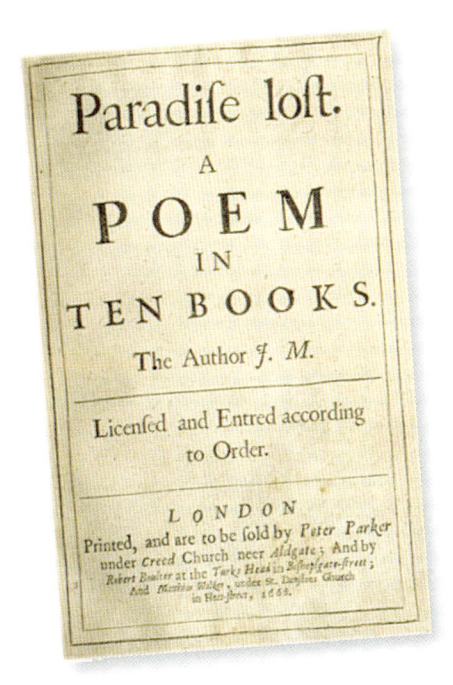

约翰·弥尔顿
John Milton
1608—1674

约翰·弥尔顿是伟大的英国诗人，他最著名的作品是1667年发表的史诗《失乐园》。他那些感染力极强的散文和优雅的诗歌产生了巨大的影响，尤其是对18世纪的英国诗歌而言。弥尔顿还出版了保护公民权利和宗教权利的宣传小册子。塞缪尔·约翰逊之所以说弥尔顿的诗歌太长，是因为《失乐园》共有12卷，长达数千行。

的朋友有四个，他们非常聪明、正直和幽默，自身条件和家庭背景都很出色。其中两个早已去世，酒精是让他们早逝的一个因素；第三个人现在还醉生梦死地活着——假如那也算活着的话。

虽然易感性因人而异，**我们任何人都有可能通过一个开始时难以察觉直到堕落之力强大到无法冲破的细微过程而染上恶瘾**。不过呢，我活了60年，倒是没有见过有谁的生活因为害怕和避开这条诱惑性的毁灭之路而变得更加糟糕。

妒忌，和令人上瘾的化学物质一样，自然也能获得导致痛苦生活的大奖。早在遭到摩西诫律的谴责之前，它就已造成了许多大灾难。如果你们希望保持妒忌对痛苦生活的影响，我建议你们千万别去阅读塞缪尔·约翰逊的任何传记，因为这位虔诚基督徒的生活以令人向往的方式展示了超越妒忌的可能性和好处。

就像卡森感受到的那样，怨恨对我来说也很灵验。如果你们渴望过上痛苦的生活，我找不到比它更灵的药方可以推荐给你们了。**约翰逊说得好，他说生活本已艰辛得难以下咽，何必再将它塞进怨恨的苦涩果皮里呢。**

对于你们之中那些想得到痛苦生活的人，我还要建议你们别去实践狄斯雷利的权宜之计，它是专为那些无法彻底戒掉怨恨老习惯的人所设计的。在成为伟大的英国首相的过程中，狄斯雷利学会了不让复仇成为行动的动机，但他也保留了某种发泄怨恨的办法，就是将那些敌人的名字写下来，放到抽屉里。然后时不时会翻看这些名字，自得其乐地记录下世界是怎样无须他插手就使他的敌人垮掉的。

好啦，卡森开的处方就说到这里。接下来是芒格另开的四味药。

第一，要反复无常，不要虔诚地做你正在做的事。只要养成这个习惯，你们就能够绰绰有余地抵消你们所有优点共同产生的效应，不管那种效应有多么巨大。如果你们喜欢不受信任并被排除在对人类贡献最杰出的人群之外，那么这味药物最适合你们。养成这个习惯，你们将会永远扮演寓言里那只兔子的角色，只不过跑得比你们快的不再只是一只优秀

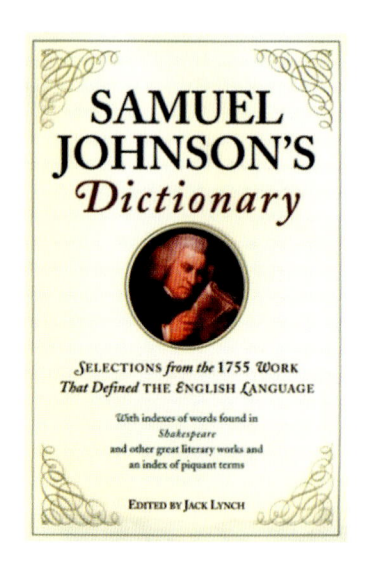

塞缪尔·约翰逊
Samuel Johnson
1709—1784

塞缪尔·约翰逊，英国作家，是他那个时代杰出的文学研究者和批评家，以妙语如珠而著名。约翰逊第一部有长久影响和为他奠定不朽声望的作品是1755年出版的《英语词典》。詹姆斯·博斯韦尔撰写的约翰逊传记很著名，它用大量有趣迷人的细节展示了约翰逊的生平、尖锐的言论和机智的妙语。

的乌龟，而是一群又一群平庸的乌龟，甚至还有些拄拐杖的平庸乌龟。

我必须警告你们，如果不服用我开出的第一味药，即使你们最初的条件并不好，你们也可能会难以过上痛苦的日子。我有个大学的室友，他以前患有严重的阅读障碍症，现在也是。但他算得上我认识的人中最可靠的。他的生活到目前为止很美满，拥有出色的太太和子女，掌管着某个数十亿美元的企业。如果你们想要避免这种传统的、主流文化的、富有成就的生活，却又坚持不懈地做到为人可靠，那么就算有其他再多的缺点，你们这个愿望恐怕也会落空。

说到"到目前为止很美满"这样一种生活，我忍不住想在这里引用克洛伊索斯的话来再次强调人类生存状况那种"到目前为止"的那一面。克洛伊索斯曾经是世界上最富裕的国王，后来沦为敌人的阶下囚，就在被活活烧死之前，他说："哎呀，我现在才想起历史学家梭伦说过的那句话，'在生命没有结束之前，没有人的一生能够被称为是幸福的。'"

我为痛苦生活开出的第二味药是，尽可能从你们自身的经验获得知识，尽量别从其他人成功或失败的经验中广泛地吸取教训，不管他们是古人还是今人。这味药肯定能保证你们过上痛苦的生活，取得二流的成就。

只要看看身边之事，你们就能明白拒不从别人错误中吸取教训所造成的后果。人类常见的灾难全都毫无创意——酒后驾车导致的身亡，鲁莽驾驶引起的残疾，无药可治的性病，加入毁形灭性的邪教的那些聪明的大学生被洗脑后变成的行尸走肉，由于重蹈前人显而易见的覆辙而导致的生意失败，还有各种形式的群氓愚蠢等等。你们若要寻找那条通往

克洛伊索斯
Croesus
？—公元前 546

克洛伊索斯是一个拥有巨额财富的传奇人物，公元前 560 年登基为吕底亚国王，直到公元前 547 年被波斯人击败。据说克洛伊索斯被俘之后，试图自焚。

富兰克林论广泛学习

"如果你不听理性女神的话,她就会给你苦头吃。"

"听不进劝告的人得不到帮助。"

"经验是一所好学校,但傻瓜却不会从别人那里学到经验,并且,能在别人那里学到经验的人很少;因为这句话是千真万确的:我们可以提供建议,但无法提供行为。"

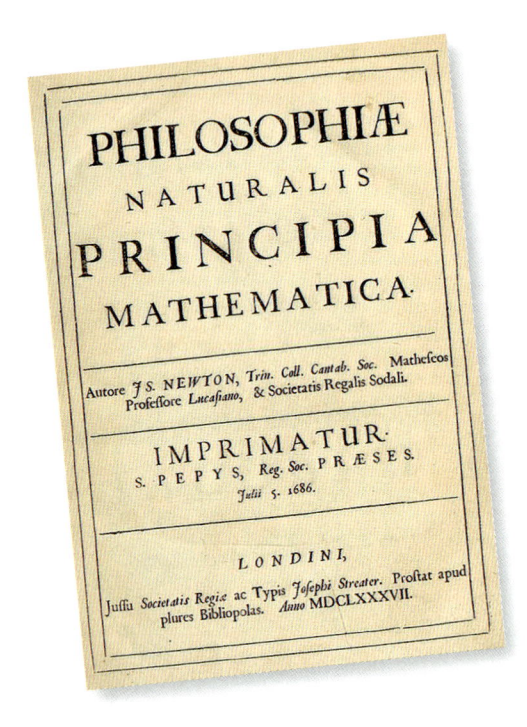

因为不小心、没有创意的错误而引起真正的人生麻烦的道路,我建议你们牢牢记住这句现代谚语:"人生就像悬挂式滑翔,起步没有成功就完蛋啦。"

避免广泛吸取知识的另一种做法是,别去钻研那些前辈的最好成果。这味药的功效在于让你们得到尽可能少的教育。

如果我再讲一个简短的历史故事,或许你们可以看得更清楚,从而更有效地过上与幸福无缘的生活。从前有个人,他勤奋地掌握了前人最优秀的成果,尽管开始研究分析几何的时候他的基础并不好,学得非常吃力。最终,他本人取得的成就引起了众人的瞩目,他是这样评价他自己的成果的:

"如果说我比其他人看得更远,那是因为我站在巨人的肩膀上。"

这人的骨灰如今埋在威斯敏斯特大教堂里,他的墓碑上有句异乎寻常的墓志铭:

"这里安葬着永垂不朽的艾萨克·牛顿爵士。"

艾萨克·牛顿爵士
Isaac Newton
1642—1727

在英国林肯郡出生时,牛顿身体孱弱,乃至没人指望他能活下来,然而他活了八十几年。青年时期的牛顿在普通数学、代数、几何学、微分学、光学和天体力学方面发现了无数的定理。他最著名的发现是万有引力。1687年,牛顿出版了《自然哲学的数学原理》,这本书是他的巅峰之作。

我为你们的痛苦生活开出的第三味药是，当你们在人生的战场上遭遇第一、第二或者第三次严重的失败时，就请意志消沉，从此一蹶不振吧。因为即使是最幸运、最聪明的人，也会遇到许许多多的失败，这味药必定能保证你们永远地陷身在痛苦的泥沼里。请你们千万要忽略爱比克泰德亲自撰写的、恰如其分的墓志铭中蕴含的教训："此处埋着爱比克泰德，一个奴隶，身体残疾，极其穷困，蒙受诸神的恩宠。"

为了让你们过上头脑混乱、痛苦不堪的日子，我所开的最后一味药是，请忽略小时候人们告诉我的那个乡下人故事。曾经有个乡下人说："要是知道我会死在哪里就好啦，那我将永远不去那个地方。"大多数人和你们一样，嘲笑这个乡下人的无知，忽略他那朴素的智慧。如果我的经验有什么借鉴意义的话，那些热爱痛苦生活的人应该不惜任何代价避免应用这个乡下人的方法。若想获得失败，你们应该将这种乡下人的方法，也就是卡森在演讲中所用的方法，贬低得愚蠢之极、毫无用处。

卡森采用的研究方法是把问题反过来想。就是说要解出 X，得先研究如何才能得到非 X。伟大的代数学家卡尔·雅可比（Carl Jacobi）用的也是卡森这种办法，众所周知，他经常重复一句话："**反过来想，总是反过来想。**"**雅可比知道事物的本质是这样的，许多难题只有在逆向思考的时候才能得到最好的解决。**例如，当年几乎所有人都在试图修正麦克斯韦的电磁定律，以便它能够符合牛顿的三大运动定律，然而爱因斯坦却转了个 180 度大弯，修正了牛顿的定律，让其符合麦克斯韦的定律，结果他发现了相对论。

作为一个公认的传记爱好者，我认为假如查尔斯·罗伯特·达尔文是哈佛学校 1986 届毕业班的学生，他的成绩大概只能排到中等。然而现在他是科学史上的大名人。如果你们希望将来碌碌无为，那么千万不能以达尔文为榜样。

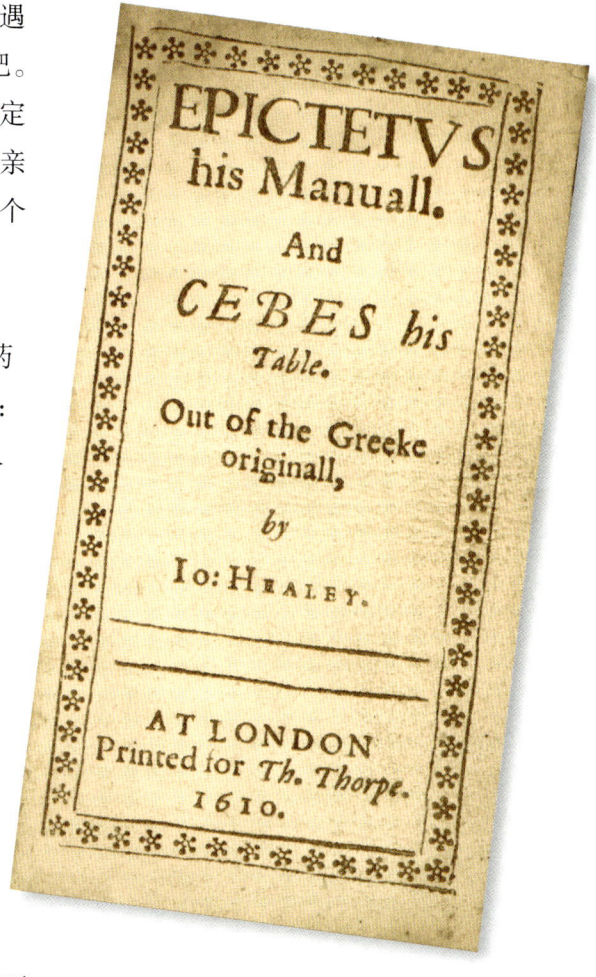

爱比克泰德
Epictetus
55—135

虽然出生在希拉波利斯城的奴隶家庭，而且患有终身残疾，爱比克泰德认为所有人都应该完全自由地掌握自己的生活，也应该与自然和谐相处。他刻苦钻研了斯多葛学派的全部逻辑学、物理学和伦理学课程之后，以教授哲学为终身职业，提倡每日严格反省自己。他最终获得了自由人的身份，但在公元 89 年遭到罗马皇帝图密善的流放。

达尔文能够取得这样的成就，主要是因为他的工作方式。这种方式有悖于所有我列出的痛苦法则，而且还特别强调逆向思考：他总是致力于寻求证据来否定他已有的理论，无论他对这种理论有多么珍惜，无论这种理论是多么得之不易。与之相反，大多数人早年取得成就，然后就越来越拒绝新的、证伪性的信息，目的是让他们最初的结论能够保持完整。他们变成了菲利普·威利（Philip Wylie，美国著名编剧）所评论的那类人："他们固步自封，满足于已有的知识，永远不会去了解新的事物。"

达尔文的生平展示了乌龟如何可以在极端客观态度的帮助下跑到兔子前面去。这种态度能够帮助客观的人最后变成"蒙眼拼驴尾"游戏中唯一那个没有被遮住眼睛的玩家。

如果你们认为客观态度无足轻重，那么你们不但忽略了来自达尔文的训诲，也忽略了来自爱因斯坦的教导。爱因斯坦说他那些成功的理论来自"好奇、专注、毅力和自省"。他所说的自省，就是不停地试验与推翻他自己深爱的想法。

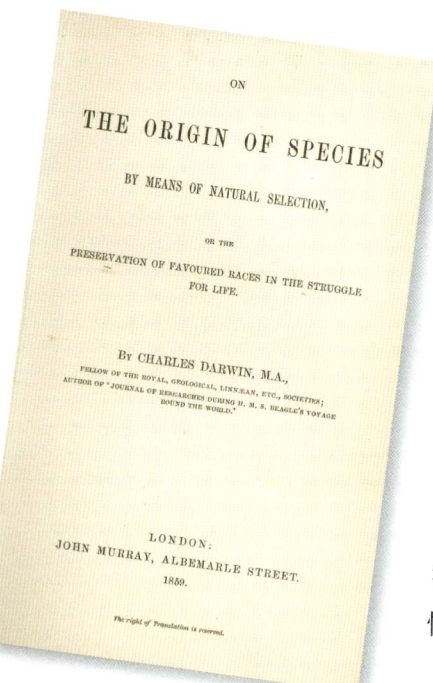

最后，尽可能地减少客观性，这样会帮助你减少获得世俗好处所需作出的让步以及所要承受的负担，因为客观态度并不只对伟大的物理学家和生物学家有效。它也能够帮助伯米吉地区的管道维修工更好地工作。因此，如果你们认为忠实于自己就是永远不改变你们年轻时的所有观念，那么你们不仅将会稳步地踏上通往极端无知的道路，而且还将走向事业中不愉快的经历给你带来的所有痛苦。

查尔斯·罗伯特·达尔文
Charles Robert Darwin
1809—1882

查尔斯·罗伯特·达尔文是英国的博物学家，其自然选择进化论改变了生物科学。他的《物种起源》一出版就卖光，并遭到了严重的抨击，因为它有悖于《圣经》的神创论。

这次类似于说反话的演讲应该以类似于说反话的祝福来结束。这句祝语的灵感来自伊莱休·鲁特引用过的那首讲小狗去多佛的儿歌："一步又一步，才能到多佛。"我祝福1986届毕业班的同学：

在座各位，愿你们在漫长的人生中日日以避免失败为目标而成长。

伊莱休·鲁特
Elihu Root
1845—1937

伊莱休·鲁特出生在纽约，是一名数学教授的儿子，也是美国历史上最出色的官员之一。在30岁那年，他已经是专门处理公司事务的知名大律师。转任公职之后，鲁特脱颖而出，先后担任美国战争部长、国务卿、美国参议员和驻俄大使。他致力于维护世界和平，催生了很多和平条约。1912年，他获得诺贝尔和平奖。

HARVARD SCHOOL
3700 Coldwater Canyon Road
Post Office Box 1037
North Hollywood, California 91604
Telephone 818 · 980 6692

Christopher Berrisford
Headmaster

September 13, 1985

Mr. Charles T. Munger
P.O. Box 55007
Los Angeles, California 90057

亲爱的查理：

今年六月，我们发现，与其请一位精通陈词滥调的知名人物来我们的毕业庆典上发表演讲，还不如请一位对学校十分了解、言语平实的演讲者。

去年我花了许多精力和时间去联系两三个杰出的政治人物，希望他们出席我们的毕业典礼，为学校增光。可是我错了。内特·雷诺兹（Nat Reynolds，前哈佛—西湖中学校长）帮了我们的大忙，那几个政客则借故推托了，这你大概也能想象得到。

我很想早点敲定明年的演讲人选。我打算以后不请外人来演讲了，只请那些对哈佛学校知根知底的人。由于今年是芒格家最后一个孩子从哈佛学校毕业（至少这一代人是这样），也由于你肯定比那些非校友更为熟悉学校的情况，而且可能比大多数校友更熟悉，我衷心地邀请你成为哈佛学校1986届毕业典礼的演讲人。

吉姆·马洛尼去年开了先例，他在汤姆毕业时发表了演讲。你能否像他一样，也在菲利普的毕业典礼上讲话？

我原本就想过邀请你，现在之所以又想起来，是因为在收拾去年的旧报纸时，我看到了你参与撰写的伯克希尔·哈撒韦年报。我反复阅读你和巴菲特撰写的章节，对你们两位独到的眼光和你简洁、准确而优雅地表达想法的能力感到十分敬佩。还有谁比你更适合成为毕业典礼的演讲人呢？

学校里的同事非常热情地支持我邀请你。我们都希望你愿意接受这份邀请。

Best wishes,

Christopher Berrisford
cc: Dr. Norman F. Sprague, III

Chris 9/16/85
Will do.
Charlie

哈佛学校的邀请信

这封信是哈佛学校的校长贝里斯福德写的，他邀请查理在翌年的毕业典礼上发表演讲。请注意信件底部查理的答复。

BERKSHIRE HATHAWAY INC.

CHARLES T. MUNGER
VICE CHAIRMAN OF THE BOARD

July 7, 1986

Mr. Johnny Carson
NBC-National Broadcasting
  Company, Inc.
3000 W. Alameda Avenue
Burbank, CA. 91523

亲爱的卡森先生：

今年我儿子从哈佛学校毕业，我重复了你儿子毕业时你发表的演讲。我自己添加了部分内容，当然，我说明了这次演讲是借鉴你的。

我觉得你可能会乐于看到你的教育理念在我身上和通过我造成的影响，所以我把这次演讲的书面稿附在信里寄给你。

我在信中还附上了1986年的伯克希尔·哈撒韦年报，你可能会对它感兴趣，因为我们最近收购了美国广播公司电视网络的一大笔股票。可惜美国广播公司没有可以和约翰尼·卡森相提并论的人物。

Best regards,

Charles Munger
Charles T. Munger

CTM/mek
Enclosures
bcc: Warren E. Buffett
     Thomas S. Murphy

P.O. Box 55007, Los Angeles, CA 90055

August 6, 1986
Mr. Charles T. Munger
Berkshire Hathaway Inc.
P.O. Box 55007
Los Angeles, Ca. 90055

亲爱的查理：
  谢谢你的来信和你的哈佛学校毕业典礼演讲稿。我很高兴我能够完成一个小框架供你继续发挥。

All Good Wishes,

Johnny Carson

约翰尼（约翰·威廉）·卡森
Johnny Carson
1925—2005

约翰尼·卡森出生在爱荷华州的康宁市，是美国著名的午夜场喜剧之王。他曾有很多年在奥马哈主持广播节目，称奥马哈是他的故乡。从1962年到1992年这30年间，他是国家广播公司的《今夜秀》主持人，拥有数以百万计的观众。他的节目专访了几千名作家、电影制片人、演员、歌手——当然还有知名的喜剧演员，其中有很多人是他一手捧红的。

第一讲 在哈佛学校毕业典礼上的演讲

重读第一讲

2006年，我重读了1986年的这篇讲稿，发现没有要修改的地方。如果说我产生了新想法的话，我现在更加坚定地认为：（1）在生活中，可靠是至关重要的；（2）虽然量子力学对于绝大多数人而言是学不会的，但可靠却是几乎每个人都能很好地掌握的。

实际上，我常常发现自己因为总是强调这个可靠的主题而不受各所名牌大学的学生欢迎。我只不过是说麦当劳是最值得我们尊敬的机构，然后周围那些大学生便会露出震惊的表情，我解释说，这么多年来，麦当劳为数百万少年提供了第一份工作，包括许多问题少年，它成功地教会他们中的大多数人最需要的一课：承担工作的责任，做可靠的人。接下来我往往会说，如果名牌大学能够像麦当劳这样提供有用的教育，我们的世界将会更美好。

如果

避开生活的圈套
以吉卜林的方式

如果你能保持冷静，当你身边的人们
都变得疯狂，纷纷指责你，
如果你能相信自己，当所有人怀疑你
但且让他们怀疑去吧，
如果你遭等待，却不因等待而疲倦，
或者遭受欺骗，却不用谎言回敬，
或者遭到憎恨，却不用憎恨反击，
能够不得意忘形，也能够不巧言令色……

如果你能与凡人交谈，且彬彬有礼，
或与国王同行——而不奴颜婢膝，
如果仇敌和密友都无法伤害你；
如果你在乎每个人，但不会缺了谁就不行，
如果你在想发泄愤怒的那一分钟
去进行六十秒的跑步，
大地以及大地上的万物都将属于你，
而更重要的是，你将是真正的男人，我的孩子！

——摘录自查理向来欣赏的诗歌《如果》

本文因曾经刊登在 1995 年 5 月 5 日的《杰出投资者文摘》上而享有极高的知名度。该篇演讲是 1994 年查理在南加州大学（USC）吉尔福德·巴伯科克（Guilford Babcock）教授的商学课上发表的。查理在这次演讲中谈到了许多话题，从教育系统到心理学，再到拥有常识和非常识的重要性，几乎无所不谈。在解剖企业管理的过程中，他精辟地描述了各种心理效应给企业带来的利弊。他还为投资、企业管理以及日常生活中的决策——查理认为这才是最重要的——提供了一套杰出的原则。

你阅读这篇文章的时间投资将会很快因文本对你决策力的影响而获得回报。

第二讲

论基本的、普世的智慧，及其与投资管理和商业的关系

南加州大学马歇尔商学院
1994年4月14日

今天，我想对你们的学习课题做点小小的变动——今天的主题是选股艺术，它是普世智慧艺术的一个小分支。这让我可以从普世智慧谈起——我感兴趣的是更为广泛的普世智慧，因为我觉得现代的教育系统很少传授这种智慧，就算有传授，效果也不是很明显。

所以呢，**这次演讲展开的方式将会有点像心理学家所说的"祖母的规矩"——这个规矩来自祖母的智慧，她说你们必须先吃完胡萝卜，然后才准吃甜点。**

这次演讲的胡萝卜部分涉及的是普世智慧的广义课题，这是个很好的切入点。毕竟，现代教育的理论是，你应该先接受一般的教育，再专门钻研某个领域。我认为，从某种程度上而言，在你成为一个伟大的选股人之前，你需要一些基础教育。

吃掉你的胡萝卜

"祖母的规矩"的铁律主导了查理在南加州大学马歇尔商学院所讲的普世智慧和投资管理课程。

因此,为了强调我有时候会开玩笑地称之为灵丹妙药的普世智慧,我想先来灌输给你们几个基本的概念。

基本的、普世的智慧是什么?嗯,第一条规则是,如果你们只是记得一些孤立的事物,试图把它们硬凑起来,那么你们无法真正地理解任何东西。如果这些事物不在一个理论框架中相互联系,你们就无法把它们派上用场。

你们必须在头脑中拥有一些思维模型。你们必须依靠这些模型组成的框架来安排你的经验,包括间接的和直接的。你们也许已经注意到,有些学生试图死记硬背,以此来应付考试。他们在学校中是失败者,在生活中也是失败者。你必须把经验悬挂在头脑中的一个由许多思维模型组成的框架上。

思维模型是什么呢?这么说吧,第一条规则是,你必须拥有多元思维模型——因为如果你只能使用一两个,研究人性的心理学表明,你将会扭曲现实,直到它符合你的思维模型,或者至少到你认为它符合你的模型为止。你将会和一个脊椎按摩师一样——这种医师对现代医学当然是毫无所知的。

那就像谚语所说的:"在手里只拿着铁锤的人看来,每个问题都像钉子。"当然,脊椎按摩师也是这样治病的。但这绝对是一种灾难性的思考方式,也绝对是一种灾难性的处世方式。所以你必须拥有多元思维模型。

这些模型必须来自各个不同的学科——因为你们不可能在一个小小的院系里面发现人世间全部的智慧。正是由于这个原因,**诗歌教授大体上不具备广义上的智慧。他们的头脑里没有足够的思维模型。所以你必须拥有横跨许多学科的模型。**

你们也许会说:"天哪,这太难做到啦。"但是,幸运的是,这没有那么难——因为掌握八九十个模型就差不多能让你成为拥有普世智慧的人。而在这八九十个模型里面,非常重要的只有几个。

所以让我们来简单地看看哪些模型和技巧构成了每个人必须拥有的基础知识,有了这样的基础知识之后,他们才能够精通某项专门的艺术,比如说选股票。

首先要掌握的是数学。很明显,你必须能够处理数字和数量问题,也就是基本的数学问题。

除了复利原理之外,一个非常有用的思维模型是基本的排列组合原理。在我年轻的时候,高中二年级就会学到这些。目前在比较好的私立学校,我想应该八年级左右就开始学了吧。

这是非常简单的数学知识。帕斯卡和费马在一年的通信中完全解决了这个问题。他们在一系列书信中就随便把它给解决了。

要掌握排列组合原理并不难。真正困难的是你在日常生活中习惯于几乎每天都应用它。费马—帕斯卡的系统与世界运转的方式惊人地一致。它是基本的公理。所以你真的必须得拥有这种技巧。

许多 —— 可惜还是不够 —— 教育机构已经意识到这一点。在哈佛商学院,所有一年级学生都必须学习的定量分析方法是他们所谓的"决策树理论"。他们所做的只是把高中代数拿过来,用它来解决现实生活中的问题。那些学生很喜欢这门课程。他们为高中代数能够在生活中发挥作用而感到惊奇。

总的来讲,事实已经证明,人们不能自然、自动地做到这一点。如果你们懂得基本的心理学原理,就能理解人们做不到这一点的原因,其实很简单:**大脑的神经系统是经过长期的基因和文化进化而来的。它并不是费马—帕斯卡的系统。它使用的是非常粗略而便捷的估算。**在它里面有费马—帕斯卡系统的元素。但是,它不好用。

求学之道无坦途,问艺之路无捷径。
—— 安东尼·特罗洛普

皮埃尔·德·费马
Pierre de Fermat
1623—1662

布莱士·帕斯卡
Blaise Pascal
1601—1665

17世纪中期，法国贵族德梅雷骑士邀请数学家皮埃尔·德·费马帮助他解决一个赌博问题，费马和布莱士·帕斯卡就这个问题进行了通信，在信件中奠定了概率论的基础。

德梅雷跟人打赌，他每掷四把骰子，至少会出现一次6。根据经验，他知道他赢的次数会比输的次数多。后来他改变了赌博规则，开始跟人打赌，用两个骰子连掷24次，至少有一次得到的结果是12，或者说会同时出现两个6。这种新的赌博没有原来那种赚钱。他请数学家帮他弄清楚发生这种变化的原因。

所以你们必须掌握这种非常基础的数学知识，并在生活中经常使用它——就好比你们想成为高尔夫球员，你们不能使用长期的进化赋予你的挥杆方式。你们必须掌握一种不同的抓杆和挥杆方法，这样才能把你打高尔夫的潜力全部发挥出来。

如果你没有把这个基本的但有些不那么自然的基础数学概率方法变成你生活的一部分，那么在漫长的人生中，你们将会像一个踢屁股比赛中的独腿人。 这等于将巨大的优势拱手送给了他人。

这么多年来，我一直跟巴菲特共事；他拥有许多优势，其中之一就是他能够自动地根据决策树理论和基本的排列组合原理来思考问题。

显然，你们也应该掌握会计学。会计是从事商业活动的语言。它是对人类文明的一大贡献。我听说它是威尼斯人发明的，当然啦，威尼斯曾经是地中海地区商业最发达的城市。总之，复式簿记真是一种了不起的发明。

而且它也并不难理解。

C. F. 布劳恩公司

发迹于圣加百列峡谷的 C. F. 布劳恩公司在 20 世纪初期到 50 年代成长为一家杰出的石化工程与建筑公司。布劳恩的主要竞争对手是福陆、柏克德、帕森斯等公司，它在全世界各地设计和建设炼油厂。20 世纪 80 年代初期，布劳恩公司被艾德·香农领导下的圣达菲国际收购。

但你必须对会计有足够的理解，才能明白它的局限——因为会计虽然是（商业活动的）出发点，但它只是一种粗略的估算。要明白它的局限不是很难。例如，每个人都知道，你们能够大概地估算出一架喷气式飞机或者其他东西的使用寿命。可是光用漂亮的数字来表达折旧率，并不意味着你对实际情况有真正的了解。

为了说明会计的局限，我常常举一个跟卡尔·布劳恩有关的例子。布劳恩是一个非常伟大的商人，他创建了 C. F. 布劳恩工程公司。该公司设计和建造炼油厂——那是很难的事情。而布劳恩能够准时造好炼油厂，让它们顺利而高效地投产。这可是一门了不起的艺术。

布劳恩是个地道的德国人，他有许多趣闻轶事。据说他曾经看了一眼炼油厂的标准会计报表，然后说："这是狗屁。"

于是他把所有会计都赶走了，召集手下的工程师，对他们说："我们自己来为我们的商业流程设计一个会计系统吧。"后来炼油厂的会计工作吸取了卡尔·布劳恩的许多想法。布劳恩是一个非常坚毅、非常有才华的人，他的经历体现了会计的重要性，以及懂得标准会计局限性的重要性。

威廉·爱德华兹·戴明
W. Edwards Deming
1900—1993

威廉·爱德华兹·戴明出生在爱荷华州，小时候在怀俄明州一座四室的柏油棚屋中长大。虽然很穷，但戴明学习非常认真，从耶鲁大学得到了一个数学物理博士学位。他在农业部找到了一份工作，但最终爱上了统计分析。二战期间，想为战争出一份力的戴明试图将统计学应用于制造业。美国的企业完全无视他的思想。战后，戴明前往日本，教日本的企业管理人员、工程师和科学家如何在生产过程中控制质量。直到世界其他国家发现日本的制造技术很发达时（也就是20世纪80年代），戴明才在他的祖国成为著名人物。以戴明命名的"戴明质量奖"，至今仍是日本品质管理的最高荣誉，该奖项最早只在日本颁发，但现在被世界各国认可。由美国管理专家休哈特博士提出的PDCA循环，经由戴明采纳、宣传，获得普及，又称戴明环。全面质量管理的思想基础和方法依据就是PDCA循环。

他还有个规矩，来自心理学；如果你对智慧感兴趣，那么应该记住这个规矩——就像记住基本的排列组合原理一样。

他要求布劳恩公司所有的交流必须遵守"五何"原则——你必须说明何人因何故在何时何地做了何事。如果你在布劳恩公司里面写一封信或指示某人去做某事，但没有告诉他原因，那么你可能会被解雇。实际上，你只要犯两次这种错误，就会被解雇。

你们也许会问，这有那么重要吗？嗯，这也跟心理学的原理有关。如果你能够将一堆模式的知识组合起来，回答一个又一个为什么，你就能够更好地思考；同样道理，**如果你告诉人们事情的时候，总是告诉他们原因，他们就能更深刻地理解你说的话，就会更加重视你说的话，也会更倾向于听从你说的话。就算他们不理解你的理由，他们也会更倾向于听你的话。**

这是一条铁律。正如你想要从问一个又一个的"为什么"开始获得普世的智慧一样，你在跟别人交流沟通时，也应该把原因讲清楚。就算答案很浅显，你把"为什么"讲清楚仍是一种明智的做法。

哪些思维模型最可靠呢？答案很明显，那些来自硬科学和工程学的思维模型是地球上最可靠的思维模型。而工程学的质量控制理论——至少对你我这样的非专业工程师来说也是很重要的核心部分——其基础恰好是费马和帕斯卡的基础数学理论。

一项工程的成本这么高，如果你付出这么高的成本，你就不会希望它垮掉。这全是基本的高中数学知识。戴明带到日本的质量控制理论，无非就是利用了这些基础的数学知识。

我认为大多数人没有必要精通统计学。例如，我虽然不能准确地说出高斯分布的细节，不过我知道它的分布形态，也知道现实生活的许多事件和现象是按照那个方式分布的。所以我能作一个大致的计算。

但如果你们要我算出一道高斯分布方程，要求精确到小数点后 10 位，那我可算不出来。我就像一个虽然不懂帕斯卡可是打牌打得很好的扑克牌手。

顺便说一声，这样也够用了。但你们必须像我一样，至少能粗略地理解那道钟形曲线。

当然，工程学里面的后备系统是一种非常有用的思想，断裂点理论也是一种非常强大的思维模型。物理学里面的临界质量概念是一种非常强大的思维模型。

所有这些理论都能在日常生活中派上很大的用场。所有这些成本—收益分析——见鬼了，又全是基本的高中代数知识——只不过是被一些吓唬人的术语打扮得漂亮一点而已。

你们可以轻而易举地证明这一点：在座各位只要看过一个非常普通的职业魔术师的表演，就肯定曾经看见许多其实并没有发生的事情正在发生，也肯定曾经看不见其实正在发生的事情。

我认为第二种可靠的思维模型来自生物学 / 生理学，因为我们大家毕竟在基因构造方面都是相同的。

接下来当然就是心理学啦，它更加复杂。但如果你想拥有任何普世的智慧，心理学是太过重要了。

原因在于，人类的感知器官有时候会短路。大脑的神经线路并非总是畅通无阻的，也不拥有无穷多的线路。所以那些懂得如何利用这种缺点、让大脑以某种错误方式运转的人能够使你看到根本不存在的东西。

这又涉及认知功能，它和感知功能不同。你们的认知功能同样容易受误导——实际上是比感知功能更加容易受误导。同样地，你的大脑缺乏足够的神经线路等等——于是出现各式各样的自动短路问题。

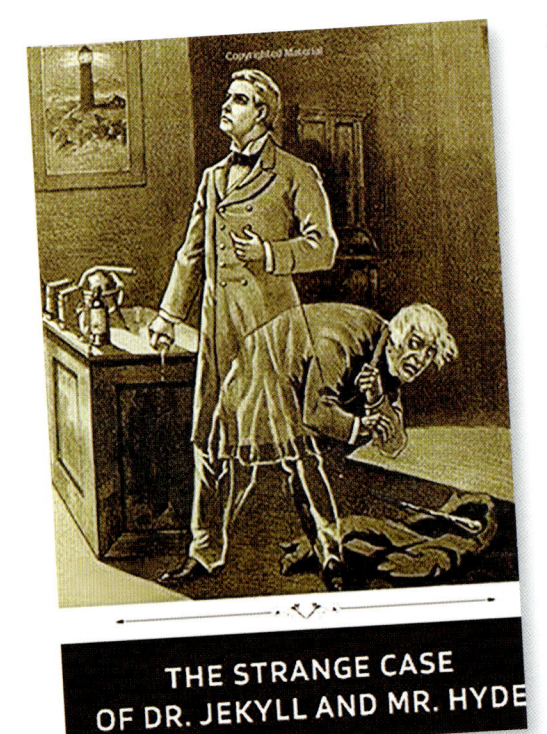

所以当外部因素以某些方式结合起来——或者更常见的是，有个人像魔术师那样有意地操控你，让你发生认知错乱——你就成了任人摆布的蠢货啦。

一个使用工具的人应该了解它的局限，同样道理，一个使用认知工具的人也应该了解它的局限。顺便说一声，这种知识可以用来操控和激励别人。

所以心理学最有用、最具实践价值的部分——我个人认为聪明人一个星期就能被教会——是极其重要的。可惜没有人教过我。我不得不自己在后来的生活中一点一点地学习。那可是相当辛苦的。这个道理十分简单，全学到手之后，我觉得自己（从前）是个十足的傻子。

没错，我曾经在加州理工学院和哈佛法学院受过教育。所以名牌大学为你们和我这样的人提供了错误的教育。

心理学的基础部分——我称之为误判心理学——是极其重要的知识。它包括了大约 20 个小原则。

而且它们还相互影响，所以有点复杂。但它的核心内容重要得让人难以置信。

……我们遇到的所有人都是善与恶的结合体。
——杰凯尔博士论人性
摘录自罗伯特·斯蒂文森的
《化身博士》

有些聪明绝顶的人由于忽略了它而犯下了非常神经病的错误。实际上，过去两三年我就犯了几次这样的大错。人不可能完全避免犯愚蠢的错误。

帕斯卡还说过一句话，我觉得那是思想史上最精确的论断之一了。帕斯卡说：**"人类的头脑既是宇宙的光荣，也是宇宙的耻辱。"**

> **另一种双轨**
>
> 明尼苏达州明尼阿波利斯市的詹姆斯·希尔石拱桥是传奇的"帝国建造者"希尔唯一允许用他的名字来命名的铁路建筑。这座造价650万美元的铁路桥1883年完工，属于希尔的大北方铁路专营公司（也即当今的伯灵顿北方圣达菲公司）。本书的编者认为希尔和安德鲁·卡内基、哈维·费尔斯通、勒斯·施瓦伯等白手起家的大亨一样，是最值得年轻的生意人学习的对象。

确实如此。人类的大脑拥有这种巨大的力量。然而它也经常出毛病，作出各种错误的判断。它还使人们极其容易受其他人操控。例如，阿道夫·希特勒的军队有大约一半是由虔诚的天主教徒组成的。若是受到足够高明的心理操控，人类会做出各种匪夷所思的事情。

我现在使用一种双轨分析。

从个人的角度来讲，我已经养成了使用一种双轨分析的习惯。首先，理性地看，哪些因素真正控制了涉及的利益？其次，当大脑处于潜意识状态时，会自动形成哪些潜意识因素——这些潜意识因素总的来讲有用但（在具体情况下）却又常常失灵？

一种方法是理性分析法——就是你在打桥牌时所用的方法，认准真正的利益，找对真正的机会，等等。另一种方法是评估哪些心理因素造成潜意识结论——大多数情况下是错误的结论。

接下来我们要谈到的是另外一种不那么可靠的人类智慧 —— 微观经济学。我发现把自由的市场经济 —— 或者部分自由的市场经济 —— 当作某种生态系统是很有用的思维方式。

可惜能这么想的人不多，因为早在达尔文时代以来，强盗大亨之类的人认为适者生存的法则证明他们确实拥有过人的能力 —— 你们也知道的，他们会这么想："我最富有。所以，我是最好的。真是老天有眼。"

人们对强盗大亨的这种反应很反感，所以很不愿把经济想成一种生态系统。但实际上，经济确实很像生态系统。它们之间有很多相似之处。

跟生态系统的情况一样，有狭窄专长的人能够在某些狭窄领域中做得特别好。**动物在合适生长的地方能够繁衍，同样地，那些在商业世界中专注于某个领域 —— 并且由于专注而变得非常优秀 —— 的人，往往能够得到他们无法以其他方式获得的良好经济回报。**

一旦开始谈论微观经济学，我们就会遇到规模优势这个概念。现在我们更为接近投资分析了——因为规模优势在商业的成败中扮演了至关重要的角色。

例如，全世界所有商学院都教学生说，一个巨大的规模优势是成本会沿着所谓的经验曲线下降。那些受到资本主义的激励和想要改善生产的人们只要加大产量，就能够让复杂的生产变得更有效率。

规模优势理论的本质是，你生产的商品越多，你就能更好地生产这种商品。那是个巨大的优势。它跟商业的成败有很大的关系。

让我们看看规模优势都有哪些 —— 尽管这会是一个不完整的清单。有些优势可以通过简单的几何学得以说明。如果你打算建造一个油罐，很明显，随着油罐的增大，油罐表面所需的钢铁将会以平方的速率增加，而油罐的容量将会以立方的速率增加。也就是说，当你扩建油罐时，你能用更少的钢铁得到更多的容积。

繁衍 4000 万年的鹈鹕

化石记录表明，鹈鹕的出现可以追溯到 4000 万年前，这证明它们专长的集体捕鱼和深潜捕鱼的策略是行之有效的。当集体捕鱼时，鹈鹕群展现了团队的永恒价值，它们齐心协力把成群的小鱼赶到浅水区，然后大快朵颐。

1907年，亨利·福特宣布了福特汽车公司的目标：生产"适合大多数人的汽车"。当时的汽车是非常昂贵、定制的机器。福特在1913年建立了第一条流动组装线，开启了美国工业大规模生产的时代。

有许多事情是这样的，简单的几何学——简单的现实——能够给你一种规模优势。

例如，你能够从电视广告中得到规模优势。在电视广告最早出现的时候——也就是在彩色电视机第一次走进我们的客厅的时候，它是一种强大得令人难以置信的东西。早期三家电视网络公司拥有大概90%的观众。

嗯，如果你们是宝洁公司，你们有足够的财力使用这种新的广告手段。你们能够承担起非常高昂的电视广告费用，因为你们卖出的产品多得不得了。有些势单力薄的家伙就做不到。因为他付不起那笔钱，所以他无法使用电视广告。实际上，如果你们的产量不够大，你们也用不起电视广告——那是当时最有效的宣传技巧。

所以当电视出现的时候，那些规模已经很大的名牌公司获得了巨大的推动力。实际上，它们生意蒸蒸日上，发了大财，直到其中有些变得脑满肠肥，这是发财后会出现的情

改变：投资者的朋友或敌人？

就互联网的情况而言，改变是社会的朋友。但一般来说，不改变才是投资者的朋友。虽然互联网将会改变许多东西，但它不会改变人们喜欢的口香糖牌子。查理和我喜欢像口香糖这样稳定的企业，努力把生活中更多不可预料的事情留给其他人。

—— 巴菲特

况 —— 至少对有些人来说是这样。

你的规模优势可能是一种信息优势。如果我去到某个偏远的地方，我可能会看到箭牌的口香糖和格罗兹的口香糖摆在一起。我知道箭牌是一种令人满意的产品，可是对格罗兹毫不了解。如果箭牌卖四十美分，格罗兹卖三十五美分，你们觉得**我会为了区区五分钱而把某样我不了解的东西放到嘴巴里去吗？—— 这毕竟是非常私人的地方。**

所以箭牌只是因为拥有了很高的知名度而获得了规模优势 —— 你们也可以称之为信息优势。

另外一种规模优势来自心理学。心理学家使用的术语是"社会认同"。我们会 —— 潜意识地，以及在某种程度上有意识地 —— 受到其他人的认同的影响。因此，如果大家都在买一样东西，我们会认为这样东西很好。我们不想成为那个落伍的家伙。

这种情况有时候是潜意识的，有时候是有意识的。有时候，我们清醒而理智地想："哇，我对这东西不熟悉。他们比我了解得更多。那么，为什么我不跟着他们呢？"

由于人类心理而产生的社会认同现象使商家可以极大地拓宽产品的销售渠道，这种优势自然是很难获得的。可口可乐的优势之一就是它的产品几乎覆盖了全世界各个角落。

喏，假设你们拥有一种小小的软饮料商品。要怎样才能让它遍布地球各个角落呢？全球性的销售渠道 —— 这是大企业慢慢建立的 —— 是非常大的优势……你们不妨想一下，如果你们在这方面拥有足够的优势，别人想要动摇你们的地位是很难做到的。

规模优势还有另外一种。有些行业的情况是这样的，经过长期的竞争之后，有一家企业取得了压倒性的优势。最明显的例子就是日报。在美国，除了少数几个大城市之外，所有城市都只有一家日报。

这同样跟规模有关。如果我的发行量占到绝大多数的份额，我就能拿到绝大多数的广

杰克·韦尔奇论管理

"从 1981 年到 1995 年,我们说我们要做到'世界上最有竞争力的企业',成为每个市场的第一名或者第二名 —— 把每个表现不佳、达不到要求的子公司卖掉或者关闭。没有人不明白这个目标是什么意思或意味着什么。"

"在成为领先者之前,成功是发展你自己。当你成为领先者,成功是帮助其他人发展。"

"根据目标进行考核。根据目标提供回报。"

"这些年来我不断学到的教训就是,在许多时候,我太谨慎了。我采取的每个措施几乎都应该早点付诸实施。"

"把计划搞清楚。请一些人来完成它,给他们大量的钱。这向来是成功的不二法门。"

"用各种各样的方式发现人才,我总是认为:'你遇到的每个人都是另一次面试。'"

"经商要诀:永远别让任何人挡在你和你的顾客或者供应商之间。这些关系需要很长时间才能培养起来,而且非常宝贵,失去的话太可惜了。"

"别欺骗自己。事实就是事实。"

告。如果我拥有了大量的广告和发行量,还有谁想看那份更薄、信息量更少的报纸呢?所以会慢慢出现赢家通吃的局面。那是一种独特的规模优势现象。

同样的,所有这些巨大的规模优势使企业内部能够进行更为专门的分工。每个员工因此能够把本职工作做得更好。

这些规模优势非常强大,所以当杰克·韦尔奇到通用电气时,他说:"让它见鬼去吧。我们必须在每个我们涉足的领域做到第一或者第二,否则我们就退出。我不会在乎要解雇多少人,卖掉哪些业务。如果做不到第一或者第二,我们宁可不做。"

韦尔奇那么做显得铁面无情，但我认为那是非常正确的决定，能够使股东的财富最大化。我也不认为这种做法有什么不文明的，因为我认为自从有了杰克·韦尔奇之后，通用电气变得更加强大了。

当然，规模太大也有劣势。例如，我们——我说的是伯克希尔·哈撒韦——是大都会通讯公司／美国广播公司（Capital Cities / ABC）最大的股东。我们旗下有很多刊物都倒闭了——被竞争对手打败了。它们之所以能够打败我们，是因为它们更加专业。

我们原来有一份商务旅行杂志。有人创办了一份专门针对企业差旅部门的杂志。跟生态系统相同，你专注的领域越小越好。

那么，他们的效率比我们高得多。他们能够告诉更多负责企业差旅部门的人。另外，他们不用浪费墨水和纸张把材料寄给那些没有兴趣阅读的差旅部门。那是一个更有效的系统。由于我们没他们专业，所以一败涂地。

《星期六晚报》和其他所有那些刊物的下场都是这样的。它们消失了。我们现在拥有的是《越野摩托》——它的读者是一群喜欢参加巡回比赛、在比赛时开着摩托车翻跟头的傻子。但他们关注它。对他们来说，它就是生活的主要意义。一份叫做《越野摩托》的杂志完全是这些人的必需品。它的利润率会让你们流口水。

只要想想这些刊物的读者群体有多专就知道了。所以缩小规模、加强专业化程度能够给你带来巨大的优势。大未必就是好。

当然，规模大的缺陷是……这使竞争变得更有趣，因为**大公司并非总是赢家——企业变大之后，就会出现官僚机构的作风**，而这种作风会造成敷衍塞责的情况——这也是人类的本性。

布拉德·拉奇在1982年的卢森堡大奖赛上全速滑行，引起观众的欢呼。拉奇是第一个获得国际摩托车比赛冠军的美国人。他和CZ摩托（一种捷克斯洛伐克的高级摩托车）公司有过多年的亲密合作关系。（本书的编者以前也是这些喜欢摩托越野赛的傻子之一。）

这时企业内部的激励机制会失灵。例如，我年轻时为 AT&T（美国电话电报公司）工作，当时它是个很大的官僚机构。谁会真的在乎股东利益或别的什么事呢？而且在官僚机构里面，当工作从你手上转到别人手上时，你会认为工作已经完成了。但是，当然了，它实际上当然尚未完成。在 AT&T 把它应该发送的电讯发送出去之前，它是尚未完成的。所以，这种大型、臃肿、笨拙、麻木的官僚机构就是这样的。

它们还会导致某种程度的腐败。换句话说，如果我管一个部门，你管一个部门，我们都有权力处理这件事，那么就会出现一种潜规则："如果你不找我麻烦，我也不会找你麻烦，这样我们都高兴。"于是就出现了多重管理层，以及不必要的相关成本。然后呢，在人们没法证明这些管理层是有必要存在的情况下，任何事情都要花很长时间才能办成。他们反应迟钝，做不了决定，头脑灵活的人只能围着他们打转。

大规模的弊端向来在于它会导致庞大、笨拙的官僚机构 —— 最糟糕的、弊病最多的官僚机构当然是各种政府部门，它们的激励机制真的很差劲。这并不意味着我们不需要政府 —— 因为我们确实需要。但要让这些大型的官僚机构办点事是让人非常头疼的问题。

所以人们开始找对策。他们设立了分散的小单位以及很棒的激励和培训计划。例如，大企业通用电气就用惊人的技巧和官僚作风斗争。但那是因为通用电气的领袖是个天才和激情的结合体。他们在他还够年轻的时候就扶他上位，所以他能掌权很久。当然，这个人就是杰克·韦尔奇。

但官僚作风很可怕……随着企业变得非常庞大和有影响力，可能会出现一些失控的行为。看看西屋电气就知道了。他们愚蠢地放出几十亿美元的贷款给房地产开发商。他们让

苏联工人的经典感叹：

"他们假装给薪水，我们假装在工作。"

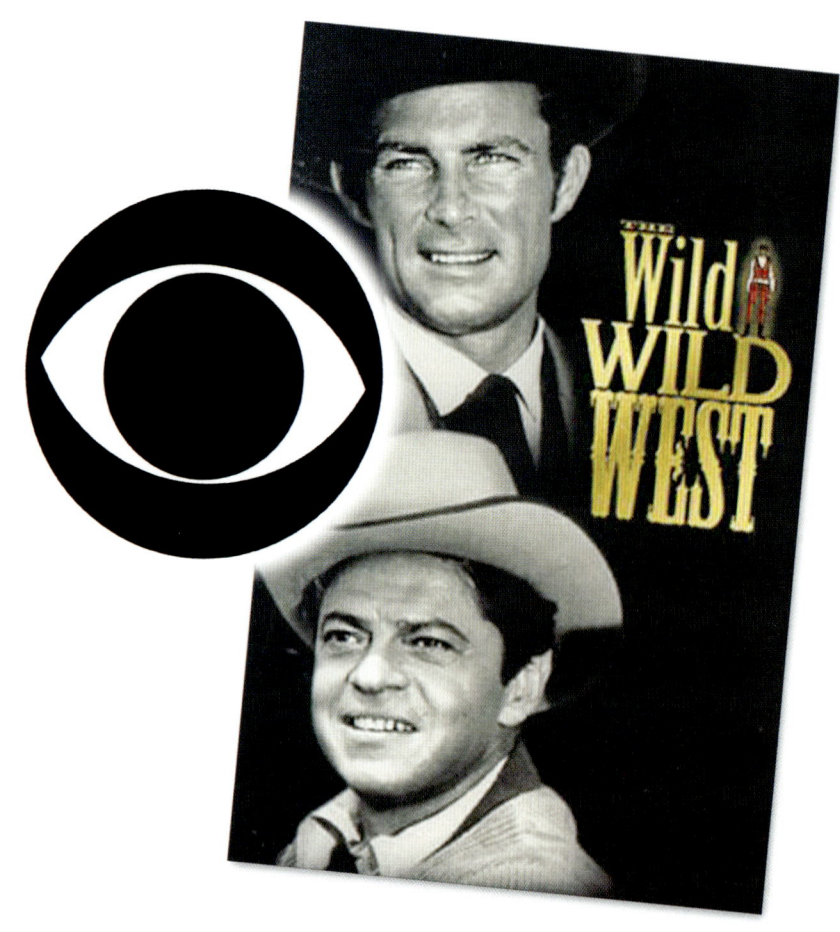

某个从基层爬上来的人——我不知道他是做什么起家的，可能是电冰箱之类的——来当领袖，突然之间，他借了大量的钱给房地产开发商盖酒店。这是以己之短，攻人之长。没隔多久，他们就把几十亿美元输光了。

哥伦比亚广播公司是个有趣的例子，它印证了另外一条心理学原则——巴甫洛夫联想。如果人们说了你确实不想听的话——也就是让你不高兴的话——你会自然而然地生出抵触情绪。你必须训练自己摆脱这种反应。倒不是说你一定会这样。但如果你不加以注意，就很可能会这样。

电视刚出现的时候，整个市场由一家公司主导——哥伦比亚广播公司。 佩利（哥伦比亚广播公司前董事长和奠基人，美国著名企业家，被称为哥伦比亚广播公司之父）就像神一样。但他听不得逆耳忠言，他的手下很快就发现了这一点。所以他们只跟佩利说他喜欢听的话。结果没隔多久，他就生活在一个谎言编织的世界里，而公司的其他一切都败坏了——虽然它还是一个伟大的企业。

20世纪60年代，哥伦比亚广播公司是非常强大的有线电视公司，播出了许多备受欢迎的电视连续剧，比如《狂野的西部》，它每周一集，在1965年到1969年之间共播出了104集。

哥伦比亚广播公司的各种蠢事都是由这种风气造成的。比尔·佩利掌权的最后十年真像是疯帽匠的茶话会。

这绝对不是唯一的例子。企业高层严重失控的情况是很普遍的。当然，如果你们是投资人的话，情况可能会大不相同。可是如果你们像巴里那样，在得到CBS之后，进行那么多的收购，聘请那么多的愚蠢顾问——投资银行家、管理顾问之类的人，这些人都拿着非常高的薪水——那么情况就会极其糟糕。

所以生活就是两种力量之间无休无止的斗争：一边是获得上面提到的那些规模优势，另一边是变得像美国农业部那样人浮于事——农业部的人只是坐在那里，什么也不做。我不知道他们到底干了些什么，但我知道他们没干几件有用的事。

就规模经济的优势这个话题而言，我觉得连锁店非常有趣。想想就知道啦。连锁店的概念是一个迷人的发明。你得到了巨大的采购能力——这意味着你能够降低商品的成本。那些连锁店就像大量的实验室，你可以用它们来做实验。你变得专门化了。

如果有个小商店的老板试图在上门推销的供货商影响下选购 27 类不同的产品，他肯定会作出很多愚蠢的决定。但是如果你的采购工作是在总部完成的，旗下有大量的商店，那么你可以请一些精通冰箱等等商品的聪明人来完成采购工作。

那些只有一个人负责全部采购的小商店会出现糟糕的局面。曾经有个故事，故事里一家小商店堆满了食盐。一个陌生人走进去，对店主说："哇，你肯定卖掉很多盐。"店主的回答是："没有啦。卖给我盐的那个人才卖掉了很多盐。"

所以连锁店在采购上有巨大的优势。此外还有一套完善的制度，规定每个人应该做些什么。所以连锁店可以成为很棒的企业。

沃尔玛的历史很有意思，它最初只有一家店，在阿肯色州，而当时最具声望的百货商店是坐拥数十亿美元资产的罗巴克·西尔斯。**阿肯色州本顿威尔市一个身无分文的家伙如何打败罗巴克·西尔斯呢？他用一生的时间完成了这项伟业——实际上，他只用了半生的时间，因为当他开出第一家小商店时，他已经相当老了……**

《山姆·沃尔顿》
（*Sam Walton*）
迈克·威默，2005 年，油画，俄克拉荷马州参议院二楼，近圆形大厅，沃尔玛基金会资助。

沃尔顿谈学习

"以前我既天真又无知，但那是很幸运的事情，因为正是有过那段无知的日子，我才学到了一个这么多年来一直牢记在心的教训：你可以向每个人学习。我的知识不仅来自手头可以找到的每一本零售业刊物，更多的可能来自我对马路对面（竞争对手）做法的研究。"

沃尔玛

山姆·沃尔顿 1962 年在阿肯色州的罗杰斯市开了第一家沃尔玛，随后五年扩张到 25 家。1970 年，沃尔玛将其物流配送中心和企业总部迁移到如今的所在地，阿肯色州的本顿威尔市。沃尔玛在美国和海外持续扩张，如今拥有超过 100 万名员工，每年销售收入超过 2500 亿美元，市值超过 2000 亿美元。这家公司以不懈地追求为顾客提供更廉价的商品而闻名。

连锁店这个游戏，他玩得比谁都努力，玩得比谁都好。实际上沃尔顿并没有什么创新。他只是照搬其他人做过的所有聪明事——他更为狂热地去做这些事，更有效地管理下属的员工。所以他能够把其他对手都打败。

他在早期采用了一种非常有趣的竞争策略。他就像一个为奖牌而奋斗的拳手，想弄到一份辉煌的战绩，以便跻身决赛，成为电视的焦点。他是怎么做的呢？他出去找了 42 个不堪一击的对手，对吧？结果当然是胜出、胜出、胜出——连赢 42 次。

精明的沃尔顿基本上打败了早期美国小城镇的其他零售商。虽然他的系统效率更高，但他可能无法给那些大商店当头一棒。但由于他的系统更好，他当然能够摧毁这些小城镇的零售商。他一而再、再而三地这么做。然后，等到规模变大之后，他开始摧毁那些大企业。

嗯，这真是一种非常、非常精明的策略。

你们也许会问："这种做法好吗？"嗯，资本主义是非常残酷的。但我个人认为，世界因为有了沃尔玛而变得更加美好。我想说的是，你们可以把小城镇的生活想得很美好。但我曾经在小城镇生活过很多年。让我告诉你们吧——你们不应该把那些被沃尔玛摧毁的小企业想得太美好。

此外，沃尔玛的许多员工都是优秀能干的人，他们需要养家糊口。我并没有低级文化打败高级文化的感觉。我认为那种感觉无非是怀旧和幻觉。但不管怎么说，沃尔玛这个有趣的模式让我们看到了当规模和狂热结合起来能够产生多大的威力。

这个有趣的模式也向我们说明了另外一个问题——罗巴克·西尔斯虽然拥有很大的规模优势，但那种人浮于事的官僚作风却给它造成了可怕的损失。西尔斯有许许多多的冗员。它的官僚习气非常严重。它的思维很慢，而且它思考问题的方式很僵化。如果你的头脑出现了新的想法，这种系统会反对你。它拥有一切你能想象得到的大型官僚机构的弊端。

平心而论，西尔斯也有大量的优点。但是它不如山姆·沃尔顿那么精简、苛刻、精明和有效率。所以没隔多久，西尔斯所有的规模优势就都抵挡不住沃尔玛和其他零售商同行的猛烈进攻了。

这里有个模式一直让我们很困惑。也许你们能够更好地解决它。许多市场最终会变成两三个——或者五六个——大型竞争对手的天下。在一些那样的市场里面，没有哪家公司能赚到钱。但在其他市场中，每家公司都做得很好。

这些年来，我们总是试图弄清楚一个问题，为什么某些市场的竞争在投资者看来比较理性，能给股东带来很多收益，而有些市场的竞争却是破坏性的，摧毁了股东的财富。

胡安·特里普和泛美航空

胡安·特里普（Juan Trippe，1899—1981）在一战期间加入了美国海军。1921 年从耶鲁大学毕业之后，他在华尔街卖债券，直到 1927 年创办了泛美航空公司（Pan Am）。特里普开发出很多航线，把泛美发展成为国际旅游服务提供商。他为航空业创造了许多需求，推广国际度假，并使国际旅游成为普通人能够负担得起的消费。

如果是像机票这样的纯粹商品，你们能够理解为什么没人能赚钱。我们坐在这里也能想象得到航空公司给世界带来的好处——安全的旅游、更丰富的体验、和爱人共度的美好时光，等等。**然而，自从雏鹰号首航（世界上第一次成功载人飞行）以来，这些航空公司的股东净收益却是负数——非常可观的负数。**航空业的竞争太过激烈，一旦政府管制放松，就会严重损害股东的财富。

然而，在其他领域，比如说麦片行业，几乎所有大公司都赚钱。如果你是一家中等规模的麦片制造商，你也许能够赚到15%的利润；如果你非常厉害，也许就能够赚到40%。在我看来，麦片厂商之间的竞争非常激烈，它们有很多促销活动，派发优惠券什么的，但为什么还能赚那么多钱呢？我无法完全理解。

很明显，麦片行业里存在着品牌认同的因素，这是航空业所缺乏的。这肯定是（麦片行业如此赚钱的）主要原因。

也有可能是大多数麦片制造商已经学到了教训，不会那么疯狂地去争夺市场份额——因为如果有某个厂家拼命想要抢占更多市场份额的话……例如，假使我是家乐氏，我觉得我必须占有60%的市场，我认为我能够拿走麦片制造业的大多数利润。那么我会在扩张过程中毁了家乐氏。但我认为我能抢到那么多市场份额。

在某些行业里，商家的行为像发神经的家乐氏，而其他行业则不会出现那种情况。可惜我并没有一个完美的模型来预测那种情况怎样就会发生。

例如，如果你观察瓶装饮料市场，你会发现，在许多市场，百事可乐和可口可乐能赚很多钱，而在其他许多市场，它们毁掉了两家特许经营商的大多数利润。这肯定跟每个特许经营商对市场资本主义的适应性有关。我想你们必须认识牵涉其中的人，才能完全理解这是怎么回事。

当然，在微观经济学里，你们会看到专利权、商标权、特许经营权等概念。专利权非

屠魔丘是莱特兄弟的飞机第一次起飞的地方，因此也是航空业的诞生地。在20世纪30年代，工人在山丘上种植了茂密的草丛，以防水土流失。该地区十分荒凉，人们在数英里之外便能看见坐落在山丘之巅的莱特兄弟纪念碑。

家乐氏

1894年，约翰·哈维·家乐和他的弟弟威廉想为巴特尔克里克疗养院的病人发明一种新型的"健康"食物，他们在实验的过程中发现，把煮熟的面团用辊轴压平，再加以烘烤，就能制造出麦片。威廉最终开始生产这种新型的麦片产品，到1906年，每天销量多达2900箱。他继续开发新产品，把公司扩张为一个早餐食品帝国。如今，家乐氏每年的销售收入超过90亿美元。

常有趣。在我年轻时，我觉得专利权很不划算，投入的钱比得到的钱多。法官倾向于否认专利权——因为很难判断哪些是真正的创新，哪些是仿制原来的产品。那可不是一下子就能全部说清楚的事情。

但现在情况发生了变化。法律没有变，但是管理部门变了——现在专利诉讼都由专利法庭来解决。而专利法庭非常支持专利权。所以我觉得现在那些拥有专利权的人开始能够赚大钱了。

当然，商标向来给人们赚很多钱。如果有个很著名的商标，对一个大企业来讲那可是件很棒的事情。

专利权、商标权和特许经营权

专利权：政府授予某项发明的创造人在一定时间内制造、使用和销售该发明的专属权利。发明受专利权保护。

商标权：标识某样产品的名称、符号或者其他图案，须经官方注册，由法律规定仅供该产品的所有者或制造商使用。也可以指一个人或一样事物广受认可的显著特征。

特许经营权：通过签订合同，特许人将有权授予他人使用的商标、商号、经营模式等经营资源，授予被特许人使用，被特许人按照合同约定在统一经营体系下从事经营活动，并向特许人支付经营费。

特许经营也可以是很棒的。如果某个大城市里只有三个电视频道，而你拥有其中一个，每天你只能放那么多小时的节目。所以在有线电视出现之前，你拥有自然的寡头垄断优势。

如果你获得了特许经营权，在机场开设了唯一的一家食品店，还有专属的客户，那么你就拥有了某种小小的垄断。

微观经济学的伟大意义在于让人能够辨别什么时候技术将会帮助你，什么时候它将会摧毁你。大多数人并没有想通这个问题。但像巴菲特这样的家伙就想通了。

例如，以前我们做过纺织品生意，那是个非常糟糕的无特性商品行业，我们当时生产的是低端的纺织品——那是真正的无特性商品。有一天，有个人对沃伦说："有人发明了一种新的纺织机，我们认为它的效率是旧纺织机的两倍。"沃伦说："天哪，我希望这种新机器没这么厉害——因为如果它确实这么厉害的话，我就要把工厂关掉了。"他并不是在开玩笑。

他是怎么想的呢？他的想法是这样的："这是很糟糕的生意。我们的利润率很低，我们让它开着，是为了照顾那些年纪大的工人。但我们不会再投入巨额的资本给一家糟糕的企业了。"

他知道，更好的机器能极大地提高生产力，但最终受益的是那些购买纺织品的人。厂家什么好处也得不到。

这个道理很浅显——有好些各式新发明虽然很棒，但只会让你们花冤枉钱，你们的企业就算采用了它们也改变不了江河日下的命运。因为钱不会落到你手里。改善生产带来的所有好处都流向消费者了。

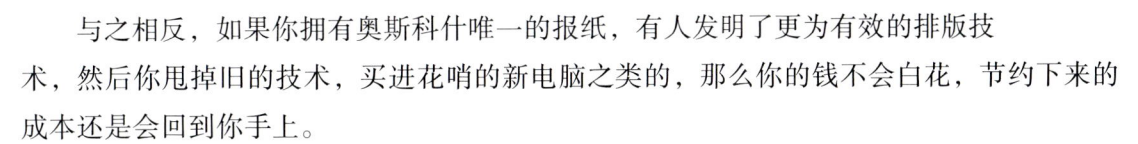

与之相反，如果你拥有奥斯科什唯一的报纸，有人发明了更为有效的排版技术，然后你甩掉旧的技术，买进花哨的新电脑之类的，那么你的钱不会白花，节约下来的成本还是会回到你手上。

总之，那些推销机器的人——甚至是企业内部那些催促你购买设备的员工——会跟你说使用新技术将会为你节省多少成本。然而，**他们并没有进行第二步分析——也就是弄清楚有多少钱会落在你手里，多少钱会流向消费者。**我从来没有见到有哪个人提出过第二步分析。我总是遇到这些人，他们总是说："你只要购买这些新技术，三年之内就能把成本收回来。"

所以你不断地购买一些三年内可以收回成本的新玩意，这么做了20年之后，你获得的年均回报率只有不到4%。这就是纺织业。

并不是说那些机器不好，只是节省下来的钱没有落到你手里。成本确实降低了，但那

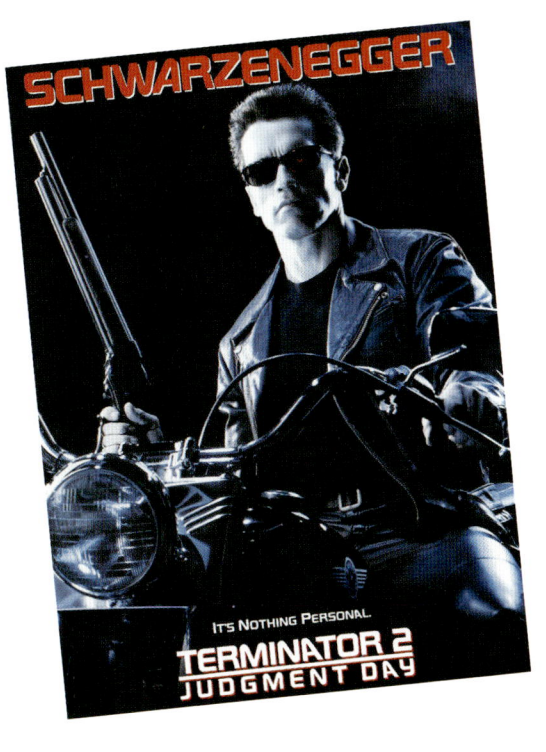

当技术将要杀死你

在科幻电影《终结者》系列中，阿诺·施瓦辛格扮演了一个杀人不眨眼、令人胆寒的未来生物机器人。

"有人发明了一种新的纺织机，我们认为它的效率是旧纺织机的两倍。"

个购买设备的家伙并没有得到成本降低带来的好处。这个道理很简单，很初级，可是却经常被人忘记。

微观经济学里面还有个模型我也觉得非常有趣。在现代文明社会，科学技术突飞猛进，所以出现了一种我称之为竞争性毁灭的现象。假设你拥有一家最好的马鞭厂，突然之间，社会上出现了不用马的汽车。过不了几年，你的马鞭生意就完蛋了。你要么去做另外一种不同的生意，要么从此关门大吉——你被摧毁了。这种事情总是反复地发生。

当新的行业出现时，先行者会获得巨大的优势。如果你是先行者，你会遇到一种我称之为"冲浪"的模型——当冲浪者顺利冲上浪尖，并停留在那里，他能够冲很长很长一段时间。但如果他没冲上去，就会被海浪吞没。

但如果人们能够站稳在海浪的前沿，他们就能够冲很久，无论是微软、英特尔或者其他公司，包括早期的国民收款机公司（NCR），都是如此。

国民收款机公司生产车间，1900年。

收款机是对文明社会的重大贡献。它是一个很有意思的故事。帕特森是个小零售商，没赚到什么钱。有一天，有人卖给他一台早期的收款机，他把它放到商店的收银台。这台收款机立刻让他扭亏为盈，因为有了它之后，店里的职员想偷钱就难多了。

但帕特森是个聪明人，他并没有想："这对我的零售店有帮助。"他的想法是："我要做收款机的生意。"自然，他创办了国民收款机公司。

他冲上了浪尖。他拥有最好的销售系统，最多的专利，其他一切也都是最好的。他狂热地致力于一切与此有关的技术改进。我的档案里还有一份早年国民收款机公司的年报，帕特

国民收款机公司

1884年，约翰·帕特森创办了国民收款机公司（NCR），生产出第一批商用的收款机。20年后，NCR制造出第一台电动收款机。20世纪50年代初期，NCR设立了专门生产用于航空业和商业应用的计算机的部门。20世纪90年代末期，该公司从纯硬件制造商转型为商业自动化"全面解决方案"提供商。

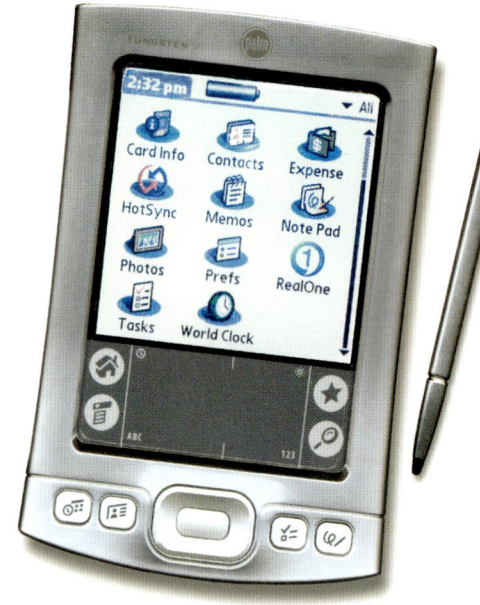

森在年报中阐述了他的经营方法和目标。一只受过良好教育的大猩猩也能明白，在当时入股帕特森的公司完全是百分百赚钱的事情。

当然，这正是投资者寻找的良机。在漫长的人生中，你只要培养自己的智慧，抓住一两次这样的好机会，就能够赚许许多多的钱。总而言之，"冲浪"是一个非常强大的模式。

然而，伯克希尔·哈撒韦一般并不投资这些在复杂的科技行业"冲浪"的人。毕竟我们既古怪又老派——这一点你们可能已经注意到啦。

沃伦和我都不觉得我们在高科技行业拥有任何大的优势。实际上，我们认为我们很难理解软件、电脑芯片等科技行业的发展的实质。所以我们尽量避开这些东西，正视我们个人的知识缺陷。

这同样是一个非常非常有用的道理。每个人都有他的能力圈。要扩大那个能力圈是非常困难的。如果我不得不靠当音乐家来谋生……假设音乐是衡量文明的标准，那么我不知道必须把标准降到多低，我才能够有演出的机会。

所以你们必须弄清楚你们有什么本领。如果你们要玩那些别人玩得很好而你们一窍不通的游戏，那么你们注定会一败涂地。那是必定无疑的事情。你们必须弄清楚自己的优势在哪里，必须在自己的能力圈之内竞争。

如果你们想要成为世界上最好的网球球员，你们可以开始努力，然后没多久就发现这是痴人说梦——其他人的球技是你们望尘莫及的。然而，如果你们想要变成伯米吉地区最好的管道工程承包商，你们之中大概有三分之二的人能够做到。这需要下定决心，也需要智慧。但不久之后，你们将会逐渐了解有关伯米吉管道生意的一切，掌握这门艺术。只要有足够的训练，那是个可以达到的目标。有些人虽然无法在国际象棋大赛上获胜，也无缘站在网球大赛的球场上与对手比试高低，但却可以通过慢慢培养一个能力圈而在生活中取得很高的成就——个人成就既取决于天资，也取决于后天的努力。

保罗和巴比,明尼苏达的伯米吉。保罗·班扬当然是故事书中出名的伟大伐木工英雄。

有些优势是可以通过努力获取的。我们大多数人在生活中所能做到的无非就是成为一个伯米吉的优秀管道工程承包商之类的人物。毕竟能够赢得国际象棋世界大赛的人是很少的。

你们当中有些人也许会有机会在新兴的高科技领域——英特尔、微软等公司——"冲浪"。虽然我们自认为对该行业并不精通,完全不去碰它,但这并不意味着你们去做的话是不理智的行为。

好啦,关于基本的微观经济学模型就说这么多了,加上一点心理学,再加上一点数学,就构成了我所说的普世智慧的普遍基础。现在,如果你们想要从胡萝卜转到甜点的话,我就来谈谈如何选择股票——在此过程中,我将会应用这种普世智慧。

我不想谈论新兴市场、债券投机之类的东西。我只想简单地说说如何挑选股票。相信我,这已经够复杂的了。而且我要谈论的是普通股的选择。

第一个问题是:"股市的本质是什么?"这个问题把你们引到我从法学院毕业之后很久才流行起来——甚至是肆虐横行——的有效市场理论。

相当有意思的是,世界上最伟大的经济学家之一竟然是伯克希尔·哈撒韦的大股东,自从巴菲特掌管伯克希尔之后不久,他就开始投钱进来。他的教科书总是教导学生说股市是极其有效率的,没有人能够打败它。但他自己的钱却流进了伯克希尔,这让他发了大财。所以就像帕斯卡在那次著名的赌局中所做的一样,这位经济学家也对冲了他的赌注。

股市真的如此有效,乃至没有人能打败它吗?很明显,有效市场理论大体上是正确的——市场确实十分有效,很难有哪个选股人能够光靠聪明和勤奋而获得比市场的平均回报率高出很多的收益。

确实,平均的结果必定是中等的结果。从定义上来说,没有人能够打败市场。正如我常常说的,**生活的铁律就是,只有 20% 的人能够取得比其他 80% 的人优秀的成绩。**事情就是这样的。所以答案是:市场既是部分有效的,也是部分低效的。

顺便说一声,我给那些信奉极端的有效市场理论的人取了个名字——叫做"神经病"。那是一种逻辑上自洽的理论,让他们能够做出漂亮的数学题。所以我想这种理论对那些有很高数学才华的人非常有吸引力。可是它的基本假设和现实生活并不相符。

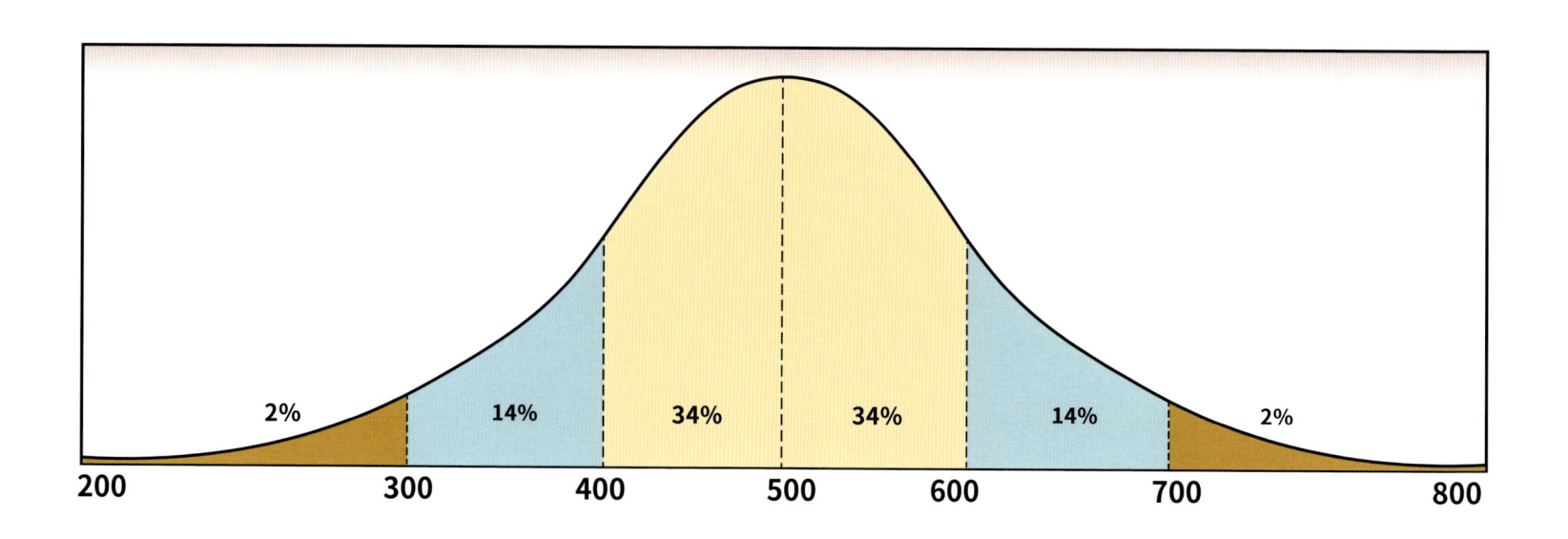

还是那句老话，在拿着铁锤的人看来，每个问题都像钉子。如果你精通高等数学，为什么不弄个能让你的本领得到发挥的假设呢？

我所喜欢的模式——用来把普通股市场的概念简化——是赛马中的彩池投注系统。**如果你停下来想一想，会发现彩池投注系统其实就是一个市场。每个人都去下注，赔率则根据赌注而变化。股市的情形也是这样的。**

一匹负重较轻、胜率极佳、起跑位置很好等等的马，非常有可能跑赢一匹胜率糟糕、负重过多等等的马，这个道理就算是傻子也能明白。但如果该死的赔率是这样的：劣马的赔率是 1 赔 100，而好马的赔率是 2 赔 3。那么利用费马和帕斯卡的数学，很难清清楚楚地算出押哪匹马能赚钱。股票价格也以这种方式波动，所以人们很难打败股市。

然后马会还要收取 17% 的费用。所以你不但必须比其他投注者出色，而且还必须出色很多，因为你必须将下注金额的 17% 上缴给马会，剩下的钱才是你的赌本。

给出这些数据之后，有人能够光靠聪明才智打败那些马匹吗？聪明的人应该拥有一些优势，因为大多数人什么都不懂，只是去押宝在幸运号码上等等诸如此类的做法。因此，如果不考虑马会收取的交易摩擦成本，那些确实了解各匹马的表现、懂得数学而又精明的人拥有相当大的优势。

可惜的是，一个赌马的人再精明，就算他每个赛马季能够赢取 10% 的利润，扣除上缴的 17% 的成本之后，他仍然是亏损的。不过确实有少数人在支付了 17% 的费用之后仍然能够赚钱。

我年轻的时候经常玩扑克，跟我一起玩的那个家伙什么事情都不做，就靠赌轻驾车赛马为生，而且赚了许多钱。轻驾车赛马是一种相对低效的市场。它不像普通赛马，你不需要很聪明也能玩得好。我的牌友所做的就

索尔的铁锤

索尔是古代北欧传说中的雷神，掌管大气和环境，他也是掌管司法的神。索尔通常被描绘成一个身材健壮、目光犀利的红胡子大汉，他手里拿的铁锤象征着闪电，雷电是他用来对付天上人间的敌人的武器。铁锤也能用于赐福，它有各种重要的属性——永不磨损，扔出去之后总是会回到索尔的手里，能够变小，以便索尔将它藏在衣服里。

是把轻驾车赛马当作他的职业。他投注的次数不多，只在发现定错价格的赌注时才会出手。通过这么做，在全额支付了马会的费用——我猜差不多是17%——之后，他还是赚了许多钱。

你们肯定会说那很少见。然而，市场并不是完全有效的。如果不是因为这17%的管理费用，许多人都能够在赌马中赢钱。它是有效的，这没错，但它并非完全有效。有些足够精明、足够投入的人能够得到比其他人更好的结果。

股市的情况是相同的——只不过管理费用要低得多。股市的交易费用无非就是买卖价差加上佣金，而且如果你的交易不是太频繁的话，交易费用是相当低的。所以呢，有些足够狂热、足够自律的精明人将会比普通人得到更好的结果。

彩池投注系统

一种赌马的博彩系统，在所有投注金额减去管理费用之后，由赢家依照各自的获奖金额瓜分。

整个历史上所有赢过彩池投注系统的赢家都有一个非常简单明了的共性：很少下注。

那不是轻而易举就能做到的。显然，有50%的人会在最差的一半里，而70%的人会在最差的70%里。但有些人将会占据优势。在交易成本很低的情况下，他们挑选的股票将会获得比市场平均回报率更好的成绩。

要怎样才能成为赢家——相对而言——而不是输家呢？

我们再来看看彩池投注系统。昨晚我非常碰巧地和圣塔安尼塔马会的总裁一起吃晚饭。他说有两三个赌场跟马会有信用协议，现在他们开设了场外投注，这些赌场实际上做得比马会更好。马会在收取了全额的管理费后把钱付出去——顺便说一下，大量的钱被送到拉斯维加斯——给那些虽然缴纳了全额管理费但还是能赢钱的人。那些人很精明，连赛马这么不可预料的事情也能赌赢。

上天并没有赐予人类在所有时刻掌握所有事情的本领。但如果人们努力在世界上寻找定错价格的赌注，上天有时会让他们找得到。

聪明人在发现这样的机会之后会狠狠地下注。他们碰到好机会就下重注，其他时间则按兵不动。就是这么简单。

成为赢家的方法是工作，工作，工作，再工作，并期待能够看准几次机会。

这个道理非常简单。而且根据我对彩池投注系统的观察和从其他地方得来的经验，这么做明显是正确的。

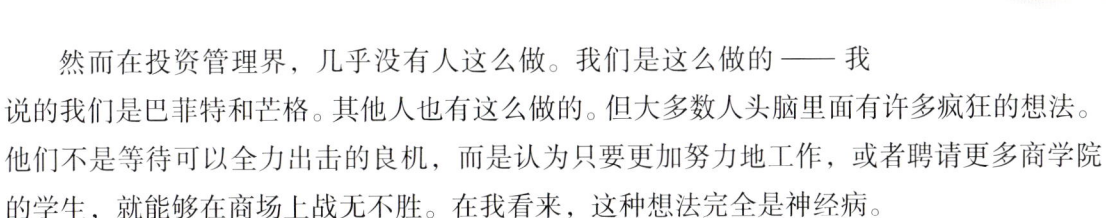

然而在投资管理界，几乎没有人这么做。我们是这么做的 —— 我说的我们是巴菲特和芒格。其他人也有这么做的。但大多数人头脑里面有许多疯狂的想法。他们不是等待可以全力出击的良机，而是认为只要更加努力地工作，或者聘请更多商学院的学生，就能够在商场上战无不胜。在我看来，这种想法完全是神经病。

你需要看准多少次呢？我认为你们一生中不需要看准很多次。只要看看伯克希尔·哈撒韦及其累积起来的数千亿美元就知道了，那些钱大部分是由十个最好的机会带来的。而那是一个非常聪明的人 —— 沃伦比我能干多了，而且非常自律 —— 毕生努力取得的成绩。我并不是说他只看准了十次，我想说的是大部分的钱是从十个机会来的。

所以如果能够像彩池投注的赢家那样思考，你们将能够得到非常出色的投资结果。股市就像一场充满胡话和疯狂的赌博，偶尔会有定错价格的良机。你们可能没有聪明到一辈子能找出1000次机会的程度。当你们遇到好机会，就全力出击。就是这么简单。

当沃伦在商学院讲课时，他说："我用一张考勤卡就能改善你最终的财务状况；这张卡片上有20格，所以你只能有20次打卡的机会 —— 这代表你一生中所能拥有的投资次数。当你把卡打完之后，你就再也不能进行投资了。"

他说："在这样的规则之下，你才会真正慎重地考虑你做的事情，你将不得不花大笔资金在你真正想投资的项目上。这样你的表现将会好得多。"

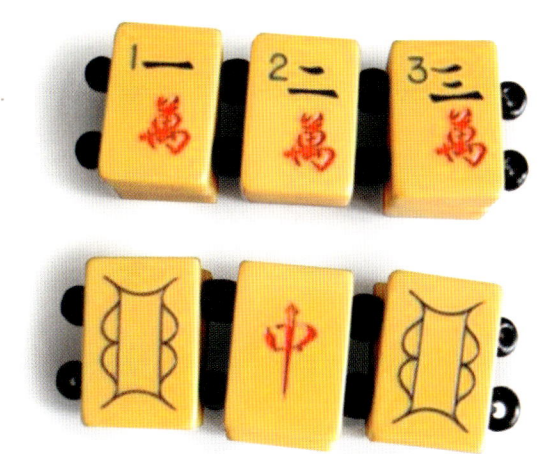

赌博在全世界都很流行。麻将是亚洲大部分地区最受欢迎的赌具。麻将的玩法跟拉米牌有点相似，有人认为扑克的起源就是麻将。

《清晨出工》
(*Morning, Leaving for Work*)
文森特·梵高,1890 年,油画,俄罗斯圣彼得堡艾尔米塔什博物馆。

在我看来，这个道理是极其明显的。沃伦也认为这个道理极其明显。但它基本上不会在美国商学院的课堂上被提及。因为它并非传统的智慧。

在我看来很明显的是，赢家下注时必定是非常有选择的。我很早就明白这个道理，我不知道为什么许多人到现在还不懂。

我想人们在投资管理中犯错的原因可以用一个故事来解释：我曾遇到一个卖鱼钩的家伙。我问他："天哪，你这些鱼钩居然是绿色和紫色的。鱼真的会上钩吗？"他说："先生，我又不是卖给鱼的。"

许多投资经理的做法跟这个鱼钩销售员是相同的。他们就像那个把盐卖给已经有太多盐的店主的家伙。只要那个店主继续购买食盐，他们就能把盐卖出去。但这对于购买投资建议的人来说是行不通的。

如果你们的投资风格像伯克希尔·哈撒韦，那么你们很难得到现在这些投资经理所获取的报酬，因为那样的话，你们将会持有一批沃尔玛股票、一批可口可乐股票、一批其他股票，别的什么都不用做。你们只要坐等就行了。客户将会发财。不久之后，客户将会想："这家伙只是买了一些好股票，又不需要做什么，我干吗每年给他千分之五的报酬呢？"

投资者所考虑的跟投资经理不同。**决定行为的是决策者的激励机制，这是人之常情。**

说到激励机制，在所有企业中，我最欣赏的是联邦快递。联邦快递系统的核心和灵魂是保证货物按时送达 —— 这点成就了它产品的完整性，它必须在三更半夜让所有的飞机集中到一个地方，然后把货物分发到各架飞机上。如果哪个环节出现了延误，联邦快递就无法把货物及时地送到客户手里。

我问他："天哪，你这些鱼钩居然是绿色和紫色的。鱼真的会上钩吗？"他说："先生，我又不是卖给鱼的。"

第二讲 论基本的、普世的智慧，及其与投资管理和商业的关系　　　237

以前它的派送系统总是出问题。那些职员从来没有及时完成工作。该公司的管理层想尽办法 —— 劝说、威胁等等，只要你们能想到的手段，他们都用了。但是没有一种生效。

最后，有人想到了好主意：不再照小时计薪，而是按班次计薪 —— 而且职员只要工作做完就可以回家。他们的问题一夜之间就全都解决了。

所以制定正确的激励机制是非常、非常重要的教训。联邦快递曾经不太明白这个道理。但愿从今以后，你们都能很快记住。

好啦，现在我们已经明白，市场的有效性跟彩池投注系统是一样的 —— 热门马比潜力马更可能获胜，但那些把赌注押在热门马身上的人未必会有任何投注优势。

在股票市场上，有些铁路公司饱受更优秀的竞争对手和强硬的工会折磨，它们的股价可能是账面价值的三分之一。与之相反，IBM 在市场火爆时的股价可能是账面价值的六倍。所以这就像彩池投注系统。任何白痴都明白 IBM 这个企业的前景比铁路公司要好得多。但如果你把价格考虑在内，那么谁都很难讲清楚买哪只股票才是最好的选择了。所以说股市非常像彩池投注系统，它是很难被打败的。

如果让投资者来挑选普通股，他应该用什么方式来打败市场 —— 换句话说，获得比长期的平均回报率更好的收益呢？许多人看中的是一种叫做"行业轮换"的标准技巧。你只要弄清楚石油业什么时候比零售业表现得更好就行了，诸如此类的。你只要永远在市场上最火爆的行业里打转，比其他人做出更好的选择就可以。依照这个假定，经过一段漫长的时间之后，你的业绩就会很出色。

然而，我不知道有谁通过行业轮换而真正发大财。也许有些人能够做到。我并不是说没有人能做到。我只知道，我认识的富人 —— 我认识的富人非常多 —— 并不那么做。

第二个基本方法是本杰明·格雷厄姆使用的方法 —— 沃伦和我十分欣赏这种方法。作为其中一个元素，格雷厄姆使用了私人拥有价值的概念，也就是说，应该考虑如果整个企

联邦快递

1965 年，弗里德里克·史密斯是耶鲁大学的本科生，他写了一篇大多数美国航空货运公司采用的运输系统的论文。他认为有必要专门设计一个空运系统，以便和对时间要求严格的航运系统对接。1971 年，史密斯控股了阿肯色州空运公司。史密斯很快就体会到在一两天之内把货物运送出去的难处。他做了许多研究，创造出一个更加有效的物流系统。该公司的正式开业时间是 1973 年，以孟菲斯国际机场为基地，只有 14 架小飞机。孟菲斯后来成为该公司的总部所在地。联邦快递到 1975 年 7 月才开始盈利，很快成为快寄货品的主要承运商，并制定了快递业的行业标准。

业出售（给私人拥有者）的话，能够卖多少钱。在很多情况下，那是可以计算出来的。

然后，你再把股价乘以股票的份数，如果你得到的结果是整个售价的三分之一或更少，他会说你买这样的股票是捡了大便宜。即使那是一家烂企业，管理者是个酗酒的老糊涂，每股的真实价值比你支付的价格高出那么多，这意味着你能得到各种各样的好处。你如果得到这么多额外的价值，用格雷厄姆的话来说，就拥有了巨大的安全边际。

但总的来说，他购买股票的时候，世界仍未摆脱20世纪30年代经济大萧条的影响——英语世界600年里最严重的经济衰退。我相信扣除通货膨胀因素之后，英国利物浦的小麦价格大概是600年里最低的。人们很久才摆脱大萧条带来的恐慌心理，而本杰明·格雷厄姆早就拿着盖格探测器在20世纪30年代的废墟中寻找那些价格低于价值的股票。

而且在那个时代，流动资金确实属于股东。如果职员不再有用，你完全可以解雇他们，拿走流动资金，把它装进股东的口袋里。当时的资本主义就是这样的。

当然，现在的会计报表上的东西是当不得真的——因为企业一旦开始裁员，大量的资产就不见啦。按照现代文明的社会制度和新的法律，企业的大量资产属于职员，所以当企业走下坡路时，资产负债表上的一些资产就消失了。

如果你自己经营一家小小的汽车经销店，情况可能不是这样的。你可以不需要为员工缴纳医疗保险之类的福利金，如果生意变得很糟糕，你可以收起你的流动资金回家去。但IBM不能或者不去这么做。看看当年IBM由于世界上主流科技发生变化，加上它自身的市场地位下降，决定削减员工的规模时，它的资产负债表上失去了什么吧。

在摧毁股东财富方面IBM算得上是模范了。它的管理人员非常出色，训练有素。但科学技术发生了很大的变化，导致IBM成功地"冲浪"60年之后被颠下了浪尖。这算是溃

IBM标志性的办公产品Selectric打字机使用的是一种可替换的球状打字键，而非传统的杆式键盘或者滑架式键盘。因为便于使用和容易买到，Selectric变成一种流行的办公用品，很大程度上取代了其他标准的电动打字机。

本杰明·格雷厄姆
Benjamin Graham
1894—1976

本杰明·格雷厄姆出生于伦敦，幼年时随全家迁居美国。他的父亲开过一家进口公司，但很快就关门大吉。虽然出身穷苦，格雷厄姆还是考上了哥伦比亚大学。从该校毕业后，他成为华尔街纽伯格·亨德森·劳伯公司的记录员。聪明才智让他很快脱颖而出，年仅25岁便成为该公司的合伙人。1929年的股市大崩盘差点让格雷厄姆破产，但他吸取了宝贵的投资教训。在20世纪30年代，格雷厄姆出版了一系列投资图书，后来都成了经典。这些书里面最著名的有《证券分析》和《聪明的投资者》。格雷厄姆提出了"内在价值"的概念，以及以该价值的折扣价购买股票的理念。格雷厄姆1928年起在哥伦比亚大学开授证券分析课程，直到26年后，他退休转往加州生活，任教于加州大学洛杉矶分校。其间弟子无数，包括著名的沃伦·巴菲特——唯一一个获得A+成绩的学生。

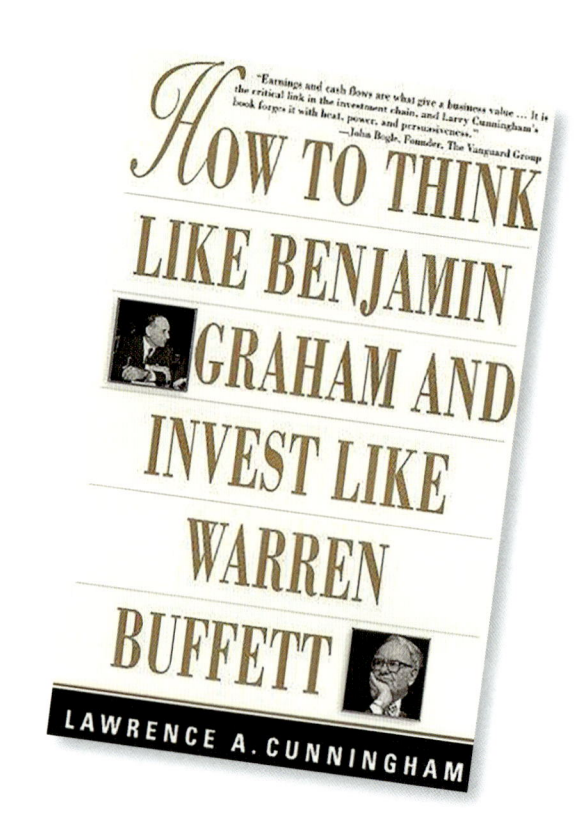

败吧——是一堂生动的课，让人明白经营科技企业的难处，这也是沃伦和芒格不很喜欢科技行业的原因之一。我们并不认为我们精通科技，这个行业会发生许多稀奇古怪的事情。

总而言之，这个我称之为本杰明·格雷厄姆经典概念的问题在于，人们逐渐变得聪明起来，那些显而易见的便宜股票消失了。你们要是带着盖格探测器在废墟上寻找，它将不再发出响声。

但由于那些拿着铁锤的人的本性——正如我说过的那样，在他们看来，每个问题都像钉子——本杰明·格雷厄姆的信徒们作出的反应是调整他们的盖格探测器的刻度。实际上，他们开始用另一种方法来定义便宜股票。他们不断地改变定义，以便能够继续原来的做法。他们这么做效果居然也很好，可见本杰明·格雷厄姆的理论体系是非常优秀的。

当然，他的理论最厉害的部分是"市场先生"的概念。格雷厄姆并不认为市场是有效的，他把市场当成一个每天都来找你的躁狂抑郁症患者。有时候，"市场先生"说："你认为我的股票值多少？我愿意便宜卖给你。"有时候他会说："你的股票想卖多少钱？我愿意出更高的价钱来买它。"所以你有机会决定是否要多买进一些股票，还是把手上持有的卖掉，或者什么也不做。

在格雷厄姆看来，能够和一个永远给你这一系列选择的躁狂抑郁症患者做生意是很幸运的事情。这种思想非常重要。例如，它让巴菲特在其成年之后的一生中受益匪浅。

然而，如果我们只是原封不动地照搬本杰明·格雷厄姆的经典做法，我们不可能拥有现在的业绩。那是因为格雷厄姆并没有尝试去做我们做过的事情。

例如，格雷厄姆甚至不愿意跟企业的管理人员交谈。他这么做是有原因的。最好的教授用通俗易懂的语言来表达自己的思想，格雷厄姆也一样，他想要发明一套每个人都能用的理论。他并不认为随便什么人都能够跑去跟企业的管理人员交谈并学到东西。他还认为企业的管理人员往往会非常狡猾地歪曲信息，用来误导人们。所以跟管理人员交谈是很困难的。当然，现在仍然如此——人性就是这样的。

我们起初是格雷厄姆的信徒，也取得了不错的成绩，但慢慢地，我们培养起了更好的眼光。我们发现，有的股票虽然价格是其账面价值的两三倍，但仍然是非常便宜的，因为该公司的市场地位隐含着成长惯性，它的某个管理人员可能非常优秀，或者整个管理体系非常出色等等。

一旦我们突破了格雷厄姆的局限性，用那些可能会吓坏格雷厄姆的定量方法来寻找便宜的股票，我们就开始考虑那些更为优质的企业。

顺便说一声，伯克希尔·哈撒韦数千亿美元资产的大部分来自这些更为优质的企业。最早的两三亿美元的资产是我们用盖格探测器四处搜索赚来的，但绝大多数钱来自那些伟大的企业。

也许苏联人在选择铁锤作为他们的革命标志时想到了这句德国谚语：

"一个人若不是铁锤，便是铁砧。"

特朗普的标志性话语："你被解雇了！"

摄影：比尔·达维拉/路透社

在这幅鲁布·戈德堡创造的经典漫画《机械》中，吕西弗·戈尔刚索拉·巴兹教授把发明的可行性推到极限。戈德堡的发明漫画深受20世纪初期"机械时代"的影响，当时人们发明了许多旨在使生活变得简单的复杂机械。和许多美国人一样，查理小时候也喜欢想象力极其丰富的戈德堡的漫画。

即使在早年，有些钱也是通过短暂地投资优质企业赚来的。比如说，巴菲特合伙公司（巴菲特1957—1969年经营的合伙投资私募基金）就曾经在美国运通和迪士尼股价大跌的时候予以购进。

大多数投资经理的情况是，客户都要求他们懂得许许多多的事情。而在伯克希尔·哈撒韦，没有任何客户能够解雇我们，所以我们不需要讨好客户。我们认为，如果发现了一次定错价格的赌注，而且非常有把握会赢，那么就应该狠狠地下注，所以我们的投资没那么分散。我认为我们的方法比一般投资经理好得多得多。

然而，平心而论，我觉得许多基金管理人就算采用我们的方法，也未必能够成功地销售他们的服务。但如果你们投资的是养老基金，期限为40年，那么只要最终的结果非常好，过程有点波折或者跟其他人有点不同又怎么样呢？所以业绩波动性有点大也没关系的。

在当今的投资管理界，每个人不仅都想赢，而且都希望他们的投资之路跟标准道路相差不要太远。这是一种非常造作、疯狂的臆想。投资管理界这种做法跟中国女人裹脚的陋习差不多。那些管理者就像尼采所批评的那个以瘸腿为荣的人。

那真的是自缚手脚。那些投资经理可能会说："我们不得不么做呀。人们就是以那种方式评价我们的。"就目前的商界而言，他们的说法可能是正确的。但在理智的客户看来，这个系统整个是很神经病的，导致许多有才华的人去从事毫无社会意义的活动。

伯克希尔的系统就不神经。道理就这么简单，即便非常聪明的人，在如此激烈竞争的世界里，在与其他聪明而勤奋的人竞争时，也只能得到少数真正有价值的投资机会。

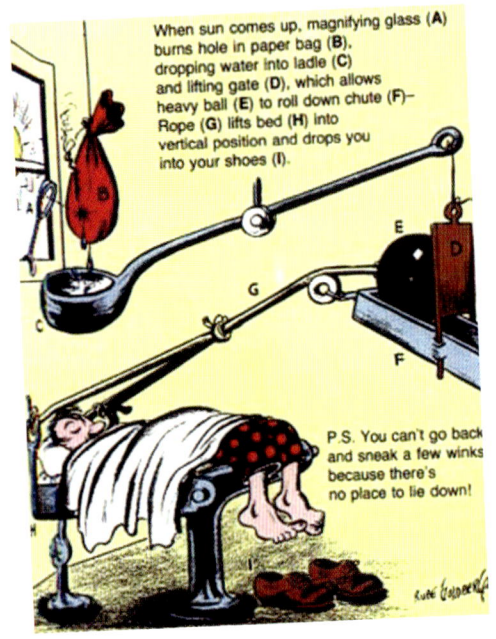

好好把握少数几个看准的机会比永远假装什么都懂好得多。**如果从一开始就做一些可行的事情，而不是去做一些不可行的事情，你成功的几率要大得多。这难道不是显而易见的吗？**

你们有谁能够非常自信地认为自己看准了 56 个好机会呢？请举手。有多少人能够比较有把握地认为自己看准了两三个好机会呢？陈词完毕。

我想说的是，伯克希尔·哈撒韦的方法是依据现实的投资问题而不断调整变化的。

我们的确从许多优质企业上赚了钱。有时候，我们收购整个企业；有时候呢，我们只是收购它的一大部分股票。但如果你去分析的话，就会发现大钱都是那些优质企业赚来的。其他赚许多钱的人，绝大多数也是通过优质企业来获利的。

长远来看，股票的回报率很难比发行该股票的企业的年均利润高很多。如果某家企业 40 年来的资本回报率是 6%，你在这 40 年间持有它的股票，那么你得到的回报率不会跟 6% 有太大的差别 —— 即使你最早购买时该股票的价格比其账面价值低很多。相反地，如果一家企业在过去二三十年间的资本回报率是 18%，那么即使你当时花了很大的价钱去买它的股票，你最终得到的回报也将会非常可观。

所以窍门就在于买进那些优质企业。这也就买进了你可以设想其惯性成长效应的规模优势。

你们要怎样买入这些伟大公司的股票呢？有一种方法是及早发现它们 —— 在它们规模很小的时候就买进它们的股票。例如，在山姆·沃尔顿第一次公开募股的时候买进沃尔玛。许多人都努力想要这么做。这种方法非常有诱惑性。如果我是年轻人，我也会这么做的。

但这种（投资起步阶段公司的）方法对伯克希尔·哈撒韦来讲已经没有用了，因为我们有了太多的钱。（采用这种方法的话，）我们找不到适合我们的投资规模的企业。此外，我们有我们的投资方法。但我认为，对于那些初出茅庐的人来说，要是配以自律，投资有发展潜力的小公司是一种非常聪明的办法。只不过我没那么做过而已。

适应

能够生存下来的物种不是最强的，也不是最聪明的，而是最能适应变化的。

—— 查尔斯·达尔文

上图所绘的鸟类为加岛绿莺雀（Certhidea olivacea），是达尔文在加拉帕戈斯群岛发现的 14 种雀类之一。为了纪念达尔文的开拓性研究，这些物种被命名为"达尔文雀族"。

西蒙·马克斯
Simon Marks
1888—1964

西蒙·马克斯出生在英国的利兹，父母是波兰移民，自幼在他父亲的零售店马莎百货中长大。从学风严谨的本地语法学校（相当于如今的高中）毕业之后，西蒙·马克斯加入了其家族企业。在28岁那年，他被任命为董事长，领导马莎百货进行了销售革新，获得了巨大的财务上的成功。除了为他的公司作贡献之外，西蒙·马克斯还致力于犹太复国运动。

等到优秀企业明显壮大之后，想要再参股就很困难了，因为竞争非常激烈。到目前为止，伯克希尔还是设法做到了。但我们能够继续这么做吗？哪个项目才是我们的下一次可口可乐投资呢？嗯，我不知道答案。我认为我们现在越来越难以找到那么好的投资项目了。

理想的情况是 —— 我们遇到过很多这种情况 —— 你买入的伟大企业正好有一位伟大的管理者，因为管理人员很重要。例如，通用电气的管理者是杰克·韦尔奇，而不是那个掌管西屋电气的家伙，这就造成了极大的不同。所以管理人员也很重要。

而这有时候是可以预见的。我并不认为只有天才能够明白杰克·韦尔奇比其他公司的管理者更具远见和更加出色。我也不认为只有非常聪明的人才能理解迪士尼的发展潜力非常大，艾斯纳（Michael Eisner，迪士尼公司时任董事长兼CEO）和威尔斯（Frank Wells，迪士尼公司时任总裁兼COO）是非常罕见的管理者。

所以你们偶尔会有机会可以投资一家有着优秀管理者的优秀企业。当然啦，这是非常幸运的事情。如果有了这些机会却不好好把握，那你们就犯了大错。

你们偶尔会发现有些管理者非常有才能，能够做普通人做不到的事情。我认为西蒙·马克斯 —— 英国马莎百货的第二代掌门 —— 是这样的人，国民收款机公司的帕特森是这样的人，山姆·沃尔顿也是这样的人。

这些人并不少见 —— 而且在许多时候，他们也不难被辨认出来。如果他们采取合理的举措——再加上这些人通常会让员工变得更加积极和聪明——那么管理人员就能够发挥更重要的作用。

然而一般来说，把赌注押在企业的质量上比押在管理人员的素质上更为妥当。换句话说，如果你们必须作选择的话，要把赌注押在企业的发展前景上，而不是押在管理者的智慧上。

在非常罕见的情况下，你会找到一个极其出色的管理者，哪怕他管理的企业平平无奇，你们对他的企业进行投资也是明智的行为。

另外有一种非常简单的效应，无论是投资经理还是其他人都很少提及，那就是税收的效应。如果你们打算进行一项为期 30 年、年均复合回报率为 15% 的投资，并在最后缴纳 35% 的所得税，那么你们的税后年均复合回报率是 13.3%。

与之相反，如果你们投资了同样的项目，但每年赚了 15% 之后缴纳 35% 的所得税，那么你们的复合回报率将会是 15% 减去 15% 的 35%——也就是每年的复合回报率为 9.75%（15%-15%×35%=9.75%）。所以两者相差超过了 3.5%。而对于为期 30 年的长期投资而言，每年多 3.5% 的回报率带来的利润绝对会让你们瞠目结舌。如果你们长期持有一些伟大公司的股票，光是少交的所得税就能让你增添很多财富。

即使是年均回报率 10% 的 30 年期投资项目，在最后支付 35% 的所得税之后，也能给你带来 8.3% 的税后年均收益率。相反，如果你每年支付 35% 的税收，而不是在最后才支付，那么你的年均收益率就下降到 6.5%。所以就算你投资的股票的历史回报率只与整个股市的回报率持平，分红派息又很低，你也能多得到差不多两个百分点的年均税后收益。

我活了这么久，见识过许多企业所犯的错误，我认为**过度地追求减少纳税额是企业犯下大错的常见原因之一。**我见过许多人因为太想避税而犯下可怕的错误。

沃伦和我个人从不钻油井（一种大规模避税的方法）。我们依法纳税。到目前为止，我们做得非常好。从今以后，无论什么时候，只要有人要卖给你避税的服务，我的建议是别买。

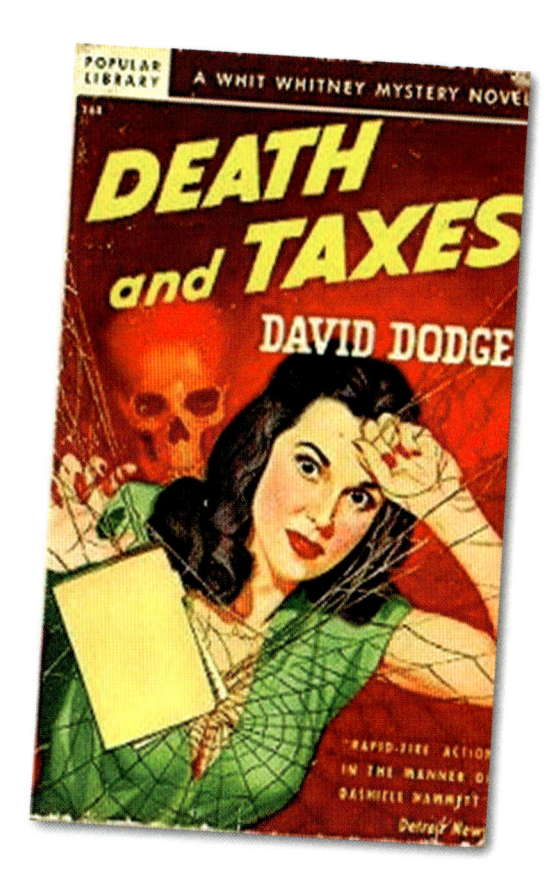

实际上，无论什么时候，只要有人拿着一份200页的计划书并收一大笔佣金要卖给你什么，别买下它。如果采用这个"芒格的规矩"，你偶尔会犯错误。然而从长远来看，你将会远远领先于其他人——你将会避开许多可能会让你仇视你的同类的不愉快经验。

对于个人而言，做到长期持有几家伟大公司的股票而什么都不用做的地步有许多巨大的优势：你付给交易员的费用更少，听到的废话也更少，如果这种方法生效，税务系统每年会给你1%到3%的额外回报。

你认为你们大多数人通过聘请投资顾问，花1%的收益支付他们的薪水，让他们想尽办法避税，这样就能获得很大的优势吗？祝你好运。

这种投资哲学危险吗？是的。生活中的一切都有风险。由于投资伟大的公司能够赚钱的道理太过明显，所以它有时被做过头了。在20世纪50年代的大牛市，每个人都知道哪些公司是优秀的。所以这些公司的市盈率飞涨到50倍、60倍、70倍。就像IBM从浪尖掉落那样，许多公司也好景不再。因此，虚高的股价导致了巨大的投资灾难。你们必须时刻注意这种危险。

所以风险是存在的。没有什么顺理成章和轻而易举的事。但如果你们能够找到某个价格公道的伟大公司的股票，买进它，然后坐下来，这种方法将会非常非常有效——尤其是对个人投资者而言。

在成长股票模式中，有这样一个子模式：在你们的一生当中，你们能够找到少数几家企业，它们的管理者仅通过提高价格就能极大地提升利润——然而他们还没有这么做。所以他们拥有尚未利用的提价能力。人们不用动脑筋也知道这是好股票。

迪士尼就是这样的。带你们的孙子去迪士尼乐园玩是非常独特的体验。你们不会经常去。全国有许许多多的人口。迪士尼发现它可以把门票的价格提高很多，而游客的人数依然会稳定增长。

"我们依法纳税"

伯克希尔送给山姆大叔的圣诞礼物：我右手边是2004年的伯克希尔联邦纳税申报单——10249页，总纳税额31亿3147万3650美元。我左手拿着的是13岁那年填的纳税申报单，纳税总额7美元。
——巴菲特

沃伦和我个人从不钻油井。我们依法纳税。到目前为止，我们做得非常好。从今以后，无论什么时候，只要有人要卖给你避税的服务，我的建议是别买。
——芒格

所以迪士尼公司的伟大业绩固然是因为艾斯纳和威尔斯极其出色，但也应该归功于迪士尼乐园和迪士尼世界的提价能力，以及其经典动画电影的录像带销售。

在伯克希尔·哈撒韦，沃伦和我很早就提高了喜诗糖果的价格。当然，我们投资了可口可乐——它也有一些尚未利用的提价能力。可口可乐也有出色的管理人员。除了提高价格之外，他们的高层罗伯托·郭思达（Roberto Goizueta）和柯欧孚（Keough）还做了其他许多事情。那是很完美的（投资）。

你会发现一些定价过低的赚钱机会。确有人不会把商品价格定到市场能够轻易接受的高位。你们要是发现这样的情况，那就像在马路上看到钱一样——前提是你们有勇气相信自己的判断。

如果你们看看伯克希尔那些赚大钱的投资项目，并试图从中寻找模式的话，你们将会发现，我们曾经两次在有两份报纸的城市中买了其中一家，两个城市之后都变成了只剩一家报纸的市场。所以从某种程度上来讲，我们是在赌博。

其中一家报纸是《华盛顿邮报》，我们购买这家报纸的时候，其股票价格大概是其价值的20%。所以我们是依照本杰明·格雷厄姆的方法——以价值的五分之一的价格——买进的。此外，**当时我们看准了该报会成为最后的赢家，而且其管理人员非常正直和聪明。那真是一次梦幻般的绝佳投资。它的管理人员是非常高尚的人——凯瑟琳·格雷厄姆的家族。所以这项投资就像一场美梦——绝佳的美梦。**

当然，那是1973年到1974年间的事情。那次股灾跟1932年的很像。那可能是40年一遇的大熊市。那次投资为我们赚了50倍的收益（至1994年演讲时）。如果我是你们，我可不敢指望你们这辈子能够得到像1973年到1974年的《华盛顿邮报》那么好的投资项目。

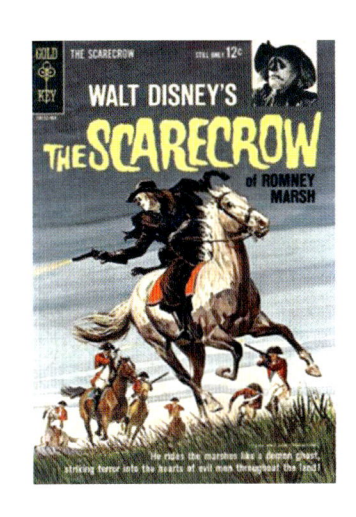

大获成功的迪士尼特许经营不仅包括主题公园和电影，还有图书、漫画和利润很高的视频销售。

《华盛顿邮报》

1877年，斯蒂尔森·哈钦斯创办了《华盛顿邮报》。三年后，该报成为华盛顿地区第一份每周出版七次的日报。1946年，菲利普·格雷厄姆成为该报出版人，他在1959年出任总裁一职。在20世纪60年代初期，《华盛顿邮报》收购了《新闻周刊》杂志，并和《洛杉矶时报》合资成立了一家新闻通讯社。

让我来谈谈另外一个模型。当然,吉列和可口可乐都生产价格相当低廉的产品,在世界各地占有巨大的市场优势。就吉列而言,他们的技术仍然是领先的。当然,和微型芯片相比,剃须刀的技术相当简单。但它的竞争对手却很难做到这一点。

所以他们在剃须刀改进方面处于领先地位。吉列在许多国家的剃须刀市场的占有率超过 90%。

政府职员保险公司是个非常有趣的模型。它是你们应该记住的大概 100 种模型之外的一种。我有许多终生都在挽救濒临倒闭企业的朋友。他们不约而同地使用了下面的方法 —— 我称之为癌症手术法。

他们望着这团乱麻,看是否把某些业务砍掉,剩下的健康业务会值得保留下来。如果他们发现确实有,就会把其他的都砍掉。当然,如果这种方法行不通,他们就会让该企业破产。但它往往是奏效的。

政府职员保险公司的主业非常好 —— 虽被公司其他的一片混乱所埋没,但仍然能够运转。由于被成功冲昏了头脑,政府职员保险公司做了一些蠢事。他们错误地认为,因为他们赚了很多钱,所以什么都懂,结果蒙受了惨重的损失。

他们不得不砍掉所有愚蠢的业务,回到原来那极其出色的老本行。如果你们仔细思考,就会明白这是一种非常简单的模型。并且它被人们一次又一次地反复应用。

至于政府职员保险公司,它让我们不费吹灰之力就赚了很多钱。它是一家很棒的企业,有一些可以轻易砍掉的愚蠢业务。政府职员保险公司聘请了一些性格和智力都很杰出的人,他们对它进行了大刀阔斧的改革。那是一个你们想要寻找的模型。

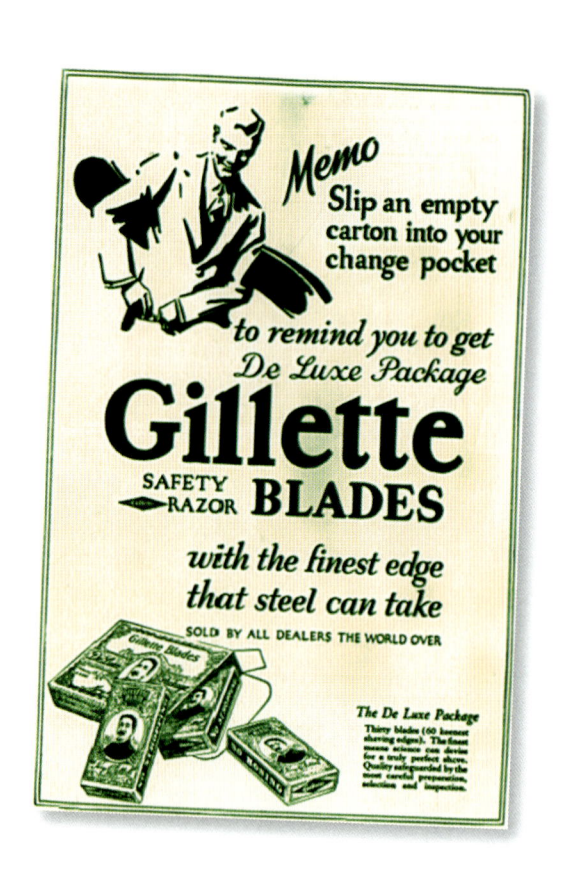

一次性剃刀的历史

金·吉列(King Gillette,1855—1932)原本是个四处推销五金器具的销售员,他热衷于改进自己销售的产品,很早就懂得一次性消费品销量巨大的道理。1895 年,吉列发现了一个商机:如果能够给一小方块钢片加上刀锋,他就可以推广一种经济型的刀片,这种刀片在变钝之后可以抛弃,更换新的。1901 年,吉列和威廉·埃默里·尼克森创办了美国安全剃刀公司(后来很快改名为吉列公司)。该公司在历史上第一次将几片刀片装成一盒,连同剃刀刀柄一起出售。最早的产品出现在 1903 年,第二年,吉列的产品得到了专利认证。

你们在一生中也许能够找到一种、两种或三种这样绝好的模型。至于足够好到能用得上的模型，你们也许能够找到 20 种或者 30 种。

最后，我想再次谈谈投资管理。这门生意特别好玩——因为**在净值的水平上，整个投资管理业加起来并没有给所有客户创造附加值。这就是它的运转方式。**

当然，水管安装业不是这样的，医疗行业也不是这样的。如果你们打算在投资管理业开展你们的职业生涯，那么你们便面临着一种非常特殊的情况。大多数投资经理就像脊椎按摩师，他们对付这种情况的方式是打心底予以否认。这是常见的对付投资管理行业局限的方法。但如果你们想要过上最好的生活，我劝你们别采用这种心理否认的模式。

我认为少数人——为数极少的投资经理——能够创造附加值。但我认为光靠聪明是做不到这一点的。我认为你们还必须接受一点训练，一旦瞄准机会就倾囊出击——如果你们想要尽力为客户提供高于市场平均回报率的长期收益的话。

但我刚刚谈的只限于那些选择普通股的投资经理。我并没有包括其他人。也许有人精通外汇或者其他业务，能够以那种方式取得极佳的长期业绩，但那不是我了解的领域。我说的是如何挑选美国的股票。

我认为投资管理人员很难为客户提供许多附加值，但那并非不可能的任务。

政府职员保险公司

里奥·古德温和丽莲·古德温夫妇在 1936 年的经济大萧条期间创办了政府职员保险公司（GEICO）。他们使用了直接营销的策略，所以该公司收取的保费较低，而仍能够盈利。该公司发展很快，尽管刚开始的时候，它的目标客户主要是联邦政府雇员和军队士官。政府职员保险公司很快将市场推广至普通公众。1951 年，沃伦·巴菲特第一次购买了该公司股份。在随后那些年，他继续不停地买进，到了 1996 年，政府职员保险公司变成了伯克希尔·哈撒韦的全资子公司。

UNIVERSITY OF SOUTHERN CALIFORNIA
GRADUATE SCHOOL OF BUSINESS ADMINISTRATION
UNIVERSITY PARK
LOS ANGELES, CALIFORNIA 90007

GUILFORD C. BABCOCK
ASSOCIATE PROFESSOR
OF FINANCE
746-2439

查理：

期中考试时，我给学生提了下面的问题，我想你可能有兴趣知道答案。

第五题：假如你还有时间，又想得到更多的分数，请说出本学期你还学到了哪些这次测验没有考到而又非常重要的投资知识。

Best regards, Guil

南加州大学金融学教授吉尔福德·巴伯科克写信（左边信件）给查理，告知查理他的学生对这次题为"论基本的、普世的智慧，及其与投资管理和商业的关系"的演讲的反应。

第五题：我认为芒格的演讲非常出色！当他说人的一生只有20次投资机会时，我真的被这句话吸引住了。这种观点改变了我对投资的看法，原来投资更像结婚，而不是约会。也许牢牢记住那篇讲稿的道理之后，我能够更有把握地保证我的投资项目都是好的。

"我没有什么要补充的"第三篇

在历年的鸡尾酒会等场合,人们向查理提出了无数个问题。下面这个是我们随机挑选出来的。

问: 许多人问我有没有傻瓜也能懂的办法,可以用来确保有足够的钱花或者不为退休后的生活发愁。我总是设法逃避这些问题。(编者:"但是这次,查理,你逃不掉啦。")

量入为出,养成储蓄的习惯。把存起来的钱放进一个延期纳税账户。日积月累之后,它就会变成一大笔钱。这就是傻瓜也能明白的办法。

重读第二讲

2006年，我重读了第二篇讲稿，我认为可以增加如下内容来加以提高：（1）解释哈佛大学和耶鲁大学近些年极为成功的投资；（2）现在有许多基金试图通过模仿或延续哈佛和耶鲁的投资方法来复制它们过去的成功，对其结果进行预测；（3）威廉·庞德斯通在其2005年的著作《财富公式》（中译本为《赌神数学家：战胜拉斯维加斯和金融市场的财富公式》）中提出了有效市场假设，简单地对其进行评论。

在我看来，情况是这样的，哈佛和耶鲁传统上并不强调在不借钱的情况下持有分散化的美国普通股，所以它们近些年来投资成功可能受到如下四种因素的推动：

（1）哈佛和耶鲁投资了债务杠杆收购基金，这使它们持有的美国股票的收益产生了杠杆效应。债务杠杆收购基金的结构使得它们借债投资比在普通股票账户抵押借债更加安全，因为后一种借债在市场恐慌时常常被迫平仓。在大市表现良好的情况下，这种做法往往能够产生较为漂亮的结果。当然，如果除去各种基金费用，仅仅通过投资美国标普指数，再加上一点借债，也能够得到同样的结果。

（2）在各个投资领域，哈佛和耶鲁选择或直接聘请那些能力出众的投资经理，这让我们再次看到，市场并不是完全有效的，而且有些好的投资结果来自异常的技巧或者其他异常的优势。就拿哈佛和耶鲁来说吧，由于它们自身的声望，它们能够

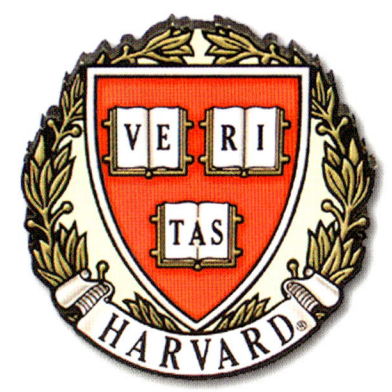

进入一些利润最丰厚的高科技风险投资基金，而其他投资者则不得其门而入。这些基金以往都很成功，这使它们比那些较为逊色的风险投资机构更能吸引到好的投资项目，非常合乎逻辑的是，最好的创业家都会早早选择那些声誉最好的基金。

（3）哈佛和耶鲁明智而及时地模仿投资银行公司的做法，进行了几种当时不常见的投资活动，比如说投资低迷的美国公司债、高收益的外国债券和杠杆式的"固定收益套利"，当时这些投资领域有许许多多的好机会。

（4）最后，哈佛和耶鲁近些年之所以能够通过杠杆投资和非常规投资获得不菲的收益，利率日益下降和股票市盈率逐渐上升共同起到了推波助澜的作用。

哈佛和耶鲁极其成功的投资让我既喜且忧。喜的是，这证明学术在世俗事务中往往是有用的。像我这样喜爱学术然而却

哈佛大学创办于 1636 年，当然是美国最古老的高等教育机构。它的拉丁文校训翻译过来很简单，就是"真理"。不甘落后的耶鲁创办的时间要晚一些，是在 1701 年，它的校训比哈佛多了一个词，是"光明和真理"。

—— 芒格

米利都的泰勒斯
Thales of Miletus
约公元前 620—公元前 546

亚里士多德认为泰勒斯是最早研究物质的基本元素的人，推举他为自然哲学的鼻祖。泰勒斯的兴趣几乎涵盖一切：哲学、历史学、科学、数学、工程学、地理学和政治学。他提出各种理论来解释许多自然现象和变化的原因。他对天体现象的理解奠定了古希腊天文学的基础。他创办了米利都自然哲学学派，提出了科学的研究法。

走进商界的人，对这种世俗成就的反应就像那些对米利都的泰勒斯津津乐道的现代科学家那样。泰勒斯是古代的科学家，他预见到来年橄榄会大丰收，于是就把当地的橄榄压榨机都租下来，发了一笔大财。

忧的是：（1）受到妒忌心的驱使和推销员的怂恿，其他名牌大学热衷于模仿哈佛和耶鲁，它们未来恐怕会蒙受惨重的损失；（2）那些效仿跟风的推销者获得成功的可能性很小。我现在的感觉跟高科技泡沫即将破灭时的恐惧差不多。当时许多机构眼红起步早的成功风险投资者，比如说斯坦福大学，许多风险资本家采用了居心不良的推销方法，大约 900 亿美元因此投向了低质的、不成熟的项目，到目前为止，那些后来跟进的投资者蒙受了多达 450 亿美元的净亏损。

此外，哈佛和耶鲁现在可能需要展现与它们之前展现出来的不同的非常规智慧。让人们抛弃最近大获成功的做法是有悖人类本能的。但这往往是个好主意。减少欲望，而不是为了满足欲望而增加风险也同样是个好主意。

我发表第二次演讲的时间是 1994 年，到现在已经 12 年过去了。在这 12 年里，大量有用的思想和资料都支持了我的观点：证券市场和赛马场的彩池投注系统都无法阻止某些投机者利用异乎寻常的技巧获得令人非常满意的、极其出众的回报。威廉·庞德斯通的著作《财富公式》收集了许多现代资料，以十分有趣的方式证明了这个道理。此外，那本书还记录了信息理论领域的前沿科学家克劳德·香农（Claude Shannon）非凡的投资业绩，那使香农的方法看起来跟查理·芒格的方法差不多。

最新的普世智慧：查理答问录

> 你不必非常出色，只要在很长、很长的时间内保持比其他人聪明一点点就够了。
>
> —— 芒格

你和沃伦如何评估待收购的企业？

我们不太用财务标尺；我们也使用许多主观的标准：我们能够信赖管理层吗？它会损害我们的声誉吗？会出现什么问题？我们理解这个行业吗？这家企业需要注资才能继续运转吗？预期的现金流是多少？我们并不期待它会直线增长，只要价格适中，周期性增长我们也能接受。

年轻人在工作中应该追求什么？

我有三个基本原则。同时满足这三个原则几乎是不可能的，但你应该努力去尝试：

- 别兜售你自己不会购买的东西。
- 别为你不尊敬和钦佩的人工作。
- 只跟你喜欢的人共事。

我这一生真是非常幸运：由于和沃伦共事，这三个原则我都做到了。

你对年轻人有什么人生建议吗？

每天起床的时候，争取变得比你从前更聪明一点。认真地、出色地完成你的任务。慢慢地，你会有所进步，但这种进步不一定很快。但你这样能够为快速进步打好基础……每天慢慢向前挪一点。到最后 —— 如果你足够长寿的话 —— 像大多数人那样，你将会得到你应得的东西。

人生在不同阶段会遇到不同的难题，非常棘手的难题。我认为有三点有助于应付这些困难：

- 期望别太高；
- 拥有幽默感；
- 让自己置身于朋友和家人的爱之中。

最重要的是，要适应生活的变化。如果世界没有改变，我现在身上仍然会有 12 个缺陷。

这是 1996 年查理给威廉·拉希尔（William C. Lazier）教授的学生所作的演讲。威廉是斯坦福大学法学院的南希·芒格和查理·芒格的讲席教授。因为这篇演讲——发表在 1997 年 12 月 29 日和 1998 年 3 月 13 日的《杰出投资者文摘》上——重复了许多包含在其他演讲中的思想和语句，尤其是"关于现实思维的现实思考？"，所以编者删减了一些段落，补充了相应的评论，以便使这篇演讲保持前后连贯。尽管有删节，这篇讲稿仍然蕴含了许多独特的思想，以及许多用新颖的方式表达出来的读者已经熟悉的思想。

第三讲

论基本的、普世的智慧
（修正稿）

斯坦福大学法学院
1996年4月19日

在今天的演讲中，我想进一步发挥两年前我在南加州大学商学院所讲的内容……你们手头有我在南加大演讲的讲稿。里面没有哪一点是我今天不会重复的。但我想扩展我当时说过的话。显而易见，如果沃伦·巴菲特从哥伦比亚大学商学院毕业之后没有吸取新的知识，伯克希尔将不可能取得现在的成就。沃伦将会变成富人——因为他从哥伦比亚的格雷厄姆那里学到的知识足以让任何人变得富裕。但如果他没有继续学习，他将不会拥有伯克希尔·哈撒韦这样的企业。

你们要怎样才能得到普世智慧呢？使用哪种方法能够让你们跻身于世上极少数拥有基本实践智慧的人士之列呢？

长久以来，我相信有某种方法——它是几乎所有聪明人都能掌握的——比绝大多数人所用的方法都有效。正如我在南加大商学院说过的，你们需要的是在头脑里形成一个由

胡佛大楼，斯坦福大学

跨学科思考的先驱：
威廉·奥斯勒爵士
Sir William Osler
1849—1919

威廉·奥斯勒爵士是一名加拿大医生，被尊称为"现代医学之父"。他和查理一样，也是"多元主义"的坚定支持者，不断提醒专业化的危险："不断地将注意力集中在同一个学科，不管这个学科是多么有趣，都会把人的思想禁锢在一个狭窄的领域之内。"

奥斯勒在魁北克蒙特利尔的麦吉尔大学求学和教书，他在该校获得医学学位。后来他成为巴尔的摩约翰斯·霍普金斯大学的第一位医学教授。作为自学成为作家的医生，奥斯勒博览群书，著述颇丰，藏书更是汗牛充栋（去世时，他的书房有8000本书）。他最著名的作品是《医学的原理和实践》，在出版之后的50年里，该书再版了多次，被翻译成许多种文字。他拥有杰出的化繁为简的能力，这一点可以从查理最喜欢的奥斯勒的名言中看出来：

"在任何行业取得成功的第一步是对该行业产生兴趣。"

各种思维模型构成的框架。然后将你们的实际经验和间接经验（通过阅读等手段得来的经验）悬挂在这个强大的思维模型架上。使用这种方法可以让你们将各种知识融会贯通，加深对现实的认知。

[查理谈论了几种在其他演讲中阐述过的特殊思维模型。]

你们今天的阅读作业包括杰克·韦尔奇和沃伦·巴菲特分别为通用电气和伯克希尔·哈撒韦股东撰写的最新年度股东信。杰克·韦尔奇拥有工程学博士学位。而沃伦如果愿意，能够取得任何学科的博士学位。这两位先生也都是资深的教师。

如果你们认真研究的话，会发现普世智慧是一门相当高深的学问。不信你们看看通用电气取得的成就，看看伯克希尔·哈撒韦已有的业绩。

当然，沃伦有一位教授或者说导师，那就是本杰明·格雷厄姆，他对沃伦的影响很大。格雷厄姆的学问很好，当他从哥伦比亚毕业时，有三个不同学科的系邀请他去攻读它们的博士课程，并要求他一入学就开始授课：（那三个系分别是）文学系、希腊和拉丁古典系、数学系。

格雷厄姆的性格非常适合做学问。我认识他。他特别像亚当·斯密——非常专注，非常聪慧。甚至他的外表也像个学者。而且他是个好人。格雷厄姆对赚钱这回事并不那么用心，但去世时家财万贯——即使他总是非常慷慨。他在哥伦比亚当了30年穷教书匠，并独力或合作撰写了许多后来成为他那个学科最好教材的著作。

所以我认为，学术蕴含了许多普世智慧，而且最好的学术观念确实是有用的。

当然，当我谈到跨学科方法——你们应该掌握各个学科的主要模型，并将它们统统派上用场——时，我是真的呼吁你们不要理会学科的法定界限。

这个世界并不是按照跨学科的方法组织起来的。它反对跳出学科的法定范围。大规模的企业也是这样。当然，学术界本身也反对这么做。就这一点来说，我认为学术界错得有些离谱，功能失调。

许多企业之所以会出现那些最糟糕的毛病，功能失调，是因为人们将现实分割为各自为政、互不相干的独立部门。所以如果你们想要成为好的思想家，就必须养成跳出法定界限的思维习惯。

你们不需要了解所有的知识，只要吸取各个学科最杰出的思想就行了。那并不难做到。

我打算用定约桥牌（的比喻）来证明这一点。假定你想要成为定约桥牌的高手。嗯，你们知道约定——你们知道要怎样才能赢牌。如果你手里有大牌或者最大的王牌，那么你肯定能够成为赢家。

但如果你们手里有一套墩或者两张短套花牌，要怎样才能得到其他你需要的牌墩呢？喏，标准的方法有六七种。你可以做长套花牌，可以飞牌，可以扔牌，可以交叉将吃，可以挤牌，还可以用各种方式误导防守方犯错。这些方法并不算多。

但如果你们只懂得其中的一两种，那么你们肯定会一败涂地。

此外，这些方法相互之间也有联系。因此，你必须懂得它们之间是怎样相互影响的。否则你就无法把牌打好。

同样，我曾建议你们正反两面都要考虑到。优秀的桥牌庄家会想："我要怎样才能抓到好牌呢？"但他们也会反过来想。（他们会想：）"犯哪些错误会导致我手里全是烂牌？"这两种思考方式都很有用。所以，要想在人生的赌局中获胜，你们应该掌握各种必要的模型，然后反复地思考。桥牌的哲理在生活中同样有效。

亚当·斯密
Adam Smith
1723—1790

亚当·斯密出生在苏格兰的一个小村庄，14岁那年，他被格拉斯哥大学破格录取。后来入读了牛津大学，毕业后回到格拉斯哥，在逻辑学和道德哲学领域展开他的学术生涯。他最重要的著作《国富论》仍是当代经济学思想的源泉。他对理性的自我利益如何驱动自由的市场经济的解释对当时的思想家、经济学家和后世产生了极大的影响，他的理论是古典经济学的基础。

定约桥牌在你们这代人里不流行了，这真是悲剧。中国人的桥牌玩得比我们好。他们现在从小学就开始教桥牌。要是他们也实行资本主义，天知道他们该发展得多好。如果我们美国人不懂桥牌，却和一群精通桥牌的人竞争，那么我们就又多了一个没必要的劣势。

由于你们的学术结构大体上并不鼓励你们的思想跳出法定的学科界限，你们处于一种不利的地位，因为从某种意义上来说，虽然学术对你们来讲非常有用，但是你们的老师没有教对。

我为你们设想的对策是我很小的时候在幼儿园学到的：小红母鸡的故事。当然，故事里最重要的一句话是："'**那我就自己来吧**'，**小红母鸡说**。"

> 《小红母鸡》是经典寓言，它用许多事例来说明独立自主的重要性。查理的自学建议遥遥呼应了马克·吐温的经典名言："我从来不让上学影响我的学习。"

所以，如果你们的教授并没有教给你们正确的跨学科方法——如果每个教授都想过度地使用他自己的模式，对其他学科的重要模型弃之不用——你们可以自己改正那种愚蠢的做法。他是个笨蛋，并不意味着你们也要成为笨蛋。你们可以向其他学科学习能够更好地解决问题的模型。只要养成正确的思维习惯你们就能做到这一点。

如果你把自己训练得更加客观，拥有更多学科的知识，那么你在考虑事情的时候，就能够比那些比你聪明得多的人更厉害，我觉得这还蛮有意思的……

再说了，那样还能赚到很多钱，我本人就是个活生生的证据。

[查理谈起了第四讲中详细描绘的可口可乐案例，并讨论了味道的重要性。]

我最喜欢的商业案例之一是好时公司的故事。

好时巧克力的味道很独特，因为他们用来制造可可脂的石磨非常古老，是他们19世纪在宾夕法尼亚州开业时传下来的。他们的巧克力含有少量的可可豆的外皮。因此好时巧克力的味道很棒，人们都很喜欢。

好时清楚地知道，如果他们想要把业务拓展到加拿大，那么就不应该改变那种无往不胜的味道。 因此，他们依照原样制造了新的石磨。光是复制原来的味道，他们就花了整整五年的时间。所以你们可以看到，味道是非常重要和关键的。

现在还有一家叫作国际香料香精公司的企业。这是一家产品并没有获得版权或者专利权却又能够收取永久授权费的公司，据我所知仅有这一家。这是怎样做到的呢？他们帮助

好时食品公司

密尔顿·赫尔希（Milton S. Hershey，1857—1945）生长在宾夕法尼亚州中部的农村地区，只受过很少的正式教育，他后来成了美国的大富豪。1876年，他创办了属于他自己的糖果厂——兰卡斯特奶糖公司，但仅过了六年就倒闭了。不屈不挠的他重整旗鼓，获得了巨大的成功。1893年，他掌握了制作巧克力的技术，创办了好时巧克力公司（the Hershey Chocolate Company）。该公司逐渐发展壮大，开始生产其他食品，赫尔希随之在宾夕法尼亚州建立了好时镇。赫尔希的乌托邦思想和原则至今仍然对该公司和好时镇有着影响。

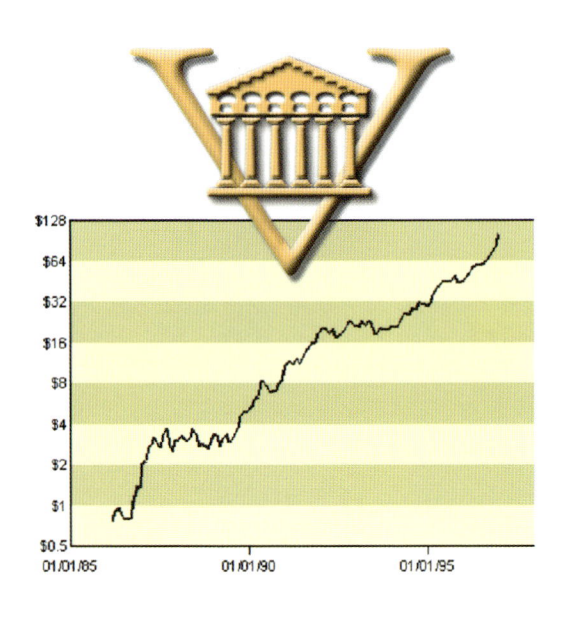

价值线公司
Value Line

价值线公司的使命是"帮助投资者得到最准确的、不受其他因素影响的信息,让他们学会如何使用它来达到他们的财务目标"。价值线公司创办于1931年,在可靠性、客观性、独立性和准确性方面享有盛誉。该公司出版数十种纸质和电子刊物,其中最著名的是《价值线投资调查》。

其他许多公司,为它们的各种品牌产品 —— 比如说刮胡膏 —— 添加香料和香味。刮胡膏淡淡的香味能够极大地促进消费。所以味道是极其重要的。

[查理继续谈论可口可乐的案例,阐述了生物学如何深刻地影响我们对数字图标的理解。]

我的朋友纳特·梅尔沃德是微软的CTO。他是物理学博士,懂得许多数学知识。生物学可帮助我们生成一种能够自动以光速计算微积分方程的神经系统 —— 可是他放眼四顾,到处是那些对普通的概率问题和普通的加减乘除束手无策的人,这使他感到困惑。

顺便说一声,我认为梅尔沃德不该对此感到十分惊讶。我们的祖先经过长久的适者生存的进化,首先学会的是如何投掷长矛,如何逃命,如何逢凶化吉,直到很久很久以后,才有人需要像梅尔沃德那样的正确思维。所以我认为他没必要大惊小怪。然而,这两者的区别实在是太大了,所以我能明白他为何感到无法理解。

总之,**人类发明了一种东西,以便弥补我们天生不擅长处理数字的缺陷,这种东西叫做图表**。奇怪的是,它居然是在中世纪期间出现的。在中世纪的修道士发明的东西里,我认为唯一有价值的就是图表。图表以图形的方式把数字表现出来。它利用了你们的神经系统来帮助你们理解它。所以价值线公司的图表是非常有用的。

我发给你们的是一张用对数线做的图表 —— 它是根据对数的运算法则制成的。你们可以用它来查复利 —— 而复利是地球上最重要的模型之一。所以图表要制作成这个样子。

如果你在这张表上画一根直线,将表上的数据点连起来,它就会告诉你能够得到的复利率是多少。所以这些图表是非常有用的……

我并不使用价值线公司的预测，因为对我们来说，我们的系统比他们的管用——实际上，管用得多。但我无法想象如果没有他们的图表和数据会怎样。那是一种非常非常棒的产品……

[查理讨论了商标对可口可乐成功的重要性，由此谈到食品和卡奈森公司（Carnation）。]

从前有个人卖的鱼肉叫卡奈森鱼肉。老天爷，他的商标就叫卡奈森，所以卡奈森公司想收购他的品牌。别问我为什么。每次卡奈森公司的人跑去跟那个家伙说："我们愿意给你 25 万美元。"他说："我要 40 万美元。"四年之后，他们说："我们愿意给你 100 万。"他说："我要 200 万。"他们就这样一直讨价还价。卡奈森公司一直没有把那商标买下来——至少我上次查看的时候他们还没有买到。

最后，卡奈森公司的人无奈地去跟那个人说："我们打算派遣我们的质量检查员到你的鱼肉厂，以便确保你生产的鱼肉都是完美的，所有的费用我们来出。"那人笑逐颜开，很快就点头同意了。所以他的鱼肉厂得到了免费的质量管理服务——卡奈森公司的款待。

这段历史让我们明白，如果你给某个家伙一个（他能够保护的）商标，你就创造了巨大的激励机制。这种激励机制对文明社会来说是非常有用的。正如你们看到的，卡奈森公司为了顾惜自己的声誉，甚至不惜去保护那些并不属于它的产品。

这种结果（对整个社会）非常非常有好处。所以从非常基本的微观经济学原理来看，哪怕是共产主义国家，也应该保护商标。它们并没有都这么做，但有非常充分的理由表明它们应该对商标采取保护措施。总的来讲，世界上大多数国家对商标的保护还是很周全的。

[查理用各种思维模型分析可口可乐。]

卡奈森公司

1899 年，杂货店主 E. A. 斯图尔特（E. A. Stuart）利用在当时尚属新奇的脱水技术，在华盛顿州创立了太平洋海岸浓缩牛奶公司。斯图尔特用当地一家烟草店的招牌"卡奈森"作为他的牛奶产品的商标。由于注重生产过程和善用营销手段，卡奈森的品牌逐渐与"满意的奶牛"和高品质的牛奶制品联系起来。1985 年，雀巢公司收购了卡奈森。

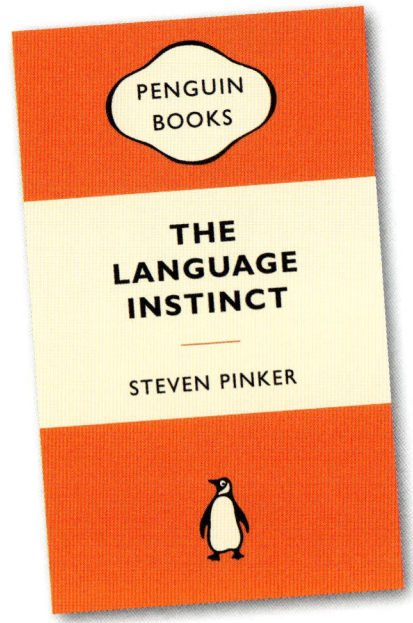

然而，如果缺乏这些基本模型以及可以利用这样的基本模型的思维方法，你们只能坐在那里，一边看着价值线公司的图表，一边不知所措。但你们原本不必如此。你们应该不断学习，争取掌握近100种模型和一些思维技巧。那并不是很难的事情。

这么做的好处在于绝大多数人不会这么做——部分原因是他们接受了错误的教育。在这里，我想要帮助你们避开错误的教育可能给你们造成的危害。

好啦。在寻找普世智慧的过程中，我们已经讨论了几种主要的思想。现在我想回头来谈谈一种比刚才谈到的更加极端和特殊的模型。在所有人们应该掌握却没有掌握的模型中，最重要的也许来自心理学……

最近有件事让我获益匪浅：我刚从香港回来。我有个朋友在香港一所名牌中学当校长。他送给我这本叫作《语言本能》的书，作者是史蒂芬·平克。平克是一个语义学教授，他的名气没有诺姆·乔姆斯基那么大。乔姆斯基是麻省理工学院的语言学教授，可能是世上最伟大的语义学家。

平克说，人类的语言能力不仅仅是后天学来的——从很大程度上来说，它还跟先天的遗传有关。其他动物，包括黑猩猩，都缺乏真正有用的语言基因。语言是上天赐给人类的礼物。平克很漂亮地证明了他的观点。

当然，乔姆斯基也已经证明这一点。只有非常愚蠢的人才不明白语言能力大部分来自人类基因的道理。虽然你们必须通过教育才能提高语言能力，但语言能力很大程度上还是由你们的基因决定的。

平克无法理解为什么乔姆斯基这样的天才居然还认为语言能力是否基于人类的基因尚无定论。实际上，平克是这么说的："什么尚无定论，活见鬼了！**人类得到语言本能的途径跟得到其他本能的途径完全一样——那就是达尔文式的自然选择。**"

嗯，这位资历较浅的教授明显是对的——乔姆斯基的犹豫确实有点不可理喻。

史蒂芬·平克
Steven Pinker
1954—

史蒂芬·平克出生在蒙特利尔，从麦吉尔大学实验心理学系毕业，然后到哈佛大学攻读博士学位。他曾先后在哈佛大学和麻省理工学院任教，现在是哈佛大学心理学系约翰斯通家族讲席教授。平克对语言和精神感兴趣，他的研究领域是视觉认知。该领域主要是测定人们想象图形和辨识脸孔与物品的能力。他的专长是儿童的语言发展，他就这个领域和其他领域撰写了许多重要的论文和著作。

如果这位资历较浅的教授和我都是正确的,那么,为什么乔姆斯基这样的天才会犯明显的错误?在我看来,答案非常清楚——乔姆斯基的意识形态太过强烈。他虽然是个天才,却是个极端的平等主义左翼分子。他非常聪明,知道如果他承认这个达尔文式的理论,他的左翼意识形态就会受到威胁。所以他的结论自然受到他的意识形态偏见的影响。

从这里我们得到了普世智慧的另一个教训:如果意识形态能够让乔姆斯基变得糊涂,那么想象一下它会给你们和我这样的人造成什么影响。

1831 年至 1836 年,年轻的达尔文登上了"贝格尔号"军舰,以不领取薪水的"官方博物学家"身份开始了环游世界之旅。南美洲加拉帕戈斯群岛上极其丰富的物种让达尔文说出了这句名言:"这显然是上天设定的可敬条款之一:每种造物都和它的存身之地相得益彰。"

严重的意识形态是最能扭曲人类认知的因素之一。看看这些宗教激进分子就知道了,他们用枪扫射一群希腊游客,嘴里还不停地大喊:"真主的杰作!"

意识形态会让人做出一些古怪的举动,也能严重扭曲人们的认知。**如果你们年轻时深受意识形态影响,然后开始传播这种意识形态,那么你们无异于将你们的大脑禁锢在一种非常不幸的模式之中。**你们的普遍认知将会受到扭曲。

如果把沃伦·巴菲特看作普世智慧的典范,那么有个故事非常有趣:沃伦敬爱他的父亲——那是一个了不起的人。但沃伦的父亲有强烈的意识形态偏见(正好是右翼的意识形态),所以跟他交往的都是些意识形态偏见非常严重的人(自然都是右翼分子)。

沃伦在童年时就观察到这一点。他认为意识形态是危险的东西,决定离它远远的。他终生都离意识形态远远的。这极大地提高了他认知的准确性。

我通过另外一种方式得到了同样的教训。我的父亲仇恨意识形态。因此,我只要模仿我的父亲、别离开那条我认为正确的道路就好了。像多南(罗伯特·"鲍勃"·多南,曾任美国共和党国会议员,以保守言论著称)那样的右翼分子和纳德(拉尔夫·纳德,美国著名左翼民粹主义政治活动家,曾多次以绿党和独立候选人身份参选美国总统)那样的左翼分子显然有点头脑不清。他们是极端的例子,表明意识形态会让人变成什么样——尤其是那种以非常激烈的方式表达出来的意识形态。由于它只给人灌输一些观念,而不是让人心悦诚服地接受一些道理,所以信奉意识形态是很危险的。

因此,除了要利用来自不同学科的多元思维模型之外,我还想补充的是,你们应该警惕严重的意识形态偏见。

如果你把准确、勤奋和客观当成你笃信的意识形态,那倒不要紧。但如果你们因为受

"我戴着我在生活中锻造的锁链",雅各布·马里的鬼魂在狄更斯的《圣诞欢歌》中说。

到意识形态的影响，而确凿无疑地相信最低工资应该提高或者不该提高，并认为这种神圣的想法是正确的，那么你们就变成了傻子。

这是一个非常复杂的系统。生活总是环环相扣的。如果综合考虑，你们猜想提高或者降低最低工资会让整个社会变得更加文明，那是没有问题的。这两种想法都对。但如果你们带着强烈的意识形态把自己的观点当作不可动摇的真理，那么我认为你们的想法是很愚蠢的。所以要警惕意识形态造成的思维紊乱。

[查理感慨心理学对激励机制引起的偏见毫无办法。]

我提及平克的另外一个原因是，这位写了刚才我告诉你们的那本书的语义学家在那本书的结尾这么写道："我看过许多心理学教材。都很烂。"他说："整个学科被搞得乱七八糟，教得也不对。"

说到心理学，我的资格远不如平克。实际上，我从来没上过一节心理学课。然而，我的结论跟他的差不多——许多心理学教材虽然不乏闪光之处，但大体上都是垃圾。

实际上，只要看看心理否认就够了。大约在基督出生之前三个世纪，德摩斯梯尼就说过："一个人想要什么，就会相信什么。"嗯，德摩斯梯尼是对的。

我们家有个熟人，他深爱的儿子——非常聪明，还是个足球明星——失足坠海，再也没有回来。他母亲认为他仍然活着。她有时候会精神失常，表现得好像她儿子真的在她身边。这种心理效应的轻重程度有所不同。每个人受心理否认的影响都不一样，但这种否认造成的错误认知则会极大地混淆你们将不得不面对的现实。然而，各种心理学教材对这种简单的心理否认并没有足够的重视。

所以你们不能依照你们教授传授的方法来学习心理学。你们应该学习他们传授的一切。但你们还应该学习许多他们没有教的知识——因为他们并没有正确地对待他们自己的学科。

大约在基督出生之前三个世纪，德摩斯梯尼就说过："一个人想要什么，就会相信什么。"

德摩斯梯尼
Demosthenes
公元前384—公元前322

古希腊演说家、政治家。早年苦练演说与修辞，后从事讼词代写员和辩护律师，极力反对马其顿入侵希腊。其演说的《金冠辞》一向被视为古希腊演讲辞的最佳代表作。现存演说61篇。

迈克尔·法拉第以对物理学、化学和电学的研究闻名，他的名言包括：

"再美好的事情都可能是真的。"

"工作。完成。出版。"（他给青年威廉·克鲁克斯的忠告，克鲁克斯本人后来成为著名的化学家和物理学家。）

"获得成功的五要素是专注、敏锐、条理、创新和交流。"

"为什么，先生，因为你很快就可以向它收税！"（关于电力的用途，致首相威廉·格拉德斯通。）

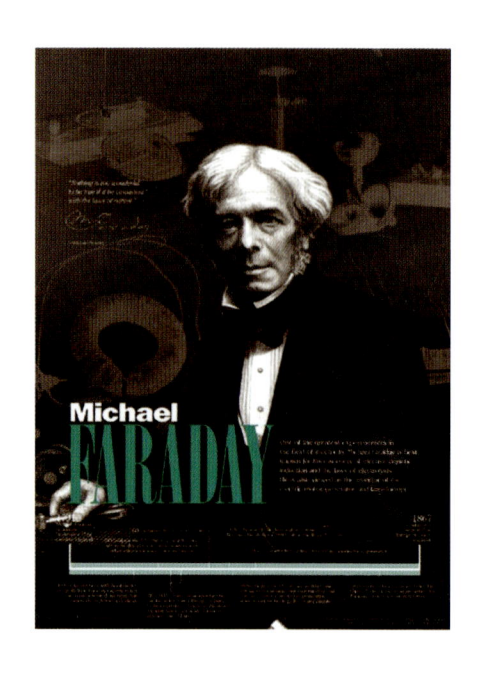

迈克尔·法拉第
Michael Faraday
1791—1867

在我看来，当今的心理学有点像法拉第之后、麦克斯韦之前的电磁学——发现了许多原理，但没有人把它们以正确的方式综合起来。早该有人来做这样的事情，因为这件事并不难完成——而且它还非常重要。

随便打开一本心理学教材，翻到索引，查找"妒忌"这个词。连十诫里面都有两三条谈到妒忌。摩西完全了解妒忌。古老的犹太人早在放羊的年代就了解妒忌。可是心理学教授对妒忌一无所知。

那些厚厚的心理学教材居然没有谈到妒忌？！居然没有谈到简单的心理否认？居然没有谈到激励机制引起的偏见？！

心理学教材也没有给予多因素组合效应足够的重视。以前我提醒过你们，当两三种因素产生合力时，会造成 lollapalooza 效应。

嗯，有史以来最著名的心理学实验是米尔格拉姆实验——他们要求人们清醒地对一些无辜的人进行电刑。在他们的操控之下，这些正派的志愿者大多数执行了酷刑。

米尔格拉姆开展这个实验，是在希特勒命令许多虔诚的新教徒、天主教徒去做他们明知道不对的事情之后不久。他想要发现权威在多大程度上可以被用来操控品德高尚的人，迫使人们去做一些明显错得很离谱的事情。

他得到了非常具有戏剧性的实验效果。他设法让那些品德高尚的人做了许多可怕的事情。

但是许多年来，心理学教材把这个实验当做是对权威的作用的证明——权威如何被用来说服人们去做可怕的事情。

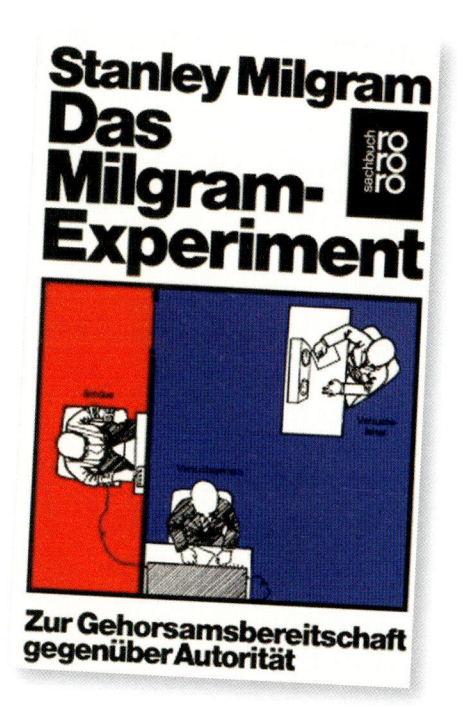

斯坦利·米尔格拉姆
权威实验

斯坦利·米尔格拉姆（Stanley Milgram）1933 年出生在纽约。青少年时期适逢二战，当时纳粹的暴行已世人皆知。他从皇后学院获得了政治学的学位，随后到哈佛大学攻读社会关系博士。毕业后他任教于耶鲁大学，在那里开展了一个经典实验，研究人们的道德信念如何对抗权威的命令。

当然，这是个似是而非的结论。这不是一种完整和正确的解释。权威发挥了一定作用。然而，还有其他几种朝同一个方向发挥作用的心理因素，它们造成了那种 lollapalooza 效应，原因恰恰在于它们发挥了组合作用。

人们逐渐明白了这个道理。如果翻开像斯坦福这样的学校使用的心理学教材，你们将会看到他们努力答对了三分之二。然而，这可是心理学领域的重要实验。即便在斯坦福，那里的教授都尚未能完全理解米尔格拉姆的实验结果的重要意义。

聪明人怎么会犯错呢？答案是他们没有做我正要让你们去做的事情——掌握所有主要的心理学模型，把它们当作检查清单，用来审视各种复杂系统的结果。

他的实验发现，65% 的受试者（纽黑文地区的普通居民）愿意对一个发出抗议的可怜受害者施加明显有害的电击，这仅仅因为有个科学权威命令他们那么做，完全不顾受害者并没做过错事，不该受罚。米尔格拉姆实验的结果被用于解释二战期间纳粹的暴行。

第三讲　论基本的、普世的智慧（修正稿）　　269

没有哪个飞行员在起飞前不核对他的检查清单：A、B、C、D……没有牌手在需要另外两张墩的时候不迅速地查对他的检查清单，看看有什么办法可以把它们弄到手。

但这些心理学教授认为他们聪明到不需要检查清单。可他们其实没那么聪明。几乎没有人那么聪明。或者换句话说，可能没有人那么聪明。

如果他们使用检查清单，他们将会意识到米尔格拉姆实验利用的心理学原理至少有六种——而不是三种。他们必须去看检查清单，才能发现他们漏掉了什么。

同样道理，如果缺乏这种获得各种主要模型并以组合的方式使用它们的方法，你们也将会一而再、再而三地失败。

《伊凡·巴甫洛夫画像》
(*Portrait of Ivan Pavlov*)
米哈伊尔·涅斯捷罗夫，1935年，油画，俄罗斯莫斯科特列季亚科夫画廊。

　　心理学教授回避心理否认问题的原因之一在于，如果要做有关心理否认的实验，他们肯定会违反道德规范。要证明痛苦如何导致人类精神失常，你们想想看，这种实验必须对你们的同类做些什么，而且你们还不能告诉他们将会受到什么伤害。所以很明显，道德规范导致这种实验行不通，尽管做实验是展示痛苦如何导致人类头脑失常的最佳方法。

　　大多数教授用一个假定来解决这个问题："如果我不能用实验来证明它，它就是不存在的。"然而，他们的假定明显是愚蠢的。如果有些东西非常重要，但由于道德约束，你们无法完美而准确地证明它，那么你们也不应该把它当作是不存在的。你们必须尽力而为，利用现有的证据去证明它。

　　巴甫洛夫本人在他生命的最后十年里一直在做对狗的酷刑实验。他发表了论文。因而，

我们拥有了翔实的资料，知道痛苦如何导致狗的精神失常。然而，你在任何心理学教材中都看不到巴甫洛夫这次研究的成果。

我不知道这是因为他们不喜欢巴甫洛夫折磨狗，还是由于 B. F. 斯金纳（☞ 306 页）因为过度渲染而使用动物行为来推断人类行为的方法不受欢迎。总之，由于某些疯狂的原因，心理学教材对痛苦引起的精神失常着墨甚少。

你们可能会说："心理学是否忽视这个有关系吗？"如果我的理论没有错，这种忽视抹杀了几个你们需要的模型。此外，你们对思想模型的掌握应该是这样的，如果有 20 个，那么你们就应该掌握 20 个。换句话说，你们不应该只用 10 个。你们要把它们当作一张检查清单。所以你们必须了解各种导致人类作出错误判断的心理因素，把所有模型组织起来，以便需要的时候能够用得上。

如果有四五种来自这些模型的因素共同发挥作用，那你们就更需要它们了。这种情况下，你们通常会遇到各种 lollapalooza 效应——它们要么让你发大财，要么会毁了你。所以你们非常有必要注意 lollapalooza 效应。

要做到这一点，办法只有一个：你们必须全面掌握各种主要模型，把它们当作一张检查清单。再强调一下，你们必须注意那些能够产生 lollapalooza 后果的多因素组合效应。

[查理讨论了各个专业缺乏跨学科教育的现状，尤其是学术界对心理学领域的忽视。]

你们还可以学到，当你们在玩说服游戏的时候——（我希望）不是叫人去干坏事——如何将这些因素综合起来，以便让你们更好地达到目的。

让我来给你们举个例子，看看古人是怎样巧妙地利用心理学的。库克船长生前经常进行远航。在那个年代，远洋航行途中最怕遇到坏血病。要是得了坏血病，你们的牙龈会在

不道德的说服游戏

《孽海痴魂》（*Elmer Gantry*）是辛克莱·刘易斯（Sinclair Lewis）在 1927 年出版的小说，1960 年被改编为电影，由伯特·兰卡斯特主演。刘易斯用讽刺的手法描写了一个聒噪傲慢的投机分子。他后来变得很成功，但贪婪而庸俗，还喜欢玩弄女性。

嘴巴里烂掉 —— 然后这种病就会变得让你们极不舒服，致你们于死命。

和一群垂死的水手共处在一艘原始的航船上是非常不妙的事情。所以每个人都非常想知道怎样才能治好坏血病，但他们并不了解维生素 C。库克船长很聪明，也掌握了类似跨学科的方法。他发现同样是进行了远航，荷兰船上的坏血病就没有英国船上那么严重。所以他问："荷兰人是怎么做到的呢？"

他发现荷兰船只上有许多装满酸泡菜的木桶。所以他想："我就要远航了，远航是非常危险的，酸泡菜也许会有用。"所以他把大量的酸泡菜搬到船上，而酸泡菜正好含有维生素 C。

但在当年，英国水手是十分粗鲁、古怪和危险的，他们讨厌"泡菜"，他们吃惯了英国的食物和饮料。所以你们要怎样才能让英国水手吃泡菜呢？

库克并不想告诉他们，吃酸泡菜是为了防治坏血病 —— 因为如果他们知道这是一次远航，而且非常有可能染上坏血病，他们可能会起来造反，控制那艘船。

他是这么做的：所有官员聚集起来，并让普通水手都能看到他们。他让那些官员吃酸泡菜，但不让普通水手吃。经过很长一段时间之后，库克最终说："嗯，普通水手每周有一天可以吃酸泡菜。"

他如愿以偿地让船上所有人都吃上了酸泡菜。我认为这是基本心理学的一次非常有建设性的应用。它拯救了许多人的生命，取得了惊人的成就。然而，如果你们不掌握那些正确的技巧，你们就无法适当地运用它们。

[查理谈到了心理效应在推广消费品过程中扮演的角色，他举了可口可乐、宝洁和特百惠为例。]

普世智慧大体上非常非常简单。如果你们有决心去做，我在这里要求你们做的事情其

詹姆斯·库克船长
James Cook
1728—1779

詹姆斯·库克出生在英国的马顿，自幼就迷上了航海，并自学了绘制地图的方法。他加入皇家海军，参与了围攻魁北克城之战，展现出在勘察和绘图方面的才华。在围攻魁北克城期间，他绘制了圣劳伦斯河主要入口的地图。后来，他还绘制了纽芬兰海岸线的地图，这引起了皇家学会的注意。皇家学会为他的伟大航行提供了大量的经费。除了一流的制图技巧之外，库克还精通航海术，非常有勇气，敢于探索危险的地域。他写了几本书，把整个航海过程详细地记录了下来。那些书在他的年代极受欢迎，到目前仍然如此。

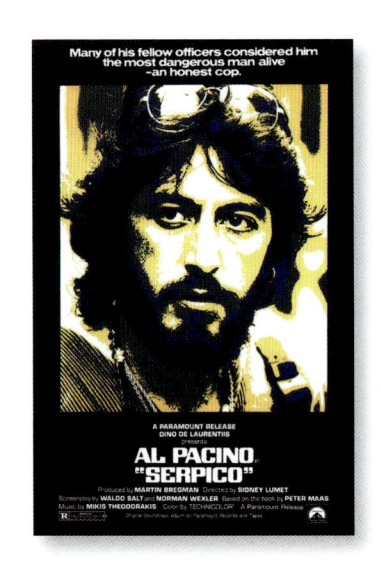

《谢皮科》

1973年上映的《谢皮科》（Serpico，又名《冲突》）是一部很受欢迎的电影，由希德尼·鲁梅特执导，是根据新闻记者彼得·马斯一本讲述"真实故事"的图书改编而成的。影片的主角是一位叫作弗兰克·谢皮科的警官，他所在的警察局非常腐败，但他竭尽所能逮捕各种罪犯，尤其是毒贩。谢皮科拒绝贿赂，对行为不轨的同事感到气愤，挺身指责他们，于是他的生命受到了威胁。电影的时代背景是20世纪70年代，跟当年的嬉皮士文化有密切的关系，所以在今天的观众看来有点过时。阿尔·帕西诺出演了谢皮科一角，获得了奥斯卡奖最佳男主角提名。这部电影也获得了奥斯卡最佳剧本改编奖提名。

实并没有那么难，而回报是非常高的——绝对非常高。

但你们可能对很高的回报不感兴趣，对避免许多悲惨遭遇不感兴趣，对过上更好的生活也不感兴趣，如果你们的态度是这样的，那么请别听我的建议——因为你们已经走在正确的道路上啦。

道德和涉及心理学的普世智慧考量的关系之密切，是再怎么强调也不为过的。以偷窃为例。如果（A）偷窃非常容易，而且（B）被抓住了也不用受惩罚，那么世界上有许多人将会变成小偷。

一旦他们开始偷窃，一贯性原则——这也是心理学的重要内容——将会很快和有利偷窃的环境结合起来，操作性条件反射地使他们养成偷窃的习惯。所以如果你们经营一家公司，由于你们的管理不善，导致人们可以轻而易举地盗窃公司的财产，那么你们就给那些替你们工作的人造成了极大的道德伤害。

这个道理也很明显。创建一套严密防止欺诈的管理系统是非常非常重要的。不然的话，你们就会亲手毁掉你们的公司，因为人们既然能够不受惩罚地偷窃，就会拥有一种激励机制引起的偏见，认为糟糕的行为是没有问题的。

那么，如果别人那么做了，你就知道至少有两种心理学原则产生了作用：激励机制引起的偏见和社会认同。不仅如此，发挥作用的还有"谢皮科效应"：假如总体的社会风气很坏，许多人因此而获得利益，你们要是想对此吹响警笛，他们就会反对你们，变成危险的敌人。

漠视这些原则、容许作恶是非常危险的。强大的心理力量会造成很多恶果。

这跟司法行业有什么关系呢？许多人从斯坦福大学法学院这样的地方毕业，进入我们国家的司法机构，带着最好的愿望和动机，然后制定一些让人有漏洞可钻的法律。没有什么比这更加糟糕的事情了。

比如说，你们有为公众服务的愿望。你们应该反过来想："我要怎样才能对文明社会造成破坏呢？"那是很容易的。如果你们想要破坏这个文明社会，只要到司法机关供职，然后通过一些有很多漏洞的法律就可以啦。这种方法将会非常有效。

以加利福尼亚州的工伤赔偿制度为例。工伤是有的，因工受伤确实很惨，所以你们想要为那些在工作场所受伤的人提供赔偿。这看起来是一件高尚的事情。

但这种赔偿制度的问题在于，它根本不可能防止诈骗。而你们一旦开始赔偿那些弄虚作假的人，就会有许多狡猾的律师、狡猾的医生、狡猾的工会等参与到诈伤骗保中来。你们将会引发大量灾难性的行为，尝到甜头的人将会变本加厉。所以你们的本意是帮助你们的文明社会，但结果却是给它造成了巨大的损失。

所以与其创立一种有漏洞的制度，还不如就不要赔偿了——就让生活艰辛一些。

让我来给你们举个例子：我有个朋友，他在得克萨斯州离边境线不远的地方有一座制造工业产品的工厂。他的工厂利润微薄，度日艰难。他遇到了许多诈伤骗保的事情——每年支付的赔偿金达到了总薪酬支出的一成多。而在他的厂里工作根本就没什么危险。他从事的不是拆迁之类的危险行业。

所以他哀求工会："你们不能再这么做了。这种产品赚的利润还没你们骗到手的钱多。"

当激励机制出错的时候：太痛苦了！

诈伤骗保的职员通常会说自己患上了某种很难诊断的疾病，比如说"背痛"。但现在许多医疗机构的从业者也参与到诈伤骗保中来，新的花招包括：虚假治疗、双倍收费、多余护理和不必要的检查。查理认为现有的工伤赔偿制度有漏洞，而人类的心理又决定了，只要有利可图而且不受惩罚，人们就会进行诈骗。正如他指出的："如果你想要改变行为，那么就必须改变动机。"

摩门教门徒马克·彼得森（Mark E. Petersen，1900—1984，自 1944 年起担任摩门教十二门徒成员，美国著名宗教人士）认为诚实是极其重要的，他说：

"诚实是通往上帝之国的救赎原则之一。无论是男是女，如果没有洗礼，就不可能获救；同样道理，人们如果不诚实，也不可能得救。"

但那时每个人都习惯了那么做。"那是额外的收入，那是额外的钱，每个人都这么做。这不可能是错误的。杰出的律师、杰出的医生、杰出的脊椎按摩师——假如有这种东西的话——都在诈骗。"

没有人能够告诉他们，说："你们不能再这么做了。"这恰好也跟心理学上的巴甫洛夫联想有关。当人们听到坏消息，他们会讨厌带来消息的人。因此，工会代表很难告诉所有人这种容易到手的钱再也没有了。工会代表是不会那么做的。

所以我的朋友关闭了工厂，在犹他州一个信仰摩门教的社区重振旗鼓。 摩门教徒不会诈伤骗保——至少他们在我朋友的工厂没有那么做。你们猜猜看，他现在的工伤赔偿支出是多少？只有总薪酬支出的 2%（从一成多下降到 2%）。

这种悲剧是由容许作恶的态度引起的。你们必须及早制止作恶。如果你们不及时采取行动，那么制止人们继续作恶和道德败坏是很难的。

[查理讲述他对"剥夺性超级反应综合征"的定义，及其同赌博和 20 世纪 80 年代中期"新可乐"大惨败的关系。]

当然，正如我从前说过的，在使用那些装备了基本的心理学力量的技巧之前，有一点需要引起特别的关注：当你们知道该怎么做之后，你们必须依据道德规范来调整自己的行为。并不是你们懂得如何操控人们之后，就可以随心所欲地去操控他们。

如果你们跨过了道德的界线，而你们试图操控的那个人因为也懂得心理学，所以明白你们的用意，那么他就会恨你们。劳资关系中就有这种效应的铁证——有一些发生在以色列。所以这么做不仅会遭到良心的谴责，还会引发行动的抗议——有时候是非常严重的抗议……

问：你如何在投资决策中应用心理学？我认为投资决策肯定没有那么简单，只要挑选每个人都看好的产品——比如可口可乐的股票——就行。毕竟投资界的聪明人很多，他们的思维方法明显跟你今天告诉我们的一样。当你在挑选成功企业的时候，你有考虑其他投资者在其投资思维中的失败吗？

正如我在南加大说过的，投资之所以困难，是因为人们很容易看出来有些公司的业务比其他公司要好。但它们股票的价格升得太高了，所以突然之间，到底应该购买哪只股票这个问题变得很难回答。

我们从来没有解决这个难题。在98%的时间里，我们对待股市的态度是……保持不可知状态。我们不知道。通用汽车的股价跟福特比会怎样？我们不知道。

我们总是寻找某些我们看准了的、觉得有利可图的东西。我们看准的依据有时候来自

南加州大学最近声名大噪，因为它接连两年获得全国橄榄球大赛的冠军。它创办于1880年，是西部最古老的私立研究型大学。该校目前有19500名本科生和26500名研究生。

心理学，更多时候来自其他学科。并且我们看准的次数很少——每年可能只有一两次。我们并没有一套万试万灵、可以用来判断所有投资决策的方法。我们使用的是一种与此完全不同的方法。

我们只是寻找那些不用动脑筋也知道能赚钱的机会。正如巴菲特和我经常说的，我们跨不过七英尺高的栏。我们寻找的是那些一英尺高的、对面有丰厚回报的栏。所以我们成功的诀窍是去做一些简单的事情，而不是去解决难题。

问：你们的投资决策靠的是统计分析和眼光吗？

当我们作出一项决策的时候，我们当然认为我们的眼光不错。有时候我们确实是因为统计分析才看好某个投资项目。不过，再说一遍，我们只发现了几个这样的机会。

光有好机会是不够的，它们必须处在我们能看明白的领域，所以得在我们能看明白的领域出现定错价的机会。这种机会不会经常出现。

但它不需要经常出现，如果你们等待好机会，并有勇气和力量在它出现的时候好好把握，你们需要多少个呢？以伯克希尔·哈撒韦最成功的10个投资项目为例。我们就算不投资其他项目，也会非常富裕——那些钱两辈子都花不完。

所以，再说一次，我们并没有一套万试万灵、可以用来判断所有投资决策的方法。如果有，那就荒唐了。我只是给你们一种用来审视现实、以便获取少数可以作出理性反应的机会的方法而已。

如果你们用这种方法去从事竞争很激烈的活动，比如说挑选股票，那么你们将会遇到许多出色的竞争对手。所以我们即使拥有这种方法，得到的机会也很少。幸运的是，那么少的机会也足够了。

问：你是否成功地创造出一种氛围，让你的手下也能够做你说你自己一直在做的事情？例如，你刚才说到人类心理有追求一贯性的倾向……

我主要是说这种倾向会让人犯一些糟糕的错误。

问：你如何创造出一种轻松的氛围，（足够）让人们放弃那种倾向，并承认他们犯下错误呢？

例如，今年早些时候，英特尔的某个人谈起了他们的奔腾芯片遇到的问题。他们遇到的最大困难之一是意识到他们做错了，于是从头再来。在一个复杂的企业里面，这么做是很困难的。请问你是怎么做的呢？

英特尔及其同行创造了一种协调的企业文化，便于各个团队解决前沿的科学问题。那跟伯克希尔·哈撒韦有很大的不同。伯克希尔是一家控股公司。我们的权力很分散，只有最重要的资本配置才由公司的高层来拍板。

基本上，我们会选择那些我们非常钦佩的人来管理我们的附属公司。一般来说，我们跟他们很容易相处，因为我们喜爱和钦佩他们。他们的企业中应该有什么样的企业文化，都由他们自行决定，我们并不会干预。他们总是能够积极进取，及时更正以往的错误。

但我们是一家完全不同的公司。我完全不清楚沃伦或者我是否擅长安迪·格鲁夫的老本行，我们在那个领域毫无竞争力。我们相当善于团结我们敬爱的杰出人士，但我们也有缺点。例如，有人觉得我总是心不在焉，而且很顽固。要是在英特尔，我可能会干得一团糟。

然而，沃伦和我都非常善于改变我们先前的论断。我们致力于提高这种

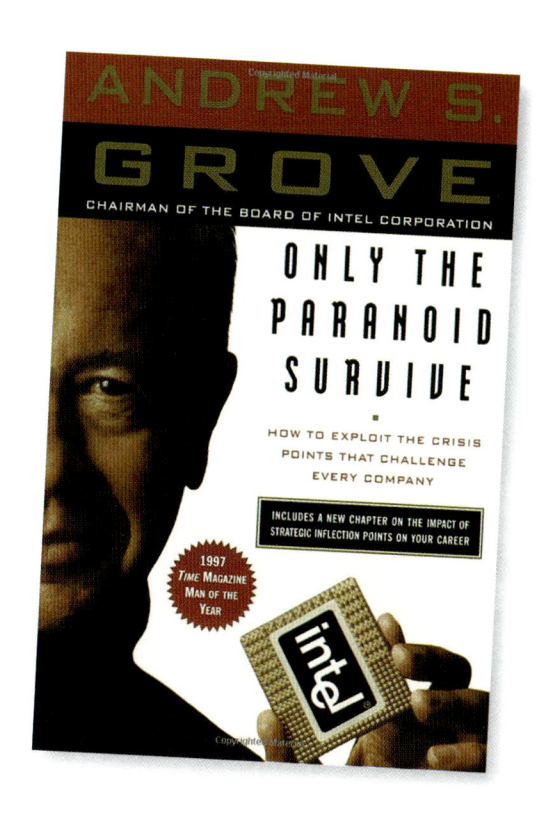

安迪·格鲁夫
Andy Grove
1936—

格鲁夫出生在匈牙利的布达佩斯，从纽约城市学院获得化学工程学士学位，是加州大学伯克利分校的博士。他先是替飞兆半导体公司工作，后来加入刚创办的英特尔公司，成为该公司的第四名员工。他在1979年成为英特尔的总裁，1987年改任CEO，1997年担任董事长和CEO。他写过一些学术著作和通俗作品，他在1996年出版的《只有偏执狂才能生存》非常受欢迎。格鲁夫现在仍担任英特尔的资深顾问。这本书在查理的推荐书目之列。

提问乔治·麦戈文（George McGovern，1922—2012，美国政治家，1972年代表民主党参选总统，败于尼克松）

问：有人跟我说你打算开一家只提供早餐的简易旅馆，但你遇到了许多束缚小企业家的规章制度。

答：我在康涅狄格州斯塔姆福德市开过一家有140个客房的酒店，苦心经营了差不多三年，但就是不赚钱。你知道吗，酒店业可能是全世界最难养家糊口的生意了，除非你碰巧拥有华尔道夫酒店。我没成功。

我被两个人起诉过，一个人在酒店的停车场发生意外，一个则在离开酒店时遇到事故。我知道这里面有多难——登记备案、按时纳税、支付薪酬等等。这让我对小企业遇到的问题有了全新的认识。

2004年7月24日访谈，©比尔·斯蒂格瓦尔德和《匹兹堡先驱评论》

本事，因为，如果没有它的话，灾难就常常找上门来。

问：你似乎对投资高科技公司不那么感冒，你本人和伯克希尔·哈撒韦都是如此，你能稍微谈谈为什么吗？我发现有件事情让我很吃惊，那就是经营一家低科技企业的难度和经营一家高科技企业的难度竟然是差不多的。

这两种都很难。但要发财哪有那么容易呢？这个世界竞争这么激烈，难道每个人都不可能轻易发财有什么不对吗？这两种公司当然都很难经营。

我们不投资高科技企业的原因是我们缺乏那个领域的特殊才能。**是的——低科技企业可能会难很多。不信你们去开一家餐厅，看看能否取得成功。**

问：你似乎认为高科技行业更难经营——因为你说经营高科技企业需要特殊才能。但它们难道不是一样的吗？

对我们来说，低科技企业的优势在于，我们认为我们对它的理解很充分。对高科技企业则不是这样的。我们宁愿与我们熟悉的企业打交道。

我们怎么会放弃一种我们有很大优势的游戏，而去玩一种竞争激烈而我们又毫无优势，甚至可能处于劣势地位的游戏呢？

你们每个人都必须搞清楚你们有哪方面的才能。你们必须发挥自己的优势。但如果你们想在较不擅长的领域取得成功，那你们的生活可能会过得一团糟。这一点我可以保证。如果不是这样的话，那你们肯定是中了彩票或者遇到其他非常走运的事情。

问：沃伦·巴菲特说伯克希尔对一家航空公司的投资是一次典型的失败。你们怎么会作出那个错误的决定呢？

基于普通股东的人数必然会膨胀，我们没有购买美国航空的股票——因为**在照顾普通股东的权益方面，航空业的历史很糟糕**。我们购买的是有强制性赎回权的优先股。实际上，我们当时借钱给美国航空，所以得到了这种债转股选择权。

我们并没有猜想它对股东来说是不是个好地方。我们只是猜想它能不能够保持兴隆，从而有足够的财力偿还贷款——除了强制赎回权之外，还有固定的分红。我们预计这家公司不会变得那么糟糕，不至于我们得承受我们所得到的高利率也不够补偿的风险。但结果是，美国航空公司很快就处于破产边缘，它挣扎了几个月，后来又恢复了正常，将来我们也许能够收回全部本金和利息。但它是一个错误。（伯克希尔后来确实全部收回了它对美国航空的全部投资。）

美国航空（US Airways），像美联航（United Airlines）和其他几家较小的航空公司一样，最近一道加入了申请破产保护的航空公司之列。（历史上）曾经申请破产保护的还有大陆航空（Continental）、东方航空（Eastern）和泛美航空。

我可不希望你们误以为我们拥有任何可以使你们不犯很多错误的学习或行事方式。我只是说你们可以通过学习，比其他人少犯一些错误——也能够在犯了错误之后，更快地纠正错误。但既要过上富足的生活又不犯很多错误是不可能的。

实际上，生活之所以如此，是为了让你们能够处理错误。那些破产的人的通病是无法正确地处理心理否认。你们对某样东西投入了巨大的精力，对它倾注了心血和金钱。你们投入的越多，一贯性原理就越会促使你们想："现在它必须成功。如果我再投入一点，它就会成功。"

如何对付错误和那些改变赢面的新情况，也是你们必须掌握的知识之一。生活有时候就像扑克游戏，有时候你们即使拿到一把非常喜欢的牌，但也必须学会放弃。

这时候，"剥夺性超级反应综合征"也会出现：如果不再投入一点，你们就要前功尽弃啦。人们就是这样破产的——因为他们不懂停下来反思，然后说："我可以放弃这个，从头再来。我不会执迷不悟下去——那样的话我会破产的。"

问：迪士尼收购大都会/美国广播公司时，你们没套现，而把大都会/美国广播公司的

《玩扑克的人》(*The Card Players*)
泰奥多尔·隆鲍茨,油画,奥地利萨尔兹堡市民画廊。

股票换成了迪士尼的股票，能谈谈你是怎么考虑的吗？媒体上有报道说你曾经考虑收取现金。

迪士尼是个非常棒的公司，但它的股票价格也太高了。它有部分业务是拍摄普通电影——这种生意对我毫无吸引力。然而，迪士尼有些业务比一个大金矿更好。我的孙儿孙女们——我是说，那些录像带……

迪士尼是自我催化的完美典范……他们拍摄了许多电影。他们拥有版权。电冰箱的出现极大地促进了可口可乐的发展，同样道理，当录像带被发明出来之后，迪士尼不需要发明任何新东西，它只要把摄制好的电影灌录成录像带就够了。每个父母和祖父母都希望自己的后代坐在家里看这些录像带。所以普通人的家庭生活对迪士尼的发展起到了推波助澜的作用。这里面的市场高达数千亿美元。

很明显，如果你们能够找得到，这是个非常好的模型。你们不用发明什么东西。你们只要稳坐不动，世界就会抬着你前进……

迪士尼后来作了许多正确的决定。别误会我的意思。但迪士尼的成功，确实很像我有个朋友在评论他一位无知却又获得成功的学友时说的话："他是一只坐在池塘里的鸭子。人们抬高了池塘的水位。"

艾斯纳和威尔斯对迪士尼的管理是很出色的。但当他们上任的时候，那些老电影的录像带对迪士尼的推动作用已经出现了，所以他们能够轻而易举地对管理进行革新。

平心而论，他们也很出色，创造了不少风靡市场的新产品，比如说《风中奇缘》和《狮子王》。到最后，光是《狮子王》就能带来几十亿美元的收益。我说的"最后"，是指差不多50年以后。时间是有点长，但光靠一部电影就能赚几十亿美元。

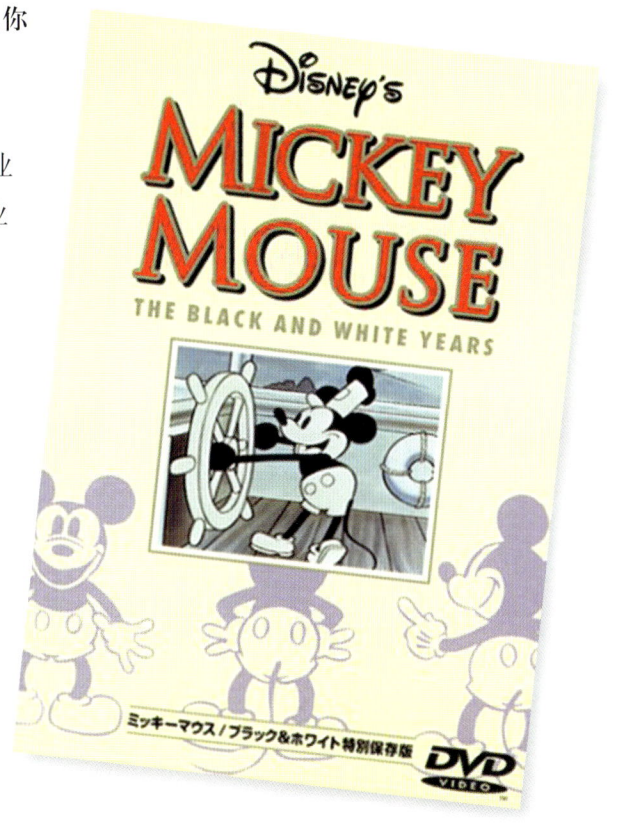

配偶的价值

26岁那年，沃尔特·迪士尼已经是加利福尼亚州好莱坞一家成功的动画工作室的领导。但经营情况并不理想，因为他的投资方居然把他的主要财富——兔子奥斯华的版权——从他手里夺走了。"当时我太太和我从纽约坐火车回来，我必须有东西可以告诉他们，"他回忆说，"我失去了奥斯华，但我在头脑里构思出这只老鼠……"沃尔特的新形象是一只小老鼠，穿着红色的天鹅绒裤子，名字叫作"摩迪梅尔"。沃尔特的太太丽莲觉得这个名字对于一个可爱的卡通人物来说太过花哨，建议改叫"米奇"。后来的故事就众所皆知了。

第三讲 论基本的、普世的智慧（修正稿） 283

问：你能谈谈你为什么离开律师业吗？

我家里人很多。南希和我养了八个孩子……我当时也没想到当律师会突然变得那么好赚钱。我离开之后，律师业就开始赚大钱了。到了 1962 年，我差不多不干了，而完全不干是在 1965 年。所以那是很久之前的事情了。

另外，我比较喜欢独立自主，用自己的钱去（投资）赌博。我常常想，反正我了解的比客户还要多，我干吗要替他办事呢？所以部分原因是我比较自大，部分原因是我想要能够让我独立自主的资源。

还有就是，我的客户大多数都很好，但有一两个我不是很喜欢。此外我还喜欢资本家的独立性。我的性格向来有好赌的一面。我喜欢算清楚事情，喜欢下赌注。所以我就顺其自然了。

问：你会去拉斯维加斯赌钱吗？

我从现在到离世都不会去赌场赌 100 美元。我不会那么做。我怎么会去赌场呢？我偶尔会跟朋友娱乐性地小赌一把，偶尔会跟一个比我高明得多的对手玩桥牌，比如说鲍勃·哈曼（Bob Hamman，1938—，美国桥牌手，被认为是世界上最伟大的桥牌手之一，曾获得 12 次世界冠军、50 次北美冠军），他可能是世界上打牌打得最好的人。但我知道我跟他是打着玩的。那是娱乐活动。

至于那种简单机械的赌场拥有永久优势的赌博，我怎么可能去玩 —— 我特别讨厌合法赌场那种操纵（大众心理）的文化。所以我不喜欢将赌博合法化。

弗兰克·威尔斯
Frank Wells
1932—1994

威尔斯非常受人尊敬，他曾担任迪士尼公司的总裁，直到 1994 年去世。有一张纸在他钱包里放了 30 年，上面写着："谦虚使人进步。"

1931年，内华达州北部的农场主菲尔·托宾提出了一份将赌博合法化的法案，得到了内华达州立法会的批准。托宾从没去过拉斯维加斯，他说他对赌博没有兴趣，他提出这个法案的意图是"为公立学校增加税收"。同样的理由也被用于推动国家彩票的发行。

我也不喜欢拉斯维加斯，即使它现在设有很多适合全家大小一起玩的娱乐项目。我不喜欢跟很多在牌桌上混的人在一起。

另外一方面，坦白讲，我确实喜欢能体现男子气概的打赌艺术。我喜欢跟朋友们社交性小赌一下。但我不喜欢那种专业的赌博环境。

问：你能说说自从你入行以来，共同基金和资金管理行业发生了什么变化吗？还有资本市场的增长。

实际上，我并没有真正地入行。我曾开过一家小小的私人合伙公司，经营了14年，二十几年前关掉了。然而，按照现在投资管理业的标准，我从投资者那里得到的费用还远远不够格。所以我确实不曾进入共同基金这个行业。

但资金管理业是美国近年来增长最快的行业之一。它创造了许多富裕的专业人士和许多亿万富翁。对于那些入行早的人来说，它是个大金矿。养老基金、美国公司市值和全世界财富的增长为许多人创造了一个利润丰厚的行业，并让其中许多人发了大财。

我们跟这些人有各种往来。不过，我们很多年没有涉足这个行业了。在很长很长的时间里，我们基本上只用自己的钱来做投资。

问：你认为这次牛市将会持续下去吗？

如果 25 年后，所有美国公司的市值没有比现在高很多，那我会非常吃惊。如果人们继续相互交易，将这些小纸片炒来炒去，那么资金管理业仍将会是一个热门行业。但除了用可以说是我们自己的钱来投资之外，我们真的不在这个行业里。

问：我对你们投资策略的转变很感兴趣，你们开始采用的是本杰明·格雷厄姆的模型，现在是伯克希尔·哈撒韦模型。你认为刚入门的投资者应该采用哪种模型呢？比如说把大部分或者全部资金投在一个我们认为很好的机会，然后几十年都不去动它？或者这种策略只适合一个更为成熟的投资者？

每个人都必须根据他自己的资金状况和心理素质来玩这个游戏。如果亏损会让你变得很惨 —— 有些亏损是不可避免的，你最好采用一种非常保守的投资模式，多存点钱。所以你必须根据自己的实际状况和才能来调整投资策略。我并不认为我能给你一种万金油式的投资策略。

我的策略对我来说是有效的，但这部分是因为我善于接受亏损。我的心理承受得了亏损。此外，我亏的次数并不多。这两种因素加起来，使得我的策略很有效。

问：你和巴菲特都说伯克希尔的股价太高了，你不推荐人们买它。

我们没有这么说（倒有这么认为过）。我们只是说，当时价格那么高，我们不会买，也不会推荐朋友去买。但这只跟伯克希尔在当时的内在价值有关。

问：如果我有钱，我会买的 —— 因为你们说过你们的高回报率可以继续保持 20 年……

但愿你的乐观是对的。但我不会改变我的观点。毕竟，我们今天遇到的情况是前所未有的。**有时我会跟朋友说："尽我所能啦，可是，我以前也没变老过。这是头一遭，我也不确定能否事事顺遂。"**

仍是最好的

《聪明的投资者》仍是最好的投资书籍。它只有三个你们真正需要的思想：
1. 市场先生比喻；
2. 股票是企业的一部分；
3. 安全边际。

—— 巴菲特

本杰明·格雷厄姆的重要著作

《证券分析》(1934)
《财务报告解读》(1937)
《世界商品与世界货币》(1944)
《聪明的投资者》(1949)
《格雷厄姆：华尔街教父回忆录》(1996，身后出版)

查理论尽可能好地变老

某人:"查理,你看起来比实际年龄小 20 岁。"

查理:"这是我今晚任务的一部分 —— 听许多与事实不符的言论。但谢谢你。"

增长的局限

荷兰人花大约 24 美元买下曼哈顿岛，根据估算，该岛如今价值大约等于 3 万亿美元。

在这 378 年里，每年的复合回报率是 7%。

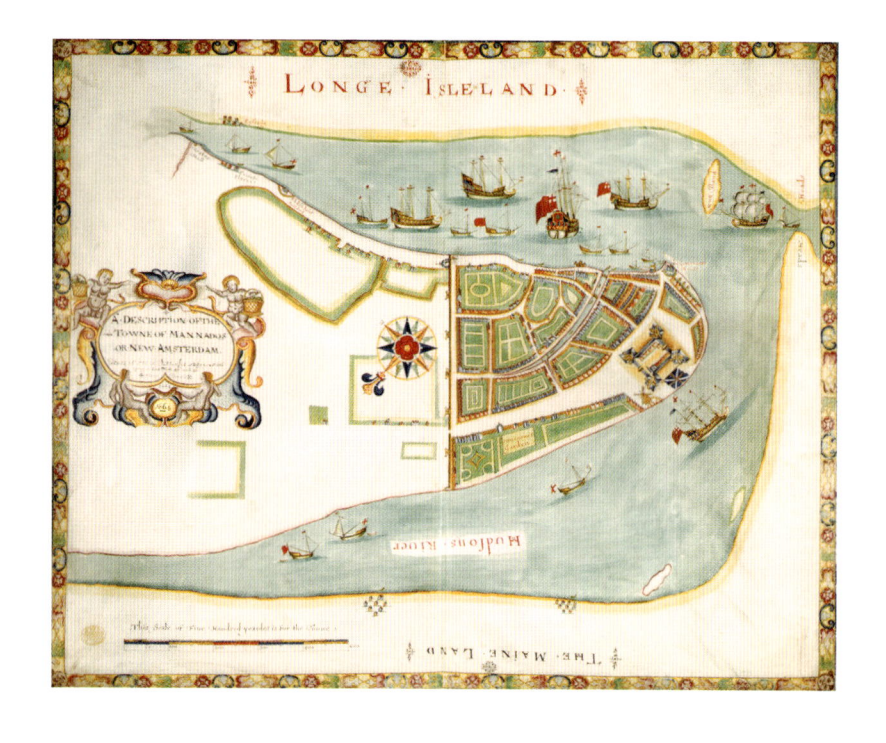

沃伦和我从来没有遇到过这种情况 —— 估值非常高，资本数额非常惊人。我们从来没有遇到过，所以我们正在学习。

问：你和巴菲特说的每句话似乎都很有道理，但听起来跟本杰明·格雷厄姆 30 年前说过的话差不多，他说股市的价值被高估了 —— 当时道指只有 900 点。

哦，我并不认为我们的看法跟他是一样的。格雷厄姆虽然很了不起，但是他特别喜欢预测整体市场的走势。与之相反，沃伦和我总是认为市场是不可知的。

从另外一方面来说，许多年来，扣除通货膨胀因素之后，大部分股票的年均回报率达到了 10% 到 11%，我们说过这些回报率不可能持续一段非常长的时期。它们做不到。那完全是不可能的。**世界的财富不可能以这种速度复合增长。**不管斯坦福大学持有的证券组合过去 15 年来取得了什么样的业绩，未来的收益肯定会比过去的糟糕。也许会还可以。但过去 15 年是投资者的快乐时光，如此惊人的富矿效应不可能永远持续下去。

问：伯克希尔的年报引起了媒体的广泛关注，因为它表达的悲观看法认为，公司的规模越来越大，导致投资机会越来越少。这种情况对你们未来 10 年有什么影响？

我们反复地说过，跟过去相比，未来股东财富的复合回报率将会下降 —— 我们的规模将会拖业绩的后腿。我们反复地说过这不是一种观点，而是一种承诺。

然而，不妨假定从现在开始，我们能够让账面价值以每年 15% 的比例复合增长。这个回报率不算太糟糕，对于长期持有我们的股票的股东来说，应该是可以接受的。我只是说我们能够承受增长放慢，因为我们的收益肯定会降下来，但对长期股东来讲仍是不错的。

顺便说一句，我并没有承诺我们的账面价值每年会有 15% 的复合回报率。

问：你刚才说避免拥有极端的意识形态是很重要的。你认为商界和法律界有责任帮助城市的贫民，让他们走上致富的道路吗？

我完全赞成解决社会问题。我完全赞成对穷人解囊相助。我完全赞成在经过深思熟虑之后，去做一些你认为利多于弊的事情。

我反对的是非常自信、非常有把握地认为你的干预必定是利多于弊，因为你要对付的是一个非常复杂的系统，在这个系统里面，每件事情相互牵连，相互影响。

问：那么（你的意思）就是要确定你做的事情（利多于弊）……

你没办法确定。这就是我的看法……

但从另外一方面来说，我最近确实推翻了两组工程师提出的方案。我怎么会有足够的自信在一个如此复杂的领域做这样的判读呢？嗯，你也许会想："这个家伙只是个有钱的自大狂罢了，他以为他什么都懂呢。"

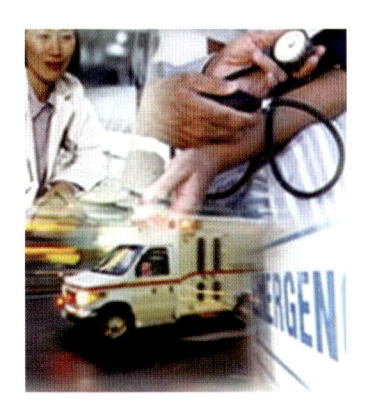

撒玛利亚医院

洛杉矶的撒玛利亚医院成立于 1885 年，是世界级的医学中心，隶属于南加州大学凯克医学院。该院是一家非盈利机构，每年的手术量约 4200 例，急诊量约 25400 人次。多年以来，撒玛利亚医院的理事会主席都是查理·芒格。

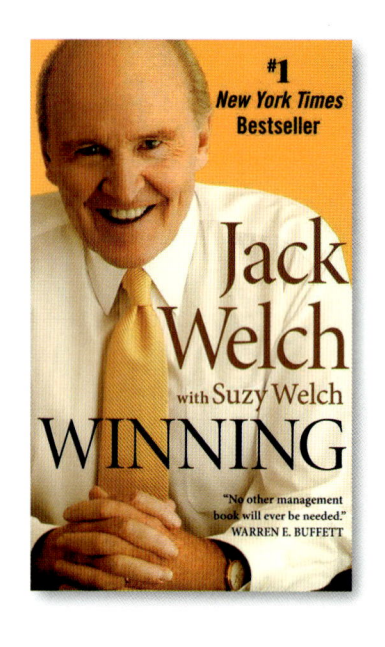

我可能是个自大狂,但我并不认为我什么都懂。不过我发现那两组工程师都很可能存在偏见,他们提出的结论都对他们自己有利。每一派所说的都与他们的天然偏见相合,这让我产生了怀疑。此外,也许我掌握了足够多的工程学知识,所以能够知道(他们的结论)并无道理。

最后,我找到第三个工程师,他提出的方案我很认可。后来第二个工程师跑来对我说:"查理,我怎么就没想到呢?"—— 他能这么说还是值得赞扬的。第三种方案更好,不但更安全,造价也更低。

有些人虽然比你更有学问,但在他的认知明显受到激励机制引起的偏见或者某些相同的心理因素影响时,你必须有自信推翻他的结论。但有时你不得不承认自己的能力有限 —— 你最好的办法就是信任某位专家。

杰克·韦尔奇
Jack Welch
1935—2020

杰克·韦尔奇出生在马萨诸塞州,他的父亲是小约翰·弗兰西斯·韦尔奇。他得到了化学工程的博士学位,然后在 1960 年加入了通用电气。凭借自己的努力,他逐步获得升迁,在 1980 年成为该公司的董事长和 CEO。在执掌通用电气的 20 年间,韦尔奇使该公司的资产从 130 亿美元增长到数千亿美元。

实际上,你应该弄清楚你知道什么,不知道什么。在生活中,还有什么比这个更有用的呢?

问:你讨论过可口可乐的失败。你认为苹果犯了哪些错误呢?

让我来给你一个非常好的答案 —— 这个答案是我从通用电气的 CEO 杰克·韦尔奇那里抄来的。韦尔奇是一位工程学博士。他是商界巨星,是个非常了不起的人。最近,有人问他:"杰克,苹果到底做错了什么?"当时巴菲特也在场。

韦尔奇是怎么回答的呢?他说:"我没

290　　第四章　查理十一讲

有足够的能力来回答这个问题。"我想给你相同的答案。在这个领域我没有能力给你任何特殊的见解。

从另一个方面来说,我照搬韦尔奇的答案,是为了教你一个道理。当你不了解,也没有相关的才能时,不要害怕说出来。

有些人不是这样的,我想用一个生物学的例子来说明。当蜜蜂发现蜜源的时候,它会回到蜂窝,跳起一种舞蹈,告诉同类蜜源在哪个方向,有多远,这是蜜蜂的基因决定的。四五十年前,有个聪明的科学家把蜜源放得很高,蜜蜂从来没有遇到过这样的情况。所以蜜蜂发现了蜜源,回到蜂窝。但它的基因里没有编排好表达蜜源太高的舞蹈。它是怎么做的呢?

如果它是韦尔奇,它就会坐下来。但实际上它跳起了一种不知所谓的舞蹈。许多人就像那只蜜蜂。他们试图以那种方式回答问题,那是一种巨大的错误。没有人期望你什么都懂。

有些人总是很自信地回答他们其实并不了解的问题,我不喜欢跟他们在一起。在我看来,他们就像那只乱跳舞的蜜蜂,只会把整个蜂窝搞得乱哄哄的。

问:你曾经在律师事务所干过,请问你当时是如何利用这些模型的?效果怎么样?现在的律师事务所好像并不采用这些模型。

它们也采用这些模型。但跟学术界的情况相同,律师事务所也有一些不正常的激励机制。实际上,从某些方面来说,律师事务所的情况更加糟糕。

我来说说律师业的另外一种模型:我很小的时候,我父亲是个律师。他有个好朋友叫格兰特·麦克费登,奥马哈的福特汽车经销商,这人也是父亲的客户。麦克费登先生是个非常了不起的人——他是个白手起家的爱尔兰人。

苹果电脑

1976年,史蒂夫·乔布斯和史蒂夫·沃兹尼亚克推出了苹果一号,苹果电脑公司正式成立。经过一系列的改进和创新,苹果电脑在市场上获得了高品质、便于使用的美誉。20世纪90年代初期,苹果电脑的市场份额遭到那些采用英特尔芯片加微软视窗操作系统的电脑的蚕食。尽管许多评论者认为苹果电脑的技术和性能更加先进,但在市场上完全不是基于微软视窗操作系统的产品的对手。到了20世纪90年代末期,苹果的iMac和Powerbook产品开始收复失地。后来苹果又推出了个人视听产品iPod,极大地提高了该公司的市场地位。而iPhone的诞生更是极大地改变了手机市场。苹果一跃成为全球市值最高公司。

他小时候经常挨父亲毒打，于是从农场逃出来，自己开创了一片天地。他是个聪明人，极其正直，极其有魅力——反正是个非常、非常了不起的人。

我父亲有另外一个客户跟他正好相反，那人是个吹牛大王，自视极高，处事不公，夸夸其谈，难以相处。当时我大概只有14岁，我问："爸爸，你为什么替 X 先生——那个自视极高的吹牛大王——做那么多工作，而不是花更多精力在格兰特·麦克费登这样的好人身上呢？"

我父亲说："格兰特·麦克费登正确地对待他的员工，正确地对待他的客户，正确地处理他的问题。如果他遇到一个神经病，他会赶紧远离那神经病，尽快给自己找条出路。因此，我要是只做格兰特·麦克费登的生意，就没钱给你喝可口可乐啦。但 X 先生就不同了，他在生活中遇到许多法律纠纷。"

这个例子表明从事律师业的问题之一。在很大程度上，你不得不跟一些非常低劣的人打交道。当律师能够赚很多钱，大部分归功于他们。就算你的客户是个品德高尚的人，你要帮他应付的对手也往往是非常低劣的家伙。这是我不再当律师的一个原因。

另外一个原因是我的私欲，但也是因贪欲带来的成功，我才能够更容易去做一个值得尊敬和理性的人。就像本杰明·富兰克林说过的："空袋子立不起来。"

我认为当我问起那两位客户时，我父亲的回答方式是非常正确的。他教给我一个道理。什么道理呢？**在生活中，为了养家糊口，你不妨偶尔替那些丧失理智的自大狂服务。但你应该像格兰特·麦克费登那样为人处世。那是个很好的道理。**

而且他用的教学方式非常巧妙——因为他不是把这个道理直接灌输给我，而是让我自己通过思考去体会。我必须自己动脑筋，才能明白我应该学习格兰特·麦克费登。他认为如果这个道理是我自己摸索出来的，我会记得更牢。确实是这样的，我到今天还牢牢地记住它——尽管已经过去几十年了。这是一种非常巧妙的教育方式。

W. C. 菲尔兹（Fields）饰演的《银行骗子》（*The Bank Dick*, 1940）：一个喜怒无常、毫无理智的吹牛大王。

欧文·斯通
Irving Stone
1903—1989

优秀的文学作品

欧文·斯通是美国作家，以撰写著名历史人物的传记体小说闻名。他的代表作包括根据梵高的生平撰写的《渴望生活》（1934），根据米开朗基罗的生平写就的《痛苦与狂喜》（1961）和根据查尔斯·达尔文的生平写成的《起源》（1980）。下面这本书是《筚路蓝缕的先行者》，描绘了那些在19世纪40年代开拓美国西部和加利福尼亚州的勇士的故事。

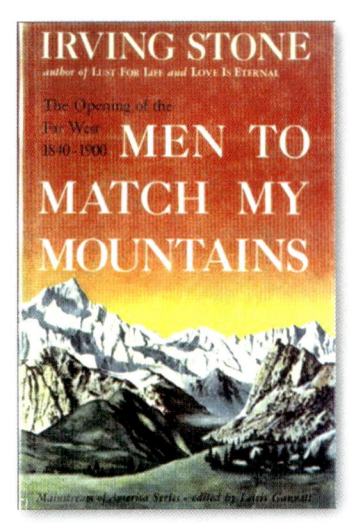

这种方式也跟基本的心理学有关，跟基本的文学道理也有关系。**优秀的文学作品需要读者略加思索才能理解，**那样它对读者的影响会很深，你会更牢固地记住它。这就是承诺和保持一贯性的倾向。**如果你动脑筋才懂得某个道理，你就会更好地记住它。**

如果你是律师或者企业领导，也许会想让他人明白我父亲告诉我的道理，或者其他你想让他们学到的事情。你可以通过这种方式对他们进行教育。难道用这种方法来教孩子不是很好吗？我父亲故意使用了间接的方法。你看它的效果多么好——就像库克船长巧妙地运用心理学一样。自那以后，我一直都在模仿格兰特·麦克费登——终生如此。我可能有些地方做得不够好，但至少我一直以他为榜样。

第三讲　论基本的、普世的智慧（修正稿）

《杰出投资者文摘》
编辑和出版人

亨利·爱默生
Henry Emerson

亨利·爱默生花了18年的时间跟世界上最伟大的投资管理者交往,其中包括沃伦·巴菲特和查理·芒格。他那份不可或缺的刊物的宗旨是:"尽量给我们的客户带来最有价值的资料——让日历见鬼去吧。"爱默生的刊物是各行各业的投资者必读的杂志。

问:你在《杰出投资者文摘》发表的文章结尾提到,只有少数投资经理能够创造附加值。你现在的听众将来都会成为律师,你认为我们应该怎样为司法业创造附加值呢?

只要成为能够正确思考的人,你们就可以创造附加值。只要很好地掌握正确的思考方式,能够见义勇为,当仁不让,你们就能够创造很大的附加值。只要能够防止或者阻止某些足以毁掉你们的事务所、客户或者你所在乎的某些东西的蠢事,你们就能创造很大的附加值。

你们可以使用一些有效的妙招。例如,我的老同学,斯卡登·阿普斯律师事务所的乔伊·弗洛姆,是个十分成功的律师,原因就在于他非常善于用一些精妙的比喻来有效地传达他的观点。如果你们想为客户服务,或者想要说服别人,用点幽默的比喻是非常有帮助的。

这是一种很了不起的本事。你们可以说乔伊·弗洛姆的本领是天生的,但他经常磨练这种天赋。你们或多或少都拥有这种天赋,你们也可以磨练它。

有时候你们会遇到一些不能做的事。例如,假设你有个客户非常想要逃税。他要是不逃税,就会觉得浑身不舒服。如果他认为有些漏洞可以钻但是他没有钻,他每天早上会连胡子都刮不干净。有些人就是这样的。他们就是不愿意安分守规矩。

你们可以用两种方法来解决这个问题:(A)你们可以说,"老子不给他干啦",然后撒手不管,或者(B)你们可以说:"哎呀,生活所迫,我必须为他工作呀。我只是替他作假,不代表我自己作假。所以,我还是做吧。"

如果发现他真的想要做一些非常愚蠢的事情，你们这么对他说可能是没用的："你这么做不对。我的道德比你高尚多啦。"

那会得罪他的。你们是年轻人，他年纪比较大，因此，他不会被你们说服，而是会作出这样的反应："你以为你是谁，凭什么给整个世界设立道德标准？"

但你们可以这样对他说："你做这件事情，不可能不让你的手下知道。所以呢，你这么做很容易遭到敲诈勒索。你这是在拿你的声誉冒险，拿你的家人和金钱冒险。"

这样做可能会有效。而且你们对他说的是实话。如果必须使用这样的方法才能让人们做正确的事情，你愿意在这种地方工作吗？我想答案是否定的。但如果你们只能在这样的地方待下去，从他的利益出发去说服他，很可能比从其他方面出发去说服他更有效。这也是一种有着极深的生物学根源的强大心理学原则。

我亲眼看到那种心理学原则是如何使所罗门倒掉的。所罗门的法律总顾问知道 CEO 古特福伦德应该尽快将所罗门公司的违法交易统统告诉联邦政府部门，古特福伦德并没有参与那些不法交易，不是主犯。总顾问要求古特福伦德那么做。实际上，他对古特福伦德说："虽然法律可能不要求你这么做，但那是正确的。你真的应该说出来。"

但那没有用。这个任务很容易被推掉——因为它令人不愉快。那正是古特福伦德的选择——他把它推掉了。

除了 CEO，总顾问在所罗门公司并没有什么靠山。如果 CEO 下台，总顾问也会跟着下台。因此，他整个职业生涯岌岌可危。所以为了拯救他的职业生涯，他需要说服这位拖拉的 CEO 赶快去做正确的事情。

这件任务简单得小孩子都能完成。总顾问只要这样对他老板说："约翰，你再这样下去，你的生活就毁了。你会身败名裂的。"这么说就可以了。**没有 CEO 愿意自毁前途、声名扫地。**

所罗门兄弟公司的约翰·古特福伦德

约翰·古特福伦德（John Gutfreund）曾任所罗门兄弟公司的董事长和 CEO；他发现了公司的违法交易，却坐视不顾，结果付出了惨重的代价。有个所罗门公司的交易员非法买进了 32 亿美元的美国国债。虽然公司高层几天后就获悉了这项交易，但古特福伦德并没有认真对待，反而将其隐瞒了超过三个月。当媒体将这件事捅出来之后，古特福伦德立刻意识到他的知情不报将会导致他在所罗门 38 年的生涯走到终点。他打电话给所罗门公司的外部董事沃伦·巴菲特，求他拯救所罗门公司，重振它的声望。巴菲特举重若轻地解决了这个复杂问题，该公司得以活下来，并得到进一步发展；它后来作价 90 亿美元卖给了旅行者集团。

2004年3月3日，纽约州纽约市：前世通公司（WorldCom）CEO伯纳德·埃伯斯在联邦广场26号的联邦调查局总部招供之后被戴上手铐，押往法院听候处分。埃伯斯因为搞垮了世通公司而被指控犯有共谋证券欺诈、向美国证券交易委员会提交虚假陈述等9项罪名。2005年3月，他被认定相关罪行成立。同年7月，被判25年有期徒刑，可能要在监狱里度过余生。

摄影：阿兰·坦宁鲍姆/北极星图片公司

这位所罗门的前总顾问为人聪明大度——他的想法也是正确的。然而，他丢了工作，因为他没有应用一点基本的心理学知识。他并不知道，在大多数情况下，要说服一个人，从这个人的利益出发是最有效的。

但就算遇到相同的情况，你们应该不会得到相同的糟糕结果。只要记住古特福伦德和他的总顾问的下场就好了。如果你们用心学，正确的道理是很容易掌握的。如果你们掌握了，在遇到其他人无法解决的关键问题时，你们就能够表现得游刃有余。只要你们变得明智、勤奋、公正，而且特别擅长说服别人去做正确的事，你们就能够创造附加值。

问：你能谈谈诉讼的威胁——股东的官司等等——和一般法律的复杂性如何影响到大型企业的决策吗？

嗯，每个大企业都为法律成本叫苦，为规章制度之多叫苦，为公司事务的复杂性叫苦，为控方律师——尤其是集体诉讼的控方律师——叫苦。所以你完全可以把一家公司的叫苦单照搬给另外一家公司，一个字都不用改。

但对于律师事务所来说，让它们叫苦的这些情况实在是好消息。多年以来，大型律师事务所的业务一直处于上升通道。它们根本忙不过来，就像大瘟疫中的收尸人。**当然，如果在瘟疫期间，收尸人一边手舞足蹈，一边拉小提琴，那会显得非常怪异。**所以律师事务所的合伙人会说："唉呀，真叫人悲伤——这么多复杂的问题，这么多的官司，这么多的司法不公。"

但说真的，他们多少有点精神分裂才会抱怨这种情况，因为这实际上对他们非常有利。最近加利福尼亚州出现了一些有趣的事。部分辩方律师想让公民投票否决某议案，但这么做有害于他们客户的利益，所以他们只能偷偷摸摸进行游说，免得被他们的客户发现。他们这么做的原因是，那个法案使得控方律师更难提出诉讼。

如果你是辩方律师，靠的就是和这些极端分子斗智斗勇，以此来为孩子交学费——那个法案无异于将他们的饭碗打破。所以身为成年人，他们只能作出这种成年人的选择。

所以大公司适应了。他们遇到更多的官司，不得不设立规模更大的法务部门。他们为他们不喜欢的东西叫苦，但他们适应了。

问：可是在过去几十年里，这种法律的复杂性消耗了企业大量的资源，是吧？

是的。几乎所有美国公司的诉讼费用和为了遵守各种规章制度而支出的费用都比 20 年前高出了一大截。确实，有些新的法规是很愚蠢的。但有些则是不可缺少的。这种情况将会一直延续下去，只不过轻重程度会有所不同。

问：是否有些企业由于担心失败或负法律责任而不太可能去投资那些风险较高的项目？您有看到或经历过企业决策上任何这样的变化吗？

我曾经和朋友——不是沃伦，是另外一个朋友——一起碰到过这种情况。我们控股的一家子公司发明了一种更好的警察头盔。那是用凯夫拉尔（即对位芳纶，美国杜邦公司

传说罗马帝国皇帝尼禄曾经在罗马发生大火期间怡然自得地拉小提琴。实际上，人们常说的小提琴要到罗马大火之后数百年才被发明出来。

于20世纪60年代研制出的一种具有低密度、高强度性能的新型复合材料）之类的原料制成的。他们把这种头盔带给我们看，要我们生产它。

就意识形态而言，我们非常支持警察。我认为文明社会需要警察队伍——虽然我并不认为每年牺牲的警察很多，给社会带来了太多的孤儿寡母，但我们赞成警察该有更好的头盔用。

然而，我们看了一下头盔，然后对那个发明它的人说："我们公司很有钱，可是我们造不起这种更好的警察头盔。现在的文明社会就是这样的。考虑到各种风险因素，我们不能生产这种头盔。但我们希望有人愿意生产。"

"所以我们不会漫天要价。去找别人生产它吧，把技术卖给能生产它的人。我们自己就不要生产了。"

因此，我们并没有试图阻止警察获得这种新头盔，但我们决定我们自己不要制造头盔。

考虑到文明社会的发展方式，有些行业的情况是这样的，如果你是该行业最有钱的人，那么它会是一个糟糕的行业。比如说，在高中的橄榄球比赛中，难免会有球员因头部受伤而导致半身麻痹或者四肢麻痹。除了那家最有钱的头盔制造商，伤者还能找到更好的起诉对象吗？每个人都为伤者感到遗憾，都觉得那些伤病非常严重，所以制造商输掉官司的概率很大……

我认为在我们这样的文明社会，富裕的大公司生产橄榄球头盔是不明智的行为。也许法律不应该让那些起诉头盔制造商的人轻易胜诉。

"就意识形态而言，我们非常支持警察。"

丹尼尔·罗德里古厄兹警官——人们称他为"警察歌星"——在2002年冬奥会开幕式上献唱。（美联社图）在"9·11"的悲剧发生之后，罗德里古厄兹警官给纽约人和许多美国人带去了安慰。

把事情简化

圣母大学橄榄球场的球员入口上面写着"今天像冠军那样去战斗"。我有时会开玩笑说内布拉斯加大学的标语是，"别忘了戴头盔"。查理和我是那种"别忘了戴头盔"的人。我们喜欢把问题简化。

——巴菲特

我认识两个医生——他们的婚姻都很美满。后来医疗责任险的保费升得太高，他们就都离婚了，把绝大部分的财产转移到他们的妻子名下。他们继续执业——只是没有投保医疗责任险而已。

他们对文明制度不满。他们需要适应。他们信任他们的妻子。所以就出现了那种情况。自那之后，他们再也没有为医疗责任投保。

人们能够适应不断变化的司法气候。他们有各自的办法。从前是这样，将来也仍会是这样。

我个人最讨厌的是那些让欺诈变得容易的制度。加利福尼亚州那些脊椎按摩师的收入也许有一大半是纯粹通过欺骗得来的。例如，我有个朋友在一个糟糕的社区发生了一起小小的车祸。他甚至还没来得及把车驶离那个交叉路口，就收到了两个脊椎按摩师和一个律师的名片。他们专门从事伪造受伤报告的勾当。

兰德公司的数据显示，我们加利福尼亚州平均每次车祸的受伤人数是其他许多州的两倍，但实际上我们每次车祸的受伤人数并没有比别的州高出一倍。所以有一半是伪造的。这已经成了一种社会风气，人们认为每个人都这么做，所以自己诈伤也完全没有问题。我认为这样的社会风气是很糟糕的。

如果制度由我来制定，那么对工作压力的工伤赔偿金将会是零——不是因为工作造成的压力并不存在，而是我认为如果允许因工作压力就能够得到赔偿，那么社会受到的损害，将会比少数人真的因工作压力受伤而得不到赔偿的情况糟糕得多。

我喜欢海军的制度。如果你是海军的船长，接连工作了 24 小时，需要去睡觉，所以在恶劣的环境中把船交给非常有能力的大副，而他把船弄搁浅了——这显然不是你的错——他们不会把你送到军事法庭，但你的海军生涯就结束了。

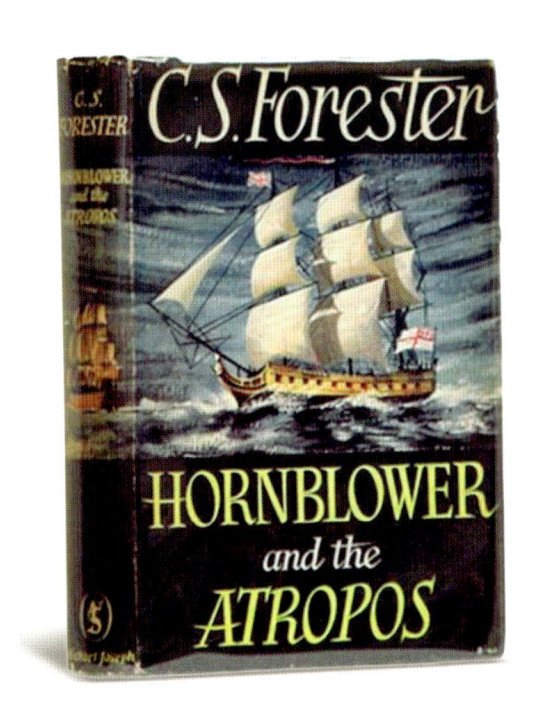

英国封锁法国海岸线
（1803—1814）

冬天的比斯开海湾狂风大作，巨浪滔天，让船员感到非常痛苦。根据 C. S. 福里斯特在《霍恩布劳尔》系列小说中的记载，如果船长在执行封锁任务期间使得战船搁浅，那么后果将会非常严重。不管原因是什么，船长肯定会被送到军事法庭接受最严厉的处罚，甚至包括死刑。不出意料的是，那些年只有一艘船搁浅了，原因是撞上了海图上没有标出来的礁石。

法国皇帝拿破仑·波拿巴通过征服或者结盟，控制了西欧、中欧的大部分地区，到了 1813 年，他在莱比锡附近展开的多国大会战中被击败。他后来东山再起，开启了所谓的百日王朝，随即又在 1815 年的滑铁卢战役中一败涂地。这幅画叫做《波拿巴从圣伯纳德隘口翻越阿尔卑斯山》(Bonaparte Crossing the Alps at Grand-Saint-Bernard)，是雅克-路易·大卫的作品，共有五幅，此幅现藏于法国吕埃-马迈松的马迈松城堡。

你们也许会说："那太严厉了。法学院可不是这样的。那不是合法的诉讼程序。"嗯，海军的模式比法学院的模式好多了。海军的模式确实能够促使人们在环境恶劣的时候全神贯注 —— 因为他们知道，如果出事绝对不会获得原谅。

拿破仑说他喜欢更幸运的将领 —— 他不会支持败军之将。同样地，海军喜欢更幸运的船长。

不管你的船是因为什么原因搁浅的，反正你的生涯结束了。没有人对你的错误（原因）感兴趣。那就是海军的规则 —— 从方方面面来说，这对所有人都好。

我喜欢那样的规则。我认为如果有几条这种不追究过错原因的规则，我们的文明社会将变得更好。但这种提议很容易在法学院引起争议："那不是合理的诉讼程序，你没有真的追求正义。"

我赞成海军的规定，那就是在追求正义 —— 追求让更少船只触礁的正义。考虑到这些规则带来的好处，我不会在乎有位船长受到不公平的对待。毕竟，那又不是把他送到军事法庭。他只需要另外找份工作而已，他从前缴纳的养老金依然归他所有，诸如此类的。所以那对他来说也不会是世界末日。

我喜欢这样的规则。可惜像我这样的人不多。

问：我想听你再谈谈如何作判断。在你的演讲中，你说过我们应该阅读心理学教材，然后掌握十五六个最有道理的原则……

掌握那些明显很重要和明显很正确的原则。没错……然后你还得钻研那些明显很重要然而教材上又没有的原则 —— 这样你就能得到一个系统。

问：是的。我的问题跟第一步有关，怎样确定哪些原则是明显正确的呢？对我来说，这才是更重要的问题。

头脑简单、肯定拥有它们在生活中所需的全部答案的绵羊堵住英国约克郡的一条乡间小路。

不，不。没你说的那么难，你言过其实了。人们很容易受到他人的思维和行为的严重影响，有时候这种受影响的情况是发生在潜意识层面上的，你觉得这很难理解吗？

问：没有啦。这个我能理解。

那就对了。那你就完全能够弄懂那些原则。慢慢来，一个一个掌握。没有你说的那么难……

你觉得操作性条件反射的原理——也就是人们会重复他们上一次成功的活动——很难理解吗？

问：我觉得要掌握的东西很多，有道理的内容也很多。我觉得这个系统很快就会变得很复杂——因为各种各样的原则太多了。

嗯，如果你像我一样，你就会觉得有点复杂才有意思。如果你想要毫不费力就能明白，也许你应该加入某种宣称能够解答一切问题的邪教。 我可不认为那是一种好办法。我想你必须接受这个世界——它就是这么复杂。爱因斯坦曾经很好地总结过这一点："一切应该尽可能简单，但不能过于简单。"

我想学习心理学也是这样的。如果有20种因素，并且它们相互影响，你必须学会处理它们——因为世界就是这么复杂。但如果你能够像达尔文那样，带着好奇心逐步解决问题，你就不会觉得很难。你会惊讶地发现，原来你能够学得很好。

问：你刚才给了我们三个你使用的模型。我想知道你是从哪里找到其他模型的。第二个问题，你能教给我们一种更轻松地阅读心理学教材的方法吗？我倒不反对去读心理学教材，可是那样很费时间。

学科的种类并不多，真正有用的思想也不多。把它们统统弄清楚会给你带来很多乐趣。此外，如果你通过亲自摸索去把它们搞清楚，而不是通过别人的转述死记硬背，你对那些思想的掌握会比较牢固。

更重要的是，这种乐趣永远不会枯竭。我以前接受的教育错误得很离谱。我根本没有看过所谓的现代达尔文主义的著作。我看的书也很杂，但我就是没看过这类书。去年我突然意识到自己真是个白痴，居然连现代达尔文主义都没看过，所以我倒了回去，在牛津大学伟大的生物学家道金斯和其他人的帮助之下，我补充了这个流派的知识。

现代达尔文主义或者现代达尔文综合理论

"现代达尔文主义"或者"现代达尔文综合理论"这个术语指的是20世纪30年代末期到20世纪40年代间，那些综合基因学家和博物学家的发现，解释基因的改变如何影响生物多样性进化的理论。

"我七十几岁啦，对我来说，理解现代达尔文综合理论绝对是很快乐的事情。（生物的行为和进化，是为了促进其基因的利益——）这种理论极其漂亮，极其正确。一旦掌握它之后，它就变得很简单明了。"

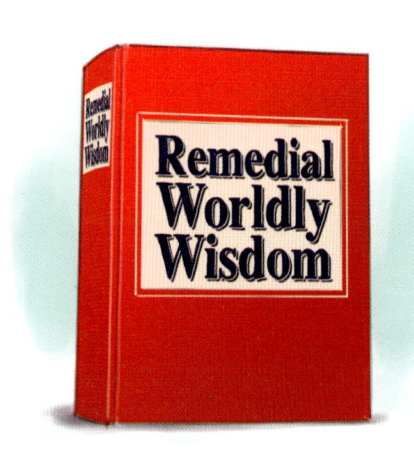

如果查理给法学院的学生上"补救式普世智慧"这门课，这门课肯定会包括他的"由数学、物理学、化学和工程学构成的四门基础学科"（参见第五讲），以及会计学、历史学、心理学、哲学、统计学、生物学和经济学。实际上，上完这门课所需的时间可能不只"三个星期或者一个月"。

我七十几岁啦，对我来说，理解现代达尔文综合理论绝对是很快乐的事情。这种理论极其漂亮，极其正确。一旦掌握它之后，它就变得很简单。所以我这种方法吸引人的地方就在于它带来的乐趣永不枯竭。如果你患上老年痴呆症，最终被送到疗养院，那么我想这种乐趣确实会枯竭。但就算是那样，它至少也持续了很长的时间。

如果我是法学院的沙皇——不过法学院当然不会允许沙皇的存在（它们甚至不希望院长拥有太多的权力）——我会开设一门叫做"补救式普世智慧"的课程，它将会提供许多有用的东西，包括大量得到正确传授的心理学知识。这门课可能只持续三个星期或者一个月……

我认为你们应该开设一门有趣的课程——采用一些有说服力的例子，传授一些有用的原理——那将会很有趣。我认为这门课程将有助于你们发挥从法学院学到的知识。

人们会对这个想法不以为然。"大家不做这样的事情。"他们可能不喜欢课程名称——"补救式普世智慧"——所含的讽刺意味。不过我这个名称的含义其实是"每个人都应该知道"。如果你管它叫补救式的，难道你的意思不是这样的吗？"这些道理真的非常基础，每个人都应该知道。"

这样一门课将会非常有趣。可以援引的例子太多了。我不明白人们为什么不开设。也许是因为他们不想开，所以就没有开；但也许是他们不知道该怎么开；也许他们不懂这门课是什么。

但如果你们在接受传统的法学院教育之前，有那么一个月的时间来学习这些通过生动的例子得到传授的基本道理，你们在法学院的整个求学过程将会有趣得多。我认为整个教育系统的效果将会好得多。但没有人对开设这样的课程感兴趣。

有些法学院确实传授教材之外的知识，但在我看来，他们的方法往往显得非常笨拙。其实美国大学的心理学课算上得不错的了，不信你看看那些企业金融课程。现代的组合投资理论？那完全是乱来！真叫人吃惊。

我不知道怎么会这样。自然科学的工程学都教得很好。但除了这些领域，其他学科的情况完全是莫名其妙——尽管有些学科的研究人员智商非常高。

可是，孩子们，学校应该如何改变这种愚蠢的局面呢？正确的做法不是请一个七十几岁的老资本家来告诉高年级的学生："这是一点补救式普世智慧。"这不是解决问题的办法。

从另外一方面来说，法学院在学生刚入学的第一个月就灌输一些基本的原理……**许多法学原理是跟其他原理联系在一起的，它们的关系密不可分。然而，在教学中，他们并没有指出这些法学原理跟其他重要原理有密切的关系。这种做法很荒谬——绝对很荒谬。**

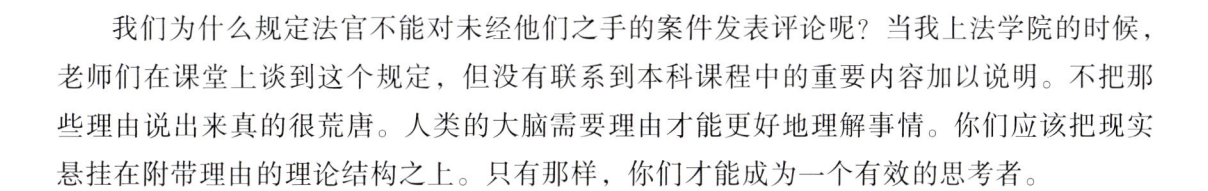

我们为什么规定法官不能对未经他们之手的案件发表评论呢？当我上法学院的时候，老师们在课堂上谈到这个规定，但没有联系到本科课程中的重要内容加以说明。不把那些理由说出来真的很荒唐。人类的大脑需要理由才能更好地理解事情。你们应该把现实悬挂在附带理由的理论结构之上。只有那样，你们才能成为一个有效的思考者。

至于老师们教给学生一些原理，却不给理由，或者很少解释理由，那是错误的做法！

我之所以想要设立一门课来传授补救式普世智慧，原因还在于它会迫使教授们去反省。要是这些教授传授的知识明显有误，而我们在一门叫做"补救式普世智慧"的课程中予以更正和强调，那么他们会感到难为情。那些传授错误知识的教授真的必须为自己辩护。

这个想法是不是很疯狂？期待有人设立一门这样的课，可能是一个疯狂的想法。不过，如果有人真的开了这样的课，难道你们不觉得它会很有用吗？

问：我认为要是有一门这样的课那就太好了。可惜等到这门课开出来的时候，我们早就毕业啦。你的建议是，可以通过设置一门课程来教我们。但除此之外，我们还有什么办法可以学到普世智慧吗？

一直以来，总有人问我学习是否有捷径。今天我也尝试给你们提供一些学习的窍门，

但光靠这样一次演讲是不够的。正确的做法应该是写一本书。

我希望我说的话能够帮助你们成为更有效率和更优秀的人。至于你们是否会发财，那不是我要考虑的。**但总有人要求我："把你知道的都喂给我吧。"当然，他们说的话往往是这样的："教我如何不费力气地快速致富。不但要让我快速致富，你还要快速地教会我。"**

我并没有兴趣自己写一本书。再说了，写书要花很多精力，那不是我这样七十几岁的人应该做的。我还有其他许多事情要处理，所以我不会去写书。但对别人来说是绝好的机会。如果我发现有聪明人愿意正确地完成这项任务，我会为他的写作提供资助。

让我来解释一下为什么现在的教育如此糟糕。部分原因在于不同学科之间老死不相往来的现状。例如，心理学只有和其他学科的原理结合起来才是最有用的。但如果你们的教授并不了解其他学科的原理，那么他就无法完成这种必要的整合。

可是，如果有个人精通其他学科，致力于将其他学科的原理和心理学结合起来，他怎么能够成为心理学教授呢？这样的心理学教授往往会激怒他的同行和上级。

世界历史上有过几个非常了不起的心理学教授。亚利桑那州立大学的罗伯特·西奥迪尼（Robert Cialdini）对我非常有启发，B. F. 斯金纳也是——不是说他的偏执性格和乌托邦倾向，而是说他的实验结果。但总的来讲，我并不认为美国的心理学教授如果改行研究物理学，也能够成为教授。这可能就是他们没能把心理学教好的原因。

许多教育学院，甚至有些优秀大学的教育学院，都兴起了心理学的热潮。它们简直是知识界的耻辱。有些院系——甚至在有些杰出的研究机构中——有时也会存在某些重要的缺陷，开设许多名为心理学的课程也并非包治百病的灵丹妙药。

B. F. 斯金纳
Burrhus Frederic Skinner
1904—1990

伯勒斯·弗里德里克·斯金纳出生在宾夕法尼亚州。他的父亲是律师，他的母亲性格坚强，而且很聪明。斯金纳自幼热爱学习，考上了大学。毕业之后，他生活在格林威治村，为报纸撰写有关劳工问题的文章。后来他厌倦了波希米亚式的生活，决定回到哈佛大学，在该校获得了心理学博士的学位。斯金纳对心理学的重大贡献是他关于操作性条件反射和行为倾向的实验。操作性条件反射可以用下面的句子来概括："后果引发的行为、后果的性质决定了有机体在未来重复该行为的倾向。"

芝加哥大学雅克斯天文台

考虑到学术界的惯性，所有学术界的缺陷都是非常难以解决的。你们知道芝加哥大学是如何解决心理学系问题的吗？该系拥有终身教职的教授都很糟糕，校长实际上废除了整个心理学系。

假以时日，芝加哥大学将会拥有一个全新的、截然不同的心理学系。实际上，现在它也许已经拥有了，也许情况比以前好得多了。我必须承认，我对一个如此有魄力的大学校长是极其钦佩的。

我并不希望你们听了我的批评之后，就以为大学心理学教育的糟糕情况完全是因为心理学系的教职员工能力都很低下。相反，造成这种情况的原因跟心理学的本质有关——这个学科有许多难以消除的、令人着恼的特性。

芝加哥大学是在1890年由美国洗礼派教育联合会和约翰·洛克菲勒创办的。洛克菲勒曾说该大学是"我作过的最好的投资"。芝加哥大学如今在校的本科生超过6800名，研究生和其他各类学生超过10200名。它号称它的教员、学生和研究人员中出过九十几位诺贝尔奖得主。

第三讲　论基本的、普世的智慧（修正稿）

德国物理学家马克斯·普朗克以对热力学和放射学的研究闻名。他的名言包括：

"科学无法解决终极的自然之谜。那是因为归根到底，我们本身正是我们试图解决的谜团的一部分。"

"惟有专心致志把自己奉献给科学的人，才能够在科学研究上有所建树，有所发现。"

"新的科学真理能够取得胜利，并不是因为那些反对它的人改变主意，看到真理的光明，而是因为这些反对者最终死去，而熟悉新科学真理的新一代终于成长起来。"

"真理追求者之所以感到幸福，是因为他们的追求过程终于获得了成功，而不是因为他们终于拥有了真理。"

马克斯·普朗克
Max Planck
1858—1947

让我通过一个包括几个问题的"思维实验"来证明这一点：是否有些学科需要一个像詹姆斯·克拉克·麦克斯韦那样的集大成者，却从未吸引到这样的人才？学院心理学的本质是否决定了这个学科对天才毫无吸引力？我认为这两个问题的答案都是肯定的。

原因不难理解，每代人中能够准确地解决热力学、电磁学和物理化学的各种难题的人只有少数几个，用一只手就可以数得过来。这样的人往往会被活着的最杰出的人乞求从事硬科学的研究。

这样的天才会选择从事心理学研究吗？心理学的尴尬之处在于：（A）就社会心理学而言，人们对它揭示的各种倾向了解得越多，这些倾向的作用就会变得越弱；（B）就临床（治疗）心理学而言，它必须面临一个尴尬的问题：相信虚幻的东西往往能够提高幸福感。所以我认为答案显然是否定的。非常聪明的人不愿意从事心理学研究，正如诺贝尔物理学奖得主马克斯·普朗克不愿意从事经济学研究一样：他认为他的方法无法解决经济学的问题。

问：我们谈论了许多生活质量和专业追求之间的关系。除了学习这些模型之外，你还有时间做其他感兴趣的事情吗？除了学习之外，你还有时间去做好玩的事情吗？

我总是用相当一部分的时间来做我真正想做的事情 —— 比如说只是钓鱼、玩桥牌或者打高尔夫球。

我们每个人都必须想清楚自己要过什么样的生活。你们也许想要每周工作 70 个小时，接连工作 10 年，以便成为克拉法斯律师事务所（美国著名律师事务所）的合伙人，然后更加卖命地工作。你们也许会说："我不愿意付出那么大的代价。"这两种方式完全是因人而异，你们必须自己弄清楚。

但无论你们选择了哪种生活方式，我认为你们应该尽量去吸收基本的普世智慧，否则就是犯了大错，因为普世智慧可以让你更好地服务别人，可以让你更好地服务自己，可以给生活带来更多的乐趣。所以如果你们有能力去掌握它却不去掌握，我认为那是很荒唐的。如果你们掌握了普世智慧，你们的生活将会变得很丰富 —— 不仅是金钱方面，其他方面也将会变得很丰富。

这次演讲是非常特殊的，一个商人跑到法学院来作演讲 —— 这个家伙从来没有上过一节心理学的课程，却告诉你们所有的心理学教材都是错的。这是很奇怪的。但我只能告诉你们，我是很诚恳的。

有许多简单的东西是你们之中许多人都能够学会的。如果你们学会了，你们的生活将会得到改善。此外，学习它是很有趣的。所以我敦促你们去学习它。

问：这些年来，你实际上是在完成与他人分享智慧的任务吗？

当然。你们看看伯克希尔·哈撒韦就知道啦。我认为它是最具有教育意义的企业。沃伦不打算花钱。他准备把钱统统回馈给社会。他只是建立起一个讲台，以便人们聆听他的教诲而已。不消说，他的教诲都是很好的。那个讲台也不算差。你可以说沃伦和我都是我们自己意义上的学者。

问：你说的话大多数很有说服力。你对知识、改善人类生存状况和金钱的追求都是值得称道的目标。

我不知道对金钱的追求是否值得称道。

为人师表的责任

基于我们的性格和我们的道德观念，沃伦和我都认为当一名优秀的教师是高尚的职业。我偶尔发表演讲，允许出版这本书；沃伦写那些年报，偶尔发表演讲，与商学院的学生有来往——所有这些都是出于一种为人师表的责任。正确的教育差不多是人类最崇高的职业。

我们认为这个职业非常崇高，所以总是向那些对学习根本不感兴趣的人说教。很少人像我们这样，碰过许多钉子，但仍然乐此不疲。

——芒格

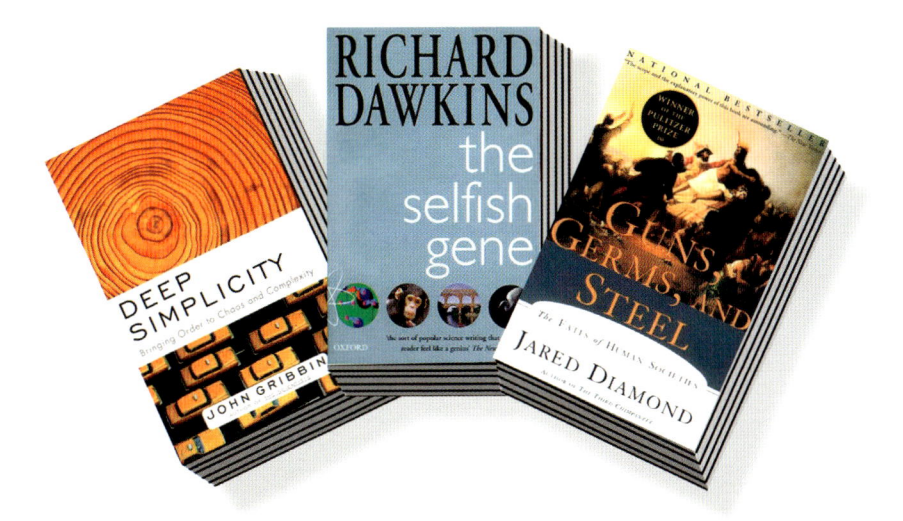

> 称职的老师应该传授世界上最好的知识和道理。
>
> —— 威廉·奥斯勒爵士

问：那么，追求金钱应该算是可以理解的目标吧？

这我倒是同意的。反正我不会瞧不起那些搞电话推销或者校对债务合约的人。如果你需要钱，赚钱就是乐趣。如果你在你的职业生涯中必须更换许多份工作，那也没什么好说的。你终究得做点赚钱的事情。许多工作只要能够让你赚钱，就是体面的工作。

问：我知道你对那些太受意识形态影响的人有所保留。但你的所作所为就没有受到意识形态的影响吗？难道就没有什么让你为之醉心的东西吗？

有啊，我醉心于智慧，我为追求准确和满足好奇心而醉心。也许我天生高尚，愿意为那些超越我的短暂生命的价值观念服务。但也许我只是在这里自吹自擂。谁知道呢？

我认为人们应该掌握其他人已经弄清楚的道理。我并不认为人们只要坐下来空想就能掌握普世智慧。没人有那么聪明……

重读第三讲

1996年发表这篇演讲的时候，我认为人们应该避免强烈的政治偏见，因为它使许多人精神失常，甚至包括一些非常聪明的人。自那以后，无论左翼还是右翼，它们的政治偏见都变本加厉，正如我早已料到的，这种情况造成的结果是很多人无法正确地认识现实。

我自然不喜欢这种结果。按照我的性格，我会像阿基米德有可能的那样质问上帝："你怎么可以在我提出那些公式之后让中世纪这样的黑暗年代出现呢？"或者像马克·吐温曾经抱怨的那样："现在的文坛真是萧条啊。荷马已经去世。莎士比亚死了。我觉得我好像也快不行了。"

幸好我仍然能够控制我自己别发出马克·吐温那样的浩叹。毕竟我从来不曾幻想我的观点能够让世界发生很大的变化。相反，我向来认为做人要低调谦虚，所以我要追求的是：（1）向比我优秀的人学习几种有用的思维方法，帮助我自己避免犯一些我这个年龄段的人容易犯的大错；（2）将这些思维方法传授给少数几个由于已经差不多了解了我说的内容而能够轻松地向我学习的人。这两个小小的目标我算是完成得很好了，所以看到世人如此不智，倒也没什么好抱怨的。我把用来对付失望的最佳方法称为犹太人的方法：那就是幽默。

当我2006年3月重读第三篇演讲稿的时候，我仍然喜欢我在演讲中强调的一点：应该尽可能地设计各种防止欺诈的制度，哪怕有些人的悲惨遭遇将会因此而得不到补偿。毕竟，一种让欺诈得到回报的制度将给社会造成很大的破坏，因为糟糕的行为会成为被效仿的榜样，形成一种非常难以消除的社会风气。

我很温馨地回想起我在第三篇演讲稿中强调的另外两点：从我父亲的朋友格兰特·麦克费登身上学到的为人处世之道，以及从我父亲身上学到的一种教学方法。对这两位谢世已久的先人，我欠他们很多，如果你们喜欢《穷查理宝典》，那么你们也是。

识字不读好书，等于不识字。
—— 马克·吐温

在这篇演讲稿中,查理逐步向我们解释如何通过各种"思维模型"进行决策和解决问题。他巧妙地问听众如何白手起家,创办一个资产高达 2 万亿美元的财富,并用可口可乐作为经典案例给出了答案。当然,他的方法很独特,它的巧妙和明智将会让你们震惊。

谈完这个案例之后,查理接着讨论了高等教育的失败,以及它在培养决策者方面不尽如人意的历史。关于这个问题,他有其他解决方法。

这次演讲是于 1996 年在一个不对外公开的场合发表的。

查理建议编者提醒你们:大多数人并不理解这篇讲稿。查理说这次演讲极其失败,而且人们之后发现这篇演讲很难懂,甚至将演讲稿仔细读过两遍之后还是觉得很费解。在查理看来,这些结果有着"微妙的教育意义"。

第四讲

关于现实思维的
现实思考？

一场非正式演讲
1996年7月20日

我的演讲题目是"关于现实思维的现实思考？"——后面带着一个问号。在漫长的职业生涯中，我掌握了一些超级简单的普遍观念，我发现它们对解决问题很有帮助。现在我将要讲述五个这样的观念，然后再向大家提出一个极难回答的问题。这个问题实际上是这样的：如何用200万美元的初始资本打造一家价值高达2万亿美元的企业。2万亿美元的数额足够算得上是一种现实成就。接下来，我将会利用我有用的普遍观念，尝试去解决这个问题。最后，我将会指出我的论证的重要教育意义所在。我会这样结束演讲，因为我的目的是教育性的，所以今天的游戏是和大家一起来寻找更好的思维方法。

第一个有用的观念是，简化任务的最佳方法一般是先解决那些答案显而易见的大问题。

"如果缺乏数学运算能力，在我们大多数人所过的生活中，你将会像一个参加踢屁股比赛的独腿人。"

伽利略·伽利雷
Galileo Galilei
1564—1642

伽利略·伽利雷出生在意大利比萨附近，年轻时曾有志于成为一名修道士。不过到最后，他的兴趣转向了数学和医学，在钟摆运动、地心引力、抛物线轨迹和其他许多领域均有奠基性的发现。他制造了第一个天文望远镜，用它观测了木星的卫星以及银河系。1633 年，他受到罗马宗教审判所的裁处，被软禁在家中度过了余生，而且还被迫声明放弃了对哥白尼的日心说的信仰。尽管身陷囹圄，他仍然继续撰写他的著作《关于托勒密和哥白尼两大世界体系的对话》，利用数学来证明这两种新的科学理论，并在 1638 年完成了这项工作。《对话》被人偷偷带出意大利，并在荷兰出版，它囊括了伽利略对物理学的大多数贡献。

第二个有用的观念跟伽利略的论断如出一辙。伽利略说，惟有数学才能揭示科学的真实面貌，因为数学似乎是上帝的语言。伽利略的看法在乱糟糟的日常生活中同样有用。如果缺乏数学运算能力，在我们大多数人所过的生活中，你们将会像一个参加踢屁股比赛的独腿人。

第三个有用的观念是，光是正面思考问题是不够的，你必须进行反面思考。就像有个乡下人说过的，他要是知道他的死亡地点就好了，那他就永远不去那里。实际上，许多问题是无法通过正面思考来解决的。所以伟大的代数学家卡尔·雅可比经常说："反过来想，总是反过来想。"毕达哥拉斯学派也同样通过逆向思考证明"2 的平方根是一个无理数"。

第四个有用的观念是，最好的、最具有实践性的智慧是基本的学术智慧。但有一个极其重要的前提：你必须以跨学科的方式思考。你必须经常使用所有可以从各个学科的大一课程中学到的概念。如果能够熟练地掌握这些基本概念，你解决问题的方法将不会受到限制。由于各个学科和亚学科之间的壁垒极其森严，跨出划定的界线去研究其他学科被视为冒天下之大不韪的事情，所以学术界和许多商业机构解决问题的方法非常有限。你必须反其道而行，采用跨学科思维方式，用富兰克林在《穷理查年鉴》中的话来说，就是："如果你想要完成，就自己着手去做。如果不想，就让别人去做。"

如果你们在思考问题的时候完全依赖别人，时常花钱请一些专业顾问，那么每当碰到你们那狭小的知识面之外的问题，你们将会遭遇很大的灾难。你们不但要浪费很多精力去处理复杂的合作问题，而且还将会遇到萧伯纳笔下那个人物所说的情况："归根到底，每个职业都是蒙骗外行人的勾当。"实际上，萧伯纳笔下的人物还低估了萧伯纳讨厌的那些行业的危害。通常来说，**你的眼界狭窄的专业顾问并不是故意给你误事，而是他的潜意识偏见给你们带来麻烦。**他的利益出发点跟你们不一样，所以他的认知往往是有缺陷的。他还拥有下面这句谚语所揭示的心理缺陷："在拿着铁锤的人看来，每个问题都像钉子。"

第五个有用的观念是，真正的大效应，也就是 lollapalooza 效应，通常在几种因素的共同作用下才会出现。例如，多年以来，许多人的肺结核之所以能够治愈，是因为他们同时服用了三种药物。其他的 lollapalooza 效应，比如说飞机的飞行，也是遵守同样的模式。

现在是时候提出我的现实问题啦。问题是这样的：

在 1884 年的亚特兰大，你们和其他 20 个同伴来到一个古怪而有钱的亚特兰大市民面前，他的名字叫格罗兹。你们和格罗兹有两个共同点：第一，你们经常使用这五个有用的观念来解决问题；第二，你们掌握了 1996 年大学所有必修课中的基本概念。然而，这些基本概念的所有发现者和例证都出现在 1884 年以前。你们和格罗兹对 1884 年以后发生的事情一无所知。

格罗兹愿意拿出 200 万美元（1884 年的面值）来投资，成立一家生产非酒精饮料的新企业，但他只占一半的股份，这些股份永远归格罗兹慈善基金所有。格罗兹想要给这家企业起一个他很喜欢的名字：可口可乐。

毕达哥拉斯和无理数

毕达哥拉斯（公元前 582—公元前 496）是希腊爱奥尼亚人，他是一名数学家和哲学家，被尊称为"数字之父"。人们一般认为是他发现了无理数，不过无理数更有可能是他的追随者，也就是后来的毕达哥拉斯学派发现的。他的追随者证明了"2 的平方根是无理数"。但毕达哥拉斯认为数字都是有理数，拒绝承认无理数的存在，据说毕达哥拉斯因此将他最杰出的门徒以异教徒的罪名给淹死了。

一般而言，即非有理数之实数，不能写作两整数之比。若将它写成小数形式，小数点之后的数字有无限多个，并且不会循环。

上图是 1509 年拉斐尔在梵蒂冈绘制的壁画《雅典学院》(The School of Athens，局部) 中的毕达哥拉斯。

如果有人能够令人信服地说明他的企业计划将会使得格罗兹基金的资产在 150 年后达到一万亿美元，也就是说，在每年拿出大量的盈利作为股东分红派发之后，格罗兹基金到 2034 年仍将拥有一万亿美元的资产，那么这个人将得到另外一半的股权。这个计划如果成功，新公司的价值将达到 2 万亿美元，即使它历年分发的红利数以几十亿美元计。

你们有 15 分钟的时间可以用来进行陈述。你们将会对格罗兹说些什么呢？

下面是我的方法，我将要对格罗兹说的话；我将只使用每个聪明的大二学生都应该知道的有用观念。

罗马德拉克马

德拉克马（Drachma）原本是古希腊的货币单位。这个词来自动词"抓住"。公元前 3 世纪以后，古罗马也用德拉克马作为货币单位。大多数历史学家认为，一罗马德拉克马等于今天一个劳动者一天的工资。

好啊，格罗兹，为了简化我们的任务，我们应该先弄清楚下面几个显而易见的大问题：第一，我们无法通过销售没有品牌的饮料而开创出一个价值 2 万亿美元的企业。因此，我们必须将你取的名字，"可口可乐"，变成一个受法律保护的、强大的品牌。第二，我们必须在亚特兰大创业，接着在美国其他地方取得成功，然后快速地用我们的新饮料占领全世界的市场，才能让我们的价值达到 2 万亿美元。这就需要我们生产一种广受欢迎的产品，它必须拥有一些强有力的基本要素。而这些强有力的基本要素，我们应该到大学的各门必修课里面去找。

下面我们将使用数学运算来确定我们的目标到底意味着什么。根据合理的推测，到 2034 年，全世界大概有 80 亿饮料消费者。平均而言，这些消费者中的每一个都会比 1884 年的普通消费者更有钱。每个消费者的身体成分主要是水，每天必须喝下 64 盎司的水，也就是八瓶八盎司的饮料。因而，如果我们的新饮料和在新市场上模仿我们的其他饮料能够迎合消费者的味道，只要占到全世界水摄入总量的 25%，而且我们在全世界能够占据一半的新市场，那么到 2034 年，我们就能卖出 29200 亿瓶八盎司的饮料。如果我们销售每瓶饮料得到的净利润是四美分，那么我们能够赚到 1170 亿美元。这就足够了，如果我们仍然能够保持良好的增长率，那么企业的价值轻轻松松就可以达到 2 万亿美元。

当然，最大的问题是，在 2034 年，每瓶饮料赚取四美分的利润是不是合理的。如果我们能够发明一种广受欢迎的饮料，则答案是肯定的。150 年是一段很长的时间。美元和罗马的德拉克马一样，肯定也会贬值的。相应地，世界各地的普通饮料消费者的真实购买力将会上升。由于花相对较少的钱就能改善消费体验，所以消费者的水摄入量将会迅速上涨。与此同时，随着技术的进步，用一般购买力单位来衡量的话，我们这种简单产品的成本将会下降。这四种因素加起来将会有助于我们每瓶四美分的目标的实现。在这 150 年里，以美元计算，全世界的饮料购买力将会增长 40 倍。倒推起来，就等于说在 1884 年的各种条件下，我们每瓶只要有四美分的 1/40 或者 1/10 美分就够了。如果我们的产品确实广受欢迎，那么这个目标是轻轻松松就可以达到的。

第一个问题解决后，我们下一个要解决的任务就是发明一种具有普遍吸引力的产品。有两个相互影响的大难题需要解决：第一，在这 150 年里，我们必须创造一个新的饮料市场，让它能够占到全世界水摄入总量的 1/4；第二，我们必须经营有方，能够占有一半的市场，而我们所有的竞争对手加起来只占有另外一半的市场。这些结果称得上是 lollapalooza 效应。所以，我们必须调动一切有利因素来完成我们的任务。很明显，只有许多因素的强大合力才能引发我们想要的这种 lollapalooza 结果。幸运的是，解决这些复杂问题的方法原来是相当容易的，前提是你在大一上课时没有睡着。

弄清楚这些显而易见的问题之后，我们得出的结论是我们必须拥有一个强大商标。而要拥有强大的商标，我们自然必须正确地用基本的学术观念来理解这种生意的本质。我们可以从心理学的入门课上学到，**本质上，我们要做的生意就是创造和维持条件反射。"可口可乐"的商标名称和商标形象将会扮演刺激因素的角色，购买和喝下我们的饮料则是我们想要的反应。**

人们如何创造和维持条件反射呢？喏，心理学教材给出了两种答案：（1）通过操作性的条件反射；（2）通过经典的条件反射，通常被称为"巴

货币贬值

如果一个国家的货币的购买力下降，那么我们会说这个国家的货币贬值了。

我希望每个美国军人随时都能喝上一瓶可口可乐——那是一种能让他想起家乡的东西。

——德怀特·艾森豪威尔，
第二次世界大战时期
欧洲盟军最高司令

甫洛夫反射"，以纪念这位伟大的俄罗斯科学家。由于我们想要得到一种 lollapalooza 结果，我们应该同时使用这两种引发条件反射的技巧——这样我们就能加强每种技巧所产生的效应。

我们的任务中操作性条件反射的部分很容易完成。我们只需要：(1)将饮用我们饮料对消费者的回报最大化；(2)一旦我们引发想要的反射之后，将它因竞争对手构建的操作性条件反射而被消除的可能性降到最低。

就操作性条件反射的回报而言，只有几类对我们是现实的：

（1）饮料中所含的卡路里和其他成分的营养价值；

（2）在通过达尔文式自然选择而形成的人类神经系统的影响下起到刺激消费作用的味道、口感和香气；

（3）刺激品，比如糖和咖啡因；

（4）当人们觉得太热时的凉爽效应，或者当人们觉得太冷时的温暖效应。

因为想要得到一个 lollapalooza 结果，所以我们自然会将这几类回报都囊括在内。

我们很容易确定要设计一种适合冷藏饮用的饮料。喝冷饮有助于抵抗过热的天气。此外，天气很热的时候，人体会消耗更多的水分，而天冷的时候则不然。我们也很容易确定要在饮料中添加糖和咖啡因。毕竟，茶、咖啡和柠檬汁已经被广泛地用作饮料。另外很清楚的一点是，我们必须热衷于通过不断地试验来确定味道和其他要

如果你认为你是一个有些影响力的人，试试看能不能指使别人的狗。
—— 威尔·罗杰斯

伊凡·巴甫洛夫
（Ivan Pavlov，1849—1936）

伊凡·巴甫洛夫出生在俄罗斯中部地区，年轻时曾入读神学院，21岁那年放弃神学，专攻化学和生理学。1883年，他获得医学博士学位，精通生理学和外科手术技巧。后来，他研究消化的分泌活动，最终提出了条件反射定理。

巴甫洛夫最著名的实验表明，狗在食物真正进入它们的嘴巴之前就已经分泌出唾液。这个结果促使他展开一系列的实验，在实验中，他操控食物出现之前的刺激因素。他由此确立了有关"条件反射"的出现和消失的基本原理。1904年，他因为对消化系统的研究而获得诺贝尔奖。

素，让人们在饮用我们提供的这种含咖啡因糖水之后得到最大的快乐。为了防止竞争对手通过建立操作性条件反射来抵消我们已经在消费者身上引起的操作性反应，我们要做的事情也很明显：我们公司应该致力于在最短的时间内让世界各地的人随时都能喝上我们的饮料。毕竟，**一种竞争性产品如果未经尝试，就很难鼓励人们养成另外一种截然不同的习惯。每个结了婚的人都明白这个道理。**

接下来我们要考虑的是我们必须使用的巴甫洛夫条件反射。在巴甫洛夫条件反射中，光靠联想就能产生强大的效应。巴甫洛夫那条狗的神经系统使它可以对着不能吃的铃铛咽口水。**男人的大脑渴望那个他们无法拥有的漂亮女人手里拿着的饮料。**所以啊，格罗兹，我们必须用各种漂亮高贵的形象来刺激消费者的神经系统。因为只要能够做到这一点，我们的饮料就会让消费者联想起那些他们喜欢或者仰慕的东西。

第四讲　关于现实思维的现实思考？

这种强烈的巴甫洛夫条件反射需要花费很多钱，尤其是要支付许多广告费。我们将会预先花费比我们可以想象到的多得多的钱，但这些钱将会花得很有效。随着我们在新饮料市场上迅速扩张，我们的竞争对手将会面临巨大的竞争劣势，他们无法购买广告来引发他们需要的巴甫洛夫条件反射。这种结果和其他"产量创造力量"等效应相结合，应该能够帮助我们在各地赢得和保持至少50%的市场。实际上，由于买家很分散，我们更高的产量能给我们在分销渠道上带来极大的成本优势。

此外，由联想引起的巴甫洛夫效应可以帮助我们选定我们的新饮料的味道、口感和香气。考虑到巴甫洛夫效应，我们将会明智地选择这个听起来神秘又高贵的名字——"可口可乐"，而不是一个街头小贩的名字，比如说"格罗兹的咖啡因糖水"。出于同样的巴甫洛夫原因，明智的做法是让我们的饮料看起来很像红酒，而不是糖水。所以如果这种饮料生产出来很清澈，我们将会给它添加人工色素。我们将会给这种饮料充气，让我们的产品看起来像是香槟或者其他昂贵的饮料，同时把它的味道调制得更好，让竞争产品难以模仿。因为我们准备将许多昂贵的心理效应和我们的味道联系起来，所以它应该不同于任何标准味道，这样我们就能给竞争对手制造最大的困难，并确保绝无现有的饮料因为味道碰巧和我们的产品相同而获益。

除了这些，心理学教材对我们的新企业还有什么帮助呢？人类有一种强大的"有样学样"的天性，心理学家通常称之为"社会认同"。社会认同，仅仅由于看到别人的消费而引起的模仿性消费，不但能够让消费者更加容易接受我们的产品，而且还能让消费者觉得自己得到了更多的回报。当我们设计广告和促销计划、在考虑放弃当前的利润以便投入到促进当前和未来的消费时，我们将会永远把这种强大的社会认可因素考虑在内。这样一来，与其他绝大多数产品不同的是，我们的产品卖得越多，就能卖得越好。

格罗兹，我们现在可以明白，如果将以下因素结合起来，（1）巴甫洛夫条件反射，（2）强大的社会认同效应，（3）一种口感出色、提神醒脑、冰凉爽口、能够引起操作性条件反射的饮料，这三种因素产生的巨大合力将会让我们的销量在很长的时间内节节升高。这跟化学里面的自我催化反应差不多，这恰恰是我们需要的那种由多因素引发的lollapalooza效应。

我们这家公司的物流和销售策略将会很简单。说到销售我们的饮料，可行的方法只有两种：作为糖浆卖给冷饮销售店或者饭店，作为完整的瓶装汽水进行销售。我们想要lollapalooza效应，所以我们当然两种方法都会采用。我们也想要巨大的巴甫洛夫和社会认同效应，所以将会一直用大量的钱来做广告和促销活动，以四折的价格把糖浆卖给冷饮销售店。

只要几个糖浆厂就能满足全世界的需求。然而为了避免不必要的运输成本，我们需要在世界各地建立起罐装厂。我们可以将利润最大化，前提是我们（像通用电气销售灯泡那样）拥有定价权，有权决定卖给冷饮销售店的糖浆价格和我们的瓶装产品价格。要得到这种能够将利润最大化的控制权，最好的办法是让我们需要的每个独立瓶装厂都成为委托制造商，而不是糖浆买方，更不能让它们拥有永久经营权、能够永远以最初的价格购买糖浆。

由于我们这种超级重要的口味不可能得到专利权或者版权，所以我们将会努力地保密我们的配方。我们将会大肆宣传我们的秘方，这会加强巴甫洛夫效应。到最后，随着食品

自我催化反应

当一个化学反应物本身是其反应的催化剂时，自我催化反应（也被称为自我催化作用）就会出现。例如，锡瘟是白锡的自我催化反应；当气温很低时，它会引起锡器熔化成灰色粉末。大气臭氧层耗竭是自我催化反应的另一个例子。

化工学的发展，竞争对手将能够生产出味道跟我们差不多的饮料。但是到那个时候，我们将会取得很大的领先优势，品牌效应也很强大，而且有完善的"永不缺货"的世界性销售渠道，所以竞争对手复制我们的味道并不会阻碍我们实现目标。此外，食品化学的发展固然对我们的竞争对手有帮助，但肯定也会给我们带来好处，包括更好的冷藏设备、更好的运输，以及不加糖而保持甜味（供糖尿病病人饮用）的方法。另外，我们将会抓住一些开发相关饮料的机会。

那么我们的商业计划只需要经受最后一道考验了。我们将会再次像雅可比那样进行反向思考。我们必须避开哪些我们不想遇到的情况呢？有四种情况明显是我们应该避免的：

第一，我们必须避免消费者喝了饮料之后感到腻烦的情况，因为根据现代达尔文主义的理论，消费者一旦感到腻烦，其生理机制就会对我们的饮料产生抵抗作用，促使消费者不再继续消费它。为了达到我们的目标，我们必须让消费者在大热天一瓶接一瓶地喝我们的产品，完全不会因为觉得腻而不喝。我们将会通过实验找到一种很棒的、不会腻的味道，从而解决这个问题。

第二，我们必须避免失去我们强大的商标名称的情况，哪怕失去一半也不行。例如，如果由于我们的疏忽，而造成市面上有一种某某可乐在销售，比如说一种"百比可乐"，那么我们将会蒙受惨重的损失。就算出现一种"百比可乐"，我们也应该是这个品牌的持有人。

第三，由于获得巨大的成功，我们必须避免妒忌产生的恶果。妒忌在十诫中占有显著

1. 我是耶和华你的神，除了我以外，你不可有别的神；

2. 不可妄称耶和华你神的名；

3. 当记念安息日，守为圣日；

4. 当孝敬父母；

5. 不可杀人；

6. 不可奸淫；

7. 不可偷盗；

8. 不可作假见证陷害人；

9. 不可贪恋人的妻子；

10. 不可贪恋人的房屋，并他一切所有的

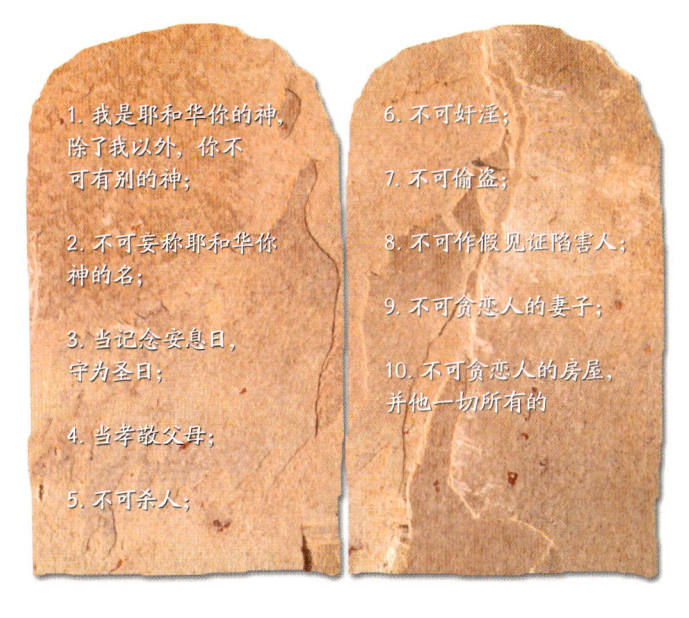

十诫

十诫是犹太教和基督教特有的宗教和道德诫律。按照《圣经》的记载，十诫是上帝庄严地向摩西宣布并由摩西转告以色列人的。《圣经》表示摩西在两块石碑上以上帝的名义写下了十诫，具体内容见上图。

亚里士多德
Aristotle
公元前 384—公元前 322

亚里士多德出生在希腊的殖民地斯塔基拉，他的父亲是马其顿王国的御医。亚里士多德曾入读柏拉图学院，在柏拉图指导下度过了 20 年的求学生涯。吸取了柏拉图的教诲之后，亚里士多德最终创办了他自己的学校——学园。由于亚历山大的去世及随后政局的动荡，亚里士多德面临着不忠的指控，被迫离开雅典。他死于离开雅典的流亡途中。

亚里士多德的作品涵盖了物理学、形而上学、修辞学和伦理学等多个学科。他也以对自然和物理世界的观察闻名，他的成果构成了现代生物学研究的基础。

的位置，因为它是人类的天性。亚里士多德说过，避免妒忌的最佳方法是做到名副其实。我们将会致力于提高产品的质量，制定合理的价格，以及为消费者提供无害的快乐。

第四，等到我们这个品牌的味道占领新市场之后，我们必须避免突然对产品的味道做出重大的改变。即使在双盲测试中，新的味道尝起来更好，换成那种新味道也是一种愚蠢的做法。因为经过上述努力之后，我们原有的味道将会深入人心，成为消费者的偏好，改变味道对我们根本没有好处。那么做会在消费者中引发标准的剥夺性超级反应综合征，会给我们造成很大的损失。剥夺性超级反应综合征使人们因难以接受"损失"而没有任何商量的余地，这种心理倾向促使大部分的赌徒失去理智。此外，味道的改变将会允许竞争对手通过复制我们的口味而取得优势，因为他们可以利用如下两个因素：（1）消费者因为被剥夺了原有的味道而产生的敌对情绪；（2）我们以前的产品创造出来的、对我们原来的味道的热爱。

好啦，我提出的任务是如何在支付几十亿美元的红利之后，仍然能够将 200 万美元变成 2 万亿美元，以上就是我的解决方法。我相信它能够让 1884 年的格罗兹信服，应该比你们刚开始时预料到的更有说服力。毕竟，将这些有用的道理中涉及的各种基本学术观念联系起来之后，正确的对策就显而易见了。

真正的可口可乐公司的历史是否印证了我的方法的可行性呢？直到 1896 年，也就是虚构的格罗兹先生在 1884 年用 200 万美元起家之后 12 年，真正的可口可乐公司的净资产为 15 万美元，利润差不多等于零。后来，真正的可口可乐公司真的失去了其商标的一半，而且确实以固定的糖浆价格授予了某些瓶装厂永久经营权。有些瓶装厂的效率非常低，而且很顽固，无法轻易被改变。由于这种体制，真正的可口可乐公司确实丧失了价格控制权，要是拥有价格控制权，它就能提高利润。然而，即使是这样，真正的可口可乐公司的发展历史和提交给格罗兹先生的商业计划有太多相同之处，所以它如今的资产是 1250 亿美元，它的价值每年只要增长 8%，2034 年就能达到 2 万亿美元。从现在开始，它的销售量每年只要增长 6%，到 2034 年就能达到 29200 亿瓶的销售目标。根据以往的销售业绩，这样的增长速度是可以达到的，而且到 2034 年之后，可口可乐取代白水的空间还很大。所以我认为，这位虚构的格罗兹如果从一开始就能把握先机，发展壮大，并且避免那些最糟糕的错误，应该能够轻轻松松完成两万亿美元的目标，而且当他完成目标的时候，离 2034 年还早呢。

这就引出了我今天演讲的主要目的。如果我对格罗兹的问题的解答大体上是正确的，如果你们认可一个我相信可以成立的假设 —— 大多数拥有博士学位的教师，甚至大多数心理学教授和商学院院长，都没办法给出像我这么简单的答案，那么我们的教育就大有问题了。如果我上面两个判断都是正确的，那就意味着我们这个文明社会现在有许多教师无法令人满意地解释可口可乐的成功，哪怕是可口可乐的历史就摆在他们面前，哪怕他们一辈子都在近距离地观察着可口可乐。这可不是一种让人满意的情况。

不仅如此 —— 这造成了更糟糕的后果 —— 可口可乐公司的高层管理人员都很聪明，做事很有效率，身边围绕着许多商学院和法学院的毕业生，可是连他们也没有很好地掌握基本的心理学知识，乃至无法预言和避免对他们公司造成很大威胁的"新可乐"大惨败。按理说这些人如此聪明，周围有那么多顶尖大学毕业的专业顾问，不应该出现如此之大的知识缺陷。这也不是一种让人满意的情况。

学术界的高级知识分子和企业的高级管理人员之间存在的这种极度无知，其实是高等教育的各种重大缺陷共同造成的 lollapalooza 效应。因为这种坏效应是 lollapalooza 级别的，所以必定有多个相互影响的因素。我认为至少有两个因素要为这种情况负责。

第一，**高等学府的心理学研究固然值得钦佩，也很有用，有过许多重要的天才实验，但却缺乏跨学科的综合**。尤其值得一提的是，心理学研究并没有给予多种心理因素共同造成的 lollapalooza 效应足够的重视。这种现象造成的结果让我想起曾经有个乡下教师，为了便于教学，他试图将圆周率 π 简化成 3。这违背了爱因斯坦的教导："一切应该尽可能简单 —— 但不能过于简单。"总而言之，心理学之所以会被误解，是因为缺乏伟大的集大成者。如果物理学没有产生许多像迈克尔·法拉第那样的杰出实验家和像詹姆斯·克拉克·麦克斯韦那样的集大成者，恐怕电磁学现在还会遭到误解。

第二，心理学和其他学科之间老死不相往来的情况十分严重。但是只有跨学科的方法

迈克尔·法拉第
Michael Faraday
1791—1867

法拉第的父亲是一个英国铁匠，他在 14 岁那年成为一个图书装订商和销售商的学徒。当学徒期间，他博览群书，而图书装订工作也让他有机会研究化学，并很快就精通这门学科。他发现了苯类化学物质，最先描绘了碳化氯的结构。他还做了许多电磁学实验，发明了一种用电流驱动的装置 —— 那就是电动马达的前身。法拉第还发现了电磁感应和电解原理，以及测量电量的方法。

才能够正确地解决现实问题——无论是在学术界，还是在可口可乐公司。

简单来说，其他学科的学者往往瞧不起心理学，但心理学其实非常重要又非常有用。与此同时，心理学系的学者往往自视甚高，但心理学的现状其实非常糟糕。当然，自我评价比外界评价更加积极是很正常的现象。实际上，今天为你们做演讲的人可能也面临着同样的问题。 但是两方面对心理学系看法上的差距大到了荒谬的地步。实际上，这种差距大到有个非常优秀的大学（芝加哥大学）直接废除了整个心理学系，也许是指望以后能重新建一个更好的吧。

在这种情况下，多年前，由于上面描述到的那些完全错误的观念，发生了"新可乐"大惨败。在那次惨败中，可口可乐公司的高层管理人员差点毁掉了全世界最有价值的品牌。按理说，学术界对那次众所皆知的大溃败的反应，应该跟波音公司在一周内连续有三架新飞机坠毁时的反应差不多才对。毕竟这两者都是产品质量有问题，而前者明显是高等教育的失败造成的。

但学术界几乎没有这种波音式的、负责任的反应。恰恰相反，高等学府的学科之间大体上依旧壁垒森严，心理学教授依然错误地传授心理学知识，其他学科的教授依然对他们的研究主题中明显很关键的心理效应视若无睹，各种专业学院的研究生依然对心理学一无所知，而这些学校却以此为荣。

尽管这种令人惋惜的盲目和惰性是当今高等学府的常态，但是否有些例外的例子，让我们看到教育机构这种可耻的缺陷最终有被纠正的希望呢？我的答案是非常乐观的肯定。

例如，不妨来看看芝加哥大学经济学系近年来的举措。过去十年，该系几乎囊括了所有诺贝尔经济学奖，这主要是因为该系的教授基于理性选择的"自由市场"模型而作出了许多准确的预言。利用理性人假设获得这么多大奖之后，该系采取了什么举措呢？

该系为系里许多大师级的教授带来了一位同事，聪明而机智的康奈尔大学经济学家理查德·塞勒。塞勒之所以得到这个宝贵的教职，是因为**塞勒经常取笑被芝加哥大学奉为圭**

詹姆斯·克拉克·麦克斯韦
James Clerk Maxwell
1831—1879

詹姆斯·克拉克·麦克斯韦出生在苏格兰的爱丁堡，年幼时对光学非常感兴趣；他童年最喜欢的消遣活动就是用镜子反射太阳光。在爱丁堡学院读书期间，由于着装怪异，人们给他起的花名叫做"傻子"。然而他是个出色的学生，精通数学。他后来入读剑桥大学，毕业后成为该校的讲师。对光学的兴趣促使他研究色彩和天文学。他也对电磁学作出了重要的贡献，包括第一次提出光是电磁波的一种形式。

艾萨克·牛顿爵士最著名的是他的万有引力理论，但他也说过许多睿智的格言：

"圆滑是一门表达观点而又不树敌的艺术。"

"如果说我曾发现什么有价值的原理，那应该归功于我的耐心观察，而非其他才能。"

"没有大胆的猜想，就没有伟大的发现。"

"我们造的墙太多，而修的桥太少。"

"如果我算是一个人物（这一点我非常怀疑）的话，那么我的地位是通过努力工作而获得的。"

"我总是把我的研究主题摆在面前，耐心等候，直到第一缕晨光初现，并逐渐变成一片光明。"

"如果说我对公众有什么贡献的话，那是因为我的耐心思考。"

"如果说我比其他人看得更远，那是因为我站在巨人的肩膀上。"

枭的"理性人假设"。实际上，塞勒和我一样，认为人们的行为通常是非理性的，只有心理学能对其作出预测，所以微观经济学必须借鉴心理学的研究成果。

芝加哥大学这么做等于是在模仿达尔文，达尔文终身大部分时间都在进行逆向思考，想要证伪他自己最爱的、历经千辛万苦才得到的理论。只要学术界有部分人愿意像达尔文那样逆向思考，让最好的学术理论充满活力，我们就可以满怀信心地期待那些愚蠢的教育行为，就像卡尔·雅可比可能会推断的那样，最终将会被更好的教育方式取代。

理查德·塞勒
Richard Thaler
1945—

理查德·塞勒出生在新泽西州，从罗切斯特大学获得博士学位。他曾在康奈尔大学和麻省理工学院担任教授，专事行为经济学和决策研究，1995年成为芝加哥大学的教授。除了研究行为经济学和金融学之外，他还致力于研究决策心理学。

2017年，因对行为经济学的贡献，理查德·塞勒被授予诺贝尔经济学奖。

这种情况必将发生，因为达尔文式的方法非常客观，确实是一种强大的方法。连爱因斯坦这样的大人物也说过，他的成就取决于四个因素，首先是自我批评，然后才是好奇心、专注和毅力。

若要进一步见识自我批评的力量，不妨来看看这位"天分很差"的本科生查尔斯·达尔文的坟墓在哪里。它就在威斯敏斯特大教堂，左边是艾萨克·牛顿的坟墓。牛顿可能是有史以来最有天分的学生，他的墓碑上用八个拉丁文单词写成了一篇最典雅的墓志铭："Hic depositum est, quod mortale fuit Isaaci Newtoni"——"这里安葬着永垂不朽的艾萨克·牛顿爵士。"

一个如此厚葬达尔文的社会，必定能够以正确而实用的方式发展和整合心理学，从而极大提升各种技能。但是一切有能力和看到这种曙光的人应该为这个过程出一份力。现在的形势不容乐观。如果许多身居高位的人都无法理解和解释可口可乐这样的普通商品为什么会大获成功，我们哪里还有本事去处理其他许多更重要的任务呢。

当然，如果原本打算用10%的净资产来投资可口可乐的股票，但在经过我向格罗兹陈词那样的思考之后，把投资额追加到50%，那么你们可以无视我讲到的心理学知识，因为那对你们来说太小儿科了。但至于其他人，如果你们忽略我这次演讲，我不知道你们是否明智。这种情况让我想起从前华纳及史瓦塞公司（Warner & Swasey，美国历史上著名的机械工具仪器和设备制造商，1980年被本迪克斯公司收购）的广告，我很喜欢那句广告语：**"需要新的机器而尚未购买的公司，其实已经在为它花钱了。"**

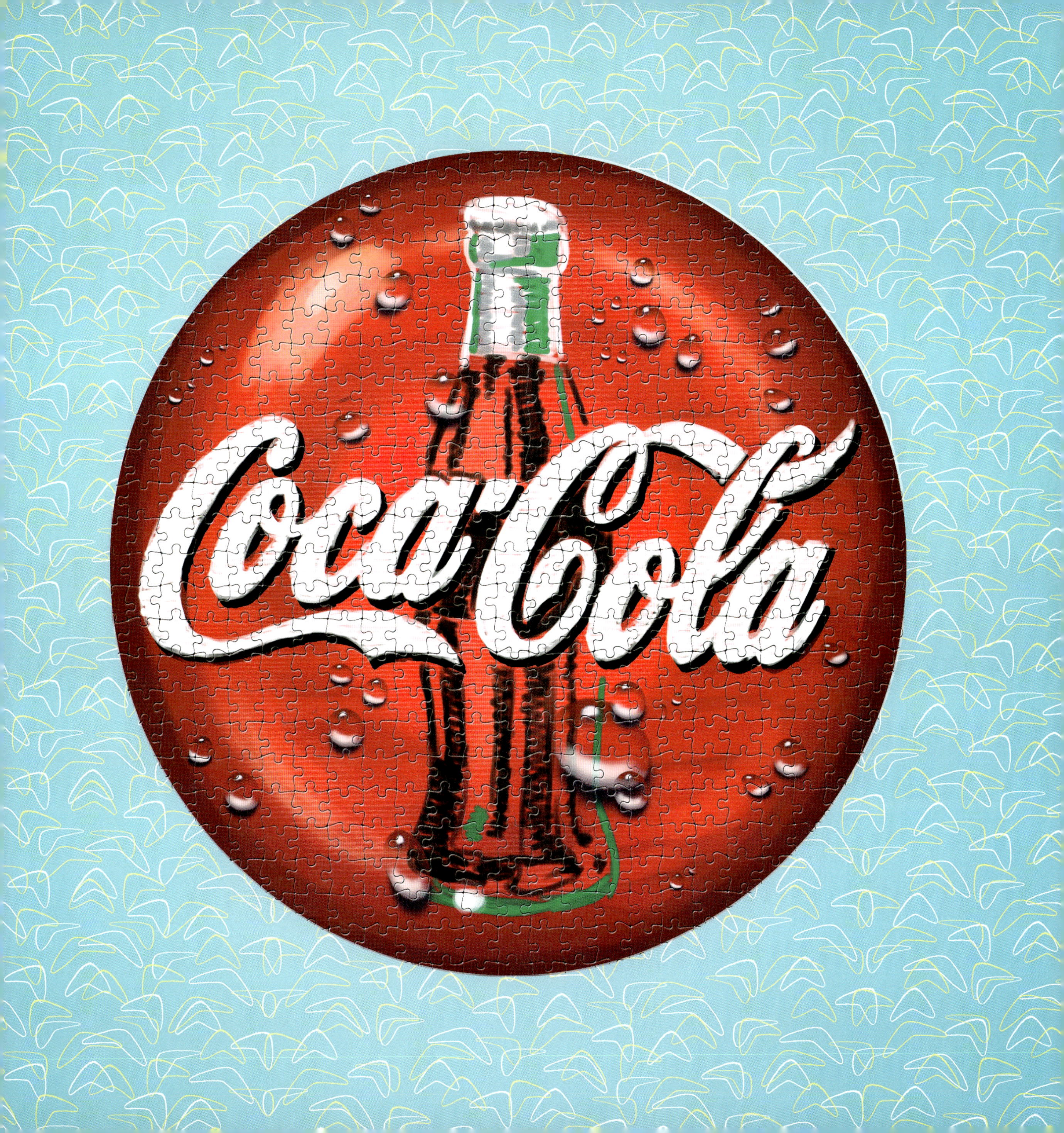
Coca-Cola

CHARLES T. MUNGER

亲爱的亨利： 1996年7月23日

　　我知道你也喜欢美食，所以寄这本《美食减肥两不误》给你，它让我减掉了20磅体重。我会采用书中描写的那种荒唐方法，是因为我看到有个更加贪嘴的朋友（他是一个红酒和奶酪进口商）用同样的食谱减掉了50磅肥肉。

　　我还寄上一样对你没有帮助的东西——我7月20日的演讲的完整文字稿。这是一个前顾问写给一个仍在执业的顾问、一个学术爱好者写给一个真正的学者的请教信。

　　你上个周末精神面貌很好，和你相处非常快乐。

真诚的
Charlie

CTM/do

Dr. Henry A. Kissinger
1800 K Street, N.W.
Suite 400
Washington, D.C. 20006

P.O. BOX 55007 · LOS ANGELES, CALIFORNIA 90055-2007 · (213) 624-7715

查理发表"关于现实思维的现实思考？"的演讲时，在座有许多杰出人物，亨利·基辛格便是其中一位。

"我没有什么要补充的"第四篇

问：你用电脑吗？

不用。我办公室确实有一台，但没有打开过。实际上，我甚至不知道如何给它接上电源。

在生活中，我没有遇到太多用我那个 40 美元的计算器和那张破旧的复利表不能解决的问题。

查理·芒格办公室的电脑，从没有打开过，积满灰尘。

重读第四讲

在这次演讲中，我试图指出美国学术界和企业界一些可以改正的重大认知错误。我的论点是：

（1）如果学术界和企业界能很好地履行它们的职责，那么大多数普通人只要用一些基本道理和解决问题的技巧就能够解释可口可乐公司的成功；然而

（2）正如"新可乐"大惨败及其后果所展现的，学术界和企业界均未能掌握可口可乐公司的成功之道。

事实证明，我在1996年的那次演讲很失败，大多数听过的人都无法理解。后来，从1996年到2006年，有些仰慕我的、非常聪明的人慢慢地阅读那次演讲的文字稿，他们连读两次还是弄不懂。绝大多数人无法正确地理解我想要表达的意思。从另一方面来说，也没有人对我说这篇讲稿错了。人们感到有点困惑，然后就放弃了。

由此看来，作为表述者，我的失败甚至比我试图解释的认知失败更加严重。这是为什么呢？

现在仔细想想，我认为最好的解释是，我在充当业余教师的时候犯了大错。我想要灌输的太多了。一直以来，如果遇到打算对"意义的意义"长篇大论的人，我总是避之唯恐不及。然而我为自己的演讲选择的题目却是"关于现实思维的现实思考？"，这是大

错的开始。然后呢，我用一个很长很复杂的例子来阐述五种适合用来解决问题的方法，这些方法包含的基本概念来自许多学科。我特别纳入了心理学，我想要证明许多受过高等教育的人，其中包括一些教心理学的人，对心理学其实一无所知。我的证明当然是建立在正确的心理学知识的基础上的。这从逻辑上来讲没有问题。但是，如果大多数人对心理学并不了解，我的听众如何能够确认我讲的心理学就是正确的呢？因而，对于大部分听众而言，我是在向他们解释一些艰深的概念，可是我用来解释的概念也同样艰深。

我的教学错误到这里还没有结束。在我得知这次演讲的文字稿很难被理解之后，我居然认可《穷查理宝典》第一版中各篇讲稿的先后次序，把我谈论心理学的"第十讲"放到和"第四讲"相隔很多页的地方。实际上，我应该意识到这两篇讲稿的先后次序应该调过来，因为第四讲假定听众已经掌握了基本的心理学知识，而第十讲的内容正是基本的心理学知识。后来，在《宝典》出第二版的时候，我偏向于保留这两篇讲稿原来那种无益的顺序。我这么做，是因为我把我多年来让我获益匪浅的心理学的研究心得整理成一张检查清单，我想用作本章的最后一篇。（"第十讲"即第三版中的"第十一讲"。）

第二版或者第三版的读者，如果你们愿意的话，可以改正我所顽固保留的教学缺陷，也就是说，你们可以先掌握最后那篇讲稿，再来重读第四篇。如果你们愿意承担这次繁重的任务，我敢说你们之中至少有些人会觉得你们的努力没有白费。

师傅领进门，修行靠个人。
—— 中国谚语

查理在上一讲中大肆抨击了学术界的各种弊端，这里他提出了各种解决方法。这次发表在1998年哈佛法学院入学50周年同学会上的演讲关注的是一个非常复杂的问题——精英教育的狭隘性，并把它分为几个部分；查理提出的各种解决方法为这个问题提供了一个令人满意的答案。通过一系列巧妙的提问，查理断定律师等专业人士缺乏跨学科技能，这损害到他们自身的利益。根据他自己广泛的跨学科研究，查理指出，有一些"潜意识的心理倾向"妨碍了人们充分地扩大他们自身的视野。不管怎样，他为这个问题提出了独特的、令人印象深刻的解决方法。

编者很喜欢这篇演讲，它清楚地展现了查理的"非常识之常识"。他说："在真正重要的领域，比如说培养飞行员和外科医生，教育系统采用的结构是非常高效的。然而，他们并没有将这些已被正确认识的结构用于其他也很重要的学习领域。如果这些优越的结构广为人知，唾手可得，教育家们为什么不广泛地利用它们呢？还有比这更简单的事情吗？"

第五讲

专业人士需要更多的跨学科技能

哈佛大学法学院
1948 届毕业生五十周年团聚
1998 年 4 月 24 日

今天，为了纪念我们以前的教授，我想效仿苏格拉底，来玩一次自问自答的游戏。我将提出并简单地回答五个问题：

1. 是否广大专业人士都需要更多的跨学科技能？
2. 我们的教育提供了足够的跨学科知识吗？
3. 对于大部分软科学而言，什么样的跨学科教育才是可行的、最好的？
4. 过去 50 年来，精英学府在提供最好的跨学科教育方面取得了什么进展？
5. 哪些教育实践能够加快这个进程？

我们从第一个问题开始：是否广大专业人士都需要更多的跨学科技能？

要回答第一个问题，我们首先必须确定跨学科知识是否有助于提高专业认识。而为了

找到治疗糟糕认知的良方，我们有必要弄清楚它的起因是什么。萧伯纳笔下有个人物曾经这么解释专业的缺陷："归根到底，每个职业都是蒙骗外行人的勾当。"早年的情况证明萧伯纳的诊断是千真万确的，16世纪主要的专业人士——神职人员——曾将威廉·丁道尔烧死，原因是他将《圣经》翻译成英文。

但萧伯纳低估了问题的严重性，他认为这主要是因为专业人士出于自私而故意使坏。但更重要的是，各种相互交织的潜意识心理倾向也对专业人士的行为有经常性的、可怕的影响，其中最容易引起麻烦的两种是：

1. 激励机制造成的偏见，拥有这种天生的认知偏见的专业人士会认为，对他们自己有利的，就是对客户和整个文明社会有利的；

威廉·丁道尔
William Tyndale
1495—1536

威廉·丁道尔出生在英格兰的格罗斯特郡，从牛津大学毕业后成了一名神父。他发现英格兰敌视他的信仰，于是到德国和比利时传播他的信仰，并发扬马丁·路德的宗教思想。他的著作遭到焚毁，他的财产总是被破坏，然而他继续出版《圣经》译文和其他作品。入狱几个月之后，他被指控为异教徒，判处死刑，被当众烧死。丁道尔的译文是第一个钦定版英文《圣经》的基础，对英语的发展产生了巨大的影响。

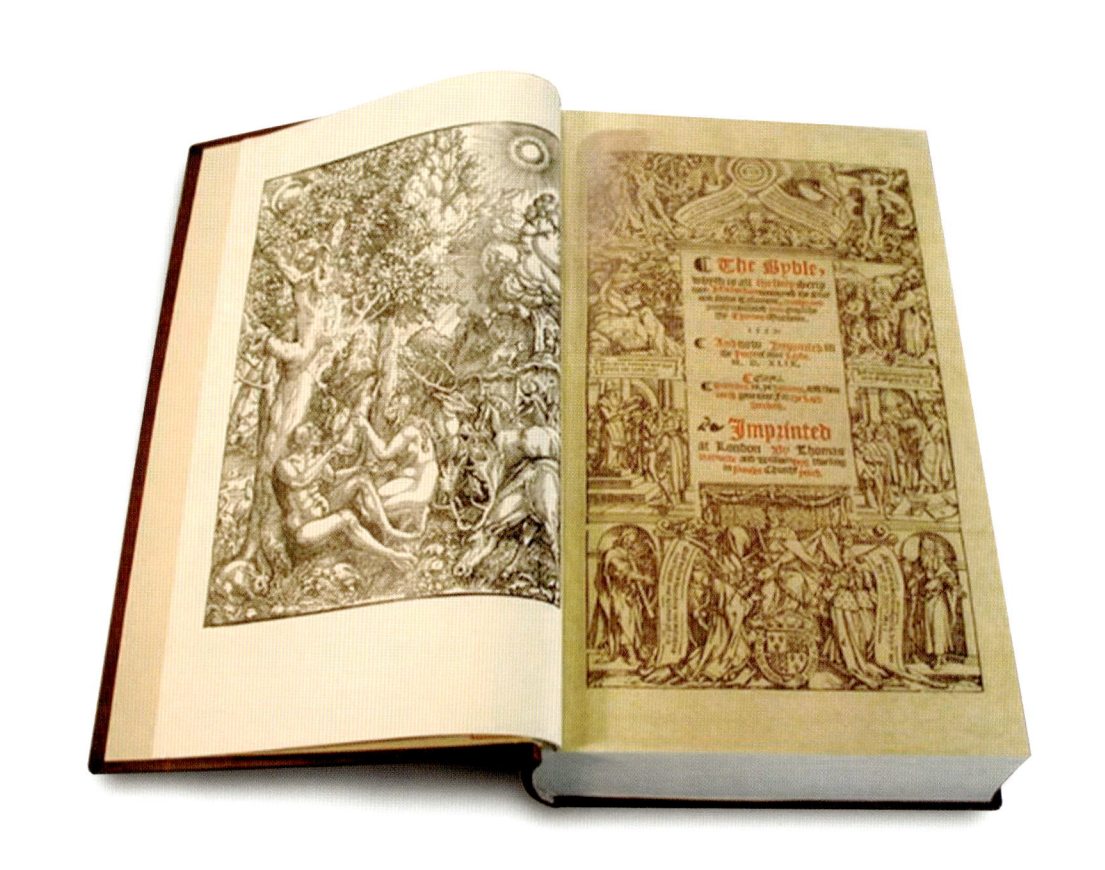

2. 铁锤人倾向，这个名称来自那句谚语："在只有铁锤的人看来，每个问题都非常像一颗钉子。"

治疗"铁锤人倾向"的良方很简单：如果一个人拥有许多跨学科技能，那么根据定义，他就拥有了许多工具，因此能够尽可能少犯"铁锤人倾向"引起的认知错误。此外，当他拥有足够多的跨学科知识，从实用心理学中了解到，在一生中他必须与自己和其他人身上那两种我上面提到的倾向作斗争，那么他就在通往普世智慧的道路上迈出了有建设性的一步。

如果 A 是狭隘的专业教条，而 B 则是来自其他学科的超级有用的概念，那么很明显，拥有 A 加上 B 的专业人士通常比只掌握 A 的可怜虫优秀得多。这不是板上钉钉的事吗？因而，人们不去获取更多 B 的理由只有一个：他需要掌握 A，而且生活中有其他紧要事情，所以去获取更多 B 是不可行的。后面我将会证明，这种只掌握一门学科的理由，至少对大多数有天分的人来说，是站不住脚的。

我的第二个问题很容易回答，我不想为它花费太多时间。我们的教育太过局限在一个学科里面。**重大问题往往牵涉到许多学科。**相应地，用单一学科来解决这些问题，就像玩桥牌的时候一心只想靠将牌取胜。这是很神经病的，跟疯帽匠的茶话会差不多。但在当前的专业实践中，这种行为已经非常普遍，而且更糟糕的是，多年以来，人们认为各种软科学 —— 就是一切没有像生物学那么基础的学科 —— 彼此之间是相互独立的。

早在我们年轻时，学科之间壁垒森严、拉帮结派、排斥异己的情况就已经很严重，有些杰出的教授为此感到非常震惊。例如，阿尔弗雷德·诺斯·怀特海很早就对此敲响了警钟，曾语重心长地指出"各个学科之间的割裂是非常有害的"。自那以后，许多精英教育机构越来越认可怀特海的观点，它们着力于改善这种学科隔离的状况，引进了跨学科教育，结果有许多奋斗在各个学科边缘的勇士赢得了喝彩声，其中的佼佼者就有哈佛大学的 E. O. 威尔逊（E. O. Wilson）和加州理工学院的莱纳斯·卡尔·鲍林（Linus Carl Pauling）。

当今的高等学府提供的跨学科教育比我们上学的时候多，这么做显然是正确的。

阿尔弗雷德·诺斯·怀特海
Alfred North Whitehead
1861—1947

"傻瓜徒有想象力，而缺乏知识；学究空有知识，但缺乏想象力。"

"真正的勇气并非庸俗英雄的野蛮暴力，而是美德和理性的坚定决心。"

"令知识死亡的并非无知，而是对无知的无知。"

"'愚蠢'的问题是全新的发展的开端。"

"只有文明人才能理解文明。"

"没有获得成功的人会否认别人的帮助。明智而自信的做法是，对这种帮助表达感激。"

"几乎所有的新思想在刚出现的时候都有愚蠢的一面。"

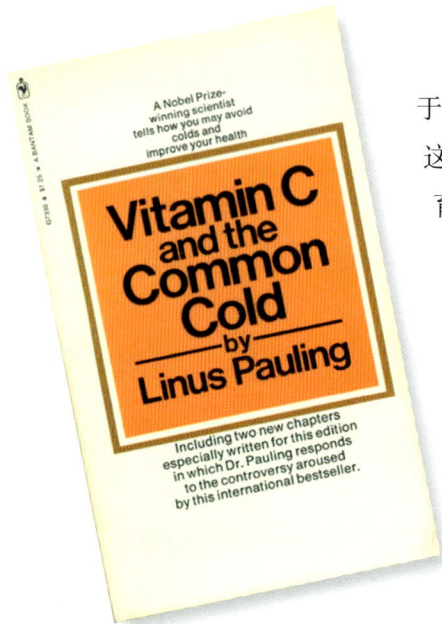

莱纳斯·卡尔·鲍林
Linus Carl Pauling
1901—1994

莱纳斯·卡尔·鲍林的父母鼓励他从事科学研究，他曾是俄勒冈州波特兰市一名才华横溢的学生，后来获得了俄勒冈州立大学的奖学金。毕业后，他入读加州理工学院，得到了化学博士学位。他的教书和研究生涯大部分是在加州理工学院度过的。鲍林在化学领域做出了许多贡献，在化学研究中引入了量子物理学和波理论。他还在抗生素生产和蛋白质原子结构分析方面取得了进展。查理认为鲍林可能是20世纪最伟大的化学家。

他曾获得诺贝尔化学奖（1954）与和平奖（1962）。

晚年的鲍林写了一本书，谈论营养素在抵抗疾病方面的作用，并推荐使用维生素C来预防普通感冒。

那么第三个问题自然是这样的：现在要达到的目标是什么？对于大部分软科学而言，什么样的跨学科教育才是可行的、最好的？这个问题呢，也很容易回答。我们只需要检验一下最成功的专业教育，找出里面有哪些重要元素，然后把这些元素组合起来，就能得到合理的解决方法。

至于最佳的专业教育模型，我们不能去没有竞争压力的教育学院之类的学校找，因为它们深受上面提到两种负面心理倾向和其他不良风气的影响，我们应该到那些对教育质量要求最严格、对教育结果的检查最严密的地方去找。这就把我们带到一个合乎逻辑的地方：大获成功并在今天已成为必修课的飞行员训练。**（没错，我的意思是，如果伟大的哈佛能够多借鉴飞行员的训练，它现在会变得更加出色。）** 跟其他行业相同，在飞行行业，"铁锤人倾向"的糟糕效应会带来巨大的危险。我们不希望一个飞行员遇到危险的时候就把它当作危险X，因为他脑里只有一个危险X模型。由于这个原因和其他原因，我们对飞行员的训练，是依照一个严格的六要素系统进行的。这六种要素包括：

1. 要教给他足够全面的知识，让他能够熟练地掌握飞行中用得到的一切知识。

2. 把这些知识统统教给他，不仅是为了让他能够通过一两次考试，而是为了让他能够熟练地应用这些知识，甚至能够同时处理两三种相互交织的复杂的危险情况。

3. 就像任何一个优秀的代数学家，他要学会有时候采用正向思维，有时候采用逆向思维，这样他就能够明白什么时候应该把主要的注意力放在他想要的那些事情上，而什么时候放在他想要避免的那些情况上。

4. 他必须接受各门学科的训练，力求把他未来因为错误操作而造成损失的可能性降到最低；最重要的操作步骤必须得到最严格的训练，达到最高的掌握水平。

5. 他必须养成核对"检查清单"的习惯。

6. 在接受最初的训练之后，他必须常规性地保持对这些知识的掌握：经常使用飞行模拟器，以免那些应付罕见重要问题的知识因为长期不用而生疏。

这个显然正确的六要素系统对高风险的专业教育提出了严格的要求，人类头脑的结构决定了我们需要这样的系统。因此，培养人们具备解决重大问题能力的教育也必须具备这些要素，而且必须大大增加这六个要素所涵盖的内容。不然的话，还能怎么样呢？

因而下面的道理是不证自明的：在试图把优秀学生培养成优秀人才的精英教育中，**如果想要得到最佳的结果，我们必须让学生学习大量的跨学科知识，持久地掌握能够应用自如的所有必要技能**，拥有根据实际情况综合熟练使用各种知识的能力，以及证明代数问题用到的那些正向思考和逆向思考的技巧，再加上核对"检查清单"的终身习惯。若要获取全面的普世智慧，没有别的办法，更没有捷径。这个任务涵盖的知识面特别广，乍看之下令人望而生畏，似乎是不可能完成的。

但仔细想想，其实它没有那么难，前提是我们考虑到了下面三个因素：

首先，"所有必要技能"这个概念让我们明白，我们无需让每个人都像拉普拉斯那样精通天体力学，也无需让每个人都精通其他各门学科。事实上只要让每个人掌握每个学科中真正的大道理就够了。这些大道理并不算多，它们相互之间的关系也没那么复杂，只要拥有足够的天赋和时间，大多数人都能够拥有一种跨学科知识。

其次，在精英教育中，我们拥有足够多的天赋和时间。毕竟，我们的学生都是百里挑一，而平均而言，我们的老师更是比学生优秀。我们有差不多13年的时间可以用来把12岁的聪明学生打造成优秀的职业人士。

第三，逆向思考和使用"检查清单"是很容易学到的——无论是在飞行时还是在生活中。

阿尔·尤厄兹奇
Al Ueltschi

阿尔·尤厄兹奇创办的飞行安全国际公司

飞行安全公司是伯克希尔·哈撒韦的子公司，它的创始人阿尔·尤厄兹奇构建了独特的企业文化。他给每个员工派发"六大性格支柱"宣言，要求全公司上下都必须遵守。这些"支柱"是言而有信、公正无私、相互尊重、关怀他人、敢于担当和公民精神。

该公司的信条之一是"无论是哪种型号的飞机，最好的安全设备是一名训练有素的飞行员"。这当然也是创办人阿尔·尤厄兹奇提出的。

皮埃尔-西蒙·拉普拉斯
Pierre-Simon Laplace
1749—1827

皮埃尔-西蒙·拉普拉斯是法国数学家、天文学家和哲学家，在演绎推理和概率论、天体运动、因果决定论等领域作出了重要的贡献。

在其伟大作品《关于概率的哲学论文》中，拉普拉斯提出了他的主要思想：

"我们可以把宇宙的现状当作其过去的结果和其未来的起因。如果有人能够认识自然界所有的动力，以及自然界所有物体的位置，如果这个人的智力也足够强大，能够把这些资料进行分析，那么他将能够用一道公式来涵盖宇宙最大的天体和最小的原子的运动；对这样的聪明人来说，未来是确定无疑的，而过去在他看来也一目了然。"

此外，掌握跨学科技能确实是可以做到的，这就如同那个阿肯色州人回答他为什么相信洗礼时所说："我看见它是这么做的。"我们知道当代也有许多本杰明·富兰克林式的人物，他们（1）接受正式教育的时间比现在大量优秀的年轻人少，却获得了巨大的跨学科综合能力，（2）从而使得他们在本专业的表现更加出色，而非更加糟糕，尽管他们花了不少时间分心去学本专业以外的知识。

我们有这么多优秀的教师、学生和时间，还有许多成功的跨学科大师作为楷模，却仍然未能将"铁锤人倾向"的负面影响最小化，这说明如果我们安于现状，或者害怕改变，不努力去争取，你就无法大赢。

这向我们提出了第四个问题：自从我们毕业以后，精英学府在提供最好的跨学科教育方面取得了什么进展？

答案是它们作了许多努力，改变教学方向，提供更多的跨学科教育。在犯了不少错误之后，现在整体的情况已经比以前好多了。但是，整体情况尚未令人满意，仍有许多有待改进的地方。

例如，软科学界逐渐发现，如果几个来自不同学科的教授合作研究，或者一个教授曾经取得几个学科的学位，那么做出的研究成果会更好。但是另外一种做法的效果通常是最好的，那就是补充法，或者"拿来主义"法，这种方法鼓励各个学科无论看中其他学科什么知识，只管拿过来用。这种方法能够取得最好的效果，也许是因为它避开了扎根在传统中的学术争论，以及在单一学科中固步自封引起的蠢行——而这正是我们现在致力于改正的。

不管怎么说，只要多多实行"拿来主义"，许多软科学学科就能减少"铁锤人倾向"引起的错误。例如，在我们的同学罗杰·费希尔的领导下，许多法学院将其他学科的成果应用到谈判研究中去。罗杰那本充满智慧和道德感的谈判著作到目前已经卖掉三百多万册，他可能是我们班最有成就的同学。这些法学院还吸取了大量有用的经济学知识，甚至用博弈论来更好地理解经济竞争的原理，从而制定出更有针对性的反垄断法。

罗杰·费希尔
Roger Fisher
1922—2012

罗杰·费希尔1948年从哈佛毕业，并留在法学院任教。1980年，他成为"哈佛谈判计划"的主任。罗杰·费希尔是一个谈判和冲突解决专家，他和威廉·尤里合著的《谈判力》（Getting to Yes）是经典的双赢谈判技巧教材。

第五讲 专业人士需要更多的跨学科技能

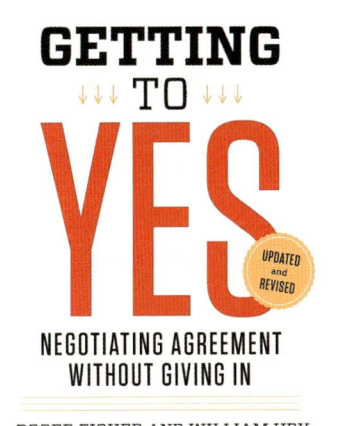

经济学则吸取了生物学的"公用品悲剧"（生物学家加勒特·哈丁于1968年在《科学》杂志上发表的著名论文《公用品悲剧》所描述的公共资源因滥用而枯竭的现象，又称"公共资源悲剧"或"公地悲剧"）**教训，正确地找到一只"无形的脚"，让它与亚当·斯密那只"无形的手"并存**。现在甚至还出现了"行为经济学"，这门分支学科明智地向心理学寻求帮助。

然而，像"拿来主义"这样极其随意的做法给软科学带来的结果并不是百分百令人满意的。实际上，它造成了一些糟糕的后果，比如说：（1）有些文学系吸收了弗洛伊德的理论；（2）许多地方引进了极端的左翼或右翼意识形态，而对于拥有这些意识形态的人来说，重新获得客观的研究态度比重新获得童贞之身还要难；（3）许多法学院和商学院采用了生搬硬套的有效市场理论，这些理论是一些研究公司理财的伪专家提出的，其中有一个所谓的专家在解释伯克希尔·哈撒韦的投资成功时，总是加入运气标准差（以证明我们是靠运气成功的），一直到达到六西格玛后（证明靠运气的几率非常小），他终于不堪别人的嘲笑，改变了说法。

此外，就算"拿来主义"能够避免这些神经病做法，它仍然具有一些严重的缺点。例如，软科学借鉴自然科学的概念时，通常没有指出这些概念是怎么来的，有时候还给它们取了新名字，根本没搞清楚这些借鉴而来的概念的重要程度。这种做法：（1）特别像一种糟糕的文档归类方法，肯定会影响这些被借鉴概念的综合理解和成功应用；（2）使软科学领域无法出现像莱纳斯·卡尔·鲍林系统地利用物理学来改进化学研究那样的成果。一定有更好的方法存在。

这向我们提出了最后一个问题：在精英软科学领域，有哪些做法可以促进我们优化学科的进程？答案同样很简单：

第一，更多的课程应该是必修课，而不是选修课。这就意味着那些决定哪门课必修的人必须熟练地掌握大量的跨学科知识。无论要培养的是未来的

拿来主义
以吉卜林的方式

当荷马拨弄他灿烂的竖琴时，
他早已听过人们沿着陆地和海洋唱过的歌；
凡他所需用的思想，
他便采撷给自己用 —— 和我一样！

市集中的女孩和渔郎，
牧人和水手，
他们听到旧调重弹，
却不作声 —— 和你们一样！

他们知道他偷窃；他也晓得他们知道。
他们不说出来，也不对此大惊小怪，
只是沿路向荷马眨眨眼，
荷马也报以眨眼 —— 和我们一样！

跨领域问题解决者，还是未来的飞行员，这个论断都是成立的。例如，法学院毕业的学生必须掌握心理学和会计学。然而，许多精英学府，即使到今天，也没有这样的要求。那些制定培养计划的人往往知识面太窄，无法理解哪些课是必需的，也没有能力纠正不足之处。

第二，学生应该有更多用跨学科的知识解决问题的实践机会，包括一些像驾驶飞行模拟器那样的机会，以免掌握的技能由于长期不用而遗忘。让我来举个例子。我隐约记得，许多年前，哈佛商学院有个教授非常聪明，但是有点离经叛道，他给学生上的课很有意思。

有一次，这位教授的考试题目是这样的：有两位不问世事的老太太刚刚继承了新英格兰地区一家鞋厂，这家鞋厂专门制造名牌皮鞋，现在生意上遇到一些严重的问题。教授详细地介绍了这些问题，并给学生充足的时间写下给两位老太太的建议。几乎每个学生的答案都被判不及格，但教授给一位聪明的学生很高的分数。那么得到高分的学生的答案是什么样的呢？答案非常短，大概是下面这样："这家企业所在的行业和所处的地方竞争都很激烈，再加上当前遇到的问题非常棘手，两位不问世事的老太太通过聘请外人来解决问题不是明智的做法。考虑到问题的难度和无法避免的代理成本，两位老太太应该尽快卖掉这家鞋厂，最好是卖给那家拥有最大边际效应优势的竞争对手。"因而，这个高分学生作答的根据并非当年商学院传授的知识，而是一些更为基本的概念，比如说代理成本和边际效应，它们分别来自本科生的心理学和经济学课程。

啊，哈佛法学院 1948 届的同学们，要是当年我们也经常接受这样的测试该多好，那我们现在取得的成就将会大得多！

巧合的是，现在许多精英私立学校早在七年级的科学课中就使用了这种跨学科教育模式，然而许多研究生院却依然不明白这个道理。这个令人悲伤的例子再次证明了怀特海的论断："各个学科之间的割裂是非常有害的。"

第三，大多数软科学专业学院应该更多地使用最好的商业刊物，比如说《华尔街日报》《福布斯》《财富》等等。**这些刊物现在都非常好，可以承担飞行模拟器的功能：它们报道的那些事件往往有错综复杂的原因，我们可以让学生试着用各个学科的知识来加以分析。**

两位不问世事的老太太退休后喜欢上玩草地保龄球。

而且这些刊物有时候能够让学生学到新的成因模式，而不仅仅是复习原有的知识。如果学生想要尽可能地提高自己的判断力，那么在校期间就实践他毕业后要终生从事的工作，是非常有道理的做法。在商业界，我认识的那些判断能力非常强的人，他们也都用这些刊物来维持他们的智慧。学术界有什么理由例外呢？

第四，当大学偶尔有职位空缺，需要招人时，应该避免聘请那些持有强烈的政治意识形态——不管是左翼的还是右翼的——的教授。学生也应该避免受政治意识形态影响。激情澎湃的人缺乏掌握跨学科知识所需的客观态度，受意识形态影响的人很难拥有综合各门学科知识的能力。在我们上学的那个年代，哈佛大学法学院有些教授曾指出一个由于意识形态而犯傻的典型。当然，这个典型就是耶鲁大学法学院，在当时许多哈佛法学院的教授看来，耶鲁法学院想要通过提倡一种特殊的政治意识形态来提高法学教育水平。

第五，软科学应该加强模仿硬科学的基本治学精神与方法。（这里所说的硬科学，是指数学、物理学、化学和工程学四门学科。）这种治学精神与方法值得效仿。毕竟，硬科学在如下两方面做得更好：（1）避免单一学科造成的错误；（2）使得大量跨学科知识更容易被应用，并时常获得良好的结果，比如物理学家理查德·费曼就能够用一只橡胶环解释挑战者号航天飞机爆炸的原因。而且以前软科学也曾借鉴这种治学精神与方法，取得了很好的效果。例如，在150年前，生物学只是乱糟糟地描述一些现象，并没有提出高深的理论。后来生物学逐渐吸收了那些基础学科的基本治学精神与方法，取得了非凡的成果：新一代的生物学家终于可以使用更好的思考方法，成功解答了许多问题。硬科学的治学精神与方法既然能够帮助生物学，那么它没有理由帮不到基础程度远远比不上生物学的软科学。在这里我想解释一下我所说的治学精神与方法，它包括下面四点：

1. 你们必须依照基础性给各个学科排序，并按照顺序使用它们。

2. 不管是否喜欢，你们必须熟练掌握并且经常使用这四门基础学科最重要的内容，而且对于那些比你们自己的学科更加基础的学科，要给予特别的关注。

另一个提倡阅读的呼声

我什么都读：年度报告、10-K报表（年度报表）、10-Q报表（季度报表）、传记、历史书，每天还要读五份报纸。在飞机上，我会阅读座椅后背的安全指南。阅读是很重要的。这么多年来，是阅读让我致富。

——巴菲特

3. 在吸收不同学科的知识时，要弄清楚那些知识是怎么来的，而且不要背离"经济原则"，只要有可能，首先通过自己或其他学科中更为基本的原理对现象进行解释。

4. 但是如果第 3 步并没有对现象解释提供有用的新观点，你们可以通过提出假设和进行验证确立新的原理，就像旧的原理创建的方式一样。但你们不能使用任何与旧的原理冲突的新原理，除非你们能够证明旧的原理是错误的。

你们将会发现，与当前软科学常见的做法相比，硬科学的这种基本治学精神与方法更为严格。这让我们想起了飞行员训练。飞行员训练能够取得极大的成功，绝对不是偶然的。现实是最好的老师。跟飞行员训练的情况一样，硬科学的治学精神与方法不是"拿来主义"，而是"不管是否喜欢都必须熟练地掌握"。跨学科知识的合理组织模式应该是这样的：（1）必须完全弄清楚所有知识的原始出处；（2）必须把更基本的解释放在第一位。

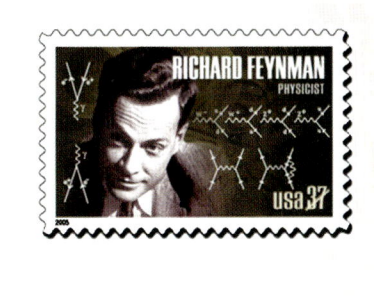

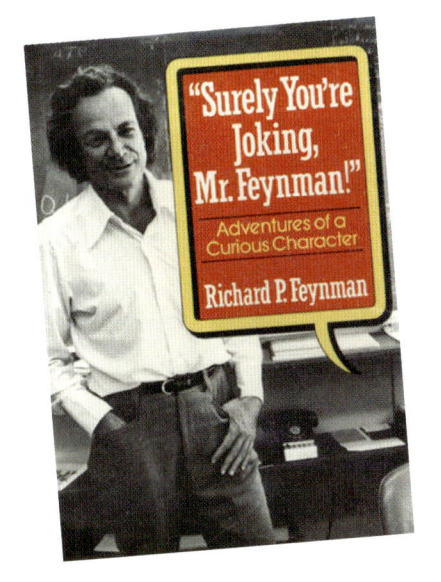

理查德·菲利普斯·费曼
Richard Philips Feynman
1918—1988

理查德·费曼出生在纽约的法洛卡威。他本科毕业于麻省理工学院物理学系，从普林斯顿大学得到博士学位。他参与了曼哈顿计划，对原子弹的研发起到了重要作用。他一直在康奈尔大学任教，然后在 1951 年跳槽到加州理工学院。费曼对物理学的主要贡献是量子电动力学、电磁放射、原子和其他更为基本的粒子之间的关系。1965 年，他和施温格、朝永振一郎共同获得诺贝尔物理学奖。

晚年的费曼受委托对挑战者号航天飞机事故进行调查。他展示了橡胶环如何遇冷萎缩，导致高温的燃气外泄，从而引起了爆炸。

一切重要的图书都应该立即重读。
　　　　——叔本华

第四章　查理十一讲

这个道理太过简单，似乎没有什么用，**但在商界和科学界，有条往往非常有用的古老守则，它分两步：(1) 找到一个简单的、基本的道理；(2) 非常严格地按照这个道理去行事。**对于非常严格地遵守这种基本治学精神与方法所具有的价值，我打算用我自己的生活来证明。

我来到哈佛大学法学院时受过的教育非常少，只有散漫的工作习惯，没有任何学位。沃伦·阿博纳·希维（Warren Abner Searey，1880—1966，哈佛大学法学院著名教授）反对我入学，但在我家的世交罗斯科·庞德的干预之下，我还是被录取了。我在高中上过一门愚蠢的生物课，极其粗糙地学习了明显不完整的进化论，学会了解剖草履虫和青蛙，此外还掌握了一个后来销声匿迹的荒唐概念："原生质"。**时至今日，我从来没有在任何地方上过化学、经济学、心理学或者商学课程。**但我很早就学过基本物理学和数学，我花了很多精力，掌握了硬科学的基本治学精神与方法，我用这种方法去学习各种软科学，增加我的跨学科普世智慧。

因而，我的生活无意间成了一种教育实验：一个很好地掌握了自己专业的人在非常广阔的学术领域试验这种基本治学精神与方法的可行性和有效性。

在利用非正式的教育来弥补自己的知识缺陷的过程中，我发现，虽然我的学习意愿并不算非常强烈，但在这种基本治学精神与方法的指引之下，我的能力得到了极大的提高，这远远超乎我原本的意料。我获得了大量最初想都没想到的好处，有时候我觉得我就像"蒙眼钉驴尾"游戏中

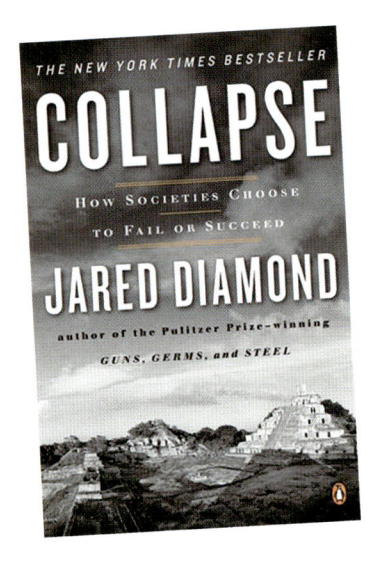

典型的例外：
一位掌握跨学科知识的教授

贾雷德·戴蒙德（Jared Diamond）1999年获得由克林顿总统颁发的国家科学奖章，表彰他在进化生物学领域取得的突出贡献，以及利用达尔文理论在生理学、生态学等不同领域中取得的优秀成果。贾雷德·戴蒙德原本是一名生理学家，现在是加州大学洛杉矶分校的地理学教授，他出色地综合了许多学科的伟大模型。左边图片是这位普利策奖获得者的作品《崩溃：社会如何选择成败兴亡》的封面。

我总是对许多事情感兴趣，同时对许多事情感兴趣，我总是试图向我自己解释这些事情。我提出了许多问题。

——贾雷德·戴蒙德

那个唯一没有被遮住眼睛的玩家。例如，我本来没打算学习心理学，但这种基础治学与方法却引导我掌握了大量的心理学知识，给我带来了很大的好处，这些好处很值得我改日专门来讲一讲。

今天我不打算再多讲了。我已经通过尽可能简单地回答我自己的问题而完成了这次演讲。我的答案中最让我感兴趣的是，虽然我说的一切并无新意，许多理性和受过良好教育的人早就说过了，但我批评的这些坏现象在全美国的顶尖学府中仍然非常普遍，在这些高等学府的软科学院系，几乎每个教授都养成了单学科的思维习惯，即使在他自己学院的马路对面就有一种更好的思维模型。在我看来，这种荒唐的现象意味着软科学院系的激励机制是很成问题的。错误的激励机制是主要原因，因为**正如约翰逊博士曾经一针见血地指出的，如果真理和一个人的利益背道而驰，那么这个人就很难接受真理**。如果这个问题是高等学校的激励机制引起的，那么解决的方法很简单——因为激励机制是可以被改变的。

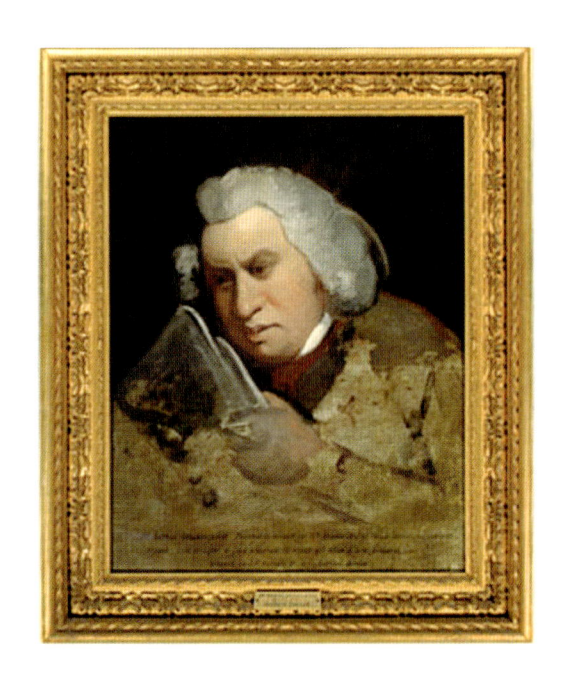

《塞缪尔·约翰逊画像》
(Portrait of Samuel Johnson)
吉尔伯特·斯图尔特，
油画，美国哈佛大学霍顿图书馆。

今天我不惜以我自己的生活作为例子，我想要证明的是，**软科学教育机构现在这样顽固地容忍单学科的狭隘，不但是毫无必要的，而且也是没有好处的**。如果让我来解决的话，我认为约翰逊博士的方法是可行的。请别忘了约翰逊博士描绘学术界那种由于懒惰而无知的状况时所用的字眼。在约翰逊博士看来，这种行为是"背叛"。

如果责任不能驱使人们去改善这种情况，还可以考虑利益。只要法学院和其他学术机构愿意采用一种更为跨学科的方法去解决许多问题，不管是常见的问题还是罕见的问题，它们就会像查理·芒格那样，得到巨大的世俗回报。它们不但能够取得更多成就，还将获得更多乐趣。我推荐的这种精神境界是非常快乐的，没有人愿意从那里离开。离开就像切断自己的双手。

查理的检查清单

> 聪明人怎么会经常犯错呢？他们并没有做到我让你们做的事情：使用一张检查清单，确保你们掌握了所有的主要模型，并以一种多元的方式使用它们。
>
> —— 芒格

在第五讲中，查理举例说明正式和非正式的检查清单是作出决策和解决问题的不可或缺的工具。他在《穷查理宝典》全书一共推荐了四种基本的检查清单，它们的内容有所重叠并互相加强。

1. 双轨分析

- 理性地看，哪些因素真正主导了牵涉到的利益？（例如，宏观的和微观的经济因素。）
- 当大脑处于潜意识状态时，有哪些潜意识因素会自动以各种方式形成虽然有用但往往失灵的结论？（本能、情绪、贪婪等等的影响）

2. 投资和决策检查清单

- 查理的非正式检查清单，详细地列出了各种值得考虑的因素。

3. 超级简单的普通观念

- 先解决那些答案显而易见的问题。
- 利用数学运算能力。
- 逆向思考（反过来考虑问题）。
- 应用基本的跨学科智慧，永远不要完全依赖他人。
- 注意多种因素的共同作用 —— 也就是 lollapalooza 效应。

4. 基于心理学的倾向

- 他那著名的人类误判的 25 个标准原因。

查理的自信来自他以异乎寻常的精力去研究、分析、评估和决策的过程。他知道他也许不会永远都是正确的，但正确的概率很高，因为他的这个过程非常严谨、非常现实。由于这样的原因，他进行决策时从不犹豫，而且会坚定地依照他的决策去行动。

—— 狄克·艾斯本思赫德
1956 年以来的朋友和生意合伙人

重读第五讲

2006 年，我重读了第五篇演讲稿，我一个字也不想改动。我仍然认为我的观点是很重要的。我这种态度跟我那位早已谢世的先辈如出一辙，他是西奥多·芒格牧师，担任过耶鲁大学教区的牧师。

西奥多曾经将他的布道结集出版，用庄严的语调指明哪些行为是正确的。在晚年的时候，他推出了新版，并在前言中说明他没做任何改动，现在出新版本，只是因为他的传道文集极其畅销，导致原来的印刷版磨损过度。

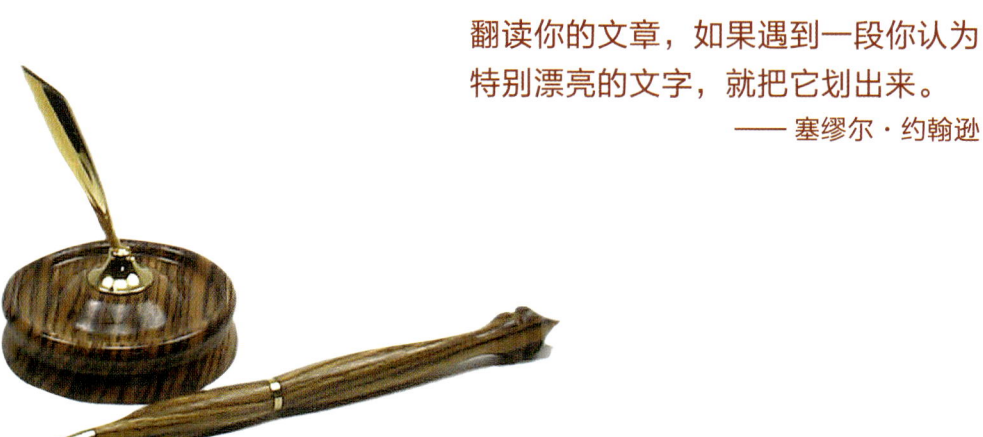

> 翻读你的文章，如果遇到一段你认为特别漂亮的文字，就把它划出来。
> ——塞缪尔·约翰逊

虽然加州理工学院的戴维·古德斯坦教授是在听了下面的演讲（"一流慈善基金的投资实践"）之后写的，但编者把它放在这里，因为信中提及这篇讲稿谈到的理查德·费曼。查理非常欣赏费曼解决问题的跨学科方法。

CALIFORNIA INSTITUTE OF TECHNOLOGY

Pasadena, California 91125

David L. Goodstein
Vice Provost
Professor of Physics and Applied Physics
Frank J. Gilloon Distinguished Teaching and Service Professor

Mail Code 104-31
Telephone 626/395-6365
e-mail: dg@cco.caltech.edu
Fax 626/796-7820

October 29, 1998

Mr. Charles T. Munger
Vice Chairman of the Board
Berkshire Hathaway Inc.
P.O. Box 55007
Los Angeles, CA 90055

亲爱的查理：

谢谢你为那些财务官员所作的精彩演讲。

在我和他有私人交往的这20年间，费曼确实从来不曾欺骗自己。当然，我认识他的时候，他已经蜚声世界（至少是在物理学家中），也许会担心如何保护自己的声誉，而不会急于得到新的结果。更有可能的是，他虽然也被提出新理论所驱使，但他就是个异乎寻常的人物。反正我可以用亲身经历向你保证，我们大部分物理学家并不像费曼，反而像那些财务官员，总是在欺骗自己。

每次收到你的信我总是感到很荣幸。

Best regards,

David

David L. Goodstein

DLG/jp

1998年10月，查理在圣塔莫尼卡向基金会财务总监联合会发表了这篇演讲，它有助于人们理解查理的名言："说起来挺伤心的，但确实不是每个人都喜欢我。"在这次演讲中，查理非常幽默然而毫无恶意地抨击了被他的听众奉为圭臬并付诸实践的理论。查理向来热心慈善事业，他本人的慷慨捐赠便是明证；在这里，他想要将慈善机构从其错误的投资文化中挽救出来。

查理认为，基金会应该成为社会的楷模，这意味着它们必须抵制浪费的、无益的投资实践。他为听众提供了两个选择：天才政治家本杰明·富兰克林的模式，或者臭名昭著的基金经理伯尼·康非德的模式。查理回忆起自己年轻时担任有限合伙投资公司经理的往事，一如既往地自我嘲讽和自我反省："从前的查理·芒格为这些年轻人提供了一种可怕的职业榜样。"他似乎想说明，如果查理能够从那种状态下成功转型，那么听他演讲的那些基金经理也可以走上同样的道路。

第六讲

一流慈善基金的投资实践

1998年10月14日在加州圣塔莫尼卡市米拉马尔喜来登酒店向基金会财务总监联合会发表的演讲,由康拉德·希尔顿基金会、业余运动员基金会、J. 保罗·盖蒂信托基金会和里奥·弘多纪念基金会赞助。

今天我来这里演讲,是因为我的朋友约翰·阿尔古要求我来。约翰很清楚地知道,与你们邀请的其他演讲者不同,我本身没有什么东西需要推销,因而我讲的内容,可能会跟包括慈善基金在内的大型机构的现行投资实践格格不入。所以我要是在演讲中得罪各位,你们应该去找约翰·阿尔古算账,他的老本行是打官司,说不定会感到很高兴。

长久以来,大型慈善基金的常规做法是在不借债的情况下把大部分资金投在那些可流通的美国证券上,主要就是股票。这些股票是由一家或者很有限的几家投资顾问公司帮助挑选出来的。但近年来出现了一种越来越复杂的倾向。有些基金会追随像耶鲁大学这样的基金会,努力向伯尼·康非德式的"基金中的基金"靠拢。这是一种令人吃惊的发展。**很少有人能够预料到,在康非德锒铛入狱之后很久,一些主流大学仍然用康非德式的方法来管理慈善基金会。**

约翰·阿尔古
John C. Argue
1932—2002

约翰·阿尔古既是生意人,也是慈善家。多年以来,他是洛杉矶的阿尔古、皮尔森、哈比森和梅耶斯律师事务所的高级合伙人,曾对洛杉矶获得1984年奥运会举办权起到关键作用。他还是南加州大学校董会的成员,2000年成为该会的主席。

伯尼·康非德（Berine Cornfeld，1927—1995）出生在土耳其，后来移居美国，在20世纪50年代成为一名共同基金的销售员。20世纪60年代，他在瑞士注册了一家叫作"投资者海外服务公司"（IOS）的基金集团，开始推销他自己旗下的基金。他雇用了几千名销售员，这些人在欧洲各国，尤其是德国，上门推销基金。IOS募集了25亿美元的资金，康非德就靠这些钱过着挥金如土的生活。IOS体系于1970年崩溃。康非德未受多大追究，并保留了部分收入。直到1995年他去世之前，康非德仍过着奢侈但低调的生活。

现在有些基金会聘请的顾问不是少数几个，而是许许多多。这些基金会先请一批顾问，然后再让他们来挑选最好的投资顾问，帮忙把资金配置到各个不同的领域，确保不会因为偏好国内证券而忽略了外国证券，复核那些投资顾问声称的业绩是否真实有效，保证原定的投资风格得到严格的执行，还有就是，根据公司理财教授有关波动性和"beta"系数的最新理论，进一步提高本来就已经很分散的投资多元化程度。

但尽管有了这些极其活跃、貌似什么都懂的选择顾问的顾问，个体投资顾问在选择股票的时候，仍然相当依赖于第三级顾问。这第三级顾问主要是投资银行聘用的证券分析专家。这些证券分析专家领取巨额的薪水，有时投资银行为了争夺他们，开出的年薪高达七位数。聘请他们的投资银行通过下面两个来源收回这些薪水：（1）证券买家产生的手续费和交易价差（包括基金经理收取的回扣，也就是所谓的"软钱"）；（2）某些公司为了答谢投资银行让证券分析专家极力推荐它们的证券而向投资银行缴纳的服务费。

这个过程很复杂，但有一点是确定无疑的，那就是这里面缺乏全面的道德约束。别的不讲，就以无杠杆（借贷）的普通股票选择而言，每年要支付给各级各类投资顾问的投资管理成本，再加上频繁地买进卖出产生的摩擦成本，能轻而易举地占到基金净值的3%。**这些成本并不会在传统的会计报表中出现。但这是因为会计本身有问题，而不是因为这些成本不存在。**

下面我们来做一道简单的算术题：假设基金是赌徒，它们每年交给赌场荷官的费用是起始资金的3%，每年在剔除荷官费用之前的实际收益是17%。近些年来，基金的平均收益确实有17%，但谁也不能保证这些基金能够永远享有这个回报率。如果几年之后，未来通过股票指数化投资得到的年均实际回报率下降到比如说5%，而**荷官费用不变，永远是最初的3%，哪怕对实际收益非常一般的赌徒来说也是如此**，那么一般基金将会遭遇一段非常漫长的、令人不舒服的资产缩水期。毕竟，5%减去3%再减去5%的捐赠（按美国法律规定，慈善基金会每年必须将不少于本金5%的钱用于基金会的慈善事业）意味着基金每年的资产要缩水3%。

总的来说，所有股票投资者将必须忍受这样的情况：他们每年赚的钱有一部分落进了荷官的口袋。这是不可避免的命运。同样不可避免的还有，在支付了荷官费用之后，正好

卡尔·布劳恩是查理钦佩的工程实业家，他在1976年自费出版了一本叫做《客观会计法》的小册子，分发给他的员工看。布劳恩在这本小册子中有许多一针见血的评论，比如他说："会计师只会把容易拿到的数字算进去，而未能去寻找那些真正重要的数据。"

第六讲　一流慈善基金的投资实践

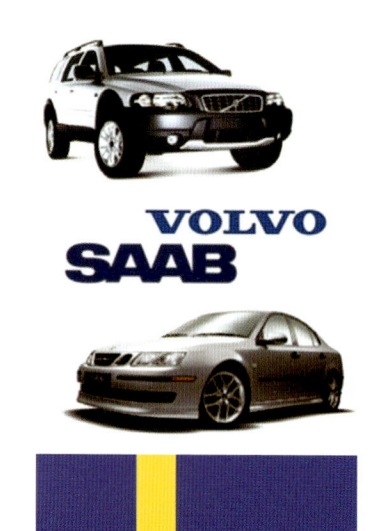

有一半的投资者的收益率将会低于平均线，而这条平均线（未来）完全有可能落在一般和糟糕之间。

由于人类的本性，绝大多数人会忽略我提出的这些担忧。毕竟，早在基督出生之前几个世纪，德摩斯梯尼就曾经说过："一个人想要什么，就会相信什么。"说到对前景和自身才能的评价，人们往往如同德摩斯梯尼预料到的，表现得太过乐观，乐观到荒唐的程度。例如，**瑞典有一项严密的调查表明，90% 的汽车司机认为他们的驾驶技术在平均水平线之上。而那些成功的推销员，比如说投资顾问，则会让瑞典司机都相形见绌**，实际上每个投资专家都公开声明他的业绩高于平均线，尽管事实恰好相反。

但你们也许会想，我的基金会至少在平均线以上啦。它规模很大，聘请最好的人才，用客观的专业态度谨小慎微地处理投资问题。对此我想说的是，过度的所谓专业态度往往会给你们造成极大的伤害——恰恰是极其仔细的过程常常会造成人们对他们所得到的结果过度自信。

通用汽车最近刚刚犯了一个这样的错误，那可是一个 lollapalooza 级的。它打算生产一种舒适程度堪比五人座轿车的越野车，可是由于专业过度，在进行了一系列漂亮的消费者调查之后，决定只给这款车设计两扇车门。它的竞争对手没那么专业，但它们亲眼看到五个人是如何上下车的。除此之外，它们还发现人们已经习惯了舒适的五座轿车有四扇车门，而且**生物通常偏好固定的活动模式，以便最大程度地节省精力，也不喜欢长久以来享有的好处被拿走**。当回顾通用汽车作出这个造成数亿美元损失的决定时，人们脑海中浮现了两个词汇，其中一个就是"哎哟"。

那个叫作"长期资本管理公司"的对冲基金同样对它那高负债率的投资方法太过自信，所以最近它破产了，虽然它的高层管理人员的智商肯定超过 160。聪明而勤奋的人未必不会因为过度自信而犯灾难性的专业错误。因为他们往往以为自己拥有超人的才华和方法，而给自己选择了一些更困难的航程。

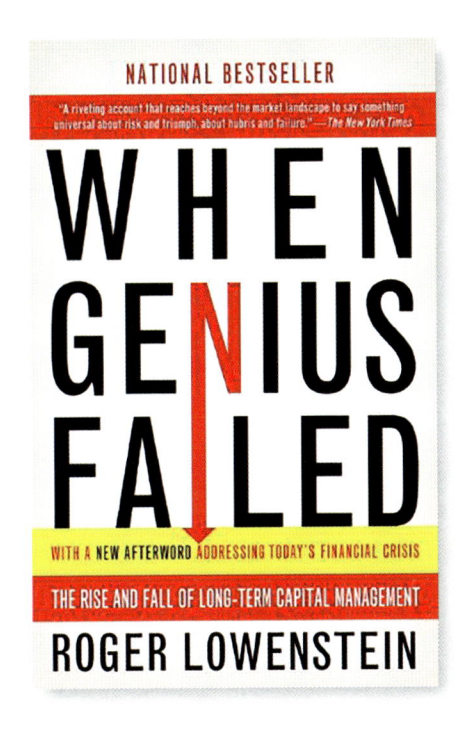

长期资本管理公司

长期资本管理公司是一家成立于 1994 年的对冲基金，其创办人是一位声誉极佳的华尔街债券交易员和两位诺贝尔经济学奖得主，他们开发出一些复杂的数学模型，利用债券套利发财。1998 年，在所罗门兄弟公司不再从事债券套利和外国金融恐慌的共同影响之下，长期资本管理公司连续两个月出现了亏损，由于负债水平极高——当年年度负债 1250 亿美元，该公司很快陷入了困境。不到几个月，这家基金就损失了将近 20 亿美元的资金。美联储被迫为该基金提供了紧急援助，以免整个美国经济的流动性发生连锁反应。这次大失败提醒金融界要注意流动性风险的严重性。《当天才失算时》（中译本为《拯救华尔街——长期资本管理公司的崛起与陨落》）是一本关于这次事件的图书，后被翻译成多种语言。

在思考中格外谨慎不全是好事，有时居然会造成格外的错误，这种情况当然令人烦恼。但大多数好东西都有讨厌的"副作用"，思考也不例外。要消除思考的副作用，最好的办法是向那些最优秀的物理学家学习，他们会系统地批判自己。诺贝尔奖得主理查德·费曼下面这句话很好地概括了这些物理学家的心态："首要的原则是你必须别欺骗自己，因为自己是最好骗的人。"

但假设有个基金非常现实，能够像费曼那样思考，可却担心它的无借债投资组合，在除去各种投资成本之后，其回报在未来不可能超过标准股市指数。它现在采用的就是那种变成"基金中的基金"的方法，频繁地买进卖出，聘请了一些自以为他们的水准在平均线之上的投资顾问。那么这个忧心忡忡的基金该作出什么选择才能改善未来的投资业绩呢？

至少有三种现代选择：

1. 该基金可以解雇它的投资顾问，减少投资的次数，转而对股票进行指数化投资。

2. 该基金可以效仿伯克希尔·哈撒韦，长期持有少数几家备受敬仰的国内公司，不过多地进行交易，从而把年均管理成本降低到资本总额的 0.1%。在这个过程当中，当然也可以采纳一些外部的建议。顾问费支付方只需要适当地控制投资顾问机构中那些聪明人，这样仆人才会变成主人的有用工具，而不是在疯帽匠的茶话会式的错误激励机制下为自己谋取私利。

3. 除了对流通股进行非杠杆式（无借债）投资之外，该基金还可以投资一些有限责任的合伙制公司（各式私募基金），包括如下几种业务：对一些处在创办初期的高科技公司进行非杠杆式投资，利用财务杠杆对其他公司进行并购，依据相对价值策略对股票进行杠杆式投资、杠杆式趋同交易，以及对各种债券和衍生品的奇异交易策略。

基于指数化投资推动者给出的那些显然正确的理由，我认为对于当前正在进行非杠杆式股票投资的普通基金而言，选项（1）是一种更为明智的选择。对于那些每年的管理成本超过总资产的 1% 的基金来说更是如此。当然如果每个人都转而投资指数基金的话，它的表现就不可能都这么好了。但它的良好表现可以在未来持续很长时间。

至于选择（3），也就是通过有限责任合伙制公司进行投资，基本上不在今天这次演讲的范围之内。我只想说，芒格基金会不会采取这种投资方式，我还想简单地谈谈我对杠杆收购基金（LBO）的两点看法。

我对杠杆收购基金的第一点看法是，如果未来的股票指数表现很糟糕，由于要跟两批人（一批是管理人员，一批是杠杆收购基金的普通合伙人）分钱，用很高的财务杠杆（举债）收购整个企业未必比投资股票指数好。本质上来说，杠杆收购基金所做的比用抵押贷款去购买可流通的股票只是稍好而已，一旦未来的股票市场表现很糟糕，用以收购公司所借的债务将会造成灾难性的后果。如果这种糟糕的表现是由于整体的经济环境不景气，那么后果就更严重了。

我的第二点看法是，现在对杠杆收购候选项目的争夺越来越激烈。比如说，许多公司都想通过财务杠杆收购优秀的服务性企业，但光是通用电气下属的信贷公司，它每年可用于收购的钱就超过 100 亿美元，而且这 100 亿美元完全是借来的，利息只比美国政府支付的利息高一点点。这种情况已经不是普通的竞争，而是过度的竞争。**现在大大小小的杠杆收购基金非常多，大多数钱满为患，激励机制使它们的普通合伙人热衷于花钱收购。** 除了通用电气之外，其他公司也通过举债和发行股票来募集资金，在市场上竞买优秀企业。

总而言之，杠杆收购领域隐藏着两大风险：一是在经济大环境不景气的时候，流通股容易引发灾难性的后果；二是现在的竞争过度激烈。

我自己曾经开过一家有限责任的合伙制公司（私募基金），但由于时间限制，我没办法多谈。剩下的时间我们来谈谈选项（2），也就是基金会要更多地模仿伯克希尔·哈撒韦的投资实践，长期持有少数几家公司的股票，几乎从不买进卖出。那么我们要问了，基金的投资要多元化到什么程度才好呢？

正统的观点认为，对于那些不需要投资指数的聪明人来说，高度分散的投资则是必需的。我对这种观点持怀疑态度。我认为这种正统的观点错得很厉害。

在美国，一个人或一个机构如果用绝大多数财富来对三家优秀的美国公司进行长期投资，那么肯定能够发大财。这样一个所有者为什么要在乎其他投资者在某个时刻的业绩比他好还是坏呢？如果他像伯克希尔一样，理性地认为由于他的购入成本更低，更为关注长期的绩效，而且把大量的资金专注投资在几个他最喜欢的选择上，那么他的长期收益将会非常出色，他就更不会关心这样的问题了。

罗伯特·伍德拉夫
Robert W. Woodruff
1889—1985

罗伯特·伍德拉夫出生在佐治亚州，他父亲是一家大型信托企业的董事长。伍德拉夫学业并不出色，但进入职场之后，很快获得成功。虽然他最早是做汽车销售的，但在 33 岁那年，他掌管了可口可乐公司。他将一个规模很小的软饮料制造商和灌装厂打造成世界知名的大企业。晚年的伍德拉夫极其热心于慈善事业，创办了一个以他的姓氏命名的大型基金会。

伍德拉夫的个人信条很好地解释了他一生中取得如此巨大的成功的原因：

"如果一个人不在乎功劳记在谁身上，那么他的成就和地位就不可限量。"

彼得·德鲁克
Peter Drucker
1909—2005

彼得·德鲁克出生在奥地利，他在奥地利和英格兰接受教育。在德国担任报社记者期间，他获得了公共法和国际法的博士学位。后来他以经济学家的身份在伦敦一家银行工作，并在1937年移居美国。先后在本宁顿学院、纽约大学任教，1971年开始在克拉蒙特大学研究生院担任教授，现在克拉蒙特大学的管理学院就以他的名字命名。他为许多企业和非盈利组织担任了数十年的顾问。

德鲁克写过大概30本书，内容涉及管理学、哲学和其他学科，被认为是当代组织理论领域的主要思想家、作家和导师。2002年，他获得总统自由勋章。

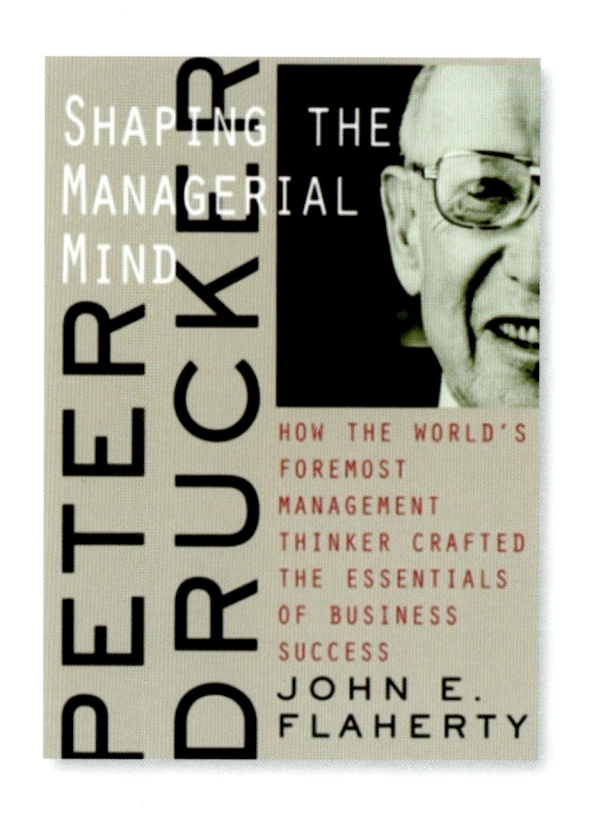

我的观点更为极端。我认为在某些情况下，一个家族或者一个基金用90%的资产来投资一只股票，也不失为一种理性的选择。实际上，我希望芒格家族能够大体上遵守这样的投资路线。而且我发现，到目前为止，伍德拉夫基金会90%的资产仍保留其创办人当初提供的可口可乐股票，事实证明这种做法是很明智的。假如所有美国基金会从来没有卖掉它们的创办人的股票，那么现在来计算它们取得的成绩应该很有意思。我认为绝大部分会比现在好得多。你们也许会说，那些分散投资的做法只是为尚未发生的灾难投保。我的回答是：这个世界有许多事情比某个基金丧失相对影响力更加糟糕；而富裕的机构跟富裕的个人一样，如果想要得到最好的长期结果，应该做许多自我保险的工作。

此外，这个世界的好事并不全是由于基金会的捐赠而做成的。更多的好事是由基金会投资的公司通过日常经营完成的。有些公司做的好事比其他公司多得多，因为它们能为投资者提供高于平均线的长期回报。如果有个基金会把大量的资金集中投给一家它仰慕甚至热爱的企业，我认为这种做法既不愚蠢，也不邪恶，更不违法。实际上，本杰明·富兰克林就要求依照他的遗嘱而创办的慈善组织采取这种投资实践。

伯克希尔的股票投资实践还有一点值得拿出来进行比较：到目前为止，伯克希尔几乎不直接进行海外投资，而现在基金会的海外投资很多。

关于这种背道而驰的历史，我想说我同意彼得·德鲁克的观点：跟其他利益相比以及跟大多数其他国家相比，美国的文化和法律制度特别照顾股东的利益。实际上，在许多国家，股东权益并没有得到很好的保护，有许多东西比股东权益更重要。我想许多投资机构低估了这个因素的重要性，也许是因为人们很难用现代的金融工具来对它进行定量分析。**但有些因素并不会因为"专家"无法很好地理解而失去它们的重要性。总的来说，相对于对国外的企业进行直接投资，我倾向于伯克希尔通过投资类似可口可乐和吉列那样的公司来参与全球经济。**

最后，我将会给出一个具有争议性的预测和一个具有争议性的看法。

这个具有争议性的预测是，如果你们更多地采用伯克希尔·哈撒韦的投资方法，从长远来看，你们不太可能会后悔，即使你们不会有沃伦·巴菲特免费为你们工作。伯克希尔倒有可能会后悔，因为它将会面临许多聪明的投资竞争对手。但伯克希尔不会真的因为你

"吉列青年车手"——从左到右：库尔特·巴克斯、吉米·约翰逊、凯文·哈维克、马特·肯萨斯、瑞恩·纽曼和小戴尔·恩哈特——2004年第一次参加纳斯卡赛事（NASCAR），包揽了36场赛事中的18个冠军。纳斯卡赛车在全世界范围内越来越受欢迎。

们变聪明之后能够与我们一较短长而后悔。我们不吝于和别人分享我们对现实的总体看法，因为我们只想要我们能够获取的成功。

现在越来越多的基金采用这些高成本的复杂投资方法，我的具有争议性的看法实际上是另一个反对现状的理由。即使我的怀疑是错误的，这些方法真的能够取得很好的收益，如此的赚钱活动也很有可能会产生严重的反社会效应。情况必定如此，因为这种活动将会加剧现在出现的一种有害的趋势，美国越来越多有道德感的青年才俊醉心于收益丰厚的资产管理及其随之而来的现代摩擦，而对那些能够给别人带来更多价值的工作则不屑一顾。**资产管理人员并没有树立起良好的榜样。从前的查理·芒格为这些年轻人提供了一种可怕的职业榜样，因为与他从资本主义得到的好处相比，他对文明作出的回报还不够多。**

我并不推荐使用这些方法，而是建议基金采用一种更有成效的办法，就是对少数几家广受赞誉而且名副其实的国内公司进行长期的集中投资。

为什么不模仿本杰明·富兰克林呢？毕竟，本老在为公众服务方面效率非常高。他也是一个非常优秀的投资者。我认为他的模式比伯尼·康非德的模式更好。你们应该选哪个是显而易见的。

FRANKLIN CORNFELD

重读第六讲

自从我在 1998 年发表这次演讲以来，时间过去了很久，又有很多事情发生了。现在是 2006 年，我所批评过的投资行为更为加剧了。

特别值得一提的是，股票市场投资者的摩擦成本增加了很多，进入投资界的青年才俊也越来越多，可惜他们扮演的角色跟赛马情报员在马会上起到的作用差不多。

实际上，我最近听沃伦说，如果目前的投资风气蔓延到马会，大多数赌徒将会花高价聘请私人情报员，试图以此来改善他们的收益。

然而，就在那些热爱摩擦成本的人继续为他们热爱的东西花更多钱的同时，越来越多的人在投资股票时采用了成本几乎可以忽略不计的指数投资法。这个规避成本、追踪指数的群体增长的速度虽然不够快，不足以抑制总摩擦成本的增长，但越来越多的持股方式正在慢慢转向消极的、指数化的模式。

赛马就是投资，投资就是赛马

查理喜欢比较赛马的彩池投注系统和股票市场之间的共同点。此外，他还把最好的投资机会比喻为赛马中定错价格的赌局，他说："我们要寻找一匹获胜几率是1/2、赔率是一赔三的马。"

沃伦·巴菲特同样也喜欢拿赛马和股市进行比较。巴菲特小时候被大量涉及体重、速度排名、步速、以往表现和血统等因素的资料迷住，于是对赛马产生了浓厚的兴趣。他曾经和朋友合作出版了一份叫做《马童之选》的投注指南，在奥马哈的阿卡萨尔本赛马场（Ak-Sar-Ben racetrack，倒过来拼写的"内布拉斯加"[Nebraska]）销售。

巴菲特今天的投资业绩可能得益于他早年研究赛马的经历。这两个领域都有大量的资料，都有已知和未知的变量，都有不同的学派研究怎样才能最好地评估这些因素。不出意料地，巴菲特在这两个领域使用的方法是相同的。

下面这段文字便是明证，它出自悦诗农场（Innisfree Farm）在1993年推出的第14版《莱斯赛马年报》：

回到赛马这个主题，大多数赌马的人属于两个流派："速度派"和"旅途派"。速度派的赌徒很像股票市场上的动量投资者，认为跑最快的马能够赢得比赛（我们不都是这样吗？）。旅途派更关注的是马匹在"旅途"中遇到的各种细节。当天的赛道对前领型马匹（closers）有利吗？那匹马排位靠后吗？那条赛道有很多直道吗，还是没有直道？股票市场的传奇投资人物沃伦·巴菲特年轻时曾出版过一份赛马投注指南。他曾在描述他的投资风格时自称为旅途派赌徒。他的同行几乎没有人能听懂这句话；赌马者当然能听懂。

下面这事实增加了《莱斯赛马年报》上述观点的可信性：该刊物预测1993年肯塔基赛马大会的获胜者是"海洋豪杰"（Sea Hero），"海洋豪杰"确实赢了，让那些花2美元买它获胜的聪明人赢得27.8美元的高回报。

下面是美国先锋集团（Vanguard）的约翰·博格（John Bogle，1929—2019，美国大型指数基金管理公司先锋集团的创办人和前 CEO，是倡导股票指数投资的先驱）向查理请求这次演讲的文字稿的信件。

亲爱的查理：

我们这个星期才一起吃过早餐，我现在又给你写信了。是这样的，我受托邀请你在今年10月14日（星期三）基金会财务总监联合会的集会上发表演讲。该联合会将于当天在洛杉矶开会。它的成员是美国大多数大型私立基金的投资总监和财务总监，这些人掌管的资产大概有1300亿美元。此外，有些来自杰出的欧洲基金会的代表也将会出席。

该联合会的使命是分享投资知识和投资经验，培养强大的人脉，以便能够彼此帮助，在必须作出投资决定的时候分清良莠。

会议的举办地点是圣塔莫妮卡的米拉马尔喜来登酒店，目前正由康拉德·希尔顿基金会、业余运动员基金会、保罗·盖蒂信托基金会和里奥·弘多纪念基金会在操办。会议的主题是关注目前正处于高位的美国大市值公司的股票市场，并探索这个市场的可能替代品。

关于演讲的内容，你有很大的自由度。我认为他们愿意接受你从丰富的投资经验中得出的观点的挑战。在该会议上和你一起发表演讲的将会是巴里·穆尼兹，盖蒂信托基金的新头脑。

我恭请你答应这次请求。你有许多知识可以传授给这些投资总监和财务总监，他们可以借鉴你的建议。其他演讲者和主办方也热烈期待你的到来。非常感谢。

Sincerely,
John C. Argue

亲爱的芒格先生：

巴顿·比格斯（Barton Biggs）在他的报告中对你10月14号发表的演讲赞不绝口。和你比较起来，我真是自惭形秽，但我完全赞同你的观点。如果你能把这次演讲的文字稿寄给我，我将会感激不尽。

我认识沃伦·巴菲特很多年，近些年也结识了罗伯特·邓汉姆，他是我在独立准则委员会的同事。他在委员会表现出来的才华让我印象深刻。也许将来我也能够认识你。我希望有这样的机会。

Sincerely,
Jack Bogle

上面是约翰·阿尔古邀请查理给基金会财务总监联合会发表演讲的信件。

"我没有什么要补充的"第五篇

我们继续这个问题,这次谈到的是表演艺术:

问:你会弹钢琴吗?

我不知道。我没弹过。

这次演讲是在 2000 年 11 月帕萨迪纳慈善圆桌会议上发表的。《基金会新闻和评论》的佐迪·科尔蒂斯对查理的评价让查理的家人和好友感到很意外,她说查理很像"一位友好的老伯伯,为人十分幽默风趣"。

查理这次演讲的目标跟上次演讲相同,也是为了让基金会少犯错误,教它们如何进行有效的投资,尽量减少浪费。查理指出,许多基金会经常作出不明智的举动,是因为"没能理解它们自身的投资操作和大环境之间的密切关系",不理解自身的投资操作也是整个大环境的一部分。查理可不是那种会给人留情面的人,他大胆而坦率地要求他的听众别再无知下去了,因为他们的无知已经危及各个基金会和那些依赖它们的人。查理自造了"捞灰金"这个词(意思跟挪用公款差不多),用它来解释层层多余的投资经理和投资顾问剥夺基金会财富的现象。

第七讲

在慈善圆桌会议早餐会上的讲话

2000年11月10日

今天我在这里要谈的是美国股市上涨带来的所谓"财富效应"。

首先我要坦白相告,"财富效应"是学院派经济学研究的内容,**我从来没有上过哪怕一节经济学课,也从来没有通过预测宏观经济的变化而赚到一分钱。**

然而我认为,大多数拥有博士学位的经济学家低估了基于普通股的"财富效应"在当前这种极端情况下发挥的威力。

现在每个人都同意两个观点:第一,当股价上涨时,消费意愿会跟着上涨,而当股价下跌时,消费意愿也会跟着下跌;第二,消费意愿对宏观经济而言至关重要,然而,对于"财富效应"的规模和时机,财富效应和其他效应之间的相互关系,包括像股价的上涨会促进消费的增加,而消费的增加则会催动股价的上涨这样明显的道理,各个专业人士的意

慈善圆桌会议

20世纪70年代成立于华盛顿特区的慈善圆桌会议是一个由捐赠人构成的非正式组织,其宗旨是通过各种方法来改善个人和社区的处境。目前,参加慈善圆桌会议的成员超过600名。

见并不一致。当然啦，即使消费保持平稳，股价上涨也能提升企业的盈利，因为股价上涨之后，退休金成本的累积也会下降，之后股价趋向于进一步上涨。因而，**"财富效应"涉及许多复杂的数学谜题，尚未像物理学理论那样被解释得清清楚楚，我们也没有能力做到这一点。**

有两个原因使得目前美国股票价格上升造成的"财富效应"特别有趣。第一，当前大量上市公司的股价突飞猛进，而且股价上涨的速度比国民生产总值快多了，这种情况是史无前例的，所以相关的"财富效应"肯定也是前所未有的惊人。第二，日本过去10年来的情况让经济学界感到震惊，使得人们极其担心"财富效应"反向作用引发的经济衰退。

日本的金融界非常腐败，该国的股票和地产价格在很长一段时间内涨幅极大，和美国相比，其实体经济增长的幅度也很大。但随后资产的价格急剧下跌，日本的经济一蹶不振。在此之后，日本这个现代经济体开始努力地、长时间地将它学到的各种貌似正确的凯恩斯理论和货币政策派上用场。许多年来，日本政府不但背负了巨额的财政赤字，而且还将利率一直保持在接近零的水平线上。尽管如此，年复一年，日本的经济依然没有起色，因为日本人的消费意愿对经济学家们的任何招数都无动于衷。日本的股票价格也始终低迷。日本这种前车之鉴足以让每个人坐立不安，假如同样的事情在美国发生，财富大幅缩水的慈善基金将会抱怨自己生不逢时。有人认为日本的糟糕局面在很大程度上是由日本特殊的社会心理和腐败造成的，我们应该希望这种说法是正确的。这样的话，美国的经济才多少有点安全可言。

好了，现在假定受股票价格影响的消费意愿是很重要的课题，而且日本的衰退让人感到担忧。那么美国的股票价格对经济产生了多大的影响呢？如果让经济学专家主要依靠美联储收集的数据来进行分析，他们的结论可能是这样的：股票价格拉动消费的"财富效应"并没有那么大。毕竟，抛开退休金不算，美国家庭净资产在过去10年来增长的幅度可能还不到100%，平均每个家庭的资产仍然不是很多，而且流通股的市值可能还占不到扣除退休金之后的家庭净资产的1/3。除此之外，美国家庭的股票资产的集中程度高得几乎不可思议，那些超级富豪的消费和他们的资产是不成比例的。不算退休金的话，最富裕的1%的家庭可能拥有大约50%的股票市值，而最贫穷的80%的家庭可能只拥有4%。

根据这些资料以及过去股票价格和消费支出之间不太明显的关系，专业经济学家很容易得出下面的结论：就算每个家庭将其股票资产的3%用于消费，过去10年的这次持续的、史无前例的股价大涨每年对消费支出的拉动也不到0.5%。

我认为这种经济学思考跟现实有很大的脱节。在我看来，这些经济学家所用的数据是不对的，他们所提的问题也是不对的。让我这个彻底的门外汉斗胆提出一种更好的解释。

首先，有人告诉我，由于操作上的困难，美联储的资料收集并没有正确地考虑退休金的影响，包括401（k）计划（美国私人企业中流行的养老计划）和其他类似计划的影响。这种说法可能是对的。假设有个63岁的牙医，他的私人退休金账户里面有价值100万美元的通用电气股票。这些股票的价值上涨到200万美元，这位牙医觉得自己发财了，于是把他那辆非常破旧的雪佛兰卖掉，用当前很普遍的优惠价格租了一辆全新的凯迪拉克。在我

1974年，布达佩斯实用艺术和手工艺学院室内设计系的讲师厄尔诺·卢比克（Erno Rubik）为他的一项发明注册了专利，这项发明就是现在众所皆知的魔方。卢比克的初衷是创造一个既有观赏价值又能比现有任何智力游戏更加考验思考能力的三维物品。

约翰·肯尼斯·加尔布雷思
John Kenneth Galbraith
1908—2006

约翰·肯尼斯·加尔布雷思出生在加拿大的安大略省，从安大略农学院毕业后，到加州大学伯克利分校攻读博士学位。他于1949年到哈佛大学经济学系担任教职。加尔布雷思是约翰·肯尼迪总统的好友，曾在1961年到1963年担任美国驻印度大使。

作为一名经济学家，加尔布雷思持有改良派的价值观，他写了许多描述经济理论如何与现实生活相悖的著作。他最出名的作品是：《美国资本主义：抗衡力量的概念》(1952)、《富裕社会》(1958)和《新工业国家》(1967)。

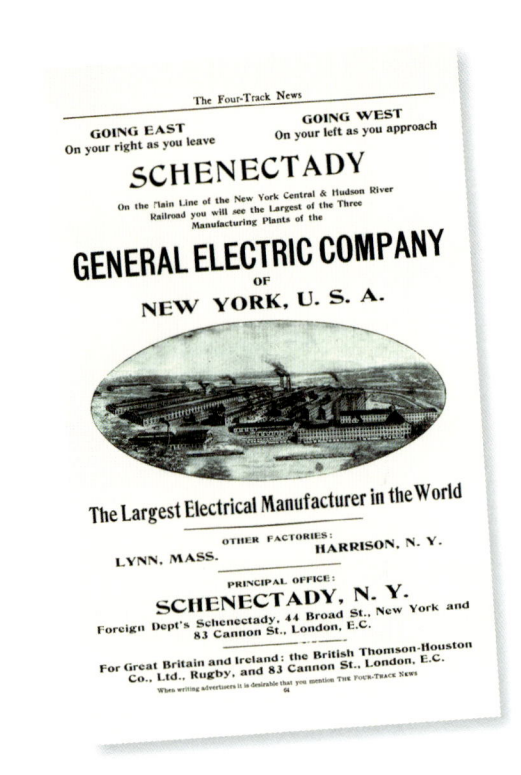

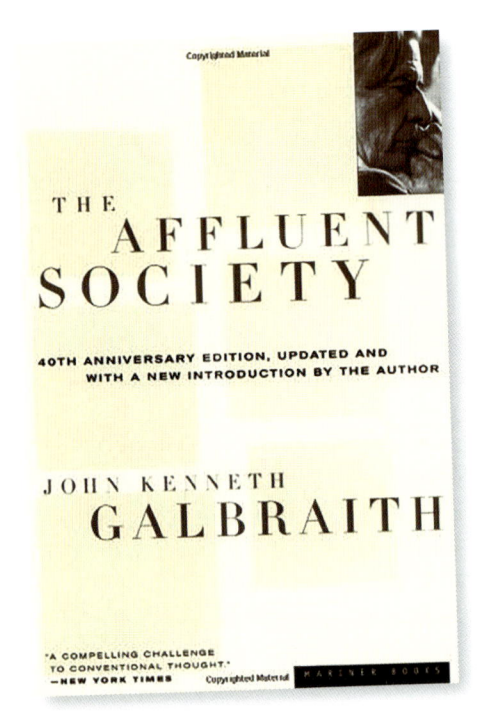

看来，这位牙医的消费就明显体现出很大的"财富效应"。我怀疑在许多使用美联储资料的经济学家看来，这只是牙医在挥霍无度而已。而我认为这位牙医，还有许多像他一样的人，他们之所以大手大脚地花钱，是有一种强大的、跟退休金相关的"财富效应"在作祟。因此，我认为当前退休金计划造成的"财富效应"远远比以往大，绝对不可以忽略。

另外，传统的经济学家在思考过程中往往漏掉了"黑金"（"bezzle"）的因素。让我再来拼读一下：B-E-Z-Z-L-E。

"Bezzle"（黑金）这个词是由"embezzle"（贪污）一词缩短衍生而来的。哈佛大学经济学系教授约翰·肯尼斯·加尔布雷思造出这个词，专指在尚未败露的贪污中得到的金钱。加尔布雷思发现，**黑金对消费有非常强烈的刺激作用。毕竟，贪污者花钱更大手大脚，因为**

他的钱来得更容易，而且他的雇主的支出将会一如既往，因为雇主尚不知道其财产已经被"偷"走了。

但加尔布雷思并没有铺开他的洞见，他满足于（在经济学思考上）提供一些牛虻式的刺激。所以我打算进一步发挥加尔布雷思的"黑金"概念。正如凯恩斯指出的，在依靠劳动换取收入的原始经济中，当女裁缝把一件衣服以 20 美元的价格卖给鞋匠时，鞋匠就少了 20 美元可以消费，而女裁缝则多了 20 美元可以用。总消费支出并没有受到 lollapalooza 效应的影响。但如果政府印刷了另外一张 20 美元的钞票，用它来买一双鞋，鞋匠多得到了 20 美元，可是没有人觉得自己的钱变少了。当鞋匠下次再买一件衣服的时候，这个过程就重演了，不会无休止地持续放大，但会产生所谓的凯恩斯乘数效应，这是一种促进消费的 lollapalooza 效应。同样地，和同等规模的诚实交易相比，尚未败露的贪污得来的钱对消费的刺激效应更大。加尔布雷思是苏格兰裔，喜欢深刻地揭示生活的世态炎凉。毕竟，这个苏格兰裔还热衷于接受命中注定、无法改变的婴儿诅咒这样的荒唐想法。我们大多数人并不喜欢加尔布雷思的观点。但我们不得不承认，他有关"黑金"的看法基本上是正确的。

加尔布雷思无疑发现了由于"黑金"的增加而出现的凯恩斯乘数效应。但他在这里就停下了。毕竟"黑金"不可能增长到非常大，因为大规模的贪污迟早会被发现，被吞掉的钱迟早要吐出来。因而，私人"黑金"的增加跟政府的消费不同，它并不能在相当长的一段时间里驱动经济向上发展。

加尔布雷思认为"黑金"对整体经济的影响显然有限，他没有顺理成章地追问：是否有些东西起到的作用跟"黑金"相同，而且它的数额足够大，也不会在短时间内自我消亡？我对这个问题的答案是肯定的。我将会像加尔布雷思那样，也来生造几个词：第一个是"灰金"（febezzle），代表作用跟"黑金"相同的东西；第二个是"捞灰金"（febezzlement），用来描绘创造"灰金"的过程；第三个是"灰金客"（febezzlers），专指那些"捞

普世智慧告诉我们，循规蹈矩的失败比离经叛道的成功更能带来好名声。

——约翰·梅纳德·凯恩斯

灰金"的人。然后我将会指出,一个重要的"灰金"来源就在这个房间里。我认为你们这些人恰恰创造了大量的"灰金",因为在处理你们所持有的大量普通股股份时,你们在投资管理上采用了许多不明智的措施。

如果一个基金,或者其他投资者,每年将 3% 的资产浪费在多余的、不带来任何收益的管理成本上,而其管理的股票投资组合正处于急速上涨的阶段,那么它仍然会觉得变富裕了,尽管浪费的钱不少;而那些得到被浪费的 3% 的人虽然其实是"灰金客",却认为他们的钱是通过正当渠道赚来的。这种情况起到的作用跟那些尚未败露的、肆无忌惮的挪用公款差不多。这个过程能够自我维持很长的时间。而且在这个过程中,那些得到 3% 的人貌似在消费自己赚来的钱,但他们花的钱其实是来自一种隐蔽的、由股票价格上涨带来的"财富效应"。

这个房间里有许多人饱受岁月的摧残——我指的是我这一代人和下面一代人。我们倾向于认为勤俭节约、避免浪费是好事情,这种作风给我们带来了很多好处。可是**长久以来,经济学家认为非理性的花销是成功经济不可或缺的一部分,这让我们感到既困惑又不安**。我们不妨把非理性的花销叫做"傻子消费"。讲完"傻子消费"之后,接下来我要向你们这些老派价值观持有者讲的是"捞灰金"——跟挪用公款起到相同作用的行为。一大早跟你们讲这些可能不太好。但请你们相信,我并不喜欢"捞灰金"这个话题。我只是认为现在"捞灰金"的行为很普遍,给经济造成了很大的影响。而且我也认为**人们应该认清现实,即使并不喜欢它;实际上,当不喜欢它的时候,就更应该认识清楚**。我还认为人们应该高兴地接受通过仔细思考而无法破解的悖论。即使在纯数学领域,他们也无法解决所有悖论;我们更应该明白,有许多悖论是我们不管喜欢与否,都必须接受的。

趁这个机会我想提一句,刚才我说投资机构每年将 3% 的资产浪费在股票投资管理上,但许多机构浪费的远远不止这个数字。在我向那些基金会财务总监发表过讲话之后,有个朋友寄给我一份有关共同基金投资者的研究

报告摘要。这项研究的结论是，在一段为期 15 年的时间里，一般共同基金的投资者年均回报率是 7.25%，而这些股票基金同期的年均回报率是 12.8%（可能是扣除成本之后的）。不管基金扣掉成本之后，每年的收益比股票市场落后多少个百分点，在此之上基金投资者的每年实际收益同基金本身的回报率相差超过 5%。如果这份共同基金研究大体上是正确的，那么慈善基金像共同基金个人投资者那样频繁更换投资经理的做法就很成问题了。如果这份开放式基金研究提到的收益差确实存在，那么它非常有可能是由下面这种不明智的做法引起的：不断地解雇业绩落后的投资经理，把他们选中的股票彻底清仓，然后再聘请新的投资经理，给他们施加很大的压力，要他们重新买进一些股份。这种超快速的卖出买进无助于改善客户的投资结果。一直以来，我对这份报告中所提出的问题深感烦恼。我如实地描述的现象看起来太过可怕，以至于人们往往认为我言过其实。接下来呢，新出现的情况会比我这种令人难以置信的可怕描述来得可怕得多。怪不得芒格对现实的看法总是不会广受欢迎。**这也许是我最后一次受邀向慈善基金会发表演讲。**

当前美国所有公司的职工股票期权高达 7500 亿美元，由于不断有旧的期权变现，不断有新的期权加入，这笔财富的总数是不固定的，但总是不停地增长。如果再考虑到职工股票期权管理中的"捞灰金"行为，和普通股相关的"财富效应"对消费的刺激作用就更大了。目前标准会计规则不把股票期权当作公司成本，在这种腐败会计行为的助长下，由职工股票期权引起的"财富效应"实际上是"灰金"效应。

接下来，考虑到标准普尔指数每上涨 100 点，股市总值就增加 1 万亿美元，再加上与所有"捞灰金"行为相关的凯恩斯乘数效应，我认为宏观经济的"财富效应"比普遍认为的要大得多。

股票价格造成的总"财富效应"确实非常大。而很不幸的是，股票市场会因过度投机而出现巨大的、愚蠢的疯涨。股票有些部分像债券，对其价值的评估，大略以合理地预测未来产生的现金为基础。但股票也有点像伦勃朗的画作，人们购买它们，是因为它们的价格过去一直都在上涨。这种情况，再加上先涨后跌的巨大"财富效应"，可能会造成许多祸害。让我们通过一次"思维实验"来弄清楚这个道理。**英国有个大型的退休金基金曾经买进许多古代艺术品，打算 10 年后抛售。10 年后它确实抛售了，赚取的利润还过得去。**假如所有退休金基金用全部资产来购买古代艺术品，只买古代艺术品，那最终会给宏观经济带来什么样的糟糕结果呢？就算只有一半的退休金基金投资古代艺术品，难道结果不也会很糟糕吗？如果所有股票的价值有一半是疯狂哄抬的结果，这种情况不是跟半数退休金基金的资产都是古代艺术品一样可怕吗？

我认为现在的股票价格被非理性地抬高了，这种观点与你们曾经从那些误人子弟的教授那里像聆听福音一样恭恭敬敬地学到的"有效市场"理论恰好相反。你们那些误人子弟的教授太过信奉经济学中的"理性人"假设，对心理学中的"非理性人"理论则所知甚少，也缺乏实际的生活经验。人类跟旅鼠一样，在某些情况下都有"群氓愚蠢"的倾向。这种倾向导致

《戴珍珠耳环的少女》
(*Girl with a Pearl Earring*)
约翰内斯·维梅尔，1665 年，油画，46.5cm×40cm，荷兰海牙莫瑞泰斯皇家美术馆。

聪明人产生了许多不理智的想法，做了许多不理智的行为——比如说出席今天会议的许多基金会的投资管理实践。如今每个机构投资者最害怕的事情就是它的投资实践和大家的不同，这是很可悲的。

好啦，在这个早餐会上，我不自量力的分析就到这里。如果我是正确的，和以前的繁荣更大的时期相比，当前的经济繁荣更大地受到与普通股相关的各种"财富效应"的影响更大，其中有些"财富效应"令人感到恶心。如果是这样的话，当前经济繁荣的程度越高，将来股票下跌的幅度就会越大。那些经济学家也许终将认识到，当股票市场的上升和下跌被人们当作趋势时，股票市场下跌给选择性消费带来的压力就大于股票市场上升时带来的拉力。我认为经济学家要是愿意借鉴其他学科最好的思想，或者只要更加仔细地观察日本的情况，他们早就会明白这个道理了。

说到日本，我这里也想提出一个想法，我认为从非常长远的角度看，经济活动中可能存在一种"道德效应"——比如说，当年威尼斯之所以盛极一时，完全得益于复式簿记法对当时道德行为的推动；与此相反，目前做假账的情况泛滥成灾，从长远来看，这最终将会造成严重的恶果。我的建议是,当金融界的情况开始让你们想到索多玛和蛾摩拉(《圣经》中记载的两座罪恶之城,被上帝用天火焚烧毁灭),你们就是再怎么想参与其中也必须恐惧由此带来的可怕下场。

最后,我认为我今天的演讲,以及我上次对一些基金会财务总监所作的演讲,并不是为了让慈善基金会掌握一些投资技巧。如果我的看法没错,几乎美国所有基金会都是不明智的,因为它们没能理解自身的投资运作和大环境之间的密切关系。如果是这样,情况可不太妙。生活中有个粗略的道理是这样的:如果一个机构在复杂的大环境中有一方面做得不够好,那么它其他方面也非常有可能做得不够好。所以我们不但需要改善基金的投资实践,而且也要提高基金捐赠的智慧。有两个古老的法则能够引导我们:一个是道德的法则,一个是谨慎的法则。

道德的法则来自塞缪尔·约翰逊,他认为对于一个身居要位的官员而言,保持可以轻易消除之无知就是在道德责任上的渎职。谨慎的法则是一句广告中蕴含的道理:华纳及史瓦塞公司有句机械工具的广告语说:"需要新的机器而尚未购买的公司,其实已经在为它花钱了。"我相信这个规则对于思想工具来说也同样适用。如果你们缺乏正确的思想工具,你们,以及你们试图要帮助的人,就已经深受你们这种可以轻松消除之无知的毒害。

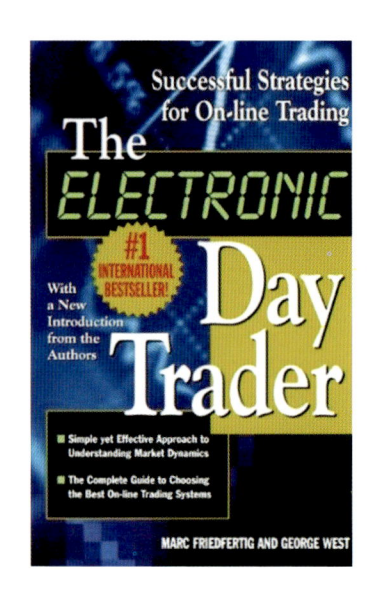

人们可以把 20 世纪 90 年代股市盛行的当天买进、当天卖出的做法视为"集体非理性"的典型。

詹姆斯·博斯韦尔和塞缪尔·约翰逊

詹姆斯·博斯韦尔(James Boswell,1740—1795)是苏格兰的律师和杂文家。在塞缪尔·约翰逊去世之后第七年,也就是 1791 年,博斯韦尔出版了两卷本的《塞缪尔·约翰逊传》,随即声名大噪。1763 年,博斯韦尔和约翰逊相识于伦敦一家书店,并很快成为好朋友。

这是慈善圆桌组织邀请查理发表演讲的信，上面有查理谢绝的答复。查理后来改变了主意，同意在翌年发表演讲。

April 12, 1999

Mr. Charles T. Munger
Vice-Chairman
Berkshire Hathaway Inc.
Post Office Box 55007
Los Angeles, California 92055

VIA FAX: (213) 680-3677

> Sent to →
>
> Done → 4/13/99
>
> Thank you for your kind words & invitation, but I have already said everything I have to say. I like your good work, but it's best for me and my work that I decline.
>
> Sincerely,
> Charles Munger

亲爱的查理：

  我谨代表慈善圆桌组织，邀请你在1999年10月28至29日（星期四和星期五）光临佛州那不勒斯丽嘉酒店，参与敝组织的第八次年会，并在星期四或者星期五晚上发表重要演讲。根据我们得到的反馈，你最近发表在《慈善》杂志的文章很受欢迎，我可以非常有把握地说，我们的成员将会非常有兴趣听你谈谈基金会应该如何看待它们的投资，以及那些管理它们的人（"貌似什么都懂的、选择顾问的顾问"）。

  简单来说，慈善圆桌是一个全国性的非盈利组织，其成员超过500名，均是个人或机构捐赠者；也就是说，这些成员把慈善当成事业来做，其个人成员和他们的家人都非常认真地支持慈善事业。我们想要为大大小小的捐赠者提供启发性的、有用的信息。我们一致认为，真正的慈善事业应该以帮助受捐赠者独立自主为宗旨，不能让受捐赠者养成依赖性。这次年会的主题是如何从20世纪的慈善业中吸取最好的经验，同时开拓创新，在我们进入新千年的时候，推动美国慈善业的发展。我们估计出席的捐赠者将会超过300名。

  圆桌组织每年在全国各大城市根据捐赠者感兴趣的话题召开若干次区域会议，并举办一次大型的全国性年会。去年我们的年会在圣安大略召开，J. P. 摩根和约翰·洛克菲勒的传记作者荣·切尔诺发表了题为"重新向伟大的工业大亨学习"的演讲，阐述了洛克菲勒持续多年地致力于慈善事业的故事。

1150 17TH STREET NW, SUITE 503
WASHINGTON, D.C. 20036
TEL. (202) 822-8333 FAX (202) 822-8325
WEB SITE: http://philanthropyroundtable.org
EMAIL: main@philanthropyroundtable.org

重读第七讲

现在看起来，2000 年 11 月发表的这次演讲在当时非常及时，因为自那以后，股市令人不愉快的现象愈演愈烈，尤其是对高科技股而言。

但据我所知，听过这次演讲，或者看过这篇讲稿的人，完全没有人作出理论的回应。我仍然认为多余的投资成本催生的"捞灰金"行为给宏观经济造成了重大影响。可惜没有任何受过经济学训练的人试图和我探讨这个问题。

这种漠视并没有让我灰心，我打算进一步发挥我的理论，结合第六讲和第七讲中的推理，通过"思想实验"继续讨论投资成本的问题。

假设在 2006 年，股票的价格上涨了 200%，而企业的盈利没有增长，那么全部美国企业的所有可合理分配的利润加起来，尚且没有股票持有者的投资成本多，因为这些成本上涨的比例跟股票价格是一样的。只要这种情况延续下去，扣除投资成本之后，全部企业的所有者将得不到一分钱。而那些摩擦成本制造者所得到的，反而比全部可合理分配的企业利润还要多。到了年底，企业所有者若想赚钱，只能将他们持有的股份卖给"新资金"的提供者。而那些提供"新资金"的人由于付出了持续高涨的投资成本，只能指望股票的价格将会无休止地上涨，而股票持有者将得不到任何净利润，除非把股票卖给又一批"新资金"的提供者。

在许多摩擦成本制造者看来，这种怪异的状态是最理想的，企业可合理分配的利润100%地落到他们手里是天经地义的，落到股东手里才是浪费。有些经济学家也会认为这样的结果很好，因为这是自由市场的结果。但在我看来，这种怪异而令人不安的现象无疑更像是如下三种东西的结合体：（1）贪婪地收取不合理的手续费的赌场；（2）与明显不适合养老基金参与的天价艺术品市场相同的庞氏骗局；（3）终将破裂并且可能给宏观经济造成恶果的投机泡沫。这种情况很有可能给各种社会文明制度带来极大的破坏。

我认为要是出现这样的局面，哪怕没我说的那么严重，美国的声誉也会受到伤害，而且理所当然。

> 请爱护你的声誉，像珍惜你最贵重的珠宝那样 —— 因为信誉就像火焰，点着之后，你可以轻松地让它燃烧，可是一旦把它扑灭，你必须很费力才能再次点燃它。获取好声誉的办法是努力成为你想要成为的人。
>
> —— 苏格拉底

苏格拉底
Sorates
公元前469—公元前399

会计行业在公司渎职中扮演了为虎作伥的角色，查理通过这篇道德寓言剧宣泄了他对此现象的愤怒。这篇讲稿是查理在 2000 年夏天度假时亲手写下的，他预测将于 2003 年浮出水面的丑闻提前败露了，直到今天仍是重要的话题。

早期的宽特科技公司有点像 C. F. 布劳恩工程公司，查理非常钦佩这家公司的创始人卡尔·布劳恩。（布劳恩公司后来整体出售给科威特政府，所以晚期的宽特科技公司并不是以 C. F. 布劳恩为原型编造出来的。）

查理记录了领导层的更换如何导致非常成功的公司变成平庸的企业——甚至更糟糕，变成一家声名狼藉、关门大吉的企业。当新管理层采用"现代金融工程术"，特别是启用了股票期权的激励制度却没有将股票期权算作公司的成本时，一切都完了。

莎士比亚的戏剧《亨利四世》中说："我们首先要做的是杀掉所有的律师。"曾是律师的查理可能会反对这个主意，但如果要杀的是会计师呢？那就……

第八讲

2003 年的金融大丑闻

查理·芒格记录于2000年夏天

2003 年爆发的金融大丑闻使得宽特科技公司 —— 人们向来称之为宽特技术 —— 突然间声名扫地。宽特科技这时已经是全国最大的纯工程企业，这是其传奇式创始人阿尔伯特·贝索格·宽特工程师多年苦心经营的成果。2003 年之后，人们开始把宽特科技的故事当作一出两幕的道德剧。第一幕是伟大的创始人宽特的时代，被看作是道德高尚的黄金时代。第二幕是这位创始人的后继者的时代，被视为道德沦丧的时代，在这个时代的末期，宽特科技变得跟索多玛或蛾摩拉差不多。

这篇记录将会清楚地展示，宽特科技从好到坏的转变并不是在其创始人于 1982 年去世后突然发生的。1982 年之后，该公司仍保留了许多好的作风，而早在 1982 年之前许多年，宽特科技所处的金融文化环境就已经出现严重的问题了。

要理解宽特科技的故事，我们最好把它当作一出经典悲剧，在剧中，只是一个漏洞就

QUANT TECH

在我们的故事中，宽特科技（Quant Tech）是一家虚构的工程公司，它经历了许多真实公司常见的弊端 —— 特别是没有在会计报表中正确地反映出职工股票期权成本的致命伤。

1940年11月7日，华盛顿州皮尤吉特湾上第一座塔科马海峡悬索桥垮塌，原因是施工不合格，该地区常年刮大风，设计方却没有正确地考虑到这个因素的影响。当时该桥才通车几个月。

遭到了命运女神的惩罚。这个漏洞就是该国对职工股票期权的特殊会计处理。宽特科技和它的国家成了受害者。这次金融大丑闻的情节就好像是索福克勒斯笔下的悲剧。

1982年去世的时候，阿尔伯特·贝索格·宽特为他的继任者和造物主留下了一家非常繁荣和有为的公司。宽特科技唯一的业务是设计新型的发电厂，这种小型发电厂能够改善电力供应，而且超级清洁、超级节能，备受世界各国欢迎，给该公司带来了不菲的设计收入。

在 1982 年，宽特科技占据该行业的龙头地位，营业收入为 10 亿美元，而盈利高达 1 亿美元。它的成本主要是支付给参与设计的技术员工的薪酬。直接的员工薪酬成本占到营业收入的 70%。在这 70% 里面，30% 是基本工资，40% 是依据创始人设计的一套复杂方法计算出来的奖金。所有薪酬都以现金支付。该公司没有股票期权，因为宽特先生认为对股票期权的法定会计处理方式"软弱、腐败和令人鄙视"，**他不想企业做糟糕的账目，正如他不想做糟糕的工程设计**。除此之外，这位老先生还坚持严格依据业绩标准来给个人或小组发放巨额的激励性奖金，而不愿意像其他公司那样采用股票期权作为激励机制，因为他认为那种做法是不可取的。

然而，即使在这位老先生的制度之下，大多数把毕生心血奉献给宽特科技的员工也已经变得富裕起来，或者肯定会变得富裕起来。之所以如此，是因为那些员工和其他不在公司任职的股东一样，也从市场上购买宽特科技的股票。这位老先生向来认为，他的员工既然拥有足以设计发电厂的聪明才智和自律意识，当然会通过这种方式来好好为自己谋利。他有时候会建议员工去购买宽特科技的股票，但也就是到此为止，不会表现出更多的家长作风。

等到 1982 年他去世的时候，宽特科技完全没有债务，如果不是为了提高公司知名度，不管业务增长多快，它的运营根本就不需要股东的资金。然而，老先生相信本杰明·富兰克林的名言"空袋子立不起来"，他想要宽特科技巍然屹立。此外呢，他热爱他的企业和同事，总是希望手里持有大量的现金等价物，以便发生不测时有充分准备，或者遇到机会时能够抓得住。所以到 1982 年，宽特科技持有五亿美元的现金等价物，大概是年收入的 50%。

1982 年的宽特科技不但拥有健康的财务报表和行之有效的企业文化，还拥有一个快速变化、快速增长的行业中的关键技术，只要继续采用老先生的方法，在未来 20 年，它的年均利润必定可以达到收入的 10%，而年收入增长必定可以达到 20%。在这 20 年之后，从 2003 年开始，在很长一段时间内，宽特科技的利润将会继续保持在年收入的 10%，而年收入的增长速度将会下降到每年 4%。但没有人能够准确地预言这段不可避免的收入增长缓慢期将会从什么时候开始。

索福克勒斯
Sophocles
公元前 496—公元前 406

索福克勒斯是古希腊的剧作家、戏剧家。神职人员和雅典政治家，被认为是古希腊的三大悲剧作家之一（其他两位是埃斯库罗斯和欧里庇得斯，他经常与这两个人展开戏剧竞赛）。索福克勒斯创作的剧本超过 100 部，包括亚里士多德在内的许多学者认为他是古希腊戏剧史上最伟大的编剧。他的存世作品中最著名的是悲剧《俄狄浦斯王》和《安提戈涅》。

老先生为宽特科技设定的利润分配制度非常简单：他从来不派红利，而是把所有利润转换成现金等价物累积起来。

任何有经验的股票投资者都能看到，1982年是购入拥有大量现金的宽特科技的良机，当时它的市盈率只有15，而且尽管它的前景非常好，整个公司的市值只有15亿美元。既然公司前景很好，市值为什么很低呢？这是因为在1982年，其他很棒的股票的市盈率也只有15，甚至更少，这也是因为当时的利率很高，而且持股人此前多年的投资回报率相当令人失望。

宽特公司在1982年的低市值造成的后果之一，就是令那些董事感到不满意，老先生刚刚去世，他们就开始蠢蠢欲动。如果这个董事会很明智，他们会利用手头所有的现金和外面借来的资金大量买进宽特科技的股票。然而，这样的决定并不符合1982年常见的企业经营智慧，所以董事会作出了常见的决策。他们从宽特科技之外聘请了新的CEO和CFO，这些人来自一家实行员工股票期权激励计划的公司，该公司市值是年报披露利润的20倍，尽管其资产负债表比宽特科技差很多，利润的增长速度也没有宽特科技那么高。宽特科技的董事们聘请这两位新的高层管理人员的意图很明确，就是希望尽快提高公司的市值。

宽特科技新上任的管理层很快意识到，他们很难更快地提高公司的年收入，也很难增加宽特科技的利润率。创始人在这两方面已经做到了尽善尽美。新上任的管理层也不敢改变运作得如此之好的企业文化。因此，新管理层决定启动他们所谓的"现代金融工程术"，迅速采用各种尽管存在争议但又合法的手段以提高财务报表上的盈利，先从简单但是重大的改起。

命运弄人，这种让宽特科技的创始人原本极其憎恶的股票期权记账方法，现在却让新管理层的工作变得十分轻松，而且最终将会毁掉宽特科技的声望。当时美国通常的会计做法是这样的，假如先给了员工认股权，公司便可以将股票低于市场价卖给员工，折让给员工的部分就相当于现金（如果员工同时将股票以市场价格立刻卖掉的话），但在做账的时候并不用记为薪酬支出，从而不会影响年报披露的盈利。虽然这种特别奇怪的记账方法遭到某些最聪明正直的会计师的反对，但会计行业还是采纳了，因为大多数企业的管理人员不愿（会计师）将他们从行使股票期权中得到的收益算入公司成本，那样的话他们任职的公司的利润就会下降。会计行业在做出这个特别怪异的决定时竟然奉行的是那些跟优裕的资深会计师截然不同的人所奉行的准则。**这项准则通常是那些食不果腹、无权无势的人遵守的："谁给我面包吃，我就给谁唱歌。"** 幸运的是，税务部门并没有像会计行业那样采用这种特别怪异的记账方法。税务部门拥有基本的常识，理所当然地将行使股票期权获得的收益视为薪酬成本，在计算企业所得税的时候会把这部分减去。

宽特科技的新管理层精通金融业务，他们一眼就看出，只要使用这种特别怪异的记账方法，再加上完善的所得税征收制度，宽特科技会有极大的机会，只要采取非常简单的做法，就能增加其年报上披露的利润。宽特科技每年大量的成本本来就是发放给员工的激励性奖金，这为"现代金融工程术"提供了千载难逢的良机。

例如，管理层可以很容易看出，如果 1982 年的宽特科技用行使员工股票期权得到的利润代替它那四亿美元的激励性奖金成本，同时用省下来的奖金加上员工为股票期权支付的

厄普顿·辛克莱
Upton Sinclair
1878—1968

"让人们去理解那些跟他们的利益冲突的事情是很难的。"

"正确的做法是永远别让错误的会计开始"

1991年，金融会计标准委员会提议将职员股票期权的部分真实成本视为支出。由于遭到企业界和国会的强烈反对，这项提案最终被大大缩水，仅仅要求公司在备注中有所披露。然而，目前美国通行的会计准则要求职员股票期权的部分真实成本在损益表中必须被记为支出。查理对此持怀疑态度："等到股票期权被行使时，账目上记录的总成本往往比实际发生的总成本低很多。此外，那部分记到盈利下面的成本通常被故意用不正当的办法降低了。这种事情是很难杜绝的。正确的做法是永远别让错误的会计开始。"

金钱来回购所有因行使期权而增发的股份，其他一切保留不变，那么1982年宽特科技的年报披露的利润将会上涨400%，从一亿美元上涨到五亿美元，而流通股的份额仍跟原来一样！所以在管理人员看来，最正确的做法就是用员工行使股票期权的获利来取代激励性奖金。那些精于计算的工程师怎么会在意他们的奖金到底是现金还是现金等价物呢？只要管理层愿意，作出这样的替换安排似乎没有什么困难的。

然而，新管理层也很容易可以看出，在推行新把戏时必须小心谨慎，有所约束。很明显，如果他们在某一年推行新把戏的力度太大，那么可能会引起会计人员的抗议，或者遭到其他方面的敌视。这无异于冒着杀死一只会下很多金蛋的鹅的风险，至少对管理层来说是这样。毕竟，他们非常清楚地知道，他们的把戏能增加年报披露的利润，只是因为他们把真实的盈利和伪造的盈利相加而已——因为通过这种把戏在年报上增加的盈利并不会给宽特科技带来真正的经济效应，只会带来那种临时的虚假效应（这跟虚报期末存货造成的虚假效应是一样的）。新的 CEO 私下把这种迷人的、谨慎的做法称为"明智的克制型造假"。

显然，新管理层也认识到，用行使员工股票期权的利润来取代奖金的做法不能一蹴而就，应该在未来多年里逐渐实施。他们私下管这种谨慎的方法叫作"细水长流"计划。他们认为这个计划有四个优点：

第一，每年虚报一点利润，被发现的概率比虚报大量利润要低。

第二，虽然每年虚报的利润不多，但经过多年累积，这个"细水长流"计划将会产生巨大的长期效应，而且也不容易被人发现。那位财务总监私下恬不知耻地说："如果我们每年只在葡萄干里掺入一点点大便，这样的话，就算最后出现了一大堆大便，可能也不会有人发现。"

第三，**对于公司外部的会计师来说，一旦包庇过几份显示利润有增长但包含了少数造假成分的财务报表，而不包庇同样虚报利润增长的财务报表，他们可能会觉得非常难为情。**

第四，通过实施"细水长流"计划，宽特科技的管理层可以防止丑闻或者更为严重的事情发生。其他公司实施的股票期权计划比宽特科技更加大方，所以如果有人提出异议，管理层可以解释说，适当地实行员工股票期权计划有助于吸引和留住人才。实际上，考虑到这种怪异的股票期权记账方法对企业文化和股市热情的影响，这种说辞往往是正确的。

具备上述四个优点的"细水长流"计划明显是个好方法，宽特科技的管理层现在只要决定每年增加多少虚假利润就行了。这个决定也是很容易做出的。管理层首先考虑三个他们想要满足的合理条件：

你们必须遵守他为这家事务所设定的原则，必须维护他的声誉。你们不能打着他的旗号去做坏事。我敢保证，如果你们不遵守他的原则，他宁愿这家事务所倒闭。他给你们留下了巨大的信誉。你们的机会很好，你们的责任也很重大。

——邓肯·利托菲尔牧师
在阿瑟·安达信（上图）葬礼上的讲话
1947 年 1 月 13 日

首先，他们希望这个"细水长流"计划能够持续不断地实施 20 年。

其次，他们希望在这 20 年里面，宽特科技每年披露的利润增长幅度都差不多，因为他们认为，如果宽特科技每年的年报披露的利润增长都很稳定，那些代表机构投资者的理财分析专家将会给予宽特科技的股票较高的估值。

第三，为了维护年报披露的利润的可信度，他们不想引起投资者的怀疑，所以即使在第 20 年，宽特科技从设计发电厂得到的利润率也不会高过 40%。

确定这些要求之后，管理人员计算起来就简单了，因为他们已经估算出宽特科技的收入和盈利将会在未来 20 年里每年增长 20%。管理人员很快决定利用他们的"细水长流"计划，让宽特科技的披露利润每年增长 28%，而不是像该公司的创始人老老实实地报出 20%。

就这样，这个"现代金融工程"大骗局逐渐将宽特科技推向悲剧的下场。人类历史上没有几个臭名昭著的大骗局能比这场骗局干得更漂亮了。根据会计师核准的年报，宽特科技的利润每年增长 28%。除了少数几个公认的不切实际、过于迂腐、愤世嫉俗的怪物之外，没有人批评宽特科技的财务报表。该公司的管理层继续执行创始人从不分派红利的做法，这很大程度上维护了宽特科技年报的可信度，人们相信它每年的盈利增幅确实达到了 28%。在那种通常破坏现实认知的巴甫洛夫联想反射效应的影响之下，认为宽特科技拥有大量现金等价物的人们万万不会想到其年报披露的部分利润竟然是伪造的。

因此，在"细水长流"计划实施了几年之后，宽特科技的管理层自然想要让该公司年报披露的每股盈利继续以 28% 的速度增长，同时大幅度地虚报公司持有的现金等价物的增长。这种办法取得了很大的成效。等到这个时候，宽特科技公司股票的市盈率已经非常高，通过不匹配地逐步增加购股权持有量，公司管理层开始相应减少用现金支付奖金，或者相应减少回购宽特科技的股票。管理层很容易意识到，这种改变极大地完善了他们最初的计划。这不但使得他们虚报盈利的

庞氏骗局

现代金融工程术最著名的例子之一，是 1919 年在波士顿发源的庞氏骗局。卡尔洛·"查尔斯"·庞兹（Carlo "Charles" Ponzi，1882—1949）声称他有能力利用国际邮政票据套利，许诺 90 天可获利 50%，吸引了数以千计的投资者。为了建立信用，他把新投资者的钱作为利润返回给旧投资者——这是典型的金字塔骗局所用的花招。庞兹很快就募集了数百万美元的资金。1920 年，《波士顿邮报》刊发文章质疑庞兹的做法，于是有关方面对庞兹展开了独立的审计。审计表明这是骗局，投资者要求退钱。到最后，平均每个投资者只收回了 37% 的资金，庞兹被判了几年有期徒刑。20 世纪 20 年代末期，出狱后的庞兹死不悔改，又开始兜售佛罗里达州一些毫无价值的土地。

> **信任，但去证实**
>
> 有一个好办法可以查证企业年报中披露的利润是否属实，那就是将年报中披露的好消息和该企业实际缴纳的所得税进行比较。由于管理层不愿给美国国税局看他们用来糊弄股东的注水报表，所以企业的10-K报表中"支付所得税的现金"一栏往往更为准确、更为忠实地反映了该企业的真实盈利。

做法因现金加速增长而变得更难以察觉，而且还为宽特科技引入了庞氏骗局效应或者连锁信效应，给包括管理层在内的现有股东带来了切实的好处。

在这个时候，管理层还解决了最初的计划中的另一个漏洞。他们发现，由于宽特科技虚报的盈利以每年28%的利润增长，而作为税前利润的一部分，宽特科技缴纳的所得税相对税前利润税率却逐年下降。这显然会招致他们不想看到的质疑和批评。这个问题很快被消除了。外国的许多发电厂都是由政府出资兴建并归政府所有的，宽特科技很容易说服某些外国政府支付更高的设计费，只要宽特科技额外交给这些外国政府的所得税比增加的设计费多一点点就可以。

最后，宽特科技在2002年的年报中披露，该公司的利润为160亿美元，收入为470亿美元，包括大量由现金等价物产生的利息收入，而这些现金有相当一部分来源于这些年净增加的股份。现在宽特科技持有的现金等价物达到了惊人的850亿美元，大多数投资者认为一家拥有如此之多现金的企业每年能够赚到其年报披露的160亿美元的利润也不是不可能的。在2003年，宽特科技的市值高达14000亿美元，是其2002年披露利润的90倍。

如果让人选择增长速度的话，所有人会选几何级数，可惜地球上的资源是有限的。

但是，所有人类对几何级数增长的过度追求，在一个有限的地球上，最终都以惨痛收场。2003年，宽特科技在这两个方面都失败了。

到2003年，宽特科技的真实盈利能力只以每年4%的速度增长，因为公司的销售收入增长速度已经下降到4%。这时宽特科技没有办法避免让其股东——主要是机构投资者——大失所望。股东的失望使宽特科技的股票价格直线下跌，一下子跌去了50%。股票价格的暴跌反过来又促使人们重新审视宽特科技的财务报告。最后，终于人人都看清楚了，原来该公司绝大部分的利润都是伪造的，而且这种大规模的故意篡改已经持续了很多年。这导致宽特科技的股票继续狂跌，等到2003年年中，宽特科技的市值只剩下1400亿美元，和六个月前的高峰期相比，90%的市值蒸发了。

这是一家非常重要的公司，从前它广受推崇，很多人都买了它的股票，所以它的股票价格暴跌了90%，总共有13000亿美元的市值消失了，这给人们带来了巨大的痛苦。宽特科技的丑闻败露之后，公众和政界自然把满腔怒火都发向了宽特科技，尽管这个国家最好的发电厂依然是由该公司那些值得尊敬的工程师设计的。

怒火并没有只烧到宽特科技就熄灭。它很快蔓延到其他公司，其中有些公司明显也犯了跟宽特科技相同的错误，只是严重程度有所不同。公众和政界的怒火就像引发它的行为那样，很快就变得不可收拾。这次金融丑闻不仅令投资者血本无归，而且还引发了严重的经济衰退，就像20世纪90年代日本经济在企业界长年累月做假账之后陷入萧条那样。

这次大丑闻之后，公众对各种专业人士非常反感。当然，遭到最多谴责的是会计专业人士。制定会计师准则的机构的缩写是"F. A. S. B"（Financial Accounting Standard Board，

几何级数增长：
与直觉背道而驰

为了让年轻的学生领略复利的魔力，有位教师提出了一个有趣的方案：

"我打算给你两个选择，但选中之后不能改变主意，所以选之前仔细考虑。第一个选择是，我每天给你1000美元，连给30天，你拿到钱之后随时可以花。第二个选择是，我第一天给你一美分，第二天给你两美分，第三天给你四美分，每天给你的钱是前一天的两倍，这样持续30天，但你必须等到30天结束之后才能用这笔钱。"

年轻人想到连续一个月每天有1000美元可以花就很心动，他可不想一个月后口袋里只有一堆分币可以用，所以他选择了第一个。他的选择明智吗？

按照第一个选择，年轻人总共可以得到3万美元。按照第二个选择，复利的魔力将会使总数达到5368709.12美元。

下面是著名经济学家约翰·肯尼斯·加尔布雷思的名言集锦：

"我们都认为悲观是智力超群的标志。"

"美当然没有绝对的标准。所以追求美才会如此有趣。"

"如果你什么都不想做，那么你就去开会吧。"

"经济预测的唯一功能是让占星学变得令人尊敬。"

"现代的保守主义者从事的是道德哲学中最古老的活动，也就是说，他们要为自私寻找一个超级漂亮的道德借口。"

"许多美国人死于食物过多，而非死于食物太少。"

"当面临要么改变想法、要么证明无需这么做的选择时，绝大多数人都会忙于寻找证据。"

"那些走运的人总是说他们过得幸福是因为他们的道德很高尚。"

"难道你不明白吗，'让一家企业停泊在废话当中，和让它驶入麻烦的思维之海比起来，是一种好得太多、太多的做法。'"

"有权势的人总是宁愿拿全副身家去冒险，也不肯舍弃一点利益。"

"在任何大型组织里面，和多数人一起错比一个人对安全得多。"

金融会计标准委员会），现在每个人都说这四个字母代表"Financial Accounts Still Bogus"（金融会计还做假）。

经济学教授也遭到非议，人们责怪他们未能敲响警钟，没有提醒公众注意广泛的做假账行为将会给宏观经济带来的糟糕后果。传统经济学家是如此令人大失所望，乃至哈佛的约翰·肯尼斯·加尔布雷思获得了诺贝尔经济学奖。毕竟他曾经预言大规模的、尚未败露的公司舞弊行为将会对经济产生极大的刺激效应。人们发现2003年之前的情况跟加尔布雷思的预测差不多，而且随后那些年里，那种情况果然导致经济陷入了大衰退。

第八讲 2003年的金融大丑闻

由于美国国会和证券交易委员会的许多成员都是律师，而这些律师参与起草的财务披露法规现在都被视为是漏洞百出，所以每个星期都有关于"律师"的新笑话。其中有一个是这样的："肉贩说：'律师的声誉最近下跌了好多啊。'收银员说：'他们的声誉本来就只有薄饼那么点，哪有好多可以跌啊。'"

但公众对专业人士的敌视并不仅限于会计师、经济学家和律师。许多向来洁身自好的专业人士的声誉也遭到了"池鱼之殃"，比如说工程师，他们根本就不懂得在这个国家已经泛滥成灾的金融诈骗。

到最后，许多对这个国家有益的、也是它未来的福祉所需的行业都遭到了广泛的、不明智的仇视。

"他们的声誉本来就只有薄饼那么点，哪有好多可以跌啊。"

这时，天庭采取了行动。目睹一切的上帝本人改变主意，决定提前审判2003年金融大丑闻这桩令人伤心的案子。他召唤来他的首席大侦探，并说："史密斯，我要公正严明地处理这件事，你去把那些最应该为此负责的罪人带进来。"

但史密斯带来的是一群证券分析专家，多年以来，这些人一直为宽特科技的股票摇旗呐喊。大法官感到很不高兴。"史密斯，"他说，"我不能对低级的认知错误进行最严厉的处罚，这些错误大部分由俗世的标准激励制度引起，是在下意识的情况下发生的。"

接下来，史密斯带来了一群美国证券交易委员会的委员和一些位高权重的政治家。"不，不，"大法官说，"这些人受到许多令人遗憾的力量的左右，他们也是身不由己，你指望他们遵守正确的行为规范是不合理的。"

首席侦探这下以为他终于明白了。接着他把那些在宽特科技落实他们的"现代金融工程"的高层管理人员给抓来了。"你差不多抓对了，"大法官说，"但我要你带来的是造孽最深的罪人。这些管理人员当然会遭到严厉的处罚，因为他们作奸犯科，毁掉了那位伟大工程师的遗产。但我要你抓的是那些很快会被打入地狱最底层的混蛋，那些本来可以轻而易举地阻止这次大灾难的人。"

威廉·布莱克（William Blake，1757—1827）通过各种方式——包括画、刻、印、水彩等——创造了《上帝审判亚当》（God Judging Adam，1795）的画面。其中一幅伟大的作品是由笔、墨和水彩完成的彩色蚀刻凸版画，现藏于纽约的大都会艺术博物馆。

首席侦探终于真正明白了。他记得地狱最底层是为背叛者准备的。所以他现在从炼狱带来一群老人，这些人在世时曾是各大会计师事务所杰出的合伙人。"这就是你要的背叛者，"首席侦探说，"他们在处理员工股票期权时采用了错误的记账方法。他们在一个高尚的行业中身居高位，那个行业的职责和你差不多，都是通过设定正确的规则，来帮助社会正确地运转。才华出众、锦衣玉食的他们居然故意造成如此明显可预测的谎言和欺骗，真是罪无可赦。他们完全知道他们的所作所为是极其错误的，然而他们还是执迷不悟。由于司法系统受到商界的影响，你开始误将他们判得很轻。但现在你可以把他们送到地狱的最底层啦。"

大法官被这通慷慨陈词镇住了，沉默了片刻。然后他安静地说："干得好，你是我忠诚的好仆人。"

第八讲　2003年的金融大丑闻

我写这篇文章的初衷并非为了预言 2003 年的情况。它是一篇虚构作品。除了有关加尔布雷思教授的内容，任何与真实的人物或企业雷同的情节均属巧合。这篇文章的用意是提醒人们留意现代社会中的某些行为和信念系统。

右图是"2003年的金融大丑闻"的初稿，这是查理2000年在明尼苏达度假时写下的。

第八讲　2003年的金融大丑闻

399

重读第八讲

2000年夏天,我在写这篇文章的过程中得到很多乐趣。但我很认真地想证明,对股票期权的标准记账方法与那些更广为人知的简单欺骗作假手段本质上没有什么区别。

在我看来,做假账无异于在盖高层公寓楼的时候把钢筋从水泥中抽走,允许这么做的行业和国家必将学到惨痛的教训。而且假账的破坏作用比那些害死人的豆腐渣工程更大。毕竟,那些无良的建筑商很难给他们的肮脏行为找到正当的理由。因此无良的会计行为比无良的建筑行为更容易扩散。事实正是如此,股票期权的无良记账方法已经变得无处不在。

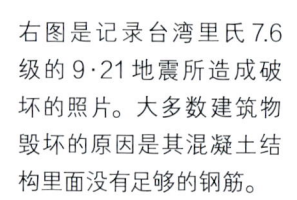

右图是记录台湾里氏7.6级的9·21地震所造成破坏的照片。大多数建筑物毁坏的原因是其混凝土结构里面没有足够的钢筋。

自从我写下这第八讲以来,情况已经有所改善。目前美国的会计行业要求职员股票期权的部分真实成本在损益表中必须被记为支出。然而,等到股票期权被行使时,账目上记录的总成本往往比实际发生的总成本低很多。此外,那部分记到盈利下面的成本通常被故意用不正当的办法降低了。

这篇关于会计的寓言是一个令人悲伤的例子,它再次证明能给人们带来好处的罪恶很难被消除,因为大量的人认为,一件事只要能给他们带来利润,就不可能是罪恶的。

> 享乐是罪恶的最大动因。
> —— 柏拉图

查理在加州大学圣巴巴拉分校发表这次演讲那天，本书的编辑连续12个小时跟他在一起。我们当天的行程是这样的：从洛杉矶驱车两个小时过去，午饭，演讲前会议，演讲，演讲后招待会，最后到甲骨文公司的财务总监（2004—2014年任董事长，已卸任）杰夫·亨利家吃饭。查理当时尽管离80岁生日只有几个月，但还是表现得像个不知疲惫的大师。他在那天表现出来的犀利、耐力和幽默令人惊叹和敬佩。

查理这次演讲的内容可以被当成芒格方法的综合理论。查理在演讲中整合了许多他从前讲过的思想，有条有理地将它们糅合成一种连贯的哲学，奉献给他的听众。

当天的听众是这所名牌大学的经济系的师生，向他们表达对软科学中缺乏跨学科研究的现状的惋惜及改进的方案，是再合适不过的了。

第九讲

论学院派经济学：
考虑跨学科需求之后的优点和缺点

赫伯·卡伊本科生讲座
加州大学圣巴巴拉分校经济学系
2003年10月3日

我已经粗略地列出了我这次演讲的提纲，依照这个提纲讲完之后，我就来回答你们的提问；只要你们愿意听，我就会一直讲下去，直到有人把我拖到我该去的地方。你们也许已经猜到，我答应来演讲，是因为这几十年来，我对如何让各门软科学学科之间更好地进行对话这个主题非常感兴趣。当然，从许多方面来讲，经济学都是软科学中的皇后。它应该比其他软科学出色。我认为和其他软科学学科相比，经济学在跨学科研究方面做得更为出色。但我认为经济学的跨学科研究做得还是不够好，所以我愿意在这次演讲中谈谈它的不足之处。

由于我要谈的是学院派经济学的优点和缺点，所以你们有权知道一个有趣的事实：我从来没有上过一节经济学课。你们可能会觉得奇怪，我既然这么毫无资格，怎么还敢大言不惭地发表这次演讲呢？答案是，我在"胡兹帕"方面是黑带水平。我天生就胆大。就我所知，有些女人在花钱方面是黑带水平，她们天生就会花钱。而我呢，我得到的是"胡兹帕"黑带。

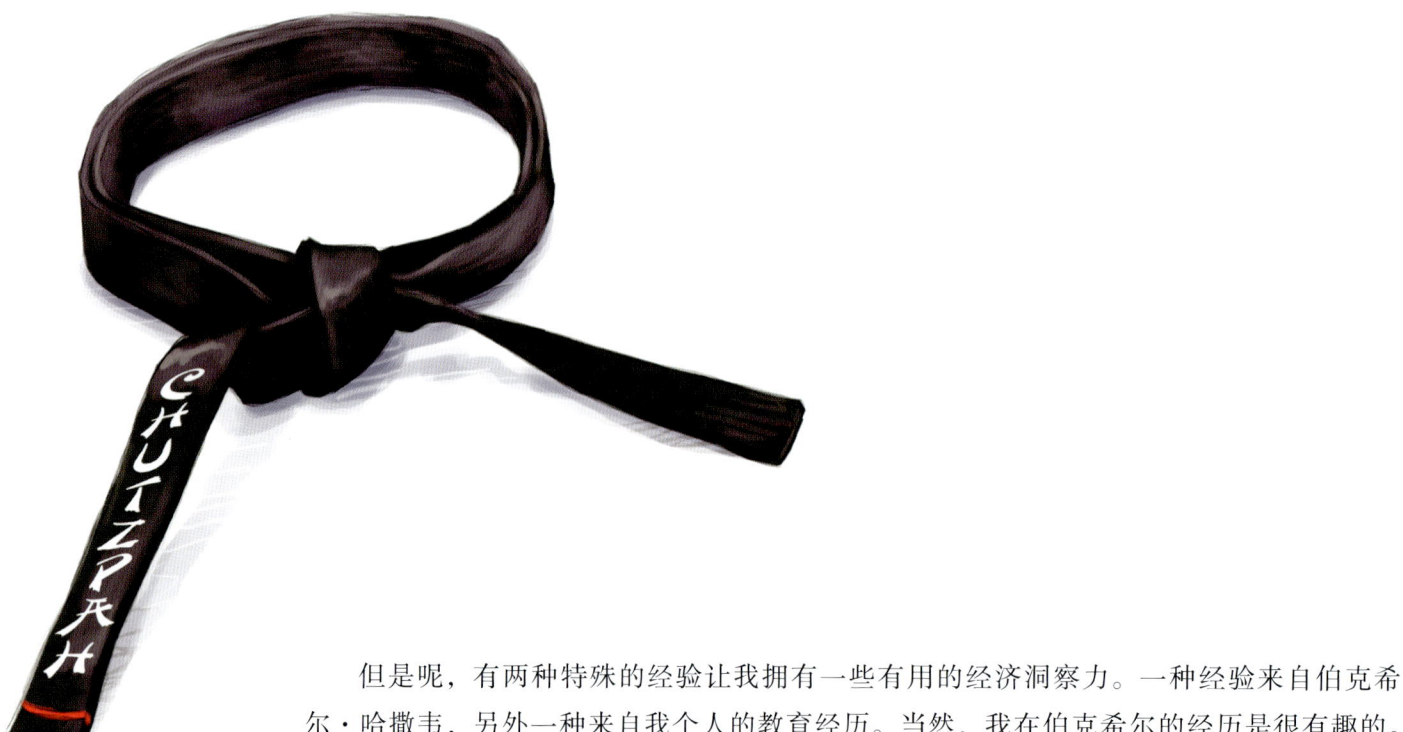

第二条黑带

在授予自己第一条胡兹帕（chutzpah，希伯来语，意为"无所畏惧，敢闯敢干"）黑带之后20年，查理在加州大学圣巴巴拉分校发表这次演讲时又给自己授予了第二条。

但是呢，有两种特殊的经验让我拥有一些有用的经济洞察力。一种经验来自伯克希尔·哈撒韦，另外一种来自我个人的教育经历。当然，我在伯克希尔的经历是很有趣的。当沃伦接管伯克希尔的时候，公司的市值大约是1000万美元。现在距当年已经有四十几年了，伯克希尔的流通股比当年多不了多少，但市值达到了大概1000亿美元，增长了一万倍。由于多年以来伯克希尔的业绩持续增长，很少有投资失误的例子，这最终引起了关注，人们觉得沃伦和我可能在微观经济学方面有一些独到的看法。

曾经有位获得诺贝尔奖的经济学家在很长的一段时间里如此解释伯克希尔·哈撒韦的成功：

起初，他说伯克希尔能够在流通股投资上打败市场，是由于一个运气西格玛，因为在他看来，除了靠运气，没有人能够打败市场。这种僵化的有效市场理论在当时各个经济学院非常流行。人们学到的理论是没有人能够打败市场。接下来，这位教授随后又引入了第二个西格玛、第三个西格玛、第四个西格玛，到最后，他总共用到了六个运气西格玛，引起了人们的嘲笑，于是他终于不再这么做了。

然后呢,他的解释扭转了180度。他说:"仍然是六个西格玛,但那是六个技艺西格玛。"这段令人非常悲伤的历史证实了本杰明·富兰克林在《穷理查年鉴》中说过的话:**"如果你想要说服别人,就要投其所好,动之以利,而非晓知以理。"** 这个人改变了他的愚蠢观点,是因为再不改的话,他就要吃亏了。

在加州大学洛杉矶分校的朱利斯·斯坦因眼科研究所,我也观察到同样的情况。我曾经问:"你们为什么用一种完全过时的白内障手术来治疗白内障呢?"那个人对我说:"查理,这种手术很容易教呀。"后来他不再使用那种手术,这是因为几乎所有病人都用脚投了反对票。这再次说明,如果你们想要改变别人的想法,就要投其所好,动之以利,而非晓知以理。

伯克希尔取得了非凡的业绩,但我们从来毫不留意僵化的有效市场理论。我们也从来不曾留意从这种思想派生出来的各种理论。人们将这些学院派经济学理论用于公司理财,进而演变出诸如资产定价模型等等荒谬的理论,我们从来不去注意。鬼才相信只要投资高波动性的股票,每年就能获得比市场平均回报率高七个百分点的收益呢。

然而说了你们也许不信,就跟朱利斯·斯坦因眼科研究所的医生一样,人们一度对这样的理论深信不疑。相信的人得到了回报,于是这种理论就传播开了。现在仍有许多人相信。但伯克希尔从来不曾留意过它。现在我想,更多的人倾向于我们的看法,那种认为市场完美无瑕的思想是愚蠢的。

我向来非常清楚地知道,股票市场不可能是完全有效的,因为我十来岁的时候经常去奥马哈马会,那里用的是彩池投注系统。我发现,如果马会拿走,也就是荷官拿走17%,有些人输掉的钱总是远远少于他们全部赌注的17%,而有些人输掉的钱总是多于他们全部赌注的17%。所以奥马哈马会的彩池投注系统并非完全有效。所以我并不接受股票市场完全有效、总是能够创造合理的价格的说法。

实际上有记录表明,有些人精通马匹和赔率,确实能够靠赌马赚钱。能够做到这一点的人不多,但国内总有些人能够做得到。

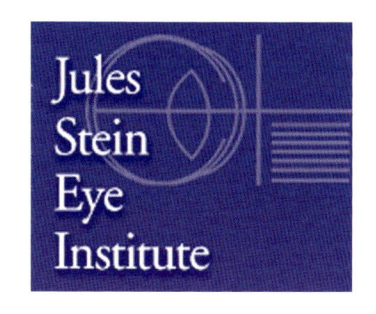

朱利斯·斯坦因眼科研究所

朱利斯·斯坦因眼科研究所是由朱利斯·斯坦因(Jules Stein)医生夫妇在1966年创办的。它是一个视觉科学研究中心,致力于维护视力和防止失明。

该研究所承担视觉科学方面的治疗、研究和教育功能。它是加州洛杉矶分校的附属机构。

接下来谈谈我个人的教育经历,这很有趣,因为我受过的正统教育不多,而我性格中的独特性最终让我拥有了一些优势。不知道怎么回事,我从小就有一个跨学科的大脑。如果篱笆那边,在别人的学科里有更好、更重要的思想,我就无法乖乖地呆在我自己的学科里。所以我就四面八方寻找那些真正有用的重要思想。没有人教我那么做,我天生如此。我还天生喜欢寻根究底。如果遇到难题,这是常见的事情,我就会努力去摸索,如果失败了呢,我就会先把它放在旁边,然后再回来对付它。我花了整整20年才搞清楚邪教如何招揽教众以及这种方法为什么会有效,但大学的心理学系到现在还没搞清楚,所以我走在它们前面。

反正我有这种想弄清楚各种问题的倾向。二战让我参军服役,于是我在服役期间学习了一些物理学知识。航空兵团把我送到加州理工学院,打算把我培养成气象学家,所以在那里我学到更多的物理学。当时我非常年轻,在那里掌握了硬科学中基本的全归因治学方法。那对我来说非常有用。下面我就来解释这种治学方法。

1926年,美国国会通过一项法案,决定成立美国陆军航空兵团,最初隶属于美国陆军。吉米·杜立特(Jimmy Doolittle)和其他飞行员展现了航空兵团的攻击力,于是航空兵团的地位得到了提升。航空兵团就是今天的美国空军的前身。

依照这种治学方法,你必须领悟所有比你自己的学科更加基础的学科的所有重要思想。只有掌握了那些最基础的知识和原理,你们才能够清清楚楚地解释问题。而且你们要永远承认你们所用的基础知识来自哪个学科;当你们使用物理学的时候,你们要说你们是在使用物理学。当你们使用生物学的时候,你们要说你们是在使用生物学。诸如此类。我很早就明白这种治学方法能够让我的思想变得有条有理。我强烈怀疑它在软科学领域,也会像在硬科学领域那么有效,所以我就抓起它,终生把它用于软科学领域和硬科学领域。对我来说,这是个非常幸运的想法。

让我来解释一下硬科学领域是多么严格地遵守这种治学方法。物理学里面有一个常数，一个很重要的常数，叫做波尔茨曼常数。你们可能已经对它很了解了。有趣的是，发现波尔茨曼常数的人并不是波尔茨曼。那波尔茨曼常数现在为什么以波尔茨曼命名呢？因为和那个最先发明这个常数的可怜虫相比，波尔茨曼使用更为基础的物理学知识，以更为基础的方法得出了这个常数。硬科学的知识组织模型提倡知识应该尽可能简化，所以如果有人以更为简洁的方法阐明一个原理，这个原理最初的发现者就会被历史遗忘。我想这是正确的。我认为波尔茨曼常数确实应该以波尔茨曼命名。

反正在我个人的历史和伯克希尔的历史中，伯克希尔完全无视一度在学院派经济学中非常流行的有效市场教条，也无视这种教条在公司理财方面的衍生理论——这些应用结果简直比经济学中的有效市场教条还要愚蠢，却不断地取得巨大的经济成就。这当然鼓舞了我。

最后，我的特殊经历使我胆敢在今天来到这里，因为至少我年轻时并不完全是个蠢货。在哈佛大学法学院的第一年，我们班里有很多人，我的成绩是第二名。我向来认为，虽然总是会有很多人比我聪明得多，但是在思维游戏里面，我未必会落后于他们。

下面我开始来谈学院派经济学一些明显的优点。学院派经济学第一个明显的优点是它生逢其时、生逢其地。许多学科都是因为这个原因而获得好名声的。两百年前，在技术发展和各种文明制度的推动之下，文明世界的人均产值每年的复合增长率达到了2%。而在那之前的几千年里，它的增长率就比零多了一点点。当然，经济学是在这种巨大的成功里面成长起来的。经济学部分地推动了这种成功，部分地解释了它。所以，学院派经济学很自然地得到了发展。后来，所有计划经济都崩溃了，而那些自由市场经济或者半自由市场经济都蓬勃发展，这增加了经济学的声望。如果你们想要在学术界发展，经济学是一门非常热门的学科。

波尔茨曼常数

波尔茨曼常数的名称来自奥地利物理学家路德维希·波尔茨曼（Ludwig Boltzmann，1844—1906），它界定了绝对温度和理想气体每个分子所含的动能之间的关系。一般而言，气体分子的能量与绝对温度直接相关。当温度上升，每个分子的动能就会增加。气体受到加热时，其分子就会迅速地移动。如果气体被装在体积恒定的空间里，这种运动就会使得气压升高。而如果气压保持不变，这种运动会使气体的体积增加。

$1.381\text{E}-23$

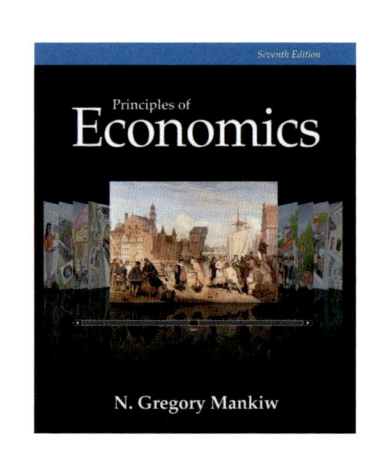

N. 格里高利·曼昆
N. Gregory Mankiw
1958—

N. 格里高利·曼昆曾在普林斯顿大学研究经济学，从麻省理工学院获得博士学位，目前在哈佛大学任教。2003—2005 年，他曾担任总统经济顾问委员会的主席。

加勒特·哈丁
Garrett Hardin
1915—2003

加勒特·哈丁出生于达拉斯，在美国中西部度过了他的童年。他本科就读的是芝加哥大学，从斯坦福大学获得生物学博士学位。1946 年，他成为加州大学圣巴巴拉分校的教员。

他的文章"公用品的悲剧"已经成为生物学中的经典。几十年来，他的哲学理论和政治立场影响了众多有关堕胎、移民、外国援助和其他话题的辩论。

经济学总是比其他软科学更加强调跨学科研究。它总是从其他学科吸取所需的养分。在 N. 格里高利·曼昆撰写的教材中，我们可以发现，这位经济学家从其他学科吸取所需养分的本领已经非常高明了。我肯定是美国少数在那本书刚出版时就买下来的商界人士之一。因为那本教材得了一大笔预付稿费，我想弄清楚那个家伙到底做了些什么，怎么能够取得这么大的一笔稿费。所以我就这么凑巧把曼昆这本为大一学生写的教材给看完了。书中列举了许多经济学原理：机会成本是一种超级力量，所有希望获得正确答案的人都可以使用。还有，激励机制也是一种超级力量。

最后还有"公用品悲剧"的原理，这个原理是由我的老朋友，加州大学圣巴巴拉分校教授加勒特·哈丁提出的。哈丁为经济学引入了一只邪恶的无形之脚，它足以和斯密那只做好事的无形之手相提并论。我认为哈丁的理论使经济学变得更加完善。哈丁当年向我介绍他的理论时，我就知道他这个"公用品悲剧"理论迟早会被写进教科书。你们看啊，二十年过去了，它终于被写进了经济学教材。曼昆这种借鉴其他学科、吸取哈丁的理论和其他有用知识的做法是很正确的。

经济学的另外一个优点是，它从一开始就吸引了软科学领域最优秀的人才。和学术界其他学科的研究者相比，经济学家入世更深，对社会产生了巨大的影响，比如说经济学家乔治·舒尔茨博士就曾三次进入美国内阁，拉里·萨默斯（Larry Summers，1954—，美国经济学家，克林顿时期首任财政部长）也曾进入内阁。故经济学在学术界是很受欢迎的。

此外呢，经济学从很早的时候就吸引了人类历史上一些最杰出的作家。就以亚当·斯密为例。亚当·斯密是极其出色的思想家和极其出色的作家，乃至在他那个时代，德国最伟大的知识分子伊曼纽尔·康德直截了当地声明，德国没有人像亚当·斯密那么厉害。伏尔泰的措辞则比康德还要直接和犀利，听到康德的话之后，他立刻说："哦，法国甚至没有人可以拿来跟亚当·斯密比较。"所以经济学从一开始就拥有一些非常伟大的学者和一些非常伟大的作家。

亚当·斯密之后，经济学领域也诞生了许多伟大的作家，比如说约翰·梅纳德·凯恩斯。我总是喜欢引用他说过的妙语，他对我的生活有很大的启发。至于当代，如果你们去看看保罗·克鲁格曼的文章，你们将会佩服他文笔的流畅。我并不赞同他的政治立场，我的政见与他相反，但我喜欢这个人写的文章。我认为保罗·克鲁格曼足以跻身当今最优秀的杂文家之列。所以呢，经济学总是能够吸引到这些了不起的作家。他们非常优秀，他们巨大的影响力远远超出了经济学的学科范畴，这在其他学科中是很罕见的。

好啦，赞美的话就说到这里，下面要谈的是经济学的不足之处。我们已经认识到经济学在许多方面都比其他软科学学科更加出色。它是文明社会的辉煌成就之一。为了公平起见，现在应该简单地谈谈学院派经济学的少数缺点。

经济学有哪些缺陷呢？

1. 致命的自闭，导致"铁锤人综合征"，通常会引起经济学家过度强调某些可以量化的因素。

我认为经济学有八个，不对，是九个不足之处，其中一些是由一个大的整体缺陷派生

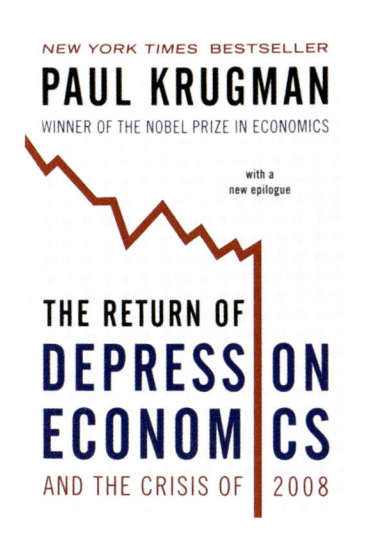

保罗·克鲁格曼
Paul Krugman
1953—

普林斯顿大学经济学教授，2008年诺贝尔经济学奖获得者。

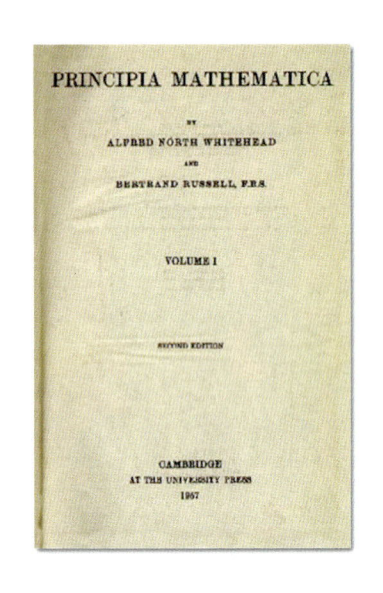

出来的。经济学的这个大的整体缺陷就是它的封闭性。怀特海曾经指出，学科各自孤立的情况是致命的，每个教授甚至并不了解其他学科的思维模型，将其他学科和他自己的学科融会贯通就更别提了。

我想怀特海讨厌的这种研究方法有一个现代的名字，那个名字叫作神经病研究法。这种做法是很神经的。然而和大多数其他学科一样，经济学也太过自闭。

这种缺陷会引发我所说的"铁锤人综合征"。那个名称来自下面这句谚语：在只有铁锤的人看来，每个问题都非常像一颗钉子。在所有行业、所有学科和大部分日常生活中，这种做法会让问题变得一团糟。铁锤人综合征能够把人变成彻底的白痴，而治疗它的唯一良方是拥有全套工具。你们不能只拥有一把铁锤，你们必须拥有所有的工具。你们拥有的方法必须不止一种。你们在使用这些工具的时候，应该把它们列成一张检查清单，因为如果指望在需要的时候合适的工具会自动冒出来，那么你们将会错过很多好机会。但如果你

阿尔弗雷德·诺斯·怀特海是英国哲学家、数学家，研究领域为逻辑学、数学、科学哲学和形而上学。怀特海提出了著名的过程哲学，这种观点认为宇宙的各种基本要素是一些经验场合。在他看来，具体的客观存在物实际上是这些经验场合的延续。通过对经验场合进行分类，某些像人类这么复杂的事物都可以被定义。怀特海的观点演变成过程神学，这是一种理解上帝的方法。他最著名的数学著作是与伯特兰·罗素合著的《数学原理》。

> 我从小就有一个跨学科的大脑。如果篱笆那边，在别人的学科里有更好、更重要的思想，我就无法乖乖地呆在我自己的学科里。所以我就四面八方寻找那些真正有用的重要思想。
> —— 芒格

们掌握了所有的工具,并在头脑中把它们排列成一张检查清单,那么你们将会得到许多用其他方法得不到的答案。所以弥补这种让阿尔弗雷德·诺斯·怀特海感到十分苦恼的缺陷是非常重要的,有些思维窍门能够帮助你们完成这项工作。

不仅在经济学领域,实际上在其他各种领域,包括商业领域,这种特殊的"铁锤人综合征"都是很可怕的。商业领域的"铁锤人综合征"真的很可怕。你们拥有一个复杂的系统,它吐出来许多数字,让你们能够测量某些因素。但还有些别的因素特别重要,可是你们没有相关的准确数据。你们知道它们很重要,但就是没有数据。实际上,每个人都会:(1)过度强调那些有相关数据的因素的重要性,因为它们让人们有机会使用在高等学府学来的统计学技巧,并且(2)不把那些可能更加重要但没有相关数据的因素考虑在内。这是我终生试图避开的错误,我从来不后悔自己这么做。

已故的托马斯·汉特·摩尔根(Thomas Hunt Morgan,1866—1945,美国遗传学家,1933年获诺贝尔奖)是有史以来最伟大的生物学家之一,当年他在加州理工学院任教,他使用了一种非常有趣、非常极端的办法,以免犯下错误——过度强调那些被测量因素的重要性,而低估那些无法被测量的因素的重要性。当时没有电脑,科学界和工程界所用的电脑代替品是弗莱登计算器。托马斯·汉特·摩尔根在加州理工学院生物系禁止使用弗莱登计算器。有人说:"摩尔根博士,你到底在搞什么鬼啊?"他回答说:"我就像一个在1849年的萨克拉门托河边寻找黄金的人。虽然才智有限,但我能够弯腰捡起大金块。只要能够捡到大金块,我就不会让我系里的人浪费稀缺的资源,用披沙拣金的方法去找金子。"这是托马斯·汉特·摩尔根终生奉行的宗旨。

我也采用了相同的办法,我今年已经80岁了。我还没有做过披沙拣金。而且看起来我这辈子,正如我希望的那样,不用做这种该死的披沙拣金。当然,如果我是一个物理学家,特别是一个学院派物理学家,我将不得不做

披沙拣金(placer mining)的效率远远低于芒格偏好的"弯腰捡起大金块"的方法,它是一种在露天矿场用水枪或者挖掘设备将细小的贵重矿物从大量的泥土中分离出来的方法。这种采矿方法的英文名称来自西班牙语单词"placer",本义是"沙滩",也指冲积层矿床中发现的贵金属或其他贵重物品(特别是黄金和宝石)。

一些统计工作，做那种披沙拣金的事情。但只要拥有几种管用的思维窍门，不断地用托马斯·汉特·摩尔根的方法去解决问题，那么在生活中，你们无需披沙拣金，也能取得惊人的成就。

2. 没有采用硬科学基本的全归因治学方法。

曼昆研究经济学的方式的错误之处在于，他吸收了其他学科的知识，却没有指出这些知识的来源。他并没有给他借鉴的知识贴上物理学或者生物学或者心理学或者博弈论或者其他这些知识所属的学科的标签，并没有完全指出这些基础知识的来源。**如果你不这么做，那就像经营企业时使用了一种糟糕的文档归类方法。这削弱了你的能力，让你无法做最好的自己。**现在呢，曼昆十分聪明，所以虽然他的方法不完善，但还是做得很出色。他取得的进展比其他任何教科书作者都大。但要是采用了向来给我很大帮助的硬科学的治学方法，他能够变得更加出色。

我给曼昆这种借鉴其他学科知识却不指明出处的方法起了一个名字。有时候我叫它"拿来主义"，有时候我叫它"吉卜林主义"。我之所以管它叫"吉卜林主义"，是因为吉卜林有一首诗是这样写的："当荷马拨弄他灿烂的竖琴时，他早已听过人们沿着陆地和海洋的歌唱；凡他所需用的思想，他便采撷自己用 —— 和我一样！"曼昆用的就是这种方法。他只是拿过来。这比不拿好得多。但它比吸取所有学科的精华、指出借鉴内容的来源并尽可能化繁为简地使用所有知识的方法差得多。

3. 物理学妒忌。

我把经济学的第三个缺陷称为物理学妒忌。当然，这个名词参考了西格蒙德·弗洛伊德的术语："阴茎妒忌"。弗洛伊德是世界上最愚蠢的白痴之一，但他在他那个年代很受欢迎，而且阴茎妒忌这个概念也变得很流行。

采用有效市场理论教条是物理学妒忌给经济学造成的恶果之一。如果你们根据这种错误的理论进行推理，那么你们将会得到的结论是，任何公司购买它自己的股票都是不正确

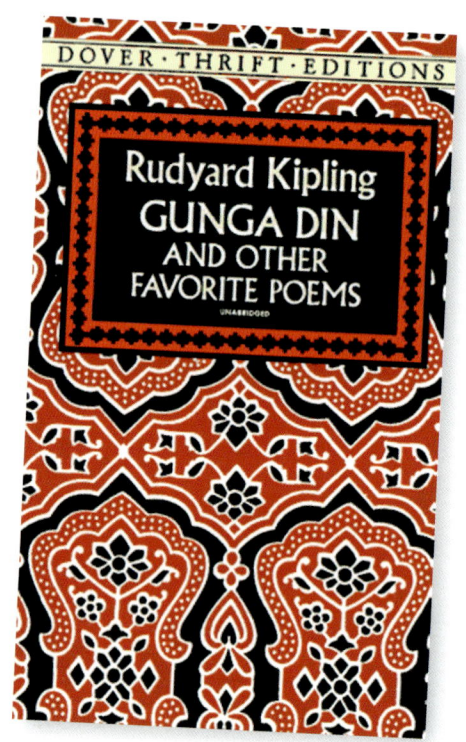

约瑟夫·鲁德亚德·吉卜林
Joseph Rudyard Kipling
1865—1936

约瑟夫·鲁德亚德·吉卜林出生在印度孟买，其父是当地一家艺术学校的教师。吉卜林在英国念了寄宿学校，回到印度之后，以通讯员的身份周游了这个次大陆。他还创作小说和诗歌，其著作有《丛林之书》（1894）、《勇敢的船长》（1897）和《营房谣》（1892）等。1907年，他获得了诺贝尔文学奖。

的。因为按照这种理论的说法，股票的价格是完全有效的，不可能有便宜可以占。证明完毕。麦肯锡有个合伙人以前念的商学院采用了这种疯狂的经济学推理方式，把这种理论教给他。这位合伙人后来被《华盛顿邮报》聘请为顾问。**当时《华盛顿邮报》的股票价格特别低，就连大猩猩也能算出来每股的价格只有其价值的五分之一。**但他对自己在商学院学到的理论深信不疑，认为《华盛顿邮报》不该购买它自己的股票。幸运的是，沃伦·巴菲特当年是《华盛顿邮报》的董事会成员，他说服董事会回购了超过一半的流通股，这给剩下的股东带来了超过十亿美元的财富。所以至少有一个地方曾经很快地干掉这种错误的学术理论。

我认为经济学可以避免许多由物理学妒忌引起的这种麻烦。我是希望经济学采用硬科学的基本治学方法，养成指明其借鉴知识的来源的习惯，但我并不希望它由于物理学妒忌而渴望一种无法达到的准确度。大体上来说，那种包括波尔茨曼常数在内的准确而可靠的公式是不可能在经济学中出现的。经济学涉及的系统太过复杂。渴望做到物理学那么精确不会给你们带来任何好处，只会让你们陷入麻烦之中，就像麦肯锡那个可怜的傻瓜。

我认为经济学家要是多点关注爱因斯坦和莎朗·斯通，本应可以做得更好。**要经济学家关注爱因斯坦比较容易理解，因为爱因斯坦说过一句著名的话："一切应该尽可能简单，但不能过于简单。"**这句话有点同义反复，但是它非常有用；有个经济学家——可能是赫伯·斯坦因（Herb Stein）——也说过一句同义反复的话，我很喜欢那句话："如果一件事情无法永远延续下去，它最后就会停下来。"

经济学家之所以应该关注莎朗·斯通，是因为有人曾经问她是否有过阴茎妒忌之类的烦恼。她回答说："绝对没有。我自己有的东西已经够让我烦恼的了。"

当我说起经济学这种虚假精确，即追求可靠的、精神的公式的倾向，

《华盛顿邮报》

许多年来，《华盛顿邮报》出过大量重要的撰稿人，包括政治漫画家赫尔伯特·布洛克（Herbert Block），以及记者鲍勃·伍德沃德（Bob Woodward）和卡尔·伯恩斯坦（Carl Bernstein）。在20世纪70年代初期，这两位记者率先揭发了理查德·尼克松政府的水门丑闻。

阿尔伯特·爱因斯坦
Albert Einstein
1879—1955

阿尔伯特·爱因斯坦原来毕业于瑞士一所师范大学。1904 年，在瑞士专利局工作期间，他撰写了博士论文，主题是如何测量分子的大小。在那年和随后一年，他写下了几篇奠定现代物理学基础的论文。这些论文涉及的主题包括布朗运动、光电效应和狭义相对论。他后来还对量子力学、统计力学和宇宙学的发展做出了重大贡献。1921 年，爱因斯坦获得了诺贝尔物理学奖。

我想起阿瑟·拉弗（Arthur Laffer）。他的政治观点跟我一样，但在经济学研究方面，他有时采用了错误的方法。他的麻烦在于追求虚假的精确，那可不是一种研究经济学的成熟方法。

拉弗这些人遇到的情况让我想起了一位来自乡下的参议员 —— 这件事情真的发生在美国。这些故事不是我捏造的。现实总是比我接下来要告诉你们的更加荒唐。反正这位乡下参议员在他的州议会上提出了一项新法案。他想要通过一项法律，把圆周率 π 改为 3.2，以便小学生更容易进行计算。你们可能会说这太荒唐了，拿拉弗之类的经济学教授和这样一个乡下参议员相比太过份了。但我认为我算是给这些教授留了情面。至少那个乡下参议员打算把圆周率确定为 3.2 的时候，他犯的错误比较小。但如果你们在经济学这么复杂的系统中试图达到虚假的精确，你们引起的错误最终叠加会比那个不称职的麦肯锡合伙人在担

内布拉斯加家具城

内布拉斯加家具城是由俄罗斯移民露丝·布卢姆金（Rose Blumkin，1893—1998，又被称为"Mrs. B"，巴菲特倍加推崇的传奇商人）在1937年创办的，最早的经营地点是奥马哈市的一个地下室。它的经营策略很简单，就是"低价销售和说真话"；顾客很支持这家商店，促使它迅速增长。到1994年，这家奥马哈商店已经发展成占地27英亩、经营面积多达几十万平方英尺的大商店。2003年，这家商店在堪萨斯市开设了面积达到70万平方英尺的新店；它可能是全美国最大的独立家具店。

任《华盛顿邮报》顾问时所犯的错误还要糟糕。所以呢，经济学应该模仿物理学的基本治学方法，但是永远不应该追求像物理学公式那么准确的理论。

4. 太过强调宏观经济学。

我的第四点批评是，经济学界太过强调宏观经济学，而对微观经济学的重视程度不够。我认为这是错误的。这就像不懂解剖学和化学，却想要掌握医学一样。除此之外，微观经济学是很好玩的。它能够帮助你们正确地理解宏观经济学，它就像耍杂技那么好玩。与之相反，我并不认为人们研究宏观经济学能够得到那么多乐趣。最重要的原因是，他们经常犯错，因为他们想要理解的系统实在是太复杂了。

为了让你们领略微观经济学的魅力，我打算来解决两个微观经济学问题。一个比较简单，一个有点难。第一个问题是这个：伯克希尔·哈撒韦刚刚在堪萨斯州的堪萨斯市开了一

勒斯·施瓦伯
Les Schwab
1917—2007

勒斯·施瓦伯出生在俄勒冈州的本德市。二战期间，他在航空兵青年团服役，退役后回到俄勒冈州，买下了OK轮胎店。在他的经营之下，这家小店的销售额从每年3.2万美元提高到了15万美元。在20世纪50年代，施瓦伯开始在靠近太平洋的西北部地区开设分店。通过一系列创新措施，包括利润分成、"超市式"的产品选择、独立于轮胎制造商等政策，该公司目前开设的分店超过300家，每年销售额超过10亿美元。

家家具和电器商店。在伯克希尔开这家店的时候，世界上最大的家具和电器商店也是伯克希尔·哈撒韦开的，它每年销售3.5亿美元的产品。这家开在一个陌生城市的新商店刷新了这个纪录，每年销售额高达5亿美元。从它营业的那天起，3200个停车位总是满的。女顾客不得不在女洗手间外面排队，因为建筑师并不懂得生物学。那家店取得了巨大的成功。

好了，现在我来向你们提问。请告诉我这家新商店迅速获得成功、销售额比全世界其他家具和电器商店都要高的原因？让我来替你们解答吧。这是一家廉价商店还是一家高价商店？在陌生城市开设一家高价商店不会马上获得成功。那需要时间。第二，如果它每年流转的家具高达5亿美元，那么它肯定是一家硕大无朋的商店，因为家具的体积都很庞大。大型商店的特点是什么呢？它提供大量的选择。所以除了是一家提供大量选择的低价商店，这还能是什么呢？

但你们可能会有疑问，为什么以前没人开这样的商店，轮到它来当第一家呢？答案同样很明显：开这么大的商店需要一大笔钱。所以呢，以前没人开过。所以你们很快就知道答案。只要懂得一些基本的道理，这些看起来很难的微观经济学问题就能够迎刃而解。我喜欢这么轻松而又能带来许多回报的思考方式。我建议你们大家也应该更好地掌握微观经济学。

现在我来给你们出那个有点难的问题。中西部地区有一家轮胎连锁店，过去50年来，它慢慢取得了成功，那就是勒斯·施瓦伯轮胎连锁店。它开始崭露头角，能够与大型轮胎公司的直营店相互竞争。有些大公司生产所有型号的轮胎，就像固特异等等。这些制造商当然会照顾它们自己的直营店。它们的"轮胎商店"拥有很大的成本优势。后来呢，勒斯·施瓦伯又先后面临罗巴克·西尔斯、开市客和山姆会员店等折扣商店的竞争。尽管有这么多对手，现在施瓦伯每年的销售额还是达到了几亿美元。勒斯·施瓦伯先生目前已经八十几岁（勒斯·施瓦伯已于2007年5月18日去世），没有受过教育，却完成了这样的壮举。他是怎么做到的呢？我看你们很多人想不明白吧。让我们从微观经济学的角度来考虑这个问题。

施瓦伯赶上了什么潮流吗？你们刚提出这个问题，答案就冒出来了。日本人原来在轮胎行业毫无地位，现在他们做得很大。所以施瓦伯这个家伙肯定很早就赶上了卖日本轮胎的潮流。接下来呢，这种缓慢的成功必定有其他原因。很显然，这个家伙能取得如此成就，肯定做了许多正确的事情。而在他所做的这些正确事情里面呢，他必定拥有曼昆所说的那种激励机制带来的超级力量。**他肯定有一套非常棒的激励机制来驱动他的员工。必定有一套很好的员工选择系统。他必定非常善于做广告。他确实是。他是个艺术家。**日本人的轮胎生意做得那么成功，他肯定是率先出售日本轮胎的。一个成功的生意人必须做对很多事情，并用良好的制度来保证不会犯错。同样地，这个问题的答案也不难得到。但这种特殊的成功背后还有其他原因吗？

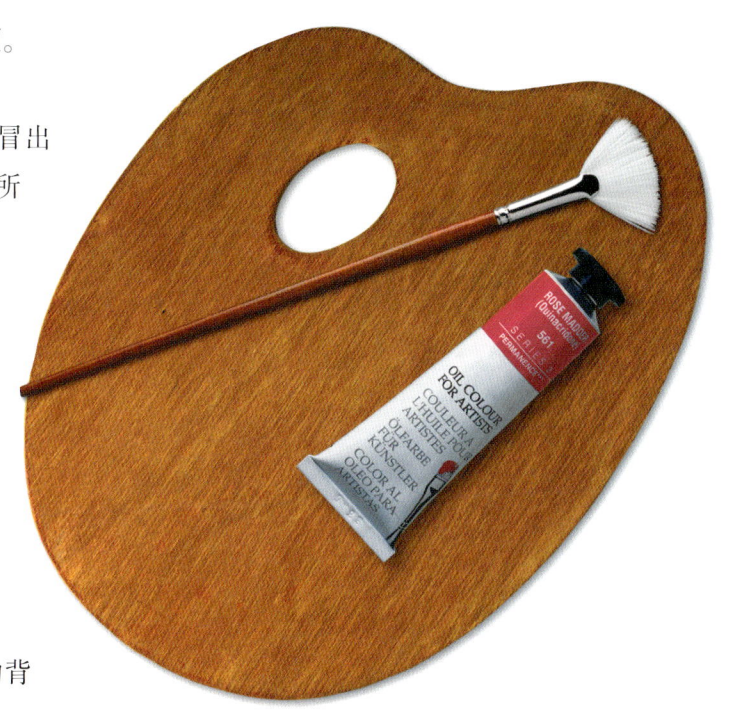

我们聘请一些商学院毕业生，他们解决问题的能力并不比你们出色。也许这就是我们很少聘用商学院毕业生的原因吧。

我该怎么解决这些问题呢？很明显，我会利用我大脑里的搜索引擎，核对我的检查清单，我运用了某些在大量复杂系统中都非常有用的近似运算法则，这些运算法则的原理差不多是这样的：极度的成功很可能是由下面这些因素共同造成的：

1. 将一到两个因素最大化或者最小化。例如，开市客或者我们的家具电器商店。

2. 增加一些成功的因素，以便取得更大的成效，这种成效的提高通常是非线性的，让人想起有关临界点或者物理学中的临界物质的理论。结果通常是非线性的。你们只要再增加一点点物质，就能得到一种 lollapalooza 效应。当然，我这辈子都在寻找 lollapalooza 效应，所以我对那些能够解释这种效应如何发生的模型特别感兴趣。

3.将几个优点发挥得淋漓尽致。例如，丰田或者勒斯·施瓦伯。

4.顺应某些重大的潮流。例如，甲骨文。顺便说一句，我在今天的招待会上认识了甲骨文的财务总监杰夫·亨利，但我在认识他之前就说过甲骨文的好话了。

总而言之，我建议你们在解决问题时使用一些快刀斩乱麻的运算法则，你们必须学会正向地和反向地使用它们。让我来给你们举个例子。我经常用一些难题来考我的家人。不久之前，我给家里人出了一个难题，我说："美国有一项运动，这项运动是一对一的，会举办全国冠军比赛。有一个人获得两次冠军，但是中间隔了65年。""现在，"我说，"说出这项运动的名字。"我看你们许多人又是一脸茫然。我家里人也大多被这个问题搞糊涂了。但我有个儿子是物理学家，他养成了我欣赏的思考方式。他马上得出了正确的答案，以下是他的推理过程：

这不可能是一项需要手眼协调的运动。没有85岁的老人家能够赢得全国台球巡回赛冠军，赢得全国网球冠军就更别提了。总之不可能。然后呢，他认为不可能是国际象棋——

西洋跳棋

古城乌尔（位于今伊拉克境内）的废墟出土了一种可以追溯到公元前3千年，和西洋跳棋非常相似的棋类游戏。我们今天所玩的西洋跳棋最早出现在公元前1400年的埃及。

这位物理学家国际象棋下得很好——因为那太难了。国际象棋的规则太过复杂，而且下国际象棋需要很大的耐力。但西洋跳棋是有可能的。他想："找到啦！只要经验足够丰富，哪怕你已经85岁，也能成为这项运动最好的玩家。"

当然，他的答案是正确的。

反正我推荐你们使用这种解决问题的方法，遇到问题要进行正向思考和逆向思考。我还建议学院派经济学要更好地研究我在这里展示的这些非常细小的微观经济学问题。

5. 经济学的综合太少。

我的第五个批评是经济学中的综合太少了，不但没有综合传统经济学之外的知识，也没有综合经济学内部的知识。我曾经向两个不同的商学院班级提出下面这个问题。我说："你们已经学习了供给和需求曲线。你们懂得在一般情况下，当你们提高商品的价格，这种商品的销量就会下跌；当你们降低价格，销量就会上升。对吧？你们学过这个理论吧？"他们全都点头表示同意。然后我说：**"现在向我举几个例子，说明你们要是想提高销量，正确的做法是提高价格。"** 他们沉默了非常久。在我提出这个问题的两所商学院里，也许50个人里面只有一个人能够举出一个例子。他们认为，在特定的条件下，人们会认为价格较高的商品质量也较好，所以提高价格能够促进销售。

我的朋友威廉·伯尔豪斯遇到的情况就是这样的。他曾经担任贝克曼仪器公司（Beckman Instruments）的老总，那家公司生产的是一种复杂的产品，这种产品如果运转失灵，就会给顾客带来重大的损失。不是油井底的泵，但你们把它当成油泵就好理解啦。他的产品虽然比其他公司的产品更好，销售情况却很糟糕，他发现原因在于这种产品的售价太低。这促使人们认为它是一种劣质的玩意。所以他把价格提高大约20%，销量立刻就上去了。

但在这两所现代的商学院，50个人里面居然只有一个人能够举出一个例子——其中一所还是很难考上的斯坦福商学院。而且没有一个人能够给出我欣赏的主要答案。（查理对这个问题的完整解答可见"我没有什么要补充的"第六篇。）假如你们提高价格，并用额外

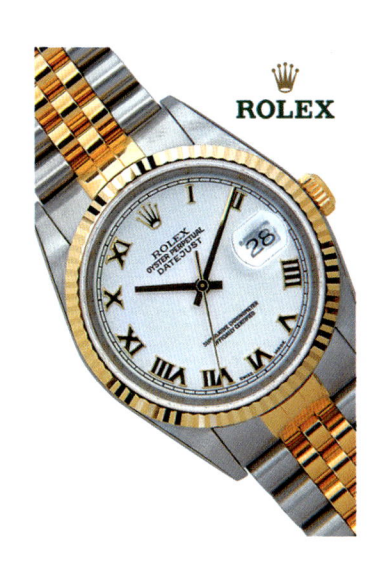

奢侈品：提高价格能够改善奢侈品的"炫耀"功能，销量有时会因此而增加。顾客也有可能认为价格更高的产品质量更好。

"我没有什么要补充的"第六篇

ROLEX

问：我曾经向两个不同的商学院班级提出下面这个问题。我说："你们已经学习了供给和需求曲线。你们懂得在一般情况下，当你们提高商品的价格，这种商品的销量就会下跌；当你们降低价格，销量就会上升。对吧？你们学过这个理论吧？"他们全都点头表示同意。然后我说："现在向我举几个例子，说明你们要是想提高销量，正确的做法是提高价格。"他们沉默了非常久。在我提出这个问题的两所商学院里，也许50个人里面有一个能够举出一个例子。但在这两所现代的商学院，50个人里面居然只有一个人能够举出一个例子——其中一所还是很难考上的斯坦福商学院。而且没有一个人能够给出我欣赏的主要答案。

这个问题有四类答案。少数人知道第一类答案，但他们基本上不知道其他类。

1. 奢侈品：提高价格能够改善奢侈品的"炫耀"功能，例如，奢侈品提高价格之后，在某些存在炫耀心理的消费者看来，它的性能也随之改善了。此外，人们往往认为价格高等于质量好，这有时也能促进销量的增加。

2. 非奢侈品：和上面提到的第二个因素相同，消费者看到价格更高的商品，往往不是认为它卖贵了，而是认为更高的价格意味着更好的质量。这种办法对那些耐用性的工业品而言尤为适用。

3. 提高价格，把额外的利润以合法的方式用于改善产品的性能或者改善销售系统。

4. 提高价格，把额外的利润以非法或者不道德的方式来促进销售，比如说通过贿赂交易经纪人，或者其他对终端消费者有害的做法——例如开放式基金的销售回扣。（这个答案是我最喜欢的，但我从来没有听到。）

"我没有什么要补充的"第七篇

下面这个问题跟第九讲的内容有关。

问：你曾经说过，在加州大学圣巴巴拉分校演讲的时候，你故意漏掉了"神秘的第十个缺陷"。那是什么？

哦，对。我应该把它也包括进去，但我没有。我认为我们应该保留第九讲的原貌。第十个缺点就是我说的"在微观经济学层面对嵌入性庞氏骗局的效应不够重视"。这个很容易证明：有些大型律师事务所用在职员工缴纳的养老金来支付退休员工的养老金，他们明明知道这样做将会造成可怕的后果，但还是这么做了——而且是很高兴地这么做了。

的钱来贿赂其他公司的采购经纪人呢？这么做有效吗？经济学——微观经济学——里面还有其他办法可以提高价格并用额外的销售收入来促进销量增长吗？这样的办法当然有非常多，你们只要开窍就能想得到。就是这么简单。

最典型的例子来自投资管理行业。假如你们是某个开放式基金的经理，想要卖出更多的份额。人们通常会得出下面的答案：你们如果提高佣金，最终的买家所得到的基金份额自然就会降低。所以你们要是提高每份基金的价格，就等于是在出卖最终的客户。而你们可以利用额外收取的佣金来贿赂客户的交易经纪人。你们通过贿赂使得经纪人背叛他们的客户，用客户的钱来购买高佣金的产品。这种做法至少为共同式基金增加了一万亿美元的销量。

这种策略可不是人性美好的部分，我想告诉你们，我这辈子非常彻底地避开了这种策略。我认为你们在生活中并没有必要去推销那些你们自己永远不会购买的东西。即使那是合法的，我也不认为那么做是一个好主意。但你们不应该完全接受我的观点，因为那会让

大卫·李嘉图
David Ricardo
1772—1823

大卫·李嘉图出生在伦敦，14岁时开始跟随他父亲在伦敦股票交易所工作。他家财万贯，所以很早就洗手不干了，在英国议会谋得一个席位。阅读了亚当·斯密的《国富论》之后，他对经济学产生了兴趣，对该领域做出了许多重要贡献。人们通常认为比较优势理论是李嘉图提出来的。比较优势理论解释了为什么两个国家之间的贸易是有益的，哪怕其中一个国家制造的产品比另外一个国家便宜得多。这个道理最早是由罗伯特·托伦斯（Robert Torrens，1780—1859，英国经济学家、军人，1834年南澳大利亚殖民地开拓者之一）在1815年一篇谈论小麦贸易的论文中提出来的，但李嘉图在1817年的著作《政治经济学及赋税原理》（The Principles of Political Economy and Taxation）中解释得更加清楚。

你们有找不到工作的风险。你们不应该接受我的观点，除非你们甘愿冒着只能在少数几个地方找到工作的风险。

我认为我那个简单的问题引起的反应足以表明人们很少综合地去思考经济学问题，哪怕他们受过高等教育。那些问题很浅显，答案十分容易得出。然而，那些人上过四门经济学课程，入读商学院，智商都很高，写了许多论文，但他们却一点综合能力都没有。之所以发生这种情况，并不是因为那些教授知道如何综合各种知识却不传授给学生，而是由于那些教授本身也没有好好掌握综合能力。他们接受的不是一种综合的教育。我记得凯恩斯或者加尔布雷思说过一句话，经济学教授的思想是最经济的。他们终身使用的是他们在研究生院学到的一点点知识。

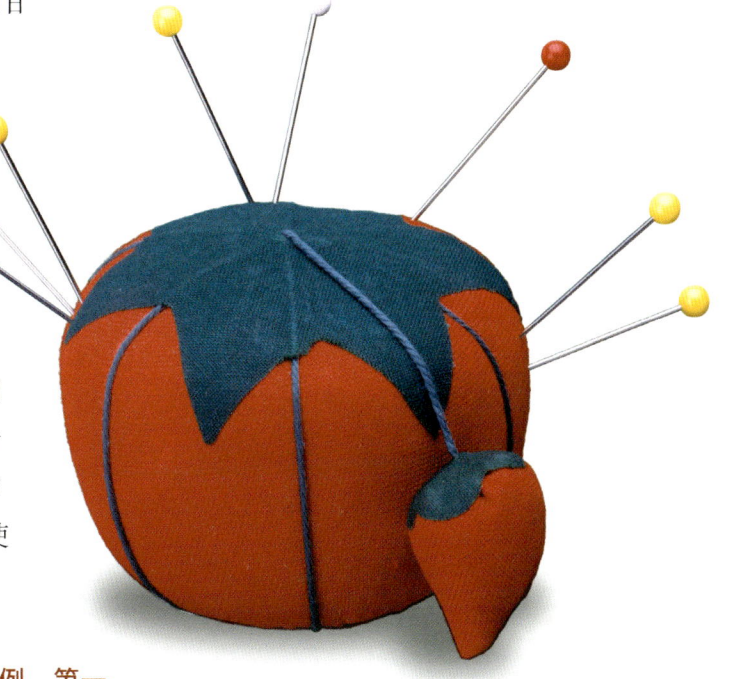

第二个和综合相关的有趣问题涉及经济学中两个最著名的范例。第一个是李嘉图提出的贸易中的比较优势原理，另外那个是亚当·斯密的图钉工厂。当然，这两者都能极大地提高人均经济产出，都能将各种职能分配到那些非常善于执行这些职能的人手里。然而，它们也有很大的差别：前者——图钉工厂——是中央计划的极端典型，它的整个系统是由某个人设计出来的；而后者，也就是李嘉图的相对优势，则完全是自发的国际贸易自动产生的后果。

当然，只要体会到综合的乐趣，你们就会立刻想："这些事情相互影响吗？"它们当然相互影响，相互之间有很大的影响。而这是现代经济系统如此强大的原因之一。许多年前我就亲眼见到过一个几种因素相互影响的例子。伯克希尔当年拥有一家信贷公司，这家公司贷款给一家就在好莱坞公园赛马场正对面的酒店。后来那个地方发生了变化，到处充斥着流氓、强盗和毒贩子。他们为了筹集毒资，甚至把墙壁上的铜管拧下来卖钱，酒店周边有许多带枪的人在晃荡，没有人敢到这家酒店住。我们前后两三次没收了这家酒店，贷款眼看是收不回来了。我们似乎遇到了一个无法解决的经济学问题，一个微观经济学问题。

亚当·斯密的图钉工厂

亚当·斯密在1776年出版的《国富论》中记录了他在一家图钉工厂观察到的现象。那家工厂只有10个人，却每天能生产48000颗图钉，因为它实行了专门化的劳动分工。如果每个工人要独自完成制造图钉的所有工序，那么他每天只能制造20颗图钉，整个工厂的总产量只有每天200颗图钉。斯密不吝赞美地指出，这家实行专门化劳动的图钉工厂极大地提高了生产力，代表了经济发展的方向。

罗纳德·科斯
Ronald Coase
1910—2013

罗纳德·科斯出生在伦敦的郊区，12岁就初中毕业，两年后考进了伦敦大学。他获得了法学和经济学双学位，开始研究交易成本。科斯1951年迁居美国，在布法罗大学开始了他的学术生涯。1964年他跳槽到芝加哥大学，并在那里担任教授，一直到退休。1991年，科斯获得了诺贝尔经济学奖，他获奖的主要原因之一是他在1937年发表的著作《企业的本质》。

喏，我们原本可以去找麦肯锡，或者一群哈佛大学的教授，那样的话我们将会得到一份十英寸厚的报告，阐述各种方法，建议我们如何让这家位于糟糕城区的失败酒店走出困境。但我们没有那么做，而是在酒店外面拉了一条标语，上面写着："出售或出租"。有个人看到标语，于是来找我们。他说："你们要是能够改变区域用途许可，让我能够把停车场改建为高尔夫球推杆练习场，我就愿意花20万美元来装修你们的酒店，并通过贷款高价把它买下来。""可是你总得让旅馆有停车场啊，"我们说，"你是怎么想的呢？"他说："不用。我的业务是从佛罗里达用飞机把一些老年人送过来，让他们住在机场附近（好莱坞公园离洛杉矶国际机场很近），然后用大巴将他们送到迪士尼乐园和其他地方，再把他们接回酒店。我不在乎周边的环境有多么糟糕，因为围墙以内可以满足客人的所有需求。他们只需要早上坐大巴出发，傍晚再回来就可以了；他们不需要停车场，他们需要的是高尔夫球推杆练习场。"所以我们和这个家伙做成了这笔生意。这件事情运转得非常顺利，我们收回了贷款，什么问题都解决了。

很明显，这是一个李嘉图和图钉工厂发生相互影响的例子。**这个家伙设计用来娱乐老年人的奇怪系统纯粹是图钉工厂式的，而找到这个拥有这种方法的家伙则纯粹是李嘉图式的。所以这些事情发生了相互影响。**

这只是一个综合考虑问题的简单例子。如果你们想要弄清楚私有企业应该承担哪些职能，政府应该拥有哪些职能，哪些因素确定了这些职能分工，那就变得更难了。

在我看来，每个高智商的经济学专业毕业生都应该能够坐下来，写出一篇十页长的、相当有说服力的、综合这些思想的论文。我敢拿出一大笔钱来跟你们打赌，如果我在美国所有经济学系进行这样的测验，考生们交上来的综合论文肯定是一团糟。他们将会在文章中提到罗纳德·科斯。他们将会谈到交易成本。他们将会想起他们的教授教给他们的一点可怜知识，并把它写出来。但说到真正能够把各种知识综合起来，我可以自信地预言，大多数人不会做得非常好。

顺便提一下，如果你们有人愿意尝试，那么请加油。我想你们会发现这很难。我来告诉你们一件与此相关的有趣事情，那就是诺贝尔物理学奖得主、发现了普朗克常数的伟大物理学家普朗克曾经研究过经济学。他后来放弃了。**有史以来最聪明的人之一普朗克为什么要放弃经济学呢？答案是，他说："经济学太难了。你想尽办法，得到的结果却总是无序而不确定的。"**这满足不了普朗克追求有序的愿望，所以他放弃了。如果普朗克早就明白他在经济学里面永远得不到完美的秩序，我敢自信地预言，你们也将会得到相同的结果。

顺便提一下，有个关于马克斯·普朗克的虚构故事非常著名：得到诺贝尔奖之后，到处都有人邀请他去开讲座，他有个司机，专门开车送他到德国各地演讲。司机把讲座的内容给背下来了，所以有一天，他说："喂，普朗克教授，你何不跟我换个角色呢？"于是他走上讲台，发表了演讲。演讲结束后，有位物理学家站起来，提出一个极其困难的问题。但司机早已胸有成竹。"好吧，"他说，"慕尼黑这么发达的城市，居然有市民提出如此简单的问题，这让我太吃惊了，所以我想请我的司机来回答。"

6. 对心理学的极度无知及其造成的负面后果。

普朗克与爱因斯坦在一起

马克斯·普朗克生于 1858 年，他父亲是一位法学教授，他本人 21 岁就获得了博士学位。他早期研究的是热力学，后来对辐射产生了兴趣。有了这些研究做铺垫，他自然而然地研究起辐射光谱中的能量分布。普朗克对能量放射的研究对物理学而言是至关重要的，后来被称为"量子物理"。1918 年，他获得了诺贝尔物理学奖。

好啦，现在我要来讲第六个缺陷，这个缺陷其实也是由于对跨学科研究不够重视而造成的：对心理学的极度无知及其在经济学中造成负面影响。在这里，我想要给你们出一个简单的问题。我善于提出简单的问题。

假如你们在拉斯维加斯拥有一家小赌场。赌场里面有 50 台标准老虎机，它们的外表和功能都是相同的。它们的返还率是一模一样的，需要返还硬币的图案组合也一样。它们以同样的比例出现。但这些老虎机里面有一台无论你把它摆到哪里，当你每天营业结束检查这些机器时，这台机器所赢的硬币总是比其他机器多 25%。我相信你们肯定能够回答这个问题的。这台赢更多钱的机器有什么特别的地方呢？有人能够回答吗？

男生：更多人玩它。

芒格：不，不，我想知道的是，为什么会有更多人去玩它。这台机器的特别之处在于，人们利用现代的电子技术，使这台机器的"近似中奖"率（在玩老虎机时出现接近中奖的组合）更高。和正常的机器相比，这台机器会更多地出现 bar-bar-柠檬，bar-bar-葡萄的情况，这会促使玩家下注下得

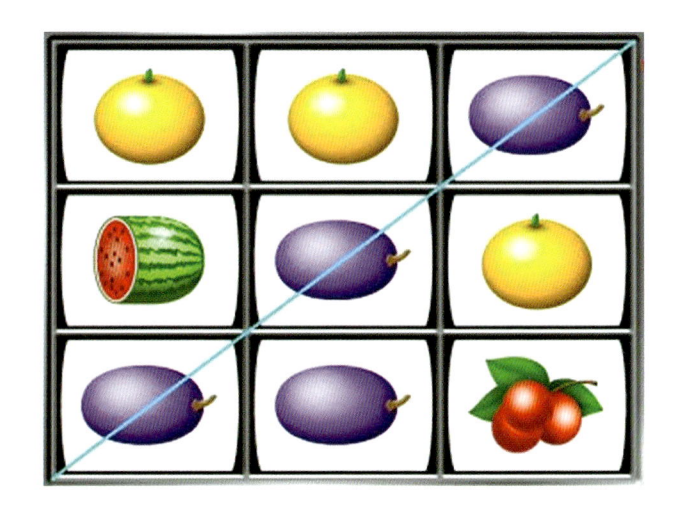

摩根·弗里曼（Morgan Freeman）在 1989 年的电影《为戴茜小姐开车》（*Driving Miss Daisy*）中饰演的霍克·科尔本是他扮演过的最著名的角色之一。弗里曼在许多电影里扮演了伟大的角色，特别是《肖申克的救赎》。2005 年，由于在《百万宝贝》中的精彩演出，他名副其实地获得了奥斯卡奖。

在现实世界，弄清楚你何时是"马克斯·普朗克"、何时是"司机"是很关键的。如果无法合理地回答下一个问题，那么你就缺乏真正的本领，非常有可能处在你的"能力圈"之外。

426　　　　　　　　　　　　　　　　　　　　　　　　　　　　　　　　　　　　　第四章　查理十一讲

更重。这个答案很难得到吗?很容易的。明显存在着一个心理因素:那台机器能够引发某种基本的心理反应。

如果你们了解各种心理因素,如果你们在头脑中把它们列成一张检查清单,那么你们只要核对这张清单,然后肯定会找出那个能够解释这种现象的因素。没有任何其他方法能够有效地完成这项任务。那些没有掌握这些解决问题方法的人不会得到这些答案。生活就像踢屁股比赛,如果你们想要成为一个独腿人,那么欢迎你们来找我玩。但如果你们想要像有两条腿的壮汉那样成功,就必须掌握这些方法,包括在了解心理学的前提下对宏观和微观经济学进行研究。

为了证明这一点,我下面来谈谈某个拉丁美洲国家是如何整顿停滞不前的经济的。那是拉丁美洲的一个小国家,这个国家偷盗成风,所有人都喜欢行窃。他们挪用公司的公款;他们偷走社区里一切能弄到手的东西。经济自然停滞不前。但这个问题被解决了。这个案例我是在哪里看到的呢?我愿意给你们一点提示。它并不在经济学刊物上,我是在心理学刊物上看到这个案例的。那个国家出现了一些聪明人,他们使用了一些心理学方法,然后就解决了这个问题。

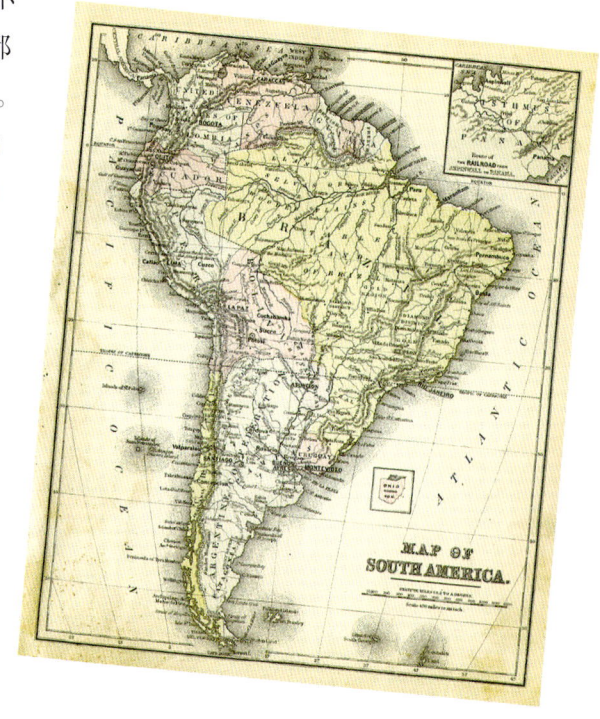

在拉丁美洲的某个小国家:一个关于如何借鉴心理学整顿经济的有趣案例(见 587 页)。

《战神在诸位艺术女神的陪伴下消灭无知》
(Mars, Surrounded by the Liberal Arts, Vanquishing Ignorance)
安东·克拉森斯，1605年，油画，比利时布鲁日格洛宁格博物馆。

我认为既然有了这些解决经济问题的漂亮案例，还有这些能够解决许多问题的简单技巧，而假如你们是经济学家，却不知道如何解决和理解这些问题，那是说不过去的。你们为什么要对心理学无知到不明白有些心理学方法能够解决你们自己遇到的经济问题呢？

在这里，我想要给你们一条极端的指令。这条指令甚至比硬科学的基本组织性治学方法还要严格。这是塞缪尔·约翰逊提出来的。实际上，他说如果一个学者能够通过少量的工作轻轻松松地去掉自己的一个无知，却不去做，那么这个学者的行为就等于背叛。这是他的原话，"背叛"。所以你们能够明白我为什么喜欢这些东西。他说如果你们是学者，那么就有责任努力让自己别成为白痴，所以你们必须尽量完善你们的知识体系，尽可能地消灭自己的无知。

7. 对二级或者更高级别的效应关注太少。

接下来谈谈第七个缺陷：对二级或者更高级别的效应关注太少。这个缺陷相当容易理解，因为结果会产生结果，而结果的结果也会产生结果。这变得非常复杂。以前我是一名气象学家，这种现象让我感到非常苦恼。不过和经济学相比，气象学的问题太过简单了。

当年有些专家，包括一些拥有博士学位的经济学家，对最早的医疗保险法的成本进行了预测。他们表现得极其无知，只是把以往的成本相加起来就完了。

他们的成本预测的误差达到了1000%。他们计划的成本还不到实际发生的成本的10%。他们实行了各种新的激励机制之后，人们的行为便会根据激励机制发生变化，于是实际发生的医疗费用跟他们预测的完全不同。医学界会发明一些昂贵的新疗法，它向来如此。一大群专家怎么会犯下如此愚蠢的错误呢？答案：他们为了轻松得到结果而把问题过度简化了，那就像把圆周率改为3.2一样！他们选择了不去关注后果的后果的后果。

这种思考错误很常见，在学术界看来，生意人在微观经济学问题上所犯的错误更加愚蠢。商界也不乏类似于医疗保险成本预测的蠢事。比如说你们拥有一家纺织厂，有个家伙找上门来说："哇，这难道不是很好吗？我们发明了一种新型纺织机。它能够极大地提高生产效率，如果买下它，只要纺织品价格维持不变，只需三年就可以收回成本。"于是你在20年间不停地买进新型的纺织机，而你的利润率依然只有4%；你什么好处也没有得到。答案是这样的：并不是新技术没有发挥作用，而是经济规律决定了，新纺织机带来的好处只会落到那些购买纺织品的人手里，而不是落进拥有纺织厂的那个家伙的口袋。一个人只要选修过大一的经济学课程，或者曾经上过商学院，怎么可能不明白这个道理呢？我认为教育机构是在误人子弟。否则的话，这种蠢事就不会经常发生。

我通常不会使用正式的可行性报告。我不让人们帮我做可行性报告，因为我不喜欢办公桌上乱糟糟的，但我总是看到有些人很愚蠢地去起草可行性报告，许多人觉得它们有用，不管它们有多么愚蠢。在美国，丢一份愚蠢的可行性报告在办公桌上是一种有效的销售技巧。

圆周率的发现

圆周率（通常用希腊字母 π 来表示）是圆的周长和直径之比。古希腊人证明了 π 是一个无理数，不能用分式来表达。如今，圆周率是个应用非常广泛的特殊常数，建筑、量子物理等众多领域都需要用到它。

国际象棋，尤其是图中斯波克先生（Spock，美国科幻电视剧《星际迷航》中的外星人）正在玩的三维国际象棋，很好地展现了次级和更高级别的后果。每颗棋子的走动都会——有时候会极大地——影响到整个棋局的形势。

投资银行家更是精于此道。我也从来不看投资银行家的可行性报告。沃伦和我曾经收购过一家公司，卖方请一个投资银行家做了详细的研究。那份可行性报告有这么厚。我们只是把它扔到一边，仿佛它是死尸。他说："我们为它花了200万美元。"我说："我们不用这类报告。从来连看都不看。"

不管怎么说，正如医疗保险的例子所表明的，基于某些深层的心理学原因，所有人类制度都会被钻空子，而且人们在钻空子的博弈游戏中表现出了高超的技巧，因为博弈原理有这么大的潜力。设计制度的人并不懂得如何防止钻营。加利福尼亚州的工伤赔偿制度就是这样。人们在利用制度漏洞的博弈游戏上已经出神入化了。在利用制度漏洞的过程中，人们变得越来越狡猾奸诈。这对文明社会有好处吗？这对经济表现有好处吗？当然没有。那些设计了有漏洞可钻的制度的人应该被打入地狱的最底层。

我有个朋友，他的家族控制了大约8%的货柜拖车市场。他刚关掉了他在加利福尼亚州的最后一家工厂，他在得克萨斯州还有一家工厂，那家情况更糟糕。在他的得克萨斯州工厂，工伤赔偿成本占到总薪酬支出的10%以上。制造货柜拖车本来就没什么利润。所以他把工厂关掉，迁到犹他州的奥格登市。奥格登市生活着大量需要养活一大家子的虔诚的摩门教徒，他们从不钻工伤赔偿制度的漏洞。现在工伤赔偿成本只占到总薪酬支出的2%。

难道和摩门教徒相比，在他的得克萨斯工厂上班的那些拉美人天生就不诚实和道德败坏吗？不是的。罪魁祸首是那些立法机构。这些机构的许多成员是从法学院毕业的，可是他们却通过了鼓励欺骗的法律；**他们不认为自己的所作所为对文明社会有极大的破坏作用，因为他们并没有考虑到说谎和欺骗造成的二级效应或者三级效应。**所以呢，这种情况随处可见，就像日常生活的其他部分一样，经济生活中也充满了欺诈。

哈佛大学经济学系的维克多·尼德霍夫的故事是一个利用制度漏洞的绝佳例子。维克多·尼德霍夫是一名警官的儿子，他必须在哈佛大学取得甲等成绩。但他并不想在哈佛大学认真学习，因为他真正喜欢的事情有四件：一、和大师级的对手玩西洋跳棋；二、不分日夜地用他非常精通的扑克牌进行豪赌；三、继续蝉联他已经连续好几年拿到的美国壁球冠军；四、成为最好的业余网球选手。

这样一来，他可以用于在哈佛大学拿到甲等成绩的时间就不多啦，所以他选择了经济学系。你们原本可能以为他会选择法国诗歌。但是别忘了，这个家伙能够参加西洋跳棋冠军赛。他觉得以他的智商，玩弄哈佛大学经济学系根本不在话下。确实如此。他发现该系的研究生承担了大部分原本应该由教授完成的乏味工作，他还发现，由于要成为哈佛大学的研究生特别难，所以这些研究生都非常聪明，做事有条不紊，而且十分勤奋。那些教授很需要他们，也对他们心存感激。

正如人们根据那种叫做"互惠回馈倾向"的心理因素可预料到，研究生上的高级课程中，教授们给出的分数总是甲等。所以尼德霍夫什么课都不选，专门选哈佛大学经济学系那些最高级的研究生课程，当然啦，他每门课程都得到了甲等的成绩，而且几乎没有去上过一节课。当时哈佛大学的人还以为这学校又出了一个天才呢。尽管这个故事很荒唐，但这种办法确实有效。尼德霍夫变得非常著名：人们管他这种方式叫做"尼德霍夫选课法"。

这证明了所有社会制度都会被钻空子。另外一个不考虑后果的后果的例子，是经济学界对李嘉图的比较优势法则的标准反应。李嘉图认为比较优势能让贸易双方都得益，他对这个法则的解释非常具有说服力，所以人们都信服。人们直到今天仍为这个法则着迷，因为它是一个非常有用的道理。经济学界每个人都知道，如果只考虑李嘉图效应带来的初始优势，那么比较优势能够让贸易双方获得非常大的利益。但假如你们进行贸易的对象是一个非常有才华的族群，比如说中国人，他们现在特别穷，特别落后，你们则处在一个发达国家，你们和中国建立了自由贸易关系，这种关系持续了很长时间。

现在让我们来看看二级和更高级别的后果。如果美国和中国进行贸易，那么美国人的生活水平会得到改善，对吧？李嘉图证明了这一点。但哪个国家的经济会发展得更快呢？

维克多·尼德霍夫
Victor Niederhoffer
1943—

维克多·尼德霍夫在哈佛大学念本科时读的是统计学和经济学，后来从芝加哥大学得到博士学位。他曾在加州大学伯克利分校教了五年书，在此期间他同时经营着尼德霍夫、克罗斯和萨克豪瑟有限公司（Niederhoffer, Cross and Zeckhauser, Inc.），把一些私人企业卖给上市公司。在20世纪70年代末期，尼德霍夫开始从事期货和期权交易；他在1980年创办了尼德霍夫投资公司（Niederhoffer Investment），为机构客户提供金融管理服务。他还曾多次赢得全国壁球冠军。

比较优势

比较优势通过自由贸易带来的好处通常遭到忽略，在其1817年出版的名著《政治经济学及赋税原理》中，大卫·李嘉图对此进行了揭示：

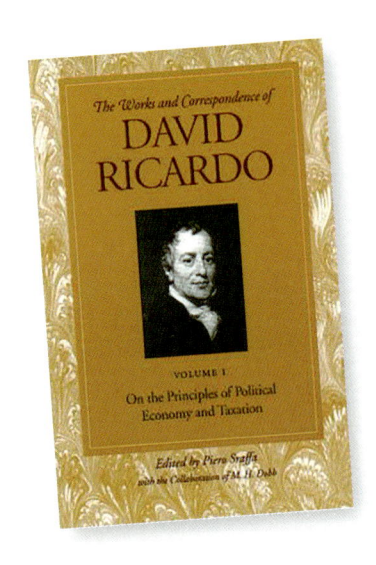

"葡萄牙生产红酒和毛呢的成本可能比英国低。然而，这两个国家生产这两种产品的相对成本是有差别的。在英国，生产红酒很难，但生产毛呢的难度并不是很大。在葡萄牙，这两者都很容易生产。因此，尽管葡萄牙生产毛呢的成本比英国低，但如果葡萄牙生产更多的红酒，用来交换英国的毛呢，那么葡萄牙的毛呢成本会更低。相反地，英国也从这种贸易中获益，因为它生产毛呢的成本没有变化，但它现在能够用更接近于毛呢的成本来获得红酒。"

国家之间相互"委派"任务能够获得比较优势，同样地，管理人员在安排工作时也可以利用李嘉图的这个原理，而这是很多人都没想到的。即使一个管理人员能够亲自更好地完成各种工作，把这些工作分散到各人手里仍然是对大家都有利的做法。

那显然是中国。在自由贸易的推动之下，他们吸收了世界上各种现代科技，而且正如亚洲四小龙已经证明的，他们很快就会走到前面去。看看中国的香港和台湾，看看早年的日本。所以最开始的时候，和你们进行贸易的是一个有十几亿落后农民的弱小国家，但到最后，这个国家变得比你们的国家更加强大，甚至可能还拥有更多和更好的原子弹。李嘉图并没有证明原来领先的国家会得到这么美好的下场。他并没有试图去确定二级和更高级别的效应。

如果你们试图与一些经济学教授谈论这个话题——这我已经做过三次——他们会吃惊地回避，好像你们冒犯了他似的，因为他们不喜欢这种讨论。这种讨论会让他们的漂亮学科变得一团糟，因为如果你们忽略二级和三级后果，经济学就会简单得多。

关于这个话题，在那三次尝试中，我得到的最好答案来自乔治·舒尔茨。他说："查理，我认为呢，就算我们停止和中国进行贸易，其他发达国家也会继续的，我们无法抑制中国相对我们的上升势头，而且我们将会失去李嘉图提出来的贸易优势。"这当然是正确的。我说："好吧，乔治。你刚刚创造了一种新的公用品悲剧。你身陷其中，却无能为力。你将会遇到一种极其糟糕的情况，因为你的祖国原本是世界领袖，最后却失去了对世界的领导权，被笼罩在其他国家的阴影之中。"他说："查理，我不愿意去想这个问题。"我想他是很明智的。他的年纪甚至比我还大，也许我应该向他学习。

8. 对"捞灰金"的概念关注太少。

好啦，下面我要讲经济学的第八个缺陷：经济学界对最简单、最基本的数学原理的关注太少。居然说经济学界不关注数学问题？这听起来有点过分，对吧？我想举个例子——我这个例子可能举得不对，我已经老了，而且很顽固——但尽管这样，我还是想说出来。我认为经济学界对"捞灰金"（febezzlement）的概念关注太少。我的观点派生自加尔布雷思的理论。加尔布雷思认为，尚未败露的贪污行为会对经济产生很大的凯恩斯刺激效应，因为那个钱被贪污的家伙以为他仍像从前那么富裕，于是延续原来的消费方式，而那个贪污的家伙则增加了购买力。我认为加尔布雷思的分析是正确的。他的观点的问题在于，他描绘的是一种影响较小的现象。因为一旦贪污行为败露——它迟早会败露的——那种效应很快会扭转过来。所以那种效应很快就消失了。

我猜想加尔布雷思对数学问题不够关注，但假如你们对数学问题足够关注的话，你们就会想："有一条基本的数学定理是这样的：'如果A等于B，B等于C，那么A等于C。'"明白这个数学原理之后，你们就会努力去寻找功能相等的东西。所以你们也许会问："经济学中有跟'捞黑金'相同的行为吗？"顺便提一下，加尔布雷思生造了"黑金"这个词，用来指尚未败露的贪污中涉及的金额，所以我生造了"捞灰金"这个词，即它起到的作用跟捞黑金是相同的。

我提出了"经济学中有跟'捞黑金'相同的行为吗？"这个问题，我想到了许许多多的答案，所以生造"捞灰金"这个词汇。有些"捞灰金"行为就出现在投资管理业。毕竟我跟投资管理业的关系比较密切。我认为美国的股东在投资普通股的过程中，总共有数十亿美元被浪费了。只要股市继续上涨，浪费掉这些钱的投资者就没有感觉，因为他看到的是股票价格正在稳定上升。而在投资顾问看来，这些钱是正当的收入，因为那确实是他出售有害的投资建议换来的。这种行为无异于尚未败露的贪污。你们现在可以明白为什么很少有人邀请我去演讲了。

所以我说，如果你们在经济生活中寻找其作用跟"捞黑金"相同的"捞灰金"行为，你们将会发现一些非常强大的因素。它们创造出某些比原来的"财富效应"更为强大的新型"财富效应"。但实际上没有人和我持相同的看法，如果有哪位研究生想要独自进行研究，在他的毕业论文中证实这个假设，我愿意把这个理论的发明权转让给他。

乔治·舒尔茨
George Shultz
1920—2021

乔治·舒尔茨出生在纽约市，本科就读的是普林斯顿大学经济学系，在麻省理工学院获得了工业经济学博士学位。在麻省理工学院执教几年之后，他跳槽到芝加哥大学。他曾有两年的时间担任理查德·尼克松总统的财政部长，直到尼克松被迫辞职。罗纳德·里根总统在1982年任命他为国务卿；在里根的两个总统任期内，舒尔茨都身居国务卿的高位。他曾是胡佛研究院的成员，柏克德公司（Bechtel Corporation）、吉利德科技（Gilead Science）和嘉信理财公司（Charles Schwab & Company）的董事会成员。2003年，阿诺·施瓦辛格成功地赢得竞选，取代格雷·戴维斯成为加利福尼亚州的州长，舒尔茨当时担任施瓦辛格竞选阵营的顾问。

2000年8月9日，经济学家约翰·肯尼斯·加尔布雷思在白宫接受美国国家平民最高荣誉（受奖者不限美国国籍）：总统自由勋章。

很少有什么东西比一个好例子更加令人恼火，更加令人难以忍受。

——马克·吐温

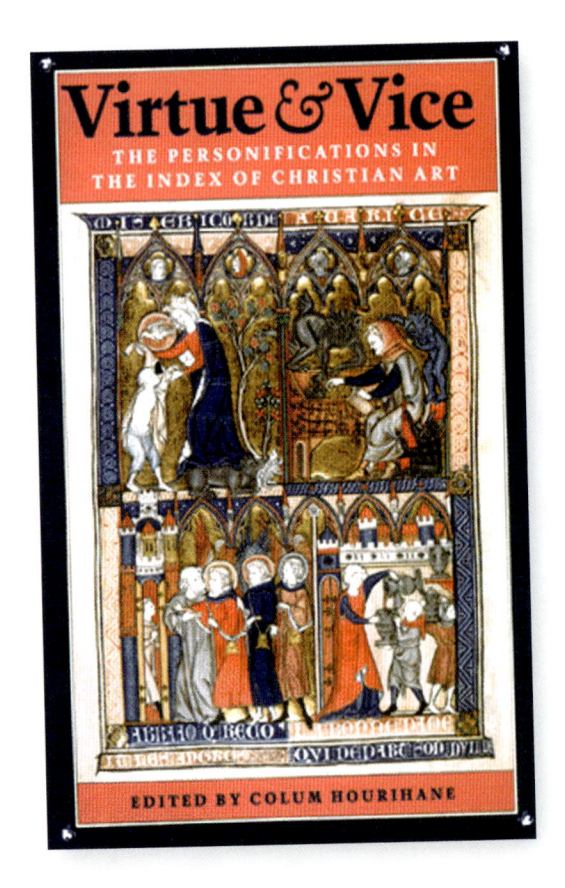

9. 对美德效应和恶行效应不够重视。

好啦，经济学的第九个缺点是：对经济生活中的美德效应和恶行效应不够重视。我很早就清楚地知道，经济生活中有巨大的美德效应，也有巨大的恶行效应。**但如果你们跟经济学家谈起美德和恶行，他们会感到浑身不自在。因为美德和恶行无法用大量的数据图表来表示。**但是我认为经济生活中存在着很大的美德效应。在我看来，修道士卢卡·帕乔利发明的复式簿记法在经济生活中产生了巨大的美德效应。它让商业变得更容易掌握，也让它变得更加诚实。接下来是收款机。收款机对人类道德的贡献比公理教会还要多，它真的能够极大地促使经济系统更好地运转。与之相反，一种容易被钻空子的系统对文明社会有破坏作用；而一种让人很难钻空子的系统，比如说以收款机为基础的收银系统，可以通过减少恶行而让文明社会的经济有更好的表现。但经济学界很少有人谈论这些话题。

我想进一步指出，极端的诚信精神能够让经济系统运转得更好。从前宗教能够提供一种诚信精神，至少过去几个世代的美国是这样的。宗教灌输负罪感。我们住的城区有一位很有魅力的爱尔兰天主教牧师，他常常讲："负罪感可能是那些犹太人发明的，但我们完善了它。"这种来自宗教的负罪感极大地推动了诚信精神的发展，对提高人类的经济产出非常有帮助。

许多恶行造成的负面效果是很明显的。现在出现了许多虚假繁荣的景象和稀奇古怪的促销手段——你们只要翻翻过去六个月的报纸就能看到。这里面的恶行多到足以让我们全部人都气噎。顺便提一下，每个人都对美国公司的高层管理人员拿那么多薪水感到气愤。人们应该感到气愤的。我们看到许多律师和教授就如何解决薪酬不公平提出了各种疯狂的管理办法，但这些办法毫无用处。其实好办法就在眼前：如果董事会的成员都是不领薪水的大股东，那么我们将会吃惊地发现，由于我们降低了互惠回馈倾向引发的影响，公司高层管理人员领取太多薪酬的现象将会消失。

有个奇怪的地方曾经采用的制度与这种无报酬的系统差不多。英国的地方刑事法庭有一些非专职的治安法官，他们有判处犯人入狱一年或者拘禁数月的权力。每个地方的刑事法庭有三名法官，他们并不领取薪水。他们的开支可以报销，但有一定的限制。他们每年作为志愿者工作大约40个半天。这种制度很漂亮地运转了大概七百年。那些有能力而且诚实的人争先恐后地想成为法官，担任这种要职，履行他们的义务，但没有报酬。

这也是本杰明·富兰克林在晚年时希望美国政府采用的制度。他认为政府的高官不应该领取薪水，而应该像他本人或者摩门教会的那些领袖，他们非常富裕，完全不领取薪水。当我看到现在加州的情况，我不敢说他错了。反正现在的情况与富兰克林的设想截然相反。其中一个现象是，许多教授——他们大多数需要钱——被各种企业委任为董事。

人们往往没有认识到，人世间大多数结果都是不公平的，而且道德规

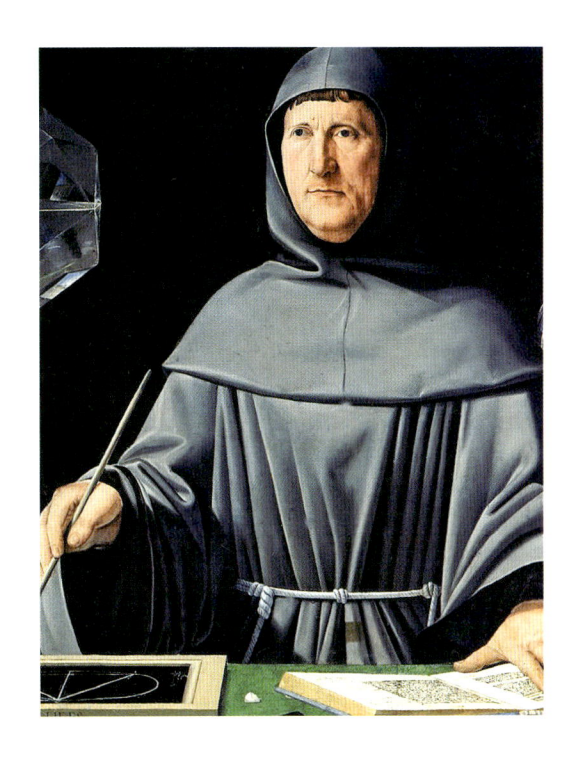

卢卡·帕乔利
Luca Pacioli
1445—1517

1494年，卢卡·帕乔利出版了他的巨著《算术、几何、比与比例概要》。在这本著作中，帕乔利提出了一个全新的概念：复式簿记。这个发明改革了商业行为，让帕乔利成了著名人物。他的这部著作是最早一批用古登堡活字印刷术出版的图书。

南海泡沫事件

南海泡沫事件（the South Sea Bubble）是英国在 1720 年春天到秋天之间发生的一次经济泡沫，南海公司在 1711 年西班牙王位继承战争仍在进行时创立，它表面上是一间专营英国与南美洲等地贸易的特许公司，但实际上是一所协助政府融资的私人机构，分担政府因战争而欠下的债务。

南海公司在夸大业务前景及进行舞弊的情况下被外界看好，到 1720 年，南海公司更通过贿赂政府，向国会推出以南海股票换取国债的计划，促使南海公司股票大受追捧，股价由原本 1720 年年初约 128 英镑急升至同年 7 月的 1000 镑以上，全民疯狂炒股。然而，市场上随即出现不少"泡沫公司"混水摸鱼，试图趁南海股价上升的同时分一杯羹。为规管这些不法公司的出现，国会在 6 月通过《泡沫法案》，炒股热潮随之减退，并连带触发南海公司股价急挫，至 9 月暴跌回 190 镑以下的水平，不少人血本无归，连著名的物理学家牛顿爵士也蚀本离场。

范有时候必须不公平，才能取得最好的效果。过于追求公平，会给社会制度带来严重的功能障碍。有些制度应该故意制定得对个体不公平，因为这样的话它们整体上对我们大家会更加公平。我经常举一个例子：在海军，如果你的船搁浅了，即使那不是你的错，你的军旅生涯也会终结。我认为和追求对每个人都公平的制度相比，对那个没有犯错的家伙不公平的制度更能让每艘舰艇的船长呕心沥血地确保他负责的舰艇不会搁浅。容忍对某些人有一点不公平，以便对所有人更为公平，这是我向你们所有人推荐的模式。但同样地，如果你们想要得到好成绩，那么别把这个观点写进你们的作业，如果你们念的是那些过度热衷于追求程序公平的现代法学院，那就更不能写进去了。

当然，恶行也给经济生活造成了巨大的影响。欺诈与愚蠢造成的经济泡沫无所不在。泡沫破裂的结果通常令人非常不愉快，我们最近就深有体会。历史上最早的大泡沫当然是英国那次可怕的南海大泡沫。它引发的余波非常有意思。你们许多人也许不知道南海泡沫事件之后发生的情况，那给人们带来了巨大的损失和痛苦。在随后的数十年里，除了少数特例，英国当局禁止企业公开交易股票。议会通过的法律说你们可以和几位合伙人成立合伙制公司，但你们不能公开交易股份。顺便提一下，英国尽管没有公开的股票交易，但它的经济也仍然有所发展。如果那些像赌徒般疯狂地炒股票并因此而发财的人仔细研究这个案例，他们是不会喜欢它的。长时间禁止股票公开交易的做法并没有让英国衰落。

房地产业的情况也一样。我们过去曾有很长一段时间禁止公开交易房地产企业的股份，但我们照样兴建了那么多我们所需要的购物中心、汽车专卖店等等。人们总是以为资本市场就应该像赌场那样，能够让他们快速而有效地赚大钱。但资本市场并不是赌场。

恶行效应引发的另一个有趣问题和妒忌有关。妒忌在摩西的诫律中是饱受指责的。你们可能记得希伯来人刻在墓碑上的文字：你们不能觊觎邻居

南海泡沫事件

的驴子，你们不能垂涎邻居的女仆，你们不能贪图……这些古代犹太人知道妒忌的人们是什么德性，也知道这些人会惹出什么麻烦。他们对妒忌真的绝不姑息，他们这么做是正确的。但曼德维尔令人信服地——反正我是信服的——证明妒忌会极大地推动消费意欲。所以呢，妒忌既是摩西十诫严厉禁止的糟糕恶行，却又是促使经济增长的驱动力。经济学中总有一些人们无法解决的悖论。

在我年轻的时候，每个人都对哥德尔的发现感到十分兴奋。哥德尔证明了数学系统必定有许多不完备之处。自那以后，那些优秀的数学家都说他们在数学中发现了更多无法消除的缺陷，他们终于明白，数学中如果没有悖论，就不成其为数学了。如果你们是数学家，那么再怎么努力也好，总有一些悖论是无法破解的。

好啦，如果连数学家都无法在他们自己创造的系统中消除悖论，那么可怜的经济学家将永远无法摆脱悖论，我们这些人就更别说啦。那没有关系。生活有悖论才有趣。每当遇到悖论的时候，我就会想，要么我是一个彻头彻尾的白痴，所以才觉得这是悖论，要么我的研究已经很有成果，已到达到这个领域的前沿。光是弄清楚我到底属于哪一类就能给生活增添很多乐趣。

这次演讲就要结束啦，我想再告诉你们一个故事，以证明人们从有限的知识库存中得到错误的观念并坚持到底是非常可怕的事情。这个故事的主人公是海曼·利伯维茨，他是从外国移民到美国来的。他们家族在移民之前开了一家铁钉厂，来到美国之后，利伯维茨决定继续制造铁钉。他奋斗啊，奋斗啊，到最后呢，他的铁钉厂取得了巨大的成功。他的老婆对他说："你年纪大啦，海曼，是时候去佛罗里达享受生活，把铁钉厂交给我们的儿子啦。"

所以他就去了佛罗里达，把铁钉厂交给他儿子，但他每周都会收到财务报告。他在佛罗里达没住多久，这些财务报告就急转直下。实际上，它

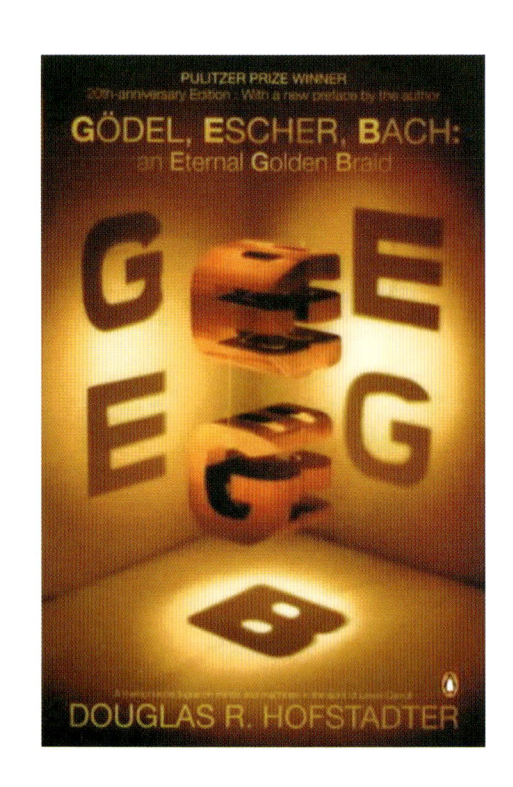

在其获得1989年普利策奖的作品《哥德尔、艾舍尔、巴赫》中，侯世达（Douglas Hofstadter, 1945— ）综合了数学家哥德尔、图形艺术家艾舍尔（Escher, 1898—1972，荷兰图形艺术家，错觉艺术大师）和作曲家巴赫的成果。

库尔特·哥德尔
Kurt Gödel
1906—1978

库尔特·哥德尔出生在奥匈帝国，是逻辑学家、数学家和数学哲学家。他在维也纳大学攻读博士学位，在其博士论文中提出了两条著名然而有点难懂的不完备定理。第一条定理是人们可以利用一个数学系统来构造一个在此系统中既不能被证明，也不能被证伪的命题。第二条定理是从第一条定理推断出来的：没有一个前后一致的系统能够被用来证明其自身的前后一致性。

们很糟糕。所以他登上了飞机，回到铁钉厂所在的新泽西州。就在离开机场、前往工厂的路上，他看到一块巨大的户外灯箱广告牌，广告牌上是被钉在十字架上的耶稣。耶稣像下面有一行文字："他们使用了利伯维茨牌铁钉。"他气急败坏地赶到工厂对他儿子说："你这个白痴！你知不知道你在干什么？这家工厂花了我50年的心血！""爸爸，"他儿子说，"相信我。我会解决这个问题的。"

所以他回到了佛罗里达。在佛罗里达期间，他收到了更多财务报告，铁钉厂的经营业绩继续恶化。于是他又登上了飞机。离开机场、路过那块广告牌的时候，他抬起头，看着这块巨大的灯箱广告牌，现在上面是一个空的十字架。哇，快看，耶稣就趴在十字架下面的地上，广告语写着："他们没有用利伯维茨牌铁钉。"

嗯，你们尽管笑吧。这个故事很荒唐，但人们执迷不悟地坚持错误观念的做法也同样荒唐。凯恩斯说："介绍新观念倒不是很难，难的是清除那些旧观念。"爱因斯坦说得更好，他把他那些成功的理论归功于"好奇、专注、毅力和自省"。他说的自省就是摧毁你们自己最热爱、最辛苦才得到的观念。如果你们确实能够善于摧毁你们自己的错误观念，那是一种了不起的才华。

好啦，是时候来复习一下这次小演讲中的大教训啦。我呼吁大家熟练地掌握更多的跨学科知识，这样才能更好地理解经济生活和其他一切。我还呼吁大家别因为遇到无法消除的复杂性和悖论而丧气。那只会增加问题的乐趣。我的灵感同样来自凯恩斯：粗略的正确好过精准的错误。

最后我想重复我以前在相同的场合讲过的一句话：如果你轻车熟路地走上跨学科的途径，你将永远不想往回走，因为那就像砍断你的双手。

好啦，就讲到这里吧。下面我来回答问题，直到没人提问为止。

男士：……衍生品合同交易会引发金融灾难。巴菲特说过大祸即将临头，企业的衍生品规模越大，它们将要蒙受的损失就会越惨重。你可以替我们预测一下这场灾难会有多严

伯纳德·曼德维尔
Bernard Mandeville
1670—1733

《蜜蜂的寓言》

哲学家和讽刺作家伯纳德·曼德维尔在1705年发表了一首讽刺时局的诗歌，"蜜蜂的寓言，或，私人的恶德，公共的利益"。曼德维尔的哲学观是，利他主义损害了国家利益和学术进步，人类的自私心反倒是真正推动进步的引擎。因而他得到了"私心即是公益"的悖论。

重吗？（这个问题的前半部分被删掉了，这个人问到的是衍生品 —— 巴菲特称之为"金融界的大规模杀伤性武器"。）

芒格：当然可以。成功地对未来的灾难进行预言向来是很难的。但我自信地预测，大麻烦就要来了。衍生品系统简直是神经病，它是完全不负责任的。人们以为的固定资产并不是真正的固定资产。它太复杂了，我在这里没办法说清楚 —— 但你无法相信涉及的金额达到几万亿美元那么多。你无法相信它有多么复杂。你无法相信衍生品的会计工作有多难。你无法相信到底激励机制会让人们对衍生品的价值以及对衍生品的清算能力产生多么一厢情愿的想法。

核查衍生品账本是很痛苦而且很浪费时间的。你看看人们在试图核查安然公司的衍生品账本时遇到的情况就知道了。它核准的净值消失了。在美国的衍生品账本上，有许多从来没有被赚到的披露利润和许多从来不曾存在的资产。

衍生品交易产生了大规模的"捞灰金"效应和一些普通的"捞黑金"效应。这些效应一旦被逆转，将会引起极大的痛苦。我没有办法告诉你这种痛苦有多大，以及将会被如何处理。但如果你是个头脑正常的人，曾经用一个月认真钻研大型的衍生品业务，你肯定会感到恶心。你会觉得它是刘易斯·卡洛尔。你会觉得它是"疯帽匠的茶话会"。这些人虚假的精确离谱得让人难以置信。他们让最糟糕的经济学教授都看起来英明无比。而愚蠢之外还有贪婪在起作用。去看《华尔街圈钱游戏：金融衍生品的发明与兴衰》那本书，作者是做过衍生品交易员的法学教授弗兰克·帕特诺伊，他揭露了华尔街规模最大、声望最佳的公司之一的衍生品交易黑幕。这本书会让你想吐。

罗杰尼希·梅塔：最后一个问题啦。外面还有个班级等着进来呢。请再提一个问题。

《凯恩斯男爵约翰·梅纳德·凯恩斯和丽蒂亚·洛波科娃（凯恩斯夫人）》
(John Maynard Keynes, Baron Keynes and Lydia Lopokova)
威廉·罗伯茨，1932 年展出（NPG5587），油画，伦敦国家肖像画廊。

约翰·梅纳德·凯恩斯
John Maynard Keynes
1883—1946

约翰·梅纳德·凯恩斯的父亲是剑桥大学的经济学讲师，他本人是一名社会改良主义者，所以他似乎注定要成为伟大的经济学家和政治思想家。1936 年，他出版了《就业、利息和货币通论》，他认为政府应该在高失业的时期采取各种方法刺激需求，比如说增加对公共设施的投入。这本书是现代宏观经济学的基础。

男士：沃伦拿加州第 13 号提案开玩笑，引起了广泛的批评。你能告诉我们沃伦对这些批评有什么反应吗？他感到震惊吗？还是很意外？

芒格：要让沃伦震惊可没那么容易。他已经七十几岁啦，什么大风大浪没见过？而且他的头脑反应很快。在选举之前，他通常会避开某些话题，这也是我在这里想要做的。

"沃伦，你要是再提一次第 13 号提案，你就欠我 500 个仰卧起坐。"

加州第 13 号提案

1978 年，将近 2/3 的加利福尼亚州选民投票通过了第 13 号提案。该提案规定，物业税每年按应纳税物业的市场价值的 1% 征收，而且物业的增值率每年不能超过 2%，除非该物业已经被出售。在第 13 号提案之前，加州并没有真正的限定物业税的税率，也没有规定物业每年增值的比例。第 13 号提案开了"纳税人革命"的先河，为罗纳德·里根赢得 1980 年的总统大选做出了贡献。

2003 年，加州进行了州长罢免选举（加州历史上第一次成功罢免现任州长的选举），阿诺·施瓦辛格当选为州长。竞选期间，施瓦辛格的顾问沃伦·巴菲特建议废除或者修改仍然受到广大业主欢迎的第 13 号提案，以便平衡州政府的财政赤字。从政治层面上来看，巴菲特的建议遭到了激烈的反对。左边是施瓦辛格的反应。

重读第九讲

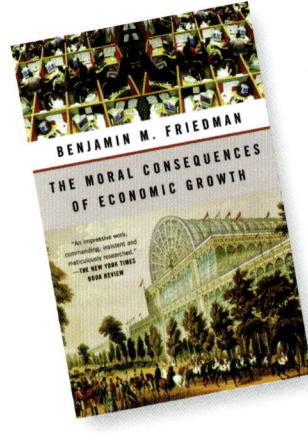

这次关于经济学的俏皮演讲发表于 2003 年,写它的时候给我带来了很多乐趣,它俏皮的语气让我感到很愉快。但我希望它提供的不仅仅是没有恶意的玩笑而已。我甚至希望我的某些思想最终能够进入学院派经济学,倒不是因为我想要被认可,而是因为我觉得学院派经济学需要一些改善。

发表过这次演讲之后,我看到一本书,是阿尔弗雷德·克诺普夫出版社在 2005 年出版的。它的作者是杰出的哈佛大学经济学教授本杰明·弗里德曼。如我在演讲中所希望的那样,这本书讨论了经济学和道德之间的相互关系。这本书的名字是《经济增长的道德意义》。读者从书名可以看出,弗里德曼教授尤其感兴趣的是经济增长对道德的影响,而我感兴趣的则与此相反,主要是道德对经济增长的影响。这个区别关系不大,因为任何受过教育的人都能明白这两者会相互产生或好或坏的影响,造成通常所说的"良性循环"或者"恶性循环"。弗里德曼教授给这个主题增添了一句来自艾利沙·本·阿萨里亚拉比(Elizar Ben Azariah,公元前 1 世纪左右第二代犹太密释纳学者)的名言:"没有面包就没有法律,没有法律就没有面包。"

事关信任

> 信任能让资本主义运转得更好。
> —— 芒格

可以说这本书最重要的主题就是我们需要信任：我们需要信得过那些和我们共同生活与共同工作的人的性格、价值观和人品。查理·芒格和沃伦·巴菲特向来以道德高尚、品行端正著称，他们像艾伯特·盖瑞（Elbert Gary，1901—1927年任美国钢铁公司董事长）那样，认为"正直的行为是好的，并不是因为它们能够带来好处；它们能够带来好处，是因为它们是好的"。

查理说他许多年前曾在圣地亚哥参加过"本杰明·格雷厄姆小组"的会议。本杰明·格雷厄姆给他那些聪明的追随者进行了一次"认知评估测验"，其中有一些让人极容易上当的问题。不出本杰明所料，参加考试的人纷纷中招，他借此发表了一通讲话，点明了信任的重要性：

"无论你们多么聪明，总有一些更聪明的人，如果他们真的想骗你们，你们就会上当。所以，要确定与你们共事的聪明人值得你们信赖。"

查理和我是在1959年由戴维斯一家介绍认识的。我们是两个倾向于掌握主导权的人。然而我们自从认识到现在从来没有争吵过。

—— 巴菲特

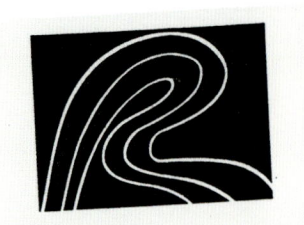

Raznick Realty Group

Raznick & Sons, Inc.
Raznick Community Builders
Raznick Family Ventures
DoubleHigh Financial

Aaron L. Raznick
CHAIRMAN / CEO

October 8, 2003

Mr. Charlie Munger
Wesco Financial Corporation
301 E. Colorado, Suite 300
Pasadena, CA 91101

亲爱的查理：

请允许我介绍我自己。我叫阿罗恩·拉兹尼克，伯克希尔·哈撒韦的股东，中央高中1944届毕业生，也是要求加州大学圣巴巴拉分校经济学系邀请你去演讲的人。非常可惜的是，由于奥克斯纳德城外和圣巴巴拉城外的交通拥堵，我无法去听你的讲座。等我赶到圣巴巴拉的时候，你的演讲早就结束了，我非常失望。

我原来给巴菲特先生写过信，邀请他到加州大学圣巴巴拉分校演讲，他回信说我应该邀请你，所以我向该校经济学系提出了建议。我的妻子和我在加州大学圣巴巴拉分校经济学系捐赠了一个讲席，过去30年来，我们积极地参与这所大学的建设。我曾连续两届担任该校的校董会主席，并在服务超过20年之后，从校董会退下来。

我们错过了听你演讲以及和你见面的机会，我的妻子和我感到很失望，但我希望我们很快有这样的机会。我曾到奥马哈参加过好几次股东大会，但过去两年没有去，因为我出了车祸，到现在还需要用拐杖，我希望再过几个月能够完全康复。我打算参加2004年的股东大会。

Best wishes,

Aaron L. Raznick

/shf

Real Estate Developers Since 1930
5525 Oakdale Avenue Suite 200 Woodland Hills, CA 91364-2695 818 884-7770 FAX 818 884-6769
After Hours: (818) 715-1430 email: raznicksons@aol.com

ABC, Inc.

Thomas S. Murphy

June 10, 2004

Mr. Charles T. Munger
Vice Chairman of the Board
Berkshire Hathaway Inc.
P. O. Box 55007
Los Angeles, California 90055

亲爱的查理：

非常感谢你给我寄来的在加州大学圣巴巴拉分校演讲的文字稿。

首先，我要承认的是我还没有看，但我今天上网看到惠特尼·提尔逊写的关于这次演讲的文章。管中窥豹，已见一斑。我现在对它特别感兴趣，打算这个周末就通读这篇讲稿。

谢谢你把它寄给我，希望很快可以见到你。

All the best,

Thomas S. Murphy

TSM:ekl

77 West 66th Street New York, NY 10023-6298 (212) 456-7200

这两封信分别来自美国广播公司的托马斯·墨菲以及著名投资公司 Allen&Company 的唐纳德·柯欧孚，表达了他们对"论学院派经济学：考虑跨学科需求之后的优点和缺点"的期待和喜欢。

Donald R. Keough

June 10, 2004

Mr. Charles T. Munger
Vice Chairman of the Board
Berkshire Hathaway Inc.
P.O. Box 55007
Los Angeles, CA 90055

亲爱的查理：

没想到我这么老了还有机会学习。

看了你10月3日在加州大学的演讲之后，我又变成学生啦！你遵循了爱因斯坦的原则——你已经讲得尽可能简单了，但我仍然需要学习它。

谢谢你，查理。

祝好。

真诚的

/jl

第九讲 论学院派经济学：考虑跨学科需求之后的优点和缺点   445

2007年暮春温暖的一天，在南加州大学的校友公园，查理向刚获得学位的194名法学博士、89名法学硕士和3名比较法硕士发表了演讲。他告诉大家他是如何获得成功，成为世界级大富豪的。他指出，获得智慧是一种道德责任，并强调说，虽然他读的是法学院，但若要在生活中和学习上取得成功，最好的办法是掌握多门学科的知识。

听众对这次演讲的反响十分热烈，之后南加州大学法学院院长爱德华·麦卡弗雷授予查理白帽协会（Order of the Coif，美国杰出法律学人协会，为法学院学生可获得的最高荣誉奖之一）"荣誉会员"的称号。白帽协会是一个旨在促进法学教育质量的学术组织。

第十讲

在南加州大学古尔德法学院毕业典礼上的演讲

南加州大学
2007年5月23日

嗯，你们当中肯定有许多人觉得奇怪：这么老还能来演讲啊。（听众大笑。）嗯，答案很明显：他还没有死。（听众大笑。）为什么要请这个人来演讲呢？我也不知道。我希望学校的发展部跟这没有什么关系。

不管怎么样，我想我来这里演讲是合适的，因为我看到后面有一排年纪比较大并且没有穿学位礼服的（家长）听众。我自己养育过许多子女，我知道他们真的比坐在前面这些穿学位礼服的学生更感光荣。父母为子女付出了许多心血，把智慧和价值观传授给子女，他们应该永远受到尊敬。我还很高兴看到我左边有许多亚洲人的面孔。我这辈子一直很崇拜孔子。我很喜欢孔子关于"孝道"的思想，他认为孝道既是天生的，也需要教育，应该代代相传。你们大家可别小看这些思想，请留意在美国社会中亚洲人的地位上升得有多快。我认为这些思想很重要。

孔子
公元前 551—公元前 479

《中国哲学家孔子的道德观》
(*The Morals of Confucius, a Chinese Philosopher*)
1691 年，第一个英文版本，"阅读革命"专项藏书，法明顿缅因大学。

论孝道

在孔子的思想中，孝道——对父母及祖先的敬爱——是一种需要培养的美德。广义的"孝道"包括照顾父母，听父母的话，敬爱和赡养父母，对父母有礼貌，传宗接代，兄弟之间相互扶持，给父母明智的建议，隐讳他们的错误，在他们生病和死亡时表达哀伤，在他们去世后进行祭祀等。

孔子认为，如果人们能够学会践行孝道，他们就能够更好地扮演他们在社会和政府中的角色。在孔子看来，孝道十分重要，甚至比法律还重要。实际上，在汉朝的某些时期，那些不按孝道祭祀祖先的人会遭到肉体上的刑罚。

好啦，我已经把今天演讲的几个要点写下来了，下面我就来介绍那些对我来说最有用的道理和态度。我并不认为它们对每个人而言都是完美的，但我认为它们之中有许多具有普遍价值，也有许多是"屡试不爽"的道理。

是哪些重要的道理帮助了我呢？我非常幸运，很小的时候就明白这样一个道理：要得到你想要的某样东西，最可靠的办法是让你自己配得起它。这是个十分简单的道理，是黄金法则。**你们要学会己所不欲，勿施于人。**在我看来，无论是对律师还是对其他人来说，这都是他们最应该有的精神。总的来说，拥有这种精神的人在生活中能够赢得许多东西。他们赢得的不只是金钱和名誉。他们还赢得尊敬，理所当然地赢得与他们打交道的人的信任。能够赢得别人的信任是非常快乐的事情。

有时候你们会发现有些彻头彻尾的恶棍死的时候既富裕又有名，但是周围的绝大多数人都知道他们死有余辜。如果教堂里满是参加葬礼的人，其中大多数人去那里是为了庆祝这个人终于死了，这让我想起了一个故事。有个这样的混蛋死掉了，牧师说："有人愿意站出来，对死者说点好话吗？"没有人站出来，还是没有人站出来，还是没有人站出来。最后有个人站出来了，他说："好吧，他的兄弟更糟糕。"（听众大笑。）这不是你们想要得到的下场。以这样的葬礼告终的生活不是你们想要的生活。

我很小就明白的第二个道理是，正确的爱应以仰慕为基础，而且我们应该去爱那些对我们有教育意义的先贤。不知道怎么的我懂得这个道理，并且一辈子都在实践它。萨默赛特·毛姆在小说《人性的枷锁》中描绘的爱是一种有病的爱。那是一种病，如果你们发现自己有那种病，应该赶快把它治好。

另外一个道理——这个道理可能会让你们想起孔子——是，**获得智慧是一种道德责任**，它不仅仅是为了让你们的生活变得更加美好。而且有一个相关的道理非常重要，那就是你们必须坚持终身学习。如果没有终身学习，你们大家将不会取得很高的成就。光靠已有的知识，你们在生活中走不了多远。离开这里之后，你们还得继续学习，这样才能在生活中走得更远。

就拿世界上最受尊敬的公司伯克希尔·哈撒韦来说，它的长期大额投资业绩可能是人类有史以来最出色的。让伯克希尔在这个十年赚到许多钱的方法，在下个十年未必还能那么管用。所以沃伦·巴菲特不得不成为一个不断学习的机器。层次较低的生活也有同样的要求。我不断地看到有些人在生活中越过越好。他们不是最聪明的，甚至不是最勤奋的，但他们是学习机器。他们每天夜里睡觉时都比那天早晨聪明一点点。孩子们，这种习惯对你们很有帮助，特别是在你们还有很长的路要走的时候。

阿尔弗雷德·诺斯·怀特海曾经说过一句很正确的话，他说只有当人类"发明了发明的方法"之后，人类社会才能够快速地发展。他指的是人

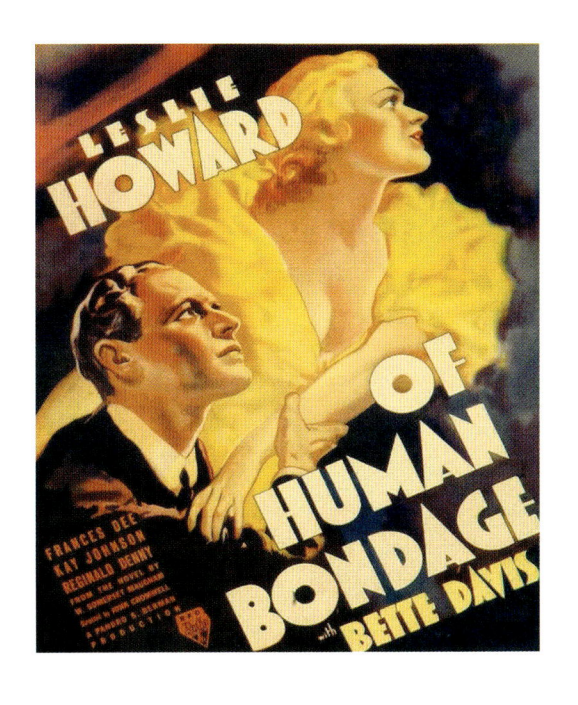

有病的爱

1915年，威廉·萨默赛特·毛姆出版了自传体小说《人性的枷锁》，这本书通常被认为是他最出色的作品。小说的主角菲利普遇到了伦敦的女服务员米尔德莱德。米尔德莱德瞧不起菲利普，但菲利普疯狂地爱上了她。菲利普知道他自己很蠢，也很讨厌自己。他把所有钱都给了米尔德莱德，而得到的回报却是憎恶和羞辱。毛姆如此描绘这段关系：

"爱情就如他腿上的寄生虫，吮吸着他生命的热血，维持其可恶的生存；它拼命地吸取他的精力，使他对别的一切都提不起兴趣。"

均 GDP 的巨大增长和其他许多我们今天已经习以为常的好东西。人类社会在几百年前才出现了大发展。在那之前，每个世纪的发展几乎等于零。**人类社会只有发明了发明的方法之后才能发展，同样道理，你们只有学习了学习的方法之后才能进步。**

我非常幸运。我读法学院之前就已经学会了学习的方法。在我这漫长的一生当中，没有什么比持续学习对我的帮助更大。再拿沃伦·巴菲特来说。如果你们拿着计时器观察他，你们会发现他醒着的时候有一半时间是在看书。他把剩下的时间大部分用来跟一些非常有才华的人进行一对一的交谈，有时候是打电话，有时候是当面，那些都是他信任而且也信任他的人。仔细观察的话，沃伦很像个学究，虽然他在世俗生活中非常成功。

学术界有许多非常有价值的东西。不久之前我就遇到一个例子。我是一家医院的理事会主席，在工作中接触到一个叫做约瑟夫·米拉的医学院研究人员。这位仁兄是医学博士，他经过多年的钻研，成为世界上最精通骨肿瘤病理学的人。他想要传播这种知识，提高骨

未来属于那些能够摆脱地球束缚而上升的人。
—— 阿尔弗雷德·诺斯·怀特海

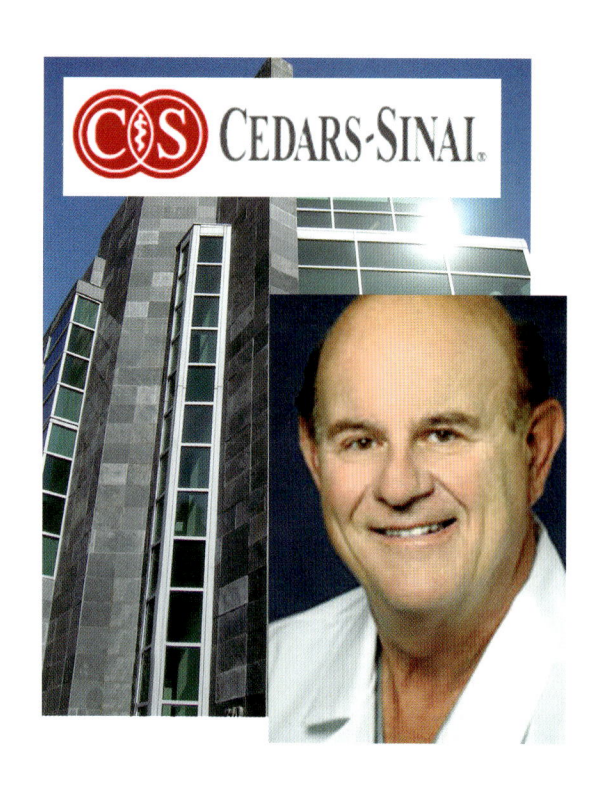

**医学博士约瑟夫·米拉：
值得效仿的价值观**

约瑟夫·米拉（Joseph M. Mirra）是洛杉矶锡达斯西奈医学中心（Cedars-Sinai Medical Center）病理学和医验医药部的骨科和软组织病理学家。米拉医生的研究领域是骨科病理学，他就这个领域发表了超过 150 篇论文，撰写了 16 本书的部分章节，还主编了两本著作。米拉医生拥有解剖与临床病理学的执业许可证，世界各地的医学机构争相邀请他去当访问教授，传授骨科病理学方面的知识。在他整个从医生涯中，他非常注重培养学生。他曾参加过多次骨肿瘤病理学研讨会。

癌的治疗效果。他是怎么做的呢？嗯，他决定写一本教科书，虽然我认为这种教科书最多只能卖几千册，但世界各地的癌症治疗中心都买了它。他休了一年假，把所有 X 光片弄到电脑里，仔细地保存和编排。他每天工作 17 个小时，而且每周工作七天，整整坚持了一年。这也算是休假啊。在假期结束的时候，他写出了世界上最好的两本骨癌病理学教科书中的一本。如果你们的价值观跟米拉差不多，你们想取得多大的成就就能取得多大的成就。

另外一个对我非常有用的道理是我当年在法学院学到的。那时有个爱开玩笑的教授说："什么是法律头脑？如果有两件事交织在一起，相互之间有影响，你努力只考虑其中一件，而完全不顾另外一件，以为这种思考方式既实用又可行的头脑就是法律头脑。"我知道他是在说反话，他说的那种"法律"方法是很荒唐的。这给了我很大的启发，因为它促使我去学习所有重要学科的所有重要道理，这样我就不会成为那位教授描绘的蠢货了。因为真正重要的大道理占了每个学科 95% 的分量，所以对我而言，从所有学科吸取我所需要的 95% 的知识，并将它们变成我思维习惯的一部分，倒也不是很难的事情。当然，掌握这些道理之后，你们必须不断通过实践去使用它们。这就像钢琴演奏家，如果你们不持续练习，就不可能弹得好。所以我这辈子不断地实践那种跨学科的方法。

这种习惯帮了我很多忙。它让生活更有乐趣。它让我能做更多事情。它让我变得更有建设性。它让我变得非常富有，而这无法只用天分来解释。我的思维习惯，只要得到正确的实践，真的很有帮助。但这种习惯也会带来危险，因为它太有用了。如果你们使用它，那么当你们和其他学科的专家——也许这个专家甚至是你们的老板，所以能够轻而易举地伤害你们——在一起时，你们会常常发现，原来你们的知识比他更丰富，更能够解决他所遇到的问题。当他束手无策的时候，你们有时会知道正确的答案。遇到这样的情况是非常危险的。**如果你们的正确让其他有身份有地位的人觉得没面子，那么你们可能会引发别人极大的报复心理。**我还没有找到避免受这个严重问题伤害的完美方法。

尽管年轻时，我的扑克牌玩得很好，但在我认为我知道得比上级多的时候，我不太擅长掩饰自己的想法。我并没有很谨慎地去努力掩饰自己的想法，所以我总是得罪人。现在人们通常把我当成一个行将就木的没有恶意的古怪老头，但是在从前，我有过一段很难度过的日子。我建议你们不要学我，最好学会隐藏你们的睿见。我有个同事，他从法学院毕

法国启蒙时代的作家和哲学家

伏尔泰
François-Marie Arouet
1694—1778

400 年前，伏尔泰提出了和查理的建议一模一样的看法，他写道："Il est dangereux d'avoir raison dans des choses où des hommes accrédités ont tort."（"假如有权有势的人错了，而你是对的，那你就危险啦。"）

阿鲁埃在 1718 年采用了"伏尔泰"（Voltaire）的笔名，后来他经常使用它，乃至无论在公开的作品还是在私人的生活中，这个名字完全取代了他的本名。历史学家认为"伏尔泰"是其真名"阿鲁埃"的谐音变体。

《西塞罗发现阿基米德之墓》
(Cicero Discovering The Tomb of Archimedes)
马丁·克诺勒，1775 年，油画，私人收藏，德国曼海姆。

西塞罗
古代最伟大的律师

马尔库斯·图卢斯·西塞罗生活在罗马共和国走向衰亡的时代，他在他那个时代的许多重要政治事件中扮演了关键的角色。除了是演说家、政治家、哲学家之外，西塞罗更重要的身份是律师，而且非常重视历史的教训。

他说："历史是时代的见证，真理的火炬，记忆的生命，生活的老师和古人的使者。"

"如果你对自己出生之前的事情毫不了解，那么你永远都是一个无知的孩童。因为人生如果不是对于历史密不可分的往事的记忆，又能是什么呢？"

业时成绩是全班第一名，曾在美国最高法院工作过。他年轻时干过律师，当时他总是表现出见多识广的样子。有一天，那位是他上级的高级合伙人把他叫进办公室，对他说："听好了，查克，我要向你解释一些事情。你的工作职责是让客户认为他是房间里最聪明的人。如果你完成了这项任务之后还有多余的精力，那么你应该用它来让你的高级合伙人显得像是房间里第二聪明的人。只有履行了这两条义务之后，你才可以表现你自己。"嗯，**那是一种在大型的律师事务所里面往上爬的好办法。但我并没有那么做。我通常率性而为，如果有人看不惯我的作风，那就随便咯，我又不需要每个人都喜欢我。**

我想进一步解释为什么人们必须拥有跨学科的心态，才能高效而成熟地生活。在这里，我想引用古代最伟大的律师马尔库斯·图卢斯·西塞罗的一个重要思想（要了解更多西塞罗的思想，请参见第一章中的《歌颂长者》）。西塞罗有句话很著名，他说如果一个人不知道他出生之前发生过什么事情，那么他在生活中就像一个无知的孩童。这个道理是非常正确的。西塞罗正确地嘲笑了那些愚蠢得对历史一无所知的人。但如果你们将西塞罗这句话推而广之——我认为你们应该这么做——那么除了历史之外，还有许多东西是人们必须了解的。所谓的许多东西就是所有学科的重要思想。但如果你们对一种知识只是死记硬背，以便能够在考试中取得好成绩，那么这种知识对你们不会有太大的帮助。你们必须掌握许多知识，让它们在你们的头脑中形成一个思维框架，在随后的日子里能够自动地运用它们。如果你们能够做到这一点，我郑重地向你们保证，总有一天你们会在不知不觉中意识到："我已经成为我的同龄人中最有效率的人之一。"与之相反，如果你们不努力去实践这种跨学科的方法，你们中的许多最聪明的人将只会取得中等成就，甚至生活在阴影之中。

我发现的另外一个道理蕴含在麦卡弗雷院长刚才讲过的故事中，故事里的乡下人说："要是知道我会死在哪里就好啦，那我将永远不去那个地方。"这乡下人说的话虽然听起来很荒唐，但却蕴含着一个深刻的真理。**对于复杂适应系统以及人类大脑而言，如果采用逆向思考，问题往往会变得更容易解决。如果你们把问题反过来思考，你们通常就能够想得更加清楚。**例如，如果你们想要帮助印度，你们应该考虑的问题不是："我要怎样才能帮助印度？"相反地，你们应该问："我要怎样才能损害印度？"你们应该找到能够对印度造成最大损害的事情，然后避免去做它。也许从逻辑上来看这两种方法其实是一样的。但那些精通代数的人知道，如果问题很难解决，利用反向证明往往就能迎刃而解。生活的情况跟代数一样，逆向思考能够帮助你们解决正面思考无法处理的问题。

让我现在就来使用一点逆向思考。什么会让我们在生活中失败呢？我们应该避免什么呢？有些答案很简单。例如，懒惰和言而无信会让我们在生活中失败。如果你们言而无信，那么就算有再多的优点，也将无法避免悲惨的下场。所以你们应该养成言出必行的习惯。懒惰和言而无信是显然要避免的。

另外一个要避免的是极端强烈的意识形态，因为它会让人们丧失理智。你们看到电视上有许多非常糟糕的宗教布道者，他们对神学中的细枝末节持有不相同、强烈的、前后矛盾的神学观点，偏偏又非常固执，我看他们当中有许多人的脑袋已经萎缩成卷心菜了。（听众大笑。）政治意识形态的情

代数：逆向思考之母

英语中的"代数"（Algebra）来自阿拉伯单词"al-jabr"。这个阿拉伯单词最早出现于波斯数学家穆罕默德·伊本·穆萨·花拉子密（Muhammad ibn Mūsā al-Khwārizmī）在公元 820 年写下的著作《代数学》中。这本书系统地论证了六种类型的一次方程和二次方程的解法。

况也一样。年轻人特别容易陷入强烈而愚蠢的意识形态当中，而且永远走不出来。当你们宣布你们是某个类似邪教团体的忠实成员，并开始倡导该团体的正统意识形态时，你们所做的就是将这种意识形态不断地往自己的头脑里塞。这样你们的头脑就会坏掉，而且有时候是以惊人的速度坏掉。所以**你们要非常小心地提防强烈的意识形态，它对你们宝贵的头脑是极大的危险。**

每当我感到自己有陷入某种强烈的政治意识形态的危险时，我就会拿下面这个例子来提醒自己。有些玩独木舟的斯堪的纳维亚人征服了斯堪的纳维亚的所有激流，他们认为他们也能驾驶独木舟顺利地征服北美洲的大漩涡，结果死亡率是百分之百。大漩涡是你们应该避开的东西。我想强烈的意识形态也是，尤其当你们的同伴全都是虔诚的信徒时。

苏联时代的宣传海报：

"列宁、斯大林的共青团员预备队——少年先锋队万岁！"

铁律：以达尔文的方式

达尔文早在 19 世纪 30 年代末期就形成了他的物种进化理论，但直到 1859 年，他才出版了他的巨著《物种起源》。达尔文认为，任何对人类起源提出新解释的科学理论都将会遭遇广泛的歧视，所以他在公开发表他的理论之前，先谨慎地对各种可能出现的反驳进行了准备。因此，他花了整整 20 年，努力地完善他的理论，并为这种理论做好了辩护的准备。

我有一条"铁律",它帮助我在偏向于支持某种强烈的意识形态时保持清醒。**我觉得我没资格拥有一种观点,除非我能比我的对手更好地反驳我的立场。**我认为我只有在达到这个境界时才有资格发表意见。迪安·艾奇逊(Dean Acheson,1893—1971,美国著名政治家和律师,在制订美国冷战时期外交政策上扮演过重要角色)有一条"铁律",它来自奥兰治的沉默者威廉(William the Silent of Orange,1533—1584,尼德兰独立战争中领导荷兰人反抗西班牙人的统治,被尊为荷兰国父)说过的一句话,那句话大概是:"未必要有希望才能够坚持。"我的做法听起来跟这条"铁律"一样极端。对大多数人而言,这么做可能太难了,但我希望对我来说它永远不会变得太难。我这种避免陷入强烈的意识形态的方法其实比迪安·艾奇逊的"铁律"更容易,也值得学习。这种别陷入极端意识形态的方法在生活中是非常非常重要的。如果你们想要成为明智的人,严重的意识形态很有可能会导致事与愿违。

有一种叫作"自我服务偏好"的心理因素也经常导致人们做傻事。它往往是潜意识的,我们所有人都难免受其影响。你们认为"自我"有资格去做它想做的事情,例如,自我透支收入来满足它的需求,那有什么不好的呢?嗯,从前有一个人,他是全世界最著名的作曲家,可是他大部分时间过得非常悲惨,原因之一就是他总是透支他的收入。那位作曲家叫做莫扎特。**连莫扎特都无法摆脱这种愚蠢行为的毒害,我觉得你们就更不应该去尝试它啦。**(听众大笑。)

总的来说,妒忌、怨憎、仇恨和自怜都是灾难性的思想状态。过度自怜可以让人近乎偏执。偏执是最难逆转的东西之一。你们不要陷入自怜的情绪中去。我有个朋友,他随身携带一叠厚厚的卡片。每当有人说了自怜的话,他就会慢慢地、夸张地掏出那一大叠卡片,拿起最上面那张,把它交给那个人。卡片上写着:"你的故事让我很感动。我从来没有听说过有人像你这么倒霉。"你们也许认为这是开玩笑,但我认为这是精神卫生。每当你们发现自己产生了自怜的情绪,不管是什么原因,哪怕由于自己的孩子患上癌

莫扎特 —— 挥霍者?

说作曲家莫扎特穷困的主要证据是他在1788年到1791年间写给他的共济会教友迈克尔·普克伯格借钱的信件。其他证据表明,莫扎特的收入虽然波动很大,但在音乐家里面算是非常高的,在某些年份,他的收入比90%的维也纳居民要多。经济学家威廉·鲍默尔和他太太希尔达经过计算得出,莫扎特在生命最后十年的收入处于中产阶级的水平,每年有3000—4000弗罗林(相当于1990年的3—4万美元)。

莫扎特这么多钱都到哪里去了呢?莫扎特的太太康斯坦兹疾病缠身,需要定期进行温泉疗法,而当时的温泉只有富人才能泡得起。在收入较低的时期,莫扎特夫妇依然按照他们习惯的方式生活,这使他们的现金流出现了问题。他们在收入高的时期又不储蓄,而且在1791年,莫扎特打官司输给了卡尔·里希诺夫斯基亲王,这使他们的财务状况雪上加霜。有些学者还引用证据表明莫扎特经常利用台球和纸牌进行赌博。

症而即将死去，你们也要想到，自怜是于事无补的。每当这样的时候，你们要给自己送一张我朋友的卡片。自怜总是会产生负面的影响，它是一种错误的思维方式。如果你们能够避开它，你们的优势就远远大于所有其他人，或者几乎所有其他人，因为自怜是一种标准的反应。你们可以通过训练来摆脱它。

你们当然也要在你们的思维习惯中消除自我服务的偏好。别以为对你们有利的就是对整个社会有利的，也别根据这种自我中心的潜意识倾向来为你们愚蠢或邪恶的行为辩解，那是一种可怕的思考方式。你们要让自己摆脱这种心理，因为你们想成为智者而不是傻瓜，想做好人而不是坏蛋。你们也必须在你们自己的认知和行动中允许别人拥有自我服务的偏好，因为大多数人将无法非常成功地清除这种心理。人性就是这样。**如果你们不能容忍别人在行动中表现出自我服务的偏好，那么你们又是傻瓜。**

所罗门兄弟公司的法律总顾问曾经做过《哈佛法学评论》的学生编辑，是个聪明而高尚的人，但我却亲眼看到他毁掉了自己的前途。当时那位能干的 CEO 说有位下属做错了事，总顾问说："哦，我们在法律上没有责任汇报这件事，但我认为那是我们应该做的，那是我们的道德责任。"从法律和道德上来讲，总顾问是正确的，但他的方法却是错误的。他建议日理万机的 CEO 去做一件令人不愉快的事情，而 CEO 总是把这件事往后一推再推，因为他很忙嘛，这完全可以理解，他并不是故意要犯错。后来呢，主管部门责怪他们没有及时通报情况，所以 CEO 和总顾问都完蛋了。

遇到这种情况，正确的说服技巧是本杰明·富兰克林指出的那种。他说："如果你想要说服别人，就要投其所好，动之以利，而非晓之以理。"人类自我服务的偏好是极其强大的，应该被用来获得正确的结果。所以总顾问应该说："喂，如果这种情况再持续下去，会毁掉你的，会让你身败名裂，家破人亡。我的建议能够让你免于陷入万劫不复之地。"这种方法会生效的。你们应该多多投其所好，动之以利，而非晓之以理，即使当你们的动机很高尚的时候。

另外一种应该避免的事情是受到变态的激励机制的驱动。你们不要处在一个你们表现得越愚蠢或者越糟糕，它就提供越多回报的变态激励系统之中。变态的激励机制具有控制

《本杰明·富兰克林》
(Benjamin Franklin)
戴维·马丁，约 1772 年，油画，美国费城宾夕法尼亚美术学院。

"如果你想要说服别人，就要投其所好，动之以利，而非晓之以理。"

人类认知和人类行为的强大力量，人们应该避免受它影响。你们将来会发现，有些律师事务所规定的工作时间特别长，至少有几家现代律师事务所是这样的。如果每年要工作2400个小时，我就没法活了，那会给我带来许多问题，我不会接受这种条件。我没有办法对付你们当中某些人将会面对的这种局面。你们将不得不自行摸索如何处理这些重要的问题。

变态的工作关系也是应该避免的。**你们要特别避免在你们不崇敬或者不想像他一样的人手下干活**，要不然那是很危险的。我们所有人在某种程度上都受到权威人物的控制，尤其是那些为我们提供回报的权威人物。要正确地对付这种危险，必须同时拥有才华和决心才行。在我年轻的时候，我的办法是找出我尊敬的人，然后想办法调到他手下去，但是别批评任何人，这样我通常能够在好领导手下工作。许多律师事务所是允许这么做的，只要你们足够聪明，能够做得很得体。总之在你们正确地仰慕的人手下工作，你们在生活中取得的成就将会更加令人满意。

避免变态的工作关系

弗兰克·卡普拉导演的经典电影《生活多美好》在1946年上映，在影片中，乔治·拜利（吉米·斯图尔特饰）对黑心的银行家亨利·波特（莱昂纳尔·巴里摩尔饰）说，尽管有免费的雪茄，但是他不会接受聘任："我不需要24小时。我不需要跟任何人商量。我现在就知道，答案是不！不！你他妈的休想！"

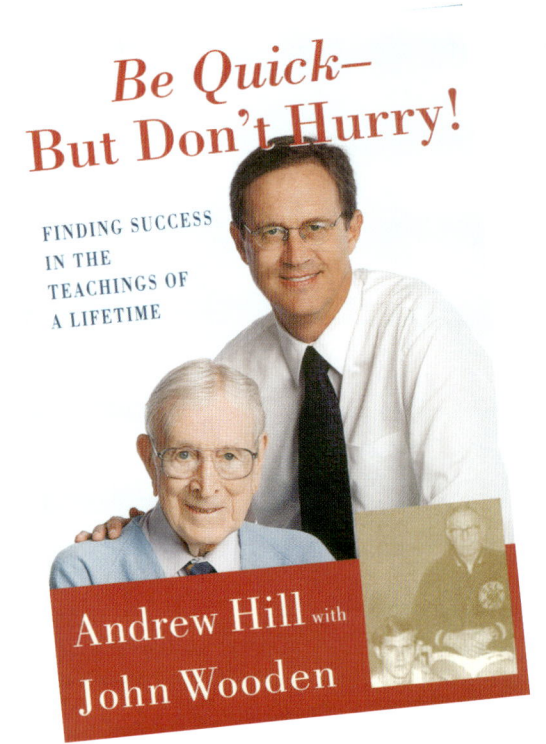

养成一些让你能够保持客观公正的习惯当然对认知非常有帮助。我们都记得达尔文特别留意反面证据，尤其是在他证伪的是某种他信奉和热爱的理论时。如果你们想要在思考的时候尽量少犯错误，你们就需要这样的习惯。人们还需要养成核对检查清单的习惯。核对检查清单能够避免很多错误，不仅仅对飞行员来说是如此。你们不应该光是掌握广泛的基础知识，而是应该把它们在头脑中列成一张检查清单，然后再加以使用。没有其他方法能够取得相同的效果。

另外一个我认为很重要的道理就是，将不平等最大化通常能够收到奇效。这句话是什么意思呢？加州大学洛杉矶分校的约翰·伍登提供了一个示范性的例子。伍登曾经是世界上最优秀的篮球教练。他对五个水平较低的球员说："你们不会得到上场的时间——你们是陪练。"比赛几乎都是那七个水平较高的球员在打的。嗯，这七个水平高的球员学到了更多——别忘了学习机器的重要性——因为他们独享了所有的比赛时间。在他采用非平等主义的方法时，伍登比从前赢得了更多的比赛。**我认为生活就像比赛，也**

约翰·伍登
John Wooden
1910—2010

非平等主义，以约翰·伍登的方式

1968年，安迪·希尔是洛杉矶市大学高级中学的出色后卫。他平均每场比赛能够得到27分，许多篮球强校向他伸出了橄榄枝。他选择了加州大学洛杉矶分校，在大一的队伍中打出了极佳的表现。他平均每场比赛能拿到19分和8个助攻，和亨利·毕比一起被评为球队最有价值球员。

然而，安迪在加州大学洛杉矶分校的灰姑娘故事很快就结束了。该校校队刚刚获得七年内的第六个全国冠军，希尔很快就发现他自己达不到伍登教练对首发球员的要求。和其他在大学校队期间坐板凳的替补队员一样，在伍登教练手下，希尔也深刻地体会到体育运动的非平等主义本质。在他那本令人愉快的《要快，但别赶！》中，希尔叙述了那段痛苦经历，他和伍登最后的和解，以及他从这段经历中学到的宝贵经验。

充满了竞争，我们要让那些最有能力和最愿意成为学习机器的人发挥最大的作用。 如果你们想要获得非常高的成就，你们就必须成为那样的人。你们不希望在 50 个轮流做手术的医生中抓阄抽一个来给你们的孩子做脑外科手术。**你们不希望你们的飞机是以一种太过平等主义的方式设计出来的。你们也不希望你们的伯克希尔·哈撒韦采用这样的管理方式。你们想要让最好的球员打很长时间的比赛。**

我经常讲一个有关马克斯·普朗克的笑话。普朗克获得诺贝尔奖之后，到德国各地作演讲，每次讲的内容大同小异，都是关于新的量子物理理论的，时间一久，他的司机记住了讲座的内容。司机说："普朗克教授，我们老这样也挺无聊的，不如这样吧，到慕尼黑让我来讲，你戴着我的司机帽子坐在前排，你说呢？"普朗克说："好啊。"于是司机走上讲台，就量子物理发表了一通长篇大论。后来有个物理学教授站起来，提了一个非常难的问题。演讲者说："哇，我真没想到，我会在慕尼黑这么先进的城市遇到这么简单的问题。我想请我的司机来回答。"（听众大笑。）

好啦，我讲这个故事呢，并不是为了表扬主角很机敏。我认为这个世界的知识可以分为两种：一种是普朗克知识，它属于那种真正懂的人。他们付出了努力，他们拥有那种能力。另外一种是司机知识。他们掌握了鹦鹉学舌的技巧；他们可能有漂亮的头发；他们的声音通常很动听；**他们给人留下深刻的印象。但其实他们拥有的是伪装成真实知识的司机知识。** 我想我刚才实际上描绘了美国所有的政客。（听众鼓掌。）如果你们在生活中想努力成为拥有普朗克知识的人，而避免成为拥有司机知识的人，你们将会遇到这个问题。到时会有许多巨大的势力与你们作对。

从某种程度上来讲，我这代人辜负了你们，我们给你们留了个烂摊子，现在加利福尼亚州的立法机构里面大多数议员是左派的傻瓜和右派的傻瓜，这样的人越来越多，而且他们没有一个人是可以被请走的。这就是我这代人为你们做的事情。但是，你们不会喜欢太过简单的任务，对吧？

"司机知识"

上图是 2004 年梦工厂出品的电影《王牌播音员：罗恩·勃艮第传奇》的剧照。威尔·法瑞尔在影片中扮演了一个无知的电视新闻节目主持人。这个角色是马克斯·普朗克的司机在现代的化身：发型很漂亮，声音很动听，除了"鹦鹉学舌"之外什么都不懂。

爱比克泰德的道德观

控制你的情欲，以免它们报复你。

别根据你的愿望来要求现实，应该依据现实来确定你的愿望。

说话之前，先理解你要说的话。

智者不为他缺少的东西悲哀，而为他所拥有的东西高兴。

如果你想要进步，别在意别人觉得你很愚蠢。

自以为什么都懂的人不可能开始学习。

你遇到什么事并不重要，重要的是你做出了什么反应。

凡事尽力而为，别计较结果。

人若控制不了自己，自由便无从谈起。

唯有受过教育的人是自由的。

困扰人们的并非事物，而是他们对事物的看法。

要和那些比你优秀的人为伴，他们能促使你做到最好。

富裕并非拥有许多财产，而是拥有很少需求。

另外一件我发现的事情是，如果你们真的想要在某个领域做得很出色，那么你们必须对它有强烈的兴趣。我可以强迫自己把许多事情做得相当好，但我无法将我没有强烈兴趣的事情做到非常出色。从某种程度上来讲，你们也跟我差不多。所以如果有机会的话，你们要想办法去做那些你们有强烈兴趣的事情。

还有就是，你们一定要非常勤奋才行。我非常喜欢勤奋的人。我这辈子遇到的合伙人都极其勤奋。我想我之所以能够和他们合伙，部分原因在于我努力做到配得起他们，部分原因在于我很精明地选择了他们，还有部分原因是我运气好。我早期的生意上曾经有过两位合伙人，他们俩在大萧

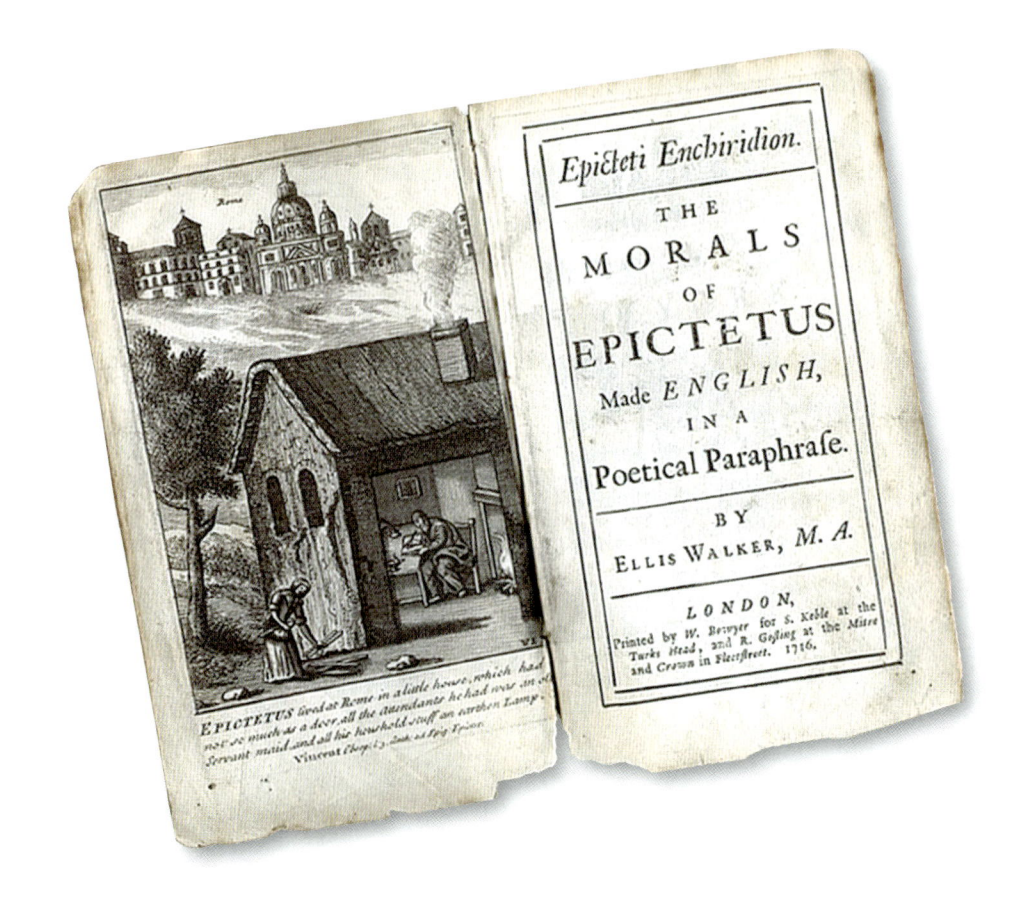

条期间合资成立了一家建筑设计施工公司，达成了很简单的协议。"这是个两个人的合伙公司，"他们说，"一切平分。如果我们没有完成对客户的承诺，我们俩要每天工作14个小时，每星期工作7天，直到完成为止。"不用说你们也知道啦，这家公司做得很成功。我那两位合伙人广受尊敬。他们这种简单的老派观念几乎肯定能够提供一个很好的结果。

另外一个你们要应付的问题是，你们在生活中可能会遭到沉重的打击，不公平的打击。有些人能挺过去，有些人不能。我认为爱比克泰德的态度能够引导人们作出正确的反应。他认为生活中的每一次不幸，无论多么倒霉，都是一个锻炼的机会。他认为每一次不幸都是吸取教训的良机。人们不应该在自怜中沉沦，而是应该利用每次打击来提高自我。他的观点是非常正确的，影响了最优秀的罗马帝国皇帝马可·奥勒留，以及随后许多个世纪里许许多多其他的人。你们也许记得爱比克泰德自拟的墓志铭："此处埋着爱比克泰德，一个奴隶，身体残疾，极端穷困，蒙受诸神的恩宠。"嗯，现在爱比克泰德就是这样被铭记的："蒙受诸神的恩宠。"说他蒙受恩宠，是因为他变成智者，变成顶天立地的男子汉，而且教育了其他人，包括他那个时代和随后许多世纪的人。

我还有个道理想简单地说说。我的爷爷托马斯·芒格曾是他所在城市唯一的联邦法官，他担任这个职位长达40年之久。我很崇拜他。我的名字跟他相同。我对他非常孝顺，我刚才还在想："芒格法官看到我在这里会很高兴的。"我爷爷去世许多年啦，我认为自己有责任接过火炬，传达他的价值观。他的价值观之一是，节俭是责任的仆人。在我爷爷托马斯·芒格担任联邦法官的时候，联邦法官的遗孀是得不到抚恤金的。所以如果他赚了钱不存起来，我奶奶将会变成一个凄凉的寡妇。除此之外，家有余资也能让他更好地服务别人。由于他是这样的人，所以他终生量入为出，给他的遗孀留下了一个舒适的生活环境。

但这并不是他节俭的全部功效。我爷爷尚在人世的时候 —— 那是20世纪30年代的事情了 —— 我姑父的小银行倒闭了，如果没有外力的帮助，将无法重新开业。我爷爷用他的优质资产的三分之一去交换那家银行的劣质资产，从而拯救了它。我一直记得这件事情。这件事情让我想起豪斯曼（A. E. Housman, 1859—1936，英国古典文学学者、诗人）的一首短诗，那首诗好像是这样的：

托马斯·查尔斯·芒格法官
Thomas Charles Munger
1861—1941

托马斯·查尔斯·芒格于美国内战前夕出生在俄亥俄州的弗莱切。他的父母是居无定所的农民和学校教师，过着非常贫穷的日子。芒格法官小时候有一次去肉店买肉时，口袋里只有五分钱，只能从肉贩那里买到动物身上最差的部位。尽管出身贫寒，但是在父母的努力之下，也在他自己的勤奋学习之下，芒格法官获得了很好的教育。1907年，他被西奥多·罗斯福总统任命为美国联邦地区法官，并以不懈钻研法律、简洁而清晰的司法观点而闻名。

别人的想法
是飘忽不定的，
他们想着和恋人幽会
想走大运或出大名。
我总是想着麻烦，
我的想法是稳重的，
所以当麻烦来临时
我早已做好准备。

你们很可能会说："谁会在生活中整天期待麻烦的到来啊？"其实我就是这样的。在这漫长的一生中，我一直都在期待麻烦的到来。现在我已经 84 岁啦。就像爱比克泰德，我也拥有一种蒙受恩宠的生活。我总是期待麻烦的到来，准备好麻烦来临时如何对付它，这并没有让我感到不快乐。这根本对我没有任何害处，实际上，这对我有很大的帮助。所以我要把豪斯曼和芒格法官的道理传授给你们。

由于在你们将要从事的行业中有大量的程序和繁文缛节，最后一个我想要告诉你们的道理是，复杂的官僚程序并不是文明社会的最好制度。更好的制度是一张无缝的、非官僚的信任之网。没有太多稀奇古怪的程序，只有一群可靠的人，他们彼此之间有正确的信任。那是梅奥医学中心手术室的运作方式。如果那里的医生像律师那样设立许多像法律程序那么繁琐的规矩，更多的病人会死于非命。所以当你们成为律师的时候，永远别忘记，虽然你们在工作中要遵守程序，但你不用总是被程序牵着鼻子走。**你们在生活中应该追求的是尽可能地培养一张无缝的信任之网。**如果你们拟定的婚姻协议书长达 47 页，那么我建议你们这婚还是不结为妙。（听众大笑。）

好啦，在毕业典礼上讲这么多已经够啦。我希望这些老人的废话对你们来说是有用的。最后，我想用《天路历程》中那位真理剑客年老之后唯一可能说出的话来结束这次演讲："我的剑传给能挥舞它的人。"（听众鼓掌。）

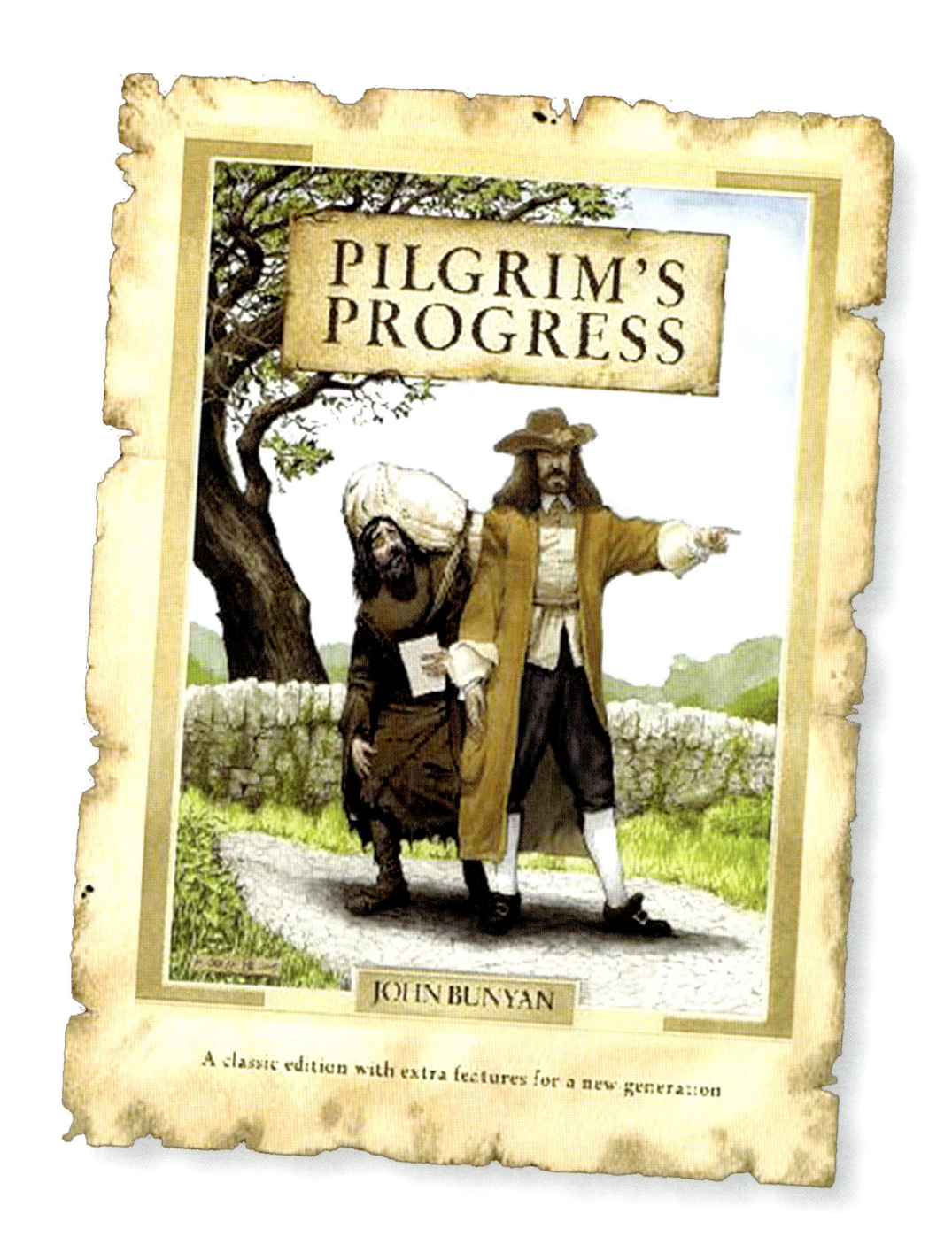

"我的剑传给能挥舞它的人。"

1678 年出版的《天路历程》是约翰·班扬（John Bunyan）所著的寓言故事，它被认为是英语文学中最重要的作品之一。《天路历程》记录的是叙事者在梦中跟随一个基督徒，走过许多虚构的地方：万念俱灰之沼泽、美不胜收之宫殿、卑贱低下之山谷、死神阴影之山谷、虚荣浮夸之市集和犹疑猜忌之堡垒，最终到达他要寻找的天空之城。真理剑客是一位武功高强的朝圣者，独自打败了三个匪徒，在那位基督徒快要到达终点的时候加入了他的朝圣之路。

就在本书即将出版的时候，查理说他想对我们选中的很重要的一讲——"人类误判心理学"——进行"细微的修改"，让这篇文章能够反映出他对这个主题的最新想法。我们没有料到查理的"细微"修改其实差不多是彻底重写，增加了大量的新材料，而且他改完的时候离本书预定的出版时间已经非常近了。这一讲全面呈现了查理在"行为金融学"方面的原创理论，现在这门学科已经蓬勃发展成为一门自成一体的学科。正如参加讲座的唐纳德·霍尔（Donald Hall）所说的，"查理早在行为金融学这个名称被发明之前，早已提出了这门学科的主要观点。"

查理还强调了各种认知模型的重要性，这些模型可以用来理解人们的理性行为和非理性行为。他和我们分享了他列出的导致人类作出错误判断的 25 种标准成因清单，其中不乏令人意想不到的创造性的真知灼见，正如查理所钦佩的历史上伟大的思想家一样。他还强调了各种心理性误判成因结合起来所产生的 lollapalooza 的力量。

查理的这篇杰作探讨了我们某些行为的成因，它是专为《穷查理宝典》而写的。我们希望你在个人生活和经商活动中成功地运用这些道理。

第十一讲

人类误判心理学

查理将三次演讲的内容合并起来，写成一篇从来没有发布过的讲稿，2005年又进行了修订，增加了大量新的材料。

这三次演讲分别是：

1. 1992 年 2 月 2 日，在加州理工学院教职员俱乐部布雷（Bray）讲座上的演讲；

2. 1994 年 10 月 6 日，受剑桥行为研究中心邀请，在哈佛大学教职员俱乐部发表的演讲；

3. 1995 年 4 月 24 日，受剑桥行为研究中心邀请，在波士顿海港酒店发表的演讲。

2005 年，在没有任何研究助理的情况下，查理全凭记忆，对这篇讲稿作了大刀阔斧的修改。查理认为 81 岁的他能够比 10 年前做得更好，原因有两个：1. 当时他的知识没有如今丰富，而且当时因为生活的忙碌而过于匆忙定稿；2. 当时他是依据粗略的笔记进行演讲，而现在是对讲稿进行修改。

前言

当我阅读我在 15 年前做过的心理学讲座的讲稿时,我觉得我现在可以写一篇逻辑性更强但是篇幅也更长的"讲稿",将我以前讲过的大部分内容都囊括在内。

但我立刻发现这么做有四个缺点。

第一,由于我在撰写这篇更长的"讲稿"时更为追求逻辑的完整性,所以在许多人看来,和早前的讲稿相比,它会显得更加枯燥和难懂。这是因为我给那些心理倾向所下的定义会让人想起心理学教科书和欧几里得。谁会在阅读教科书或者重读欧几里得中找到乐趣呢?

第二,我只在 15 年前浏览过三本心理学教材,我对正式的心理学的了解就这么多,所以后来学院派心理学取得了什么进展我基本上是不了解的。然而,在这篇更长的讲稿中,我将会对学院派心理学提出许多批评。这种班门弄斧的做法肯定会引起许多心理学教授的反感,若是发现我有错误之处,他们将会非常高兴,说不定还会写文章来批评我,以此回应我对他们的批评。我为什么会在意新的批评呢?嗯,谁喜欢与那些拥有信息优势的尖锐批评家结下新的梁子呢?

第三,这篇更长的文章肯定会让某些本来喜欢我的人感到不满。他们不但会对我的文风和内容提出异议,而且还会觉得我是个目中无人的老头,对传统的智慧不够尊敬,"大言不惭"地谈论一门他从来没有上过课的学科。我在哈佛大学法学院的老同学艾德·罗思柴尔德(Ed Rothschild)总是

《第欧根尼》
(Diogenes)
约翰·威廉·沃特豪斯,1882 年,
油画,澳大利亚悉尼新南威尔士美术馆。

把这种大言不惭称为"鞋扣情结"。这个名字来自他的一位世交,那人在鞋扣行业取得领先地位之后,不管聊到什么话题总是一副无所不知的口气。

第四,我也许会让自己显得像个傻瓜。

尽管考虑到这四个缺点,我还是决定发表这篇内容增加甚多的文章。这几十年来,我基本上只做那些我有把握能够做好的工作和事情,而现在我却选择了这样的行动,它非但不会给我个人带来重大的好处,而且有可能让我的亲人和朋友感到痛苦,更有可能让我自己丢人现眼。我到底为什么要这样做呢?

这也许跟我的性格有关,我向来喜欢指出和谈论传统智慧中的错误。虽然这些年来我因为这种脾气而吃了不少苦头,但是江山易改,本性难移,我并没有因为吃了生活中的苦头而改掉自以为是的性格。

我作出这个决定的第二个原因是,我赞成第欧根尼(Diogenes)的说法。第欧根尼说过:"从来不得罪人的哲学家有什么用呢?"

第三个原因是最重要的。我爱上了我这种编排心理学知识的方法,因为它一直以来对我很有用。所以呢,在去世之前,我想在某种程度上效仿三位人物,给世人留点东西。这三位人物分别是:约翰·班扬的《天路历程》的主角、本杰明·富兰克林,以及我的第一位雇主恩尼斯特·巴菲特。班扬笔下的人物,也就是那位外号"真理剑客"的骑士,在临终时留下了这样的遗嘱:"我的剑留给能挥舞它的人。"跟这个人一样,只要我曾经试图正确地对待我的剑,我并不在乎我对它的赞美是对还是错,也不在乎许多人并不愿意使用它,或者使用之后发现它对他们来讲完全没有用。对我帮助极大的本杰明·富兰克林给世人留下了他的自传、《穷理查年鉴》和其他许多东西。恩尼斯特·巴菲特也尽他最大的努力,同样留下了"如何经营杂货店(的知识),以及我了解的一些垂钓知识"。他的遗赠发挥的作用是不是最大,我在这里就不说啦。但我想告诉大家的是,我认识恩尼斯特·巴菲特的四代后裔,我对他们的了解促使我决定效仿他们的先人。

巴菲特家历史悠久的杂货店是芒格最初的雇主。

人类误判心理学

我早就对标准的思维错误非常感兴趣。

然而，在我受教育的年代，非临床心理学在理解错误判断方面的贡献完全遭到了主流社会精英的漠视。当时对心理学进行研究的人非常少，只有一群自娱自乐的教授。这种固步自封的情况自然会造成许多缺陷。

所以呢，当我从加州理工学院和哈佛大学法学院毕业的时候，我对心理学是完全无知的。这些教育机构并没有要求学生掌握这门学科。它们根本就不了解心理学，当然更无法将心理学和其他学科整合起来。此外，这些机构就像尼采笔下那个以瘸腿为傲的人物，它们为能刻意避开"混乱的"心理学和"混乱的"心理学教授而感到光荣。

在很长一段时间里，我也持有这种无知的想法。其他许多人也是。例如，加州理工学院常年只有一位心理学教授，他自称"心理分析研究教授"，为学生开设"变态心理学"和"文学中的心理分析"，看到这样的情况，我们会怎么想呢？

离开哈佛不久，我开始了漫长的奋斗，努力去掌握一些最有用的心理学知识。今天，我想要描述我这次追求基本智慧的漫长奋斗，并简要地说出我最终的心得。之后，我将会举例——其中许多例子在我看来是形象而有趣的——说明心理学知识的用处，以及如何解决那些跟人类的心理相关的问题。最后我将针对我讲过的内容提出一些普遍问题，并进行回答。这将会是一次很长的演讲。

当我开始当律师的时候，我很相信基因进化论，也知道人类与认知能力较为低下的动物和昆虫之间有许多相似之处，这是物种进化造成的。我明白人是"社会动物"，他会观

察周围人们的各种行为，并自动地受到他们的影响。我还知道人类就像被驯养的动物和猴子，也生活在一种等级结构中，他倾向于尊重当权者，喜欢和同阶层的成员合作，同时对处于下层并与之竞争的人表现出极大的不信任和不喜欢。

但这种以进化论为基础的理论结构太过粗略，不足以让我正确地应付我在现实生活中遇到的问题。很快，我发现自己身边出现了各种我无法理解的现象。于是我终于明白，若要顺利地解决我在生活中遇到的各种问题，我必须拥有更好的理论结构，这样才能够解释我的所见和经验。那时，我渴望更多理论的历史已经很长了。这部分是因为，我总是喜欢把理论当作破解难题的工具和满足我那像猴子般的好奇心的手段；部分是因为，我发现理论结构非常有用，能够帮助人们得到他们想要的东西。这个道理是我小时候在学校发现的，当时我在理论的指导之下，轻轻松松地取得了好成绩，而其他许多人由于没有掌握理论，花了很大力气去学习，却总是不及格。我认为更好的理论对我来说总是有用的，如果我能掌握它，就能够更快地获得财富和独立，能够更好地帮助我所热爱的一切。所以我慢慢地培养了我自己的心理学体系。在这个过程当中，我靠的是自学，这多少有点像本杰明·富兰克林，还有那个幼儿园故事展现出来的决心："'那我就自己来吧。'小红母鸡说。"

在我追求知识的过程中，有两种思维习惯起到了很大的作用。第一，我总是试图通过伟大的代数学家雅可比提倡的逆向思维来考虑问题。雅可比说："反过来想，总是反过来想。"我得到正确判断的办法，通常是先收集各种错误判断的例子，然后仔细考虑该怎样避免得到这些下场。第二，我非常热衷于收集错误判断的例子，所以我完全无视不同行业、不同学科之间的界线。毕竟，既然其他行业有许多重大的、容易发现的愚蠢事例，我为什么还要在自己的领地上搜寻某些无足轻重的、难以发现的新蠢事呢？除此之外，我已经明白，现实世界的问题不会恰好落在某个学科的界线之内。它们跨越了界线。如果两种事物存在密不可分的相互关系，我认为那种试图考虑其中一种事物而无视另一种事物的方法是很值得怀疑的。我担心的是，如果我试图用这种方法去解决问题，最终我将会——用约翰·刘易斯（John L. Lewis）的不朽名言来说——"没有脑袋，只有一个顶上长着头发的脖子。"

约翰·刘易斯
John L. Lewis
1880—1969

美国历史上最重要的劳工运动领袖之一。他拥护罗斯福新政，是 1936 年富兰克林·罗斯福赢得总统大选压倒性胜利的功臣，但反对罗斯福涉入"二战"的政策，并反对 1940 年罗斯福谋求第三次连任。战后，他曾领导数次旨在争取工人健康与福利保障的罢工。

后来，纯粹的好奇心驱使我去思考邪教的问题，那些毁形灭性的邪教通常只需要一个长周末就能够将完全正常的人转变为被洗过脑的行尸走肉，并永远让他们保持那种状态，它们是怎么做到的呢？原因是什么呢？我觉得如果我通过大量的阅读和反复的思考，应该能够完满地解决这个关于邪教的问题。

我也对社会性的昆虫很好奇。有生育能力的雌蜂和有生育能力的雌收获蚁的寿命相差很多，但它们只要在空中进行一次群交，就都能将寿命延长整整 20 倍。我对这样的事情感到着迷。蚂蚁的极大成功也让我着迷 —— 蚂蚁的进化极其成功，它们形成了几种简单的行为规范：繁殖群体之内的蚂蚁精诚无间地合作，而对繁殖群体之外的蚂蚁，哪怕是同类的蚂蚁，则几乎总是表现出致命的敌意。

像我这么热爱学习的人，到了中年本来应该翻开心理学教材，但是我没有，这证明了那句德国谚语所言非虚："我们老得太快，聪明得太迟。"后来我发现，没有接触到当时大多数教科书上记载的学院派心理学，对我来说可能是件幸运的事情。那些教科书无助于我理解邪教，而那些收集心理实验的教科书作者就像收集蝴蝶标本的小男孩 —— 他狂热地只想收集更多的蝴蝶，和其他收集者有更多的接触，根本不想对已经拥有的标本进行综合研究。当我最终看到那些心理学教科书的时候，我想起了伟大的经济学家雅各布·维纳说过的一句话。他说许多学者就像寻菇犬，人们喂养和训练这种动物来寻找地下的块菌，除了这项专长，它别的什么都不会。那些教科书花了长达数百页的篇幅来探讨先天因素和后天因素对人的影响，可是它们所用的思考方式是极其不科学的，这也让我很吃惊。我发现大多数入门级的心理学教科书并没有正确地处理一个基本问题：心理倾向为数众多，而且它们在生活中会产生相互影响。但那些入门级教材的作者通常对如何弄清楚相互交织的心理倾向造成的复杂后果避而不谈。这有可能是因为那些作者不希望把教材写得太复杂，以免没有新人敢投身于他们的学科。他们做得不够好，也有可能是出于塞缪尔·约翰逊说过的原因。曾经有位女士问约翰逊，是什么原因导致他的词典把"pastern"（马蹄腕）这个词的定义给弄错了。

约翰逊的回答是："纯粹的无知。"最后，那些教科书作者也没有兴趣去描写该用哪些标准的办法去对付由心理因素造成的标准蠢事，所以他们恰恰避开了我最感兴趣的话题。

雅各布·维纳
Jacob Viner
1892—1970

芝加哥经济学派早期代表人物之一。他关于成本理论的研究和成本曲线的图形表述，至今仍然是微观经济学中成本理论的重要内容。

学院派心理学虽然有许多缺点，但也有一些非常重要的优点。我在博览群书的过程中看到一本叫做《影响力》（*Influence*）的书。这是一本通俗读物，作者是一位杰出的心理学教授，罗伯特·西奥迪尼，他在规模很大的亚利桑那州立大学任教。西奥迪尼设计大量巧妙的实验，在实验中，人们利用人类思维中内在的缺陷，操纵别人做出了损害自身利益的事情。西奥迪尼对这些实验进行了描述和解释，并因此在非常年轻的时候就荣任终身董事讲座教授。

我立刻给我的每个孩子寄了一本西奥迪尼的著作。我还送给西奥迪尼一股伯克希尔的A级股票，感谢他为我和公众作出的贡献。西奥迪尼这本社会心理学著作卖出了几十万册，这是很了不起的，因为西奥迪尼并没有宣称他的书将会改善你的性生活或者让你发财。

许多读者购买西奥迪尼这本书是因为他们跟我一样，也想知道怎样才能不经常被推销员和环境欺骗。然而，令非常正直的西奥迪尼意想不到的是，大量的销售员也买了他的书，他们想要了解怎样才能更有效地误导顾客。下面我会讲到激励机制引起的偏见，我希望不会有人将我的理论用于变态的目的。

在西奥迪尼这本书的驱动之下，我很快浏览了三本最流行的心理学入门教材。在此期间，我还进行了周全的考虑，想把我以前的训练和经验综合起来。芒格的非临床、非先天后天对立的非发展心理学就这样诞生了。许多理论是从它们的发现者（其中大多数人的名字我甚至还不知道）那里借用来的，但我通常会给它们配上新的表述和标题。因为我没有去查证资料，而是怎样容易回忆起来就怎么写，然后再进行修改，以便我能够很方便地使用这些理论来避免错误。

在开始综述我的理论之前，我想先来讲一个有助于理解以下内容的普遍观点。这个观点是从我们对社会性昆虫的了解中提炼出来的。这些昆虫很漂亮地证明了神经系统细胞在进化过程中固有的局限，它们整个神经系统通常只有10万个左右的细胞，而人类光是大脑的细胞就有上百亿个。

罗伯特·西奥迪尼
Robert Cialdini
1945—

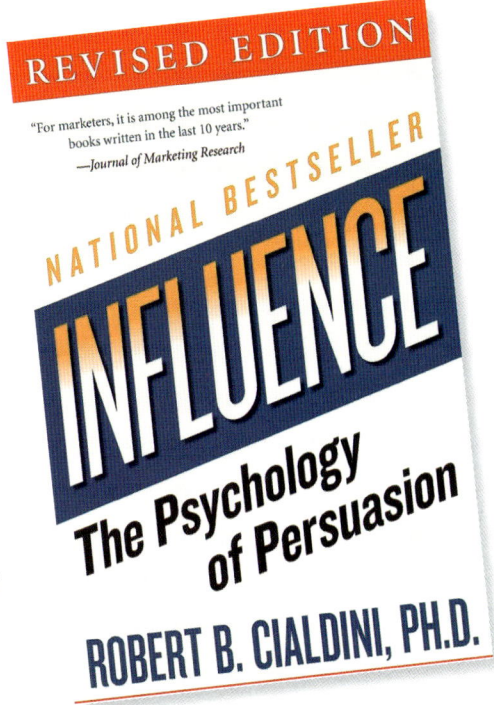

E. O. 威尔逊
E.O. Wilson
1929—

哈佛大学生物学教授，通过研究蚂蚁这种社会性动物，反思人类的起源和演化，被誉为"新一代达尔文""达尔文当仁不让的接班人"，并曾两度获得普利策奖。他的代表作有《论人的本性》《社会生物学》《蚂蚁》。

蚂蚁和人类相同，都是由活体结构加上神经细胞中的行为程序组成的。就蚂蚁而言，其行为程序只有少数几种，而且几乎完全来自遗传。蚂蚁能够根据经验学到新的行为，但大多数时候，它只能根据遗传的神经系统中设定好的程序，对十种左右的神经刺激作出几个简单的反应。

蚂蚁简单的行为系统自然有很大的局限，因为它的神经系统的功能很有限。例如，有一种蚂蚁，当它在巢穴里嗅到蚂蚁尸体散发出的外激素时，它就会和其他蚂蚁合作把尸体运出巢穴。伟大的哈佛大学教授 E. O. 威尔逊做过一个非常出色的心理学实验，他将死蚂蚁分泌的外激素涂在一只活蚂蚁身上。很自然，其他蚂蚁把这只有用的活蚂蚁拖出了巢穴，尽管它在整个过程中不断地踢腿和挣扎。这就是蚂蚁的大脑。它拥有的反应程序特别简单，平时运转是没有问题的，但在许多情况下，蚂蚁只会生搬硬套地根据这个程序作出机械反应。

另一种蚂蚁证明，蚂蚁有限的大脑不但容易受环境欺骗，而且还会遭到其他生物的操控。这种蚂蚁的大脑里面包含了一种简单的行为程序，引导蚂蚁在爬行的时候跟着前方的蚂蚁走。如果在这种蚂蚁爬行时把它们弄成一个圆圈，它们有时候会不停地走啊走，直到死亡为止。

有一个我看来很明显的道理是：由于存在许多过度简化的思维程序，人类大脑的运转必定常常出现问题，就像蚂蚁的大脑那样，尽管它试图解决的问题通常比那些无需设计飞机的蚂蚁面对的问题困难得多。

人类的知觉系统清楚地证明了大脑确实会失灵。人是很容易受到愚弄的，无论是人类精心设计的骗局，还是偶然出现的环境因素，抑或人们刻苦练习而掌握的非常有效的控制术，都能够轻而易举地让人们上当。导致这种结果的原因之一是人类感知中的微量效应。如果刺激被维持在一定水平之下，人类便察觉不到它的存在。由于这个原因，魔术师能够在黑暗中做一通虚张声势的动作之后让自由女神像消失。观众并不知道他们坐在一个慢慢旋转的平台之上。这个平台转得非常慢，没有人能够察觉出来。当平台上的帘幕在原来自由女神像出现的地方掀开时，它看起来像是不见了。

> 社会心理学的重要原理：认知往往取决于情景。

人类的大脑即使在有所知觉的时候，也会错误地估量它感知到的东西，因为大脑只能感知到鲜明的对比，而无法像精密的科学仪器那样以科学的单位来估算感知的变化。

魔术师证明人类神经系统确实会因为这种对比而出现错误。魔术师能够在你毫不察觉的情况下摘掉你的手表。他摘你的手表时，如果他只跟你的手腕发生接触，那么你肯定会感知到手表被他摘掉了。但他同时还触碰了你身体的其他地方，而且通过施加更大的力道把你手腕感受到的力道给"淹没"了。这种高对比让你感觉不到手腕受到的力道。

有些教授喜欢用实验来证明对比引起的感知缺陷。他们会让学生把一只手放在一桶热水里，另外一只手伸进一桶冷水。然后他们会突然要求学生把双手放进一桶常温的水中。学生虽然两只手是放在同一桶水里面，但

一只手感觉好像刚放进冷水，一只手感觉好像刚放进热水。当人们发现在温度计不会出错的地方，单纯的对比就能轻易地让感知受骗，并意识到认知和感知是相同的，也会受到单纯的反差的欺骗，那么他不但能够懂得魔术师是如何愚弄人们的，还能明白生活是如何作弄人的。人类的感知和认知系统中那些总体上很有用的倾向往往会出错，如果不对此加以小心提防，就会很容易受到别人故意的操控。

人类的——经常出错但总体上很有用——心理倾向相当多，而且相当不同。大量的心理倾向的自然结果就是社会心理学的重要原理：认知往往取决于情景，所以不同的情景通常会引起不同的结论，哪怕是同一个人在思考同一个问题的时候也是如此。

有了蚂蚁、魔术师和这条社会心理学的重要原理做铺垫，接下来我想简单地列出那些虽然总体上很有用但经常误导人的心理倾向。后面我们再来详细讨论每种倾向引发的错误，同时描述如何防止犯这样的错误，并进行一些总体的讨论。以下是这些倾向：

一、奖励和惩罚
　　超级反应倾向
二、喜欢／热爱倾向
三、讨厌／憎恨倾向
四、避免怀疑倾向
五、避免不一致性倾向
六、好奇心倾向
七、康德式公平倾向
八、艳羡／妒忌倾向
九、回馈倾向
十、受简单联想影响的倾向
十一、简单的、避免痛苦的心理否认
十二、自视过高的倾向
十三、过度乐观倾向

十四、被剥夺超级反应倾向
十五、社会认同倾向
十六、对比错误反应倾向
十七、压力影响倾向
十八、错误衡量易得性倾向
十九、不用就忘倾向
二十、化学物质错误影响倾向
二十一、衰老—错误影响倾向
二十二、权威—错误影响倾向
二十三、废话倾向
二十四、重视理由倾向
二十五、lollapalooza倾向—数种心理倾向共同作用造成极端后果的倾向

一、奖励和惩罚超级反应倾向

我最先讨论这个倾向，是因为每个人都以为自己完全明白激励机制和惩罚机制在改变认知和行为方面有多么重要。但其实往往不是这样子的。例如，我觉得自我成年以来，在理解激励机制的威力方面，我比95%的同龄人要好，然而我总是低估那种威力。每年总会有些意想不到的事情，促使我对激励机制的超级威力有更深的体会。

说到激励机制的威力，在所有案例中，我最欣赏的是联邦快递的案例。联邦快递系统的核心和灵魂是保证货物按时送达，它必须在三更半夜让所有的飞机集中到一个地方，然后把货物快速转发到各架飞机上。如果哪个环节出现了延误，联邦快递就无法把货物及时地送到客户手里。曾经有一段时间，联邦快递的夜班工人总是不能按时完成工作。他们对工人动之以情、晓之以理。他们尝试了各种各样的方法，但就是没效果。最后有个人终于想通了：公司并不希望职员工作的时间越长越好，而是希望他们快速地、无差错地完成某项任务，所以按照小时来支付夜班薪水的做法是很傻的。也许，这个人想，如果他们按照班次来支付薪水，并允许夜班工人在把所有货物装上飞机之后提前回家，那么这个系统会运转得更好。你瞧，这种方法果然奏效了。

施乐公司早期的时候，乔·威尔逊也遇到了相同的问题。他那时已离开公司进入政府部门，但不得不辞职又回到施乐公司，因为他无法理解为什么施乐的新机器总是卖得不如那些性能低下的旧机器好。回到施乐之后，他发现根据公司和销售员签署的销售提成协议，把旧机器卖给客户，销售员能得到很高的提成；在这种变态激励机制的推动下，劣等的旧机器当然卖得更好。

然后还有马克·吐温那只猫的案例。那只猫被热火炉烫过之后，再也不愿意坐在火炉上了，不管火炉是热的还是冷的。

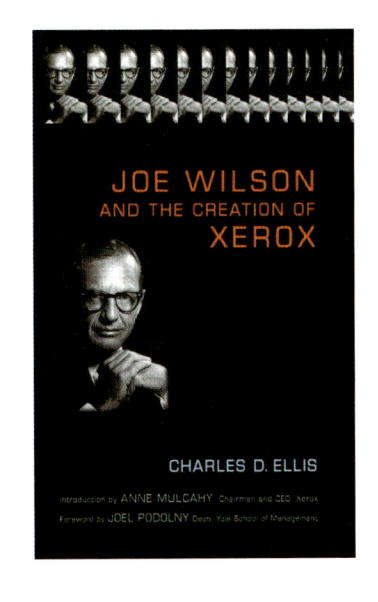

乔·威尔逊
Joe Wilson
1909—1971

施乐公司创办人，慈善家。

我们还应该听取本杰明·富兰克林的建议。富兰克林在《穷理查年鉴》中说过："如果你想要说服别人，就要投其所好，动之以利，而非晓之以理。"这句睿智的箴言引导人们在生活中掌握一个重要而简单的道理：当你该考虑动用激励机制的威力时，千万千万别考虑其他的。我认识一个非常聪明的法律顾问，他在一家大型投资银行任职，从来没犯错，却丢失了工作，因为他忽略了富兰克林这句箴言中蕴含的教训。这位顾问没能成功地说服其客户。这位顾问对客户说，你有道德责任去做某件事，在这一点上，顾问是正确的。可是他没有告诉客户的是，如果不按照他的建议去做，客户将会陷入万劫不复之地。结果，这位顾问和他的客户都丢掉了工作。

我们还应该记得苏联共产党得到的下场。苏联共产党对激励机制的超级威力完全无知，结果造成什么情况呢？有个苏联工人这么说："他们假装给薪水，我们假装在工作。"也许最重要的管理原则就是，"制定正确的激励机制。"

但是太过强调激励机制的超级威力也有缺陷。哈佛大学的心理学教授 B. F. 斯金纳就因为过度强调激励机制而闹了笑话。斯金纳曾经是世界上最著名的心理学教授。他能够取得这种如日中天的地位，部分原因在于，他早年别出心裁地利用老鼠和鸽子做实验，得出了令人意外的重要结果。和其他方法相比，他利用的激励法能够引发更多的行为变化，也能够更有成效地让他的老鼠和鸽子养成条件反射。他揭示，奖励儿童或者员工已经厌倦的行为是极其愚蠢的。利用食物作奖励，他甚至如愿以偿地让他的鸽子养成了强烈的迷信。他再三证明自然界存在一种重复出现的、普遍的伟大行为算法："重复有效的行为"。他还证明即时的回报在改变和延续行为方面远远比延后的回报有效。他的老鼠和鸽子在食物奖励的作用下养成条件反射之后，他发现了那种能够使反射行为保持最长时间的奖励撤销模式：随机分布模式。得到这个研究结果的斯金纳认为他已经完全能够解释人类明知道十赌九输却还是忍不住要赌博的原因了。但是，正如我们在后面讨论其他导致滥赌行为的心理倾向时将会发现的，斯金纳只说对了一部分。斯金纳的个人声誉后来江河日下，是因为一来，他过度地强调了激励机制的超级威力，乃至认为利用激励机制就能够创建出一个人间乌托邦；二来，他几乎没有认识到心理学其他部分的威力。因而他就像雅各布·维纳的寻菇犬，只会用激励效应来解释一切。但话又说回来，斯金纳的主要观点是正确的：激励机制是超级有用的。他那些基本实验的结果将会在实验科学的史册上流芳千古。在他死后数十年

B.F. 斯金纳既是新行为心理学、操作性条件反射的创始人，1950 年当选美国科学院院士，1958 年获美国心理学会颁发的杰出科学贡献大奖，1968 年获美国总统颁发的美国国家科学奖，也因为在老鼠、鸽子之后，曾打算如法炮制实验自己的女儿而引发争议。

里，他那种完全依赖奖励的方法在治疗儿童自闭症方面比其他任何疗法都有效。

当我在哈佛大学法学院念书的时候，教授们有时会谈起耶鲁大学法学院某个像斯金纳那么死心眼的教授。他们常常说："埃迪·布兰夏德这老兄真可怜，他还认为宣告式判决能够治疗癌症呢。"嗯，极其强调激励机制的超级威力的斯金纳跟这位耶鲁法学院的教授差不多。我总是把这种降低了斯金纳声誉的思维习惯称为"铁锤人倾向"，因为有句谚语说："在只有铁锤的人看来，所有问题都特别像钉子。""铁锤人倾向"并没有放过布兰夏德和斯金纳这么聪明的人。如果你们不注意的话，它也不会放过你们。在这篇讲稿中，我将会好几次提到"铁锤人倾向"，因为正好有一些办法能够有效地减少这种令斯金纳教授声名扫地的心理倾向所造成的破坏。

激励机制的超级威力所造成的一个重要后果就是我所说的"激励机制引起的偏见"。有的人因为受过教育而变得道德高尚，然而在激励机制的驱动之下，他可能会有意或者无意地做出一些不道德的行为，以便得到他想要的东西，而且他还会为自己的糟糕行为寻找借口，就像施乐公司那些为了得到最高提成而不惜损害顾客利益的销售员。

我很早就学到这个道理。故事发生在我祖父的故乡，内布拉斯加州的林肯市。当地有个外科医生，他年复一年地将大量的正常胆囊送到该市最好的医院的病理学实验室。众所周知，社区医院的管理体系很糟糕，所以这位医生如此乱来了许多年才被革除职务。那位负责开除这个人的医生是我们家的世交，我问他："难道这名外科医生心里想，'这么做能够展示我的医术很高明？'——这家伙手术做得非常好——'而且每年通过把正常胆囊切掉来谋害几个病人能让我过上高质量的生活？'"我的朋友说："不是这样子的啦，查理。他认为胆囊是所有疾病的祸根，而且如果你真的爱护病人，就应该尽快把这个器官切除掉。"

约翰·M. 帕特森
John M. Patterson
1844—1922

国民收款机公司（NCR）创始人。

这个例子很极端，但每个专业人士和每个普通人身上或多或少都会有这名外科医生的认知倾向。它能引发极其可怕的行为。就拿那些推销商业地产和企业的经纪人来说吧。我从来没有见过一个哪怕稍稍客观的经纪人。在我这漫长的一生中，我遇到过的管理顾问没有不在他们的报告结束时写上这个相同的建议的："这个问题需要更多的管理顾问服务。"由于激励机制引起的偏见非常普遍，所以人们往往必须怀疑或者有保留地接受其专业顾问的建议，哪怕这个顾问是一名工程师。一般的对策如下：（1）如果顾问提出的专业建议对他本身特别有利，你就应该特别害怕这些建议；（2）在和顾问打交道时，学习和使用你的顾问所在行业的基本知识；（3）复核、质疑或者更换你得到的建议，除非经过客观考虑之后这些建议看起来是合适的。

激励机制能够导致人们在做坏事的时候觉得自己是正当的，国防部的采购历史也证明了这一点。从前国防部采购时签署的都是成本保利合同（以成本再加一个比例的利润作价），从而产生了许多贪污受贿的事情，这促使美国政府作出决定，国防部负责采购的官员签署这样的合同是违法的，而且犯的不是轻罪，是重罪。

顺便说一声，虽然政府部门签署成本保利合同已经被正确地定为重罪，但其他地方，包括许多律师事务所和大量的企业，依然采用了一种成本保利的奖励系统。在这种普遍的激励模式之下，有些人受到激励机制引起的偏见的驱使，做出了许多极其可怕的事情。而这些行为不轨的人当中有许多原本正派得足让你们会很乐意和他们成为亲家。

人类大脑就是以这种方式运转的，这里面蕴含着几个大道理。比如，收款机的发明能够使不诚实的行为难以得逞，所以它对文明社会作出了杰出的贡献。正如斯金纳十分清楚地知道的，得到奖励的坏行为特别容易形成习惯。所以收款机是一种伟大的道德工具。顺便说一下，收款机的发明者帕特森对此深有体会。他曾经拥有一家小商店，店里的员工经常趁他不注意的时候偷钱，所以他从来没赚到什么钱。后来有人卖给他两台收款机，

他的商店马上开始盈利。他很快把商店关掉，进入了收款机行业。他创办的公司就是那家在当时叱咤风云的国民收款机公司。帕特森把"重复有效的行为"作为行为指南，获得了巨大的成功。帕特森的道德也很高尚。他脾气很古怪，但热衷于做善事（不过他对竞争对手冷酷无情，他把所有竞争对手都看作是潜在的专利盗窃者）。帕特森的口头禅是"寿衣没有口袋"，他和卡内基一样，在离开人世之前，把大量的财产都捐作善款了。帕特森的收款机对文明的贡献非常巨大，他在改善和推广收款机方面所做的工作也非常有效，所以他很可能配得起古罗马诗人贺拉斯自撰的墓志铭："我并没有彻底地死去。"

由于职员存在这种为了获取回报而给糟糕的行为寻找正当理由的强烈倾向，所以除了帕特森发明的控制现金的手段之外，企业还需要其他许多对策。也许最重要的对策是采用合理的会计理论和会计实践。西屋电气的案例很好地证明了这一点。西屋电气属下有一家信贷公司，这家子公司放出了许多和西屋电气其他业务毫无关联的贷款。西屋电气的管理人员也许是因为妒忌通用电气，所以想要从对外贷款中获取更多利润。西屋电气的会计实践是这样的，它主要根据从前为下属子公司提供贷款的经验来为这些对外贷款提取未来的贷款坏账准备金，而它原来贷款给子公司则不太可能出现巨额的贷款损失。

西屋电气
Westinghouse Electric

有两类特殊的贷款理所当然地会给借款人造成大麻烦。第一类是面向房地产开发商的、贷款额为建设费用的95%的贷款，第二类是面向酒店的建筑贷款。正常来讲呢，如果有人愿意按照酒店实际建筑成本的95%贷款给开发商，那么贷款利率应该比一般利率高很多，因为贷款损失的风险比一般贷款高出很多。所以按照合理的会计方法，在发放大量占到实际建筑成本95%的贷款给酒店开发商时，西屋电气应该在财务报表中将所有这些贷款记为零利润，甚至记为损失，直到许多年后把贷款收回来为止。但是西屋电气并没有这么做，而是把大量发放给酒店开发商的贷款等同于以前那些很少产生损失的贷款，把账做得很漂亮。这让负责放贷的管理人员显得很优秀，因为财务报表显示出那些对外贷款带来了极高的收入。国际和外部的会计师认可了西屋电气这种糟糕的做账方法，因为他们的所作所为就像那首老歌所唱的："谁给我面包吃，我就给谁唱歌。"

结果西屋电气损失了数十亿美元。这该怪谁呢？怪那个从电冰箱部门调到公司高层并突然决定贷款给酒店开发商的家伙吗？还是怪那些会计和其他高层管理人员？（他们对一种几乎肯定会使信贷管理人员产生偏激行为的激励机制坐视不管。)我认为最应该受到指责的是那些创造出这种会计系统的会计人员和其他高层管理人员。这些人的所作所为无异于运钞公司突然决定不用武装车辆押运现金，而改让手无寸铁的侏儒用敞开的篮子提着现金走过贫民窟。

我希望我能够告诉你们，这种事情以后再也不会发生，但实际情况并非如此。在西屋电气东窗事发之后，通用电气旗下的投资银行基德尔·皮博迪采用了一种愚蠢的电脑程序，致使债券交易员能够利用这种程序虚构出巨额利润。从此以后，许多公司的会计工作变得更加糟糕了，也许最糟糕的例子就是安然。

所以激励机制引起的偏见是非常重要的（我们也有很重要的对策），比如说收款机和合理的会计系统。但是当我在几年前翻阅心理学教科书的时候，我发现那些教科书虽然有1000页那么厚，却很少谈到激励机制引起的偏见，对帕特森或者合理的会计系统更是只字不提。反正不知道怎么回事，心理学的概论课程完全没有提到激励机制引起的偏见及其对策，尽管世界各地许多伟大的文学作品早就出色地描绘了激励机制引起的偏见，尽管企业界早就有了应付这种偏见的对策。到最后，我得出的结论是，如果有的事情在生活中极为明显，但很难通过容易做的、可重复的学术实验得到证明，那些心理学的寻菇犬就会忽略它。

有时候，其他学科对各种心理倾向表现出的兴趣，至少比心理学教科书中体现的要浓厚。例如，那些站在雇主的立场考虑问题的经济学家早就为激励机制引起的偏见所产生的后果取了一个名字："代理成本"。从这个名字就能看出来，经济学家知道，就像稻谷总是被老鼠吃掉一样，雇主的利益总是因为雇员不正当地把他们自己的利益摆在第一位而受损。雇主可以采用的对策包括制定严格的内部审计制度，对败露的不轨行为进行严厉的公开惩处，使用防止钻营的规章制度和收款机等机器。而站在雇员的立场来看，激励机制引起的偏见自然会促使雇主对他们进行压迫：血汗工厂、危险的工作场所等等。若要解决职员遇到的这些糟糕问题，不但工会要给雇主施加压力，政府也要采取行动，包括制定关于工资和工作时间的法律、工作场所安全规章制度，采取一些便于工人组织工会的措施，还有完善工人的薪酬系统。考虑到劳资双方由于激励机制引起的偏见而相互对峙，我们就不会奇

迈克尔·詹森（Michael Jensen）与威廉·梅克林（William Meckling）于1976年发表"企业理论：经理行为、代理成本与所有权结构"一文，提出"代理成本"概念。这篇论文成为企业理论领域中引用率最高的经典论文之一，后收入《公司理论》一书。

怪中国人为什么会提出阴阳对立的理论了。

激励机制引起的偏见无所不在，这造成了一些普遍而巨大的后果。例如，与有底薪的销售员相比，单纯靠提成过日子的销售员更难保证不做不道德的事情。从另一方面来说，无底薪的销售员的工作绩效会更加突出。因此，企业在制定销售员的薪酬制度时往往会面临两难的选择。

自由市场资本主义这种经济体系取得极大成功的原因之一是，它防止了许多由激励机制引起的偏见造成的不良影响。在自由市场经济活动的巨网中，绝大多数能够在残酷竞争中幸存下来的资本家均非等闲之辈，他们会防止企业中出现任何浪费的行为，因为这是生死攸关的事情。毕竟，他们要靠竞争性价格和他们的总体成本之间的利差来过日子，如果总体成本超过了销售额，他们就难逃灭亡的厄运。如果用那些从政府支取薪水的职员来取代这些资本家，那么市场经济的总体效率将会大大降低，因为每个取代资本家的职员在考虑为领取他的薪水应该提供什么样的服务，以及在多大程度上屈服于其他不希望自己表现得更好的同事的压力时会受到激励机制引起的偏见的影响。

激励机制引起的偏见的另外一个常见后果是，人们倾向于钻各种制度的空子，他们往往在损人利己方面表现得极有创意。因此，几乎所有制度设计都必须具备防止钻空子的重要属性。制度设计还需要遵守如下的原则：尽量避免奖励容易作假的事情。然而我们的议员和法官，通常包括许多在优秀大学受过教育的律师，往往会忽略这个原则。社会因此而付出了巨大的代价：道德风气败坏，效率下降，出现的不公平的成本转嫁和财富转移。如果高等学府提高教育质量，传授更多的心理学知识，而学生也能吸收更多心理学知识，那么我们的立法机构和法院将会设计出更好的制度。

当然，现在驱使人们行动的主要奖励是金钱。只要一个毫无实质价值的筹码能够固定换到一根香蕉，那么人们就可以对猴子进行训练，让它为了筹码而工作，仿佛筹码就是香蕉一样。同样道理，人类也会为了钱而工作——而且会为了钱而更加卖命地工作，因为人类的金钱除了可以换到食物之外，还能换到许许多多美好的东西，拥有或花掉金钱通常也会让人显得有身份。此外，富人往往会出于习惯，更加努力地为金钱而工作，尽管他们早

就不需要更多的钱。总的来说，金钱是现代文明的主要驱动力，这在非人类动物的行为中是没有先例的。金钱奖励也跟其他形式的奖励混合在一起。例如，有些人花钱买身份，有些人靠身份捞钱，而有些人同时做这两件事。

虽然在各种奖励中金钱是最主要的，但它并不是唯一有效的奖励。人们也会为了性、友谊、伴侣、更高的地位和其他非金钱因素而改变他们的行为和认知。

乔治·华盛顿
George Washington
1732—1799

华盛顿小时候砍倒父亲珍爱的樱桃树，后主动承认错误的故事是假的。画像中的他神情肃穆庄严，很有可能是因为，他那一口牙也都是假的。

"祖母的规矩"也证实了奖励是非常有用的。它的效果特别突出，所以我在这里必须提到它。你可以用这个规矩来成功地控制自己的行为，哪怕你使用的奖励品是你已经拥有的！实际上，许多拥有心理学博士学位的顾问经常要求商业组织教会管理人员用"祖母的规矩"来管理他们自己的日常行为，借此改善它们的奖励系统。具体来说，祖母的规矩就是要求孩子在吃甜点之前先把他们的胡萝卜吃掉。把它应用到商界，就是要求管理人员每天强迫他们自己先完成他们不喜欢然而必要的任务，再奖励他们自己去处理那些他们喜欢的任务。考虑到奖励的超级威力，这种做法是明智而合理的。此外，这个规矩也可以被用于生活中非商业的部分。那些顾问强调在日常生活中采用这种做法并不是无意的。根据斯金纳的教导，他们知道即时的奖励是最有效的。

当然，惩罚也强烈地影响到行为和认知，尽管它的弹性和效果不像奖励那么好。例如，非法操纵物价的行为以前在美国很常见，因为遇到这种行为，政府往往是罚款了事。后来有几个重要的企业高管被革职还被送往联邦监狱服刑。此后，操纵价格的行为就大大减少了。

陆军和海军部队在利用惩罚来改变行为方面做得很极端，这可能是因为它们需要士兵的绝对服从。大约在恺撒的年代，欧洲有个部落，每当集结号角吹响时，最后一个到达的士兵就会被杀死，于是没有人愿意跟这个部落打仗。乔治·华盛顿则把那些当逃兵的农场少年吊死在 40 英尺高的地方，以此来警示其他那些可能想要逃跑的士兵。

二、喜欢 / 热爱倾向

在遗传因素的作用之下，刚孵出来的小鹅在破壳而出后将会"热爱"并跟随第一个对它和善的生物，那几乎总是它的母亲。但是，如果小鹅孵出来那一刻，出现的并不是母鹅，而是一个人，那么小鹅将会"热爱"并跟随这个人，把他当作自己的母亲。

类似的是，刚出生的人类也会"天生就喜欢和热爱"对他好的人。也许最强烈的天生的爱——随时准备好被诱发——就是人类的母亲对其孩子的爱。从另外一方面来说，老鼠同样也有"爱护孩子"的行为，但只要删除某个基因，老鼠的这种行为就会消失。这意味着母老鼠和小鹅一样，体内都有某种诱发基因。

就像小鹅一样，每个孩子不仅会受天性的驱使去喜欢和爱，而且也会在其亲生父母或者养父母的家庭之外的社会群体中去喜欢和爱。现在这些极端的罗曼蒂克之爱在人类的远古时代是不可能出现的。我们早期的人类祖先肯定会更像猿类，以一种非常原始的方式来挑选伴侣。

除了父母、配偶和孩子之外，还有什么是人类天生就喜欢和热爱的呢？人类喜欢和热爱被喜欢和被热爱。许多在情场上的胜负皆因他/她能否表现出额外的关怀和爱护，而一般来讲，人类终身都会渴望得到许多和他毫无关系的他人的怜惜和欣赏。

喜欢/热爱倾向造成的一个非常具有现实意义的后果就是，它是一种心理调节工具，促使人们：（1）忽略其热爱对象的缺点，对其百依百顺；（2）偏爱那些能够让自己联想起热爱对象的人、物品和行动（这一点我们将会在"受简单联想影响的倾向"中讨论）；（3）为了爱而扭曲其他事实。

喜欢/热爱会引发倾慕，反之亦然。倾慕也会引起并且强化喜欢/热爱倾向。这种"反馈模式"一旦形成，通常会造成极端的后果，有时候会促使人们为了帮助自己心爱的人而不惜故意自我毁灭。

也许最强烈的天生的爱就是人类的母亲对其孩子的爱。

喜欢／热爱和倾慕交织在一起并相互作用往往在许多和男女情感无关的领域具有巨大的现实意义。例如，一个天生热爱值得敬仰的人和思想的人在生活中拥有巨大的优势。巴菲特和我自己在这方面就很幸运，有时候让我们受益的是相同的人或者思想。有一个人对我们两人都起到激励作用，他就是沃伦的叔叔，弗雷德·巴菲特。他在杂货店有干不完的活，但干活的时候总是很快乐，沃伦和我对他特别佩服。即使到今天，在我认识了这么多人之后，我仍然认为弗雷德·巴菲特是最好的人，他让我变得更好。

那些有可能引起极度的热爱和倾慕的人往往能够发挥榜样的作用，造成非常好的效果，这对社会政策有极大的借鉴意义。例如，吸引许多令人敬爱、值得倾慕的人进入教育行业就是很明智的做法。

三、讨厌／憎恨倾向

在一种与"喜欢／热爱倾向"相反的模式中，刚出生的人类也会"天生就讨厌和憎恨"对他很坏的人。猿类和猴类的情况也是如此。

因此，战争在人类漫长的历史中几乎是持续不断的。例如，大多数美洲印第安人部落曾无休止地相互征伐，有些部落偶尔会把俘虏带到家里的妇女面前，让她们也享受把俘虏折磨致死的乐趣。尽管有了广为流布的宗教和发达先进的文明制度，现代社会的战争依然非常野蛮。但我们也观察到，在当今的瑞士和美国，人类巧妙的政治制度将个体和群体的讨厌与仇恨"引导"到包括选举在内的非致命模式当中。

但讨厌和仇恨并没有彻底消失。这些心理倾向是天生的，它们依然很强烈。所以英国有这样的格言："政治是正确地处理仇恨的艺术。"我们还看到美国非常流行那些对政敌进行诋毁的广告。

就家庭的层面而言，我们经常可以看到这样的情况：有的人憎恨自己的兄弟姐妹，只要负担得起相关费用，他就会不停地起诉他们。有个很风趣的人叫做巴菲特，他反复地向

眼罩遮掩马匹部分视野，令其专心接受马车夫指令，也能减少马受惊的情况，保障安全。

我解释，"穷人和富人的主要区别是，富人能够一辈子起诉他们的亲戚"。我父亲在奥马哈当律师的时候也处理了许多这种家庭内部的仇恨。我在哈佛大学法学院念书时，那里的教授教我"物权法"，然而丝毫没有提及家庭内部的兄弟争端。那时我就称这所法学院是一个非常脱离现实的地方，它像古代拉牛奶车的马那样蒙上了"眼罩"。我估计现在哈佛大学法学院在上物权法课程的时候依然没有提到兄弟之争。

讨厌／憎恨倾向也是一种心理调节工具，它能促使深陷其中的人们：（1）忽略其讨厌对象的优点；（2）讨厌那些能够让自己联想起讨厌对象的人、物品和行动；（3）为了仇恨而扭曲其他事实。

这种扭曲往往很极端，导致人们的认知出现了极大的偏差。当世贸中心被摧毁的时候，许多巴基斯坦人立刻认为是印度人干的，而许多穆斯林则认为是犹太人干的。这种致命的扭曲通常使得相互仇视的双方很难或者不可能握手言和。以色列和巴勒斯坦之间很难和解，因为一方历史中记载的事实与另外一方历史中记载的事实大相径庭，很少有相同之处。

第十一讲　人类误判心理学

四、避免怀疑倾向

人类的大脑天生就有一种尽快作出决定，以此消除怀疑的倾向。

这很容易理解，进化在漫长的岁月中促使动物倾向于尽快清除怀疑。毕竟，对于一只受到进攻者威胁的猎物来说，花很长时间去决定该怎么做肯定是一件不妙的事情。人类的远祖也是动物，这种避免怀疑倾向与其远祖的历史是很相符的。

人类通过尽快作出决定来消除怀疑的倾向十分明显，所以法官和陪审团必须采用抵制这种倾向的行为。他们不能立刻作出判决，而是必须经过慎重的考虑。人们在做决定之前，必须让自己习惯于戴上一个客观的"面具"。这个"面具"能够让人们客观地看待问题，这一点我们将会在下面讨论"避免不一致性倾向"时看出来。

当然，明白人类具有强烈的避免怀疑倾向之后，逻辑上我们可以理解，至少在某些方面，人们对宗教信仰的接受必然受到这种倾向的驱使。即使有人认为他自己的信仰来自神的启示，他仍然需要思考其他人与此不一样的信仰。几乎可以肯定地说，避免怀疑倾向是最重要的答案之一。

是什么引发了避免怀疑倾向呢？如果一个人没有受到威胁，又无需考虑任何问题，他是不会急于通过作出决定来消除怀疑的。正如我们在后面谈到"社会认同倾向"和"压力影响倾向"时将会看到的，引发避免怀疑倾向的因素通常是：（1）困惑；（2）压力。在面对宗教问题的时候，这两种因素当然都存在。

因而，大多数人的自然状态就是需要有某种宗教信仰。这是我们观察到的事实。

五、避免不一致性倾向

为了节省运算空间，人类的大脑会不愿意作出改变。这是一种避免不一致性的形式。

在所有的人类习惯中，无论是好习惯还是坏习惯，我们都能看到这种情况。没几个人能够列出许多他们已经改掉的坏习惯，而有些人哪怕连一个都列举不出来。与此相反，几乎每个人都有大量持续很久的坏习惯，尽管他们自己也知道这些习惯不好。考虑到这种情况，在许多时候我们说三岁看老不是没有道理的。在狄更斯的《圣诞欢歌》中，可怜的雅各布·马里的鬼魂说："我戴着我在生活中锻造的锁链。"他说的锁链就是那些起初轻微得难以察觉，在察觉之后又牢固得无法打破的习惯。

在生活中维持许多好习惯，避免或者戒除许多坏习惯，这样的生活才是明智的。能够帮助人们过上明智生活的伟大原则同样来自富兰克林的《穷理查年鉴》："一盎司的预防比一磅的治疗更值钱。"富兰克林这句话的部分含义是，由于避免不一致性倾向的存在，防止一种习惯的养成要比改变它容易得多。

大脑的抗改变倾向还使得人们倾向于保留如下几种东西的原样：以前的结论、忠诚度、身份、社会认同的角色等等。人类大脑在进化的过程中为什么会产生出这种伴随着快速消除怀疑倾向的抗改变模式，现在还不是很清楚。我猜想这种抗改变模式主要是由如下几种因素的共同作用引起的：

（1）当人类的远祖还是动物的时候，迅速作出决定对生存来说是至关重要的，而这种抗改变的模式有助于更快地作出决定。

（2）它使得我们的远祖能够通过群体协作而获得生存优势，因为如果每个人的反应总是不停地改变，那么群体协作就会变得很困难。

（3）从人类刚开始识字到今天拥有复杂的现代生活，中间的时间并不是很长，它是进化在这么短的时间内所能得到的最好的办法。

我们很容易可以看出来，如果任由避免怀疑倾向引发的快速决定和拒绝改变这种决定

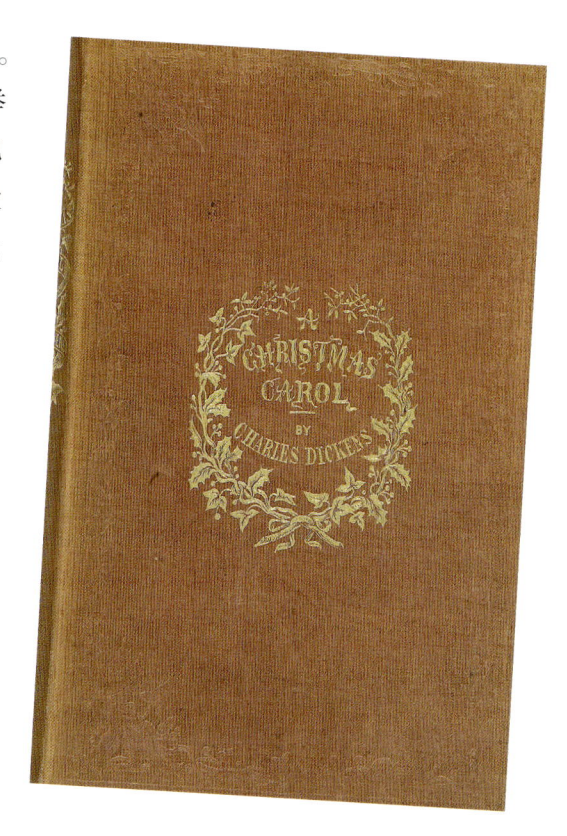

《圣诞欢歌》出版的维多利亚时代，圣诞节并不为很多英国人所知。通过查尔斯·狄更斯书写的，这一带有道德训诫、讽喻扬善，又团圆结局的故事，英国逐渐流行起来家庭团聚、互换礼物、圣诞餐饮、"圣诞快乐"的说法。因此，狄更斯被称作"圣诞之父"。

的倾向相结合，将会使现代人的认知出现大量的错误。而且实际情况也确实如此。我们所有人都曾和许多冥顽不灵的人打过交道，那些人死抱着他们在小时候形成的错误观念，直到进了坟墓还不肯放手。

由于避免不一致性倾向引起的糟糕决定所造成的问题特别严重，所以我们的法院采用了一些重要措施来对付它。例如，在作出决定之前，法官和陪审团必须先聆听辩方的长篇大论，让辩方列举证据为自身辩护。这有助于防止法官和陪审团在判决的时候犯"第一结论偏见"的错误。同样地，其他现代决策者通常要求各种团体在作出决定之前考虑反方的意见。

正确的教育应该是一个提高认知能力的漫长过程，以便我们变得足够有智慧，能够摧毁那些因拒绝改变倾向而被保留的错误想法。正如在世界顶尖大学任教的凯恩斯男爵谈及他那些高级知识分子同事时指出的，新思想之所以很难被接受，并不是因为它们本身太过复杂。新思想不被接受，是因为它们与原有的旧思想不一致。凯恩斯教授的言下之意，就是人类头脑和人类卵子的运作方式非常相似。当一个精子进入卵子，卵子就会自动启动一种封闭机制，阻止其他精子的进入。人类头脑强烈地趋向于与此相同的结果。

所以人们倾向于积累大量僵化的结论和态度，而且并不经常去检查，更不会去改变，即便有大量的证据表明它们是错误的。

社会科学院系就会发生这样的情况，比如说，曾经有人认为弗洛伊德应该是加州理工学院心理学教授的唯一人选。但自然科学院系也有人坚持错误的旧观点，不过这种情况比较少见，也没那么严重。在这方面，诺贝尔奖得主、普朗克常数的发现者马克斯·普朗克最有发言权。普朗克不但以科学研究闻名，而且他还说过一句著名的话，他说，甚至在物理学领域，激进的新思想也很少被旧卫士所接受。与此相反，普朗克说，唯有新的一代成长起来，较少受到旧理论毒害的他们才能接受新理论。实际上，这种"脑梗阻"的情况也曾经在某种程度上发生于爱因斯坦身上。处在巅峰期的爱因斯坦非常善于摧毁他自己的思想，但是爱因斯坦晚年却从没有完全接受量子力学。

爱因斯坦生命的后三十年，基本都在努力寻找可以弥合相对论与量子力学的大统一理论，可惜直到去世，仍未如愿。

查尔斯·达尔文是最成功地化解第一结论偏见的人之一。他很早就训练自己努力考虑任何有可能证伪他的假说的证据，尤其在他认为他的假说特别出色时更是如此。与达尔文相反的做法现在被称为"确认偏见"，这是一个贬义词。达尔文采用这样的做法，是因为他清楚地认识到人类会由于天生的避免不一致性倾向而犯认知错误。他本身是一个伟大的例子，证明了心理学洞见一旦被正确地使用，就能够对人类历史上最优秀的思想有所贡献。

避免不一致性倾向给文明社会带来了许多良好的影响。例如，大多数人在生活中不会表现出与他们的公共责任、新的或旧的公共认同等不一致的行动，而是会忠于职守，扮演好牧师、医生、公民、士兵、配偶、教师、职员等角色。

避免不一致性倾向造成的结果之一是，人们在获取新身份的过程中作出的重大牺牲将会提高他们对这种新身份的忠诚度。毕竟，如果他们认为某样东西并不好，却又为之作出重大牺牲，那他们的行为将会显得和他们的思想很不一致。所以文明社会发明了许多庄严肃穆的入会仪式，这些仪式通常是公开举行的，能够让新成员更加忠心。

庄严的仪式能够强化好的关系，也能够强化坏的关系。黑手党新成员因为"投名状"而对组织更加忠诚，德国军官因为"血誓"而对希特勒更加忠心，这些都是避免不一致性倾向引发的后果。

此外，这种倾向通常会使人们成为被某些有心机的人所操控的"受害者"，那些人能够通过激发别人潜意识中的避免不一致性倾向而博取对方的好感。很少有人比本杰明·富兰克林更精于此道。本杰明·富兰克林原本是费城一个默默无闻的小人物，当时他想得到某个重要人物的垂青，于是经常设法请那个人帮他一些无关紧要的小忙，比如说借一本书给他之类的。从那以后，那个大人物就更加欣赏和信任富兰克林了，因为一个不值得欣赏、不值得信任的富兰克林与他借书给富兰克林的行为中暗示的赞许并不一致。

富兰克林这种操纵别人帮自己忙、从而令别人对自己产生好感的做法如果反过来使用，也会产生非常变态的效果。如果有个人受到操控，故意不停地去伤害另外一个人，那么他

就会倾向于贬低甚至憎恨那个人。这种避免不一致性倾向造成的效应解释了那句谚语所含的道理："人永远不会忘记自己做过的坏事。"这种效应也解释了监狱中的看守和囚犯势不两立的现象。许多看守会虐待囚犯，这种做法使他们更加讨厌和憎恨囚犯，而那些被当作畜牲一样的囚犯又会反过来仇视看守。若要消除监狱中囚犯和看守之间相互敌视的心理，狱方应该持续不断地致力于：（1）从一开始就防止虐待囚犯；（2）虐囚现象出现时要立刻予以制止，因为它会像瘟疫那样蔓延扩散。如果在更有远见的教育的帮助下，我们对这个问题能够获得更多的心理学认知，那么我们也许能够提高美国军队的整体效率。

避免不一致性倾向是如此强大，乃至一个人只要假装拥有某种身份、习惯或者结论，他自己通常就会信以为真。因而，许多扮演哈姆雷特的演员会在某种程度上相信自己就是那位丹麦王子。许多装好人的伪善者的道德水平确实得到了提高；许多假装公正无私的法官和陪审团确实会做到公正无私；许多辩护律师或者其他观点的鼓吹者最后会相信他们从前只是假装相信的东西。

避免不一致性倾向造成了"维持现状倾向"，给合理的教育造成了巨大的伤害，但它

亚历山大港的灯塔和亚历山大图书馆，曾是照亮古代世界物质与精神的两盏明灯，只可惜，一毁于地震，一毁于战火。

也带来了许多好处。避免不一致性倾向导致教师不太可能把自己不相信的知识教给学生。所以临床医学教育要求学生必须遵守"先看，后做，再教"的原则，只有自己看过和做过的，才能教给别人。当然，教育过程有能力影响教师认知，这未必总是对社会有益。当这种能力流入政见传播和邪教教义传播时，通常会给社会造成糟糕的影响。

例如，当年轻的学生被灌输了值得怀疑的政治理念，然后热诚地将这些理念推销给我们其他人时，现代教育就会给社会造成很大的破坏。这种推销很少能使其他人信服。但是学生会把他们所推销的东西变成他们自己的思维习惯，从而受到了永久的伤害。我认为那些有这种风气的教育机构是很不负责任的。在一个人心智尚未完全成熟之前，不能给他的头脑套上一些锁链，这是很重要的。

六、好奇心倾向

哺乳动物天生就具有好奇心，但在所有非人类的哺乳动物里面，好奇心最强烈的是猿类和猴类。而人类的好奇心又比他的这些近亲强烈得多。在发达的人类文明中，文化极大地提高了好奇心在促进知识发展方面的效率。例如，雅典（及其殖民地亚历山大港）人的纯粹好奇心推动了数学和科学的发展，而罗马人则对数学或科学几乎没有贡献。罗马人更专注于矿藏、道路和水利等"实用"工程。最好的现代教育机构（这样的机构在许多地方都为数甚少）能够增强人们的好奇心，而好奇心则能帮助人们防止或者减少其他心理倾向造成的糟糕后果。好奇心还能让人们在正式教育结束很久之后依然拥有许多乐趣和智慧。

七、康德式公平倾向

康德以其"绝对命令"而闻名。所谓绝对命令是某种"黄金法则"，它要求人们遵守某些行为方式，如果所有人都遵守这些方式，那么就能够保证社会制度对每个人来说都是最好的。应该说，在现代社会，每个有文化的人都表现出并期待从别人那里得到康德所定义的这种公平。

在"三大批判"的第二部《实践理性批判》中，康德将"绝对命令"定义为："不论做什么，总应该做到使你的意志所遵循的准则永远同时能够成为一条普遍的立法原理。"

美国一些规模不大的小区里面通常会有只能供一辆车通过的桥梁或者地道，在这些小区里面，我们可以看到很多相互礼让的情况，尽管那里并没有交通标志或者信号灯。许多在高速公路上开车的司机，包括我自己在内，通常会让其他想要超车的司机开到自己前面，因为那是一种当他们想超车时也希望得到的礼貌行为。此外，在现代的文明社会中，陌生人之间有文明排队的习惯，这样所有人都能按照"先来后到"的规矩得到服务。

此外，陌生人往往会自愿平分飞来横财，或者平摊意外损失。作为这种"公平分配"行为的自然后果，当人们期待然而没有得到公平分配时，往往会表现出不满的情绪。

过去300年来，奴隶制度在世界各地基本上被废除了，这是很有意思的事情，因为在此之前，奴隶制度已经和各大宗教共存了几千年。我认为康德式公平倾向是促成这种结果的主要因素。

八、艳羡/妒忌倾向

如果某个物种在进化过程中经常挨饿，那么这个物种的成员在看到食物时，就会产生占有那食物的强烈冲动。如果被看到的食物实际上已经被同物种的另外一个成员占有，那么这两个成员之间往往会出现冲突的局面。这可能就是深深扎根在人类本性中的艳羡/妒忌倾向的进化起源。

兄弟姐妹之间的妒忌明显是非常强大的，并且儿童往往比成年更容易妒忌自己的兄弟姐妹。这种妒忌通常比因陌生人而发的妒忌更加强烈。这种结果也许是康德式公平倾向造成的。

不合的金苹果

女神厄里斯因未受邀参加婚礼，便在仪式现场呈出一个写有"送给最美的女神"的金苹果。赫拉、雅典娜、阿弗洛狄忒为了金苹果争执不下，众神怕惹祸上身不敢言语，宙斯让她们找凡人、特洛伊王子帕里斯做评判：阿弗洛狄忒获得了金苹果，帕里斯获得了绝世美人海伦，特洛伊却因另两位女神的怒火引来了战争……

各种神话、宗教和文学作品用一个又一个的事例来描写极端的艳羡/妒忌是如何引起仇恨和伤害的。犹太文明认为这种心理倾向是极其邪恶的，摩西诫律一条又一条明令禁止妒忌。这位先知甚至警告人们不要去贪图邻人的驴子。

现代生活中的妒忌也无所不在。例如，当某些大学的资金管理人员或者外科手术教授拿到远远超过行业标准的薪水时，校园里会一片哗然。而现代的投资银行、律师事务所等地方的艳羡/妒忌效应通常比大学教职员工中的此效应更加极端。许多大型律师事务所担心艳羡/妒忌会造成混乱，所以它们历来给所有高级合伙人提供的薪酬都是差不多的，完全不管他们对事务所的贡献有多大的差别。我同沃伦·巴菲特一起工作，分享对生活的观察已经几十年了，听到他不止一次明智地指出："驱动这个世界的不是贪婪，而是妒忌。"

由于这句话基本上是正确的，人们可能会认为心理学教科书会用大量的篇幅来谈论艳羡/妒忌。但我翻读那三本心理学教科书的时候，并没有看到这样的内容。实际上，那些教科书的索引上根本就找不到"艳羡"和"妒忌"这两个词。

毫不提及艳羡/妒忌的这种现象并不局限于心理学教科书。在你们参加过的大型学术研讨会上，有人把成年人的艳羡/妒忌心理视为某些观点的原因吗？似乎存在一条普遍的禁忌，禁止人们做出这样的声明。如果确实如此的话，是什么导致这条禁忌的出现呢？

我的猜想是，这是因为人们普遍认为，说某种立场是由艳羡/妒忌促成的，是对采取那种立场的人的极大侮辱，如果那个人所持的看法是正确的，而不是错误的，那就更是如此。说某种立场受到妒忌的驱动被视为等同于说采取那种立场的人像儿童般不成熟，那么这种对妒忌避而不谈的禁忌就完全可以理解了。

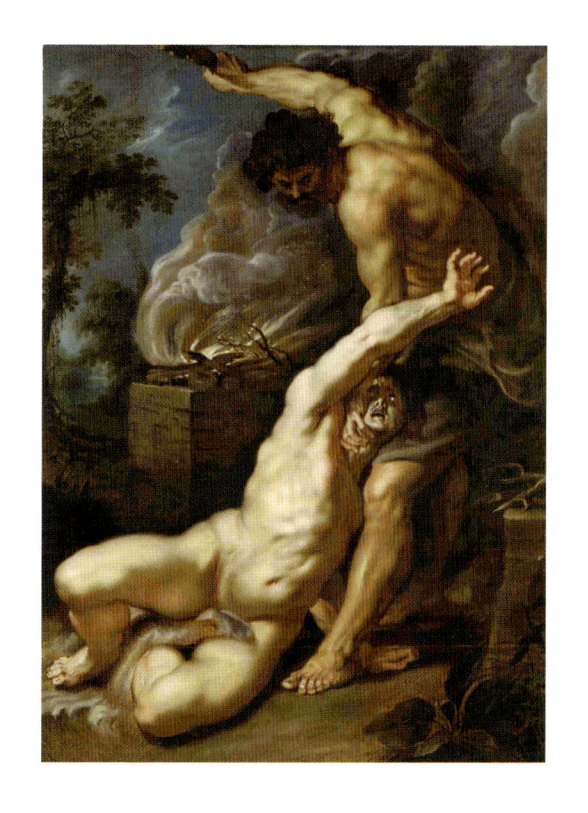

《该隐杀害亚伯》
(Cain slaying Abel)
彼得·保罗·鲁本斯，1600年，油画，英国伦敦考陶尔德美术馆。

但这种普遍的禁忌就应该影响心理学教科书，导致心理学无法对一种普遍的重要现象作出正确的解释吗？我的答案是否定的。

九、回馈倾向

人们早就发现，和猿类、猴类、狗类和其他许多认知能力较为低下的动物相同，人类身上也有以德报德、以牙还牙的极端倾向。这种倾向明显能够促进有利于成员利益的团体合作。从这方面来讲，它跟许多社会性动物的基因程序很相似。

我们知道，在有些战争中，以牙还牙的心理倾向是很厉害的，它会让仇恨上升到很高的程度，引发非常野蛮的行为。许多战争中没有活的俘虏，交战双方非把敌人置于死地不可，而且有时候光是把敌人杀死还不够，比如说成吉思汗，他就不满足于只把敌人变成尸体。他坚持要把敌人的尸体剁得粉碎。

拿成吉思汗和蚂蚁来作对比是很有意思的。成吉思汗对别人残暴无度，动辄加以杀戮，而蚂蚁对其繁殖群体之外的同种类蚂蚁也表现出极端的、致命的敌意。如果和蚂蚁相比，成吉思汗简直太和蔼可亲了。蚂蚁更加好斗，而且在打斗中更加残忍。实际上，E.O. 威尔逊曾经开玩笑地说，如果蚂蚁突然得到原子弹，所有蚂蚁将会在 18 个小时之内灭亡。人类和蚂蚁的历史给我们的启发是：（1）大自然并没有普遍的法则使得物种内部以德报怨的行

小小的蚂蚁比成吉思汗更加好斗？

为能够推动物种的繁荣；（2）如果一个国家对外交往时放弃以牙还牙的做法，这个国家是否有好的前景是不确定的；（3）如果国与国之间都认为以德报怨是最好的相处之道，那么人类的文化将要承担极大的重任，因为人类的基因是帮不上多少忙的了。

接下来我要谈谈战场之外的以牙还牙。现代有许多"路怒"（road rage）事件，或者运动场上也有因为受伤而引起的情绪失控事件，从这些事件可以看出来，在和平时代，人们之间的敌意也可能非常极端。

化解过激的敌意的标准方法是，人们可以延迟自己的反应。我有个聪明的朋友叫做托马斯·墨菲，他经常说："如果你觉得骂人是很好的主意，你可以留到明天再骂。"

当然，以德报德的心理倾向也是非常强烈的，所以它有时能够扭转以牙还牙的局面。有时战火正酣，交战双方会莫名其妙地停止交火，因为有一方先做出了细微的友善的举动，另外一方则投桃报李，就这样往复下去，最后战斗会停止很长一段时间。第一次世界大战期间，开战双方在前线的战壕不止一次地这样停战，这令那些将军感到非常恼火。

很明显，作为现代社会繁荣的主要推动因素，商业贸易也得到人类投桃报李的天性的很大帮助。利己利人的原则和回馈倾向相结合，会引起许多有建设性的行为。婚姻生活中的日常交流也得到回馈倾向的帮助，如果没有回馈倾向的帮助，婚姻会丧失大部分的魅力。

回馈倾向不但能够和激励机制的超级威力结合起来产生好的结果，它还跟避免不一致性倾向共同促成了以下结果：（1）人们履行在交易中作出的承诺，包括在婚礼上作出的忠于对方的承诺；（2）牧师、鞋匠、医生和其他所有职业人士恪守职责，做出正确的行为。

与其他心理倾向和人类翻跟斗的能力相同，回馈倾向很大程度上是在潜意识层面发挥作用的。所以有些人能够把这种倾向变成强大的力量，用来误导他人。这种情况一直都有发生。

例如，当汽车销售员慷慨地把你请到一个舒服的地方坐下，并端给你一杯咖啡时，你

托马斯·墨菲
Thomas Murphy
1925—

查理·芒格那位聪明的朋友。美国广播公司前总裁兼 CEO，伯克希尔董事会成员。

非常有可能因为这个细小的礼节性行为当了一回冤大头，买车的时候多付了 500 美元。这远远不是销售员用小恩小惠所取得的最成功的销售案例。然而，在这个买车的场景中，你将会处于劣势，你将会从自己口袋里额外掏出 500 美元。这种潜在的损失多少会让你对销售员的示好保持警惕。

但假如你是采购员，花的钱来自别人——比如说某个有钱的雇主，那么你就不太会因为要额外付钱而反感销售员的小恩小惠，因为多付出的成本是别人的。在这样的情况下，销售员通常能够将他的优势最大化，尤其是当采购方是政府时。

因此，聪明的雇主试图压制从事采购工作的职员的回馈倾向。最简单的对策最有效：别让他们从供应商那里得到任何好处。山姆·沃尔顿赞同这种彻底禁止的思想。他不允许采购员从供应商那里接受任何东西，哪怕是一个热狗也不行。考虑到大多数回馈倾向是在潜意识层面发挥作用，沃尔顿的政策是非常正确的。如果我是国防部的负责人，我会在国防部实行沃尔顿的政策。

在一个著名的心理学实验中，西奥迪尼出色地证明"实验员"有能力通过诱发人们潜意识的回馈倾向来误导他们。

展开实验的西奥迪尼吩咐他的实验员在他所在的大学校园里闲逛，遇到陌生人就请他们帮忙带领一群少年犯去动物园参观。因为这是在大学校园里发生的，所以在他们抽中的大量样本中，每六个人有一个真的同意这么做。得到这个 1/6 的统计数据之后，西奥迪尼改变了实验的程序。他的实验员接下来又在校园里闲逛，遇到陌生人就要求他们连续两年每周花大量时间去照顾少年犯。这个荒唐的请求得到了百分之百的拒绝。但实验员跟着又问："那么你愿意至少花一个下午带那些少年犯去参观动物园吗？"这将西奥迪尼原来的接受率从 1/6 提高到了 50%——整整 3 倍。

西奥迪尼的实验员所做的是作出小小的让步，于是对方也作出了小小的让步。由于西奥迪尼的实验对象在潜意识中作出了这种回馈式的让步，所以有更多的人非理性地答应带领少年犯去参观动物园。这位教授发明了如此巧妙的实验，如此强有力地证明了某个如此

水门丑闻
Watergate scandal

1972年民主党全国委员会位于华盛顿特区的水门综合大厦发现被人侵入，然而时任总统理查德·尼克松及内阁试图掩盖事件真相。直至窃听阴谋被发现，尼克松仍然阻挠国会调查，最终导致宪政危机。尼克松于1974年宣布辞去总统职务。

重要的道理，他理应得到更广泛的认可。实际上，西奥迪尼确实得到了这种认可，因为许多大学向他学习了大量知识。

回馈倾向为什么如此重要呢？假如有许多法学院学生毕业后走进社会，代表客户到处去谈判，却完全不了解西奥迪尼的实验所展现的潜意识思维过程的本质，那该是多么愚蠢的事。然而这种蠢事在世界各地的法学院已经发生了好几十年，实际上，是好几个世代。这些法学院简直就是在误人子弟。它们不知道也不愿意去传授山姆·沃尔顿了解得十分清楚的东西。

回馈倾向的重要性和效用也可以从西奥迪尼对美国司法部长批准偷偷进入水门大厦的愚蠢决定的解释中看出来。当时有个胆大包天的下属提议为了谋取共和党的利益，不妨使用妓女和豪华游艇相结合的手段。这个荒唐的请求遭到拒绝之后，那下属作出了很大的让步，只要求得到批准，以便偷偷摸摸地去盗窃，于是司法部长默许了。西奥迪尼认为，潜意识的回馈倾向是导致美国总统在水门丑闻中下台的重要因素。我也持相同的观点。回馈倾向微妙地造成了许多极端而危险的结果，且这种情况绝不少见，而是一直以来都有很多。

阿兹特克人在祭祀或庆典中常将活人开膛，取出仍在跳动的心脏献给神明。为取得牺牲者，阿兹特克人不惜挑起纷争与战乱，这也导致了其对外关系的紧张和帝国的崩解。

人类对回馈倾向的认识，在被付诸实践数千年之后，已经在宗教领域干了许多令人毛骨悚然的坏事。特别令人发指的例子来自腓尼基人（Phoenicians）和阿兹特克人（Aztecs），他们会在宗教仪式上将活人杀死，作为牺牲品供奉给他们的神灵。我们不应该忘记近如在迦太基之战（Punic Wars，也称布匿战争，是罗马人在向地中海扩张中于公元前 264 年—公元前 146 年同迦太基人之间的三次战役）中，文明的罗马人由于担心战败，重操了几次杀人献祭的旧业。从另外一方面来说，人们基于回馈心理，认为只要行为端正，就能从上帝那里得到帮助，这种观念有可能一直以来都是非常具有建设性的。

总的来说，我认为无论是在宗教之内还是在宗教之外，回馈倾向给人类带来的贡献远远比它造成的破坏要多。而就利用心理倾向来抵消或者防止其他一种或多种心理倾向引起的糟糕后果而言，比如说，就利用心理干预来终止化学药物依赖（戒毒或酒）而言，回馈倾向往往能够起到很大的帮助作用。

人类生活中最美好的部分也许就是情感关系，情感关系中的双方更感兴趣的是如何取悦对方，而非如何被取悦——在回馈倾向的作用之下，这样的情况并不算罕见。

在结束离开回馈倾向的讨论之前，我们最后要讨论的是人类普遍受到负罪感折磨的现象。如果说负罪感有其进化基础的话，我相信最有可能引起负罪感的因素是回馈倾向和奖励超级反应倾向之间的精神冲突。奖励超级反应倾向是一种推动人们百分百地去享受好东西的心理倾向。当然，人类的文化通常极大地促使这种天生的倾向受到负罪感的折磨。具体地说，宗教文化通常给人们提出一些很难做到的道德要求和奉献要求。我家附近住着一位很有个人魅力的爱尔兰天主教神父，他经常说："负罪感可能是那些犹太人发明的，但我们天主教徒完善了它。"如果你们像我和这位神父一样，都认为负罪感总体上是利多于弊的，那么你们就会和我一样对回馈倾向存有感激之心，无论你们觉得负罪感是多么地令人不愉快。

十、受简单联想影响的倾向

斯金纳研究过的标准条件反射是世界上最常见的条件反射。在这种条件反射中，创造出新习惯的反射行为是由以前得到的奖励直接引起的。例如，有个人买了一罐名牌鞋油，发现这种鞋油能把鞋擦得特别亮，由于这种"奖励"，下次他需要再买鞋油时，还是买了这个牌子。

但条件反射还有另外一种，反射行为是由简单的联想引发的。例如，许多人会根据从前的生活经验得到这样的结论：如果有几种同类产品同时在出售，价格最高的那种质量最好。有的普通工业品销售商明白这个道理，于是他通常会改变产品的外包装，把价格提得很高，希望那些追求高质量的顾客会因此而上当，纯粹由于他的产品及其高价格引起的联想而成为购买者。这种做法通常对促进销量很有帮助，甚至对提高利润也很有作用。例如，长期以来，定价很高的电动工具就取得了很好的销售业绩。如果要销售的产品是油井底下用的油泵，那么这种高定价的做法起到的作用会更大。提高价格的销售策略对奢侈品而言尤其有效，因为那些付出更高价格的顾客因此而展现了他们的良好品味和购买力，所以通常能够获得更高的地位。

即使是微不足道的联想，只要加以仔细的利用，也能对产品购买者产生极端的特殊影响。鞋油的目标购买者或许很喜欢漂亮女孩。所以他选择了那种外包装上印着漂亮女孩的鞋油，或者他最近看到由漂亮女孩做广告的那种鞋油。

广告商了解单纯联想的威力。所以你们不会看到可口可乐的广告中有儿童死亡的场面；与之相反，可口可乐广告画面中的生活总是比现实生活更加快乐。

同样地，军乐团演奏的音乐那么动听也绝对不是偶然的。人们听到那种音乐，就会联想起部队生活，所以它有助于吸引人们入伍，并让士兵留在军队里。大多数军队懂得如何用这种成功的方法来使用简单联想。

然而，简单联想造成的最具破坏性的失算往往并不来自广告商和音乐提供者。

有的东西碰巧能让人联想起他从前的成功，或者他喜欢和热爱的事物，或者他讨厌和憎恨的事物（包括人们天生就讨厌的坏消息）。有些最严重的失算是由这样的东西引起的。

若要避免受到对从前之成功的简单联想误导，请记住下面这段历史。拿破仑和希特勒的军队在其他地方战无不胜，于是他们决定侵略俄罗斯，结果都是一败涂地。现实生活中

《拿破仑从俄国撤退》
(Napoleon's Retreat from Russia)
阿道夫·诺森，1866年，油画。

有许多事例跟拿破仑和希特勒的例子差不多。例如，有个人愚蠢地去赌场赌博，竟然赢了钱。这种虚无缥缈的关联促使他反复去那个赌场，结果自然是输得一塌糊涂。也有些人把钱交给资质平庸的朋友去投资，碰巧赚了大钱。尝到甜头之后，他决定再次尝试这种曾经取得成功的方法——结果很糟糕。

避免因为过去的成功而做蠢事的正确对策是：（1）谨慎地审视以往的每次成功，找出这些成功里面的偶然因素，以免受这些因素误导，从而夸大了计划中的新行动取得成功的概率；（2）看看新的行动将会遇到哪些在以往的成功经验中没有出现的危险因素。

喜欢和热爱会给人们的思想带来伤害，这可以从下面的事例看出来。在某桩官司中，被告人的妻子原本是一名非常值得尊敬的女性，可是却做出了明显错误的证词。那位著名的控方律师不忍心攻击这位如此可敬的女士，然而又想摧毁其证词的可信性。于是他摇摇头，悲伤地说："我们该如何看待这样的证词呢？答案就在那首老歌里面：

丈夫是什么样，
妻子就会是什么样。
她嫁给了小丑，
小丑的卑鄙无耻，
拖累了她。"

法官因此没有采信这位女士的证词。他们轻而易举地看出她的认知已经受到爱情的强烈影响。我们常常看到，有些母亲受到爱的误导，在电视镜头面前声泪俱下，发自内心地认为她们那些罪孽深重的儿子是清白无辜的。

关于这种被称为爱的联想在多大程度上会令人盲目，人们的意见不尽相同。在《穷理查年鉴》中，富兰克林提议："结婚前要睁大双眼看清楚，结婚后要睁一只眼闭一只眼。"也许这种"睁一只眼闭一只眼"的方法是正确的，但我喜欢一种更难做到的办法："实事求是地看清现实，可还是去爱。"

Sylvain Tesson
Berezina

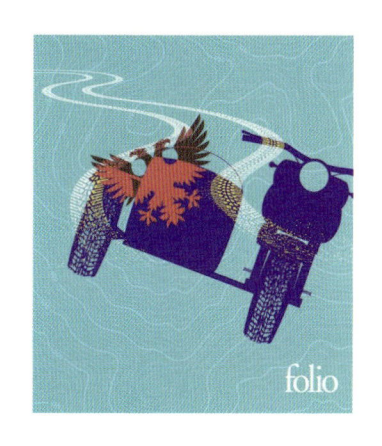

"不过这与我们的出征无关……"

"……不，我们想要做的……"格拉斯继续说。

"……是致敬数十万不幸士兵的记忆，他们因为追随领袖，因为相信一个民族而成了受害者。"我说。

"……能用每个人的鲜血写出一本集体的书……"

——西尔万·泰松
《别列津纳河》

憎恨和讨厌也会造成由简单联想引起的认知错误。在企业界，我常常看到人们贬低他们讨厌的竞争对手的能力和品德。这是一种危险的做法，通常不易察觉，因为它是发生在潜意识层面的。

有关某个人或者某个讨厌结果的简单联想也会造成另外一种常见的恶果，这可以从"波斯信使综合征"中看出来。古代波斯人真的会把信使杀掉，而这些信使唯一的过错是把真实的坏消息（比如说战败）带回家。对于信使来说，逃跑并躲起来，真的要比依照上级的心愿完成使命安全得多。

波斯信使综合征在现代生活中仍然很常见，尽管不再像原来那样动辄出人命。在许多职业里，成为坏消息传递者真的是很危险的。工会谈判专家和雇主代表通常懂得这个道理，它在劳资关系中引发了许多悲剧。有时候律师知道，如果他们推荐一种不受欢迎然而明智的解决方案，将会招来客户的怨恨，所以他们会继续把官司打下去，乃至造成灾难性的后果。即使在许多以认知程度高而著称的地方，人们有时候也会发现波斯信使综合征。例如，几年前，两家大型石油公司在得克萨斯的审判庭打起了官司，因为它们合作开发西半球最大油田的协议中有含糊的地方。我猜想他们打官司的起因是某位法律总顾问先前发现合同有问题，却不敢把坏消息告诉一位刚愎自用的CEO。

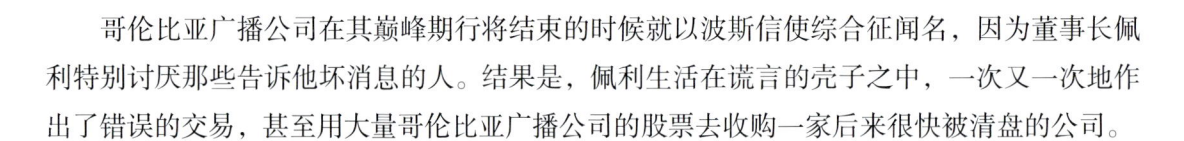

哥伦比亚广播公司在其巅峰期行将结束的时候就以波斯信使综合征闻名，因为董事长佩利特别讨厌那些告诉他坏消息的人。结果是，佩利生活在谎言的壳子之中，一次又一次地作出了错误的交易，甚至用大量哥伦比亚广播公司的股票去收购一家后来很快被清盘的公司。

要避免像哥伦比亚广播公司那样因波斯信使综合征而自食其果，正确的对策是有意识地，养成欢迎坏消息的习惯。伯克希尔有一条普遍的规矩："有坏消息要立刻向我们汇报。只有好消息是我们可以等待的。"还有就是要保持明智和消息灵通，那就是让人们知道你有可能从别处听说坏消息，这样他们就不敢不把坏消息告诉你了。

受简单联想影响的倾向通常在消除以德报德的自然倾向方面有惊人的效果。有时候，当某个人接受恩惠时，他所处的境况可能很差，比如说穷困潦倒、疾病缠身、饱受欺凌等

威廉·塞缪尔·佩利
William Samuel Paley
1901—1990

等。除此之外，受惠者可能会妒忌施惠者优越的处境，从而讨厌施惠者。在这样的情况下，由于施惠的举动让受惠者联想起自身的不幸遭遇，受惠者不但会讨厌那个帮助他的人，还会试图去伤害他。这解释了那个著名反应（有人认为是亨利·福特说的）："这人为什么如此憎恨我呢？我又没有为他做过什么事情。"我有个朋友，现在姑且叫他"格罗兹"吧，乐善好施的他有过一次啼笑皆非的遭遇。格罗兹拥有一座公寓楼，他先前买下来，准备将来用那块地来开发另外一个项目。考虑到这个计划，格罗兹对房客非常大方，向他们收取的租金远远低于市场价。后来格罗兹准备拆掉整座大楼，在举行公开听证会的时候，有个欠了许多租金没有交的房客表现得特别气愤，并在听证会上说："这个计划太让人气愤了。格罗兹根本就不需要更多的钱。我清楚得很，因为我就是靠格罗兹的奖学金才念完大学的。"

最后一类由简单联想引起的严重思维错误出现在人们经常使用的类型化思考中。因为彼得知道乔伊今年 90 岁，也知道绝大多数 90 岁的老头脑袋都不太灵光，所以彼得认为老乔伊是个糊涂蛋，即使老乔伊的脑袋依然非常好使。或者因为阿珍是一位白发苍苍的老太太，而且彼得知道没有老太太精通高等数学，所以彼得认为阿珍也不懂高等数学，即使阿珍其实是数学天才。这种思考错误很自然，也很常见。要防止犯这种错误，彼得的对策并非去相信 90 岁的人脑袋总的来说跟 40 岁的人一样灵活，或者获得数学博士学位的女性和男性一样多。与之相反，彼得必须认识到趋势未必能够正确地预测终点，彼得必须认识到他未必能够依据群体的平均属性来准确地推断个体的特性。否则彼得将会犯下许多错误，就像某个在一条平均水深 18 英寸（约 45.7 厘米）的河流中被淹死的人那样。

十一、简单的、避免痛苦的心理否认

我最早遇到这种现象，是在二战期间。当时我们家有位世交的儿子学习成绩非常出色，在体育运动方面也非常有天赋，可惜他乘坐的飞机在大西洋上空失事，再也没有回来。他母亲的头脑十分正常，但她拒绝相信他已经去世。那就是简单的、避免痛苦的心理否认。现实太过痛苦，令人无法承受，所以人们会扭曲各种事实，直到它们变得可以承受。我们或多或少都有这种毛病，而这经常会引发严重的问题。这种倾向造成的最极端的后果经常跟爱情、死亡和对化学物质（酒精、毒品等）的依赖有关。

当否认是被用来让死亡更容易接受时，这种行为不会遭到任何批评。在这样的时刻，谁会忍心落井下石呢？但有些人希望在生活中坚持下面这条铁律："未必要有希望才能够坚持。"能够做到这一点的人是非常可敬的。

对化学物质的依赖通常会导致道德沦丧，成瘾的人倾向于认为他们的处境仍然很体面，仍然会有体面的前途。因此，他们在越来越堕落的过程中，会表现得极其不现实，对现实进行极端的否认。在我年轻的时代，弗洛伊德式疗法对逆转化学物质依赖性完全没有效用，但现在酒瘾戒除组织通过造成数种心理倾向一起来对抗酒瘾，能够把戒除率稳定在95%。然而整个治疗过程都很难，很耗费精力，而且50%的成功率也意味着50%的失败率。人们应该避免任何有可能养成化学物质依赖性的行为。由于这种依赖性会造成极大的伤害，所以哪怕只有很少的概率会染上，也应该坚决避免。

十二、自视过高的倾向

自视过高的人比比皆是。这种人会错误地高估自己，就好像瑞典有90%的司机都认为他们的驾驶技术在平均水平之上。这种误评也适用于人们的主要"私人物品"。人们通常会过度称赞自己的配偶。人们通常不会客观地看待自己的孩子，而是会给出过高的评价。甚至人们的细小私人物品也一般会得到过度的称赞。人们一旦拥有某件物品之后，对该物品的价值评估就会比他们尚未拥有该物品之前对其的价值评估要高。这种过度高估自己的私人物品的现象在心理学里面有个名称："禀赋效应"。人们作出决定之后，就会觉得自己的决定很好，甚至比没作出这种决定之前所认为的还要好。

自视过高的倾向往往会使人们偏爱那些和自己相似的人。有些心理学教授们用很好玩的"丢钱包"实验证明了这种效应。他们的实验全都表明，如果捡到钱包的人根据钱包里的身份线索发现失主跟自己很相似，那么他把钱包还给失主的可能性是最高的。由于人类的这种心理特性，相似的人组成的派系群体总是人类文化中非常有影响的一部分，甚至在我们明智地试图消除其最糟糕的效果之后仍是如此。

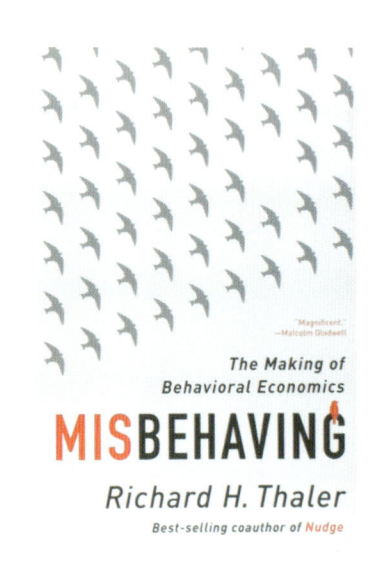

禀赋效应（Endowment Effect），由理查德·塞勒于1980年提出。

现代生活中有一些非常糟糕的派系群体，它们被一群自视过高的人把持，并只从那些和他们非常相似的人中挑选新成员，现代生活可能就会出现一些非常糟糕的结果。因此，如果某个名牌大学的英语系学术水平变得很低下，或者某家经纪公司的销售部门养成了经常诈骗的习惯，那么这些问题将会有一种越来越糟糕的自然倾向，而且这种倾向很难被扭转。这种情况也存在于那些变得腐败的警察部门、监狱看守队伍或者政治群体中，以及无数其他充满了坏事和蠢事的地方，比如说美国有些大城市的教师工会就很糟糕，它们不惜伤害我们的儿童，力保那些本该被开除的低能教师。因此，我们这个文明社会中最有用的成员就是那些发现他们管理的机构内部出问题时愿意"清理门户"的负责人。

自然了，各种形式的自视过高都会导致错误。怎么能不会呢？

让我们以某些愚蠢的赌博投注为例。在买彩票时，如果号码是随机分配的，下的赌注就会比较少，而如果号码是玩家自己挑选的，下的赌注就会比较多。这是非常不理性的。这两种选号法中奖的概率几乎是完全相同的，玩家中奖的机会都是微乎其微的。现代人本来不会买那么多彩票的，但国家彩票发行机构利用了人们对自选号码的非理性偏好，所以他们每次都很愚蠢地买了更多的彩票。

那种过度称赞自己的私人物品的"禀赋效应"强化了人们对自己的结论的热爱。你们将会发现，一个已经在商品交易所购买了五花肉期货的人现在愚蠢地相信，甚至比以前更加强烈地相信，他的投机行为具有许多优点。

有些人热爱体育运动，自以为对各个队伍之间的相对优势十分了解，这些人会愚蠢地去买体育彩票。和赛马博彩相比，体育彩票更容易上瘾——部分原因就在于人们会自动地过度赞赏他自己得出的复杂结论。

在讲究技巧的比赛——比如说高尔夫球赛或者扑克赌牌比赛——中，人们总是一次又一次地挑选那些水平明显比自己高得多的玩家作对手，这种倾向同样会产生极端的事与愿违的后果。自

视过高的倾向降低了这些赌徒在评估自己的相对能力时的准确性。

然而更具有负面作用的是，人们通常会高估自己未来为企业提供的服务质量。他们对这些未来贡献的过度评价常常会造成灾难性的后果。

自视过高往往会导致糟糕的雇佣决定，因为大部分雇主高估了他们根据面试印象所得结论的价值。防止这种蠢事的正确对策是看轻面试的印象，看重求职者以往的业绩。

我曾经正确地选择了这种做法，当时我担任某个学术招聘委员会的主席。我说服其他委员别再对求职者进行面试，只要聘用那个书面申请材料比其他求职者优秀很多的人就可以了。有人对我说，我没有尊重"学术界的正常程序"，我说我才是真正尊重学术的人，因为学术研究表明，从面试中得来的印象，其预测价值很低，我正在应用这个成果。

人们非常有可能过度地受到当面印象的影响，因为从定义上来讲，当面印象包括了人们的主动参与。由于这个原因，现代企业在招聘高层管理人员时，如果遇到的求职者能说会道，那么就有可能遭遇很大的危险。依我之见，惠普当年面试口齿伶俐的卡莉·菲奥里纳（Carly Fiorina，1999年至2005年期间担任惠普公司CEO），想任命她为新CEO时，就面临着这样的危险。我认为：（1）惠普选择菲奥里纳女士是一个糟糕的决定；（2）如果惠普懂得更多的心理学知识，采取了相应的预防措施，它就不会作出这个糟糕的决定。

托尔斯泰的作品中有一段著名的文字显示了自视过高的威力。在托尔斯泰看来，那些恶贯满盈的罪犯并不认为他们自己有那么坏。他们或者认为（1）他们从来没有犯过罪；或（2）考虑到他们在生活中遭遇的压力和种种不幸，他们做出他们所做过的事，变成他们所成为的人，是完全可以理解和值得原谅的。

"托尔斯泰效应"的后半部分，也就是人们不去改变自己，而是为自己那些可以改变的糟糕表现寻找借口，是极其重要的。由于绝大多数人都会为可以改变的糟糕表现寻找太多荒唐的理由，以此来试图让自己心安理得，所以采用个人和机构的对策来限制这种愚蠢的观念造成的破坏是非常有必要的。从个人层面来说，人们应该试图面对两个事实：

《托尔斯泰》
（L.N.Tolstoy）
普罗库丁·戈尔斯基，1908年摄，可能是托尔斯泰生前最著名的一张彩色照片。

（1）如果一个人能够改正糟糕的表现，却没有去改正，而是给自己找各种各样的借口，那他就是品德有问题，而且将会遭受更多的损失；（2）在要求严格的地方，比如说田径队或者通用电气，如果一个人不做出应有的表现，而是不停地找借口，那么他迟早肯定会被开除。而机构化解这种"托尔斯泰效应"的对策是：（1）建设一种公平的、唯才是用的、要求严格的文化，外加采用能够提升士气的人力资源管理方法；（2）开除最糟糕的不守规矩者。当然啦，如果你不能开除，比如说你不能"开除"你的孩子，你必须尽最大努力去帮助这个孩子解决问题。我听过一个教育孩子的故事特别有效，那个孩子过了50年还对学到的教训念念不忘。那孩子后来变成了南加州大学音乐学院的院长。他小时候曾经从他父亲的老板的仓库里偷糖果吃，被他父亲发现之后辩解说，他打算过会就放回去。他父亲说："儿子，你还不如想要什么就拿什么，然后在每次这么做的时候，都把自己称为小偷。"

"我向来拒绝接受人们对基督教《圣经》中法利赛人和税吏寓言的解释。依照这种解释，法利赛人既有学问，又很虔诚，终生循规蹈矩，却因为他庆幸自己最后没有像为非作歹的税吏那样堕入不道德的世俗境况而反遭指责。"

避免因为自视过高而做傻事的最佳方法是，当你评价你自己、你的亲人朋友、你的财产和你过去未来的行动的价值时，强迫自己要更加客观。这是很难做到的，你也无法做到完全客观，但比起什么都不做，放任天生的心理倾向不受约束地发展，却又好得多。

虽然自视过高通常会给认知带来负面的影响，但也能引起某些离奇的成功，因为有时过度自信刚好促成了某项成功。这个因素解释了下面这句格言："千万别低估那些高估自己的人。"

当然，有时候高度的自我称赞是正确的，而且比虚伪的谦虚要好得多。此外，如果人们因为出色地完成了任务，或者拥有美好的人生而感到骄傲，那么这种自我赞赏是一种非常有建设性的力量。如果没有这种自豪感，会有更多的飞机坠毁。"骄傲"是另外一个被大多数心理学教科书漏掉的词汇，这种疏漏并不是一个好主意。把《圣经》中那个关于法利赛人和税吏的寓言解读为对骄傲的谴责也并不是一个好主意。

在所有有益的骄傲中，也许最值得钦佩的是因为自己值得信赖而产生的骄傲。此外，一个人只要值得信赖，哪怕他选的道路崎岖不平，他的生活也会比那些不值得信赖的人要好得多。

十三、过度乐观倾向

大约在基督出生三个世纪之前，古希腊最著名的演说家德摩斯梯尼说："一个人想要什么，就会相信什么。"

从语法上来分析，德摩斯梯尼这句话的含义是，人们不但会表现出简单的、避免痛苦的心理否认，而且甚至在已经做得非常好的时候，还会表现出过度的乐观。

看到人们兴高采烈地购买彩票，或者坚信那些刷卡支付、快递上门的杂货店将会取代许多现金付款、自提货物的高效超市，我认为那位希腊演说家是正确的。人们就算并不处在痛苦之中，或者遭到痛苦的威胁，也确实会有过度乐观的心理。

解决愚蠢的乐观主义的正确方法是通过学习，习惯性地应用费马和帕斯卡的概率论。在我年轻时，高二的学生就会学到这种数学知识。自然进化为你们的大脑提供的经验法则是不足以应对风险的。就好比你们想成为高尔夫球员，你们不能使用长期的进化赋予你的挥杆方式，而必须掌握一种不同的抓杆和挥杆方法，这样才能成为好的高尔夫球员。

德摩斯梯尼说："一个人想要什么，就会相信什么。"

十四、被剥夺超级反应倾向

一个人从 10 美元中得到的快乐的分量，并不正好等于失去 10 美元给他带来的痛苦的分量。也就是说，失去造成的伤害比得到带来的快乐多得多。除此之外，如果有个人即将得到某样他非常渴望的东西，而这样东西却在最后一刻飞走了，那么他的反应就会像这件东西他已经拥有了很久却突然被夺走一样。我用一个名词来涵括人类对这两种损失经验（损

失已有的好处和损失即将拥有的好处）的自然反应，那就是被剥夺超级反应倾向。

人们在表现出被剥夺超级反应倾向的过程中，经常会因为小题大做而惹来麻烦。他往往会对眼前的损失斤斤计较，而不会想到那损失也许是无关紧要的。例如，一个股票账户里有 1000 万美元的人，通常会因为他钱包里的 300 美元不小心损失了 100 美元而感到极端的不快。

芒格家曾经养过一条温顺而善良的狗，这条狗会表现出犬类的被剥夺超级反应倾向。只有一种办法能让这条狗咬人，那就是在给它喂食的时候，把食物从它嘴里夺走。如果你那么做的话，这条友善的狗会自动地咬你。它忍不住。对于狗来说，没有什么比咬主人更愚蠢的事情。但这条狗没办法不愚蠢，它天生就有一种自动的被剥夺超级反应倾向。

德雷克·伯克
Derek Bok
1930—

美国律师、教育家，哈佛大学前校长。

人类和芒格家的狗差不多。人们在失去 —— 或者有可能失去 —— 财产、爱情、友谊、势力范围、机会、身份或者其他任何有价值的东西时，通常会做出不理性的激烈反应，哪怕只失去一点点时也是如此。因此，因为势力范围受到威胁而发生的内耗往往会给整个组织造成极大的破坏。正是由于这个因素和其他因素的存在，杰克·韦尔奇长期致力于扫荡通用电气中的官僚作风是很明智的行为。很少企业领袖在这方面做得比杰克·韦尔奇更好。

被剥夺超级反应倾向通常能够保护意识形态观点或者宗教观点，因为它能够激发直接针对那些公开质疑者的讨厌/憎恨心理倾向。这种情况会发生，部分原因在于，这些观点现在高枕无忧，并拥有强大的信念维护体系，而质疑者的思想若是得到扩散，将会削弱它们的影响力。大学的人文社科院系、法学院和各种商业组织都表现出这种以意识形态为基础的团体意识，他们拒绝几乎所有和它们自身的知识有矛盾的外来知识。当公开批评者是一位从前的信徒，那么敌意会更加强烈，原因有两个：（1）遭到背叛会激发额外的被剥夺超级反应倾向，因为失去了一名同志；（2）担心那些矛盾的观点会特别有说服力，因为它们来自一个先前的同志。前面提到的这些因素有助于我们理解古代人对异教徒的看法。数百年来，正统教会基于这样的理由杀害了许许多多异教徒，而且在杀死他们之前通常还会施以酷刑，或者干脆就将他们活活烧死。

极端的意识形态是通过强烈的方式和对非信徒的极大敌意得到维护的，这造成了极端的认知功能障碍。这种情况在世界各地屡见不鲜。我认为这种可悲的结果往往是由两种心理倾向引起的：（1）避免不一致性倾向；（2）被剥夺超级反应倾向。

有一种办法能够化解这种受到刻意维护的团体意识，那就是建设一种极端讲礼貌的文化，哪怕双方的意识形态并不相同，但彼此之间要保持彬彬有礼，就像现在美国最高法院的行为那样。另外一种方法是刻意引进一些对现在的团体意识抱怀疑态度而又能力突出、能言善辩的人。德雷克·伯克曾经成功地改变了一种造

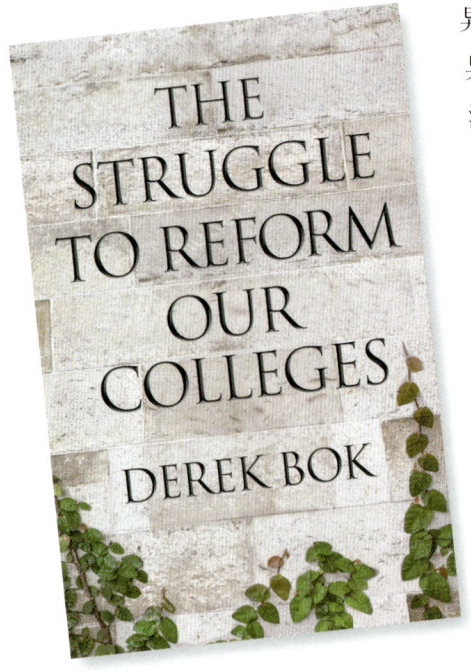

成糟糕后果的团体思维。他在担任哈佛大学校长期间，否决了不少由哈佛法学院那些意识形态很强的教授所推荐的终身教职人选。

一个一百八十度的景观哪怕损失了一度，有时候也足够引起让邻居反目成仇的被剥夺超级反应倾向。我买过一座房子，原来的房东和他的邻居因为他们之中一人新种了一颗小树苗而结下深仇大恨。

正如这两个邻居的事例所展现的，在某些规划听证会上，有些邻居为了某些细枝末节的事情而吵得不可开交，表现出非理性的、极端的被剥夺超级反应，看到这样的事情可不会令人愉快。这种糟糕的行为促使有些人离开了政府规划部门。我曾经向一位工匠买过高尔夫球杆，他原本是个律师。当我问他以前从事哪方面的法律工作时，我以为我会听到他说"婚姻法"，但他的答案是"规划法"。

被剥夺超级反应倾向对劳资关系的影响是巨大的。第一次世界大战之前发生的劳资纠纷中的死亡事件，绝大多数是在雇主试图削减工资时造成的。现在出人命的情况比较少见，但更多的公司消失了，因为激烈的市场竞争只提供两种选择，要么工资降低——而这是不会得到同意的——要么企业死掉。被剥夺超级反应倾向促使许多工人抵制降薪计划，而往往工人接受降薪对他们本身更有好处。

在劳资关系以外的地方，剥夺人们原本拥有的好处也是很难的。因此，若是人们能够更加理性地思考，在潜意识层面上更少受到被剥夺超级反应倾向的驱使，许多已经发生的悲剧是完全可以避免的。

被剥夺超级反应倾向也是导致某些赌徒倾家荡产的重要原因之一。首先，它使得赌徒输钱之后急于扳平，输得越多，这种不服输的心理就越狂热。其次，最容易让人上瘾的赌博形式就是设计出许多差点就赢的情况，而这些情况会激发被剥夺超级反应倾向。有些老虎机程序设计者恶毒地利用了这个人性弱点。电子技术允许这些设计者制造出大量无意义的"bar-bar-柠檬"结果，这些结果会促使那些以为自己差点赢得大奖的蠢货拼命地继续加注。

被剥夺超级反应倾向常常给那些参加公开竞拍的人带来很多损失。我们下面就要讨论到的"社会认同"倾向促使竞买者相信其他竞买者的最新报价是合理的,然后被剥夺超级反应倾向就会强烈地驱使他去报一个更高的价格。要避免因此而在公开报价拍卖会上付出愚蠢的价格,最佳的办法是巴菲特的简单做法:别去参加这些拍卖会。

被剥夺超级反应倾向和避免不一致性倾向通常会联合造成一种形式的经营失败。在这种形式的失败中,一个人会耗尽他所有的优质资产,只为徒劳地试图去挽救一个变得很糟糕的投资项目。要避免这种蠢事,最佳的办法之一是趁年轻的时候好好掌握打扑克牌的技巧。扑克牌的教育意义在于,并非全部有效的知识都来自正规的学校教育。

在这里,我本人的教训可能很有示范意义。几十年前,我曾犯过一个大错误,而犯错的部分原因就是我在潜意识中受到被剥夺超级反应倾向的影响。当时我有个股票经纪人朋友给我打电话,说要以低得离谱的价格卖给我 300 股交易率极低的贝尔里奇石油公司的股票,每股只要 115 美元。我用手头的现金买下了这些股票。第二天,他又想以同样的价格再卖给我 1500 股。这次我谢绝了,部分原因是我没那么多现金,只能卖掉某些东西或者举债才能筹到所需的 173000 美元。这是个非常不理性的决定。当年我生活很好,也不欠债,买这只股票没有赔本的风险,而同样没有风险的机会并不是经常有的。不到两年之后,壳牌收购了贝尔里奇石油公司,价格是大约每股 3700 美元。如果我当时懂得更多心理学知识,买下那些股票,我就能多赚 540 万美元。正如这个故事所展示的,人们可能会由于对心理学的无知而付出昂贵的代价。

有些人可能会觉得我对被剥夺超级反应倾向的定义太宽泛,把人们失去即将得到的好处的反应也包括在内,比如说那些老虎机玩家的反应。然而,我认为我对这个倾向的定义还应该更加宽泛一些。我提议为这种倾向下更宽泛定义的理由是,我知道有许多伯克希尔·哈撒韦的股东在公司市值获得巨大增长之后从来不卖掉或者送掉哪怕一股股票。这种反应有些是由理性的计算引起的,而有些肯定是由如下几种因素引起的:(1)奖励超级反应;(2)避免不一致性倾向造成的"维持现状偏见";(3)自视过高倾向造成的"禀赋效应"。但我相信他们这么做最主要的非理性原因是受到某种被剥夺超级反应倾向的驱使。这些股东之中有许多人无法忍受减持伯克希尔·哈撒韦股票的想法。部分原因在于,他们

1979 年,壳牌公司以超 36.5 亿美元的价格收购了贝尔里奇石油公司,一年多前,芒格不想卖东西凑齐 173000 美元多买 1500 股贝尔里奇的股票,一下子少赚了 540 万美元。

认为这只股票是身份和地位的象征，减持它无异于自贬身份；但更重要的原因在于，他们担心把股票卖掉或者送掉之后，他们就无法分享未来的收益。

十五、社会认同倾向

如果一个人自动依照他所观察到的周围人们的思考和行动方式去思考和行动，那么他就能够把一些原本很复杂的行为进行简化。而且这种从众的做法往往是有效的。例如，如果你在陌生城市想去看一场盛大的足球比赛，跟着街道上的人流走是最简单的办法。由于这样的原因，进化给人类留下了社会认同倾向，也就是一种自动根据他看到的周边人们的思考和行动方式去思考和行动的倾向。

心理学教授喜欢研究社会认同倾向，因为在他们的实验中，这种倾向造成了许多可笑的结果。例如，如果一名教授安排 10 名实验员静静地站在电梯里，并且背对着电梯口，那么当陌生人走进电梯时，通常也会转过身去，摆出相同的姿势。心理学教授还能利用社会认同倾向促使人们在测量东西时出现很大、很荒唐的误差。

当然，家有儿女的父母经常无奈地了解到，青少年特别容易由于社会认同倾向而出现认知错误。最近，朱迪斯·瑞奇·哈里斯对这种现象的研究取得了突破性的成果。朱迪斯证明，年轻人最尊重的是他们的同龄人，而不是他们的父母或者其他成年人，这种现象在很大程度上是由年轻人的基因决定的。所以对于父母来说，与其教训子女，毋宁控制他们交往朋友的质量。后者是更明智的做法。哈里斯女士在新发现的理由支持之下，提供了一种如此优秀和有用的见解，像她这样的人，真是没白活。

在企业的高管层中，像青少年一样有从众心理的领导人也并不少见。如果有家石油公司愚蠢地买了一个矿场，其他石油公司通常会很快地加入收购矿场的行列。如果被收购的是一家化肥厂，情况也是如此。实际上，石油公司的这两种收购曾经蔚然成风，而它们收购的结果都很糟糕。

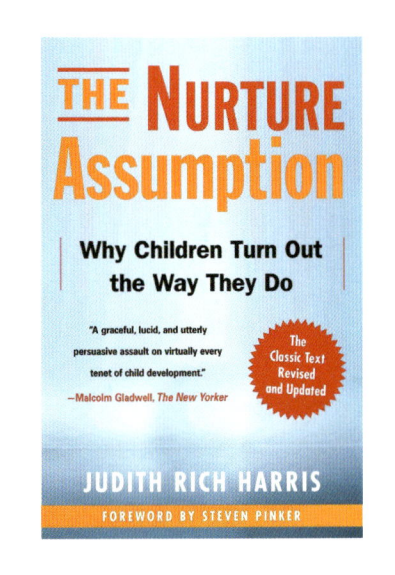

我的立场是：父母的教养方式对孩子的成长不起作用。
—— 朱迪斯·瑞奇·哈里斯

"哈里斯女士在新发现的理由支持之下，提供了一种如此优秀和有用的见解，像她这样的人，真是没白活。"

当然，对于石油公司来说，找到和正确地评估各种可以用来使用现金的项目是很困难的。所以和每个人一样，石油公司的高管人员也因为迟疑不决而感到烦躁，所以匆匆作出了许多错误的决定。跟随其他石油公司的行动所提供的社会认同自然能够终止这种迟疑不决。

社会认同倾向在什么时候最容易被激发呢？许多经验给出了下面这个明显的答案：人们在感到困惑或者有压力的时候，尤其是在既困惑又有压力的时候，最容易受社会认同倾向影响。

由于压力能够加强社会认同倾向，有些卑鄙的销售机构会操纵目标群体，让他们进入封闭和充满压力的环境，进行一些像把沼泽地卖给中小学教师之类的销售活动。封闭的环境强化了那些骗子和率先购买者的社会认同效应，而压力（疲惫通常会增加压力）则使目标群体更容易受到社会认同的影响。当然，有些邪教组织模仿了这些欺诈性的销售技巧。有个邪教组织甚至还使用响尾蛇来增强目标群体的压力，威逼他们加入该组织。

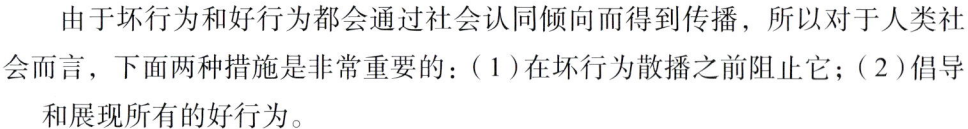

由于坏行为和好行为都会通过社会认同倾向而得到传播，所以对于人类社会而言，下面两种措施是非常重要的：（1）在坏行为散播之前阻止它；（2）倡导和展现所有的好行为。

我父亲曾经对我说，他刚在奥马哈当上律师之后不久，和一大帮人从内布拉斯加州去南达科他州猎杀野鸡。当时南达科他州的打猎许可证是要收钱的，比如说南达科他州本地居民要缴纳两美元，而非本地居民要缴纳五美元。在我父亲之前，所有内布拉斯加居民都用伪造的南达科他州地址去申领南达科他州打猎许可证。我父亲说，轮到他的时候，他禁止自己仿效其他人从某种程度上来讲是违法的做法。

并非所有人都能抵制坏行为的社会传染。因此，我们往往会遇到"谢皮科综合征"：它指的是弗兰克·谢皮科所加入的那个纽约警察局极其腐败的情况。谢皮科因为拒绝和警察局的同事同流合污，差点遭到枪杀。这

种腐败现象是由社会认同倾向和激励机制引起的，这两种因素共同造成了"谢皮科综合征"。我们应该多多宣讲谢皮科的故事，因为这个可怕的故事向人们展示了社会认同倾向这种非常重要的因素会造成一种非常严重的邪恶现象。

而就社会认同而言，人们不仅会受到别人行动的误导，而且也会受到别人的不行动的误导。当人们处在怀疑状态时，别人的不行动变成了一种社会证据，证明不行动是正确的。因而，许多旁观者的不行动导致了凯蒂·季诺维斯之死——这是一个心理学入门课程中讨论的著名的故事。

在社会认同的范围之内，企业的外部董事通常不会采取任何行动。他们不会反对任何比拿斧头杀人程度轻的事情，只有出现了某些令董事会在公众面前难堪的情况他们才会干预。我的朋友乔伊·罗森菲尔德（Joe Rosenfield，1904—2000，美国律师、商人、慈善家）曾经很好地描述了这种典型的董事会文化。他说："他们问我是否愿意担任西北贝尔公司（Northwest Bell）的董事，那是他们问我的最后一个问题。"

而在广告和商品促销中，社会认同发挥的重要作用简直超乎人们的想象。"有样学样"是一句老话，它指的是这种情况：约翰看到乔伊做了某件事，或者拥有某样东西，于是强烈地希望自己也去做那件事，或者拥有那样东西。这造成的有趣结果就是，广告商愿意支付大量的钱，就为电影某个一闪而过的喝汤镜头中出现的汤罐头是其生产的牌子，而非其他厂家生产的牌子。

社会认同倾向通常以一种变态的方式和艳羡/妒忌倾向、被剥夺超级反应倾向结合在一起。在这些因素的共同作用之下，许多年前曾发生了一件让我们家里人后来想起来就忍俊不禁的事情。当时我的表弟罗斯三岁，我四岁，我们俩为了一块小木板而争夺和喊叫，而实际上周围有许多同样的小木板。

但是如果成年人在维护意识形态的心理倾向的影响之下做出类似的举动，那就一点都不好笑了，而且将会给整个文明社会造成极大的破坏。中东现在的情况就有这样的危险。犹太人、阿拉伯人和所有其他人为了一小块有争议的土地而浪费了大量的资源，其实他们

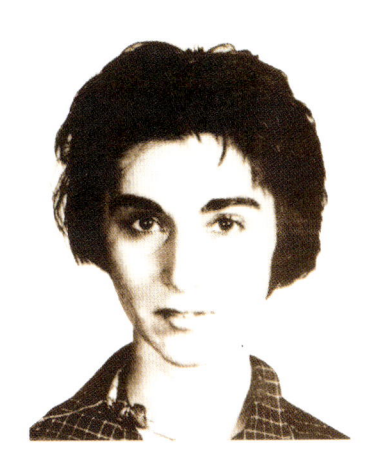

基蒂·吉诺维斯
Kitty Genovese

她于1964年在纽约皇后区自己所住的公寓门前被暴徒刺死，犯罪过程共持续33分钟，28岁的受害者基蒂全身13处穿刺伤，凶手往返两度追杀基蒂，三次拿刀捅向她。《纽约时报》随后刊发头条新闻，宣称在案发过程中共有38人耳闻或目击凶案发生，但均未报警，因而引起美国社会对"旁观者效应"社会心理现象的广泛关注。

多年后，凯文·库克在《旁观者：一桩美国凶杀案的现代启示》抽丝剥茧、条分缕析，揭示了经由媒体和社会记忆塑造的"现代寓言"的实质，虽然"旁观者效应"或称"吉诺维斯综合征"有其意义和价值，但基蒂·吉诺维斯此案中"旁观者效应"作为"事实"并不真实，《纽约时报》相关人员一定程度上悖离新闻职业操守，操弄了读者，转移了焦点。

随便把那块地分掉对每个人都好，而且还能大大降低爆发战争 —— 可能是核战争 —— 的危险。

现在人们很少用包括讨论心理倾向造成的影响在内的技巧来解决家庭以外的纠纷。考虑到这样做会让人觉得太过天真，而且目前学校传授的心理学知识也有许多不足，所以这种结果也许是合情合理的。但由于当今世界存在核战争的危险，而有些重要的谈判持续十几年仍未取得进展，我经常想，也许在将来的某天，人们会以某种形式采用更多的心理学理论，从而得到更好的结果。如果真的是这样，那么正确的心理学教育将会发挥非常重要的作用。如果年纪大的心理学教授比年纪大的物理学教授更难以接受新的知识（这一点几乎是肯定的），那么我们也许会像马克斯·普朗克预言的那样，需要等待思想开放的新一代的心理学教授成长起来。

如果我们只能从各种涉及社会认同倾向的教训中挑选出一个，并将其用于自我提高的话，我会选择下面这个教训：学会如何在其他人犯错的时候别以他们为榜样，因为很少有比这个更值得掌握的技能。

十六、对比错误反应倾向

因为人类的神经系统并不是精密的科学仪器，所以它必须依靠某些更为简单的东西。比如说眼睛，它只能看到在视觉上形成对比的东西。和视觉一样，其他感官也是依靠对比来捕捉信息的。更重要的是，不但感知如此，认知也是如此。结果就造成了人类的对比错误反应倾向。

很少有其他心理倾向能够比这种倾向对正确思维造成更大的破坏。小规模的破坏如下面的例子：一个人花 1000 美元的高价购买了皮质仪表盘，仅仅是因为这个价格和他用来购买轿车的 65000 美元相比很低。大规模的破坏经常会毁掉终身的幸福，比如说有的女性很优秀，可是她的父母特别糟糕，结果她可能会嫁给一个只有跟她父母比起来才算不错的男人。或者说有的男性娶的第二位妻子只有跟第一位妻子比起来才算过得去。

某些房地产经纪公司采用的推销方法尤其应该受到谴责。买家是外地的，也许急于把家搬到这座城市，于是匆匆来到房地产经纪公司。经纪人故意先带着这位顾客看了三套条件十分糟糕而且价格贵得离谱的房子，然后他又带着顾客去看一套条件一般糟糕、价格也一般贵的房子。这样一来，经纪人通常很容易就能达成交易。

对比错误反应倾向常常被用于从购买商品和服务的顾客身上赚取更多的钱。为了让正常的价格显得很低，商家通常会瞎编一个比正常价格高很多的虚假价格，然后在广告中把他的标准价格显示为其伪造价格的折扣价。人们即使对这种操纵消费者的伎俩心知肚明，也往往忍不住会上当。这种现象部分地解释了报纸上有那么多广告的原因。它还证明了这个道理：了解心理操纵伎俩并非就是一种完美的防御措施。

当一个人逐步逐步走向灭亡时，如果他每一步都很小，大脑的对比错误反应倾向通常会任由这个人走向万劫不复的境地。这种情况会发生，是因为每一步和他当前位置的对比太小了。

我有个牌友曾经告诉我，如果把青蛙丢到热水里，青蛙会立刻跳出来，但如果把青蛙放到常温的水里，然后用很慢很慢的速度来烧这些水，那么这只青蛙最终会被烫死。虽然我的生理学知识不多，但我还是怀疑这种说法是不是真实。但不管怎么样，有许多企业就像我朋友提到的青蛙那样死去。在前后对比度细微的变化误导之下，人们经常无法认识到通往终点的趋势。

我们最好记住本杰明·富兰克林那句最有用的格言："小小纰漏，能沉大船。"这句格言的功效是很大的，因为大脑经常会错失那些类似于沉大船的小纰漏之类的东西。

十七、压力影响倾向

每个人都知道，突然的压力，比如遭遇威胁，会导致人体内部的肾上腺素激增，推动更快、更极端的反应。每个上过心理学概论课的人都知道，压力会使社会认同倾向变得更加强大。

有一种现象知道的人不少但还没有被充分认识：轻度的压力能够轻微地改善人们的表现，比如说在考试中；而沉重的压力则会引发彻底失调。

但是除了知道沉重的压力能够引起抑郁症之外，很少人对它有更多的了解。例如，大多数人知道"急性应激性抑郁症"（acute stress depression）会使人们的思维出现紊乱，因为它引起极端的悲观态度，而且这种悲观态度往往会持续很长时间，导致人们身心俱疲，什么都不想做。幸运的是，正如大多数人所知道的，这种抑郁症是人类较容易治愈的疾病之一。甚至早在现代药物尚未出现的时候，许多抑郁症患者，比如塞缪尔·约翰逊和温斯顿·丘吉尔等人，就在生活中取得了非凡的成就。

大多数人对受到沉重压力影响的非抑郁性精神问题了解无多。但至少有个例子不在此列，那跟巴甫洛夫在七八十岁时所做的研究有关。巴甫洛夫很早就获得了诺贝尔奖，因为他利用狗成功地阐述了消化功能的生理机制。后来他由于让狗养成单纯联想唤起的反应而闻名于世，今天人们通常把各种由单纯联想唤起的反应，包括狗听到铃声就流口水，以及大多数现代广告引起的行为，称为"巴甫洛夫条件反射"。

巴甫洛夫后来所做的研究特别有趣。在20世纪20年代的列宁格勒大洪水期间，巴甫洛夫有很多狗被关在笼子里。在"巴甫洛夫条件反射"和标准的奖励反应的共同作用之下，这些狗在洪灾之前已经养成了一些特殊的、各不相同的行为模式。在洪水上涨和消退期间，这些狗差点被淹死，有一段时间它们的鼻子和笼子的顶部只有一点点空间可供呼吸。这导致它们感受到极大的压力。洪水退去后，巴甫洛夫立刻发现那些狗的行为变得跟过去不一样了。例如，有只狗原来喜欢它的训练师，现在不喜欢了。这个结果不由让人想起现代某些人的认知转变：有的人原本很孝顺，但突然皈依邪教之后，便会仇视他们的父母。巴甫洛夫的狗这种突兀的极端转变会让优秀的实验科学家产生几近狂热的好奇心。那确实是巴甫洛夫的反应。但没有多少科学家会采取巴甫洛夫接下来的行动。

丘吉尔长期罹患忧郁症，他称忧郁症叫做"黑狗"。非凡成就与忧郁性格之间的关系，仍有待于深入探讨，但几乎可以确定，对某些人来说，忧郁症就有如一条鞭子。

英国心理学家安东尼·斯托尔的《丘吉尔的黑狗》首次出版于1970年代，曾多次再版。斯托尔在书中以一种积极向上的态度来观察心理忧郁现象，对弗洛伊德的理论进行了反思，剖解了许多大人物的忧郁心理与非凡成就之间的关系。

在随后漫长的余生中,巴甫洛夫给许多狗施加压力,让它们的精神崩溃,然后再来修复这些崩溃。所有这些他都保存了详细的实验记录。他发现:(1)他能够对这些狗进行分类,然后预测具体某只狗有多么容易崩溃;(2)那些最不容易崩溃的狗也最不容易恢复到崩溃前的状态;(3)所有狗都可以被弄崩溃;(4)除非重新施加压力,否则他无法让崩溃的狗恢复正常。

现在,几乎每个人都会抗议拿狗这种人类的朋友来做实验。

除此之外,巴甫洛夫是俄国人,他晚年的研究工作是在共产党执政期间完成的。也许正是由于这些原因,现在绝大多数人才会对巴甫洛夫晚年的研究一无所知。许多年前,我曾经跟两个信奉弗洛伊德的精神病学家讨论这个研究,但他们对此一无所知。实际上,几

年前有个主流医学院的院长问我,巴甫洛夫的实验是否可以被其他研究人员的实验"重复"。很明显,巴甫洛夫是当今医学界被遗忘的英雄。

我最早看到描述巴甫洛夫最后研究成果的文字,是在一本平装版的通俗作品中,作者是某个得到洛克菲勒基金会资助的精神病学家。当时我正在试图弄清楚:(1)邪教是如何造成那些可怕的祸害的;(2)如果父母想让被邪教洗过脑、变成行尸走肉的子女重新做人,法律应该作出什么样的规定。当然,现在主流的法律法规反对父母把这些行尸走肉抓起来,给他们施加压力,以便消除邪教在威逼他们皈依时所施加的压力的影响。

我从来没想过要介入目前关于这个问题的法律争议。但我确实认为,如果要以最理性的态度来处理这个争议,那么双方必须借鉴巴甫洛夫最后的研究成果:施加大量的压力可能是治疗最糟糕的疾病——丧失心智——的唯一方法。我在这里谈到巴甫洛夫是因为:(1)我对社会禁忌向来很反感;(2)我的讲稿涉及压力,这能让它更加合理、更加完整;(3)我希望有些听众能够继续我的研究,取得更大的成果。

十八、错误衡量易得性倾向

这种倾向和一句歌词相互呼应:"如果我爱的女孩不在身边,我就爱身边的女孩。"人类的大脑是有限和不完美的,它很容易满足于容易得到的东西。大脑无法使用它记不住或者认识不到的东西,因为它会受到一种或几种心理倾向的影响,比如说上述歌曲中那个家伙就受到身边女孩的影响。所以人类的大脑会高估容易得到的东西的重要性,因而展现出错误衡量易得性倾向。

避免受错误衡量易得性倾向影响的主要对策通常是按程序办事,包括使用几乎总是很有帮助的检查清单。

另外一种对策就是模仿达尔文那种特别重视反面证据的做法。应该特别关注的是那些不容易被轻易量化的因素,而不是几乎只考虑可以量化的因素。还有另外一种对策,那就

是寻找并聘请一些知识渊博、富于怀疑精神、能言善辩的人,请他们扮演现有观点的反方角色。

这种倾向的一个后果就是,那些极其鲜明的形象,由于便于被记住,因而更容易被认知,因此在实验中,应有意低估它们的重要性,而有意高估那些不那么形象的证据的重要性。

尽管如此,那些极其鲜明的形象在影响大脑方面的特殊威力可以被建设性地用于:(1)说服其他人得到正确的结论;或者(2)作为一种提高记忆的工具,把鲜明的形象一个接一个地和人们不想忘记的东西联系起来。实际上,古希腊和古罗马那些伟大的演说家正是使用鲜明的形象作为记忆辅助手段,才能够在不用笔记的情况下滔滔不绝而有条有理地发表演讲。

古希腊人开创了许多门艺术,其中便包括"记忆之术"。

弗朗西斯·叶芝在《记忆的艺术》中所讲述的正是这门被遗忘的神秘的古代希腊技艺:

西蒙尼德斯在一次宴席上发生的事故之后,因记得各位客人在席间的座位,而辨认出面目全非的尸体。由此他领悟到,排列有序是记忆牢固的关键,流传后世,遂有"记忆之宫"(the memory palace technique)之称。

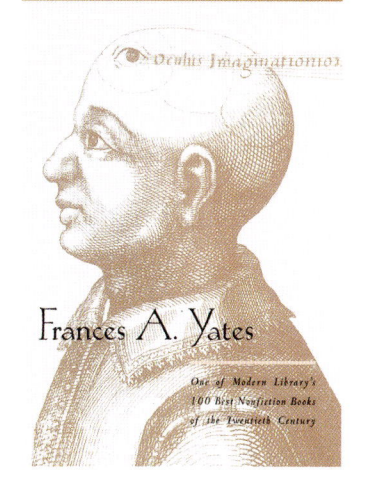

应付这种倾向时所需要记住的伟大原理很简单：别只是因为一样事实或者一种观念容易得到，就觉得它更为重要。

十九、不用就忘倾向

所有技能都会因为不用而退化。我曾经是个微积分天才，但到了20岁之后，这种才能很快就因为完全没有被使用而消失了。避免这种损失的正确对策是使用一些类似于飞行员训练中用到的飞行模拟器那样的东西。这种模拟器让飞行员能够持续地操练所有很少用到但必须保证万无一失的技能。

明智的人会终身操练他全部有用然而很少用得上的、大多数来自其他学科的技能，并把这当作是一种自我提高的责任。如果他减少了他操练的技能的种数，进而减少了他掌握的技能的种数，那么他自然会陷入"铁锤人倾向"引起的错误之中。他的学习能力也会下降，因为他需要用来理解新经验的理论框架已经出现了裂缝。对于一个善于思考的人而言，把他的技能编排成一张检查清单，并常常将这张清单派上用场，也是很重要的。其他操作模式将会让他错过许多重要的事物。

许多技能唯有天天练习，才能维持在非常高的水平。钢琴演奏家帕德雷夫斯基曾经说过，如果他有一天不练琴，他就会发现自己的演奏技巧下降，如果连续一个星期不练，那就连听众都能察觉了。

人们只要勤奋就能降低不用就忘倾向的影响。如果人们能够熟练地掌握一种技能，而不是草草学来应付考试，那么这种技能将会较难以丢失，而且一旦生疏之后，只要重新学习，很快就能够被重新掌握。这些优势可不算小，聪明人在学习重要技能的过程中，如果没有做到真正精通这种技能，他是不会停下来的。

伊格纳奇·扬·帕德雷夫斯基
Ignacy Jan Paderewski
1860—1941

波兰钢琴家、作曲家、外交家和政治家，曾任波兰总理。

《帕德雷夫斯基肖像》
(*Portrait of Ignacy Jan Paderewski*)
劳伦斯·阿尔玛-塔德玛，1891年，油画，波兰华沙国家博物馆。

二十、化学物质错误影响倾向

众所周知，这种倾向的破坏力极大，常常会给认知和生活带来悲剧性的结果，所以在这里不需要多说了，请参见前面"简单的、避免痛苦的心理否认"那一节里的相关内容。

二十一、衰老—错误影响倾向

年龄的增长自然会造成认知衰退，而每个人认知衰退的时间早晚和速度快慢不尽相同。基本上没有年纪非常大的人还善于学习复杂的新技能。但有些人即使到了晚年，也能够得心应手地运用原来就掌握的技能，这种情况在桥牌比赛中屡见不鲜。

像我这样的老年人无须刻意，也非常善于掩饰和年龄有关的衰退，因为诸如衣着打扮之类的社会习俗掩盖了大多数衰老的痕迹。

带着快乐不断地思考和学习在某种程度上能够延缓不可避免的衰退过程。

二十二、权威—错误影响倾向

和其所有祖先相同，人类也生活在等级分明的权力结构中，所以大多数人生下来就要跟随领袖，能够成为领袖的则只有少数人。因此，人类社会被正式组织成等级分明的权力结构，这些结构的文化则增强了人类天生就有的追随领袖的倾向。

但由于人类的反应大多数是自动的，追随领袖的倾向也并不例外，所以当领袖犯错的时候，或者当领袖的想法并没有得到很好的传达、被大众所误解的时候，追随领袖的人就难免会遭受极大的痛苦。所以我们看到的许多例子都表明，人类的权威—错误影响倾向会造成认知错误。

有些错误影响是很可笑的，就好像西奥迪尼讲过的一个故事。美国有个医生给护士留了手写的字条，吩咐她如何治疗病人的耳痛。纸条上写着"Two drops, twice a day, 'r.ear.'"（"每天两滴，右耳。"）护士把 r.ear（右耳）看成了 rear（屁股），于是让病人翻过身，把滴耳液滴进了病人的肛门。

错误地理解权威人物的吩咐有时会造成悲剧性的后果。在第二次世界大战期间，部队给某位将军安排了新的飞行员。由于将军就坐在副机长的位子上，这个新的飞行员感到特别紧张，他很想取悦这位新老板，乃至把将军在座位上挪挪身体的细微动作误解为某种让他去干傻事的命令。于是飞机坠毁了，飞行员落得了半身不遂的下场。

当然，像巴菲特那样深谋远虑的人会注意到这类案例，他坐在飞行员旁边时总是表现得像一只过于安静的老鼠。

在飞行模拟训练中，人们也注意到这类情况。副机长在模拟训练中必须学会忽略机长某些真正愚蠢的命令，因为机长有时会犯严重的错误。然而，即使经过这种严格的训练，副机长在模拟飞行中仍然非常频繁地让模拟飞机由于机长某些极其明显的严重错误而坠毁。

飞黄腾达的陆军下士希特勒成为德国元首之后，带领大批虔诚的新教徒和天主教徒倒行逆施，进行了惨无人道的种族大屠杀和其他大规模的破坏活动。后来有个聪明的心理学教授，也就是斯坦利·米尔格拉姆，决定做一个实验来弄清楚权威人物到底能够在多大程度上促使普通人去做罪大恶极的坏事。在这个实验中，有个人假扮成权威人物，一个主导这次正规实验的教授。这个人能够让许许多多普通人将他们完全信以为真的假电刑用来折磨他们的无辜同胞。这个实验确实证明权威—错误影响倾向能够造成可怕的结果，但它也证明第二次世界大战刚结束时的心理学界是极其无知的。

只要拿着我的心理倾向清单，然后逐项对照，几乎每个聪明人都能明白，米尔格拉姆的实验涉及六种强大的心理倾向，它们共同发挥作用，造成了他那极端的实验结果。例如，那个按下米尔格拉姆的电击按钮的人肯定从在场

米尔格拉姆的电击器

无动于衷的旁观者那里得到许多社会认同，那些人的沉默意味着他的行为是没有问题的。然而，在我讨论米尔格拉姆之前，心理学界发表了上千篇相关论文，可是这些论文对米尔格拉姆实验的意义，至多理解了90%。而任何聪明人只要做到下面两点，就能立刻完全理解这个实验的意义：（1）按照我在这篇讲稿中谈到的方法合理地组织心理学知识；（2）使用核对检查清单的做法。这种情况说明那些早已谢世的心理学教授思考方法紊乱，对此需要一种更好的解释。下面我会不情愿地谈谈这个话题。

接下来我要讲的是一个有权威—错误影响倾向的垂钓者的故事。我们应该庆幸上一代的心理学家头脑没有错乱到这个垂钓者的地步。

我曾经去哥斯达黎加的科罗拉多河垂钓，当时我的向导在震惊中告诉了我一个垂钓者的故事。那垂钓者比我早到科罗拉多河，他之前从来没有钓过海鲢鱼，像我一样请了一位垂钓向导。那向导既负责开船，也提供许多垂钓建议。在这个背景下，向导竖立了绝对权威的身份。那个向导的母语是西班牙语，而垂钓者的母语则是英语。垂钓者钓上了一条很大的海鲢鱼，于是开始遵从这位被他当成权威人物的向导的各种指示：抬高点，放低点，收线等等。到最后，鱼上钩了，垂钓者需要把竿往上提才能把鱼钓起来。但是向导的英语并不好，把收竿说成了"给它杆，给它杆"。哇，垂钓者居然把他那根昂贵的钓竿扔给了鱼，最后那钓竿沿着科罗拉多河漂向大海去了。这个例子表明，跟随权威人物的心理倾向是很强大的，而且能够使人们变得非常糊涂。

我最后的例子来自商界。有个心理学博士当上某家大公司的总裁之后就发狂了，花很多钱在一个偏僻的地方盖了新的总部大楼，还修了很大的酒窖。后来，他的下属汇报说资金快用完了。"从折旧准备金账户提，"这位总裁说。那可不太容易，因为折旧准备金账户是负债账户。

对权威人物不应该的尊敬造成了这种情况：这位总裁和许多甚至比他更糟糕的管理人员明明早就该被革除职务，却继续担任一些重要商业组织的领导人。内中蕴含的意义不言自明：选择将权力交给谁时要很谨慎，因为权威人物一旦上台，将会得到权威—错误影响倾向的帮助，那就很难被推翻。

二十三、废话倾向

作为一种拥有语言天赋的社会动物，人类天生就有本事啰里啰唆，说出一大堆会给正在专心做正经事的人造成许多麻烦的废话。有些人会制造大量的废话，有些人则废话很少。

曾经有个很好玩的实验向人们展示了蜜蜂说废话引起的麻烦。在正常的情况下，蜜蜂会飞出去找蜜源，然后飞回蜂巢，跳起一种舞蹈，以此来告诉其他蜜蜂蜜源的位置。然后其他蜜蜂就会飞出去，找到蜜源。某个科学家 —— 他像 B.F. 斯金纳那么聪明 —— 决定要看看蜜蜂遇到麻烦之后会怎么办。他把蜜源放得很高。非常高。大自然中并没有那么高的蜜源，可怜的蜜蜂缺乏一种足以传达这个信息的基因程序。你也许认为蜜蜂将会飞回蜂巢，然后缩到角落里，什么也不做。但情况不是这样的。蜜蜂回到蜂巢，开始跳起一种莫名其妙的舞来。我这辈子总是在跟那些很像这只蜜蜂的人打交道。聪明的行政机构应该采取一种非常重要的做法，就是让那些啰里啰唆、喜欢说废话的人远离严肃的工作。加州理工学院有个名副其实的著名工程学教授，他有深刻的见解，然而说话比较鲁莽。他曾经直言不讳地说："学术管理机构的首要任务，就是让那些无关紧要的人不要去干预那些有关紧要的人的工作。"我引用这句话，部分原因在于，我跟这位教授一样直言不讳，经常得罪人。虽然做了大量的努力，我还是没能改掉说话鲁莽的积习，所以我引用这位教授的话，是希望至少和他比起来，我将会显得比较委婉。

二十四、重视理由倾向

人，尤其是生活在发达文化中的人，天生就热爱准确的认知，以及获取准确认知过程中得到的快乐。正是由于这个原因，填字游戏、桥牌、象棋、其他智力游戏和所有需要思维技巧的游戏才会如此广受欢迎。

这种倾向给人们的启发不言而喻。如果老师在传授知识时讲明正确的原因，而非不给任何原因，只是高高在上地把知识罗列出来，那么学生往往会学得更好。因此，不仅在发布命令之前要想清楚原因，而且还应该把这些原因告诉命令的接受者，没有比这更明智的做法了。

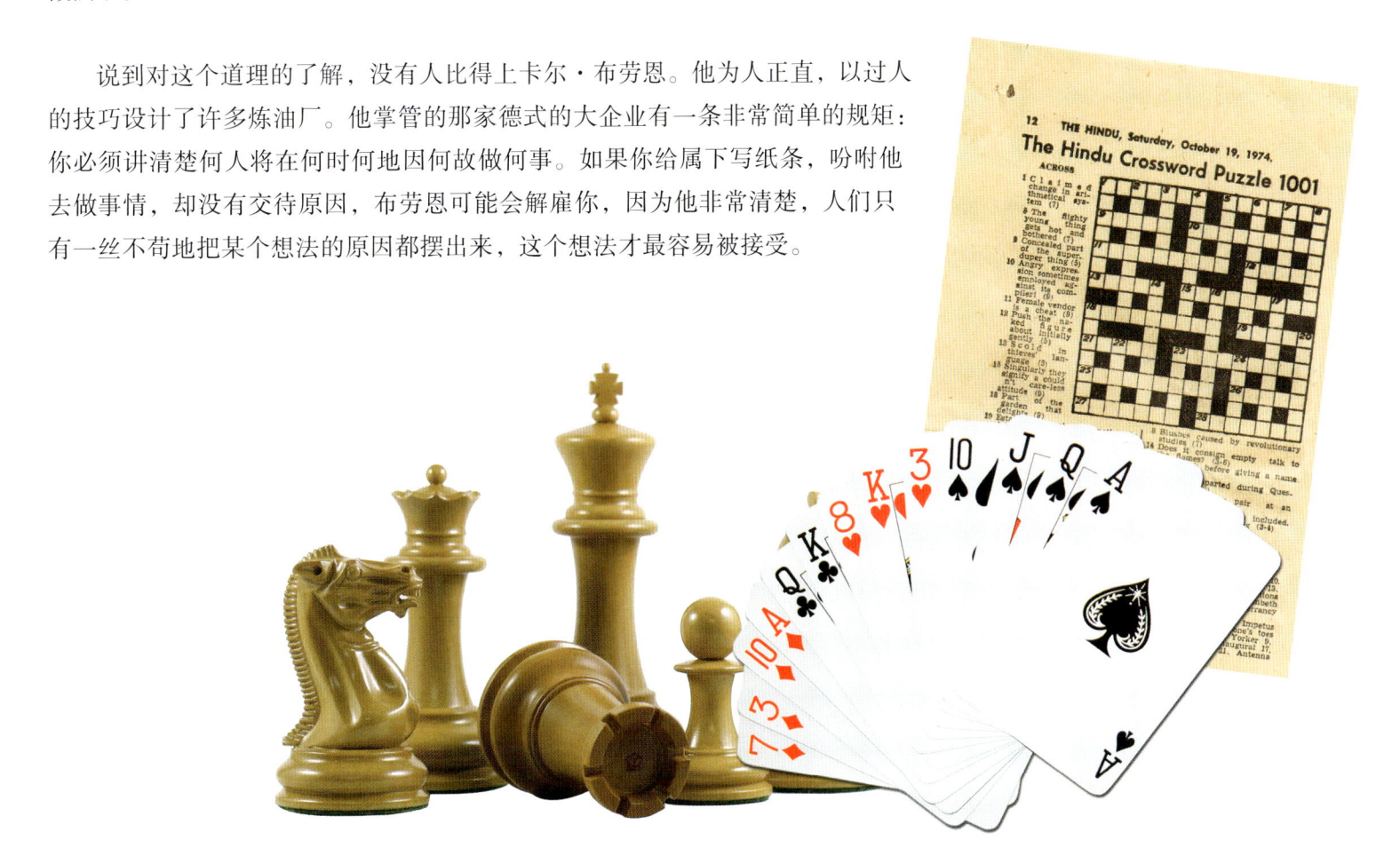

说到对这个道理的了解，没有人比得上卡尔·布劳恩。他为人正直，以过人的技巧设计了许多炼油厂。他掌管的那家德式的大企业有一条非常简单的规矩：你必须讲清楚何人将在何时何地因何故做何事。如果你给属下写纸条，吩咐他去做事情，却没有交待原因，布劳恩可能会解雇你，因为他非常清楚，人们只有一丝不苟地把某个想法的原因都摆出来，这个想法才最容易被接受。

罗塞塔石碑
Rosetta Stone

古埃及石碑，因石碑上用希腊文字、古埃及文字和当时的通俗体文字等三种不同语言版本刻有埃及国王托勒密五世的诏书而成为今天人们研究古埃及史的重要历史文物。

总的来讲，如果人们毕生致力于将他们的直接和间接经验悬挂在一个解释"为什么"的理论框架之上，那么他们对知识的吸收和使用就会变得更加容易。实际上，"为什么"这个问题是一块竖在精神宝库门外的罗塞塔石碑。

不幸的是，重视理由倾向是如此强大，乃至一个人给出的理由哪怕是毫无意义的或者是不准确的，也能使他的命令和要求更容易得到遵从。有个心理学实验证明了这一点。在这个实验中，实验人员成功地插队到排在复印机前面的长队前头，他给出的理由是："我要复印几份东西。"重视理由倾向这种不幸的副作用其实是一种条件反射，会出现这样的条件反射，是因为大多数人都认为有理由的事情是很重要的。自然地，某些商业机构和邪教组织经常利用各种有噱头的理由来达到他们不可告人的目的。

二十五、lollapalooza倾向
——数种心理倾向共同作用造成极端后果的倾向

这种倾向在我翻阅过的那几本心理学教科书里是找不到的，至少没有得到系统的介绍，然而它在现实生活中却占据着重要的地位。它解释了米尔格拉姆的实验结果为什么会那么极端，也解释了某些邪教组织为什么能够极其成功地通过各种手段将许多心理倾向引起的压力施加在传教目标身上，从而迫使他们皈依。被邪教盯上的目标跟巴甫洛夫晚年研究的那些狗是相同的，他们的抵抗力因人而异，但有些被盯上的人在邪教的压力之下顿时变成了行尸走肉。实际上，有些邪教管这种皈依现象叫做"咔嚓"（snapping）。

从前的心理学教科书作者极其无知，对此我们应该如何解释呢？哪个曾经在高等学府上过物理学或者化学入门课的人，会不去考虑各种心理倾向如何结合并产生什么结果吗？为什么有些人对各种心理倾向之间相互影响的复杂关系毫无所知，却自以为他的心理学知识已经足够多了呢？那些心理学教授研究的是大脑使用过度简单的运算法则的倾向对认知产生的糟糕影响，而他们本身却使用一些过度简单的概念，还有什么比这更具讽刺意味呢？

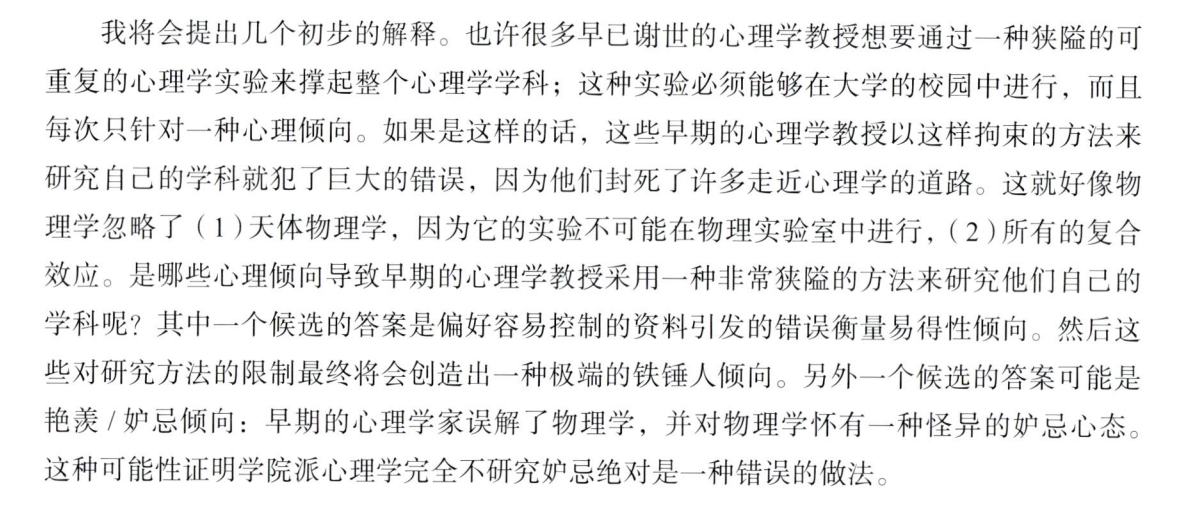

我将会提出几个初步的解释。也许很多早已谢世的心理学教授想要通过一种狭隘的可重复的心理学实验来撑起整个心理学学科；这种实验必须能够在大学的校园中进行，而且每次只针对一种心理倾向。如果是这样的话，这些早期的心理学教授以这样拘束的方法来研究自己的学科就犯了巨大的错误，因为他们封死了许多走近心理学的道路。这就好像物理学忽略了（1）天体物理学，因为它的实验不可能在物理实验室中进行，（2）所有的复合效应。是哪些心理倾向导致早期的心理学教授采用一种非常狭隘的方法来研究他们自己的学科呢？其中一个候选的答案是偏好容易控制的资料引发的错误衡量易得性倾向。然后这些对研究方法的限制最终将会创造出一种极端的铁锤人倾向。另外一个候选的答案可能是艳羡/妒忌倾向：早期的心理学家误解了物理学，并对物理学怀有一种怪异的妒忌心态。这种可能性证明学院派心理学完全不研究妒忌绝对是一种错误的做法。

现在我想把所有这些历史谜团交给比我优秀的人去解决。

好啦，我对各种心理学倾向的简短描述就到这里为止。

问与答

现在，正如前面承诺过的，我将会自问自答几个普遍被问到的问题。

第一个是复合问题：和欧几里得的系统相比，这份心理倾向列表是不是显得有点重复？这些倾向之间是否有重叠之处？这个系统能用其他同样令人信服的方法排列出来吗？这三个问题的答案都是肯定的；但这些缺点并不算严重。进一步提炼这些倾向的做法虽然是可取的，但却会使它们的实用性受到限制，因为对于像心理学这样的软科学来讲，有许多含糊之处是没办法弄清楚的。

我的第二个问题是：你能否举出一个现实生活中的事例，而不是米尔格拉姆式的受到控制的心理学实验，然后用你的系统来令人信服地对各种心理倾向之间的相互作用进行分析？答案是肯定的。我最喜欢的事例是麦道公司的飞机乘客撤离测试。政府规定，新型飞

机在销售之前，必须通过乘客撤离测试。测试要求满载的乘客在一段很短的时间内撤出机舱。政府的指示是，这种测试应该和现实的情况贴近。所以你撤离的乘客如果是一些只有20岁的运动员，那么肯定是通不过测试的。于是麦道安排在某个阴暗的停机库进行撤离测试，请了许多老年人来扮演乘客。飞机客舱离停机库的水泥地面大概有二十英尺高，而撤离的通道是一些不怎么结实的橡胶滑梯。第一次测试在早晨进行。有二十个人受了重伤，而且整个撤离过程耗时超过了测试规定的标准。那么麦道接下来怎么办呢？它在当天下午进行第二次测试，这次也失败了，多了二十名严重受伤的人，其中有一个还落得终身瘫痪。

哪些心理倾向对这个可怕的结果作出了贡献呢？把我的心理倾向列表作为一张检查清单，我将会作出如下的解释。奖励超级反应倾向驱使麦道迅速采取行动。它只有通过乘客撤离测试才能开始销售新飞机。同样驱动该公司的还有避免怀疑倾向，这种倾向促使它作出决定，并依照决定去行事。政府的指示是测试应该和现实的情况贴近，然而在权威—错误影响倾向的驱动之下，麦道过度遵守政府指示，采用了一种显然太过危险的测试方法。到这个时候，整个行动的过程已经被确定下来，于是避免不一致性倾向使得这种近乎无脑的计划得以继续进行。当麦道的员工看到那么多老人走进阴暗的停机库，看到飞机客舱是那么高，而停机库的水泥地面是那么硬，他们肯定觉得非常不安，但发现其他员工和上级对此并没有表示反对。因而，社会认同倾向消除了这种不安的感觉。这使得行动能够依照原定的计划进行；而计划能够得以延续，也是受到权威—错误影响倾向。接着出现了灾难性的结果：当天早晨的测试失败了，还有许多人受了重伤。由于确认偏见，麦道忽略了第一次测试失败中强大的反面证据；而失败则激发了强烈的被剥夺超级反应倾向，促使麦道继续原初的计划。被剥夺超级反应倾向使麦道就像赌徒，在输掉一大笔钱之后急于扳平，狠狠地赌了最后一把。毕竟，如果不能按期通过测试，麦道将会蒙受许多损失。也许还能提出更多基于心理学的解释，但我的解释已经足够完整，足够证明我的系统在被当作检查清单来使用时是很有用的。

第三个也是复合问题：这份心理倾向列表中体现的思想系统在现实生活中有什么用呢？广义的进化（包括基因的进化和文化的进化）早已将这些心理倾向深深地植根在我们

的大脑里，这些我们无法摆脱的心理倾向能带来什么实际的好处呢？我的答案是，这些心理倾向带来的好处可能比坏处多。不然的话，它们就不会存在于人类容量有限的大脑中，而且还对人类的处境产生了很大的作用。所以这些倾向不能，也不该，遭到自动地清除。尽管如此，上文描绘的那种心理思考系统，如果得到正确的理解和应用，将有助于智慧和端正行为的传播，并且有助于避免各种灾难。心理倾向是可以改变的，认识各种心理倾向和防范它们的对策通常能够防患于未然。下面列出的这些例子让我们明白一个道理：基本的心理学知识是非常有用的：

一、卡尔·布劳恩的交流方法。

二、飞行员训练中对模拟器的使用。

三、酒瘾戒除组织的制度。

四、医学院中的临床培训方法。

五、美国制宪大会的规则：绝对保密的会议；最终投票之前所有的投票都不记名；大会结束前选票随时可以重投；对整部宪法只投一次票。这些是非常聪明的、尊重心理学的规则。如果那些开国元勋当时使用的是另外一种表决程序，那么许多人将会受到各种心理倾向的影响，从而采用那些互不一致的、僵化的立场。那些英明的开国元勋让我们的宪法顺利通过表决，因为他们摸透了人们的心理。

六、使用祖母的激励机制（前文所述"祖母的规矩"），让人们约束自己，从而更好地完成自己的任务。

七、哈佛大学商学院对决策树的强调。在我年轻而愚蠢的时候，我经常嘲笑哈佛大学商学院。我说："他们居然在教那些28岁的人如何在生活中应用高中的代数知识？"但后来我变得聪明了，终于明白他们的做法是很重要的，有助于预防某些心理倾向引起的糟糕后果。虽然明白得有点晚，但总比始终不明白好。

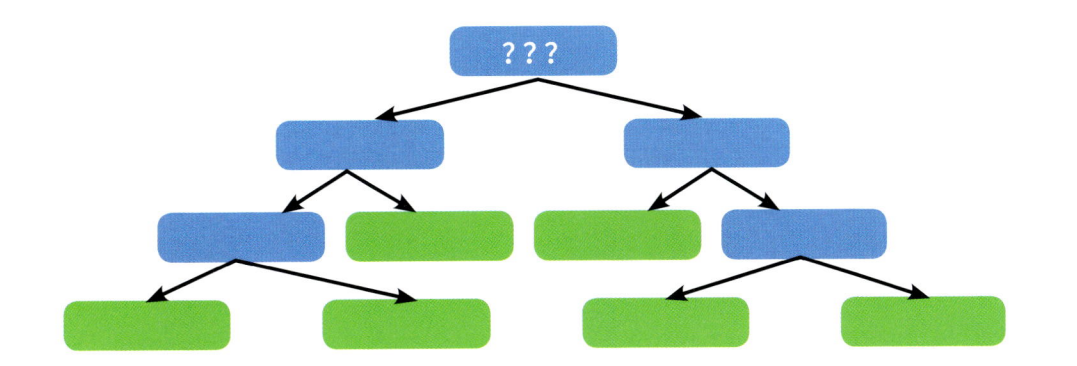

你可以用多种方式来绘制决策树，帮助自己做决定，但决策树中不可缺少的三类结点是：要做的决定、机会和结果。

八、强生公司所用的类似于尸检的做法。在绝大多数公司，如果你进行了并购，而这次并购成为灾难的话，所有造成这次愚蠢并购的人、文件和演说都会很快被忘记。没有人愿意提起这次并购，因为害怕联想到其糟糕的结果。但是强生公司规定每个人都要审视已完成的并购，将预测和结果进行比较。这么做是非常聪明的。

九、查尔斯·达尔文在避免确认偏见方面作出的伟大榜样。美国药品管理局（FDA）效仿了达尔文的做法，很明智地要求在开发新药物的研究中必须采用反确认偏见的"双盲试验"方法。

十、沃伦·巴菲特关于公开竞拍的原则：别去。

我的第四个问题是：在你的列表所展现的思维系统中隐藏着什么特殊的知识问题？

嗯，答案之一就是悖论。在社会心理学里面，人们对这个系统了解得越多，它的真实性就越低，而这恰恰使得这个系统在防止糟糕后果、推动良好结果方面具有很大的价值。这个结果是悖论式的，让人没办法把心理学和基础物理学联系起来，但这有什么关系呢？就连纯数学都无法摆脱所有的悖论，心理学里面有些悖论值得大惊小怪吗？

这种认知转变中还有一个悖论：被操控的人即使明知道自己正在被操控，也会心甘情愿地被对方牵着鼻子走。这在悖论中创造了悖论，但还是那句话，这有什么关系呢？我曾经非常享受这种情况。许多年前,我在晚宴上遇到某位漂亮的女士。我以前并不认识她。她先生是洛杉矶一位有头有脸的人物。她坐在我旁边,仰起那张美丽的脸庞,对我说:"查理,你能用一个词来说明你在生活中取得非凡成就的原因吗?"我明知道她肯定对许多人都这么说,但我还是觉得很高兴。我每次见到这位美女都会精神一振。顺便说一声,我跟她说的答案是我很理性。至于这个答案是不是对的,你就自己判断啦。我可能展现了某些我原来不想展现的心理倾向。

我的第五个问题是:我们需要将经济学和心理学更加紧密地结合起来吗?我的答案是肯定的,好像已经有人开始这么做了。我听说过一个这样的例子。加州理工学院的科林·卡米瑞尔研究的是"实验经济学"。他设计出一个有趣的实验,让一些智商很高的学生用真钱来模拟炒股票。结果有些学生为某只"股票"付出了 A+B 的价格,尽管他们明知道该"股票"当天的"收盘价"是 A。这种愚蠢的行为会发生,是因为那些学生被允许在一个流动市场上自由买卖那只股票。有些学生付出 A+B 的价格,是因为他们希望能够在当天收盘之前以更高的价格卖给其他学生。现在我敢自信地预言,大多数经济学教授和公司理财教授将会无视卡米瑞尔的实验结果,继续坚定地信奉他们原来那种"严格的有效市场假设"。如果是这样的话,那么这种情况将再次证明聪明人在受到心理倾向影响之后会变得多么不理智。

我的第六个问题是:这些有关心理倾向的知识难道不会带来道德问题和审慎问题吗?我的答案是会的。例如,心理学知识能够用来提高说服力,而说服力和其他力量一样,既可以用来做好事,也可以用来做坏事。库克船长曾经用心理学花招耍了他的水手,让他们吃酸泡菜来防治坏血病。在我看来,尽管库克船长有故意操控那些水手之嫌,但在当时的情况下,这种做法是道德的,也是明智的。但更为常见的是,你会利用有关心理倾向的知识来操控别人,以便获取他们的信任,达到自己不可告人的目的,这样一来,你就犯了道德的错误和不够审慎的错误啦。道德错误很明显,不用多说。这么做之所以犯了不够审慎的错误,是因为许多聪明人在成为被操纵的目标之后,会发现你正在试图操纵他们,反过来憎恨你的行为。

我最后的问题是:这篇演讲稿存在事实上和思考上的错误吗?答案是肯定的,几乎是

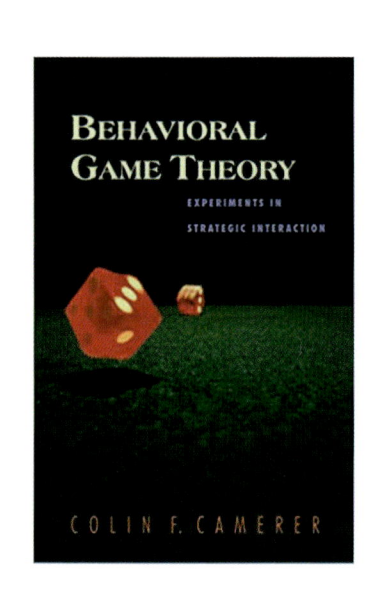

科林·卡米瑞尔
Colin Camerer
1959—

实验行为经济学家,他研究的是认知心理学与经济学交叉领域,旨在更好地理解人们做决策的心理和神经生理基础,找出人类经济行为的合理模型。他主要采取实验研究方法,偶尔也进行田野调查。代表作有《行为博弈》(2003)。

肯定的。这篇稿件是一个 81 岁的老人凭记忆花了大概 50 个小时改定的，而且这个老人从来没有上过一节心理学课，在过去将近 15 年的时间里，除了一本发展心理学的著作，没有看过任何心理学的书。即使如此，我认为我这篇演讲稿整体上是非常站得住脚的；我希望我的后代和朋友将会认真地考虑我所说的话。我甚至希望会有更多的心理学教授和我一起致力于（1）大量地采用逆向思维；（2）详尽地描绘心理学系统，让它能够像检查清单那样发挥更好的作用；（3）特别强调多种心理倾向共同发挥作用时产生的效应。

我的演讲到这里就结束啦。如果你在思考我所讲的内容的过程中得到的快乐，有我写下它的时候得到的快乐的十分之一那么多，那么你就是一名幸运的听众。

"彼得，你和沃伦骗我重写这篇东西，它占用了我太多时间啦。"（2005 年 2 月）

重读第十一讲

在 2000 年发表的这次演讲中，我称赞了朱迪斯·瑞奇·哈里斯那本非常畅销的《教养的迷思》(The Nurture Assumption)。你们应该记得，这本著作证明了同辈群体的压力对年轻人来讲是非常重要的，而以往普遍认为很重要的父母的教养反而没那么重要。这本具有极大实际意义的成功作品背后的故事很有趣：早在这本书出版之前，现年 67 岁的哈里斯女士在哈佛大学攻读心理学博士学位，但却被开除了，因为哈佛大学认为她缺乏从事心理学研究必备的理想素质。由于罹患了某种无法治愈的自身免疫性疾病，哈里斯女士成年之后大多数时间都待在家里。疾病缠身、默默无闻的她发表了一篇学术论文，《教养的迷思》就是根据这篇论文的基本观点写成的。这篇论文让她获得了某个声誉很高的大奖，这个奖项由美国心理学协会每年颁发给那些已发表的优秀论文，它恰恰是以那个将她开除出哈佛大学的人的名字命名的。

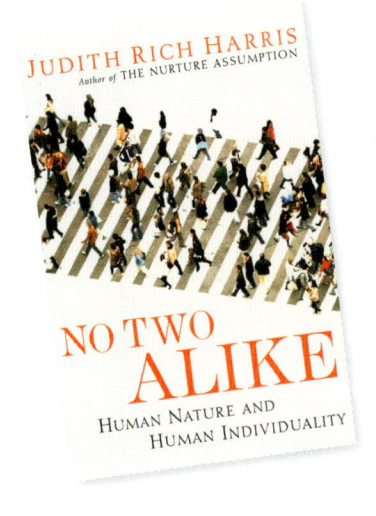

从她那本令人难忘的作品中得知这件荒唐的事情之后，我写信给哈佛大学——我的母校，敦促它授予我并不认识的哈里斯女士以名誉博士学位，或者授予她真正的博士学位，那就更好啦。我引用了牛津大学的例子。这所伟大的大学曾经开除了它最优秀的学生——塞缪尔·约翰逊，因为他穷得没办法继续缴纳学费。但牛津大学后来作出了体面的改正。在约翰逊战胜疾病，从穷困潦倒中逐渐成为著名人物之后，牛津大学授予了他博士学位。我试图说服哈佛在这方面效仿牛津的努力完全失败了。但哈佛大学后来确实从麻省理工学院挖来了当世最著名的心理学家史蒂芬·平克，而平克则十分景仰哈里斯女士。从这个举措中我们能明白哈佛人文社科学部的声誉为什么比其他大学的要高。该学部的底蕴极其深厚，能够部分地改正某些在别的地方放任自流的愚蠢错误。

2006年，在与不治之症作斗争中前行的哈里斯女士出版了第二部作品，《独一无二：解开人格差异之谜》（*No Two Alike : Human Nature and Human Individuality*）。这个书名很贴切，因为作者要解决的核心问题之一就是，同卵双胞胎最终在性格方面为什么会截然不同。带着好奇心周详地探讨这个问题的她让我想起了查尔斯·达尔文和夏洛克·福尔摩斯。她从心理学文献中收集和解释了许多资料，提出了一种非常可信的答案。她引用了一个有趣的案例，有一对同卵双胞胎，其中一个人在生活和事业上都取得了成功，而另外一个人则沦落到贫民窟。哈里斯女士对这个核心问题作出了极具概括性的解答，在这里我不想透露她的答案，因为对《穷查理宝典》的读者来说，先猜测答案，然后再去阅读她的书会更好。如果哈里斯女士大致上是正确的——在我看来非常有可能如此——那么处境十分不利的她已经两次提出了在培养教育儿童和其他许多方面具有重大实际意义的学术理论。

朱迪斯·瑞奇·哈里斯
Judith Rich Harris
1938—2018

朱迪斯·瑞奇·哈里斯是一名独立的研究人员和作家。她的重要学术成就包括一种视觉语言的数学模型、几本发展心理学教科书和许多具有影响力的专业论文。她最著名的作品是1998年出版的《教养的迷思》和2006年出版的《独一无二：解开人格差异之谜》。

这种罕见而值得钦佩的结果是怎么出现的呢？用哈里斯女士自己的话来说，她"为人傲慢而多疑，甚至从小时候起就是这样"，这些性格特征加上耐心、决心和技巧，明显让她直到67岁还在探求真理的道路上走得很顺利。毫无疑问的是，热衷于摧毁自己的观念也是促使她成功的因素之一。我这么说，是因为她现在还在为以前撰写教科书时重复了某些错误的理论而道歉。

在这一讲中，我也展示了我的傲慢，因为我对自己所说的话非常有信心。这一讲无非就是宣称：（1）学院派心理学是非常重要的；（2）尽管如此，这门学科中那些拥有博士学位的学者的心理学理论和他们对心理学的表述往往是有毛病的；（3）和绝大多数教科书相比，我对心理学的表述方式在实用性方面往往拥有巨大的优势。自然，我相信这些极度自负的宣言是正确的。毕竟我收集这一讲中所包含的材料是为了帮助我在实践思维方面取得成功，而不是为了通过公布一些貌似聪明的理论来获取好处。

如果我的看法是正确的，哪怕只有部分是正确的，未来这个世界理解心理学的方法，将会跟这一讲所用的办法差不多。如果是这样，我自信地预言，这种实践的改变将会普遍地提高人们的竞争力。

写完这篇之后，我没有什么要补充的了。

Charles T. Munger

2006 年 3 月 7 日

LIFE
SPRING 1995
MUNGER SCIENCE CENTER NEARLY COMPLETE
Munger Thinks Like Buffett
Sunday World-Herald
Buffett's Right-Hand Man...
Charlie Munger Thinks Like Berkshire's Chairman
Investment Expert
Doing a Poor Job of It
The Washington Post
Optimism Has No Place in Accou
Charles T. Munger
The OPM factor
Berkshire's secret weapon
"Charlie has the best 30-second mind in the world," says Buffett. "He goes from A to Z in one move. He sees the essence of everything before you even finish the sentence."
"I probably haven't talked to anyone on Wall Street one hundredth of the times I speak to Charlie," says Buffett.
"Warren and I are chicken about buying stocks on margin."
Forbes ■ January 22, 1996

第五章

文章、报道与评论

在媒体眼中,查理·芒格从不是一个活跃的公众人物或常发议论的"权威",甚而只是作为"巴菲特的副手"出现。但正如本书所强调的,查理的智慧深藏不露,绝非"副手"。本章即汇集了近30年来媒体对他的相关报道,以及他在报章杂志上所发表的重要文章。无论是石油的价格、微软反托拉斯案,还是安然溃败,查理皆从根源上指出了这些事件的错误所在,而非泛泛而谈。尤其是此次增订新收录的两篇文章,以特有的查理风格讽刺了美国金融衍生品的危害,揭露了全球金融危机的根本性源头。现在,就请开始与查理一起,用"芒格思维模式"重新看待这些重要事件吧。

如果说标准石油正在试图变得贪婪的话，那么它的表现可不够好

向那些优秀的工程师致敬

Los Angeles Times

文 / 查理·芒格
《洛杉矶时报》，1978年10月1日

当前有些人大肆抨击加州标准石油公司（以及其他"大石油"公司），这种现象让我越来越感到困惑。在吹毛求疵者的指责看来，这些公司贪得无厌，它们的行动是反社会的，而且还谋取巨额的利润。

我向来关注标准石油的发展，因为许多年前，我母亲送给我妻子300美元当作新婚礼物。我妻子用这笔钱投资了标准石油的股票。所以我经常阅读标准石油的年报，不过我的阅读从来没有促使我买进更多标准石油的股票。我的保留态度是有原因的。

如果说标准石油正在试图成为贪婪的垄断企业，那么它的表现当然是很糟糕的。自从1965年以来，该公司的平均股价上涨了22%。而在此期间，消费者价格指数上涨了大概102%。当然，该公司的红利是递增的，从1965年的每股1.03美元上涨到1978年的每股2.55美元。虽然每年的红利增长率超过通货膨胀率大约一个百分点，可是和同期平均工资增长率相比，它又低了很多。

一个1965年底买入标准石油股票的股东，在缴纳历年获取红利的40%作为所得税之后，他的购买力实际上是下降的。通货膨胀和所得税共同对总体投资回报（即考虑资本价值，也考虑收入）产生了影响，使得实际回报率是负的。按照1965年的美元购买力来计算，这笔投资的年均损失超过了2%。

编者注：查理特别要求我们指出，他当时写这篇文章是"为了激怒我那些偏向左倾的子女"。

这本身就足够让人沮丧的了，但这些年来我不追加我妻子那笔小投资，是因为标准石油在美国的资产（我认为这是该公司唯一安全的资产）的盈利能力太差。

在 1968 年到 1972 年这五年之间，在欧佩克成员国将石油的价格提高了超过 400% 之前，标准石油那些位于美国国内的净资产的年均回报率是非常低的。即使在 1973 年，该公司在美国的业务盈利大到 1.84 亿美元，但是当年的净资产回报率只有 6%。虽然该公司美国资产的回报率低，但其海外资产的盈利很多。在 1973 年，标准石油在沙特阿拉伯和其他地方控制了大量石油，盈利高达 5.29 亿美元；按该公司在东半球的总投资 16 亿美元计算，年度回报率超过了 30%。非常高的海外利润和非常低的美国利润加起来，使得在 1968 年到 1972 年间，该公司在全世界的净资产的年均回报率是大约 10%——对于一家健康的公司而言，这样的总体回报率是偏低的。

但 1972 年之后，情况发生了有利于标准石油的变化，当时欧佩克决定大幅提高石油价格。结果，那些位于美国的油田所有者获得了更高的利润。与此同时，标准石油被迫将其海外资产的大部分以很低的价格卖给当地政府。1977 年，标准石油的美国净资产回报率是 10%，其海外盈利虽然大幅下降，但海外净资产回报率仍然达到了 19%。该公司在世界各地的净资产的平均回报率是 14%，和 1968 年到 1972 年间的 10% 相比，只增加了 4%。

作为消费者，我应该为标准石油的利润比过去多了一点而生气吗？或者我应该为其美国净资产回报率从前只有 6% 现在上升到 10% 而生气吗？

我想是不应该的。标准石油公司在美国的盈利是低于正常标准的，但这种情况被其生产和销售大量便宜的阿拉伯石油而赚取的高额利润所掩盖，所以该公司经常被指责为牟取暴利的奸商。过去，该公司的海外投资确实获得了非常高的回报——但现在正逐步下降。标准石油冒着风险推行了许多石油钻探计划，最终在中东地区发现了大量石油。由于这种石油的生产成本很低，标准石油实现了高额的利润，其中绝大部分来自国外。

我虽然不经常和标准石油打交道，但这家公司给我留下了良好的印象——至少跟我打过交道的其他大型企业相比起来是这样。标准石油的产品从来没有给我制造过麻烦。作为消费者，我每次去该公司全资拥有的加油站时都得到了迅捷和公平的服务。我在加州生活了30年，从来没听说标准石油有过什么大丑闻。我年轻那会儿当律师时，曾代表其他利益方跟标准石油打过交道，当时我觉得这家公司很傲慢，而且有点官僚作风（可能为了实现内部控制和避免丑闻，它不得不这样），但它的作风是很正派的，方方面面都很理性。

这几十年来，我一直有观察标准石油的用人政策。我发现它向来任人唯才——根据能力来提拔工人，而且很少解雇他们，就算解雇了也有经济补偿。

我妻子定期收到标准石油公司的股东委托书——管理人员征求股东投票的书面文件。委托书表明该公司的董事会对股东、普通员工和消费者都很负责任。管理人员的薪水和补贴跟其他同等规模的企业相比也是相当低的。

就我观察到的情况来看，标准石油的高层管理人员都是工程师出身，而该公司在工程方面取得的成就是很出色的——作为一名公民，我希望把像油井、炼油厂、输油管和储油罐这样必需但复杂而危险的资产交给这样的公司来控制。

基于所有这些原因，我不会因为标准石油的美国资产回报率为10%而指责它。

石油行业向来需要大量的资金，尽管如此，它的资金需求很快将会极大地增长。考虑到我们未来的能源需求，再加上国内现有资源面临枯竭，我们需要更多的研究和开发计划。投资这些领域是聪明的选择。

如果不让石油的价格稍微提高一点，石油公司将会减少它们在能源开发方面的再投资，到头来消费者会承受更大的损失。我个人提倡把油价提得更高，让标准石油公司赚更多的钱，因为我相信这将会拉高再投资的资金，从而让消费者受益。当消费者的活力需要供应商的活力来支持时，适当地提高价格当然是对消费者有利的。而且正如我妻子的投资历史所证明的，消费者根本无需担心标准石油的股东会利用油价上涨的机会中饱私囊。

作为一个生意人，我亲身学到下面的道理（我有某些收获和损失可以用来证明它）：运转良好的东西，如果得到鼓励和支持，通常能够表现得更好；与之相反，运转糟糕的东西往往是无法被改正的，或者能够被改正，但其难度比你们可能想到的要难十倍。

有些政客居然提议分拆标准石油和其他大型的石油公司，或者将它们的许多功能收归政府。我的从商经验使我对这种提议感到震惊。我想我们应该治理的是那些明显处于腐败之中的机构。就一点，我对加州标准石油公司那些优秀的工程师的工作是十分满意的。

巴菲特的副手……

查理·芒格和伯克希尔的董事长所见略同

文 / 罗伯特·多尔
《奥马哈世界先驱报》，1986年8月10日

沃伦·巴菲特最亲密的生意伙伴说他和巴菲特的想法十分相同，乃至在决定是否要作出某项大规模投资时，他们往往能够不谋而合。

涉及数百万美元的决定，有时候在几分钟之内就做出了，查理·芒格说。他是总部位于奥马哈的伯克希尔·哈撒韦公司的副董事长。

想法相同并不总是好事，芒格说："如果有个错误被一个人忽略了，另外一个人可能也会忽略这个错误。"

采访是在芒格位于市中心的朴素的办公室进行的。作为巴菲特的副手，芒格谈起了他和那位领导伯克希尔·哈撒韦公司、被公认为全美国最杰出的投资者之一的奥马哈人的多年交往。

芒格是在奥马哈长大的，他年轻时曾在安德伍德大道 5015 号的巴菲特父子商店为沃伦·巴菲特的祖父和叔叔打工。

但现年 62 岁的芒格当时并不认识巴菲特，他们两个人在都成年之后才相遇。那时候，芒格已经以优秀毕业生的身份从哈佛大学法学院毕业，在洛杉矶开始了他的律师生涯。

1959 年，芒格回到奥马哈省亲，在双方都认识的朋友的安排下，他和巴菲特相识了。当时巴菲特开设的合伙投资公司已经营了三年，并一直运转到 20 世纪 60 年代末才关闭。

阳台

巴菲特和对投资有自己看法的芒格在约翰尼咖

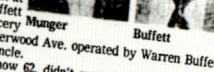

啡厅共进晚餐，谈论证券和投资过程。

　　芒格说他当时觉得很好笑，因为巴菲特说他请了一名兼职记账员帮忙，把他的投资公司"开在家里的阳台"。

　　巴菲特的思维方式给芒格留下了深刻的印象。芒格说："我们一见如故。"

　　在奥马哈接受另外一次采访的时候，巴菲特说最早听到芒格的名字，是在1957年跟一对奥马哈夫妇交谈的过程中。那对夫妇便成了他的合伙公司的早期投资者。

这两位投资者是埃德温·戴维斯医生夫妇，现在都已谢世。巴菲特去戴维斯医生家，向他们解释他的投资理念。在巴菲特的阐述过程中，戴维斯医生只问了几个问题，但最后却同意投资10万美元。

巴菲特说他问戴维斯医生为什么这么快就愿意投资这么一大笔钱。"因为你让我想起了查理·芒格，"他回答说。

即使今天，巴菲特和芒格的说话声听起来都很像，尽管巴菲特比较年轻，今年55岁，但他们两个人的外表甚至也有点相似。

在巴菲特去戴维斯夫妇家陈述投资理念的两年后，戴维斯太太安排巴菲特和芒格相识。

投资专家

这两个人慢慢培养出亲密无间的工作关系。1965年，应巴菲特的要求，芒格放弃了他的律师生涯，全职从事投资工作。

芒格用他的亲人和原来在律师事务所的客户的钱，和巴菲特一起进行投资。

虽然他是一名律师，但他对伯克希尔·哈撒韦的贡献主要是在投资事务上，而不是在法律事务上，巴菲特说。

和巴菲特相同，在投资方面，芒格不是专才，而是一名通才。"查理能够比任何活着的人更快、更准确地分析任何种类的交易，"巴菲特说，"他能够在60秒之内找出令人信服的弱点。他是一个完美的合伙人。"

这两个合伙人认为他们没有必要居住在同一座城市。"沃伦很喜欢他所在的地方，我也喜欢我所在的地方，"芒格说。

他们平均每周通八次电话。在需要了结一桩交易的时候，他们就约在同一个地方见面。

如果两个人中有一个分不开身，另外一个人有权采取行动。巴菲特说："我们对彼此的想法十分了解，就算另外一个人不在，也能独自处理得很漂亮。"

他们的生意关系并没有写进合同的条款。"那就像兄弟之间的行动，"巴菲特说。

表里如一

大多数投资的想法来自巴菲特，芒格说。

他说巴菲特私底下跟在公开场合一样——性格开朗、令人愉快，而且十分坦率。他毫不隐瞒自己，芒格说："他是个表里如一的人。"

巴菲特的天性对他的事业"有很大的帮助"，芒格说。

"当你像他那样坦诚，人们会信任你。商学院应该教学生这个道理。"

芒格说，他认为商学院应该要求学生在学习专业课程之前，先阅读本杰明·富兰克林论及人类行为的著作。

基于相互仰慕的交易会带来良好的商业结果和更少的法律纠纷，他说，"你想想看啊，你要是能够做到这一点，那你的生活该多好。"

毫无疑问，巴菲特在工作过程中得到许多乐

趣，芒格说。

"我在工作中也得到乐趣，但他比我更喜欢工作，"他说。巴菲特有个专门的词汇用来指代自己的办公室，那就是"快乐的宫殿"。

这位律师说他想不起来巴菲特什么时候发过脾气。"甚至在我带他去明尼苏达钓鱼，把船弄翻了，我们不得不游泳到岸边的时候，他也没有朝我大呼小叫。"

芒格说他喜欢钓鱼，但是巴菲特不喜欢。他们共同的爱好是打桥牌。

根据今年伯克希尔·哈撒韦在年会上向股东披露的信息，芒格拥有该公司的股份是22710股。按照星期五的收盘价每股2810美元计算，这些股份的价值大约是6380万美元。

芒格在访谈中表示，他的财产大半是由伯克希尔·哈撒韦公司的股票构成的。

芒格有八个年龄从18岁到30岁不等的亲生子女和过继子女。他的姐姐罗伯特·埃斯塔布鲁克太太生活在奥马哈。

他是洛杉矶的私立哈佛学校的资助者，并长年担任洛杉矶计划生育组织的财务总监。

伯克希尔·哈撒韦去年取得了非凡的业绩，但今年的增长"肯定100%"会放慢，芒格说。巴菲特也持有相同的看法。

这家公司的业务很多元，涉足的领域包括电视、报纸、保险和家具零售。在1985年，该公司的盈利高达61300万美元，净资产收益率达到了48.2%。

巴菲特说如果他突然去世，伯克希尔·哈撒韦在芒格的管理之下，将会在很长的时间内继续取得成功。

如果巴菲特现在去世，伯克希尔·哈撒韦和其部分拥有或全资拥有的公司之间的关系将不会发生变化，芒格说。

"过去人们把他们的企业卖给我们，是希望能够在一种特定的文化下面经营，这种情况将会持续。"

互助储蓄与贷款联盟的请辞信

United States League of Savings Institutions,
1709 New York Avenue N. W.,
Washington, D. C. 20006

文 / 查理·芒格
1989年5月30日

各位先生：

  这封信是互助储蓄和贷款联盟退出美国储蓄机构协会的正式辞呈。

  互助储蓄是在美国证券交易所上市的西科金融公司和在纽约证券交易所上市的伯克希尔·哈撒韦公司的附属企业，它早就不愿意和贵协会有任何关系。

  加入协会多年，互助储蓄做出此决定并非轻率，我们认为贵协会目前的游说行为非常有问题，确切说是可耻，以致我们不愿再继续成为协会成员。

  我们的储蓄和贷款行业如今创造了美国金融机构历史上最混乱的局面。虽然这种混乱局面有许多原因，我们在去年股东大会发布的年报上试图予以归纳，但下面三种因素使它变得更加糟糕：（1）多年以来，贵协会通过游说，不断成功地阻止政府规范少数由骗子和白痴管理的保险机构的业务；（2）许多保险机构做了假账，以便使它们的经营状况看起来比实际上更加健康；（3）保险机构的真实权益资本率太低，无法保障储蓄账户持有者的利益。

  把国会现在面对的局势比喻为癌症、把贵协会比喻为致癌因素并不过分。如果国会缺乏智慧和勇气去处置那些引起当前麻烦的因素，那么这些麻烦将会像癌症那样复发。

  此外，尽管我们的储蓄和贷款行业现在明显需要进行一场实实在在的改革，包括作出一些痛苦的调整，然而幅度最小的改革，也经常在贵协会的游说之下受到抵制。例如，贵协会（1）支持修改会计准则，允许"信誉"（在金融机构的背景中，这个

Reproduced on this page is a copy of the May 30, 1989 letter of resignation of Mutual Savings and Loan Association from the United States League of Savings Institutions.

MUTUAL SAVINGS AND LOAN ASSOCIATION
315 EAST COLORADO BLVD. • PASADENA, CALIFORNIA 91101-1954

May 30, 1989

United States League of Savings Institutions,
1709 New York Avenue N. W.,
Washington, D. C. 20006

Gentlemen:

This letter is the formal resignation of Mutual Savings and Loan Association from the United States League of Savings Institutions.

Mutual Savings is a subsidiary of Wesco Financial Corporation, listed ASE, and Berkshire Hathaway Inc., listed NYSE, which are no longer willing to be associated with the League.

Mutual Savings does not lightly resign after belonging to the League for many years. But we believe that the League's current lobbying operations are so flawed, indeed disgraceful, that we are not willing to maintain membership.

Our savings and loan industry has now created the largest mess in the history of U. S. financial institutions. While the mess has many causes, which we tried to summarize fairly in our last annual report to stockholders, it was made much worse by (1) constant and successful inhibition over many years, through League lobbying, of proper regulatory response to operations of a minority of insured institutions dominated by crooks and fools, (2) mickey-mouse accounting which made many insured institutions look sounder than they really were, and (3) inadequate levels of real equity capital underlying insured institutions' promises to holders of savings accounts.

It is not unfair to liken the situation now facing Congress to cancer and to liken the League to a significant carcinogenic agent, And, like cancer, our present troubles will recur if Congress lacks the wisdom and courage to excise elements which helped cause the troubles.

Moreover, despite the obvious need for real legislative reform, involving painful readjustment, the League's recent lobbying efforts regularly resist minimal reform. For instance, the League supports (1) extension of accounting conventions allowing "goodwill" (in the financial institutions' context translate "air") to count as capital in relations with regulators and (2) minimization of the amount of real equity capital required as a condition of maintenance of full scale operations relying on federal deposit insurance.

In the face of a national disaster which League lobbying plainly helped cause, the League obdurately persists in prescribing continuation of loose accounting principles, inadequate capital and, in effect, inadequate management at many insured institutions. The League responds to the savings and loan mess as Exxon would have responded to the oil spill from the Valdez if it had insisted thereafter on liberal use of whiskey by tanker captains.

It would be much better if the League followed the wise example, in another era, of the manufacturer which made a public apology to Congress. Because the League has clearly misled its government for a long time, to the taxpayers' great detriment, a public apology is in order, not redoubled efforts to mislead further.

We know that there is a school of thought that trade associations are to be held to no high standard, that they are supposed to act as the League is acting. In this view, each industry creates a trade association not to proffer truth or reason or normal human courtesy following egregious fault, but merely to furnish self-serving nonsense and political contributions to counterbalance, in the legislative milieu, the self-serving nonsense and political contributions of other industries' trade associations. But the evidence is now before us that this type of trade association conduct, when backed as in the League's case by vocal and affluent constituents in every congressional district, has an immense capacity to do harm to the country. Therefore, the League's public duty is to behave in an entirely different way, much as major-league baseball reformed after the "Black Sox" scandal. Moreover, just as client savings institutions are now worse off because of the increased mess caused by League short-sightedness in the past, client institutions will later prove ill-served by present short-sightedness of the League.

Believing this, Mr. Warren E. Buffett and I are not only causing Mutual Savings to resign from the U.S. League of Savings Institutions; we are also, as one small measure of protest, releasing to the media, for such attention as may ensue, copies of this letter of resignation.

Truly yours,

MUTUAL SAVINGS AND LOAN ASSOCIATION

Charles T. Munger

Charles T. Munger
Chairman of the Board

词可以被翻译成"空气")被记为资本;(2)只有拥有一定的真实权益资本的保险公司,才能够在全美国范围内开展所有保险业务,贵协会致力于将规定的真实权益资本数额最小化。

一场由贵协会协助引发的全国性灾难迫在眉睫,而贵协会冥顽不灵,坚决支持宽松的会计准则、不充足的资本,实际上还支持放松对许多保险机构的管理。贵协会对当前储蓄和贷款行业的乱局的反应,无异于埃克森石油公司在瓦尔德兹号油轮(Valdez)发生原油泄露之后,继续允许油轮的船长随意饮用威士忌。

从前有一家制造商公开向国会道歉,这才是贵协会应该效仿的榜样。因为贵协会明显已经在很长的时间内误导了政府,给纳税人造成了极大的损失。贵协会应该做的是公开道歉,而非妄图通过加倍的努力来继续误导政府。

我们知道有些人认为不应该用高标准来要求行业协会,它们本应该采取贵协会目前正在采取的行动。依据这种观点,各行各业组织协会,不是为了在犯下大错之后提供真相、理由或者正常的人类礼仪,而只是为了在立法会上提出一些自私自利的废话和政见,以便和其他提出自私自利的废话和政见的行业协会分庭抗礼。但是现在我们面前的证据表明,这种协会行为如果在每个国会选区都得到有影响力的当选议员的公开支持,就好像贵协会的行为这样,将会对国家造成极大的伤害。因此,贵协会的公共责任当采用另外一种完全不同的做法,应该效仿在"黑袜"丑闻(Black Sox Scandal,发生在1919年世界棒球大赛中八名白袜队球员打假球的丑闻事件——译者注)之后进行改革的棒球大联盟。除此之外,贵协会过去的短视使得这种糟糕的局面持续恶化,从而使客户储蓄机构的经营每况愈下;同样地,贵协会当前的短视,也将会使客户机构蒙受损失。

请你们相信,沃伦·巴菲特先生和我不仅要让互助储蓄和贷款联盟退出美国储蓄机构协会,我们还将作出小小的抗议,把这封辞呈复制几份,分派给媒体,以便引起它们的关注。

Truly yours,
MUTUAL SAVINGS AND LOAN ASSOCIATION

Charles T. Munger
Charles T. Munger
Chairman of the Board

反托拉斯法的滥用

文 / 查理·芒格
《华盛顿邮报》，2000年9月1日

我从微软反托拉斯案得出的结论是，美国司法部认为，任何销售商只要满足如下三个条件：（1）它经常以一种价格销售包括所有配件的产品，（2）它在市场上处于优势地位，（3）它通过添加与其他人最先推向市场的产品功能相同的新配件来参与市场竞争，那么这家销售商就自动侵犯了反托拉斯法，哪怕它出售的是一种不断成熟的多配件产品，并持续地开发新的型号，增加一些新配件，以此来改善这种产品的功能。

如果上诉法庭愚蠢到认可审判法庭对微软案的裁决，那么美国几乎所有在市场上取得领先地位的高科技企业将会被迫放弃世界各国的企业在受到市场上其他公司推出的更优秀技术威胁时所采取的标准竞争行为。

没有别的国家会如此控制它最强大的企业。我们只要看看美国自己的历史就能够明白原因。就以福特汽车公司为例。1912年，福特公司是美国领先的汽车制造商；当年一家小公司——通用汽车的前身——发明了自动点火装置，让司机在车内就能发动轿车，不用跑到车外去用曲柄摇动引擎。福特作出的回应是自己研发了自动点火装置，安装到它的轿车（这是福特"一价全包"的产品）上去——从而巩固了其市场领先地位，限制了那家很小的竞争公司的入侵。我们真的想把这种行为定义为非法行为吗？

或者以波音为例。假如波音销售的客机占到美国市场的90%，而且每架客机只收一次钱，尽管它不停地为这些客机增加更好的配件。我们真的仅仅

因为这些配件中有部分是由其他制造商最先推向市场的,就希望波音别再试图加强它的竞争优势吗?要知道的是,增加这些令人满意的新配件不但对旅客有帮助,还能提高客机的安全性能。

微软案提出的两个问题是:(1)哪些将独立的新产品"捆绑"到在市场上占优势地位的旧产品的做法是不被允许的和违法的?(2)哪些改善在市场上占优势地位的一价全包产品的做法是可以被允许的和合法的?

有一种轻松的办法可以避免荒唐的结果和争议。我们需要一种支持提高产品性能的简单原则:如果经过可靠的论证,新配件确实能够在某些方面改善产品使用者的体验,那么它就应该被允许添加到产品中去。

现代社会的本质决定,最高水平的生活往往出现在有许多超级成功的公司的地方,而且这些公司狂热地致力于改善某些一价全包的产品的性能,以此来保持很高的市场份额。

近几年来,外国制造商开发出更好、更便宜的产品,而美国的制造商仍然能够与它们竞争,是得力于一种微观经济潮流:我们的制造商学会了向少数最值得信赖的供应商采购数量更多的、包含各种配件的一价全包产品。这种重要的现代潮流现在受到司法部的威胁。

微软的企业文化也许有些特征是许多人所不喜欢的,但优秀的软件在这种企业文化中得到最好的开发。微软否认它曾留意它的行动给竞争对手带来的影响,这种做法也许是不明智的。但遇到这样的案子，法律顾问通常会建议这么做；再说微软内部每个人的想法是各不相同的。正确的反托拉斯政策不应该因为被告要求政府拿出证据而对它们进行物质的惩罚。如果司法部现任的管理者放任这种处理诉讼的做法左右反托拉斯法的发展，完全不顾这种做法将会在上面提及的案子之外造成恶劣后果，那么他们就不适合承担引导反托拉斯政策的重任。

虽然我从来没买过微软的股票，但长年以来我一直观察着该公司软件的发展，这跟我个人拥有的两个职位有关。首先，我是伯克希尔·哈撒韦公司的管理人员和股东，而伯克希尔是世界图书公司百科全书（World Book Encyclopedia）的出版人。我特别喜欢该公司的百科全书产品，因为我知道它的编撰过程很艰难，也因为我从小就看这套丛书，它在这漫长的人生中给我许多帮助。

但尽管世界图书公司的管理人员作出了许多努力，当微软在其软件包里添加一整套近乎免费的百科全书时，这家公司的百科全书业务还是受到了极大的永久性伤害。除此之外，我认为微软这么做，是为了进一步把其强大的业务做大，也知道这种举措会伤害我们的公司。

即使如此，即使世界图书公司蒙受惨重的损失，我仍然认为微软有权利改善它的软件；我也仍然认为当强大的企业能够通过改善它们的产品而维持其强大的地位时，我们的社会得到了许多好处——尽管有些公司会蒙受损失。

其次，我是每日快讯集团（Daily Journal Corp）的董事长和股东。每日快讯出版许多备受律师和法官欢迎的小报。许多年前，这家集团受制于IBM，因为IBM有许多好用的电脑程序。后来它受制于DEC（数码设备集团），因为它的电脑程序更加好用。现在每日快讯集团的个人电脑上使用的百分之百是那些便宜得惊人的微软软件，微软的电脑程序更加好用，包括能够接入互联网的IE浏览器。

考虑到每日快讯集团原来那些供应商曾经在市场上占据优势地位而后销声匿迹的历史，微软的行业地位在我看来也是岌岌可危的。然而，至少在短期之内，微软产品在我们的企业和其他地方无孔不入地渗透对我们——包括那些使用我们的出版物的法院——有巨大的帮助。

但假如微软一直以来没有通过添加诸如IE浏览器之类的配件来改善它的软件，那么该公司的软件对我们和法院来说将会是一种糟糕的产品。微软给视窗操作系统增加程序，是迫于竞争的压力，因为如果它不想后退而想前进，就不得不那么做。

司法部现在发布的命令极其有害，它很难再发布比这更有害的命令了。如果司法部获胜，我们国家那些表现最好的高科技企业将会陷入困境。而司法部这么做，竟然是为了得到一些没有人能够理性地预测的公共利益。

英特尔公司最近已经被迫离开其原本处于领先地位的电脑芯片行业。该公司的安迪·格鲁夫说过一句被广为引用的话，他说在他的企业里面，"只有偏执狂才能生存"。如果这种情况是真的，看起来很有可能是真的，那么微软应该得到的是一枚奖章，而不是一次反托拉斯诉讼，因为它如此害怕落后，如此热衷于改善它的产品。

芒格科学中心接近完工

LIFE

文 / 查理·芒格
《哈佛—西湖生活》，1995年春季号

芒格科学中心计划在 1995—1996 学年开学时启用，它将在未来大约 100 年里为哈佛—西湖中学北校区的科学课服务。

这座设备先进的大楼坐落在半山坡，其上方是希弗楼，俯视寒水峡谷。它包括 12 间定做的实验教室、一间会议室、一个剧院风格的礼堂，礼堂的 110 个座位均有网线，可以连接手提电脑。所有房间都将拥有最先进的视听设备，整栋大楼都将铺设计算机网络。

"大多数建筑物的问题是，它们一旦建成，便没有多少可以改造的余地。我们想让这个中心在未来 100 年里都能发挥作用，发挥很好的作用，我认为它将来没有理由被废弃。"校董查理·芒格说。到目前为止，芒格和他的妻子南希捐赠了 750 万美元来建设这座新楼。

哈佛礼堂原有的科学教室并没有被弃用，校方每隔几年就会对它们进行翻修，改变它们的布局，但是这些教室显得太拥挤，早在 10 年前就应该被取代。

"在合并之前，我们就已经缺乏足够的科学设施，合并后高年级的学生人数翻了一番，我们亟需一座新的科学中心。人们不用动脑筋也能明白，"芒格说，"如果不改善科学设施，那么学校就是在误人子弟。"

芒格从一开始就插手这个计划的方方面面，但他和南希最早并没有想到要这么慷慨，可是随着修建计划变得越来越宏伟，所需的钱也越来越多。

"这次我们是陷进去了。"他笑着说，靠着办公室的椅背。他的办公室在市区的芒格、托尔斯 & 奥尔森律师事务所之内。不过他早已不当律师，而是在那里监管许多业务和投资项目。

"这是我和南希最大的一次捐款。"

芒格尤其感到自豪的是，学校的科学教师参与了设计。

"这座大楼没有哪个地方不被详细地讨论，"他说,"我认为其他中学不会像我们这样,让那些要在这里教书的人参与进来。他们密切地参与了整个规划过程。"

芒格认为,只有伟大的建筑师和聪明的业主通力合作,才能建起最好的楼房。他说校长托马斯·胡德纳特、财务总监罗伯·勒文和项目经理弗兰克·赫德奇站在学校的立场上,表现非常好,堪称"出色的业主"。

"我们也很幸运,建筑设计师朴基瑞和营造商库特·弗兰森都是学生家长。"他指出。

在工程筹备阶段,北校区的科学部主任约翰·福尔纳被派往全国各地考察许多公立中学、私立中学和大学的科学设施。他和勒文以及赫德奇访问的学校遍布全国,西到华盛顿州,东到新泽西州;但福尔纳说看到的景象大多令他们很失望。

"我们看到大量的重复,于是决定别再考察了,我们自己来设计,"福尔纳说,"在访问期间,我们看到的大多是别人犯下的错误,没什么值得我们借鉴的。哈佛—西湖中学向来开风气之先,所以我们决定参考我们看到的最好的设施,吸取一些经验,然后再利用我们学校教职工的聪明才智。"

选址确定之后,建筑师提出了各种想法,并因地制宜确定了建筑方案。

"这栋楼很难建,因为它的选址在坚硬的山坡上,而且我们必须在学年中间开工,"芒格指出,"我们不得不在建筑的过程中作出一些改变,通往工地的道路必须改变。"

在这座新大楼里面,福尔纳说:"可供我们使用的面积将会是现在的三倍。实验教室区,不算准备区,将会有1700平方英尺。许多人的房子都没这么大。准备区的长度跟整栋大楼相同,所有化学实验室都通往同一个准备区。其他学科的实验室的情况也一样。"

新大楼将会有12间实验教室,比哈佛礼堂多四间,其中四间专供生物学实验之用,四间供化学实验之用,两间供物理实验之用,另外两间是多学科实验室。

福尔纳指出,哈佛礼堂只有一个通风柜。而芒格科学中心每个化学实验室都有两个双倍大的通风柜。"有的学校一个都没有。"他说。

学生工作区得到了扩大,其方便性和安全性都令人满意;所有教室都将会拥有全套的视听和计算机系统。

教师的讲台专门定做成L型,让教师能够同时和两名学生一起操作。在装备完善的计算机资源中心,那里将会有29台电脑,而哈佛礼堂现在只有12台。有一个实验室将会安装加强横梁,以便悬挂重达1000磅的机械展示装置,福尔纳说那"真的很酷"。

许多细节都征求了教师的意见,比如电源插座该放到哪里,他们想要什么桌子之类的。生物学、化学和物理学实验室中的凳子都是不同的。

"我们努力给未来改建留下余地,我不知道该怎样称赞库尔特·弗兰森才好。我们想要什么,他就给我们什么,而且我们每个人之间的合作都非常愉快。"福尔纳说。

"他们基本上任由我们自己去安排,不像其他学校,我看到其他学校的老师对他们需要什么根本

图1：需要使用加长的混凝土泵才能将混凝土输送到大楼的第二层。
图2：围墙和剪力墙的夹板已经铺到30英尺的高度，并已浇灌好混凝土。
图3：钢构件形成的九角亭。九角亭下方是一部电梯，正处在大楼南部和北部的交界处。将来人们可以坐电梯从底楼上到屋顶，南面的屋顶有一座天桥和希弗楼相连。
图4：芒格科学中心东部的地基清理。支撑系统使得工人能够在现有建筑物旁边垂直开挖。

就没有发言权。这里没有限制和约束。我们的需求总是得到满足。我们科学部的同事感到非常激动。"

"有这样一位希望做到尽善尽美的捐款人，我们都很激动，"福尔纳说，"他总是督促我们把事情做好。"

他说芒格把科学设施的规划留给教师，但强烈要求通风和取暖设备必须是第一流的，而且大楼必须远远超过现行的抗震标准。

"我们是一所建立在地震区的学校，"芒格说，"要这么做才对。"

芒格本人是内布拉斯加州奥马哈市公立学校的毕业生，他1924年1月1日出生在该市。从奥马哈中央高中毕业之后，他就读密歇根大学，但一年半后退学，在1943年1月加入了陆军航空兵团。服役期间，他先后入读新墨西哥大学和加州理工学院，并在1944年1月以少尉和气象学家的身份毕业。退伍之后，他以优异成绩从哈佛大学法学院获得了一个法学学位。

他在洛杉矶的穆西克、毕勒 & 加雷特律师事务所工作，并成为该所的合伙人。1962 年，他离开这家事务所，创办了芒格、托尔斯、西尔斯 & 瑞克斯豪瑟律师事务所，现改成芒格、托尔斯 & 奥尔森律师事务所。

1965 年，他放弃了律师生涯，把更多的时间用于经商。他是伯克希尔·哈撒韦公司的副董事长，该公司的董事长是他的多年老友沃伦·巴菲特。他担任过蓝筹印花公司董事长、新美国基金董事、《洛杉矶每日快讯》董事长，也是《布法罗晚报》的大股东。

他还担任了许多社会职务，包括洛杉矶计划生育协会理事和财务总监、洛杉矶撒玛利亚医院理事，以及阿尔弗雷德·芒格基金会的创办人和会长。

他和南希均热衷于教育事业，南希是万宝路中学和斯坦福大学的校董，芒格夫妇为基督教青年会的维托尔营地捐建了一个 40 英尺 × 80 英尺的游泳池和相关的淋浴更衣设施。多年以来，芒格太太一直是基督教青年会的理事。

查理·芒格和南希·芒格最早是以父母的身份开始和哈佛—西湖中学打交道的。他们结婚前各自有两个孩子，婚后又生了四个。五个儿子（哈尔·博斯韦克，1966 级；戴维·博斯韦克，1970 级；小查理·芒格，1974 级；巴里·芒格、菲利普·芒格，1986 级）全部毕业于哈佛—西湖中学。他们三个女儿就读的是帕萨迪纳的万宝路中学和威斯特里奇中学。

"我喜欢这个地方，我认为我们取得了很大的进步。"芒格说。他把自己对哈佛—西湖中学的感情和丹尼尔·韦伯斯特对达特茅斯学院的感情相比。丹尼尔·韦伯斯特说过："它（达特茅斯学院）是一所小学校，但有些人就是热爱它。"

芒格在 1969 年成为校董，并在 1974 年到 1979 年间担任校董会主席。他担任哈佛—西湖中学校董的时间超过 25 年，是任期最长的校董。但这对芒格本人来讲并不算异常，他担任洛杉矶计划生育协会理事的时间也很长。

"这所学校的方方面面都让我感到骄傲。它的教育质量和道德水准都很出色。这些年来它不断地进步，教员的水平也稳定地提高，它从来没有犯过错误。我认为它是全世界同类机构中最优秀的。

"许多学生没有上过别的学校，所以他们身在福中不知福，但我们这些校董为它而惊叹。"

芒格说他认为"要想得到你要的东西，最好的办法是让你自己配得起那样东西，而哈佛—西湖中学配得起这座大楼"。

Forbes

Modern Russia's John D. Rockefeller

Hedging strategy that really works

January 22, 1996 — $4.00 (Canada $4.50)

Plumbers are useful, money managers aren't, says Warren Buffett's curmudgeonly partner

Charlie Munger

The not-so-silent partner

Meet Charlie Munger, the Los Angeles lawyer who converted Warren Buffett from an old-fashioned Graham value investor to the ultimate buy-and-hold value strategist.

By Robert Lenzner and David S. Fondiller

Berkshire Hathaway Vice Chairman Charles Munger and role model Ben Franklin
"Money can beget money, and its offspring can beget more," wrote Franklin.

Forbes ● January 22, 1996

不那么沉默的合伙人

Forbes

文 / 罗伯特·伦兹纳和戴维·冯蒂勒
《福布斯》，1996年1月22日

可能是美国当代历史上最伟大投资者的沃伦·巴菲特并非单打独斗。他从来没说过如此伟绩是他独立完成的，但他的公众形象太过高大，乃至30多年来，人们忘了巴菲特拥有一位不那么沉默的合伙人，这位合伙人不但是伯克希尔·哈撒韦投资哲学的共同缔造者，而且他本人也是一位大师级人物。

查理·芒格现年72岁，这位脾气古怪的律师和投资者生活在洛杉矶，和巴菲特的总部所在地内布拉斯加州奥马哈市相隔1300英里和两个时区。芒格和巴菲特两人相得益彰。芒格显得更为傲慢和博学，巴菲特显得谦虚和友好。但这都只是表面现象。实际上，这两人的思想是异乎寻常地相似。

"我跟其他任何华尔街的人谈话的次数，可能还没有我跟查理谈过的1%那么多，"巴菲特说。查理·芒格是典型的现实主义者，巴菲特用他来考验自己的想法。"查理是世界上最优秀的快速思考者。他能够一下子从A想到Z。甚至在你话没说完之前，他就已经看到一切的本质。"1978年，芒格被任命为伯克希尔·哈撒韦的副董事长；1983年，他担任西科金融集团的董事长，西科是一家由伯克希尔控股80%的理财公司。芒格还是所罗门公司的董事。

要理解芒格对巴菲特的影响，你必须了解后者投资哲学的逐步演化。奥马哈现象最初纯粹是格雷厄姆式的——以白菜价购买便宜的股票，然后当它们不再便宜时便抛售。通过对上市公司的资产负债表进行详细的分析来确定它们的股票是不是便宜。巴菲特仍然遵循格雷厄姆谨慎分析的投资规则，但是巴菲特大胆地买进许多股票，按照格雷厄姆的标准，和其资产、利润或现金流比起来，这些股票的价格很低廉。他没有依照典型的格雷厄姆做法，在股价上涨的时候抛售出去。

许多年后，尤其是在20世纪80年代和90年代，巴菲特更为接近一锤定音的股票投资理念——买进一些优秀企业的股票，并永久地持有，或者至少在这些企业的根基腐朽之前持有。

伯克希尔·哈撒韦在1988年购买可口可乐的股票时，按照传统的标准，这只股票并不便宜。当时华尔街认为这只股票很优秀，但是价格已经到顶了。自从1988年以来，可口可乐的股价已经上涨了600%，年均复合增长率达到了25%，但伯克希尔并没有从利润中取走一分钱，一股都没有抛售过。

在20世纪60年代，美国也有些人持一锤定音的股票投资理念，他们追捧当时市场上被称为"漂亮50"的50只优秀股票，但是在1974年遭遇了大溃败。巴菲特和芒格与这些人的不同之处在于，巴菲特和芒格真正按照本杰明·格雷厄姆的方式做了他们的作业。伯克希尔·哈撒韦一锤定音选定的股票——可口可乐、华盛顿邮报公司、政府职员保险公司、吉列、富国银行、布法罗晚报和德克斯特鞋业——都是在经过对资产负债表、社会和经济潮流进行了详尽的分析之后才挑选出来的。有些股票被大多数分析家认为只是很优秀，而且价格到顶了，但巴菲特会把它们当做无价之宝：这些股票不受通货膨胀影响，能够持续增长——总而言之，它们是复利机器。在20年前，像雅芳、施乐之类先声夺人然后持续走低的股票并没有进入该公司购买并永久持有的名单。

在逐渐糅合格雷厄姆理论和一锤定音理论的过程中，查理·芒格扮演了创造性的角色。巴菲特说："本杰明·格雷厄姆曾经教我只买便宜的股票，查理让我改变了这种做法。这是查理对我真正的影响。要让我从格雷厄姆的局限理论中走出来，需要一股强大的力量。查理的思想就是那股力量。他扩大了我的视野。"

仿佛是在补充巴菲特的想法——不过是在另外一次采访中——芒格进一步解释说："我们发现，有的股票虽然价格是其账面价值的两三倍，但仍然是非常便宜的，因为该公司有可能正处于增长的通道上，它的某个管理人员可能非常优秀，或者整个管理体系非常出色等等。"

可口可乐符合这个标准。喜诗糖果和华盛顿邮报公司也是。芒格说："我们打算永远持有可口可乐公司的股票。"永远？在本杰明·格雷厄姆的投资词典中可找不到这个词。

传统的智慧认为套利并不会造成损失。芒格可不这么认为。"对于个人来讲，作出几项大的投资，然后稳坐不动，这样能够带来许多好处。你付给交易员的费用更少，听到的废话也更少。"

最棒的是，芒格说，你不必每年都缴税。"如果这种方法生效，税务系统每年会给你1%到3%的额外回报。"芒格指的是一个大多数投资者理论上都知道但在实践中忽略的道理：所谓的资本利得税根本就不是资本利得税。它是一种交易税。没有

不那么沉默的合伙人

交易就不用缴税。由于套利涉及交易，它会把美国国税局变成你的合伙人。如果你没有套现利润，理论上存在一笔应缴税款，但这笔钱仍然归你所用。

再说，如果你把伟大公司的股票卖掉，你去哪里找能与之相提并论的投资项目呢？正如诗人奥马尔·迦亚谟所说的："酿酒商买的东西常常让我感到奇怪，那还没有他卖的东西一半珍贵呀。"

巴菲特和芒格都十分重视复利那种令人敬畏的神秘力量。查理·芒格喜欢引用他的偶像本杰明·富兰克林关于复利的话。富兰克林写道："……这是能够将你所有的铅块变成金块的石头……记住，钱是一种繁殖力特别强大的东西。钱会生钱子，钱子会生更多的钱孙。"

芒格很少有不随身携带复利终值系数表的时候。为了说明复利的魔力，他举了个例子：投资1美元，每年税后回报率是13.4%，经过30年之后，这1美元将会变成43.5美元。在芒格看来，依靠复利比依靠市场时机好多了。

很少人意识到巴菲特和芒格通过使用杠杆，从复利原则得到了更多的助力。就以一美元连续30年复合增长13.4%为例。假如你在最初以8%的利率借了50美分，并把这50美分也用于投资。那么净效益将会把你的回报率从13.4%抬高到18.8%。重复每年的过程，经过30年，你的1美元将会变成176美元。

"理解复合回报的力量和获取它的困难是理解许多事情的核心和灵魂，"芒格用其惯用的华丽词汇说。（要了解伯克希尔·哈撒韦如何利用别人的钱来撬动其资本，请参见第565页的柱形图。）

芒格在1972年说服巴菲特用2500万美元现金收购喜诗糖果百分之百的股权。这并不是本杰明·格雷厄姆式的股票。但结果证明它是一台复利机器。去年喜诗糖果的税前利润是5000万美元，而该公司的资产高达5亿美元。也就是说，过去24年来，该公司每年的复合增长率达到13.3%。再加上这段时期所赚的税前利润——这些钱都被用于再投资——你得到的税前年均回报率超过23%。

这24年里的任何时间，伯克希尔·哈撒韦都可以通过公开发行股票的方式将喜诗糖果的全部或者部分资产变现。为何不这么做呢？芒格回答说："在美国，能够产生23%的税前利润的并购很少。"还是让钱在一个相对稳妥的公司里增长比较好。

在罗杰·洛温斯坦那本充满睿见的、极具可读性的传记《巴菲特传：一个美国资本家的成长》中，芒格本人所占的篇幅相对来说较少。然而巴菲特将会第一个承认，如果没有查理·芒格，他很可能不会成为全世界屈指可数的大富豪。

洛温斯坦并没有忽略芒格的角色，但可能是因为他没有巴菲特的角色那么富于戏剧色彩，所以洛温斯坦并没有多加着墨。每年在伯克希尔·哈撒韦年会召开当天，沃伦和芒格会坐在奥马哈一个礼堂的主席台上。他们经常在纽约和加州见面，最近刚刚去西雅图找巴菲特的密友、微软的比尔·盖茨过周末。但每年绝大多数时间他们只通过电话进行联系。

在这些电话交谈中，巴菲特是股票挑选者，芒格是质疑者，是怀疑论者，巴菲特通过他来测试自己的想法。一个简单的道理是，如果你没有考虑所

别人的钱的总部

伯克希尔·哈撒韦在 1967 年花了 850 万美元收购了它的保险业务。现在该公司的保险业务价值 190 亿美元。但其总部从来没有变过。

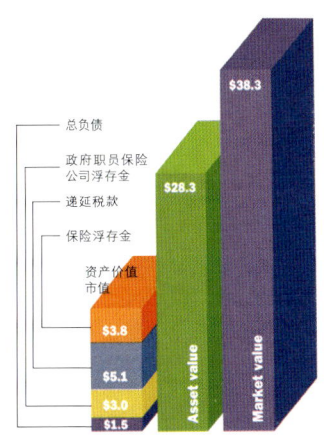

所有数字均以 10 亿美元为单位。

伯克希尔的秘密武器

OPM（别人的钱）因素

你可能从来没想过这种方法，但伯克希尔·哈撒韦购买股票的方法，就是用保证金交易的方式买进沃伦·巴菲特和他的多年老友查理·芒格挑选出来的投资组合。用保证金？是的，伯克希尔·哈撒韦采用这种交易方式，既能得到杠杆的好处，又没有续缴保证金的风险。最棒的是，伯克希尔的借贷成本差不多等于零，所以通过保证金交易获得的利润几乎全部归股东所有。因此杠杆投资给伯克希尔·哈撒韦的股东带来的只有好处，而没有风险。该公司的股票目前以超过资产价值 35% 的溢价出售，表面上看价格明显太高。但考虑到投资杠杆的因素，其溢价其实比这个数字低得多。巴菲特说："这只股票的实际溢价比账面溢价少很多。"

芒格解释说："沃伦和我对用保证金购买股票的事情向来很谨慎。当你把自己的证券抵押给别人，总是会有发生大灾难的细微可能性存在。最理想的做法是以一种短期内不会给你造成影响的办法去借贷。"

这正是伯克希尔·哈撒韦采取的做法：它用来投资的资金不仅包括股东的财产，还包括 134 亿美元 —— 每股 11700 美元 —— 近乎零利息的借款。

所以巴菲特才会说该公司股票的实际溢价比账面溢价少很多。根据公布的数字，这只价值 32050 美元的股票平均每股的账面价值是 23780 美元。粗略地说，每拥有 1000 美元的伯克希尔资产，股东就能支配另外 500 美元 OPM（别人的钱）。把 OPM（参见左图）—— 对股东而言，这笔钱发挥的作用跟资产是完全相同的 —— 考虑进去，该公司的股票溢价就降低了很多。

有些 OPM 来自巴菲特和芒格的买进并很少卖出的策略：累积了巨额的资本利得税，但缴纳的税款很少。截至 1995 年 10 月，伯克希尔应当缴纳的递延税款高达 51 亿美元，但只向美国税务局支付了 15500 万美元。

芒格说："目标是购买股票，但不派红利，如果这只股票在 30 年里每年的复合回报率是 15%，并在最后支付一笔 35% 的利得税；那么在缴税之后，平均每年的回报率是 13.4%。"

接下来是保险公司的"浮存金"。浮存金是一个专门术语，它指的是赔款准备

不那么沉默的合伙人

金和投保人预先缴纳的保费。这笔钱当然由延后赔付的保险公司所持有并使用。

对于保险公司来说，这笔钱其实是免费的资金，不过有时候它必须提出来支付赔款。伯克希尔·哈撒韦现有的保险"浮存金"是 38 亿美元，很快就会上涨到 68 亿美元，因为该公司即将兼并汽车保险巨头政府职员保险公司。

最后是伯克希尔·哈撒韦公司 15 亿美元的债务，该公司的 OPM 中只有这部分需要支付利息。而且利率还很低：只有 6.5%。

"我们把我们的浮存金视为非常重要的资产，"巴菲特说，"我们的保费收入中有很大一部分是浮存金，这笔浮存金可能跟某些财产保险公司的全部资产相等——我们是有意这么做的。"

如果伯克希尔·哈撒韦不得不以当前公认的利率借钱，每年的利息是将近 8 亿美元。

所有保险公司都有浮存金。伯克希尔·哈撒韦的浮存金与众不同。

不同之处在于，伯克希尔的浮存金有部分是通过所谓的超级灾难保单（Super-Cat）而得来的，这得从 1967 年说起。当年伯克希尔·哈撒韦花 850 万美元收购了两家奥马哈的小型保险公司——国民保险公司和国民火灾水难保险公司。这两家小型的保险公司拥有 1730 万美元的所谓浮存金——大概是伯克希尔收购它们的成本的两倍。

完成这次小规模的收购之后，伯克希尔开发了一项很大的业务，就是对自然灾难进行保险——这是一种对再保险进行再保险的业务。它的原理是这样的：比如说，一个承保南加州的家庭财产险的保险公司面临的风险是很大的。要是一场大地震把整个地区都毁了怎么办？这家保险公司会把部分风险转嫁给伯克希尔·哈撒韦或者其他公司，后者同意部分地承担这家保险公司的赔付额——这就是再保险。有时候再保险商希望转嫁它的部分风险。所以它会购买超级灾难保险。伯克希尔·哈撒韦也把超级灾难保险卖给它们。

这种业务非常讲技巧，但是利润极其丰厚。如果伯克希尔·哈撒韦签发一张超级灾难保单，它收取的保费是保单面额的比如说 15%，并把这笔保费作为第一年的准备金。等到当年结束时，如果恐怖的地震或者风暴没有发生，"我们就能赚到这笔钱"，芒格说。伯克希尔·哈撒韦随后就能将全部保费在账本上记为收入。

你可以把这整个业务当作一种复杂的赌博：一场飓风就能够扫荡佛罗里达南部的大部分地区。伯克希尔实际上是赌这种情况不会出现，通过收取保单面额的15%作为保费，它让赔率有利于自身。

如果当年天没有塌下来，伯克希尔就赢得所有的赌注。如果天塌下来了呢？在巴菲特看来，洛杉矶盆地每年发生大地震的概率是20:1。一场造成300亿美元损失的大地震将会使伯克希尔付出10亿美元的代价；分散到20年，那就是每年5000万美元。诺斯里奇大地震使保险商付出了大约120亿美元的代价，但伯克希尔几乎毫无损失。

芒格说，在最早的情况下，超级灾难保单每年给伯克希尔造成的税后最大损失是6亿美元。这将会使整年的保费收入化为乌有，但也就仅此而已。伯克希尔开出的最大一份保单是4亿美元，投保人是二十世纪保险公司。这家公司由于诺斯里奇大地震毁坏了许多房屋而损失了全部的资本金。不过伯克希尔·哈撒韦通常会将风险分散到石油钻井平台爆炸、风暴、地震和其他自然灾害等领域。它用多元化的账本来广泛地分散风险。

伯克希尔的保险业务如此成功，是因为它从来不接跟石棉和环境伤害有关的保单，许多保险公司就因为接了这些保单而破产。该公司有史以来最大的赔付损失是1亿2000万美元，发生在1991年。

底线：过去三年来，伯克希尔的保险业务是盈利的。所以它的资金成本低于零，这意味着浮存金的回报是纯粹的利润。

用浮存金投资的巴菲特和芒格能够有23%的复合回报率。现在你能明白《福布斯》杂志为何将伯克希尔称为了不起的复利机器了。

与此同时，浮存金的增长是几何级数的。从1990年的16亿美元到1995年的38亿美元，增长了两倍有余。伯克希尔曾经微不足道的保险业务部门现在已经变成资本额美国排名第二的保险公司。它的信用评级是A++−，保户盈余多达190亿美元——仅次于国家农场（State Farm）保险公司的240亿美元，两倍于好事达（Allstate）保险公司或美国国际集团（AIG）保险公司的规模。

但别费力在国民保险公司的办公室寻找豪华轿车或者古董。它的总部依然位于奥马哈市一座不起眼的写字楼里，职员人数也并不多。■

有的负面因素，你就无法判断一个想法是否行得通。芒格也不是整天板着脸的人。他们在电话里经常讲笑话。虽然表面上有很多差异，这两个人的想法是相同的。"每个从事复杂工作的人都需要同事，"芒格解释说，"和别人共事的要求是你必须把自己的想法清楚地说出来，光是这个规矩就能让你受益匪浅。"

"你听说过'个性相反的人容易相互吸引'那句老话吧？"芒格问。"嗯，性格相反的人其实并不相互吸引。心理实验证明，只有相似的人才会相互吸引。我们的头脑的工作方式也差不多。"

他们两人的头脑在什么地方、以什么方式共同工作呢？"就在电话里啊。"芒格回答说。没问题，这是一家好公司。但它的股价足够低吗？它的管理层是由芒格和巴菲特满意的人组成的吗？如果股价低到可以购买的水平，那么它这么便宜正常吗？用芒格的话来说就是："这背后有什么蹊跷？是否存在我现在没看见的隐患？"

目前这两位正在考虑如何处理伯克希尔·哈撒韦持有的 2000 万股大都会 / 美国广播公司的股票，这些股票价值 25 亿美元，占到该公司总股本的 13%。等到今年春天，当股东表决同意大都会 / 美国广播公司被迪士尼收购的时候，芒格和巴菲特将不得不确定伯克希尔是否想要成为全国最大的娱乐企业中两个最大的股东之一。

伯克希尔·哈撒韦应该全部要迪士尼的股票吗？或者选择一半股票一半现金？也许等到道指 5000 点的时候，它会套现所有迪士尼的股票。

如果巴菲特和芒格选择大部分现金，请别感到意外。"我们很敬佩迪士尼所取得的成就。但是它的股价非常高，而且当前股市已经接近历史最高水平，"芒格告诉《福布斯》杂志。迪士尼目前的市盈率是 22，而市净率则是 5。它确实是好企业，但是有这么好吗？芒格和巴菲特经常在电话里长时间地讨论这个问题。

当两个人意见相持不下的时候，芒格说，巴菲特会取胜。如果双方各执己见，他愿意让决定权交给巴菲特。"像我这种人主见很强，哪怕是在巴菲特面前，也不会表现得很顺从，尽管他比我更能干，也比我更专注。"

最后这句话在很大程度上解释了他们两个人之间的关系。芒格十分顽固。然而他愿意屈居巴菲特之后。驯服强大的主见和倔强的性格需要高度的自律和客观态度。在这里，客观态度是很重要的。它意味着做决定的时候能够不受情感、希望、恐惧、焦躁、自欺等所有纯粹主观因素的影响。很少人能做到这一点，但芒格可以。有时候让步给巴菲特需要——用芒格的话来说——"客观地看待你到底算老几"。

客观也意味着"冷静"。当持有的股票不断上涨时，我们大多数普通人会感到眩晕。这时候会出现恐高症。我们害怕失去我们的账面利润。所以我们抛售，然而有时候会后悔莫及。另外一种极端情况是，我们喜欢某项投资，但却不敢去做，因为大家都说我们是错误的。芒格和巴菲特就努力摆脱情感的影响。同样地，当事情开始变得糟糕的时候，我们大多数人会不停地希望它们快点好起来。巴菲特和芒格并不抱希望，他们试图冷静地分析各种可能性。他们最近共同作出的决定就展现了这种冷静的客观态度：向陷入麻烦的所罗门公司赎回价值1亿4000万美元的优先股，而不是把它们换成普通股。从感情上来讲，巴菲特和芒格跟所罗门公司有千丝万缕的关系。从客观的角度出发，他们可以把资金投到更好的地方。他们不得不放弃所罗门。

芒格支持巴菲特在所罗门作出一个非常冷静的决定：前董事长约翰·古特福伦德声称所罗门公司欠他一大笔薪酬，但巴菲特拒绝了他的请求，一分钱都没给他。而时代华纳公司最近被辞退的高层管理人员都得到了优厚的补偿。在芒格看来，古特福伦德导致公司崩溃，根本就没有资格得到巨额的分手费。

古特福伦德非常讨厌芒格。绝大多数高层管理人员会为了息事宁人而用钱堵住古特福伦德的嘴。但在芒格看来，那不是客观的决定。

芒格和巴菲特产生意见分歧的时候毕竟很少，他们更多的是拥有相同的看法。1989年，他们仅用三个小时就决定让伯克希尔·哈撒韦逐步持有联邦家庭贷款抵押集团4%的股份。伯克希尔当年为得到这些股份付出了7200万美元，现在它们价值超过5亿美元。

那是一件不用动脑筋的事情，芒格说。"只有储蓄公司和贷款公司才能成为它的股东。没人能够持有超过4%的股份。这是一个完全无效的市场。你把钱投进去肯定能赚几亿美元的。这太明显了。"

对巴菲特和芒格来说也许确实如此，但对其他人来说则未必。

巴菲特的财富比芒格多出很多。先进入伯克希尔·哈撒韦的巴菲特和他的妻子拥有该公司43.8%的股份，价值170亿美元。芒格那1.6%的股份目前价值为6亿1000万美元。

巴菲特说他不记得什么时候抛售过伯克希尔·哈撒韦的股票，而芒格则曾经送出几百股作为慈善捐款。他捐给洛杉矶的撒玛利亚医院大笔善款。对计划生育协会和斯坦福大学他都曾慷慨解囊，他还是洛杉矶私立哈佛—西湖中学一座新的科学中心的主要捐款人。

这不是一个相对贪婪的问题：巴菲特并没有过着一种特别奢华的生活，他打算把几乎所有财产都留给他的妻子苏珊，而苏珊则承诺到时会把这笔财产留给世界上得到最多捐款的基金会。就这方面而言，这两个人似乎出现了时间差：芒格想要得到亲眼看着他的钱做善事的满足感；巴菲特则认为自己的责任是累积更多的钱财，留给他的后人去做善事。

巴菲特显然明白，他发挥复利魔法的时间越长，他的后人就会有越多的钱可以用来做善事。虽然许多人批评巴菲特不够慷慨，芒格却坚定地为他的朋友辩护："对巴菲特来说，把钱累积起来比把钱给出去更有用。"提出强制性捐赠计划的也是芒格，而不是巴菲特：这个计划规定伯克希尔·哈撒韦的股东每年按每股13美元的标准把钱捐出去做他们想做的善事。

巴菲特和芒格还有一件事不能取得一致意见，那就是政治。和第二任妻子南希养育了八名子女的芒格是一名注册过的共和党人。巴菲特则是民主党人，他和克林顿夫妇都有交往。"我较为保守，但我不是那种极端保守的人。"芒格说。

虽然对民权没有巴菲特那么热衷，但芒格确实同意巴菲特在人口控制和堕胎权利方面的主张。在20世纪60年代，芒格资助一些加州妇女的旅费，帮助她们前往墨西哥堕胎。后来，在他的极力推动之下，加州高等法院终于在全美率先决定根据宪法推翻一部禁止堕胎的法律。巴菲特回忆说："查理接下了案子。他请求各大领先的医学院和法学院的院长联署专家意见陈情表。查理没日没夜地做这件事情，甚至撰写了那份陈情表的部分内容。"

这肯定跟奥马哈的风土人情有关。虽然这两个人迟至20世纪50年代末期才相识，但芒格小时候住的房子离巴菲特现在住的房子只有200码。芒格年轻时曾在巴菲特祖父的杂货店里干过活。芒格曾先后就读于密歇根大学和加州理工学院，但是没有获得学位；二战期间，他在陆军航空兵团担任气象官。没拿到本科学位的他后来被哈佛大学法学院录取，并在1948年毕业。

他进入哈佛大学那年才22岁，但就算按照那所骄傲的学府的标准，芒格还是被当成一个聪明然而桀骜不驯的家伙。有一天，没做准备就去上课的他泰然自若地对教授说："你给我事实，我就会给你法律。"

和巴菲特不同，芒格从来没有把所有时间奉献给投资。毕业后，他离开了家乡，前往洛杉矶寻找更光明的前途。在洛杉矶，他加入了穆西克、毕勒&加雷特律师事务所；当地许多富裕的实业家，包括保罗·盖蒂在内，是该事务所的客户。

后来芒格开创了自己的律师事务所：芒格、托尔斯&奥尔森律师事务所。这家事务所现在仍把他的名字放在最前面。该所是加州最优秀的律师事务所之一，南加州爱迪生公司、加州联合石油公司和伯克希尔·哈撒韦都是该所的客户。1965年，他从该所退出，不再担任该所的合伙人，但该所保留了他的办公室，他也仍然教给该所的合伙人一些重要的道理，比如说要选择能够做朋友的客户、不要唯利是图等等。

芒格的投资生涯最初和巴菲特无关。从1962年到1975年，他管理着惠勒芒格公司。这是一家投资顾问公司，坐落在太平洋海岸股票交易所大楼一间寒酸的办公室里。在那些年，芒格的投资业绩跟巴菲特没法比，但是也相当可观，每年扣除管理成本之后，提取投资费用之前的复合回报率达到了19.8%。

芒格原本并不是伯克希尔·哈撒韦的大股东，直到20世纪70年代末期，他的两家控股公司——多元零售公司和蓝筹印花公司——并入伯克希尔·哈撒韦之后，这种情况才被改变。自那之后，巴菲特和芒格彼此之间有了更深的了解——巴菲特进入了他最有收获的时期。

这两个人过着非常不同的生活。晚年的巴菲特开始喜欢出席公众场合，然而并没有忽略他的投资。芒格则一如既往地参加各种各样的活动。"我曾经蹩脚地试图模仿本杰明·富兰克林的生活。富兰克林在42岁那年放弃经商，专注于成为作家、政治家、慈善家、发明家和科学家。所以我也将我的兴趣从生意场上移开。"

不寻常的是，不管是芒格，还是巴菲特，他们对华尔街的评价都不高，尽管华尔街让他们发财。"整个投资管理业并没有给所有股票组合的所有者们增加任何价值，"芒格说，"管道维修业的情况不是这样的，医疗行业的情况也不是这样的。沃伦百分之百赞同我的观点。我们看到聪明人准备进入投资管理业就会摇头。那是对天赋的浪费。"

芒格喜欢把股市和马会相比。大家都知道赌马很难赢钱，因为马会收取所有赌注的17％作为管理费用。算上交易费、管理费、承保利润，整个金融界向投资人收取的费用虽然没有马会的17％那么高，但是也已经不少了。

"在支付大笔成本和费用之后，想要跑赢大盘是很难的；然而有少数人能够做到，特别是那些把股市看成疯子玩的游戏并偶尔有一些定错价格的良机的人。"芒格说。

他补充说："我个人认为，如果美国的证券交易下跌80％，那么整个文明社会的运转会更好。如果我是上帝，我将会改变税收制度，把现在的税收标准降低80％——实际上，远远不止80％。"芒格曾经提议对那些买入卖出之间相隔不到一年的证券交易所产生的利润征收百分之一百的税。

巴菲特和芒格本身是杰出的投资者，可是他们又贬低投资行业，这两者之间矛盾吗？你可以从芒格的回答中看出来，他对这个问题进行过深思熟虑。

"约翰·梅纳德·凯恩斯认为投资管理是一个下等行业，我赞同他的看法，"芒格说，"大多数投资管理人员只会在流通股市场上进行争夺。那只是一个零和游戏。你将会发现我的子女没有一个是干投资管理的。沃伦和我有点不同，因为我们确实管理许多企业，并将资本配置给它们。"

"凯恩斯通过为他的大学赚钱和为国家服务来赎回他的'罪'。我的赎罪方式是参加许多和投资无关的社会活动，沃伦的赎罪方式则是用他的投资成功来充当一名伟大的导师。我们热爱为那些早就信任我们、当我们年轻而贫穷时就信任我们的人赚钱。"

在《福布斯》杂志看来，芒格所表达的社会良知是其投资成功中不可或缺的一部分，巴菲特的情况也是这样。高深、迟暮的天才就是这样小心翼翼地照顾他们的复利机器——那是两位出类拔萃的人联合发明的。其他人也许会试图复制伯克希尔·哈撒韦，但他们永远无法复制这两位出类拔萃的人物。

乐观主义在会计中没有容身之地

文 / 查理·芒格
《华盛顿邮报》，2002年4月4日

安然的大溃败有两个原因：（1）变态的、将失败描绘为进步的"金融工程"；（2）在实践中被用于制造幻象和假账的公认会计准则。

公众已经注意到那些为非作歹者的错误，并呼吁对他们施以更严厉的刑事处罚。但公认会计准则的错误更为重要，因为改变这些会计准则，以及它们被采用的方式，能够有效地防止未来再出现安然这样的大灾难。

白痴和骗子，比如说安然那些，将会永远伴随我们左右，而且他们要是看到有大钱可赚，比如说通过在年报中披露更高的利润，就会特别活跃。

因此，会计准则必须让白痴和骗子很难伪造利润和净资产。每个零售商都知道，只有设置一个使"小偷"难以侥幸逃脱的防盗系统，他的商店因失窃而造成的"损耗率"才会下降。同样地，合理的会计准则必须使那些将失败伪造为成功的公司难以侥幸逃脱。

而一个让滥用数字轻易得逞的规则制定系统就像一个没有收款机的零售系统。在这两种系统中，不管刑罚有多么重，麻烦事肯定会发生，因为这两个系统都没有像工程学那样设定安全边际，用来防止不可避免的人性弱点所造成的损失。例如，面对外科手术中许多本可避免的死亡，工程学作出的反应是，创造一些阻止操作者将氧气输送量降到零的麻醉机器。聪明的会计准则必须表现出同样的精明，防止出现令人讨厌的账目。

从会计准则中得到最大安全的办法是，强制人们在做账的时候采用悲观谨慎的态度。长远来看，悲观谨慎的会计将会给公众带来巨大的利益，而几乎不会对公众造成任何危险；而乐观主义的会计是对公众的一种威胁。

很少有案例能够比安然更好地证明这个道理。安然对其衍生品交易采用乐观的会计，对太多可疑的、尚未收回的收入进行"提前处理"，在账本上把它们记为利润。在这个骗局刚开始的时候，公认会计准则允许"按市价入账"的价值评估，这种价值评估所依据的市场价格信息是不完善的，而且没有足够地考虑双边贸易的风险。后来，多达数百页的会计准则文件被用于为那种以"按模型价格入账"为基础来确定盈利的做法辩护，可是那些"模型"价格恰恰是由受审计的交易员计算的，而年报中披露的利润越高，这些交易员得到的奖金就越多。

公认会计准则的系统是有缺陷的，这是因那些会计师事务所的欲望和它们的客户的希望使然。除此之外，因为这个系统的很大一部分已经彻底烂掉，所以遇到麻烦的将不仅仅是那些从事衍生品交易或者聘请安达信会计师事务所的公司。巨大的既得利益集团热爱误导的会计。而证券交易委员会，即使它的领导是阿瑟·列维特（Arthur Levitt，1993—2001年任美国证券交易委员会主席）这样的改革者，也无法带来许多革新措施，因为它受制于那些服务于既得利益集团的政客。

这样陈述这个问题等于提出了解决方法：把对会计的控制权交给那些不受会计师事务所、企业和政客影响的机构。

因此，我们的会计管理模型应该是这样的：首先，设立某种类似于联邦储蓄系统、但比它更为独立的管理机构；其次，证券交易委员会必须被要求强制落实新规则制订者设立的标准。

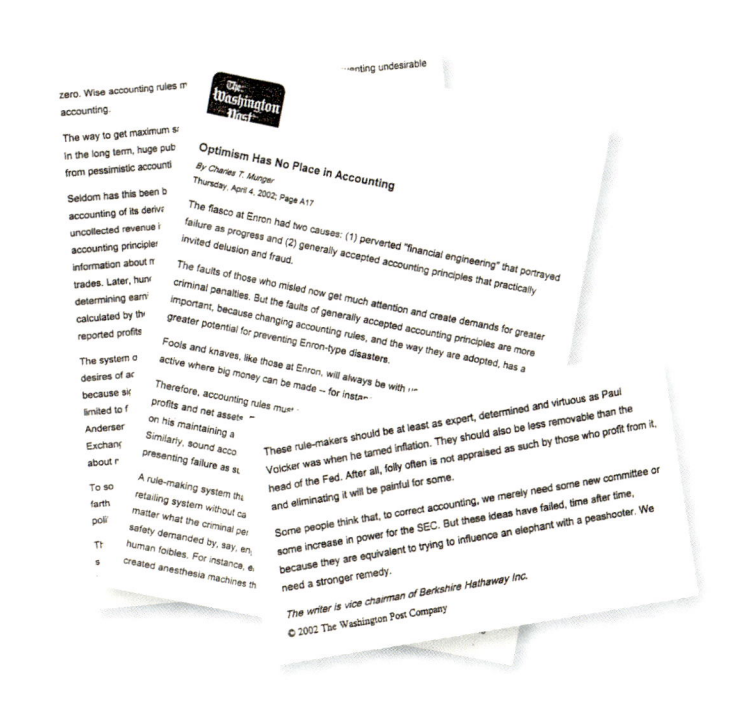

这些规则制订者应该是一些专家，他们至少应该像保罗·沃尔克（Paul Volcker，美国经济学家，1979—1987年任美联储主席）在驯服通货膨胀时表现出来的那种坚决和正直。他们也应该比这位美联储主席更加坚定。那些从蠢事中获益的人往往会对蠢事大加称赞，而消除蠢事会让某些人感到痛苦。

有些人认为，要纠正会计，我们只需要某个新的委员会或者增加证券交易委员会的权力。但这种观点已经被反复证明是错误的，因为那种做法无异于用小孩玩的射豆枪去影响大象。我们需要一种更强大的补救方法。

贝西克兰兴衰记

关于一个国家如何陷入经济崩溃的寓言

文 / 查理·芒格
译 / 芒格书院
《石板》，2010年2月11日

18世纪初，欧洲人在太平洋上发现了一个面积颇大、但荒无人烟的孤岛。岛上气候温和，资源丰富，唯一的不足是缺少煤、油、天然气。因岛上拥有这些基本条件，却还没有人类文明，欧洲人便将其命名为"贝西克兰"（"贝西克兰"英文原意为基础、基本或原始——译者注）。

很快，欧洲人开始入住贝西克兰，并创建了一个新的国家。他们设立了一套与早期美国相似的政府体系，并鼓励贸易，没有国内关税或其他贸易障碍。同时，政府高度尊重与捍卫私有财产权。银行系统的制度简单，根据这个国家的民族精神而制定，亦即努力向信用良好的企业提供健全的通货、高效的贸易以及充裕的贷款，而强烈反对向不具竞争力的企业或对日常消费提供贷款。

另外，国中几乎不存在负债购买或持有股票或进行其他投资的情况——包括房地产和有形个人财产。唯一的一种例外情况是，到处都有为勤奋努力又量入而出的民众们购买合理住房及其他房地产、汽车和家电所提供的有担保、高首付、本息定额偿还的固定利率贷款。在贝西克兰的证券及商品市场上，投机行为总是被严厉禁止，因此规模很小。除了一种在严格限制财务杠杆作用的法律下产生的通过可靠的交易所而签订的"普通"商品交易合同外，没有任何证券期权或衍生品的交易行为。

在国家创立的前150年里，贝西克兰政府仅需使用国内生产总值中不到7%的部分来为国民提供必要的服务，如消防、供水、污水和垃圾处理、教育、国防、法庭，以及移民控制等。而强大的以家庭为中心、强调对亲属负责的伦理文化以及颇具规模的私人慈善行为，则是岛上社会安全网的唯一保障。

此外，税制也是非常简单的。早年，贝西克兰的政府收入几乎全部来自进口税，税收已能完全满足政府支出。政府的未偿还债务中基本没有以政府债券形式出现的债务。

正如亚当·斯密曾经预言的那样，贝西克兰的人均GDP持续增长。的确，在近代数十年以来，它事实上一直保持着3%的年增长率，最后终于领先于全世界。然而，也正在这个时候，销售税、收入税、财产税，以及工资税等税务办法也陆续出现在贝西克兰上。最后，与政府总支出相匹配的税务总额占到了GDP的35%。逐渐增长的税务收入被用于更多的公共教育以及公共社会安全网——比如医疗保健和退休金上。

这种基于税收的政府支出之正常增长被看作一种促进国民平等收入的道德原则。它由一套不可被小人投机作弊的系统所束缚，并牢牢控制在全国人均GDP的增长率以下。同时，贝西克兰也通过政策的拟定来保持进出口平衡——每项各约占GDP的25%——以努力避免出现危机。起先还有些国民心存不安，因为60%的进口品都是煤和石油等必需品，但是随着国家年复一年的正常发展，这种疑虑也就被渐渐打消了。

贝西克兰政府信誉卓著，从不允许明显的赤字，加上基于人均GDP每年3%的稳定增长，以及限制作出未备资金承诺的规定，用如今庞大的"账外"资金承诺提供未来医疗保健和退休福利的规划应该不成问题。贝西克兰似乎总有一套方法来保证其国运昌隆，同时也引导别的国家追随其成功之道——真可谓造福全人类。

然而，即便一个如贝西克兰般谨慎、可靠、慷慨的国家，如果它没有处理好可能由极普通的小事故所引起的危险，那么它也免不了陷入破产的深渊。这种危险在2012年时显得尤其重大。那一年，贝西克兰的繁荣导致了一个奇特的后果：随着国民的休闲富余时间渐多，他们开始沉湎于赌场赌博，以消磨时光。而大部分赌博的收入，则来源于特定系统下对证券价格下的赌注，这一系统是1920年美国曾使用过的，名为"投机商号系统"。

赌博业的赢资所产生的收入总量最终占到了贝西克兰GDP的25%，而岛上全部雇员收入的22%都支付给了赌博业的雇员——这些人多数是别的行业所需要的工程师。贝西克兰公民在赌博上消耗着大量时间，平均达到每人每天5小时，而这一统计的人口基数中还包括了新生儿和年迈的老人。许多赌徒都是高智商的工程技术人员，他们一方面是被赌博本身的乐趣所吸引，但更重要的，是被投机商号系统中所能获得的赌资所吸引，这种赌资现在被称为"金融衍生品"。

许多人，尤其是用积蓄来投资的海外投资者，都认为这一现象非常可耻。毕竟，他们强调，对于领导者来说，要避免沉迷于赌博这是一大常识。因而，几乎所有海外的投资者都尽量不持有贝西克兰的货币或债券。他们害怕一旦赌博上瘾的贝西克兰国民面临困境，这将给他们带来巨大的麻烦。

果然，一次双重打击不期而至。首先，石油和煤等碳氢燃料的价格攀至新高。随后，在贝西克兰的出口市场上，来自发展中国家的低价竞争与日俱增。于是，很明显，同样的出口品总量，其总额原先占到贝西克兰GDP的25%，如今却只有10%。然而，碳氢燃料的进口额却增加到GDP的30%，而从前一直只有15%。几乎是一夜之间，贝西克兰不得不每年拨出GDP的30%，以外汇形式支付给债权人。

贝西克兰要如何应对这全新的残酷现实呢？岛上的政客们对此头痛不已。他们就此咨询了一位被公认仁厚而智慧的长者，本富兰克林·李光耀·沃尔克，人称"长老"。这种咨询在平日中很少见，政客们通常不把长老放在眼里，因为他从不给竞选活动出资捐款。

长老所给出的建议如下：

第一，贝西克兰需修订法律，一方面通过全面禁止金融衍生品交易而阻止赌博业的蔓延，另一方面鼓励原赌博业雇员——那些靠赌场谋生的人们——从事生产或销售外国人愿意购买的产品。

第二，鉴于此项改变必定会引起极大的不适，他建议贝西克兰的国民要抱有乐天知命的心态面对这一改变。毕竟，他说道，一个被诊断为肺癌的人一定要愿意戒烟和接受手术治疗，因为只有这样才可能延长其寿命。

长老的观点引来一些赞同声，这种赞同大部分来自那些尊崇罗马人在布匿战争中所遵循的财政道德的人。但其他人，包括贝西克兰许多著名的经济学家，则强烈反对。这些经济学家有一个强烈的理念，他们认为在一个自由市场中产生的任何结果——哪怕是赌博业的大肆扩张——都是积极的。事实上，这些经济学家如此忠于他们的这个基本理念，以至于他们期盼着贝西克兰的真实证券交易规模相对于已发行证券规模之比例有一天能扩增一百倍，从而达到美国2008年经济大萧条冲击之前所呈现出的投机水平。

这些贝西克兰的经济学家们对在证券和金融衍生品上过度投机之好处的迷信源于他们对于熟知过度投机之弊端的已逝经济学家，伟大的约翰·梅纳德·凯恩斯的学说的绝对抗拒。凯恩斯的名言是："如果一个国家的资本发展是产生于赌博业的副产品，那么它想必已病入膏肓了。"但这些经济学家们轻而易举地就能反驳这一论断，长久以来人们把证券看作值得尊敬的财富来源，而金融衍生品似乎同证券如此相似。

贝西克兰的投资银行家与商业银行家们也对长老提出的改变心怀敌意。就像持反对票的经济学家们一样，银行家所希望的改变与长老之言恰恰相反。这些银行家过去一直为贝西克兰提供建设性的服务，但他们获得的却仅仅是中等水平的收入待遇，这是他们所不能容忍的，因为贝西克兰的赌博业通过投机商号系统所获得的巨额收益远远高于银行业的"中等收入"，虽然他们还不能像银行业那样能提供有建设性的服务。而更重要的是，海外投资银行家们在建立他们自己的投机商号系统后，也获得了极高的收益。他们将此事实掩盖于一堆细心编造的废话——比如声称已设置了合理的风险管理系统，并由最好的管理者监管。满怀野心的贝西克兰银行家们自然也渴望与海外银行家获得同样的"成功"。于是他们相信，长老对于银行家们通过创造更多投机商号所试图达成的人类进步的重要且永久的目标缺乏任何认识。

当然，对这项改变最有力的政治反对派还是来自那些赌场。这一点都不奇怪，因为在每一个选区都有至少一家赌场。赌博业对于自己被比作癌症非常之恼火，他们将自己视为一个历史悠久的行业，并自认为能在为顾客提供无害乐趣的同时提升他们的思维技巧。

因此，诸多反对的结果就是，政客们再一次无视了长老，贝西克兰的银行被允许开办投机商号，为真实证券的购买和持有者提供负债率极高的借贷资金。几起相应的经济混乱接踵而来，各方都试图将困难转嫁给他方而避免自己陷入困境。政府采取了许多效果相反的措施，而国家信誉跌至毫无信誉可言。如今，贝西克兰已在一种全新的管理系统下，使用全新的政府模式。而它也已经多了一个新的别名：悲愁岛。

"贪无厌""高财技""黑心肠"和"脑残"国的悲剧

查理·芒格戏说大萧条

文 / 查理·芒格
译 / 芒格书院
《石板》，2011年7月6日

"脑残"国有个人叫做"贪无厌"，他靠发行房贷为生。"贪无厌"的经营很保守。他所有的房贷利率都在百分之六以下，要求所有借款人支付高比例的首期，并提供文件证明其有足够的收入和无懈可击的信用记录。"贪无厌"把他所有的贷款卖给人寿保险公司，这些保险公司在完成交易之前，仔细地核实了风险——然后持有这些贷款，直到贷款期结束。

"贪无厌"越来越有钱，终于引起了"高财技"的注意，后者是个非常大胆和精明的投资银行家。很少有"高财技"这样的投资银行家，哪怕是在美国。

"高财技"还是大学生的时候，有一次他在访问一群建在某个沙漠中并附设有赌场的酒店时想到了一个洞见，这个洞见使他成为"脑残"国最富有的人。

"高财技"发现，虽然周边是无尽的沙子，但这些酒店每天都能收入巨额的现金，而且完全没有套压在库存、应收账款或生产设备上的资本。他立刻意识到，如果能够不用投入任何资本或是能够消除酒店房间、餐馆、停车场和各种娱乐设施等所有开支的话，这正是全世界最棒的商业模式。

"高财技"也想到如何做才能为他自己创造出一个具有其理想商业模式之全部特征的生意。他所做的无非是给投资银行业增添许多类似于赌场赌博的活动，让银行坐拥"主场之利"。"高财技"预见，只要给这些赌场式的活动冠以各种听上去令人尊敬的名字，其规模可以很容易发展到让普通赌场的全部赌博活动加在一起都相形见绌的程度。

在下定尽快创造和拥有这门理想生意的决心之后，"高财技"从大学退学，进入了投资银行业。不到12年，"高财技"就变成了"脑残"国最重要的投资银行家。"高财技"能够爬得这么快，是因为他成功地游说监管部门和立法机构放宽了管制。

其实等到"高财技"给"贪无厌"打电话时，"脑残"国诸投资银行已经能随心所欲地发明和交易任何赌注，它们将这些赌注美其名曰"衍生品"，其结果是自动让参赌的各方从心理上对他们所承受的全部金融风险感觉更好一些。而且，投资银行在投资或者交易衍生品时，它所采用的金融杠杆率是没有任何限制的。"高财技"还获得了采用"按模型定价"（Mark-to-Model）会计准则的许可，这使得每个银行在财报上都可以对它从衍生品获得的利润想报多少就报多少。结果呢，几乎所有的投资银行都宣称它们的利润不断增长，并且它们拥有的总资产竟超过其不断膨胀的账面净资产至少30倍。尽管交易清算的风险急剧增高，但到目前为止尚未出现不可收拾的局面。

"高财技"为自己取得的成就而高兴，但并不感到满足。现在他打算给"脑残"国的房贷业带来一场革命，如果获得成功，"高财技"将会成为国民英雄。

在第一份交给"贪无厌"的商业计划中，"高财技"并没有表现出太多的精明。他的提议是，"贪无厌"今后把所有的房贷用比人寿保险公司更高的价格卖给他。"高财技"说他打算把所有的贷款注入一些没有其他资产的信托公司。每家信托公司将会按照不同的贷款质量被分为五个"券次"。其中四个券次将会利用它们获得的还款份额来支付一些复杂的新债务工具，这些叫做担保债券凭证的债务工具载有固定的利息，也可以自由交易。第五个券次在所有贷款按期归还后可分得很少的剩余部分。这些担保债券凭证由"高财技"销售；在很高的销售提成的激励之下，"高财技"手下的销售员想方设法诱使许多人来买这些凭证，甚至连资金杠杆率很高的投机分子和北极圈附近的北欧居民也上当了。

"贪无厌"起初觉得"高财技"的计划完全不可行。那就像肉贩买下1000磅普通牛肉，把它切开，然后把其中950磅做成高级牛排进行销售，剩下的则当作狗粮卖掉。

但"贪无厌"的疑虑很快消失了，因为"高财技"给的价钱很高。按照"高财技"提供的条件，"贪无厌"可以获得双倍的收入。"高财技"支付这样的价钱也很轻松，因为他自己得到的收入将会三倍于"贪无厌"。"贪无厌"接受"高财技"的计划之后，一切都不出"高财技"所料，因为总体来说，担保债券凭证的买家付出的价钱要比先前的人寿保险公司高得多。

"贪无厌"虽然得到翻倍的收入，但在了解"高财技"的兴旺发达之后，他很快就不满意了。看到"贪无厌"的胃口被吊起来，"高财技"这才把他的精明全部展现出来。

"高财技"接下来向"贪无厌"提出的是，在他的产品线上增加一个新类别，叫"次级，想付多少就付多少"的房屋贷款。所有次级贷款的利率是7.5％或以上，借款人除了可以说他们想用钱之外什么都不许说。借款人无需支付首期款，也不用提供任何信用记录。此外，头三年的还款条款很友善，借款人可以只还少量的钱，而所有尚未支付的利息将会被加到本金里。三年过后，借款人的还款压力会非常沉重，因为他需要在五年内偿还大大增加的本金，再加上所有的利息。

如果"高财技"在第一次给"贪无厌"打电话就提出这个计划的话，"贪无厌"肯定会觉得这简直荒唐透顶。但这时"贪无厌"已经因为听从"高财技"的建议而获得了双倍的收入。所以"贪无厌"的疑虑很快消失了，他接受了这种新的贷款产品——"高财技"预计它将会让"贪无厌"已经翻倍的收入再增长三倍。

"贪无厌"为什么会变成这种新贷款产品的"死忠"倒不难理解。但已经超级有钱、拥有崇高声望的"高财技"为什么认为他这个修改过的骗局能够安全地运转并给他带来好处呢？

嗯，答案我们是知道的。正如"高财技"在他那本骄傲的自传里面披露的，他的思维过程是这样的：

1. 起初三年不会有大麻烦。在很长一段时间内，依照会计准则，"脑残"国的会计在为新贷款做账的时候，不会为尚未偿还的本金和利息计提贷款损失准备金。而担保贷款凭证在传统市场上的估值会很高，因为涉及的贷款会被记以高得离谱的价值。尽管买房者根本没付首期，在任何时候都没有个人责任，而且在头三年只支付利息的很小一部分，但这没有关系。尽管稍加调查便能发现大多数借款人将来完全没有偿还能力，但这也没有关系。

2. "脑残"国的房价不会像从前那样一点点上涨。由于越来越多的人发现，不管他们的信用记录有多差，他们都可以不用自己的钱而得到房子，所以房价上涨的速度会比以前快得多。

3. 所有购买这种新的担保贷款凭证的人将会拥有一种近乎完美的投资体验。不断上涨的房价会促使借款人如期归还所有的抵押贷款。担保贷款凭证的市场将会一再扩张，因为只要这个骗局能够以击鼓传花式的失控反馈模式持续下去，投资者就能以更快的速度赚更多的钱。

4. 诚然，头三年过去之后，那些不自量力的贷款买房者被取消赎回权之后，肯定会被迫卖掉他们的房子。这通常会让他们失去信用，以及他们的孩子、朋友和雇主对他们的尊重。但麻烦也就仅此而已，除了那些被迫卖掉房子的人，"高财技"和其他所有人都会觉得这是可以忍受的。

5. 促使房价上涨的击鼓传花模式在几十年内不会造成大的麻烦，日本的情况便是例证。在日本，房价上涨了好几十年，直到东京皇居附近的地皮总价超过整个加利福尼亚州之后才崩盘。

6. 各种经济学原理将会为这个骗局推波助澜，并让其大受欢迎。"高财技"原来学过基本的经济学，他从加尔布雷思的理论了解到，大量未败露的捞灰金行为会强烈地刺激消费，因为不轨者变得更加有钱，而受害者的开支又一如往常，因为他尚未感觉到自己变穷了。"高财技"创造的这种商业模式，其实就等于长期不败露、变本加厉的捞灰金。在这种模式中，不轨者会消费更多，就像常规的捞灰金现象那样。但不仅如此，那些购买担保贷款凭证的受害者也会消费更多，因为他们以为他们变得越来越有钱，毕竟他们投资回报率远远高于正常的利率，账面的财富变得越来越多。

7. 要知道的是，这个骗局有点像连锁信骗局，而这些骗局的声誉往往是很臭的，既因为这些骗局是违法的，也因为这些骗局总是很快败露，很快就带来刑事上的麻烦。"高财技"的骗局则与此相反，"高财技"把它设计得既合法又体面，大家也都这么看，因为它作为公共商品，将会刺激宏观经济的发展。

8. 就算这个骗局在几十年后崩盘，就像日本的房地产泡沫那样，谁又能责怪"高财技"呢？花无百日红嘛。再说了，就像许多不负责任的国家和地区的情况那样，这个骗局的崩盘会被其他许多行业的崩溃所掩盖。

在很长一段时间里，"高财技"这个改进过的骗局运转得非常好。自然，小的纰漏是难免的，但"高财技"将每个纰漏变成赚大钱的良机。例如，大量混蛋销售员受高额提成的吸引，蜂拥到"贪无厌"的公司去，争先恐后的替他销售那些容易买的"想付多少就付多少"的"次级"房屋贷款，这让"贪无厌"感到很不安。这时"高财技"出手买下了"贪无厌"的企业，然后让"黑心肠"顶替"贪无厌"出任总裁。"黑心肠"是个为了赚钱无所不用其极的人，他很快让次级贷款的规模翻了四番。他的成功促使"高财技"又买下了五家贷款公司，并用类似"黑心肠"的人取代它们原有的总裁，促使利润不断攀升。甚至连"高财技"也无法找到其他为非作歹的赚钱能力可以和这几个"黑心肠"相提并论的人。

"高财技"的骗局展开之后，要取得持续的成功，那必须要让"脑残"国的会计们继续把任何有理性的人都会觉得很离谱的大量重要还款承诺都视为可靠的。然而，完全没有必要担心会计们不按"高财技"的心意做账。"脑残"国的会计不被允许有理性。他们必须使用"规则导向"的会计标准。这些标准是由"脑残"国的会计标准制定委员会的主席"计错数"制定的。"计错数"规定，所有新贷款的损失准备金必须按照"贪无厌"遇到"高财技"之前的标准计提——而那时的记录几乎是零损失。只要"计错数"仍在掌权，没有人会将对击鼓传花式的失控反馈模式的理解用到会计工作中去，他们只会用"计错数"的规则。

当然，如果"黑心肠"或者"高财技"开始遭遇贷款损失，他们将不得不开始对新贷款计提贷款损失准备金。但在非常长一段时间内，没有人遇到实质性的贷款损失。

"计错数"的思维非常僵化，他从来不认为他的认知是反社会的。他总是追求会计过程的简洁，为此不惜牺牲"原则导向"的努力，而且总是认为这样会更有利他的国家。这种信念让他过上了好日子，现在他很为他制定的标准而骄傲，尽管"高财技"的骗局最终肯定会引发一场大灾难，而"计错数"的标准正在为这场灾难的到来做出重要的贡献。

不出"高财技"所料，"脑残"国的经济有了很大的发展。经济繁荣促使"脑残"国的监管者们对他们自己感到飘飘然，于是放任"高财技"和"黑心肠"的勾当越搞越大。

有个叫做"没脑筋"的著名监管者特别赞赏"高财技"和"黑心肠"。他早年受古典经济学的影响太深，所以非常热爱一切新的衍生品，甚至连那些由复杂的担保贷款凭证重组而成的二级担保贷款凭证他也热爱。他并不认为政府应该管制投资银行家，除非那些银行家的行为比"高财技"恶劣得多。

"高财技"促成的大繁荣只持续了三年。他低估了大繁荣的力度和人们理解这件大蠢事的能力。这些因素缩短了大繁荣的延续。此外，"脑残"国像日本那样，也没有拿出太多的办法。

经济泡沫破裂来临时的情况很独特。在"高财技"对房贷产生兴趣之前，几乎每家投资银行都被他的发明搞得弱不禁风了。现在经济形势急转直下，绝大多数大型的金融机构肯定要消失，这将会引起彻底的混乱和另一次"大萧条"，除非政府愿意通过印发钞票来进行大规模的干预。

幸运的是，在获得两个政党支持的领袖的主导之下，"脑残"国真的这么干预了。进行这场大规模干预之后，"脑残"国的失业率翻了一番，如果这次大繁荣和大衰退从来没有发生过，那么它的情况要好得多。而且它应付未来的麻烦的选择也大大减少了，因为大量超发纸币使得它的货币和信用遭遇了信任危机。

"脑残"国的衰退现在被称为"大萧条"。然而，即使如此，"脑残"国的精英也没吸取太多的教训。在那些为这个混乱局面作出重大贡献的政治领袖和袖手旁观的官员之间，只有一个人表达了懊悔。"没脑筋"承认他错得很离谱，这点还是应该给他肯定的。

会计业依然不明白它为这场大灾难作出了很大的贡献。它也没有发现"计错数"制定的标准有缺陷。人们依然觉得这些标准有很多优点，可以降低会计人员遭遇诉讼的风险，也不用惹那些付大价钱的客户不高兴。

经济学界的专业人士向来不肯承认相对保守的会计法在宏观和微观经济领域的重要性。直到现在，许多经济学教授也没有发现"高财技"轻易发现的道理：尚未败露的捞灰金现象能够被放大，而且会造成重大的宏观经济后果，因为只要捞灰金的现象持续很长一段时间，受害者和不轨者都会认为他们变得富裕了。

"脑残"国的立法者有什么反应呢？嗯，他们大多数无法理解他们最有权势的朋友遭遇的下场，也完全没有从加拿迪亚的情况吸取教训。加拿迪亚这个国家和"脑残"国的北边接壤，它没有"大萧条"，因为在它那些简单的法律和政令约束之下，该国的房贷操作跟"贪无厌"拥抱"高财技"提出的现代金融方法之前的情况差不多。

那么监管者呢？嗯，"脑残"国身居高位的监管者和前任监管者有很多，但只有少数几个认为应该对投资银行业实施严厉的约束。其中有一个叫做"明眼人"，他是早已退休的前任财政部长。"明眼人"认为"高财技"对投资银行业的所有贡献都应该被废除和禁止，因为现在有两个道理大家看得很清楚：（1）在投资银行引入赌场式的活动并不是好事；（2）如果法律禁止投资银行利用过高的金融杠杆，规定它们只能从事少数传统的活动，那么它们就不太可能给公众带来巨大的伤害。

现在当权的监管者似乎并不把会计制度当作一种有效的补救措施。其实"脑残"国的会计监管体系要是更倾向于"原则导向"，由另外一群不墨守成规的人来设立一套没有那么多空子可钻的会计标准，那么"高财技"引起的灾难是不可能发生的。

在大萧条之后，有个前监管者和终身教授显得特别明智，就是英格兰的约翰·梅纳德·凯恩斯，他早已在半个世纪前去世。凯恩斯曾经正确地预言道："当一个国家的资本发展成为赌场式操作的副产品时，结果可能会很糟糕。"

后记：本文的宗旨并不是想用公正的方式来阐述谁该为美国的"大萧条"负责。本文大概地指出某些人物和行业——例如"高财技"和投资银行业——是这场混乱的罪魁祸首，其他的帮凶则略过不提。作者的用意是以这种极端的叙事方式来让读者记住各个人物和故事的发展，从而发现会计业、学院经济学和过度发展的金融业中存在的各种问题。

过去与未来：副董事长致辞

查理·芒格对伯克希尔50年的评论

文 / 查理·芒格
译 / 刘宁
伯克希尔·哈撒韦
《2014致股东信》第39页，2015年2月28日

致伯克希尔·哈撒韦股东：

50年来，我亲眼见证了伯克希尔在沃伦·巴菲特的领导下取得的非凡成就。在他的贺词之后，我也想从以下五个方面做些补充，给大家提供一些我的看法：

1. 阐述是什么样的管理体系和政策，让昔日濒临破产的纺织企业华丽转身成为今日强大的伯克希尔；
2. 解释这一管理体系和政策的发展历程；
3. 对伯克希尔为什么如此成功作点说明；
4. 预测一下如果巴菲特在不远的将来卸任的话，伯克希尔的非凡业绩是否能够延续；
5. 探讨伯克希尔过去五十载的辉煌成就是否具有借鉴意义。

公司创建之初，巴菲特就制定了伯克希尔管理体系和政策（本文统称为"伯克希尔体系"）。这一体系具有以下特征：

1. 伯克希尔可以是一家多元化的集团公司，但不会涉足无法有效预测的业务。
2. 集团公司的绝大多数业务可以由旗下独立的子公司经营，各子公司的CEO可以拥有极大的自主经营权。
3. 集团公司总部可以仅有一个很简单的办公室，只包括董事长、首席财务官和几名助理。助理主要负责协助首席财务官做审计、内控等事务。
4. 伯克希尔的下属子公司一定要包含财产保险公司。这些保险公司在适当的时候，一方面为集团

带来预期稳定的承保收益，另一方面为投资提供可观的"浮存金"（即未付保险负债）。

5. 集团公司不会设置统一的人事、股票期权、退休制度或相类似的其他激励机制，因为子公司会设立各自独立不同的体系和制度。

6. 仅有以下少数事务会由伯克希尔的董事长亲自掌管。

（1）负责伯克希尔几乎全部的证券投资，这些投资通常通过旗下的保险公司开展。

（2）决定所有重要子公司CEO的人选及薪酬，并请每位CEO私下推荐一名接班人，以备不时之需。

（3）子公司提升竞争优势后所产生的多余现金由他（巴菲特）负责部署投资。理想的部署是用现金去收购新的子公司。

（4）对任何子公司CEO的见面请求，基本做到有求必应；但几乎不会主动约见。

（5）每年从一个被动股东的角度出发，撰写一封篇幅较长、逻辑缜密、实用的致股东信，放在年报里同时发布；并在股东大会上花上几个小时亲自解答股东的提问。

（6）无论在任上还是任下，要在长期有利于客户、股东及其他利益相关者的企业文化中，努力成为典范，且这一文化不受其任期影响。

（7）首要任务是抽出较多的时间，投入到安静的阅读及思考中，尤其是在必学的领域，做到活到老学到老。

（8）还要投入大量的时间，饱含热情地赏识他人所取得的成就。

7. 收购新的子公司时，通常采用现金而不是发行新股的形式。

8. 只要单位留存收益为股东创造的价值比市场价值高，伯克希尔就不会发放股息。

9. 收购新的子公司时，伯克希尔会寻求董事长完全看得懂的好生意，支付公允的价格。同时，伯克希尔还希望有能力胜任的CEO在位，无须依靠集团总部的支持，能够长期有效地管理好该子公司。

10. 伯克希尔选择子公司的CEO要确保人选是可靠、能力卓越、精力充沛的，且热爱自己所处的环境和行业。

11. 伯克希尔遵循的首要准则是，几乎永远不会出售其子公司。

12. 伯克希尔几乎从不会在无关联的子公司间调动CEO。

13. 伯克希尔从不规定子公司CEO的强制退休年龄。

14. 伯克希尔几乎没有未清偿账务，因为它努力保有：（1）在任何环境下，近乎完美的信用；（2）遇到千载难逢的机会时，可以随时取得现金和信用贷款。

15. 伯克希尔永远是目标大型企业的友好买方。这类企业的出售提议会快速得到关注。如果不成交，那么只有伯克希尔的董事长及其他一、两个人知道内情，他们也绝不会向外人披露。

伯克希尔管理体系的要素和规模是绝无仅有的。我所了解的大型企业，其体系所具备的要素没有一家能达到伯克希尔的一半。

伯克希尔为什么会有如此与众不同的企业性格？

巴菲特年仅34岁时，就已持有伯克希尔45%左右的股份，赢得所有大股东的完全信任。他可以随心所欲地制定任何体系；伯克希尔体系就此诞生。

巴菲特笃信他精挑细选的每个要素都能有助于他引领伯克希尔创造辉煌成就。但他没有试图设计一套放诸四海皆准的体系。事实上，伯克希尔不要求旗下子公司采用该体系；而且一些推行不同体系的子公司，也发展得红红火火。

巴菲特设计伯克希尔体系的初衷是什么？

多年来，我观察总结了几个要点：

1. 他特别希望体系中最重要的人物，不断追求在理性、能力、投入与奉献方面做到极致；并从他自己做起。

2. 他希望处处取得双赢，例如待人忠诚收获忠诚。

3. 他希望决策能由长期坚守、担当后果的人员制定，实现长期业绩最大化。

4. 他希望总部摆脱官僚作风，最大程度降低其必然导致的不良影响。

5. 他希望跟随导师本杰明·格雷厄姆的脚步，身体力行地传播悟到的智慧。

巴菲特建立伯克希尔体系之初，是否已预见之后产生的效益？答案是否定的。有些效益是在实践摸索中偶然发现的。可以肯定的是，在学习过程中，他不断地强化行之有效的做法。

巴菲特掌管下的伯克希尔业绩辉煌的原因何在？

我只想到了四大因素：

1. 巴菲特本人富有建设性的特质；

2. 伯克希尔体系富有建设性的特质；

3. 好运气；

4. 来自一些股东和崇拜者（包含媒体在内）极其强烈、极具感染力的投入与奉献。

我相信这四大因素都存在，都发挥了作用。但是主要的推动力源于人与体系的特质，追崇者的投入与奉献，以及三者之间的相互作用。

特别值得指出的是，巴菲特将注意力高度聚焦于少数（投资）活动，并坚守了50年之久，产生了巨大的lollapalooza效应。巴菲特与网球名将费德勒获得成功的原因相同，就是坚持不懈。

其实，巴菲特采用了篮球名帅约翰·伍登的制胜法。伍登知道，要赢球就尽量让最优秀的七名球员打满全场；他坚持这一战术，屡试不爽。如此一来，对手永远面对第一而非第二梯队的球员。此外，有了更多上场时间，最优秀的球员也比一般球员进步更大。

巴菲特将伍登制胜法运用得更加出神入化。他把七人的技能训练集于一身，在过去50年里随着年龄的增长不断进步，而不是像篮球运动员一样江河日下。

巴菲特还在CEO层面创造强有力的伍登效应。他将权力和权威集中交给屈指可数的CEO，让他们长期掌管重要的子公司。伍登效应有助于CEO素质能力的提升，和子公司业绩的提高。

伯克希尔体系赋予许多子公司及其CEO所渴望的自主权，业绩越做越好，名声越来越大。自然而然的，伯克希尔吸引了更多更好的子公司和CEO加入。

优质的子公司和称职的 CEO 不太需要总部的关注，从而形成了所谓的"良性循环"。

伯克希尔坚持将财产保险公司作为重要业务的战略是否成功？

难以置信的成功！伯克希尔的鸿鹄之志似乎难以实现，但的确成功了。

通常财产保险公司投资在普通股票上的价值与其股东权益价值相当，伯克希尔的保险子公司也不例外。标普 500 指数在过去 50 年里，实现 10% 左右的税前年收益率，财产保险公司也搭上了这部"顺风车"。

巴菲特时代的前数十年间，伯克希尔旗下保险公司持有的普通股的表现远远好于标普 500 指数。这正符合巴菲特本人的预期。之后，由于伯克希尔持有股权的规模和所得税的因素，高于指数的收益部分渐渐回归指数（或许不是永远回归）。恰逢其时，更好的优势出现了。阿吉特·杰恩从零开始创造了一家强大的再保险公司，为集团带来可观的"浮存金"，同时还产生巨额的承保收益。美国政府职员保险公司（GEICO）的业务悉数纳入伯克希尔集团，之后其市场份额增加了四倍。集团旗下的保险业务得到巨大的提升，主要得益于良好的声誉、严谨的承保政策、利基市场的发掘和占据，以及杰出人才的吸引和留存。

再之后，伯克希尔独一无二且相当可靠的企业特质及庞大规模变得广为人知。旗下的保险公司获得并抓住许多独家的、诱人的机会，购入私募证券。这类证券大多都有固定的期限与出色的表现（回报）。

伯克希尔在保险业取得骄人成绩不是自然的结果。一般而论，就算是管理出色的保险企业，也只有平平的业绩。这样的业绩对集团的贡献甚微。但是伯克希尔的业绩确是如此惊人。我甚至认为，假设回到起点，单凭睿智和青春，巴菲特自己也无法复制。

伯克希尔的多元化战略是否有不良影响？不但没有，集团的机会还因为业务的广度得以拓展。另外，巴菲特有能力化解该战略常见的负面影响。

伯克希尔为何偏向使用现金而不是自己的股票收购企业？道理简单，用伯克希尔的股票换来的企业，至少要具有同等价值；符合条件的企业实属凤毛麟角。

一般而言，收购案对收购方的股东不利。为什么伯克希尔非保险业的收购却相当成功地为股东创造了价值，而不是摧毁价值呢？

这要归功于伯克希尔体系的设计，拥有方法论上的优势得以把握更好的机会。伯克希尔没有所谓的"收购部"，也就没有这类部门面对的业绩压力。它也从不依赖所谓的"撮合者"的意见，也就不会被成交偏见所左右。此外，巴菲特自知且内敛。作为长期的被动投资人，他积累了相当丰富的经验，对于企业经营的情况比大多数的高管更在行，尽管他并不显露自己的专业能力。最后，尽管伯克希尔掌握着大多数企业无法匹敌的好机会，巴菲特依然表现出超乎常人的耐心，出手次数少之又少。例如，在担任伯克希尔掌门人的前十年，巴菲特经历了一家企业（纺织厂）的没落，两家新企业的收购；加减之后，净添一员。

伯克希尔在巴菲特掌管期间出现过哪些重大失误？虽然"作为"导致的错误更常见，但是几乎所有的重大失误都属于"不作为"，即不买入。这类错误包括尽管确信沃尔玛股票有巨大潜力，却未能出手买入。不作为的后果相当严重。伯克希尔缺乏足够的智慧，没有看准几乎是十拿九稳的好机会，错过了几个良机；代价至少是500多亿美元的净值。

现在到了倒数第二个问题：假设巴菲特即将卸任，伯克希尔的非凡业绩是否能够延续。

答案是肯定的。伯克希尔的子公司具有基于持久竞争优势的发展动力。此外，旗下铁路和公共事业子公司提供大型固定资产投资的理想机会。许多子公司正在进行明智的"补强"收购。

在目前发展势头和投资机会并存的大好形势下，即使假设：（1）巴菲特明天卸任，（2）接班人是平庸之辈，（3）伯克希尔永远不再收购大企业，只要伯克希尔体系基本保持不变，在未来相当长的时期内，保持超常的业绩几乎是毫无疑问的。

然而事实是，如果巴菲特即将卸任，他的接班人可不是什么"平庸之辈"。我只说说两位：阿吉特·杰恩、格雷格·阿贝尔（Greg Abel）。两人的能力久经考验，业绩有目共睹；往小了说，实属"世界一流"，让我说，堪称"世界顶尖"。在一些重要的方面，与巴菲特相比，每位都是更出色的高管。

此外，我相信任何一位都不会：（1）为别人的天价高薪所动，离开伯克希尔；（2）希望伯克希尔体系有大变动。

我认为另一个假设也不会成立。巴菲特卸任后，伯克希尔不会停止收购优质企业。考虑到伯克希尔当今庞大的规模，以及积极投资时代的来临，我认为理想的收购机会必将出现，伯克希尔600亿美元的现金会找到好去处。

最后，我想谈谈伯克希尔过去五十载的辉煌成就是否具有借鉴意义。

答案显然是肯定的。在巴菲特任期的早些年里，伯克希尔面临一个艰巨的任务，就是让小公司壮大成为大型杰出企业。伯克希尔有一位深思熟虑的领导，他在不断提升自身能力的同时，广纳英才。通过避免官僚作风，并长期依靠这位英明领导，伯克希尔完成了任务。

反观一家典型的大企业的情况：非常官僚化的总部，走马灯式的CEO制度。通常CEO在59岁左右上任，还没等静下心来思考问题，就到了强制退休年龄，不得不卷铺盖走人。

我相信伯克希尔体系应该以不同的形式加以大力推广，而官僚制度最败坏之处应被视为毒瘤，坚决铲除。一个最好的案例是乔治·马歇尔上将对美军官僚体制的改革。二战期间，他获得国会的授权，在选用将领时，不受军龄限制。这一打破官僚作风的做法，让他帮助美国打赢了二战。

此致，
查理·芒格

"我没有什么要补充的"最后一篇

我们用最后一个问题来结束全书：

问：你在哈佛的演讲"人类误判心理学"中提到一个陌生的例子，你说有个拉丁美洲的改革者使用心理学，而不是经济的补救措施，修好了一个极其腐败的市场系统。你能告诉我们那个国家的名字，并提供更多细节吗？

哦，是的——我看到这个有趣的故事，不是在经济学著作中，而是在一篇心理学论文里面。我可以从我的文件中把这篇论文找给你，但那样太费事了，所以我不想找。

（编者注：有时候我们仍处在黑暗中……）

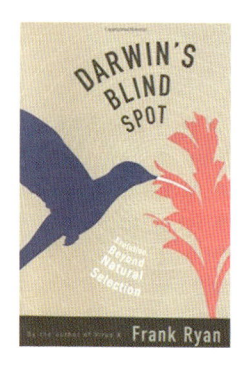

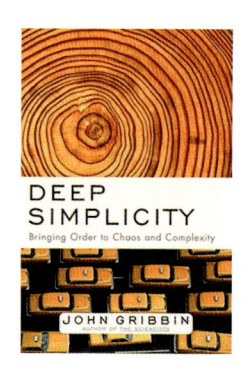

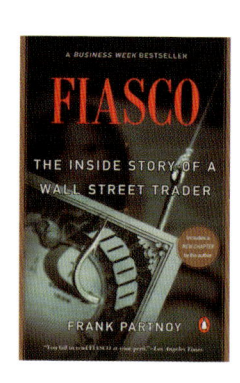

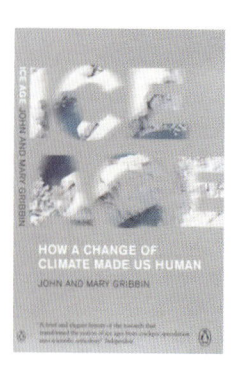

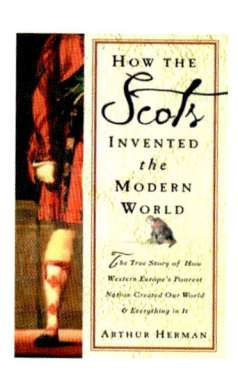

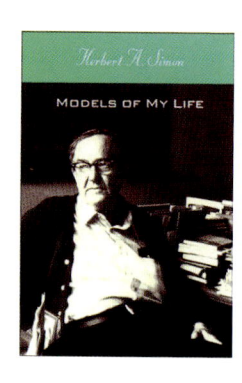

查理·芒格推荐书目

- *Darwin's Blind Spot: Evolution Beyond Natural Selection*, Frank Ryan, Houghton Mifflin Harcourt, 2002.

- *Deep Simplicity: Bring Order to Chaos and Complexity*, John Gribbin, Random House, 2005.
  [英]约翰·格里宾：《深奥的简洁》，马自恒译，南京：江苏凤凰文艺出版社，2019年。

- *F.I.A.S.C.O.: The Inside Story of a Wall Street Trade*, Frank Partnoy, Penguin Books, 1999.
  [美]弗兰克·帕特诺伊：《华尔街圈钱游戏：金融衍生品的发明与兴衰》，清控三联创业投资（北京）有限公司译，北京：清华大学出版社，2019年。

- *Ice Age*, John & Mary Gribbin, Barnes & Noble, 2002.

- *How the Scots Invented the Modern World: The True Story of How Western Europe's Poorest Nation Created Our World & Everything in It*, Arthur Herman, Three Rivers Press, 2002.
  [美] 阿瑟·赫尔曼：《苏格兰：现代世界文明的起点》，启蒙编译所译，上海：上海社会科学院出版社2016年。

- *Models of My Life*, Herbert A. Simon, The MIT Press, 1996.
  [美]赫伯特·A. 西蒙：《科学迷宫里的顽童与大师：赫伯特·西蒙自传》，陈丽芳译，北京：中译出版社，2018年。

- *A Matter of Degree: What Temperature Reveals about the Past and Future of Our Species, Planet, and Universe*, Gino Segre, Viking Books, 2002.

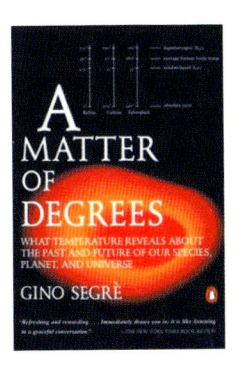

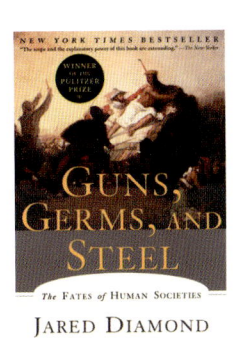

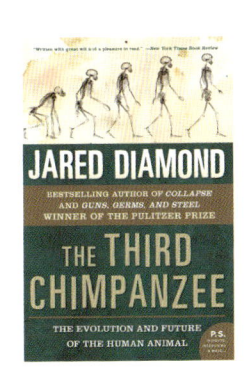

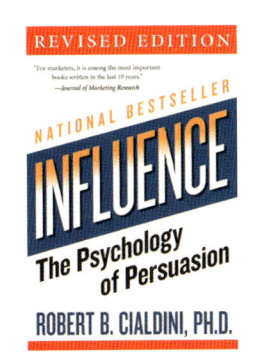

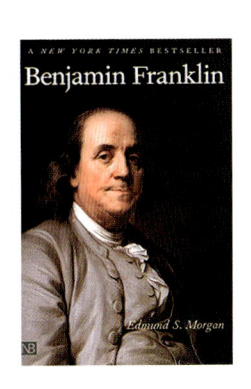

"我这辈子遇到的聪明人（来自各行各业的聪明人）没有不每天阅读的 —— 没有，一个都没有。沃伦读书之多，我读书之多，可能会让你感到吃惊。我的孩子们都笑话我。他们觉得我是一本长了两条腿的书。"

[美]吉诺·塞格雷：《迷人的温度：温度计里的人类、地球和宇宙史》，高天羽译，上海：上海译文出版社，2017年。

- *Andrew Carnegie*, Joseph Frazier Wall, Oxford University Press, 1970.

- *Guns, Germs, and Steel: The Fates of Human Societies*, Jared M. Diamond, W. W. Norton & Company, 1999.
[美]贾雷德·戴蒙德：《枪炮、病菌与钢铁：人类社会的命运》，谢延光译，上海：上海译文出版社，2016年。

- *The Third Chimpanzee: The Evolution and Future of the Human Animal*, Jared M. Diamond, Perennial, 1992.

[美]贾雷德·戴蒙德：《第三种黑猩猩：人类的身世与未来》，王道还译，上海：上海译文出版社，2012年。

- *Influence: The Psychology of Persuasion*, Robert B. Cialdini, Perennial, 1998.
[美]罗伯特·B. 西奥迪尼：《影响力》，闾佳译，沈阳：万卷出版公司，2010年。

- *The Autobiography of Benjamin Franklin*, Benjamin Franklin, Yale Nota Bene, 2003.
[美]本杰明·富兰克林：《富兰克林自传》，蒲隆译，南京：译林出版社，2015年。

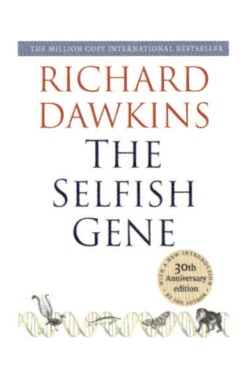

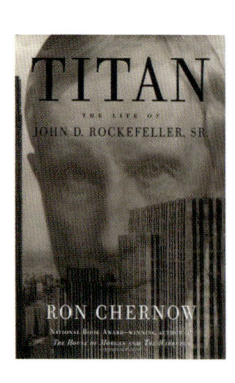

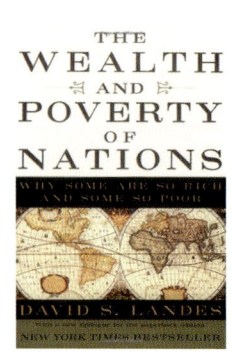

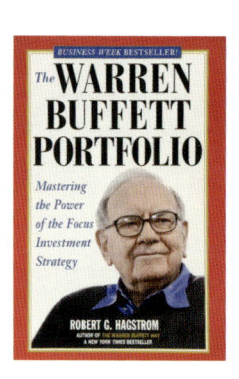

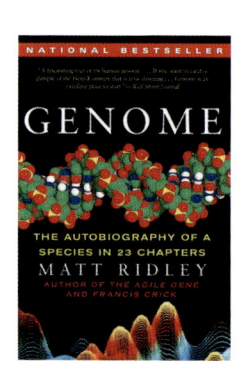

- *Living Within Limits: Ecology, Economics, and Population Taboos*, Garrett Hardin, Oxford University Press, 1995.
  [美]加勒特·哈丁：《生活在极限之内：生态学、经济学和人口禁忌》，戴星翼、张真译，上海：上海译文出版社，2016年。

- *The Selfish Gene*, Richard Dawkins, Oxford University Press, 1990.
  [英]理查德·道金斯：《自私的基因》，卢允中、张岱云、陈复加、罗小舟译，北京：中信出版社，2018年。

- *Titan: The Life of John D. Rockefeller, Sr.*, Ron Chernow, Vintage, 2004.
  [美]荣·切尔诺：《洛克菲勒传：全球首富的创富秘诀》，王恩冕译，上海：华东师范大学出版社，2013年。

- *The Wealth and Poverty of Nations: Why Some Are So Rich and Some Are so Poor*, David S. Landes, W. W. Norton & Company, 1998.
  [美]戴维·兰德斯：《国富国穷》，门洪华译，北京：新华出版社，2010年。

- *The Warren Buffett Portfolio: Mastering the Power of the Focus Investment Strategy*, Robert G. Hagstrom, Wiley, 2000.
  [美]罗伯特·哈格斯特朗：《巴菲特的投资组合：掌握集中投资战略的秘诀》，江春译，北京：机械工业出版社，2013年。

- *Genome: The Autobiography of a Species in 23 Chapter*, Matt Ridley, HarperCollins Publishers, 2000.
  [美]马特·里德利：《基因组：生命之书23章》，尹烨译，北京：机械工业出版社，2021年。

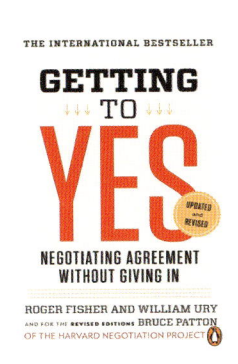

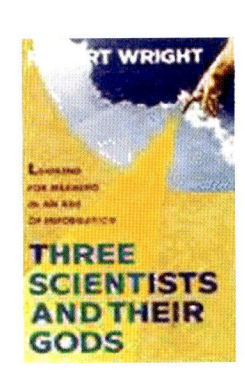

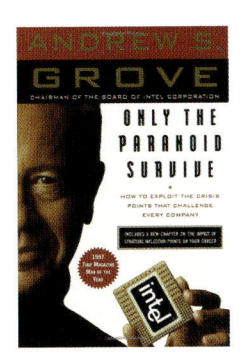

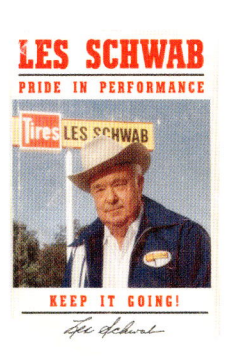

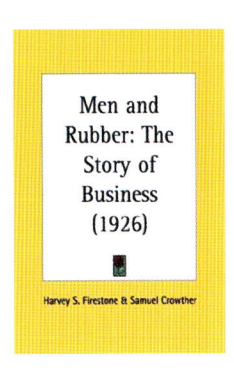

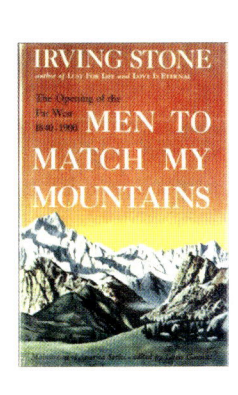

- *Getting to Yes: Negotiating Agreement without Giving In*, Roger Fisher, William Ury, Bruce Patton, Penguin Books, 1991.
  [美]罗杰·费希尔、威廉·尤里、布鲁斯·巴顿：《谈判力》，北京：中信出版社，2012年。

- *Three Scientists and Their Gods: Looking for Meaning in an Age of Information*, Robert Wright, HarperCollins Publishers, 1989.

- *Only the Paranoid Survive*, Andy Grove, Currency, 1996.
  [美]安迪·格鲁夫：《只有偏执狂才能生存》，安然、张万伟译，北京：中信出版社，2013年。

编辑推荐的几本书……

- *Les Schwab: Pride in Performance*, Les Schwab, Pacific Northwest Books, 1986.

- *Men and Rubber: The Story of Business*, Harvey S. Firestone, Kessinger Publishing, 2003.

- *Men to Match My Mountain: The Opening of the Far West, 1840—1900*, Irving Stone, BookSales, 2001.

查理·芒格年谱

1924	是年1月1日，查尔斯·托马斯·芒格出生在内布拉斯加州奥马哈市，其父为阿尔弗雷德·芒格，其母为弗罗伦斯·芒格。
1941–1942	查理就读于密歇根大学，专业为数学。辍学。
1943	查理加入美国陆军航空兵团，服役期间为气象官。
1946	查理和南希·哈金斯结婚。
1948	查理以优秀毕业生身份从哈佛大学法学院毕业。开始在洛杉矶的赖特&加雷特律师事务所工作，该所后来更名为穆西克、毕勒&加雷特律师事务所。
1949	查理考取加利福尼亚州律师执业执照。
1950	查理结识埃德·霍斯金斯，最终和他共同创业，开办了变形者工程公司。
1951	查理和南希·哈金斯离婚。
1955	查理的儿子泰迪死于白血病。
1956	查理和南希·巴里·博斯韦克结婚。
1959	沃伦·巴菲特和查理在奥马哈由他们共同的朋友埃德温·戴维斯医生的子女做东的晚宴上相识。
1960	查理拆毁了他家位于洛杉矶汉考克花园地区的两座房子。他把其中一块地卖掉，用得到的钱在另外一块地上盖了新房，全家搬进去住。
1961	查理和合伙人埃德·霍斯金斯卖掉变形者工程公司。奥蒂斯·布思和查理开始他们的第一个房地产开发项目。
1962	是年2月1日，查理和杰克·惠勒合伙，在洛杉矶设立了一家有限责任合伙制企业：惠勒芒格公司。芒格、托尔斯的律师事务所开业，该所共有七名律师，包括罗伊·托尔斯、罗德里克·希尔斯（他后来成为美国证券交易委员会的主席）和他的妻子卡尔拉·安德森·希尔斯（她后来成为美国的贸易代表）。沃伦开始买进伯克希尔·哈撒韦的股票，后来控制了这家处在困境中的、位于马萨诸塞州新贝德福德市的纺织品制造商。
1965	查理终止他的律师生涯，不再充当芒格、托尔斯&奥尔森律师事务所的执业成员。查理、沃伦和瑞克·格伦开始买进蓝筹印花公司的股票。沃伦买进了足够的伯克希尔股份，取得了这家公司的控股权。
1967	查理和沃伦到纽约收购联合棉花商店。沃伦早前以860万美元收购了国民保险公司和国民火灾水难保险公司。
1968	沃伦组织一批朋友和投资者（包括查理），前往加州科隆纳多市，拜会本杰明·格雷厄姆，并讨论当时衰疲无力的股市。沃伦开始清算伯克希尔的资产，将其重新打造成一家控股公司。
1969	查理和沃伦提供资金和法律援助，支持贝洛斯医生向加利福尼亚州高等法院上诉。贝洛斯医生此前因介绍病人去某个堕胎诊所而被判有罪。查理成为洛杉矶哈佛学校的校董，该校后来和西湖学校合并。共有100名成员的巴菲特合伙公司在当年年底关闭。投资者有许多选择——把股份折换成现金，或者折换成

	伯克希尔的股份,或者听从沃伦的建议,投资红杉基金。在此之前,伯克希尔已经收购了伊利诺斯国民银行。
1972	沃伦和查理通过蓝筹印花公司以2500万美元的代价收购了喜诗糖果。瑞克·格伦和查理取得新美国基金的控股权。
1973	伯克希尔旗下的报纸《太阳报》在斯坦·李普塞的领导之下,以揭露儿童乐园(Boys Town)黑幕的深度报道获得普利策奖。 伯克希尔开始投资华盛顿邮报公司,并成为凯瑟琳·格雷厄姆家族之外最大的股东。
1974	查理成为哈佛—西湖中学校董会主席,并担任该职务到1979年。沃伦和查理收购了西科金融公司——帕萨迪纳一家储蓄和贷款联盟的母公司。
1975	查理辞去惠勒芒格公司的领导职务,该合伙公司在1976年被清算。在1962年到1975年,该公司的年均复合回报率为19.8%,而同期道指的年均复合增长只有5%。
1976	美国证券交易委员会完成了对蓝筹印花公司、西科金融公司和伯克希尔公司的关系的调查,蓝筹印花公司的纠纷得以解决。沃伦和查理既没有宣称无辜,也没有承认犯罪,向那些可能因为他们的商业行为而蒙受损失的西科股东赔付了11.5万美元,解决了这桩纠纷。查理成为蓝筹印花公司的董事长。
1977	通过蓝筹印花公司,沃伦和查理以3200万美元的价格收购了《布法罗晚报》。截至当年年底,伯克希尔投资在蓝筹印花公司的资产增值了36.5%。伯克希尔向大都会通讯公司投资了1090万美元。
1978	查理成为伯克希尔的副董事长。伯克希尔持有的蓝筹印花公司股份增加到58%,从而能够将该公司的营收归集到伯克希尔的财务报表中。查理的视力开始出现问题。
1979	西科金融公司收购了精密钢铁公司。
1980	查理白内障手术失败,导致左眼失明,并引发了极其痛苦的并发症。他的右眼视力逐渐恶化,但通过手术解决了问题,后来佩戴厚厚的白内障眼镜。
1983	蓝筹印花公司成为伯克希尔的全资子公司。收购内布拉斯加家具城。
1984	查理成为西科金融公司的董事长和总裁。
1985	西科金融保险公司成立,总部设在奥马哈。伯克希尔永久关闭了旗下所有的纺织厂。
1986	查理和瑞克·格伦关闭了获得巨额利润的新美国基金,并将资产分派给该基金的投资者。洛杉矶每日快讯集团发行股票,成为公开交易的上市公司,查理担任该公司的董事长。沃伦和查理以3.15亿美元的价格收购了世界图书百科全书公司、科尔比吸尘器公司和其他公司的母公司斯科特&菲特泽公司。收购菲克海默兄弟公司。
1987	伯克希尔投资7亿美元买进所罗门兄弟公司20%的股份。沃伦和查理当选为该公司董事。
1989	查理退出美国储蓄机构协会,以此抗议该协会不顾迫在眉睫的危机,拒绝支持合理的储蓄和贷款业改革。伯克希尔将13亿美元投给了三家公司:吉列、美国航空和冠军国际。查理负责向吉列注资的谈判。7月,伯克希尔购买了6亿美元的吉列优先股,这些股份后来换成了普通股,占到吉列总股本的11%。伯克希尔收购了奥马哈的博斯海姆珠宝公司。查理的妹妹玛丽死于帕金森综合征。
1991	所罗门兄弟公司一位债券交易员违反了联邦法规,导致该公司接近破产。沃伦、查理和芒格、托尔斯&奥尔森律师事务所努力挽救该公司。沃伦接管了所罗门,担任该公司首席执行官九个月。收购H.H.布朗鞋业集团。
1992	互助储蓄和贷款联盟放弃其储蓄贷款营业资格。收购罗威尔鞋业公司和美国中部保险公司。
1993	查理第一次跻身《福布斯》杂志的美国400富豪榜。伯克希尔出售互助储蓄和贷款联盟。 查理和沃伦临危受命,成为美国航空的董事。 伯克希尔以价值4.2亿美元的股票收购了德克斯特鞋业公司。
1994	将大都会/美国广播公司出售给沃尔特·迪士尼公司,获利20亿美元。
1995	伯克希尔以23亿美元收购其尚未拥有的政府职员保险公司49%的股份。查理和沃伦退出美国航空董事会。收购R.C.威利家具公司。收购赫兹伯格钻石商店。
1996	西科金融保险公司收购堪萨斯银行家担保公司,这家公司专注于为银行,特别是美国中西部的银行,提供保险业务。以16亿美元收购飞行安全国际公司。
1997	查理加入开市客董事会。开市客是一家总部位于华盛

	顿州伊萨夸市的零售连锁企业。以90亿美元的价格将所罗门兄弟卖给旅行者集团。伯克希尔在该桩交易中的收益大约是17亿美元。收购明星家具公司。
1998	伯克希尔以7.25亿美元收购商务飞机租赁公司。旅行者集团并入花旗集团，组建世界最大的金融服务公司。伯克希用5.85亿美元收购了冰雪皇后国际公司，以220亿美元收购了通用再保险公司。
1999	伯克希尔收购乔丹家具公司。当年伯克希尔的账面价值仅增长了0.5%，是35年来的最差表现。
2000	伯克希尔收购美国债务（保险）、本布里奇珠宝、贾斯廷工业（生产皮靴和砖块）和本杰明摩尔（油漆）。西科以3.86亿美元收购CORT商业服务公司。伯克希尔收购中美能源公司76%的股份。
2001	伯克希尔收购Mitek（屋顶支架组装商）、XTRA（拖车出租商），并和柳卡迪亚投资集团成立合资公司，以向陷入财务困境的费诺瓦公司提供60亿美元的贷款。收购约翰斯·曼维尔公司（建筑材料），收购邵氏工业87.3%的股份。邵氏是一家地毯制造商，年销售额达40亿美元。年报披露37.7亿美元的亏损（其中25亿是由与"9·11"事件相关的支出造成的）。
2002	伯克希尔收购CTB（为家禽、猪肉、鸡蛋加工业和种植业提供设备）、Garan（备受儿童欢迎的动物玩具制造商）、Pampered Chef（厨具直售），以及科恩河天然气运输公司和北方天然气运输公司。伯克希尔收购Larson-Juhl（相框批发）和Fruit of the Loom（内衣）。销售4亿美元名为SQUARZ的新型债券——有史以来第一只负利率债券。
2003	伯克希尔收购克莱顿造屋公司（预制房屋建造商）和麦兰公司（原本是沃尔玛的子公司，负责配送日用百货和非食物商品到各个商场）。唐纳德·柯欧孚、托马斯·墨菲、戴维·戈特斯曼和夏洛特·盖依曼加入伯克希尔董事会，使该公司的董事增加至11名。
2004	查理·芒格庆祝80岁生日。巴菲特在2003年的致股东信（2004年3月发表）中披露，他"这辈子第一次"投资外汇市场，持有价值120亿美元、涉及五种外国货币的外汇交换协议。微软的首席执行官比尔·盖茨加入伯克希尔董事会。
2005	伯克希尔收购医疗保护集团，一家为医生和牙医提供医疗事故保险的优质公司。收购业内领先的休闲汽车制造商森林河公司。伯克希尔以其持有的约10%的吉列股份交换宝洁公司的流通股。
2006	南希·芒格和查理·芒格金婚。伯克希尔收购如下几家公司：商业资讯，世界领先的新闻稿、图片、多媒体内容和其他信息发布机构；应用承保公司85%的股份，该公司是整合工人赔偿方案行业的领导者；太平洋集团，为美国西部六个州提供服务的电力公司，伯克希尔付出了大约51亿美元的现金（到目前为止伯克希尔最大的现金收购）；伊斯卡金属切割集团80%的股份，伯克希尔付出了40亿美元（该集团是金属切割工具行业的领导者，总部位于以色列）；拉萨尔集团，一家领先的名牌运动服和运动用品的供应商。
2007	查理超越鲁本·芒格，成为芒格家族最长寿的人。伯克希尔收购如下几家公司：创科集团（TTI），世界领先的电动工具、户外园艺工具、地板护理产品、电子度量仪等的供应商；VF集团的内衣业务部门；两家珠宝供应商，合并成一家叫作瑞奇莱恩集团的新公司。伯克希尔宣布和马尔门控股集团达成协议，以45亿美元收购该集团60%的股份，并将在未来五到六年的时间里逐步收购剩下40%的股份（马尔门控股集团旗下有超过125家制造业和服务业公司）。伯克希尔同意向Equitas提供再保险；Equitas总部位于伦敦，这家公司为伦敦的劳埃德公司1992年以前的保单提供再保险和管理服务。
2008	伯克希尔开设新的市政债券保险公司。它还向三家最大的市政债券保险公司开出报价，为它们持有的总值大约8000亿美元的免税债券提供再保险。伯克希尔收购了箭牌、高盛与通用电气总计145亿美元的优先股。2008年4月28日，伯克希尔与玛氏糖果联合收购了箭牌公司，交易数额为230亿美元。这笔交易也让伯克希尔持有了玛氏的股份，具体份额未透露。伯克希尔对高盛优先股的投资数额为35亿美元。查理·芒格向巴菲特推荐了中国汽车动力电池制造商比亚迪，伯克希尔·哈撒韦公司以2.3亿美元收购了比亚迪10%的股权。
2009	在西科金融公司2009年年会上，查理·芒格强调了商业伦理的重要性。11月3日，伯克希尔·哈撒韦宣布将以价值260亿美元的现金与股权，收购BNSF铁路公司的母公司伯林顿北方圣达菲铁路公司剩下的77.4%的股份。这是伯克希尔史上最大的一笔投资。查理·芒

格执掌的每日快讯集团，在处于金融危机股市谷底的2009年，用2000万美元现金量购进了富国银行、美国银行等银行业的股票，这些投资日后为每日快讯集团带来了丰厚回报。伯克希尔对富国银行的投资自2009年也出现了大幅增长。

2010 南希·芒格逝世。在哈佛—西湖中学的一次访谈与问答环节中，查理·芒格谈到了2007—2008年的金融危机，其中他引用了美国哲学家查尔斯·弗兰克尔关于责任的哲学观点。

2011 查理·芒格不再担任西科金融公司的首席执行官和董事长。6月，伯克希尔·哈撒韦收购了西科金融公司剩下的约20%的股份。3月14日，伯克希尔·哈撒韦宣布将以90亿美元的现金收购路博润公司，这是伯克希尔·哈撒韦公司史上最大的收购交易之一。3月25日，伯克希尔·哈撒韦凭借其子公司BerkshireInsurance.com进军印度保险业。8月26日，伯克希尔·哈撒韦购进了美国银行50亿美元的优先股。

2012 11月2日，伯克希尔·哈撒韦收购互联网零售商东方贸易公司。

2013 2月14日，伯克希尔·哈撒韦与3G资本宣布将以每股72.5美元的价格收购亨氏公司的计划，总交易额将达到280亿美元（含负债）。5月1日，收购全球领先的刀具供应集团IMC集团。

2014 查理·芒格庆祝90岁生日。另据伯克希尔·哈撒韦股东签署的委托书，查理·芒格已经超过25年没有升职了。3月12日，伯克希尔·哈撒韦协议收购WPLG电视台。10月2日，收购美国最大的私人汽车经销集团Van Tuyl Group。11月13日，收购金霸王电池。12月12日，收购农业项目采购商Charter Brokerage，并投资Restaurant Brands International，这是一家加拿大跨国快餐公司，由美国快餐连锁店汉堡王与加拿大咖啡和连锁餐厅运营商Tim Hortons之间的125亿美元合并而成。

2015 2月份，在伯克希尔·哈撒韦致股东的信中，查理·芒格反思了过去50年来的成功。6月18日，伯克希尔·哈撒韦收购了亨氏公司4620万股普通股，以其持有的52.5%的股份成为亨氏公司的大股东。8月10日，伯克希尔·哈撒韦公司与精密机件公司的董事会达成协议，伯克希尔将以每股235美元的价格收购精密机件公司的全部流通股。伯克希尔对富国银行的投资自2009年的3亿股增持到了2015年末的5亿股，以272亿美元（成本基价为127亿美元）的规模成为伯克希尔最大的一笔持股。富国银行给伯克希尔带来的145亿美元的收益几乎与可口可乐159亿美元的收益相当。

2016 伯克希尔·哈撒韦于本年度陆续买入苹果股票。伯克希尔最重要的保险部门已连续14年实现承保盈利，税前收益已达共计280亿美元。政府职员保险公司自2016年下半年起业绩增长显著加快，其低成本创造出了一条竞争者们难以逾越的鸿沟，市场份额截至2016年底，已从1995年伯克希尔获得控制权时的2.5%，上升至12%。

2017 伯克希尔·哈撒韦收购全美最大卡车休息站运营商Pilot Flying Jde 38.6%的股份。5月，在伯克希尔年会上，芒格和巴菲特均对未能投资亚马逊和谷歌这类公司进行了反思，芒格还称贝索斯是"另一种生物"。伯克希尔大幅增持苹果股票，加仓后市值达282亿美元，跃居第二大重仓股。

2018 1月，格雷格·阿贝尔和阿吉特·杰恩成为伯克希尔董事会成员，并分别被任命为公司非保险业务和保险业务副董事长。5月，芒格在奥马哈先后接受两家中国媒体采访，在谈到《穷查理宝典》为什么在中国大受欢迎时，他给出了两个答案：（1）中国人比美国人多；（2）这本书有儒家的味道。伯克希尔清仓IBM，同年遭清仓的还有沃尔玛。7月，伯克希尔修改回购股票规则，修改"回购价不超过每股账面价值120%"为"允许以低于公司内在价值的价格回购"，之后大幅回购股票。

2019 2月，在每日快讯年会上，芒格透露Daily Technologies已成功进军澳大利亚、加拿大等潜力巨大的国际市场。芒格重申，伯克希尔·哈撒韦能取得巨大的成功，每日快讯能小有成就，没什么秘诀，就是追求基本的道德和健全的常识，并对投资界不理智的行为提出批评。苹果跃升为伯克希尔第一大重仓股。

2020 4月，芒格接受媒体采访时表示，新冠肺炎疫情对美国经济的影响史无前例，但不会沦为长期大萧条。5月，因疫情影响，芒格首度缺席伯克希尔在奥马哈举行的年会。伯克希尔全年斥资247亿美元回购股票，创下历史最高纪录。12月，芒格接受加州理工学院年度杰出校友荣誉，并接受了线上ZOOM采访。

索引

按拼音排序，外文人名按姓排序，兼顾逻辑

A

阿基米德 Archimedes 65，312，452
阿伽门农 Agamemnon 64
阿卡萨尔本赛马场 Ak-Sar-Ben racetrack 367
阿诺德，保罗 Arnold, Paul 130
阿萨里亚（拉比），艾利沙·本 Azariah, Rabbi Elizar Ben 442
埃伯斯，伯纳德 Ebbers, Bernard 152，296
埃克森（石油公司）Exxon 152，551
艾奇逊，迪安 Acheson, Dean 455
艾森豪威尔，德怀特 Eisenhower, Dwight 319
艾斯本思赫德，狄克 Esbenshade, Dick 44，84，351，603
艾斯纳，迈克尔 Eisner, Michael 244，247，283
爱比克泰德 Epictetus 197，460，461，462
爱迪生，托马斯·阿尔瓦 Edison, Thomas Alva 91
《爱丽丝漫游奇境记》Alice's Adventures in Wonderland 164，166，440
爱默生，亨利 Emerson, Henry 92，294
爱因斯坦，阿尔伯特 Einstein, Albert 39，84，98，110，197，198，303，327，330，413，414，425，439，445，488
安达信（会计师事务所）Arthur Andersen 159
安达信，阿瑟（安达信创始人）Andersen, Arthur 391
安东尼，马克 Antonius, Marcus 59，68，192
安全边际 margin of safety 104，109，164，239，286，572
安然（公司）Enron 114，152，159，440，480，541，572，573
《安提戈涅》Antigone 387
奥伯特，多尔蒂 Obert, Doerthe 18
奥地利 Austria 282，362，407
奥尔森，罗纳德 Olson, Ronald 44，50
《奥马哈世界先驱报》Omaha World-Herald 137，545
奥马哈中央高中 Omaha Central High School 37，39，60，61，62，444，558
奥勒留，马可 Aurelius, Marcus 461
奥斯卡奖 Academy Award 274，426
奥斯勒，威廉爵士 Osler, Sir William 258，311
奥运会 Olympic 64，355
澳大利亚 Australia 422，466，595

B

巴菲特，恩尼斯特 Buffett, Ernest 35，467
巴菲特，弗雷德 Buffett, Fred 484
巴菲特，霍华德 Buffett, Howard 84
巴菲特，苏丝 Buffett, Susie 2，48，569
巴菲特，沃伦 Buffett, Warren 2，3，5—10，12，14，16—18，20，22，23，32，35，44，46—55，58，68，69，74，83—85，88，91，93，94，96—98，101—108，112，114，117，120—122，125，126，129—137，140，142—147，150，153，157，159，164，173，177，178，182，183，200，208，216，226，227，230，232，235，237，238，240—242，245—247，249，255，257，258，266，278—280，286，288，290，294，295，297，298，310，346，363，366—368，404，413，415，430，439—441，443，444，449，450，484，493，512，524，533，535，541，545—548，551，559，561—571，582—586，589，590，592—595，603
《巴菲特的投资组合：掌握集中投资战略的秘诀》Warren Buffens Porrfolio: Mastering the Power of the Focus Investment Strategy, The 132，590
巴菲特父子（商店）Buffett & Son 35，46，78，545
巴菲特合伙公司 Buffett Partnership 242，592
巴菲特杂货店 Buffett Grocery Store 35，78
巴伯科克，吉尔福德 Babcock, Guilford 204，250
巴顿，布鲁斯 Patton, Bruce 591
巴甫洛夫，伊凡 Pavlov, Ivan 271，272，321，518，519，520，529
巴甫洛夫（学说）Pavlovian 220，276，319，321，322，323，392，518
巴黎 Paris 69，144
《巴黎和约》Treaty of Paris 69
巴里摩尔，莱昂纳尔 Barrymore, Lionel 457
白帽协会 Order of the Coif 446
百事 Pepsi 224
柏克德（公司）Bechtel 209，433
班扬，保罗 Bunyan, Paul 231
班扬，约翰 Bunyan, John 463，467
宝洁（公司）Procter & Gamble 215，273，594
鲍林，莱纳斯·卡尔 Pauling, Linus Carl 339，340，344
鲍默尔，威廉和鲍默尔，希尔达 Baumol, William and Hilda 455
贝尔里奇石油（公司）Belridge Oil 117，512
贝尔瑟，查尔斯 Belser, Charles 18
"贝格尔"号 H.M.S. Beagle 265
贝里斯福德，克里斯托弗 Berrisford, Christopher 191，200
《本杰明·富兰克林自传》Autobiography of Benjamin Franklin, The 589
本杰明·摩尔油漆（公司）Benjamin Moore Paint 52
《崩溃：社会如何选择成败兴亡》Collapse: How Societies Choose to Fail or Succeed 349
比较优势 comparative advantage 422，423，431，432
比亚迪 BYD 12，13，594
《彼得·德鲁克：塑造管理思维》Peter Drucker: Shaping the Managerial Mind 362
彼得森，马克 Petersen, Mark E. 276
毕达哥拉斯 Pythagoras 64，66，316，317
毕加索，巴勃罗 Picasso, Pablo 144
《竿路蓝缕的先行者》Men to Match My Mountains 293，591
《别逗了，费曼先生》Surely you're Joking Mr. Feynman 347
《别列津纳河》Berezina 501
《冰河世纪》Ice Age 107，588
冰雪皇后 Dairy Queen 52，594
并购/收购 acquisitions 23，50，108，121，122，127—129，135，163，220，255，533
波尔茨曼，路德维希 Boltzmann, Ludwig 407
波尔茨曼常数 Boltzmann's constant 407，413
波动性 volatility 8，9，140，242，356，405
波罗，马可 Polo, Marco 172
《波拿巴从圣伯纳德隘口翻越阿尔卑斯山》Bonaparte Crossing the Alps at Grand-Saint-Bernard 300
《波士顿邮报》Boston Post 392
波斯信使综合征 Persian Messenger Syndrome 502
波特，亨利 Potter, Henry 457
波音（公司）Boeing 328
伯德，鲍勃 Bird, Bob 83
伯恩斯坦，卡尔 Bernstein, Carl 413
伯尔豪斯，威廉 Ballhaus, William 419
伯爵公司 Earl Corporation 57
伯克，德雷克 Bok, Derek 510
伯克希尔·哈撒韦 Berkshire Hathaway 3，5，6，8—12，14，17，18，21，23，28，32，50—54，79，91，97，102，113，116，120—137，141，142，150—154，157，159，165，166，168，170，173，180，200，201，218，230，232，235，237，241—244，246，247，249，257，258，278—281，286，289，310，341，344，360，361，363，404，405，407，415，416，423，444，449，459，471，495，502，512，545，547—549，554，559，561，562，564—571，582—586，592—595
（伯克希尔·哈撒韦与西科）年会 annual meeting 2，21，28，52，97，102，116，120—122，135，152，154，155，157，165，173，180，548，564，594，595
伯灵顿北方圣达菲（公司）Burlington Northern 174
伯米吉地区 Bemidji 198，230，231
柏拉图 Plato 174，326，401
博格，约翰 Bogle, John 368
博萨纳克，德比 Bosanek, Debbie 18
博斯韦克，戴维 Borthwick, David 74，559
博斯韦尔，詹姆斯 Boswell, James 194，380
博斯韦克，南希·巴里 Borthwick, Nancy Barry 41，42，592
博斯韦克，威廉·哈尔 Borthwick, William H. 73
布达佩斯 Budapest 279，373
布尔斯廷，丹尼尔 Boorstin, Daniel 172
《布法罗晚报》Buffalo Evening News 52，107，559，562，593
布莱克—舒尔斯模型 Black-Scholes 161，162
布莱克，威廉 Blake, William 397
布兰夏德，埃迪 Blanchard, Eddie 477
布劳恩，卡尔·F. Braun, Carl F. 158，209，210，357，384，527，532
布劳恩公司 Braun Company 209，210，384
布卢姆金，露丝 Blumkin, Rose 107，415
布鲁克斯兄弟（商店）Brooks Brothers 80
布洛基，迈克尔 Broggie, Michael 18，32
布洛基，莎朗 Broggie, Sharon 603
布洛克，赫尔伯特 Block, Herbert 413
布思，奥蒂斯 Booth, Otis 44，129，127，592

C

CZ 摩托（公司）CZ Motorcycles 218
CORT 商业服务（公司）CORT 130，594
《财富》Fortune 75，126，151，345，346
《财富公式》Fortune's Formula 252，254
财富效应 wealth effect 148，371—374，376，378，379，433
《财务报告解读》Interpretaion of Financial Statements, The 286
操作性条件反射 operant conditioning 274，302，306，319—322，476
长期资本管理（公司）Long-Term Capital Management 358，359
成吉思汗 Khan, Genghis 494
诚实 honesty 2，47，114，115，116，182，276
雏鹰号 Kitty Hawk 224
"船长查理" Commodore Charlie 54
《聪明的投资者》Intelligent Investor, The 99，240，286
《丛林之书》Jungle Book, The 412
错误 mistakes 21，27，72，91，109，143，195，212，245，279—281，370，411

D

达尔文，查尔斯·罗伯特 Darwin, Charles Robert 89，94，197，198，214，243，265，293，303，329，330，454，458，472，489，520，533，537
达尔文（式的）/达尔文主义 Darwinian 91，102，264，265，303，304，320，324，330，349
《达尔文的盲点：超越自然选择的进化》Darwin's Blind Spot: Evolution Beyond Natural Selection 107，588
达尔文雀族 Darwin's Finches 243
达·伽马，瓦斯科 Da Gama, Vasco 172
达维拉，比尔 Davila, Bill 242
大阪城 Osaka Castle 145
大北方铁路（公司）Great Northern Railroad 213
大都会通讯公司/美国广播公司 Capital Cities/ABC 218，281，568，593
大卫，雅克—路易 David, Jacques-Louis 300
大萧条（特指1929—1933年间）Great Depression 37—39，60
大学俱乐部 University Club 42
代理成本 agency cost 345，480
代数 algebra 196，207，211，341，453，532
代数学家 algebraist 27，197，316，340，469
戴明，威廉·爱德华兹 Deming, W. Edwards 210
戴蒙德，贾雷德 Diamond, Jared M. 311，349，589
戴维斯（医生），埃德温 Davis, Dr. Edwin 35，44，46，47，547，592
戴维斯，埃迪 Davis, Eddie Jr. 44，47
戴维斯，格雷 Davis, Gray 433
戴维斯，琼 Davis, Joan 44，47
戴维斯，尼尔 Davis, Neil 44，47，48
《戴珍珠耳环的少女》Girl with a Pearl Earring 379
道金斯，理查德 Dawkins, Richard 303，311，590
德国 Germany 102，209，241，308，338，356，362，409，425，452，459，470，489，524
德拉珀尔，赫尔伯特·詹姆斯 Draper, Herbert James 175
德鲁克，彼得 Drucker, Peter E. 362，363
德鲁肯米勒，斯坦利 Druckenmiller, Stanley 176
德摩斯梯尼 Demosthenes 24，193，267，358，508
邓迪小学 Dundee Elementary School 35
邓汉姆，卡罗琳 Denham, Carolyn 154
邓汉姆，罗伯特 Denham, Robert 50，368，603
狄更斯，查尔斯 Dickens, Charles 487
狄斯雷利，本杰明 Disraeli, Benjamin 194
狄斯雷利，艾萨克 Disraeli, Isaac 120
迪士尼（公司）Disney 242，244，246，247，281，283，284，568，593
迪士尼，丽莲 Disney, Lillian 283
迪士尼，沃尔特 Disney, Walt 35，283
迪士尼乐园（加利福尼亚）246，247，424
迪士尼世界（佛罗里达）247
第欧根尼 Diogenes 466，467
第一次世界大战 World War I 223，495，511
第二次世界大战 World War II 29，40，210，269，319，406，416，503，524，570，586
《第三种黑猩猩：人类的身世与未来》Third Chimpanzee: The Evolution and Future of the Human Animal, The 589
电子玩具 eToys（公司）eToys 147
丁道尔，威廉 Tyndale, William 338
定错价格的赌注 mispriced bet 111，234，242
东方航空 Eastern Airlines 281
《独一无二：解开人格差异之谜》No Two Alike : Human Nature and Human Individuality 536，537
赌博 gambling 180，208，235，276，284，285，383，431，505，511
妒忌 envy 27，98，176，193，194，254，268，324，326，412，413，436，438，455，474，479，492，493，503，515，530
杜立特，吉米 Doolittle, Jimmy 406
杜鲁门，哈里 Truman, Harry 35
多尔，罗伯特 Dorr, Robert 545
多尔，约翰 Dorr, John 162
多南，罗伯特 Dornan, Robert 266
多元化 diversification 97，141，356，361
多元零售（公司）Diversified Retailing 52，156，570
多元思维模型 Multiple Mental Models 2，25，27，28，90，91，93，99，108，110，147，171，206，207，258，263，266，314

E

《俄狄浦斯王》Oedipus Rex 387
俄国/俄罗斯 Russia 108，155，199，236，271，321，415，500，519
2003年金融大丑闻 "Great Financial Scandal of 2003, The" 385
二级效应 second-order effects 91，110，429—432

F

法国 France/French 69，108，176，180，208，299，300，342，409，431，451
法拉第，迈克尔 Faraday, Michael 268，327
法利赛人和税吏 the Pharisee and the Publican 63，507
法瑞尔，威尔 Ferrell, Will 459
梵高，文森特 van Gogh, Vincent 95，236，293
繁复 redundancy 29，91
"反喀提林"演说 Catiline Orations 62
泛美航空 Pan Am 223，281
方达，亨利 Fonda, Henry 35
飞行安全国际公司 FlightSafety International 52，130，341，593
飞行员训练 pilot training 340，347，522，532
飞兆半导体（公司）Fairchild Semiconductor 279
菲奥里纳，卡莉 Fiorina, Carly 506
菲尔兹，W. C. Fields, W.C. 292
费恩，约翰 Finn, John 106
费尔斯通，哈维 Firestone, Harvey S. 103，106，213，591
费马，皮埃尔·德 de Fermat, Pierre 207，208，210，233，508
费曼，理查德·菲利普斯 Feynman, Richard 103，346，347，353，359
费舍尔，菲利普 Fisher, Philip 97，179
费希尔，罗杰 Fisher, Roger 343，591
丰田 Toyota 418
风险 risk 54，96，109，110，116，128，137，140，163，359，390，395，423，508，512
《风中奇缘》Pocahontas 232
疯帽匠 Mad Hatter 164，166，220，339，360，440
《疯女人》（又名《过分妒忌》）Madwoman(Obsession of Envy) 176
冯蒂勒，戴维 Fondiller, David 113，561
佛帕，维琴佐 Foppa, Vincenzo 192
弗拉赫尔蒂，罗伯特 Flaherty, Robert 142
弗拉赫尔蒂，约翰 Flaherty, John E. 362
弗拉米尼努斯，吕西乌斯·昆克提乌斯 Flamininus, Lucius Quinctius 64，67
弗兰克尔，查尔斯 Frankel, Charles 595
弗里德曼，本杰明 Friedman, Benjamin M. 442
弗里曼，摩根 Freeman, Morgan 426
弗洛姆，乔伊 Flom, Joe 294
弗洛伊德，西格蒙德 Freud, Sigmund 344，412，488，504，519
伏尔泰 Voltaire 409，451
浮存金 float 103，125，131，565—567，583，585
《福布斯》Forbes 51，52，345，346，560—571，593
福尔摩斯，夏洛克 Holmes, Sherlock 537
福里斯特，C. S. Forester, C.S. 299
福陆（公司）Fluor 209
福特，亨利 Ford, Henry 103，215，503
福特，杰拉尔德 Ford, Gerald 35
福特，卡尔 Foote, Carl 18
福特汽车公司 Ford Motor Company 215，277，291，552
复利/复合回报率/复合增长率 compound interest 20，21，51，52，91，109，110，113，120，125，126，128，148，173，207，245，262，288，289，333，394，407，414，530，562，564，565，567，569—571，593
富兰克林，本杰明 Franklin, Benjamin 5，10，20，24，27，32，35，47，52，55，58，59，65，68，69，77，80，85，88，109，113，116，127，180，196，292，317，354，363，364，387，405，435，456，467，469，476，487，489，501，517，547，564，570，589
论衰老 on aging 69
《富裕社会》Affluent Society, The 374

G

盖茨，比尔 Gates, Bill 85，170，564，594
盖洛普，特拉维斯 Gallup, Travis 18
盖瑞，艾伯特 Gary, Elbert 443
概率论 probability theory 208，342，508
杠杆收购基金 LBO 252，360，361
高卢人 Gaul 64
高露洁—棕榄（公司）Colgate-Palmolive 39
《哥德尔、艾舍尔、巴赫》Gödel, Escher, Bach: An Eternal Golden Braid 438
哥德尔，库尔特 Gödel, Kurt 438
哥伦比亚广播公司 CBS 220，502
哥伦比亚大学 Columbia University 7，8，15，121，240，257
哥伦布，克里斯托弗 Columbus, Christopher 172
格拉德斯通，威廉 Gladstone, William 268
格雷厄姆，本杰明 Graham, Benjamin 12，23，53，97，99，103—105，121，134，238—241，247，257，258，286，288，443，561，562，564，584，592
《格雷厄姆：华尔街教父回忆录》Benjamin Graham: The Memoirs of the Dean of Wall Street 286
格雷厄姆，菲利普 Graham, Philip 247
格雷厄姆，凯瑟琳 Graham, Katharine 247，593
格里宾，约翰 Gribbin, John 311，588
格鲁夫，安迪 Grove, Andy 279，554，591
格伦，瑞克 Guerin, Rick 54，72，115，592，593

格罗斯，比尔 Gross, Bill 93，114
格罗兹（芒格打比方最爱用的人名）Glotz 27，66，67，216，317，318，321，322，326，327，330，503
公开竞拍 outcry auctions 117，512，533
公认会计准则 GAAP 165，572，573
《公用品悲剧》Tragedy of the Commons 344，408，432
狗屁利润 bullshit earnings 159
戈德堡，鲁布 Goldberg, Rube 242
戈德堡，史蒂夫 Goldberg, Steve 603
古德斯坦，戴维 Goodstein, David L. 353
古德温，里奥 Goodwin, Leo 249
古德温，丽莲 Goodwin, Lillian 249
古迪斯，大卫 Goodis, David 162
古特福伦德，约翰 Gutfreund, John 295，296，569
股票期权 stock options 3，85，103，161，162，378，384—391，397，400，401，431，547，583
固特异轮胎 Goodyear 416
寡头 oligarchy 61
《关于托勒密和哥白尼两大世界体系的对话》Dialogue Concerning the Two Chief World Systems, Ptolemaic and Copernican 316
官僚制度 / 官僚作风 bureaucracy/bureaucratic 218，219，223，462，510，544，584，586
郭思达，罗伯托 Goizueta, Roberto 247
《国富国穷》Wealth and Poverty of Nations: Why Some Are So Rich and Some So Poor, The 590
《国富论》Wealth of Nations, The 259，422，423
国际商业机器公司 IBM 101，160，238，239，246，554，595
国民收款机公司 National Cash Register Company 228，229，244，478

H

哈丁，加勒特 Hardin, Garrett 344，408，590
哈佛大学 Harvard University 40，117，146，178，252—254，264，269，306，343，350，374，395，408，424，431，442，465，472，476，510，511，536，537，570，587
 商学院 Business School 207，345，532
 经济学系 Economics Department 374，431
 法学院 Law School 4，40，41，53，212，231，305，336，337，343，345，346，349，407，450，451，466，468，477，485，511，545，559，570，592
哈佛—西湖中学 / 哈佛学校 Harvard-Westlake School 4，13，14，51，55，56，188，190，191，193，197，200，201，548，555，557，559，569，592，593，595
哈格斯特朗，罗伯特 Hagstrom, Robert G. 132，590
哈金斯，南希 Huggins, Nancy 40，592
哈里斯，朱迪斯·瑞奇 Harris, Judith Rich 513，536，537
哈曼，鲍勃 Hamman, Bob 284
哈姆雷特 Hamlet 490
哈钦斯，斯蒂尔森 Hutchins, Stilson 247
哈特曼—伯吉，埃里克 Hartman-Birge, Eric 18
哈特曼，保罗 Hartman, Paul 18
海军 Navy 223，273，299，301，436
海滩俱乐部 Beach Club 42
汉堡，马克 Hamburg, Marc 136
豪斯曼，A.E. Housman, A. E. 461，462
好时食品公司 Hershey Food Corporation 260，261
好奇心 / 求知欲强 curiosity/curious 10，25，27，29，69，82，88，110，138，191，198，311，330，439，469，470，474，491，518，537
荷兰 Dutch/Netherlands/Holland 100，152，273，288，316，379，438，455
荷兰皇家（壳牌公司）Royal Dutch 152
荷马 Homer 312，344，412
贺拉斯 Horace 479

赫尔曼，阿瑟 Herman, Arthur 588
赫尔希，密尔顿 Hershey, Milton S. 261
赫胥黎，亨利·托马斯 Huxley, Thomas Henry 92，94
赫胥黎，朱利安 Huxley, Julian 92
黑金 bezzle 374，375，433，440
亨利，杰夫 Henley, Jeff 402，418
《亨利四世》King Henry IV 384
亨廷顿，亨利 Huntington, Henry E. 56
侯世达 Hofstadter, Douglas 438
胡兹帕 chutzpah 191，403，404
护城河 moats 102，103，107，108，144，145
花旗集团 Citigroup 50，594
华尔街 Wall Street 3，8—10，75，77，93，97，99，131，132，156，166，223，240，286，345，359，440，561，562，571，588
《华尔街圈钱游戏：金融衍生品的发明与兴衰》F.I.A.S.C.O.: The Inside Story of a Wall Street Trader 166，440，588
《华尔街日报》Wall Street Journal, The 75，77，151，345，346
华纳及史瓦塞（公司）Warner & Swasey 330，380
华盛顿，乔治 Washington, George 482
《华盛顿邮报》Washingtton Post, The 52，104，247，413，415，552，562，572，593
滑铁卢战役 Battle of Waterloo 300
《化身博士》Dr. Jekyl and Mr. Hyde 212
怀特，杰西 White, Jesse 133
怀特海，阿尔弗雷德·诺斯 Whitehead, Alfred North 174，339，345，410，411，449，450
黄金法则 golden rule 448，491
辉瑞（制药公司）Pfizer 140
惠勒，杰克 Wheeler, Jack 44，49，51，592
惠勒芒格公司 Wheeler, Munger & Co 49，51，52，570，592，593
惠普（公司）Hewlett-Packard 506
霍尔，唐纳德 Hall, Donald 464
《霍恩布劳尔》Hornblower 264

J

J. 保罗·盖蒂信托基金会 J.Paul Getty Trust 60，355
《击球的科学》Science of Hitting 96
机会成本 opportunity cost 105，110，143，146，408
基勒布鲁，哈蒙 Killebrew, Harmon 140
基勒斯派，乔治 Gillespie, George 139
《基普林格个人理财杂志》Kiplinger Personal Finace Magazine 49，603
基辛格，亨利 Kissinger, Henry 332
《基因组：生命之书 23 章》Genome: The Autobiography of a Species in 23 Chapters 590
吉卜林，约瑟夫·鲁德亚德 Kipling, Rudyard 203，344，412
吉卜林主义 Kiplingism 412
吉利德科技（公司）Gilead Sciences 433
吉列（公司）Gillette 52，104，248，363，562，593，594
吉列，金 Gillette, King C. 248
吉诺维斯，基蒂 Genovese, Kitty 515
集中投资 focus investing/focus investment 97，113，132，138，140，304，361，364，590
《记忆的艺术》Art of Memory, The 521
加尔布雷思，约翰·肯尼斯 Galbraith, John Kenneth 91，374，375，395，398，423，432—434，579
加拉帕戈斯群岛 Galapagos Islands 243，265
加拿大 Canada/Canadian 8，142，158，261，374，595
加州大学伯克利分校 University of California, Berkeley 279，374，431
加州大学洛杉矶分校 University of California, Los Angeles 93，240，349，405，458
加州大学圣巴巴拉分校 University of California, Santa Barbara

402—404，408，421，444，445
加州俱乐部 California Club 42，184
加州理工学院 Caltech 40，44，212，339，340，347，353，406，411，465，468，488，526，534，558，570，595
伽利雷，伽利略 Galilei, Galileo 27，316
加图，老 Cato the Elder 64，65，67，68
加图，小 Cato the Younger 67
嘉信理财公司 Charles Schwab & Company 433
甲骨文公司 Oracle Corp. 402，418
价值线（公司）Value Line 262—264
检查清单 checklist 2，4，10，105，109，110，171，269，270，272，335，341，351，410，411，417，427，458，520，522，525，531，535
剑桥大学 University of Cambridge 328，440
箭牌（糖果公司）Wrigley's 216，594
《教养的迷思》Nurture Assumption, The 536，537
教育 education/educational/educated 3，35，37，51，55，56，58，72，73，78，94，120，174，177，187，196，201，202，204，205，207，212，230，253，261，264，272，292，293，303，304，306，307，310，314，315，327—329，335—337，339—341，343，345，346，349，350，362，404，405，406，416，423，429，442，446，447，449，460，461，468，477，481，484，488，490，491，507，510，512，516，537，559，574，575
《杰出投资者文摘》Outstanding Investor Digest 92，154，204，256，294
杰恩，阿吉特 Jain, Ajit 131，585，586，595
杰弗逊，托马斯 Jefferson, Thomas 67，69，108
金刚 King Kong 37
"金融工程（术）" financial engineering 384，388，389，392，396，572
《今夜秀》Tonight Show, The 201
《经济增长的道德意义》Moral Consequences of Economic Growth, The 442
竞争性毁灭 competitive destruction 103，107，108，228
竞争优势 competitive advantage 10，74，101，103，140，144，553，583，586
《就业、利息和货币通论》General Theory of Employment, Interest, and Money, The 440
决策树 decision tree 207，208，532，533

K

喀提林纳，吕西乌斯·舍尔基乌斯 Catilina, Lucius Sergius 62
喀提林阴谋 Catiline Conspiracy 62
卡尔伯格，卡罗琳 Carlburg, Carolyn 154
卡莱尔，托马斯 Carlyle, Thomas 111
卡洛尔，刘易斯 Carroll, Lewis 164，166，440
卡米瑞尔，科林 Camerer, Colin 534
卡奈森公司 Carnation Company 263
卡内基，安德鲁 Carnegie, Andrew 127，185，213，479，589
卡普拉，弗兰克 Capra, Frank 457
卡森，约翰尼 Carson, Johnny 27，193，194，197，201
卡斯湖 Cass Lake 33，73
卡特，瑟奥菲鲁斯 Carter, Theophilus 164
开市客 Costco 51，89，102，161，162，184，185，416，417，593
凯恩斯，约翰·梅纳德 Keynes, John Maynard 27，74，172，375，409，439，440，488，571，576，581
凯恩斯（式的）Keynesian 372，375，378，433
恺撒 Caesar 59，68，482
康德，伊曼努尔 Kant, Emmanuel 409，474，491，492
康非德，伯尼 Cornfeld, Bernie 27，354—356，364
康奈尔大学 Cornell University 328，330，347
考夫曼，马尔库斯 Kaufman, Marcus 18
考夫曼，玛姬 Kaufman, Maggie 165

598   穷查理宝典

考夫曼，彼得 / 编者 Kaufman, Peter 2，6，7，18，24，122，165，213，218，251，314，336，535，542，589，603
柯欧孚，唐纳德 Keough, Donald 247，445，594
科尔本，霍克 Colburn, Hoke 426
科尔蒂斯，佐迪 Curtis, Jody 370
科赫，帕米拉 Koch, Pamela 18
科克兰，约翰尼 Cochran, Johnny 167
科斯，罗纳德 Coase, Ronald 424，425
《科学迷宫里的顽童与大师：西蒙自传》Models of My Life 588
可口可乐 Coca-Cola 27，52，77，104，153，216，224，237，244，247，248，260，262，263，273，276，277，283，290，292，314，317—322，324，326—328，330，334，361，362，363，500，562，595
可恶的"说不大师"芒格 Munger as abominable no-man, 32，136，137
《渴望生活》Lust for Life 293
克鲁格曼，保罗 Krugman, Paul 409
克鲁斯，基里·克里斯蒂安 Cruse, Kiley Christian 137
克罗顿的米洛 Milon of Croton 64
克洛伊索斯 Croesus 195
客观 / 客观性 objective/objectivity 10，11，12，15，17，27，67，88，94，97，100，107，109，158，198，260，262，266，330，344，346，357，358，458，478，486，490，504，507，568，569
《客观会计法》Objective Accounting 158，357
肯尼迪，约翰 Kennedy, John F. 374
孔子 Confucius 16，66，447—449
库克，凯文 Cook, Kevin 515
库克，詹姆斯船长 Cook, Captain James 273，293，534
跨学科（的）/ 跨学科方法 multidisciplinary approach 4，24，25，28，93，97，99，113，188，189，258—260，272，316，317，327，336，337，339，340，341，343—347，349—351，353，402，403，406，408，410，426，439，451—453
宽特科技（芒格虚构的公司名）Quant Tech 384—396
（思维、知识、理论的）框架 latticework 11，13，27，90，91，206，258，453，522，529
《狂野的西部》Wild, Wild West, The 220

L

lollapalooza 效应 lollapalooza 2，25，91，92，113，268，269，272，317，319，320，322，323，327，351，358，375，417，464，474，529，584
拉弗，阿瑟 Laffer, Arthur 414
拉普拉斯，皮埃尔·西蒙 Laplace, Pierre-Simon 341，342
拉奇，布拉德 Lackey, Brad 218
拉斯维加斯 Las Vegas 234，284，285，426
拉希尔，威廉 Lazier, William C. 256
拉伊，肯 Lay, Ken 152
拉兹尼克，阿罗恩 Raznick, Aaron 444
莱特兄弟 Wright brothers 224
赖特 & 加雷特（律师事务所）Wright & Garrett 40，592
赖特，罗伯特 Wright, Robert 591
兰德公司 Rand Corporation 299
兰德斯，安 Landers, Ann 35
兰德斯，戴维 Landes, David S. 590
兰卡斯特，伯特 Lancaster, Burt 272
兰卡斯特奶糖公司 Lancaster Caramel Company 261
蓝筹印花公司 Blue Chip Stamps 51，52，142，559，570，592，593
捞灰金 febezzlement 370，375，376，378，382，432，433，440，579，581
《勒斯·施瓦伯：为表现而自豪》Les Schwab: Pride in Performance 591

李嘉图，大卫 Ricardo, David 422，423，425，431，432
李录 Lu, Li 2，6，96
里德，布拉德 Reed, Brad 139
里德利，马特 Ridley, Matt 590
里根，罗纳德 Reagan, Ronald 433，441
里希诺夫斯基（亲王），卡尔 Lichnowsky, Prince Karl 455
理性 rationality 12，14，17，47，98，99，109，213，328，511，520
利伯维茨，海曼 Liebowitz, Hyman 438，439
利弗莫尔，杰西 Livermore, Jesse 95
利托菲尔（牧师），邓肯 Littlefair, Duncan E. 391
利亚，查尔斯·赫尔曼 Lea, Charles Helman 19
美联储 Federal Reserve Bank 146，359，373，374，573
联邦快递 Federal Express 237，238，475
列宁格勒大洪水 Leningrad Flood 518
林肯，亚伯拉罕 Lincoln, Abraham 79，159
林奇，彼得 Lynch, Peter 58
刘易斯，辛克莱 Lewis, Sinclair 236
刘易斯，约翰 Lewis, John L. 445
隆鲍茨，泰奥多尔 Rombouts, Theodoor 282
大富翁 / 垄断 Monopoly 128
卢比克，厄尔诺 Rubik, Enro 373
卢比克的魔方 Rubik's Cube 373
卢米斯，卡萝尔 Loomis, Carol 18
鲁尔，斯科特 Rule, Scott 18
鲁梅特，希德尼 Lumet, Sidney 274
鲁特，伊莱修 Root, Elihu 199
路德，马丁 Luther, Martin 338
伦勃朗 van Rijn, Rembrandt 100，148，378
伦勃朗效应 Rembrandt effect 148，378
伦敦 London 43，80，148，160，192，240，362，380，422，424，440，449，493，594
伦兹纳，罗伯特 Lenzner, Robert 113，561
《论老年》Discourse of Old-Age 28，59，68
《中国哲学家孔子的道德观》Morals of Confucius, Chinese Philosopher, The 448
罗巴克·西尔斯（百货公司）Sears, Roebuck 221，223，416
罗德里古厄兹（警官），丹尼尔 Rodriguez, Daniel 298
罗杰斯，威尔 Rogers, Will 32，141，321
罗马 Roman/Rome 59—62，64—68，192，197，297，316，318，319，452，461，479，491，498，521
《罗姆尼湿地的稻草人》Scarecrow of Romney Marsh 247
罗思柴尔德，艾德 Rothschild, Ed 466
罗斯福，富兰克林 Roosevelt, Franklin 39，469
罗斯福，西奥多 Roosevelt, Theodore 461
洛克菲勒，约翰 Rockefeller, John D. 185，307，381，520，590
《洛克菲勒传：全球首富的创富秘诀》Titan: The Life of John D. Rockefeller, Sr. 590
《洛杉矶时报》Los Angeles Times 247，542
洛杉矶乡村俱乐部 Los Angeles Country Club 42
学园 Lyceum 326
旅鼠 lemming 97，378
《绿野仙踪》Wizard of Oz 79

M

麻省理工学院 Massachusetts Institute of Technology 173，264，330，347，408，433，537，588
马丁，戴维 Martin, David 456
马克斯，西蒙 Marks, Simon 84，244
马克西姆斯，昆图斯·法比乌斯 Maximus, Quintus Fabius 65
马里，雅各布 Marley, Jacob 266，487
马其顿 Macedonia 267，326
马斯，彼得 Maas, Peter 274
马歇尔，阿尔 Marshall, Al 44
马歇尔，伊拉 Marshall, Ira 142

马歇尔，乔治 Marshall, George 586
马莎（百货公司）Marks and Spencer 80，84，244
麦当劳 McDonald's 202
麦道（公司）McDonnell Douglas 530，531
麦戈文，乔治 McGovern, George 280
麦吉尔大学 McGill University 258，264
麦卡弗雷，爱德华 McCaffery, Edward 446，453
麦克拜恩，安格斯 McBain, Angus 59
麦克费登，格兰特 McFayden, Grant 291—293，313
麦克斯韦，罗伯特 Maxwell, Robert 156，157
麦克斯韦，詹姆斯·克拉克 Maxwell, James Clerk 197，268，308，327，328
麦克唐纳，杰克 McDonald, Jack 133
麦肯锡公司 McKinsey & Company 413，414，424
麦哲伦，斐迪南 Magellan, Ferdinand 172
曼德维尔，伯纳德 Mandeville, Bernard 438，439
曼昆，N. 格里高利 Mankiw, N. Gregory 146，408，412，417
芒格，阿尔弗雷德（芒格的父亲）Munger, Alfred 35，37，39，40，44，46，117，266，291—293，313，485，514，559，592
芒格，巴里 Munger, Barry 78，79，559
芒格，菲利普 Munger, Philip 80，190，200，559
芒格，弗罗伦斯（芒格的母亲）Munger, Florence 35，37，73，542，592
芒格，卡萝尔 Munger, Carol 35
芒格，查尔斯（查理）·托马斯 / 我 Munger, Charles Thomas 1，2，3，5，6—17，18，20—23，24—26，28，29，30—58，59—69，70—81，82—85，86，88—117，120—185，187，190—203，204—255，256—313，314—335，336—353，354—369，370—383，384—401，402—445，446—463，467—539，541，542—544，545—548，549—551，552—554，555—559，561—571，572，573，574—576，577—581，582—587，588，589，592—595
慈善 philanthropy 2，4，56，57，178，188，189，353—355，370，371，563，569
法律事业 law career 304，305
机智 wit 24
价值观 values 61
论老年 on aging 59—69，287
论物理学 on physics 39，90—92，98，198，211，268，304，308，316，326，327，340，346，347，349，359，372，406，407，411—415，417—419，425，488，516，529，530，533
论学习 on learning 64，65，112，113，145，195，212，264，309，349，449，450
论阅读 on reading 30，35，75，107，110，151，177，547，583，588—591
性情 temperament 94，112，139
幽默 humor 179，180
智慧 wisdom 27，29，205，206，210，211，231，258，264—266，273，274，304，305，309，339，341，349，446，447，449，468，488，491，532，541，584
自信 self-confidence 107，351
芒格，玛丽 Munger, Mary 35，40，593
芒格，莫莉 Munger, Molly 40，75
芒格，南希（芒格的妻子）Munger, Nancy 17，34，41，42，45，47，48，55，56，57，179，256，284，555，556，559，569，592，594，595，603
芒格，泰迪 Munger, Teddy 40，41
芒格，托尔斯 & 奥尔森律师事务所 Munger, Tolles & Olson LLP 2，44，50，137，556，559，570，592，593
芒格，托尔斯 & 希尔斯律师事务所 Munger, Tolles and Hills 44，592
芒格，温蒂 Munger, Wendy 40，48，72，75，114
芒格，小查理 Munger, Charles T, Jr. 71，559
芒格，托马斯·查尔斯（法官，芒格的爷爷）Munger, Thomas

Charles 37，39，42，461，477
芒格（牧师），西奥多 Munger, Reverend Theodore 352
"芒格的规矩" Munger's Rule 246
芒格基金会 Munger Foundation 360，559
"芒格学派" "Munger School" 113
芒格研究中心（亨廷顿图书馆）Munger Research Center 56，57、58
芒格主义 Mungerisms 3，12，15，18，28，89，119，121
毛姆，萨姆塞特 Maugham, William Somerset 449
梅奥医学中心 Mayo Clinic 161，462
梅尔沃德（博士），纳特 Myhrvold, Dr. Nat 262
梅塔，罗杰尼希 Mehta, Rajneesh 440
梅特兰，弗里德里克 Maitland, Frederick 90
《每日快讯》Daily Journal 51，80，554，559，593，595
美德效应和恶行效应 virtue and vice effects 434
美国 United States 6—8，14—17，27，32，35，39，40，44，50，51，52，56，59，64，65，68，69，80，89，103，106，108，114，121，124，128，140，148—150，153，157—160，162，165，166，169，170，173，174，179，198，199，201，210，215，216，218，220—223，237，240，246，249，252，253，260，261，266，276，280，284—286，293，295，297，298，304，306，307，309，318，319，330，334，350，355，356，357，359，361—364，368，371—374，378，380—383，388，390，393，395，396，401，407，408，410，411，414，415，418，424，425，429，430，431，433—435，438，440，446，447，452，455，459，461，469，478，482，484，490，492，497，505，510，515，524，532，533，536，541，543—545，549—553，561—571，573—576，577，581，586，592—595
美国安全剃刀公司（吉列公司前身）American Safety Razor Company 248
美国电话电报（公司）AT&T 219
美国钢铁（公司）US Steel 443
美国国税局 IRS 393，564
美国航空（公司）US Air 281，593
美国陆军航空兵团 Army Air Corps 40，406，558，570，592
美国运通 American Express 52，242
美国证券交易委员会 Securities and Exchange Commission 157，296，396，573，592，593
《美国资本主义：抗衡力量的概念》American Capitalism: The Concept of Counter-vailing 374
美联航 United Airlines 281
美泰克家电维修员 Maytag repairman 133
"蒙眼拼驴尾" 游戏 Pin the Tail on the Donkey 198
弥尔顿，约翰 Milton, John 193
《迷人的温度：温度计里的人类、地球和宇宙史》Matter of Degrees: What Temperature Reveals About the Past and Future of Our Species, Planet, and Universe, A 589
米尔格拉姆，斯坦利 Milgram, Stanley 269，270，524，525，529，530
米开朗基罗 Michelangelo 293
米拉，约瑟夫（医生）Mirwa, Joseph M. 450，451
米老鼠 Mickey Mouse 283
米利都的泰勒斯 Thales of Miletus 254
米切尔，格伦 Mitchel, Glen 82
密歇根大学 University of Michigan 39，40，558，570，592
《蜜蜂的寓言》Fable of the Bees 439
缪尔，约翰 Muir, John 89，90
摩擦成本 frictional costs 111，233，357，366，382，383
摩尔，杰夫 Moore, Jeff 139，603
摩尔根，托马斯·汉特 Morgan, Thomas Hunt 411，412
摩根大通 J.P. Morgan 165
摩根士丹利 Morgan Stanley 126
摩门教 Mormon Church 276，430，435
摩西 Moses 194，268，325，436，438，493

莫斯科大剧院芭蕾舞团 Bolshoi Ballet 155
莫扎特 Mozart 455
墨菲，托马斯 Murphy, Thomas S. 445，495，594
默多克，鲁珀特 Murdoch, Rupert 125
默克（制药公司）Merck 140
穆德，哈维 Mudd, Harvey 42
穆尔，史蒂夫 Mull, Steve 18
穆西克、毕勒 & 加雷特（律师事务所）Musick, Peeler & Garrett 40，44，559，570，592

N

Netjets 飞机租赁公司 52，125
耐心 Patience 2，67，88，94—96，106，107，110，112，138，139，141，182，329，538，585
《耐心的农夫》Patience Escalier 95
拿破仑·波拿巴 Bonaparte, Napoleon 108，300，301，500，501
"那我就自己来吧" "I'll do it myself" 93，260，469
纳德，拉尔夫 Nader, Ralph 266
纳斯达克 NASDAQ 157
南海公司 South Sea Company 436
南海泡沫事件 South Sea Bubble 436，437
南加州大学 University of Southern California 4，28，189，204—206，250，257，277，289，355，446，447，507
内布拉斯加家具城 Nebraska Furniture Mart 415，593
内在价值 intrinsic value 104，113，128，141，240，286，595
能力圈 circles of compctence 12，101，102，110，145，146，230，426
尼采 Nietzsche 27，242，468
尼德霍夫，维克多 Niederhoffer, Victor 431
尼德霍夫、克罗斯和萨克豪瑟有限公司 Niederhoffer, Cross and Zeckhauser, Inc. 431
尼克森，威廉·埃默里 Nickerson, William Emery 248
尼克松，理查德 Nixon, Richard 114，280，413，433，497
尼禄 Nero 297
逆向思维/逆向思考 inversion 10，27，110，190，197，198，316，329，340，341，351，419，453，469，535
涅斯捷罗夫，米哈伊尔 Nesterov, Mikhail 271
牛顿，艾萨克 Newton, Isaac 84，98，196，197，329，330，436
牛津大学 University of Oxford 80，259，303，338，536，537
纽伯格·亨德森·劳伯公司 Newburger, Henderson, and Loeb 240
纽约 New York 13，39，80，83，127，199，269，279，283，296，298，347，397，433，514，515，564，592
纽约大学 New York University 362
纽约证券交易所 New York Stock Exchange 107，132，549
诺贝尔奖 Nobel Prize 13，199，307，309，321，328，330，340，347，359，395，404，409，411，412，414，424，425，459，488，518
诺曼底美国公司 Normandy America Inc. 157

O

OK 轮胎店 OK Rubber Welders 416
欧格登，艾米莉 Ogden, Emilie 76
欧几里得 Euclid 466，530

P

帕乔利（修士），卢卡 Pacioli, Fra Luca 434，435
帕森斯（公司）Parsons 209
帕斯卡，布莱士 Pascal, Blaise 207，208，210—212，232，233，508
帕特诺伊，弗兰克 Partnoy, Frank 166，440，588
帕特森，约翰 Patterson, John H. 229，230，244，478—480

帕西诺，阿尔 Pacino, Al 274
潘兴，约翰 Pershing, John 35
庞德，罗斯科 Pound, Roscoe 40，41，349
庞德斯通，威廉 Poundstone, William 252，254
庞氏骗局 Ponzi scheme 383，392，393，421
庞兹，卡尔洛·"查理" Ponzi, Carlo "Charles" 392
《旁观者：一桩美国凶杀案的现代启示》Kitty Genovese: The Murder, the Bystanders, the Crime that Changed America 515
《泡沫法案》（1720）Bubble Act of 1720 436
佩利，威廉·塞缪尔 Paley, William Samuel 220，502
"披沙拣金" placer mining 102，411，412
《匹兹堡先驱评论》Pittsburgh Tribune-Review 280
平克，史蒂芬 Pinker, Steven 264，267，537
苹果电脑（公司）Apple Computer 290，291，595
葡萄干和大便搅在一起 mix raisins with turds 152，179，391
葡萄牙 Portugal 432
普克伯格，迈克尔 Puchberg, Michael 455
普朗克，马克斯 Planck, Max 102，308，309，425，426，459，516
普朗克常数 Planck's constant 425，488
普林斯顿大学 Princeton University 347，408，409，433
普世（的）智慧 worldly wisdom 1，4，11，16，27，28，188，205，206，210，211，231，250，255，257，258，264—266，273，274，304，305，309，311，339，341，349，375

Q

齐德伯格，戴维 Zeidberg, David S. 57
《企业的本质》Nature of the Firm, The 424
《起源》Origin 293
气象学 meteorology 40，429
壳牌（公司）Shell 117，152，512
《枪炮、病菌与钢铁：人类社会的命运》Guns, Germs, and Steel: The Fates of Human Societies 107，311，589
强盗大亨 robber barons 89，153，214
强生（公司）Johnson & Johnson 533
乔布斯，史蒂夫 Jobs, Steve 291
乔姆斯基，诺姆 Chomsky, Noam 264，265
切尔诺，罗恩 Chernow, Ron 381，590
切斯特菲尔德伯爵 Lord Chesterfield 66
侵权赔偿制度 tort system 168
《清晨出工》Morning, Leaving for Work 236
《穷理查年鉴》Poor Richard's Almanack 20，317，405，467，476，487，501
丘吉尔，温斯顿 Churchill, Winston 120，518
《丘吉尔的黑狗：忧郁症及人类心灵的其他现象》Churchill's Black Dog and Other Phenomena of the Human Mind 518
缺乏/空缺 scarce 196，346，411，492
群氓愚蠢 crowd folly 124，195，378

R

热力学 thermodynamics 40，108，308，425
热情/激情/狂热极端 passion 48，129，165，460，200，391，470，511
《人性的枷锁》Of Humax Bondage 449
《人与橡胶：生意的故事》Men and Rubber: The Story of Business 591
日本 Japan 148，150，178，210，372，373，379，394，417，432，579，580
瑞普·凡·温克尔（小说人物）Rip Van Winkle 179
瑞克斯豪瑟，查克 Rickershauser, Chuck 137

S

撒玛利亚医院 Good Samaritan Hospital 55，289，559，569
萨克豪瑟，理查德 Zeckhauser, Richard 106，117，431
萨默斯，拉里 Summers, Larry 409
塞格雷，吉诺 Segre, Gino 589
塞勒，理查德 Thaler, Richard 328—330，504
《塞缪尔·约翰逊传》Life of Samuel Johnson, The 380
塞内加尔，詹姆斯 Sinegal, James 3，161，184，185
赛马彩池投注系统 pari-mutuel model 100，233—235，238，254，367，405
《三位科学家与他们的神：在信息时代寻找意义》Three Scientists and Their Gods: Looking for Meaning in an Age of Information 591
桑图利，里奇 Santulli, Rich 125
森费德（金融集团）CenFed 83
莎士比亚，威廉 Shakespeare, William 312，384
傻子消费 foolexures 376
山姆会员店 Sam's Chub 416
《上帝审判亚当》God Judging Adam 397
上瘾 addiction 194，505，511，575
邵氏地毯 Shaw Carpet 52，594
《深奥的简洁》Deep Simplicity: Bringing Order to Chaos and Complexity 180，311，588
"神经病" bonkers 120，140，146，165，169，174，212，232，242，339，410
圣达菲国际（公司）Santa Fe International 209
《生活多美好》It's a Wonderful Life 457
《生活在极限之内：生态学、经济学和人口禁忌》Living Withing Limits: Ecology, Economics, and Population Taboos 590
生态系统 ecosystem 89，90，102，214，218
《圣诞欢歌》Christmas Carol, A 266，487
《失乐园》Paradise Lost 193
《狮子王》Lion King, The 283
施乐（公司）Xerox 475，477，562，
施罗德，爱丽丝 Schroeder, Alice 126
施瓦伯，勒斯 Schwab, Les 107，213，416—418，591
施瓦辛格，阿诺 Schwarzenegger, Arnold 227，433，441
史怀哲，阿尔伯特 Schweitzer, Albert 114
史洛斯，沃尔特 Schloss, Walter J. 53
史密斯，弗里德里克 Smith, Frederick W. 238
《世界商品与世界货币》World Commodities and World Currency 286
世通（公司）WorldCom 114，156，296
市场先生 Mr. Market 99，241，286
收款机 cash register 229，434，478—480，572
首次公开募股 IPO 147，157
叔本华 Schopenhauer 348
舒尔茨，乔治 Shultz, George 409，432，433
数学 mathematics/math 39，65，90，91，196，199，207，208，210，231—233，254，258，262，304，316，328，346，349，376，410，438，491，503，508，533
《数学原理》Principia Mathematica 410
双轨分析 Two-track analysis 99，100，213，351
水门丑闻 Watergate 114，413，497
司机知识（普朗克的司机）chauffeur knowledge 102，425，426，459
思维模型 mental models 3，27，90，99，108，110，147，171，207，207，210，211，258，263，264，314，350
斯波克先生（《星际迷航》角色）Spock, Mr. 430
斯蒂格瓦尔德，比尔 Steigerwald, Bill 280
斯蒂文森，罗伯特 Stevenson, Robert Louis 212
斯金纳，B.F. Skinner, B.F. 272，306，476—478，482，499，526
斯卡登·阿普斯律师事务所 Skadden Arps 294
斯密，亚当 Smith, Adam 55，177，258，259，344，409，422，423，574
斯坦巴克，弗雷德 Stanback, Fred 139
斯坦福大学 Stanford University 13，14，41，55，71，72，133，254，257，269，288，408，419，420，559，569
  法学院 Stanford Law School 56，256，257，274
斯坦因，赫伯 Stein, Herb 413
斯坦因（医生），朱利斯 Stein, Dr. Jules 405
斯通，欧文 Stone, Irving 293，591
斯通，沙朗 Stone, Sharon 413，
斯图尔特，E.A. Stuart, E.A. 263
斯图尔特，吉尔伯特 Stuart, Gilbert 350
斯图尔特，吉米 Stewart, Jimmy 457
斯图尔特，玛莎 Stewart, Martha 167
斯托尔，安东尼 Storr, Anthony 518
斯托特，弗雷德里克 Stott, Frederick 40
《死亡与税收》Death and Taxes 245
苏格拉底 Socrates 64，337，383
《苏格兰：现代世界文明的起点》How the Scots Invented the Modern World: The True Story of How Western Europe's Poorest Nation Created Our World & Everything in It 588
《算术、几何、比与比例概要》Collected Knowledge of Arithmetic, Geometry, Proportion, and Proportionality, The 435
梭伦 Solon 65，195
索恩顿，C.B."查克"Thornton, C.B. "Chuck" 121
索多玛和蛾摩拉 Sodom and Gomorrah 380，385
索尔 Thor 233
索福克勒斯 Sophocles 386，387
所罗门兄弟（公司）Salomon Brothers 50，83，156，157，182，295，296，359，456，561，569，593，594
索罗斯，乔治 Soros, George 176

T

《弹吉他的女孩》Guitar Player, The 160
塔科马海峡悬索桥 Tacoma Narrows Bridge 386
"太难"too-hard 90，101，102，146，419，425，455
太平洋海岸股票交易所 Pacific Coast Stock Exchange 49，570
太平洋海岸浓缩牛奶公司 Pacific Coast Condensed Milk Company 263
太平洋投资管理公司 PIMCO 93，114
泰松，西尔万 Tesson, Sylvain 501
《谈判力》Getting to Yes: Negotiating Agreement without Giving In 343，591
坦宁鲍姆，阿兰 Tannenbaum, Allan 296
汤姆普金斯，德怀特 Tompkins, Dwight 18
特百惠 Tupperware 273
特朗普，唐纳德 Trump, Donald 242
特里林，艾比 Trillin, Abe 78，79
特里林，加尔文 Trillin, Calvin 78，79
特里普，胡安 Trippe, Juan 223
特利丹（公司）Teledyne 173，603
特罗洛普，安东尼 Trollope, Anthony 61，207
特洛伊 Troy 64，492
特许经营权 exclusive franchise 224，226，247
腾尼尔，约翰爵士 Tenniel, Sir John 164
踢屁股比赛里的独腿人 one-legged man in an ass-kicking contest 27，208，315，316，427
提尔逊，惠特尼 Tilson, Whitney 18，120，445，
《天路历程》Pilgrim's Progress 15，462，463，467
条件反射 conditioned reflex 319—322，499，518，529
挑战者号航天飞机 Challenger Space Shuttle 346，347
铁锤人 man with a hammer 39，90，171，206，233，240，317，339，340，343，409—411，477，522，530
铁律 iron prescription/iron rule 210，232，454
通用电气（公司）General Electric 107，217—219，244，258，290，323，361，373，479，480，507，510，594
通用汽车（公司）General Motors 133，277，358，552，
通用再保险（公司）Gen Re 121，122，166，594
《痛苦与狂喜》Agony and the Ecstasy, The 293
投资管理者 investment managers 27，155，175，237，242，245，249，252，294，370，377
投资者海外服务（公司）Investors Overseas Services 356
图密善 Domitian 197
《屠场》Jungle, The 389
屠魔丘 Kill Devil Hills 224
吐温，马克 Twain, Mark 163，260，312，313，434，475
退伍军人权利法案 GI Bill 40
托宾，菲尔 Tobin, Phil 285
托尔斯，罗伊 Tolles, Roy 41，44，82，592
托尔斯泰，列夫 Tolstoy, Leo 506，507
托勒密 Ptolemy 172，316
托伦斯，罗伯特 Torrens, Robert 422

W

《玩扑克的人》Card Players, The 282
网上货车（电商公司）Webvan 147
威尔斯，弗兰克 Wells, Frank 244，247，283，284
威尔逊，E.O. Wilson, E.O. 339，472，494
威尔逊，乔 Wilson, Joe 475
威克斯勒，埃德 Wexler, Ed 18
威利，菲利普 Wylie, Philip 198
威廉，奥兰治的沉默者 William the Silent of Orange 455
威默，迈克 Wimmer, Mike 221
《微观经济学原理》Principles of Microeconomics 408
微软 Microsoft 170，228，231，262，291，541，552—554，564，594
《为戴茜小姐开车》Driving Miss Daisy 426
维梅尔，约翰内斯 Vermeer, Johannes 160，379
维纳，雅各布 Viner, Jacob 470，476
《维生素C与普通感冒》Vitamin C and the Common Cold 340
韦尔奇，杰克 Welch, Jack 217—219，244，258，290，291，510
未计利息、税项、折旧及摊销前的利润 EBITDA 159
文化／风气 culture 7，8，12，15，16，24，124，127，130，150，156，159，178，195，223，274，279，284，341，363，385，387，388，391，427，491，495，499，504，507，510，515，523，527，548，553，574，583
文森狄，路易斯 Vincenti, Louis 116，124
"我没有什么要补充的" "I have nothing to add" 5，21，77，117，121，122，151，251，333，369，419—421，539，587
沃尔，约瑟夫·弗雷泽 Wall, Joseph Frazier 589
沃尔德，弗雷德 Warder, Fred 44，49
沃尔顿，山姆 Walton, Sam 107，185，221—223，243，244，496，497
沃尔玛 Wal-Mart 143，221—223，237，243，586，594，595
沃森，老托马斯 Watson, Thomas Sr. 101
沃兹尼亚克，史蒂夫 Wozniak, Steve 291
伍德，詹姆斯 Wood, James T. 44
伍德拉夫，罗伯特 Woodruff, Robert W. 361，362
伍德沃德，鲍勃 Woodward, Bob 413
伍登，约翰 Wooden, John 458，584
物理学妒忌 physics envy 98，412，413
《物种起源》On the Origin of Species 198，454

X

西奥迪尼，罗伯特 Cialdini, Robert B. 306，471，496，497，524，589
西北贝尔（公司）Northwest Bell 515
西蒙，赫伯特 Simon, Herbert A. 488
《西蒙·马克斯：零售革命》Simon Marks: Retail Revolutionary 244

西蒙尼德斯 Simonides of Ceos 521
威斯敏斯特大教堂 Westminster Abbey 196，330
西塞罗 Cicero 28，59—69，192，193，452，
西塞罗赞同的政府形式 Ciceronian government 61
西屋电气 Westinghouse 219，244，479，480
希尔，安迪 Hill, Andy 458
希尔，詹姆斯 Hill, James J. 185，213
希尔斯，卡尔拉 Hills, Carla 44，592
希尔斯，罗德里克 Hills, Roderick 44，592
希腊 Greek 15，60，61，64，147，172，174，254，258，266，267，317，328，326，387，429，508，521，528
希曼，李 Seemann, Lee 44
希曼，薇拉 Seemann, Willa 44
希特勒，阿道夫 Hitler, Adolf 213，269，489，500，501，524
希维，沃伦·阿博纳 Seavey, Warren Abner 349
西班牙 Spain/Spainish 411，436，455，525
西华德的愚蠢交易 Seward's Folly 108
西科金融公司 Wesco Financial Corporation 2，18，28，50，52，83，116，120，121，122，126—128，130，142，150，154，549，561，593—595
习惯 habit 13，80，106，113，164，175，194，260，321，350，413，449，451，478，481，487，490，491，499，502
席，查尔斯 See, Charles 142
席，玛丽 See, Mary 142
席里柯，泰奥多尔 Gericault, Theodore 176
喜马拉雅资本管理（公司）LL Investment Partners 96
喜诗糖果 See's Candy 52，77，142，143，247，562，564，593
下大赌注投资 bet big, investing 86，110，235
先锋（集团）Vanguard 368
现代达尔文主义 modern Darwinian synthesis 91，303，304，324
相反、反面证据 / 可证伪的证据 disconfirming evidence 11，110，198，458，489，520，521，531
海峡猫号游艇 Channel Cat 34，54
香农，艾德 Shannon, Ed 209
香农，克劳德 Shannon, Claude 254
萧伯纳 Shaw George Bernard 69，317，338
《小红母鸡》Little Red Hen 93，260
《肖申克的救赎》Shawshank Redemption, The 426
邪教 cults 195，470，514，520，529
《谢皮科》Serpico 152，274，514，515
心理学 psychology
　被剥夺超级反应倾向 Deprival Super-Reaction 276，281，326，474，508—512，515，531
　避免不一致性倾向 Inconsistency-Avoidance 474，486—491，495，510，512，531
　避免怀疑倾向 Doubt-Avoidance 474，487，531
　不用就忘倾向 Use It or Lose It 474，522
　吃酸泡菜的例子 sauerkraut example 273，534
　错误衡量易得性倾向 Availability-Miswieghing 474，520，530
　对比错误反应倾向 contrast misreaction 474，516，517
　好奇心倾向 curiosity 474，491
　废话倾向 twaddle 132，474，526
　心理否认 denial 249，267，268，271，281，474，503，504，508，523
　过度乐观倾向 Overoptimism 147，474，508
　化学物质错误影响倾向 Drug-Misinfluence and Substance Abuse 193，194，474，503，504，523
　回馈倾向 reciprocation 431，435，474，494—499
　激励机制引起的偏见 incentive-caused bias 154，267，268，274，290，338，471，477，478，480，481
　简单的、避免痛苦的心理否认 Simple, Pain-Avoiding Denial 474，503，504，508，523
　奖励和惩罚超级反应倾向 Reward and Punishment Superresponse 474—482
　康德式公平倾向 Kantian Fairness 474，491，492
　Lollapalooza 倾向 Lollapalooza Tendency 474，529，530
　潜意识的影响 subconscious influences of 99，213，216，302，317，336，338，351，455，456，488，495—497，511，512
　权威—错误影响倾向 authority, influence by 269，469，474，488，523—526，531
　人类作出错误判断 human misjudgment 99
　社会认同倾向 Social Proof 216，274，322，323，474，486，512—516，518，525，531
　受简单联想影响的倾向 Influence From Mere Association 474，483，499—503
　衰老—错误影响倾向 Senescence-Misinfluence 474，523
　讨厌 / 憎恨倾向 Disliking/Hating 474，484，485
　喜欢 / 热爱倾向 Liking/Loving 474，483，484
　压力影响倾向 Stress-Influence 474，517—520
　艳羡 / 妒忌倾向 Envy/Jealousy 27，193，194，412，413，474，479，492，493，503，515，530
　重视理由倾向 Reason-Respecting 474，597，599
　自视过高的倾向 Excessive Self-Regard 474，504—508
心理因素 psychological factors 99，108，204，213，249，267，268，270—275，277，281，290，295，306，307，317，322，326—328，335，340，373，425—427，431，464，466—469，474，476，480—482，489—493，495，496，498，499，503—505，507，510，512，513，515，516，520，521，524，525，529—535，536
辛格尔顿，亨利 Singleton, Henry 173，603
辛克莱，厄普顿 Sinclair, Upton 389
辛普森，O. J. Simpson, O.J. 167
辛普森，路易斯 Simpson, Louis 3，157，182，183
《新工业国家》New Industrial State, The 374
"新可乐"大惨败 New Coke (debacle) 276，327，328，334
新美国基金 New America Fund 51，559，593
《新闻周刊》Newsweek 247
信任 trust 68，97，131，182，203，255，290，393，439，443，448，462，489，534，547，571，584
虚假的精确 false precision 110，166，413，414，440
学习 learning 2，6，7，10，11，14—17，18，27，28，39，64，65，75，88，106，112，145，187，195，207，221，257，260，281，305，309，326，343，349，446，449—451，455，458，491，507，522，523，529
学院派经济学 Academic economics 4，189，403，335

Y

雅典 Athens 65，317，326，387，491
《雅典学院》School of Athens, The 317
雅可比，卡尔 Jacobi, Carl 27，197，316，324，329，469
亚当·斯密的图钉工厂 Adam Smith's pin factory 423，425
亚里士多德 Aristotle 254，326，387
衍生品 derivatives 3，17，163—166，360，439，440，541，573—576，578，580
养老基金 pension fund 159，160，242，285，383
《要快，但别赶！》Be Quick, But Don't Hurry 458
耶鲁大学 Yale University 210，223，238，252—254，269，346，352，355，477
叶芝，弗朗西斯 Yates, Frances A. 521
医疗保险（成本测算）Medicare 429，430
以色列 Israel 277，325，485，594
意大利 Italy 316
《银行骗子》Bank Dick, The 292
英国 U.K/English 61，66，80，81，90，92，94，148，157，160，192，193，194，196，198，239，244，273，299，302，327，378，410，412，422，432，435，436，461，484，487，493
　英格兰 England 338，362，581
　苏格兰 Scotland/Scottish 259，328，375，380，588
英特尔（公司）Intel 228，279，291，554
《英语词典》Dictionary of the English Language 194
《营房谣》Gunga Din 412
《影响力》Influence: The Psychology of Persuasion 471，589
硬科学的伦理 / 硬科学的治学精神 hard science ethos 210，308，346，347，349，406，407，412，413，428，488
《勇敢的船长》Captains Courageous 412
尤里，威廉 Ury, William 343，591
《尤利西斯与海妖塞壬》Ulysses and the Sirens 175
尤厄兹奇，阿尔 Ueltschi, Al 130，341
有效市场 efficient markets 231，232，252，344，378，404，405，407，412，534
《语言本能》Language Instinct, The 264
圆周率 π pi 327，414，429
约翰斯·曼维尔（公司）Johns Manville 52，594
约翰逊，保罗 Johnson, Paul 93
约翰逊，塞缪尔 Johnson, Samuel 193，194，350，352，380，428，470，518，536
《阅读中的少年西塞罗》Young Cicero Reading 192

Z

詹姆斯（芒格的银行家姑父），汤姆 James, Tom 39
《怎样选择成长股》Common Stocks and Uncommon Profits 97
《战神在诸位艺术女神的陪伴下消灭无知》Mars, Surrounded by the Liberal Arts, Vanquishing Ignorance 428
《战胜华尔街》Beating the Street 93
折旧 / 贬值 depreciation 159，209，319，526
《拯救华尔街》When Genius Failed 359
《证券分析》Security Analysis 240，286
政府职员保险公司 GEICO 52，97，104，157，182，248，249，562，566，585，593，595
《政治经济学及赋税原理》Principles of Political Economy and Taxation, The 422，432
支配性规则 Dictates 33
芝加哥大学 University of Chicago 307，328—330，408，424，431，433，470
《芝加哥太阳时报》Chicago Sun-Times 156
《只有偏执狂才能生存》Only the Paranoid Survive 279，554，591
致命的无关联性 / 自闭 fatal unconnectedness 174，339，345，409，410
中国 / 中国人 China/Chinese 6，7，11，12—16，145，178，242，260，335，431，432，448，481，594，595
中西部价值观 Midwestern values 27，32，39，78，79，103，114
《终结者》Terminators, The 227
重要学科的重要理论 / 思想 big ideas in the big disciplines 90，94，102，171，259，341，406，451，452
朱利斯·斯坦因眼科研究所 Jules Stein Eye Institute 405
专利权、商标权、特许经营权 patents, trademarks, exclusive franchises 224，226
流动性 liquidity 132，133，359
资本成本 cost of capital 125，146
资产管理 / 资金管理 / 基金管理 money management 56，154，285，364，493
《自然哲学的数学原理》Mathematical Principles of Natural Philosophy, The 196
《自私的基因》Selfish Gene, The 107，311，590
自我催化反应 autocatalytic reaction 91，283，322，323，
自我批评 / 自省 self-criticism 25，198，330，439
综合 synthesis 91，303，304，327，341，343，344，346，406，419，423，425，470，471
祖母的规矩 Grandma's Rule 205，206，482，532
坐等投资法 "sit on your ass investing" 97，141，237

更多鸣谢

2004年12月10日,巴菲特手持《穷查理宝典》第一次实体彩样。

此次的《穷查理宝典》第三版献给斯蒂芬妮和托马斯·通布雷洛之女克丝汀·阿鲁莎的奋斗精神。

我们希望传达出对以下诸位在文档提供、整理和编辑中给予支持的感谢:莎朗·布洛基、罗伯特·邓汉姆、狄克·艾斯本思赫德、伊莱恩·冯、约瑟夫·熊、西尔维亚·里卡普、斯特凡·马瑞恩、帕特·麦克吉、杰夫·摩尔、南希·芒格、桑德拉·萨图、南希·斯特潘诺维奇、斯蒂芬·斯威尼、谢尔温·南和克里斯托弗·图米。

对本书的一、二、三版,我们要感谢:阿历克斯·布恩的案头编辑工作;戴维斯顾问公司的拉塞尔·O.魏斯和金马里·扎莫特,跟他们一起备受尊重地工作是一种乐趣;撰稿人史蒂夫·戈德堡和《基普林格个人理财杂志》编辑弗雷德·弗莱利2005年9月对芒格的采访;保罗·德珀得斯塔、马克·赫希教授、阿历克西斯·里瓦诺斯、约翰·K.马丁、马特·维梅特和本·斯米尔的得力录入;以及小威廉·N.桑代克和阿莱姆·乔杜里的研究对亨利·辛格尔顿与特利丹公司侧边栏提供的支持。

《穷查理宝典》终得付梓成书,编者还要特别感谢沃伦·巴菲特所给予的鼓励和支持。

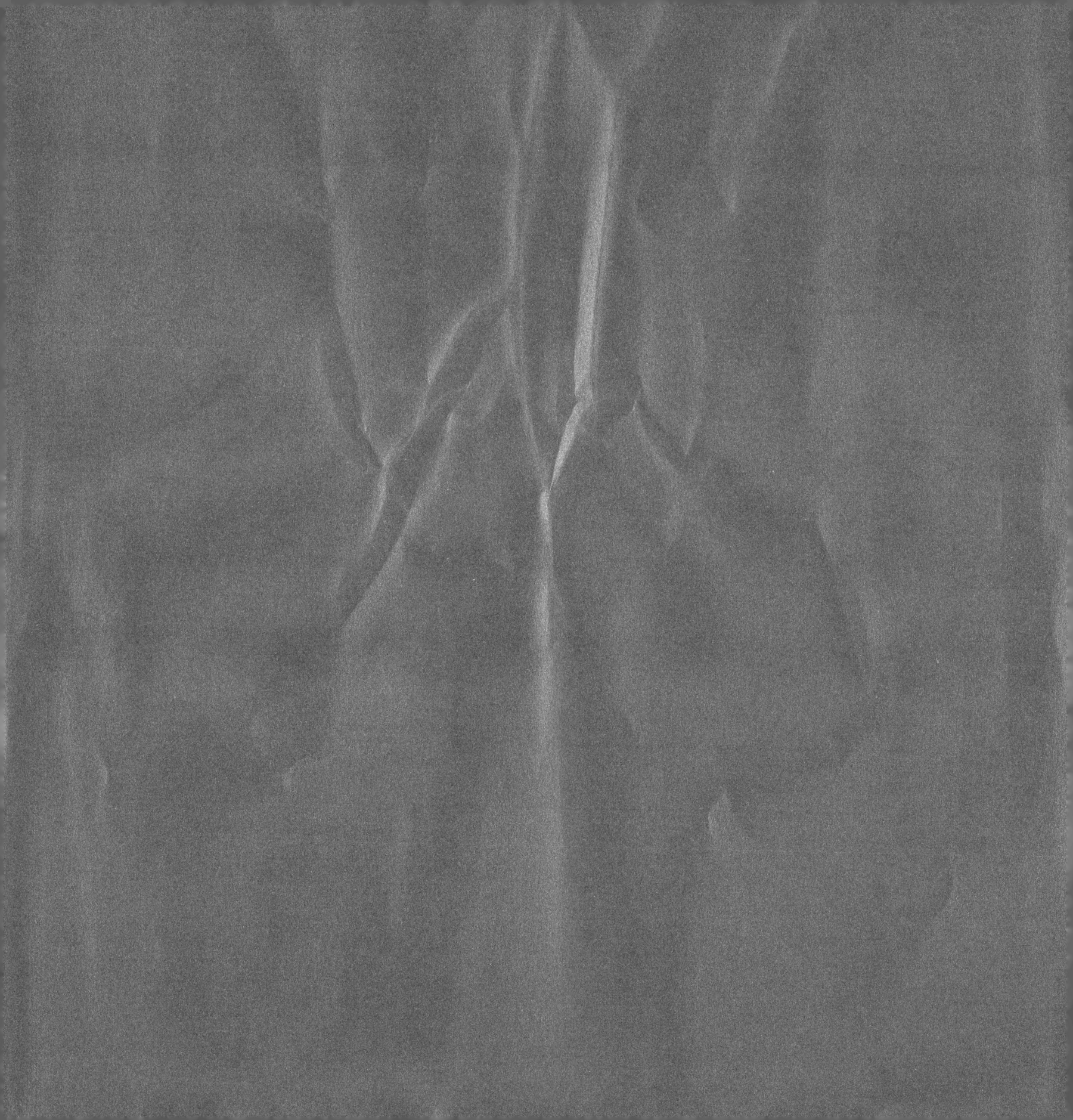